分子模拟

（第二版）

苑世领　主　编

张　恒　张冬菊　副主编

化学工业出版社

·北京·

内容简介

《分子模拟》（第二版）第一篇为分子模拟原理，在介绍分子模拟的物理和化学原理，如统计力学、力场、能量最小化和量子化学等内容的基础上，介绍了一些模拟基本方法，如 Monte Carlo 模拟、分子动力学模拟、介观模拟、定量结构性质关系等。第二篇为分子模拟实验，以具体实例介绍了分子模型的创建与优化、分子性质的计算和分析、势能面的构建、化学反应模拟、分子光谱计算、均相体系和多相体系的分子动力学模拟、固体材料表面吸附行为的 Monte Carlo 模拟、粗粒化及介观模拟、定量构效关系预测等内容。为了提高读者的操作能力，本书附有一些计算实例和运行脚本，读者可扫二维码学习。附录为 Materials Studio、Gromacs 的简明操作手册，Origin 自定义函数拟合及构建三维势能面、能量折线图的方法等内容，读者扫描二维码可查看。

《分子模拟》（第二版）可作为化学、化工、材料、生命科学、医药等专业高年级本科生和研究生的教材，也可供相关领域的科研工作者参考使用。

图书在版编目（CIP）数据

分子模拟/苑世领主编；张恒，张冬菊副主编．—2 版．—北京：化学工业出版社，2022.9（2024.1 重印）
ISBN 978-7-122-41505-9

Ⅰ.①分… Ⅱ.①苑…②张…③张… Ⅲ.①计算机模拟-应用-分子物理学-研究 Ⅳ.①O561-39

中国版本图书馆 CIP 数据核字（2022）第 086177 号

责任编辑：宋林青　　文字编辑：葛文文
责任校对：赵懿桐　　装帧设计：关　飞

出版发行：化学工业出版社（北京市东城区青年湖南街 13 号　邮政编码 100011）
印　　装：河北鑫兆源印刷有限公司
787mm×1092mm　1/16　印张 26½　字数 648 千字　　2024 年 1 月北京第 2 版第 3 次印刷

购书咨询：010-64518888　　售后服务：010-64518899
网　　址：http://www.cip.com.cn
凡购买本书，如有缺损质量问题，本社销售中心负责调换。

定　　价：78.00 元

序言

化学的基本任务是创造新物质，化学反应和分子组装是创造新物质的两条主要途径。一方面，有些分子组装过程中也包含化学反应，但分子组装的基本构想并不是建立在化学反应的基础上，例如，大多数晶体以及众多软物质都是在没有化学反应的情况下由原子/分子组装而成的；另一方面，化学反应也可以看成分子组装过程。因此，化学反应和分子组装很难严格切割，但是为了叙述方便，我们将化学反应和分子组装看作是创造新物质的两条不同途径，而且这里所说的分子组装含义较为宽泛，凡是分子间通过相互作用发生撕扯、连接进而得到新物质的过程都归入分子组装。当然，只有通过具体实验才能真正创造出新物质，但实际的实验过程十分复杂，需要考虑各种因素，例如，底物的结构、性能、反应活性，可能得到的各种产物的结构、性能及其分支比，实验条件，包括催化剂的选择、温度、浓度、压力和酸碱度控制等，这些因素的优化需要反复摸索。如果能够通过理论计算，事先对拟开展的实验工作进行模拟，优选出最理想的底物，找到调控化学反应或分子组装的最佳条件，以最廉价的途径得到目标产物，在此基础上开展实验研究，则将极大提高创造新物质的效率并显著降低研究成本。因此这一直是实验工作者的梦想，分子模拟就是实现这一梦想的重要手段。

如此看来，分子模拟包括两个领域，一是模拟化学反应，二是模拟分子组装。为了描述这两个领域，我们要对理论与计算化学作简要介绍。任何原子、分子中都包含电子和原子核这两种粒子，理论化学研究的正是这两种粒子的运动。根据 Born-Oppenheimer 近似，这两种粒子的运动可以分开考虑。任何化学反应都会涉及化学键的断裂和生成，因此必然要涉及电子的运动，涉及反应物和产物的电子结构。必须采用量子力学的方法，通过求解 Schrödinger 方程才能给出电子运动的规律。对于化学反应，除了要研究电子运动之外，还要研究核的运动，无论是计算化学反应速率还是确定化学反应路径，都需要研究核的运动。核是在电子所形成的势场中运动的，这种势场称为势能面，势能面是一个由核坐标组成的高维曲面，曲面上的每一个点都表示在一定核构型下分子中电子体系的能量。求解核在势能面上的运动，可以得到反应路径和反应速率，从而可以完整地描述化学反应。如果核的运动也和电子运动一样通过求解 Schrödinger 方程来描述，则称这样的计算模拟为量子力学模拟，简称为量子模拟。量子模拟精度高，但计算量巨大，对于大尺寸分子的复杂化学反应，在目前条件下完全的量子模拟是无法实现的。分子组装过程主要涉及核的运动，与电子相比，核的质量要大得多，至少比电子质量大千倍以上，因此，在分子体系中，核的运动速度比电子缓慢得多，于是可以将核看成经典粒子，用牛顿力学研究其运动规律。鉴于电子的运动速度远远高于核运动速度，原子核周围的电子总是伴随核一起运动的，因此，常常将原子核的运动说成原子的运动。上边提到，核在势能面上运动，要求解核的运动必须给出势能面，而势能面是通过求解电子运动获得的。由于计算量巨大，当电子数目较多时，无法通过量子力学计算得到精确的势能面。于是人们根据小分子势能面的精确计算结果和结构化学知识，构造了适用于大分子的经验或者半经验势能面而不必再求解大分子中的电子运动。这种势能面有明确的解析表达式，其梯度（一阶导数）给出原子核的受力，因此又将这种势能面称为力场。有了力场之后就可以应用牛顿力学来研究原子（核）的运动，模拟化学反应或分子组装过程。也可以将组装体系看作热力学系统，从而可以采用热力学方法进行研究，这样的模拟称为分子力学或分子动力学模拟。选择合适的力场，在目前条件下可以较为可靠地模拟包含十几万个原子的体系的组装过程。

量子化学诞生不久，就有不少人对简单化学反应进行了理论模拟。20 世纪 80 年代，随着计算机技术的进步，大尺寸复杂体系化学反应和组装行为的模拟就已经开始，90 年代初已有不少商业模拟软件问世。目前，国际上一些规模较大的医药、材料和生物制品公司，都有专门机构开展分子模拟，为相关的新物质、新产品研发做出了重要贡献。

国内开展分子模拟研究略有滞后。2002 年，山东大学理论化学研究所举办了为期一个多月的分子模拟学习班，聘请专家到学习班讲学。国内许多单位，例如，南京大学、四川大学、辽宁师范大学和中国科学院化学研究所等，都有教师和研究生参加了学习班。这期学习班，对国内分子模拟研究的开展起到了一定促进作用。

苑世领教授在山东大学第一个开展了分子力学模拟研究。通过持续多年的努力，他在化学反应和分子组装的理论模拟方面取得了丰硕成果，解决了油田化学、腐蚀化学和分子聚集体化学等领域中的一系列重要科学问题。在总结多年科研实践的基础上，苑世领教授等于 2016 年出版了著作《分子模拟》。该书出版后，多次重印，获得学界的广泛好评。

分子模拟的理论和实践在不断发展，读者对专业知识的要求也在不断提高。为了更好地反映分子模拟领域的新进展，更好地满足读者的要求，作者对《分子模拟》一书进行了规模较大的修订，推出了该书的第二版。第二版进一步夯实了分子模拟的理论基础，扩充了研究领域，提供了更多的研究案例。我相信，即将出版的第二版新书，一定能为我国分子模拟研究的普及和提高做出新贡献，我愿拭目以待！

刘成卜

2021. 12. 07 于山东大学

前言

《分子模拟》一书出版后，来自同行的建议和鼓舞激励我们在2020年末着手修订工作，希望弥补第一版的诸多遗憾。第一版中缺少分子动力学和Monte Carlo模拟的应用实例，特别是未涉足必要的后续分析方法，而且只针对Materials Studio软件的操作，这些可能会降低读者使用本书学习分子模拟的热情。可以说《分子模拟》第一版更像是入门级的学习参考书。

在第二版中我们做了如下的改动：

原理部分：第1章绪论中模拟资源部分更新了软件和数据库列表，增加了分子模拟学习一节。第3章力场中增加了针对无机材料的力场（如CLAYFF力场和INTERFACE力场）、极化力场和反应力场（如ReaxFF）的介绍。第4章能量最小化中增加了应用案例，包括分子力学方法优化单层膜、量子力学方法优化反应机理，以及分子力学/量子力学（MM/QM）方法模拟酶反应。第6章Monte Carlo模拟中增加了4个应用案例，涉及有机小分子的吸附、沉积等内容。第7章分子动力学模拟中，增加了对自由能、均力势的讨论，增加了5个典型的分子动力学模拟应用案例，包括自组装膜的润湿性、稠油乳化等内容；特别需要强调的是，在本章中增加了10个后续分析方法，包括径向分布函数、空间分布函数、氢键、水-水角、可视化弱相互作用等，并详细叙述了这些分析方法在Gromacs程序中的运行步骤，供读者操作运行，而且部分分析方法附有脚本方便读者编辑，这些内容会大大提高读者学习分子动力学模拟的兴趣。第8章介观模拟中，增加了4个应用案例，更容易让读者明白DPD和MesoDyn两种方法的应用环境。本版新增加了第9章定量结构性质关系，描述药物设计、材料设计中经常用到的构效关系方法原理，以及该方法在不同领域中的应用案例，如药物设计中的3D-QSAR，材料性质中的QSPR等。

实验部分：第11章分子模型的创建与优化，增加了单层自组装膜的构建与优化。第13章势能面的计算中，计算程序从Gaussian调整为DMol3，内容也进行了优化。第16、17章分子动力学模拟中，增加了6个典型的上机实验，包括单分子、均相体系和非均相体系，大大丰富了Materials Studio程序的应用范围，对读者使用分子动力学研究溶液、界面等的聚集行为有很好的指导作用。第19章粗粒化及介观模拟中，修改了DPD模拟方法的操作，增加了约束条件下MesoDyn程序的应用案例，可为聚合物模板下的聚集行为提供模拟思路。本版增加了第20章定量构效关系预测苯并咪唑类缓蚀剂的性质，重点叙述了抗腐蚀材料的设计筛选过程，详细提供了操作步骤。上述模拟计算案例使用的是Materials Studio程序，可方便读者实际操作软件学习（特别是学生自学）。第21章聚集体系的分子动力学模拟，选择Gromacs程序，涉及热力学函数构型熵的计算、表面活性剂胶束增溶，以及电场下的乳化油滴三个应用案例，扩展了当前分子动力学模拟在不同领域的应用（包括非平衡分子动力学模拟），操作步骤详细，并附部分运行脚本。第22章二氧化硅表面反应力场分子动力学模拟中，选择LAMMPS程序，列举了目前流行的反应力场的应用案例，为相关领域应用提供了研究思路。上述两章内容参考了已出版文献，是分子动力学模拟的科研应用，是专业级的学习案例。

结合分子模拟基本原理的发展历史，以及精选的分子模拟实验内容，将与分子模拟相关的逸闻趣事融入其中，讲述中国学者在分子模拟发展中的贡献，将相应的思政元素融入原理、实验、思考题等内容中，也是本次修订的特点之一。

除了主要增补的上述内容以外，书中也纠正了第一版中的个别疏漏。在第二版中，我们的总体思路是要告诉读者分子模拟能够干什么（增加应用案例）、怎么干（具体的操作步骤），特别是一定要降低软件使用操作门槛（附部分运行脚本），短时间内告诉读者软件可能的使用范围（增加后续分析方法）。是否能达到此目的，还需读者检验。

《分子模拟》出版以来多次重印，发行量超预期，这是对我们前期工作的肯定和鼓励，也是编写《分子模拟》第二版的动力，当然也从一个侧面反映了分子模拟技术向更广研究领域扩展的事实。分子模拟是一种技术方法，目前在材料学、生命科学、化学、药学等学科领域扩展迅速，很多非分子模拟专业学者也逐渐对此领域兴趣盎然。很多大型企业、高校科研单位都有从事此方面研究工作的人员，希望本书能够在快速发展的分子模拟研究过程中起到积极的推进作用。

特别感谢修订过程中已经或即将毕业的学生们：刘刚、延辉、刘国魁、刘沙沙、李鼎、苑士登、王雪玉、张恒铭、张震宇等，他们有的编辑了分子动力学模拟后续分析的运行脚本和程序，有的具体实际操作了实验案例，对实验操作步骤及案例可能的运行时间都给出了建议并做了认真的确认，为《分子模拟》第二版的出版做出了贡献。

感谢山东大学研究生院和本科生院。自《分子模拟》出版以来，山东大学多个职能部门在教研项目等方面给予支持，并积极推荐参与教育部或山东省教研项目申报。感谢化学与化工学院对《分子模拟》出版的大力支持。以该书为主的分子模拟课程，先后获得或被评为山东省教学成果二等奖（2018年）、国家级线下一流本科课程（2020年）、山东省高等教育优秀教材（2021年）、山东省课程思政示范课程（2021年）及山东省研究生教育优质课程（2020年、2021年）、山东省本科教学改革研究项目（2022年）等。

感谢化学工业出版社的编辑，他们的支持促成了第二版的出版。

由于编者知识所限，尽管我们试图从更宽视野介绍分子模拟的应用，但书中选择的应用案例和实验操作案例多数还是来自编者的科研方向，因此仍有一定的局限性，不过我们仍然希望这些案例能够给予读者科研启发。书中编辑的实验过程等受软硬件限制，在模拟中不可避免会出现模型构建、模拟时间等方面的不匹配，希望读者给予指正。

书中部分分子模拟案例操作及后续分析运行脚本等，已于课程网站上公布，供读者参考。另有一些模拟实例和运行脚本以二维码呈现，读者可扫码查看。

苑世领
2022年5月

第一版前言

分子模拟经过几十年的发展，不论在基础理论还是在应用方面，都取得了巨大成就。目前分子模拟在化学、材料学、生命科学等领域引起了理论和实验工作者的广泛关注。山东大学理论化学研究所自 2003 年为硕士、博士研究生讲授分子模拟基本理论，2015 年又增加了上机实验操作内容，授课对象也扩至本科生。我们的课程讲义前后使用十余年，历经多次内容更新。其中早年讲义中的部分章节得到了山东大学蔡政亭教授的逐字斟酌润色，这为此书出版打下了基础。本书是在山东大学理论化学研究所多位老师多年授课所使用讲义的基础上整理而成的。

本书分基础理论和实验两部分，其中基础理论部分为教师和研究生、本科生学习和参考用书，实验部分可供学生上机实习使用。理论部分包括 9 章内容：第 1 章简单说明分子模拟的发展历史及其相关概念；第 2 章为分子模拟中的统计力学基础；第 3 章主要包括各个力场的组成形式和应用范围；第 4 章讨论了能量最小化方法；第 5 章是本书的重点，主要阐述分子动力学和 Monte Carlo 方法中作用力和势函数的处理方法；第 6 章和第 7 章分别讲述了 Monte Carlo 和分子动力学方法的原理及在不同系综中的应用；第 8 章列举了现在流行的两种介观模拟方法；前八章重点阐述的是分子力学部分。第 9 章简单介绍了量子力学的基本概念，此部分内容主要参考了山东大学冯大诚教授编写的量子化学讲义。实验部分包括 9 个典型的计算化学实验，对化学中的热点科学问题进行计算模拟，涵盖了无机、有机、分析、高分子等多个学科领域，可作为基础理论学习后的实践练习；采用的方法包含了当前应用广泛的电子相关理论、密度泛函理论、分子力学、分子动力学、Monte Carlo 和介观模拟等；每个实验后均有相应的习题，供学生练习和巩固知识。实验部分为研究生和本科生的重点学习内容。

虽然在编写过程中花费了不少精力，但是由于笔者知识和能力所限，主要素材期刊文献来源较多，需要分析、归纳和统一，因此疏漏之处不可避免，敬请读者批评指正。编著者科研方向为胶体化学中的分子模拟，因此书中的案例（相关文献）多来自于胶体化学及相关杂志，视野略显狭窄，但是希望以此为例对其他相关专业有借鉴作用。诚请读者多提宝贵意见。

编著者

2016 年 5 月

目 录

第一篇 分子模拟原理 /1

第二篇 分子模拟实验 / 259

第一篇

分子模拟原理

第1章 绪 论

1.1 分子模拟基本概念

分子及其聚集体（介观及宏观体系）是化学世界的行为实体。分子的组成可区分为电子、原子、基团和链段等，其相互作用和外场的影响决定着实体的静态（平衡态）和动态（化学反应）行为。根据力学原理，相互作用和外场可由势函数表征，将势函数代入运动方程求其解，原则上可推出所研究实体的静态或动态性质。例如，由电子与核的库仑吸引势，可严格解出氢原子的薛定谔方程，指认并阐明其光谱系。随着计算机的普及和现代量子化学方法的显著进展，各种等级的计算程序进入市场，为化学家解释并预测分子结构和性质、阐述化学反应机理提供了强有力的工具。但是，量子化学计算是以求解电子运动方程为基础的，它的计算量随电子数呈指数形式增加，因而机时长、费用昂贵，不适于电子数过多的大分子和聚集体体系。

另一种重要的计算方法是分子力学（molecular mechanics）。分子力学以分子“模型”（“模型”代表一种近似描述）为基础，采用经验势函数表征结构单元之间的相互作用；通过求解牛顿运动方程，描绘出实体相点的运动轨迹，从中筛选出能量极值点和相应的分子构象，计算平衡和非平衡性质。计算过程是由计算机执行完成的，称为分子性质的计算机模拟，简称分子模拟。计算结果的优劣直接受控于分子模型的合理性和势函数的可靠性。采用大结构单元的分子模型，可以有效地简化计算，大幅度缩短机时，但计算结果的可靠性事前往往难以估计，必须与实验结果对比检验后，才能确定是否能被接受。当理论计算与实验数据总体符合良好时，才有可能进一步运用这一模拟技术提供更多的预测数据来指导实验。

经验表明，分子模拟在很多应用领域都是成功的。例如，在胶体化学中，甚至“短”的模拟（例如纳秒级的时间间隔），采用比较简单化的模型（如表面活性剂珠子谐振动模型）或预组装（pre-organized）结构［如约束化聚集体（constrained aggregates）］，都能为实验提供一些有用的指导，如聚集体的大小、形状、结构、表面强度等，同时也能帮助澄清一些实验现象。在一些实验难以进行的情况下，模拟技术更能体现出其优越性，如高温或高压条件的模拟能够提供众多有益的信息。再如，对表面活性剂自组装的模拟能够洞察许多基本物理过程，像表面波动形态、结构和动力学、表面膜上的相转移等。

在模拟计算与实验结果的对比中，将大量实验数据统一进行归纳分析，找出规律性，深化了对物质的性质-结构关系以及化学物理变化的动态演化过程的认识，这一点尤为重要。

分子模拟技术已经发展成为化学、物理学、生命科学、材料学等多个领域的科学家强有力的研究手段。他们认识到，先进行模拟计算再进行实验，往往能够减少盲目性，增强自觉性，节约成本和时间，取得事半功倍的效果。分子模拟本身也在发展之中，主要是在建模和计算方法方面，完全可以预期，在未来的科学实验中，分子模拟技术将发挥越来越重要的作用。

分子模拟方法主要包括分子动力学（molecular dynamics，MD）方法和蒙特卡罗（Monte Carlo，MC）方法，前者是通过体系中分子坐标的变化来计算分子之间的能量或者相互作用力。分子模拟创始者的最初想法是运用统计力学原理和方法，求解体系的统计平均结果，因此分子模拟也可以称作计算统计力学（computational statistical mechanics）方法。在分子模拟中，理论模型决定着模拟结果是否可靠，同时又通过实验数据和模拟结果的对比来确定模拟或者模型的准确性。我们可以采用合理的理论模型，通过运行计算机程序描述分子的行为，然后通过统计平均来确定体系的宏观性质。如果模拟结果和实验数据之间差距很大，可以认为选择代表分子行为的聚集模型存在缺陷。

图 1.1 示出了理论（theory）、模拟（simulation）和实验（experiment）三者之间的关系，它们相互补充、相互提供信息和数据。严格意义上讲，从模型到模拟的过程借助了数学表达式。我们可以认为存在这样的一个过程：理论模型（由从头算、理论、启发性方法、经验方法建立）→数学模型（用自变量、因变量、状态方程、运动方程、各个参数等描述）→模拟计算（由边界条件、初始条件、算法、求解及结果组成）。而模拟结果和实验数据之间的关系需要通过理论加以证明。简而言之，理论模型是由抽象理论和程序设计两方面的工作所组成，而所谓模拟仅仅是在一定条件下的程序执行过程和对结果的分析，是另外一种“计算机”实验。

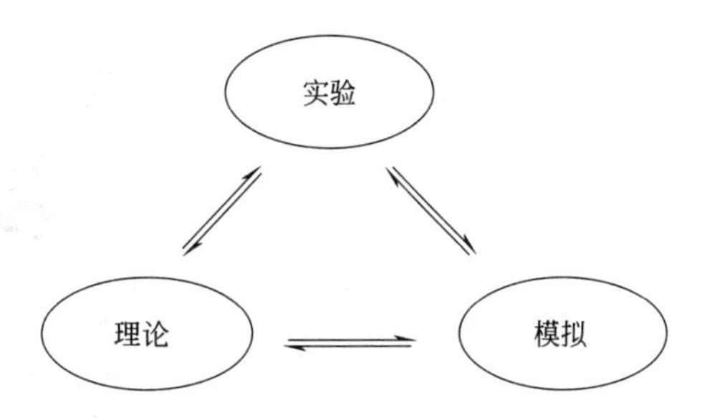

图 1.1　理论、模拟和实验三者之间的关系

分子模拟是随着计算机的发展而发展的。1953 年，Metropolis 在 Los Alamos 的 MAN-LC 计算机上完成的 Monte Carlo 模拟是分子模拟的开山之作。在整个 Monte Carlo 模拟过程中，会随机地产生各种尝试构象（trial configuration），通过计算这些尝试构象的能量，按照一定的规则接受或者拒绝这种构象变化，从而完成一个 Monte Carlo 模拟步骤。Alder 和 Wainwright 在 1957 年创立了分子动力学模拟方法。分子动力学方法的基本思想是分子间的作用力改变了分子坐标和动量，通过求解分子运动方程，得到体系的动力学信息。与 Monte Carlo 方法不同的是，分子动力学始终受时间控制。二者的最大区别是：分子动力学通过分子间作用力促使体系变化，而 Monte Carlo 方法则是通过不同构象之间的能量差异完成构象的更迭。

这两种模拟技术现在在各个领域都有广泛的应用。不妨在因特网上输入分子动力学或者 Monte Carlo 这样的关键词，你就会发现成千上万的信息呈现在眼前。当然，具体选择哪一种方法依赖于你所研究的体系性质。例如，如果想得到体系的含时动力学性质（time-dependent dynamics），分子动力学是最好的选择；而 Monte Carlo 更适合应用在非含时的统计平均计算方面，但它无法得到系统的动态信息（在以后的章节中会具体讨论二者的区别）。

1.1.1 坐标系

在分子模拟计算中，确定体系中原子或者分子的坐标是非常重要的。一般有两种坐标形式：一种是直角坐标（笛卡儿坐标，Cartesian coordinates）；另一种是内坐标（internal coordinates)，它是通过价键的连接关系和键长、键角及二面角来表示粒子位置的方法，通常被写作Z-矩阵的（Z-matrix）形式。在Z-矩阵中，每一个原子都占据一行，以乙烷分子为例，如图1.2所示（Leach，2001)，其Z-矩阵形式如下：

number	atom	bond/Å❶	*i*	angle/(°)	*j*	torsion/(°)	*k*
1	C						
2	C	1.54	1				
3	H	1.0	1	109.5	2		
4	H	1.0	2	109.5	1	180.0	3
5	H	1.0	1	109.5	2	60.0	4
6	H	1.0	2	109.5	1	−60.0	5
7	H	1.0	1	109.5	2	180.0	6
8	H	1.0	2	109.5	1	60.0	7

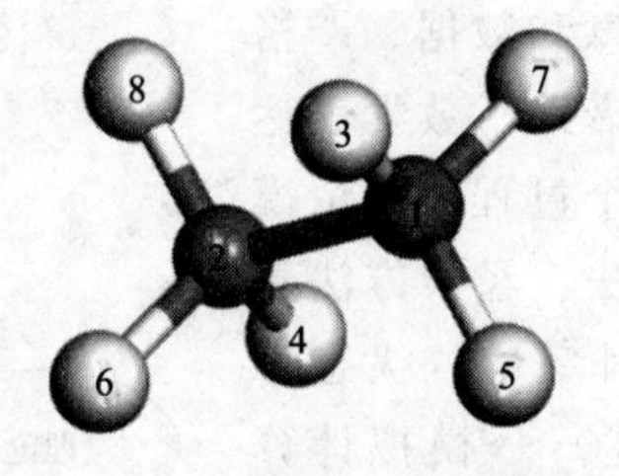

图1.2 乙烷分子的结构

在Z-矩阵的第一行，定义的第一个原子是碳原子C1；第二行，定义的第二个原子是碳原子C2，它距离C1 1.54Å（这个数值由第三、四列表示)；第三行，定义的第三个原子是氢原子H3，它距离C1 1.0Å，原子2-1-3之间形成的键角为109.5°（这个数值由第五、六列表示)；第四行，定义的是氢原子H4，它距离C2 1.0Å，形成的4-2-1键角为109.5°，二面角4-2-1-3为180°（由第七、八列表示)；依次类推。我们会发现，除了前面三个原子，每一个原子都有三个内坐标，即：与前面一个原子相连的键长（bond length)、与前面两个原子之间形成的键角（angle）和与前面三个原子之间形成的二面角（torsion angle或dihedral angle)。这里需要说明的是，如果分子只含3个原子，一般不会定义内坐标，而对复杂的分子，则首先定义第一个原子，确定第二个原子与第一个原子之间的距离，确定第三个原子与前面两个原子之间的距离和角度去定义这三个原子的坐标，等等。

直角坐标可以很容易转化为内坐标，反之也一样。很多图形转化软件都可以做到这一点，例如Gauss View、Molden、Viewlab等软件。通常，内坐标可以更方便地描述简单分子内原子之间的关系，而直角坐标更适合描述复杂分子聚集体中各个分子或原子的位置。在量子力学计算中多采用内坐标，而分子力学模拟中采用直角坐标可能更方便一些。

直角坐标和内坐标都是记录分子三维结构数据的字符格式，这种表达分子结构的字符格式方法并不唯一，纯粹人为定义，其最终的要求就是能够用计算机图形方法，把自定义的字符格式转变成唯一的结构。这样，常用的具体软件输入文件格式就会有很多种，具体参见表

---

❶ $1Å=10^{-10}m$。

1.1 中所列文献。它们大都采用 ASCII 码写成，所以把文件打开与分子结构对比就可以大致知道格式的写法。以下简单介绍一下常用的直角坐标和内坐标格式（陈敏伯，2009）。

表 1.1　输入文件的格式

name of input file	software/company	address of internet
.gif，.com	Gaussian03,Gauss View	www.gaussian.com/g_tech/g_ur/c_zmat.htm
.ent，.pdb	Protein Data Bank	www.wwpdb.org/docs.html
*.mol	MDL	http://mdl-information-systems-inc.software.informer.com/
*.mol2	Sybyl Mol2 format	www.certata.com

1.1.2　分子图形

分子图形（molecular graphics）在分子模拟中有着非常重要的作用，它可以使分子模拟的结果更生动、更直观地表示体系的静态性质和动态过程。分子图形和理论方法的合理利用有助于解释和分析模拟结果。

分子图形从最初的点（dot）、线（line）的表示方法，发展到了现在的线、棒（stick）、球棒（ball and stick）、CPK（Corey-Pauling-Koltun）、多面体（polyhedron）、蛋白质的卡通（cartoon）和飘带（ribbon）等多种表示形态，再加上对图形的色彩处理和强度对比，能够在二维的计算机屏幕上更加生动地增加分子聚集体的立体感，极大地丰富了分子模拟的计算成果。特别重要的是通过这些图形处理，可以更容易获得定量信息，如两个原子之间的距离、分子体积和表面积等（分子面积的求算见 1.1.3 小节）。图 1.3 给出了常见图形软件描绘的各种图形。

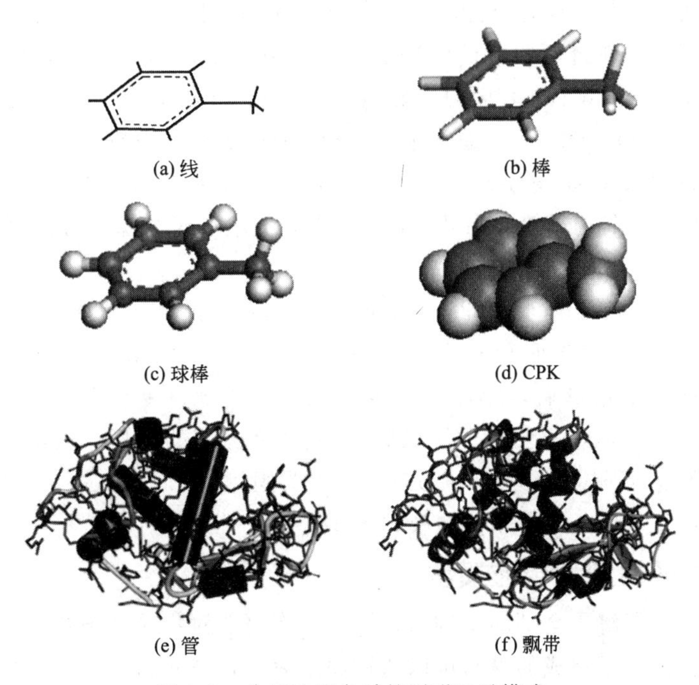

图 1.3　分子和蛋白质的图形显示模式

1.1.3 分子表面

分子模拟必然要涉及两个或者多个分子之间的非键相互作用。通常，这种非键相互作用是通过 van der Waals 表面、分子表面（molecular surface）或可接触面（accessible surface）之间的相互作用来表示的。图 1.4 是不同分子表面示意图（Leach，2001）。

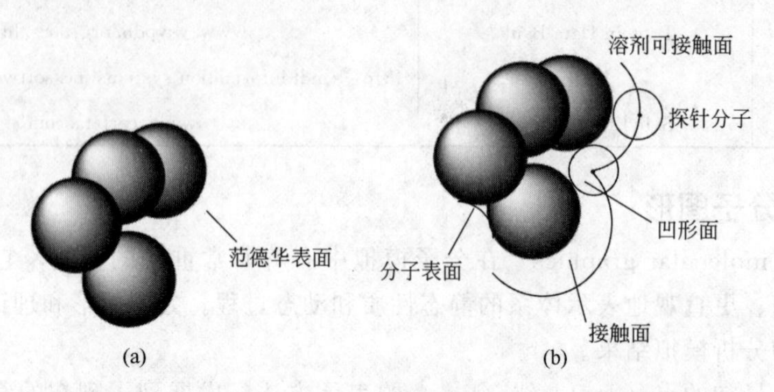

图 1.4　分子的 van der Waals 表面及分子表面、接触面和凹形面
（后三种表面由 1.4Å 水分子的探针球在 van der Waals 表面滚动的轨迹形成）

van der Waals 表面是由各个原子的 van der Waals 球重叠而成［图 1.4(a)］，相应的就是 CPK 或者空间填充（space-filling）模型。当一个探针分子（probe molecule，代表一个小的 van der Waals 球）在一个较大的 van der Waals 分子表面上滚动时，在 van der Waals 分子表面上会存在探针分子不能达到的角落或称“死空间”（dead space）。可以预见，探针分子越小，这些所谓的死空间也就越小。所谓分子表面是探针分子在 van der Waals 表面上滚动时，探针分子运动轨迹所组成的内表面（inward-facing part）。它由两部分组成：一部分是探针分子与 van der Waals 表面的接触面（contact surface）；另一部分则是二者不能接触的凹形面（re-entrant surface）。通常选择水分子作为探针，其球形半径为 1.4Å。

分子可接触面（accessible surface）在分子模拟中的应用也很广，根据 Richards 的定义，分子可接触面是探针分子在 van der Waals 表面上滚动时由探针分子球心的运动轨迹所组成的表面。

根据上述定义，Connolly 在 1983 年用数学算法分别计算了分子表面和可接触面的面积，称之为 Connolly 分子表面和 Connolly 可接触面，这几种表面在分子模拟中有广泛应用。当给这些表面绘上色彩后，立体空间表面就会更直观、更生动。用 Materials Studio、Chemoffice、Discover Studio 等图形软件都能绘制非常漂亮的图形，通常采用点阵（dots）、网格（mesh）、不透明固体（opaque solid）、半透明固体（translucent solid）等形式表示分子的空间表面和体积。图 1.5 所示为树枝状分子。

1.1.4 原子模型和粗粒模型

可以想象只有在了解了全部的结构知识后，才有可能对物质分子的化学和物理性质做出准确详细的描述。由分子组成的材料可以通过原子表示，当然原子还可以继续分成原子核和电子。事实上，我们不太可能想象出一个描述物质结构非常准确的模型，而不得不在不同层次上做相应的近似。

应用最普遍的模型是原子球谐振动模型（ball-and-spring model），就是进行量子力学计

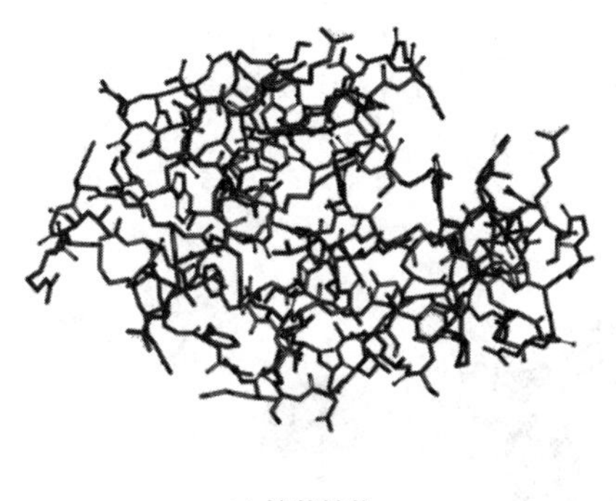

(a) 棒状结构

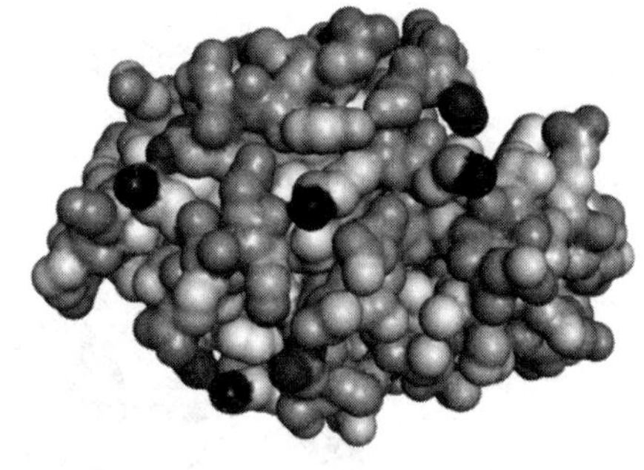

(b) van der Waals表面

图 1.5　树枝状分子（dendrimer）

算时所采用的原子模型。另外一个较简化的模型是进行分子力学模拟时所采用的原子模型，它不包括详细的电子信息，电子的作用是通过原子之间或者官能团上的化学键和键角的变化来体现的。这种情况下，系统的粒子数目比量子力学中采用的原子模型下降了一个数量级，例如碳原子就可以看作是由带有 6 个电子的一个原子核组成的简单粒子。利用分子轨道理论对电子结构所做的量子力学计算费时费力，但是对电子信息描述非常精准；用分子力学进行计算时仅仅考虑由键长、键角、二面角和非键相互作用引起的能量变化，其研究尺度大幅提高，更适合研究分子的聚集行为。两种模型提供的信息不同。

为了进一步减少粒子的数目，以相对地增大研究体系，有些近似方法采用了联合原子（united atom）的处理方式，此时的氢原子都附着在非氢的重原子上。例如，甲基（CH_3—）可以看作只是一个简单的粒子，而这个粒子的 van der Waals 半径和质量已经包含了氢原子。在模拟中采用这种简化的模型也能得到满意的结果，但相应的模拟粒子数目却下降至原来的 1/3～1/2，如聚乙烯中的亚甲基［—CH_2—］表示成了［—M—］，其中 M 表示亚甲基（—CH_2—），此时每条链上的粒子数目下降到了原来的 1/3，这样可以模拟更大的研究体系。

在粗粒模型中，相邻的联合体可以进一步简化成一个简单的粒子，例如对聚合物，可以把一个单体甚至数个单体用一个珠子（bead）代替，而珠子之间通过谐振动弹簧或者刚性棒相连。当然用这种方式处理后，无法讨论聚合物链上的键、键角或者其他类似的化学性质。这样的粗粒模型，略去了对化学键的详细描述，但却更能突出发生凝聚相变化时粒子与粒子之间的相互作用。

图 1.6 描述了磷脂分子从原子模型到粗粒模型（coarse-grain model）的变化。

1.1.5　模拟方法

利用商用或自编分子模拟程序，进行单分散或聚集体结构与性质的模拟，均需事先选取合适的分子模型，确认结构单元为原子、基团或链段等。结构单元小，空间或长度小，态的寿命短，体现的是较短时间尺度的行为及微观性质。相应地，增大结构单元的分子模型，求解力学方程给出较长时间内完成的实体行为，更能体现介观直至宏观性质。长度以米（m），时间以秒（s）为量度单位，并按 10^{-3} 为倍数缩小的间隔分成标准的等级：毫（m）10^{-3}，微（μ）10^{-6}，纳（n）10^{-9}，皮（p）10^{-12}，飞（f）10^{-15}。长度单位中以往也用埃（Å，10^{-10} m，10^{-1} nm），现在文献中仍然时常出现。

图 1.7 显示了表面活性剂溶液行为的分子模拟所需参考的时间和空间尺度关系（Shel-

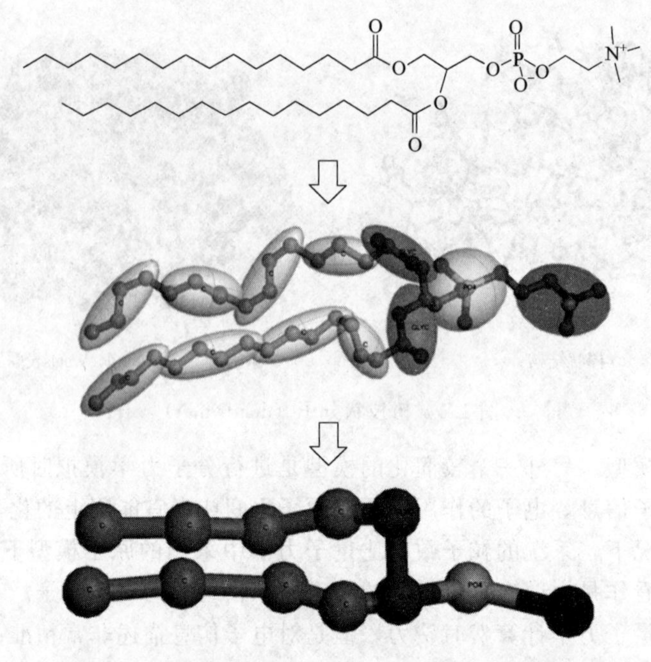

图 1.6　磷脂分子从原子模型到粗粒模型尺度变化

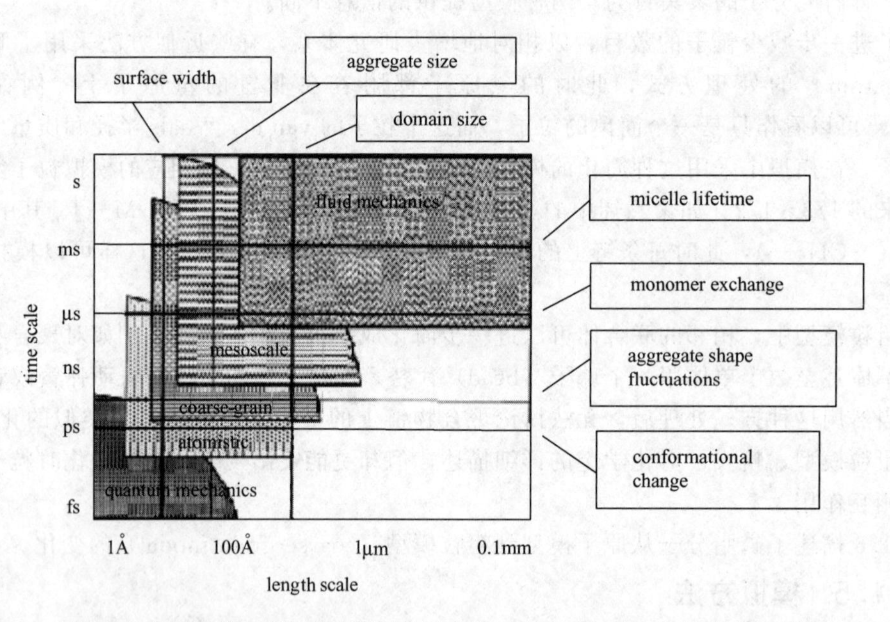

图 1.7　表面活性剂溶液中聚集体与动力学过程在时间和空间尺度上的关系

ley, 2000)。横坐标给出结构单元的空间尺度，纵坐标为相应的聚集体行为的时间尺度。如图 1.7 所示，空间尺度上表面宽度大约为 50Å，聚集体大小也在纳米数量级；四种聚集体行为的时间尺度有构象变化（皮秒级，ps）、聚集体外形涨落（纳秒级，ns）、单体交换（微秒级，μs）以及胶束平均寿命（毫秒级，ms）。图中说明了各种等级的计算机模拟方法适用的时间范围。显然，量子力学模拟只适于处理很小的结构单元，空间尺度为 1Å～100Å，对应的微观行为的时间范围为 1fs～1ns。原子模拟（atomic）、粗粒模拟（coarse-grain）和介观模拟（mesoscopic）中，结构单元被逐步放大，目的是处理更长时间间隔内产生的各种现象，这些内容将在后面分别阐述。流体力学（fluid mechanics）的宏观计算不在本书研究范围。

重要的是针对不同的目的，选择合适等级的模拟。例如，化学反应发生（成键或断键）的时间尺度是飞秒，必须进行量子力学计算，而不可能选择原子模拟或粗粒模拟；大分子构象变化发生在皮秒间隔，可采用原子模拟或粗粒模拟，而采用量子力学方法计算，会受到模拟最小单位的限制，现有计算机的功能无法满足。综合考虑，为了获得一个模拟体系更完整的微观到介观的计算信息，必须根据实体行为的时空尺度选用不同等级的处理方法，预测研究体系的静态或动态性质，从中分析、概括出有规律的结论。以此与可利用的实验数据或现象对比，检测模型理论中的假设、概念和近似处理等的合理性。

1.2 分子模拟发展史

1.2.1 早期的刚性球势和 Lennard-Jones 势

早期的分子模拟工作限于刚性球（hard spheres）势或者 Lennard-Jones 势，直到现在，Lennard-Jones 势仍然是应用最广的分子间势能函数。Metropolis（1953）研究了如何采用 Monte Carlo 方法计算二维平面下刚性球的性质，更有意义的是，他引进了重要抽样（importance sampling）和周期边界条件（periodic boundary condition）；后来 Wood 和 Parker（1957）在 Monte Carlo 模拟中首次应用了 Lennard-Jones 势函数，还计算了由周期边界条件引起的最近镜像转换下的势能。

Alder 和 Wainweight（1957）首次报道了刚性球的分子动力学模拟，所得数据与 Monte Carlo 模拟结果相一致，这就确定了这两种模拟方法并驾齐驱的地位。Rahman 在 1965 年首次将 Lennard-Jones 势应用于分子动力学模拟。Verlet（1967）则引进邻近列表（neighbor list）方法以提高对 Lennard-Jones 势函数下动力学方程的求解速度。现在，Verlet 算法和后续的改进算法已经得到了广泛应用，1971 年报道的预测-校正（predictor-corrector）积分方法就是其中的一个代表（Gear，1971）。

1.2.2 小的非极性分子

从最初的单原子（或粒子）模型到双原子和多原子分子模型，是分子模拟的自然发展。Harp 和 Berne（1968）最早在分子动力学模拟中采用双原子模型，在这种模型中仅需要考虑分子内原子之间的相互作用。通常采用点-点近似方法（site-site approximation）（Singer，1977），点-点距离即实际分子中原子核之间的距离。如氮气分子，用 Lennard-Jones 势函数表示氮原子间的相互作用，这种处理方式成功地获得了氮气分子体系的平衡性质和动态性质（Cheung，1975）。

对多原子分子体系的分子动力学模拟，在求解运动方程时需要考虑如何表示振动和转动自由度。在多数情况下，忽略分子振动时，把分子看成刚性球是可以的。对于刚性分子，Euler 角随时间的变化会引起一些麻烦。通常，解决这一麻烦的途径是：对小分子，采用四元数表示法（quaternions approach）（Evans，1977）；对于大的柔性分子，则采用约束方法（constraint method）（Ciccotti，1982）。但是对于多原子分子的 Monte Carlo 模拟不会遇到这样的麻烦问题。

1.2.3 极性分子和离子

极性分子或者离子之间的相互作用属于长程作用，长程力按照指数形式随距离的增加而递减，离子-离子、偶极-偶极之间的势能分别按 r^{-1}、r^{-3} 的关系递减。由于这种相互作用距离已经超出了模拟格子的大小，因此需要用特殊的技术进行处理。

对于离子体系，库仑相互作用可以通过 Ewald 加和法（Ewald sum，Nose，1983）或者反应场方法（reaction filed，Baker，1969）进行处理，粒子-粒子和粒子-网格方法（particle-particle and particle-mesh，PPPM，Eastwood，1980）也非常有效。快速多极法（Fast multipole methods，FMM，Greengard，1987）可以处理上万个原子组成的体系。Ewald 加和法还可以处理偶极-偶极相互作用（Adams，1976）。

1.2.4 链分子和聚合物

相对于原子或多原子分子，长链分子或者聚合物的模拟会麻烦一些，在分子动力学模拟中必须考虑分子链旋转的影响。用分子动力学模拟方法处理的体系由简单到复杂，如先处理丁烷分子（Ryckaert，1978），逐步扩展到了十二烷（Morriess，1991）等。用 Monte Carlo 方法也对这些体系做了模拟计算。偏构象 Monte Carlo 方法（configurational-bias，Siepmann，1992）可以对长链分子进行模拟，对于星状、树枝状分子的模拟也不断出现。

1.2.5 分子模拟中的系综

Metropolis（1953）所做的 Monte Carlo 模拟采用了正则系综（NVT）。由于重要抽样（importance sampling）方法可以产生多种情况下的 Markov 链，因此 Monte Carlo 方法比较容易扩展到其他系综。McDonald（1972）采用恒温恒压系综（NPT）研究了两元混合物，Valleau 和 Cohen（1980）创建了巨正则系综（μVT）。系综之间的转化，除了标记粒子坐标以外，还需要确定一个新的固定参数，如恒温恒压系综是体积，而巨正则系综是粒子数等。1991 年 Ray 发展了微正则系综（NVE）。

在分子动力学模拟中，运动方程的积分自然采用微正则系综（NVE）。Andersen（1980）引入额外的自由度在恒温或恒压下进行了分子动力学模拟计算。Nose（1984）把温度加入体系的 Hamiltonian 函数中，而 Lo 和 Palmer（1995）把这种 Hamiltonian 函数应用到了巨正则系综中。

1.2.6 多体相互作用

现行的计算机模拟方法几乎都使用分子间的成对相互作用，很少考虑三体或多体相互作用（many-body interactions）。如果是含有 N 个组分的体系，对于多体相互作用（例如 m 体），其计算量按照 N^m 递增。对于简单的键长、键角和二面角等成键相互作用的计算量与原子数 N 成倍数关系，而非键相互作用则随 N^2 增加，这可以解释成有 $N(N-1)/2$ 个可区分的成对相互作用，N 很大时，$N(N-1)/2 \approx N^2$。但是对于三体相互作用来说，有 $N(N-1)(N-2)/6$ 个相互作用项，N 很大时，$N(N-1)(N-2)/6 \approx N^3$。如含有 1000 个原子的体系，模拟中会包括 499500 个成对相互作用和 166167000 个三体相互作用。一般而言，三体相互作用约为成对相互作用数的 $N/3$ 倍，因此通常不考虑三体或多体相互作用。

三体势最早报道于 1943 年（Axilrod 和 Teller，1943），Barker 发现 Axilrod-Teller 势对整个液态氩的贡献占到 5%～10%（Barker，1971），Monson（1983）发现对于双原子分子体系，三体势也非常重要。从单原子氩气分子到水分子等体系，多体势的研究一直在持续。

1.2.7 非平衡分子动力学模拟

在实验上可以通过原子力显微镜（atomic force microscopy，AFM）、光钳（optical tweezers）和生物膜力探针（biomembrane force probe）等技术对单个分子施加外力，以了解分子间结合特性以及它们对外界干扰的反映。受此实验启发，美国 UIUC 大学理论物理研究小组和德国马普生物物理研究小组发展了拉伸分子动力学方法（steered molecular dynamics，SMD）（Izrailev，1998）。通过施加一个外在的简谐势来模拟 AFM 的力探针，根据力探针加速下配体动态解离过程中的力随解离坐标的变化，就可以定性地分析受体与配体间的相互作用、结构与功能的关系等，还可以定量地计算复合物之间的结合能。

拉伸分子动力学方法最初模拟原子力显微镜单分子操作过程，在分子动力学模拟过程中沿给定方向施加一外力（或谐振势）于配体或蛋白质某一部分，加速配体解离（或结合）或蛋白质构象变化的进程。选择的外力有两种模式：一种是等外力；另一种是等速度。前者通过速度随解离时间的变化来体现解离过程中的动态变化，通过力沿着坐标（通过速度和时间的复杂关系计算）的积分来定量受体与配体之间的结合能；后者通过力随时间的变化来体现解离过程中的动态变化，而受体与配体之间的结合能通过所记录的力沿解离坐标（时间乘速度的线性计算）的积分就可以得到。现在后一种模式应用更广泛。

拉伸分子动力学方法和应用主要是由 Schulten 和 Grubmüller 研究小组发展的。目前采用这种模拟方法的程序包括 NAMD、EGO、CHARMM 和 Gromacs 等，现在 SMD 方法在各个领域都有应用。

1.3 分子模拟软件和资源

执行一个分子模拟计算，需要选择合适的分子模拟程序。迄今为止，可供选择的分子模拟软件非常多，包括对简单分子的计算到复杂体系的模拟，各种方法的软件包已经涵盖各行各业，但是很难确切地评判哪种软件更优秀。如果从软件的理论基础分类，大体可以将其分为三类：一是以从头算（*ab initio*）量子力学为基础的软件，如 Gaussian 系列；二是以半经验（semi-empirical）量子力学为理论的软件，如 MOPAC、ZINDO 等；三是以分子力学为理论基础的模拟软件，如 Gromacs、AMBER 等。这些软件之中有些是商业软件，有些可以从网上免费下载。就研究体系而言，这些软件可以满足从原子层次、分子层次到介观层次多级别的模拟计算。

从操作系统来说，分子模拟软件可以分为两类，一类是 Windows 操作系统下的软件；另一类是 Linux 或者 Unix 操作系统下的软件。现在越来越多的软件采用 Linux 操作系统，而很多软件在两个操作系统下都可以运行，如 AMBER、Gromacs 等。从编制的语言可以分为 FORTRAN、C 语言等。需要说明的是，对于分子模拟而言，严格意义上讲包括了上面提到的从头算、半经验方法，但是多数情况下更是指以分子力学为理论基础的模拟方法，因此本书中对量子力学部分只是在第 10 章做了简单介绍，并未详细讨论。

下面根据分子模拟的具体功能来介绍有关的方法和部分软件。

(1) 三维（3D）分子结构的检索

通过检索数据库可以获得实验测得的 3D 分子结构数据。例如，蛋白质结构数据库（如 PDB）可获得生物大分子的 3D 结构实验数据（www.rcsb.org），剑桥结构数据库（CSDS）

可得到有机小分子及有机金属晶体结构的实验数据（www.ccdc.cam.ac.uk），英国伦敦大学开发的 PDBsum 蛋白质数据库（http://www.ebi.ac.uk/thornton-srv/databases/pdbsum/）等。

蛋白质结构数据库（Protein Data Bank，PDB）是美国纽约 Brookhaven 国家实验室于1971年创建的。为适应结构基因组和生物信息学研究的需要，1998年10月由美国国家科学基金委员会、能源部和卫生研究院资助，成立了结构生物学合作研究协会（Research Collaboratory for Structural Bioinformatics，RCSB）。目前 PDB 数据库改由 RCSB 管理，主要成员为拉特格斯大学（Rutgers University）、圣地亚哥超级计算中心（San Diego Supercomputer Center，SDSC）和国家标准化研究所（National Institutes of Standards and Technology，NIST）。PDB 是最大的收集生物大分子（蛋白质、核酸和糖）三维结构的数据库，它是通过 X 射线单晶衍射、核磁共振、电子衍射等实验手段确定蛋白质、多糖、核酸、病毒等生物大分子的三维结构的数据库。随着晶体衍射技术的不断改进，结构测定的速度和精度也逐步提高。20世纪90年代以来，多维核磁共振溶液构象测定方法逐渐成熟，使那些难以结晶的蛋白质分子的结构测定成为可能，目前蛋白质分子结构数据库的数据量迅速上升。在 PDB 的服务器上还提供与结构生物学相关的多种免费软件如 Rasmol、Mage、PDBBrowser、3DB Brower 等。

剑桥结构数据库（Cambridge Structural Database System，CSDS）是由剑桥晶体数据中心（Cambridge Crystallographic Data Centre，CCDC）发展的基于 X 射线和中子衍射实验唯一的小分子及金属有机分子晶体的结构数据库。CSDS 基本上包括已发表的所有原子个数（包括氢原子）在500以内的有机及金属有机化合物晶体数据，并对收集的数据进行严格评审。随着 PDB 和 NDB（Nucleic Acid Database，核酸结构数据库）的快速发展，CSDS 不再包括低核苷酸的数据，但增加了高分子的数据。CSDS 包括功能完整的应用软件，不仅具有数十种可查询化合物的方法，还提供了分子结构信息统计方法和三维图像演示方法，以帮助研究人员寻找、观察、分析和总结有关的化合物信息。CSDS 软件分为基本软件系统和图形软件系统。CSDS 每年有三次数据更新，用户可以从 CCDC 网页上下载新的数据。表1.2中列出了一些常见的化学结构数据库。

表 1.2　部分化学结构数据库

name	address of internet	comments
PDB	http://www.rcsb.org	Powered by the Protein Data Bank archive-information about the 3D shapes of proteins, nucleic acids and complex assemblies that helps students and researchers understand all aspects of biomedicine and agriculture, from protein synthesis to health and disease
COD	http://www.crystallography.net	Open-access collection of crystal structures of organic, inorganic, metal-organic compounds and minerals, excluding biopolymers
CSD	http://www.ccdc.cam.ac.uk/products/csd/	Cambridge Structural Database, for small-molecule organic and metal-organic crystal structures. Containing over one million structures from x-ray and neutron diffraction analyses, this unique database of accurate 3D structures has become an essential resource to scientists around the world

name	address of internet	comments
ZINC	http://zinc. docking. org	A free database of commercially-available compounds for virtual screening. ZINC contains over 230 million purchasable compounds in ready-to-dock 3D formats, and 750 million purchasable compounds you can research for analogs in under a minute
SCOP	http://scop. mrc-lmb. cam. ac. uk	To provide a detailed and comprehensive description of the structural and evolutionary relationships between all protein whose structure is known, and a broad survey of all known protein folds, detailed information about the close relatives of any particular protein
ChEMBL	https://www. ebi. ac. uk/chembl/	A manually curated database of bioactive molecules with drug-like properties. It brings together chemical, bioactivity and genomic data to aid the translation of genomic information into effective new drugs
ChemSpider	http://www. chemspider. com/	A free chemical structure database providing fast text and structure search access to over 100 million structures from hundreds of data sources
SpringerMaterials	https://materials. springer. com	A comprehensive database for identifying materials properties which covers data from materials science, physics, physical and inorganic chemistry, engineering and other related field, including interactive graphs, dynamic data tables, and side-by-side comparisons of materials or properties
IUPAC Recommendations and Database	https://iupac. org/what-we-do/databases/	International Union of Pure and Applied Chemistry, including Organic & Biochemical Nomenclature, biochemical, thermodynamics et al

(2) 3D 分子结构的显示

显示分子的 3D 结构是分子模拟过程中最基本的功能，目前的商业软件一般都包括这样的功能。一些免费的 3D 结构显示软件已被广泛地使用，例如 2D→3D 交互功能很强的 KineMage、RasMol 软件都具有良好的 3D 显示效果，目前已经实现了通过网络远程显示 3D 分子结构，同时 RasMol 软件也可以作为浏览器插件使用（www. openRasmol. org）；WebLab ViewPro 软件是一个智能化的分子结构可视平台，它提供了许多显示分子结构的方式，也可以把分子图形插入到微软 word 文件中；Chem3D 可观察分子表面、轨道、静电势场等。类似软件还有 ChemDraw、ChemProp 等。

RasMol 软件是一个观察蛋白质、核酸和小分子结构的分子观察程序，它能够显示和生成高质量的分子图像文件。通过读入分子坐标文件，在屏幕上按各种配色方案和分子显示模型交互显示分子，其显示模型有点线模式、棍棒模式、球体模式、球棍模式、成带模式、网带模式、板带模式，原子标记和点状表面模式等。

(3) 分子叠合

计算机辅助药物分子设计过程中，有关 QSAR 和 QSPR 计算时，常需要通过分子叠合来比较同系分子，一些著名商业软件都包含分子叠合模块，如 Tripos 公司的 GASP 程序。

GASP 采用遗传算法，能够自动进行构象柔性变化并显示分子的药效团模型。即使没有受体的三维结构，也可以从配体的结合位点推断出模型的活性位点。GASP 能够去识别不同分子间相应的官能团并在与受体结合的公共几何排列上进行叠合。对于一系列配体，GASP 自动识别可旋转键和药效团元素，比如环和潜在的氢键位点。染色体种群随机自动生成，每个染色体表示所有分子可能的一种叠合。染色体将旋转键的扭转设置和分子间元素映射进行编码。局部叠合的匹配打分主要由三部分权重加和：元素覆盖的数量和相似性，所有分子的公共体积和每个分子内部的范德华能量。GASP 能产生几种不同系列的叠合以及与它们相关的药效团元素。

(4) 分子间相互作用及分子对接

研究分子之间，特别是生物分子复合物（如药物与受体）之间的相互作用非常重要，但非常困难。例如，用量子化学方法研究分子间的相互作用还只能在较小的分子体系中进行。利用分子对接技术研究配体分子与蛋白质之间的作用是一种常用的方法，一些著名商业软件如 Tripos 公司的 Alchemy 2000、美国 Scripps 研究所开发的 AutoDock 软件（autodock. scripps. edu）等，都包括分子对接模块。

Autodock 是一款开源的分子模拟软件，最主要应用于执行配体-蛋白分子对接。它由 Scripps 研究所的 Olson 实验室开发与维护。另外，其用户图形化界面（GUI）工具为 AutoDock Vina。该程序特别适用于计算机辅助药物设计领域，为科研工作者提供一种计算工具，帮助他们研究生物大分子（蛋白质）与小分子（配体）复合物的相互作用。AutoDock 软件由 AutoGrid 和 AutoDock 两个程序组成，其中 AutoGrid 主要负责格点中相关能量的计算，而 AutoDock 则负责构象搜索及评价。

(5) 能量计算与最小化

能量的计算方法主要有三种，即从头算法、半经验方法、分子力学方法。用分子力学方法计算有机物的能量主要基于力场，如 Allinger 的 MM2 和 MM3 力场，多个公司的软件采用了这种力场形式。Oxford Molecular 公司的 CAChe、CambridgeSoft 公司的 Chem3D 采用了改进的 MM2 力场，Tripos 公司的 Alchemy 2000 则采用 MM3 力场。最广泛应用于生物大分子的力场是 Kollman 公司的 AMBER 和 Karplus 公司的 CHARMM。半经验方法中较著名的软件有 MOPAC 以及 Oxford Molecular 中可计算溶液体系的 AMSOL 软件等。从头算法应用最广的软件是 Gaussian 系列，由 Gaussian Inc. 开发。这类程序多数有很多版本，Internet 上也有一些免费程序，请参见 ChIN、CCL 等网页的化学软件目录。但是，由于算法的复杂性，严格评判这些软件的可靠性还比较困难。

(6) 构象搜索

采用经典力场通过最小化算法优化分子的结构是最通用的方法，其局限性在于容易陷入局部最小，因而发展了许多搜索构象的方法。常用的构象搜索方法有系统搜索、分子动力学、Monte Carlo、模拟退火等方法。

随着计算机性能的不断提高，特别是分子图形化软件的发展，计算化学软件运行的平台由超级计算机、工作站扩展到桌面系统（计算机）。计算化学软件的用户界面的友好性也得到不断改善。尽管多数计算化学软件需要操作者具备一定的专业背景，但是一些计算化学软件也已经发展到普通化学工作者也可以操作的程度。表 1.3 中列出了一些常见的计算及化学绘图软件。

表 1.3　部分计算及化学绘图软件

productions	address of internet	comments
ADF	http://www. scm. com/	A premium-quality quantum chemistry software package based on Density Functional Theory (DFT). ADF is particularly strong in understanding and predicting structure, reactivity (catalysis), and spectra of molecules. DFT calculations are easily prepared and analyzed with the integrated graphical user interface
CPMD	https://www. cpmd. org	The CPMD code is a parallelized plane wave / pseudopotential implementation of Density Functional Theory, particularly designed for *ab initio* molecular dynamics
GAMESS	https://www. msg. chem. iastate. edu/gamess/	GAMESS is a program for *ab initio* molecular quantum chemistry. Briefly, GAMESS can compute SCF wavefunctions ranging from RHF, ROHF, UHF, GVB, and MCSCF. Correlation corrections to these SCF wavefunctions include configuration interaction, second order perturbation theory, and coupled-cluster approaches, as well as the Density Functional Theory approximation
Gaussian	http://www. gaussian. com/	Gaussian 16 is the latest version of the Gaussian series of electronic structure programs. It provides a wide-ranging suite of the most advanced modeling capabilities available. You can use it to investigate the real-world chemical problems that interest you, in all of their complexity, even on modest computer hardware
MOLPRO	https://www. molpro. net	A comprehensive system of *ab initio* programs for advanced molecular electronic structure calculations. It comprises efficient and well parallelized programs for standard computational chemistry applications, such as DFT with a large choice of functionals, as well as state of the art high-level coupled-cluster and multi-reference wave function methods
NWChem	https://www. nwchem-sw. org	NWChem aims to provide its users with computational chemistry tools that are scalable both in their ability to treat large scientific computational chemistry problems efficiently, and in their use of available parallel computing resources from high-performance parallel supercomputers to conventional workstation clusters
Turbomole	https://www. turbomole. org	Program package for electronic structure calculations. All standard and state of the art methods for ground state calculations and excited state calculations at different levels
VASP	https://www. vasp. at	A computer program for atomic scale materials modelling, e. g. electronic structure calculations and quantum-mechanical molecular dynamics, from first principles. VASP computes an approximate solution to the many-body Schrödinger equation, either within DFT, solving the Kohn-Sham equations, or within the HF approximation, solving the Roothaan equations
AMBER	www. ambermd. org	A suite of biomolecular simulation programs. The term "Amber" refers to two things. First, it is a set of molecular mechanical force fields for the simulation of biomolecules (these force fields are in the public domain, and are used in a variety of simulation programs). Second, it is a package of molecular simulation programs which includes source code and demos

续表

productions	address of internet	comments
CHARMM	https://www.charmm.org/	One broad application to many-particle systems with a comprehensive set of energy functions, a variety of enhanced sampling methods, and support for multi-scale techniques including QM/MM, MM/CG, and a range of implicit solvent models. CHARMM primarily targets biological systems, and also finds broad applications for inorganic materials with applications in materials design
DL_POLY	https://www.scd.stfc.ac.uk/Pages/DL_POLY.aspx	A general purpose classical MD simulation software. DL_POLY_4 is supplied to individuals under an academic license, which is free of cost to academic scientists pursuing scientific research of a non-commercial nature
Gromacs	www.gromacs.org	A versatile package to perform molecular dynamics for biochemical molecules like proteins, lipids and nucleic acids or for non-biological systems like polymers. Gromacs supports all the usual algorithms you expect from a modern molecular dynamics implementation
LAMMPS	https://www.lammps.org	A classical molecular dynamics code, and an acronym for Large-scale Atomic/Molecular Massively Parallel Simulator. It has potentials for soft materials (biomolecules, polymers) and solid-state materials (metals, semiconductors) and coarse-grained or mesoscopic systems. The code is designed to be easy to modify or extend with new functionality
NAMD	http://www.ks.uiuc.edu/Research/namd/	A parallel molecular dynamics code designed for high-performance simulation of large biomolecular systems. NAMD uses the popular molecular graphics program VMD for simulation setup and trajectory analysis, but is also file-compatible with AMBER, CHARMM, and X-PLOR. NAMD is distributed free of charge with source code
TINKER	https://dasher.wustl.edu/tinker/	A complete and general package for molecular mechanics and dynamics, with some special features for biopolymers. Tinker has the ability to use any of several common parameter sets, such as AMBER, CHARMM, Allinger MM, OPLS, MMFF, AMOEBA polarizable atomic multipole force fields, AMOEBA+ that adds charge penetration effects, and new HIPPO force field
Materials Studio	https://www.3ds.com/products-services/biovia/	A complete modeling and simulation environment designed to allow researchers in materials science and chemistry to predict and understand the relationships of a material's atomic and molecular structure with its properties and behavior
CrystalMaker	www.crystalmaker.com	One elegant, powerful software for crystalline and molecular materials, about Crystal/Molecular Structures Modelling & Diffraction
Chemoffice	https://perkinelmerinformatics.com	A robust, comprehensive suite, purpose-built to simplify, facilitate, and accelerate chemistry communication. The cloud-native chemistry communication suite builds on the foundations of ChemDraw Professional and adds access to a powerful set of tools to enable scientific research
AutoDock	http://autodock.scripps.edu/	AutoDock is a suite of automated docking tools. It is designed to predict how small molecules, such as substrates or drug candidates, bind to a receptor of known 3D structure

productions	address of internet	comments
VMD	http://www. ks. uiuc. edu/Research/vmd/	VMD is a molecular visualization program for displaying, animating, and analyzing large biomolecular systems using 3D graphics and built-in scripting. VMD supports computers running MacOS X, Unix, or Windows, is distributed free of charge, and includes source code

1.4 分子模拟学习方法

坦率地讲，本书仍然是学习分子模拟的入门书籍。其中原理部分只是罗列了一些分子动力学、Monte Carlo 和介观模拟中所用到的公式或者简单的公式推导过程，并未涉及程序语言的编写；而实验操作部分涉及的主要软件 Materials Studio，是可视化 Windows 操作系统下的版本，少数几个 Gromacs、LAMMPS 软件模拟案例也给出了详细的命令步骤。书中叙述的原理和实际操作相对简单，方便读者短时间内懂得分子模拟能够做什么事情，帮助读者从无到有地跨过分子模拟的门槛（这也是本书的目的）。但是需要指出的是，如果单单懂得了这些操作还谈不上学会了分子模拟，只能说对分子模拟有了初步的认识，想要取得更大的提高，仍需进行专业性的训练。如何学好分子模拟，除了一般学习中行之有效的方法如要进行软件练习，抓住重点及时总结以外，针对分子模拟的特点，我们提出以下的几点建议供参考（前三条是关于分子模拟入门级的建议，后两条是专业性学习参考建议）。

（1）阅读大量相关领域文献

这里所说的文献既包括实验方面的文献也包括模拟计算方面的文献。之所以强调实验方面的文献，就是要让分子模拟学习者知道相关实验过程是如何进行的，只有知道了具体的实验细节，才能针对实验提出合理的问题，以此选择合适的模拟方法以解释这些实验现象，在此基础上构建合理的模拟模型。要懂得，模拟计算的基础来自于实验，如果不知道实验操作细节，单纯地进行模拟计算将得不到合理的结果，或者与实验结果相差甚远。另外强调查阅模拟计算方面的文献，在于让读者了解在相关领域内，我们的前辈们所采取的理论方法，包括选择何种力场、参数等，这些能让我们短时间内懂得针对不同的研究体系选择的不同理论软件和模型。例如要研究聚集诱导发光材料的光谱性质，我们只能采用量子力学方法，可供选择的是以求解薛定谔方程或 Kohn Sham 方程的从头算或 DFT 方法，如 Gaussian、DMol3 等软件；而要研究聚集诱导发光材料的聚集过程，我们需要选择的是以求解牛顿运动方程的分子动力学方法，如 Gromacs 软件，而不能用从头算软件。在分子尺度下重复“真实”的实验过程，需要知晓实际的实验过程细节，参考人们在相关领域所做的模拟计算工作，才能懂得模拟模型中的取舍，这些需要精读相关领域的实验和模拟两方面的文献。部分经典分子模拟书籍见表 1.4。

表 1.4 部分经典分子模拟书籍

title	authors	press
Computer Simulation of Liquids (2nd edition)	Michael P. Allen, Dominic J. Tildesley	Oxford University Press, 2017

续表

title	authors	press
Molecular Modelling: Principles and Applications(2nd edition)	Andrew R. Leach	Pearson Education Limited,2001
Understanding Molecular Simulation: From Algorithms to Applications	Daan Frenkel,Berend Smit	Academic Press,2001
The Art of Molecular Dynamics Simulation (2nd Edition)	D. C. Rapaport	Cambridge University Press,2004
Statistical Mechanics: Algorithms and Computations	Werner Krauth	Oxford University Press,2006
Introduction to Practice of Molecular Simulation-Molecular Dynamics,Monte Carlo,Brownian Dynamics,Lattice Boltzmann and Dissipative Particle Dynamics	Akira Satoh	Elsevier,2011
Introduction to Computational Chemistry (3rd edition)	Frank Jensen	Wiley,2017
Essentials of Computational Chemistry (2nd Edition)	Christopher J. Cramer	Wiley,2004

(2) 了解必要的分子模拟原理

书中重点介绍了分子动力学、Monte Carlo 和介观模拟的基本原理，需要读者有针对性的学习参考。分子动力学模拟求解的是牛顿运动方程，程序中涉及的周期边界条件、截断半径、积分算法等都是围绕如何更准、更快地完成方程的求解展开的，以模拟“真实”的实验过程，获取分子尺度、介观尺度下的信息；原理部分的学习，可以让读者懂得在不影响计算精度的情况下为了加快反应速度，可以约束键长而选择 RATTLE 方法，其原理在于在牛顿运动方程中再加入一个约束项；可以知道选择的截断半径不能超过模拟格子长度一半的原因；可以知道为什么在运行分子动力学模拟前要进行能量最小化；等等。Monte Carlo 模拟选择的是重要抽样方法，要懂得在程序中遇到 Metropolis 关键词，就是指重要抽样方法，与数学上的一般 Monte Carlo 方法有本质上的区别。介观动力学模拟（MesoDyn）中对聚氧乙烯聚氧丙烯嵌段共聚物拓扑结构划分原理，可以告诉读者如何从全原子模型到粗粒模型进行多尺度下的结构划分。这些具体的操作方法或者对某个参数的选择，只有对原理有了一定的了解才能知晓。

(3) 学习教学案例

学习软件中的教学案例是熟悉模拟计算的最快途径。模拟计算的载体就是软件，如果我们不自己编写程序那就选择合适的商业软件或者开源软件，以最短时间熟悉分子模拟过程。很多软件包括 Materials Studio、Gromacs 和 LAMMPS 等，在其官网上都有操作手册或者教学案例，可以按照教程仔细研读和操作。软件开发者精选的典型案例，需要学习者重复多次，这样才能够理解其中的参数意义以及研究背景。除了这种实际软件操作以外，还需要根据案例内容查阅文献，也就是重复上面的（1）和（2）部分，这样才能明白案例的实验背景，以及理论模型选择的初衷，逆向推理以理解案例模型的构建，举一反三，这样做能够达到事半功倍的效果。例如第 18 章中的固体材料表面吸附，学习者还需要查阅文献了解构建二氧化硅纳米孔道以模拟页岩微孔的背景，为了与实验相适应采用 Monte Carlo 方法和分子动力学方法相结合的方式讨论甲烷的吸附过程，只有理解了这些研究最初的思路才能理解案例分析的指导意义，否则就是照本宣科的重复操作，不会留下什么印象。

(4) **分析自编程序**

对模拟结果进行自编程序分析是学习分子模拟必不可少的环节。部分商业软件，如本书中重点阐述的 Materials Studio 程序，其结果分析手段固定。例如在 Forcite 模块中，运行平衡分子动力学模拟后，如果想分析围绕某个分子的空间分布函数，Analysis 对话框中并不存在这种分析方法。对于学习者来说，要么放弃这样的分析方法，要么再额外地增加分析手段，这就需要自己动手编辑程序，而且要增加与商业软件接口的导入导出，实际上增加了学习的难度。在部分开源软件中，如本书中提到的 Gromacs 和 LAMMPS 程序，增加了可编辑的接口程序，可方便地对接自编程序，得到理想分析结果。可以将前者比喻为傻瓜相机型，我们只需要按快门拍照，而后者则需要增加额外的镜头选景取景，这样的开源软件专业性会更强一些，也一定程度地提高了学习者的门槛，提高了专业分析水平。

(5) **实现求解过程的程序化**

推导理论公式做程序编译是专业提升的关键。以分子动力学模拟为例，相对于以求解薛定谔方程的量子力学方法，求解牛顿运动方程要简单多了，但是要实现求解过程的程序化仍然不容易。但是有时候也无需编译大规模的程序，很多的国外教材都有模块化的程序块，感兴趣的读者可以根据某个主题，例如针对静电相互作用的 Ewald 加和法，参考相关教材从最初的公式推导到完整的程序化，利用自编程序运行分子动力学或者进行后续分析，经历过这样的训练，对分子模拟的理解会有质的提升，最后达到专业水平。

最后需要说明一点，任何学习方法只有对愿意学习、自觉学习者有用，除了勤奋学习没有其他捷径可循。我们相信广大读者能够找出适合自己的学习方法，拓展分子模拟在相关领域中的应用。

参 考 文 献

[1] Adams D J. Calculating the low temperature vapour line by Monet Carlo. Mol Phys，1976，32：647.

[2] Alder B J，Wainwright T E. Phase transition for a hard sphere system. J Chem Phys，1957，27：1208-1209.

[3] Alder B J，Wainwright T E. Studies in molecular dynamics. Ⅰ. General method. J Chem Phys，1959，31：459-466.

[4] Andersen H C. Molecular dynamics simulations at constant pressure and temperature. J Chem Phys，1980，72：2384.

[5] Axilrod B M，Teller E. Interaction of the van der Waals' type between three atoms. J Chem Phys，1943，11：299.

[6] Baker J A，Fischer R A，Watts R O. Liquid argon：Monte Carlo and molecular dynamics calculations. Mol Phys，1971，21：657.

[7] Cheung P S Y，Powles J G. The properties of liquid nitrogen. Ⅳ. A computer simulation. Mol Phys，1975，30：921.

[8] Ciccotti G，Ferrario M，Ryckaert J P. Molecular dynamics of rigid systems in Cartesian coordinates. A general formulation. Mol Phys，1982，47：1253.

[9] Connolly M L. Solvent-accessible surfaces of proteins and nucleic acids. Science，1983，221：709-713.

[10] Connolly M L. Analytical molecular surface calculation. Journal of applied crystallography，1983，16：548-558.

[11] Computational Chemistry Lists（http://www. CCL. net）.

[12] Eastwood J W，Hockney R W，Lawrence D. P3M3DP——The three dimensional periodic particle-particle/particle-mesh program. Comp Phys Commun，1980，19：215.

[13] Evans D J，Murad S. Singularity free algorithm for molecular dynamics simulation of rigid polyatomics. Mol Phys，1977，34：327.

[14] Gear C W. Numerical initial value problems in ordinary differential equations. Englewood Cliffs：Pretice-Hall，1971.

[15] Greengard L，Rokhlin V. A fast algorithm for particle simulations. J Comput Phys，1987，73：325.

[16] Harp G D, Berne B J. Linear and angular momentum autocorrelation functions in diatomic liquids. J Chem Phys, 1968, 49: 1249.
[17] Izrailev S, Stempaniants S, Isralewitz B. Steered molecular dynamics//Deuhard P, Hermans J, Leimkuhler B. Computional molecular dynamics: challenges, methods, ideas, Volume 4 of lecture notes in computational science and engineering. Berlin: Spring-Verlag, 1998.
[18] Leach A R. Molecular modeling: principles and applications. Second edition. England: Person Education Limited, 2001.
[19] Lo C, Palmer B. Alternative Hamiltonian for molecular dynamics simulations in the grand canonical ensemble. J Chem Phys, 1995, 102: 925.
[20] Matthew F. Schecht, Molecular Modeling on PC. Wiley-VCH Publishers, 1998.
[21] Elord M J, Saykally R J. Many-body effects in intermolecular forces. Chem Rev, 1994, 94: 1975.
[22] Metropolis N, Rosenbluth A W, Rosenbluth M N, et al. Equation of state calculations by fast computing machines. J Chem Phys, 1953, 21: 1087.
[23] McDonald I R. NpT-ensemble Monte Carlo calculations for binary liquid mixtures. Mol Phys, 1972, 23: 41.
[24] Monson A P, Rigby M, Steele W A. Non-additive energy effects in molecular liquids. Mol Phys, 1983, 49: 893.
[25] Morriss G P, Daivis P J, Evans D J. The theology of n-alkanes: decane and eicosane. J Chem Phys, 1991, 94: 893.
[26] Nose S, Klein M L. Constant pressure molecular dynamics for molecular systems. Mol Phys, 1983, 50: 1055.
[27] Nose S. A unified formulation of the constant temperature molecular dynamics methods. J Chem Phys, 1984, 81: 511.
[28] Rahman A. Correlations in the motion of atoms in liquid argon. Phys Rev, 1965, 136: 405.
[29] Ray J R. Microcanonical ensemble Monte Carlo method. Phys Rev A, 1991, 44: 4061.
[30] Ryckaert J P, Bellemans A. Molecular dynamics of liquid alkanes. Chem Soc Faraday Discuss, 1978, 66: 95.
[31] Sadus R J. Molecular simulation of fluids: theory, algorithms and object-orientation. Elsevier Science B V, 1999.
[32] Shelley J C, Shelley M Y. Computer simulation of surfactant solutions. Current opinion in colloid and interface science, 2000, 5: 101.
[33] Siepmann J I, Frenkel D. Configurational-bias Monte Carlo: a new sampling scheme of reflexible chains. Mol Phys, 1992, 75: 59.
[34] Singer K, Taylor A, Singer J V L. Thermodynamic and structural properties of liquids modeled by '2-Lennard-Jones centres' pair potentials. Mol Phys, 1977, 33: 1757.
[35] Valleau J P, Cohen L K. Primitive model electrolytes. Ⅰ. Grand canonical Monte Carlo computations. J Chem Phys, 1980, 72: 5935.
[36] Verlet L. Computer "experiments" on classical fluids. Ⅰ. Thermodynamical properties of Lennard-Jones molecules. Phys Rev, 1967, 159: 98.
[37] Wood W W, Parker F R. Monte Carlo equation of state of molecules interacting with the Lennard-Jones potential. Ⅰ. A supercritical isotherm at about twice the critical temperature. J Chem Phys, 1957, 27: 720.
[38] 陈敏伯. 计算化学——从理论化学到分子模拟. 北京：科学出版社，2009.
[39] 朱维良，蒋华良，陈凯先，等. 分子间相互作用的量子化学研究方法. 化学进展，1999，11：247.

第2章 统计力学基础

统计力学是分子动力学和 Monte Carlo 方法的理论基础，因此分子模拟方法也称作计算统计力学（computational statistical mechanics）方法。以统计力学为基础的分子模拟可以准确地估计分子的性质，进而获取体系的宏观性质。

本章将简要介绍模拟程序中用到的统计力学基本理论；随后重点讨论粒子的运动所遵循的力学原理，包括牛顿（Newtonian）、拉格朗日（Lagrangian）和哈密顿（Hamiltonian）运动方程以及它们之间的关系。需要说明的是，牛顿方程主要适用于简单的原子体系，而后两者更适合于较复杂的体系。

2.1 统计力学基本原理

2.1.1 系综

分子模拟方法用统计力学原理来计算体系的性质。一个典型的分子模拟程序采用不同的算法来计算粒子的能量、作用力、分子排列等，而且所有的模拟工作都是在特定的统计力学系综中进行的。所谓系综（ensemble）是指由宏观性质完全相同而微观性质各不相同的大数目体系所组成的集合，因此一个系综是体系的全部微观态的化身，系综是一个概念工具。

统计力学认为，一个体系的宏观性质例如压力、密度等代表着所有量子态的统计平均。为了计算一个体系的宏观性质，需要定义一个系综。这个系综考虑的是大量研究体系所有量子态对某个宏观性质的贡献。例如，组成系综的每个体系都要有能够代表真实体系相同的温度、体积和分子数（NVT）。某个动力学性质 A 的系综平均就可以通过下式计算：

$$\langle A \rangle = \sum_i A_i p_i \tag{2.1}$$

式中，A_i 代表着在量子态 i 上性质 A 的数值；p_i 代表着第 i 个态出现的概率；$\langle\ \rangle$ 表示系综平均。真实体系的性质 A 时间平均即是性质 A 的系综平均：

$$A_{t=\infty} = \langle A \rangle \tag{2.2}$$

实际上，上述时间平均和系综平均的关系等式体现了各态经历假说（ergodic hypothesis）。

对 NVT 系综，概率 p_i 由下式计算：

$$p_i = \frac{e^{-\beta E_i(N,V)}}{Q_{NVT}} \tag{2.3}$$

式中，E 是能量；$\beta=1/(kT)$；Q_{NVT} 是配分函数。

$$Q_{NVT}=\sum_i e^{-\beta E_i(N,V)} \tag{2.4}$$

上述公式代表的是正则系综（canonical ensemble）。在不同的系综中，选择不同的宏观性质来讨论其概率。见表 2.1。

表 2.1　统计系综

ensemble	constraints	Q	p_i
microcanonical	N,V,E	$\sum_i \delta(E_i-E)$	$\dfrac{\delta(E_i-E)}{Q_{NVE}}$
canonical	N,V,T	$\sum_i e^{-\beta E_i(N,V)}$	$\dfrac{e^{-\beta E_i(N,V)}}{Q_{NVT}}$
grand canonical	μ,V,T	$\sum e^{\beta N_i \mu} Q_{NVT}$	$\dfrac{e^{-\beta(E_i-\mu V_i)}}{Q_{\mu VT}}$
isothermal-isobaric	N,P,T	$\sum_i e^{\beta PV_i} Q_{NVT}$	$\dfrac{e^{-\beta(E_i+PV_i)}}{Q_{NPT}}$

我们可以把表 2.1 中的系综分成两类：第一类是微正则系综、正则系综和恒温恒压系综，它们描述的是粒子数不发生变化的封闭体系（closed system）；第二类是巨正则系综，描述粒子数可以变化的敞开体系（open system）。但是在热力学约束条件下，所有的系综都是等价的，热力学函数在不同系综之间可以相互转化。对于一个模拟而言，选择何种系综取决于所研究的体系和最终所要求计算的信息。多数物理过程不涉及分子数目的变化，而且发生在恒温恒压或者恒温恒容条件下，因此，自然就会选择正则系综或者恒温恒压系综。

如果从配分函数考虑，每一个系综都对应着一个特征热力学函数，例如：

熵（微正则系综）：$S=k\ln Q_{NVE}$。

Helmholtz 自由能（正则系综）：$A=-kT\ln Q_{NVT}$。

Gibbs 自由能（恒温恒压系综）：$G=-kT\ln Q_{NPT}$。

压力（巨正则系综）：$PV=-kT\ln Q_{\mu VT}$。

2.1.2 热力学平均

(1) 能量

体系的总能量或者哈密顿（H）是动能和势能的系综平均的加和：

$$E=\langle E_{\mathrm{kin}}\rangle+\langle E_{\mathrm{pot}}\rangle \tag{2.5}$$

动能可以通过粒子的动量计算，而势能是各个分子间相互作用能量的总和。分子间相互作用涉及多体体系中成对相互作用，通过特定的分子间势函数进行计算。我们将在第 3 章详细讨论。

(2) 温度

在统计力学中，通过位力定理（virial theorem，也称维里定理）计算体系的温度。假设动量分量为 $\boldsymbol{p}_{\mathrm{k}}$，则：

$$\left\langle \boldsymbol{p}_{\mathrm{k}} \frac{\partial H}{\partial \boldsymbol{p}_{\mathrm{k}}}\right\rangle=kT \tag{2.6}$$

如果体系含有 N 个原子，每个原子含有三个自由度，温度表示为：

$$T=\frac{2\langle E_{\text{kin}}\rangle}{3Nk} \tag{2.7}$$

相应地，我们可以把温度 T 看成瞬时温度 T^*（instantaneous temperature）：

$$T^*=\frac{2E_{\text{kin}}}{3Nk} \tag{2.8}$$

式中，E_{kin} 为瞬时动能。

(3) 压力

压力也是通过位力定理进行计算的。把位力方程写成：

$$\left\langle \boldsymbol{q}_{\text{k}}\frac{\partial H}{\partial \boldsymbol{q}_{\text{k}}}\right\rangle=kT \tag{2.9}$$

式中，$\boldsymbol{q}_{\text{k}}$ 为坐标分量。

通过上述方程可以推导出（Allen 和 Tildesly，1987）：

$$PV=NkT+\langle W\rangle \tag{2.10}$$

式中，$\langle W\rangle$ 为位力的系综平均。

同样我们也可以定义瞬时压力函数（instantaneous pressure）：

$$P^*=\rho kt+\frac{W}{V} \tag{2.11}$$

其中

$$W=\frac{1}{3}\sum_i\sum_{j>i}r_{ij}f_{ij}=-\frac{1}{3}\sum_i\sum_{j>i}w(r_{ij}) \tag{2.12}$$

在此我们定义了分子内成对位力函数（intermolecular pair virial function）：

$$w(r)=r\frac{\mathrm{d}u(r)}{\mathrm{d}r} \quad 及 \quad f_{ij}=-\frac{\mathrm{d}u(r)}{\mathrm{d}r_{ij}} \tag{2.13}$$

由上述公式可见，可由分子内势能函数 $u(r)$ 来计算系综压力。

(4) 超额化学势

超额化学势（excess chemical potential）可通过测试粒子（test particle）插入法计算（Widom，1963；1982）。

对于正则系综（Widom，1963）和巨正则系综（Henderson，1983），有

$$\mu^{\text{ex}}=-kT\ln\langle\exp(-\beta E_{\text{test}})\rangle \tag{2.14}$$

在微正则系综中根据动力学温度涨落（kinetic temperature fluctuation），超额化学势写成

$$\mu^{\text{ex}}=-k\langle t\rangle\ln\left[\frac{\left\langle t^{3/2}\exp\left(\frac{-E_{\text{test}}}{kt}\right)\right\rangle}{\langle t\rangle^{3/2}}\right] \tag{2.15}$$

式中，$\langle t\rangle$ 是温度的系综平均。

在恒温恒压系综中根据动力学体积涨落，于是超额化学势表示为

$$\mu^{\text{ex}}=-kT\ln\left[\frac{\langle V\exp(-\beta E_{\text{test}})\rangle}{\langle V\rangle}\right] \tag{2.16}$$

2.1.3 其他涨落热力学性质

在模拟过程中，系综中某个性质总是会发生涨落，例如能量就是随时间变化的。这种涨落在统计力学计算中是非常有用的，可以用来计算许多热力学函数，如热容、恒压压缩系数等，特别是对某个系综性质的均方根偏差（root mean square deviation，RMSD）的计算：

$$\delta^2(A)=\langle \delta A^2\rangle_{ens}=\langle A^2\rangle_{ens}-\langle A\rangle_{ens}^2 \tag{2.17}$$

其中

$$\delta A=A-\langle A\rangle_{ens} \tag{2.18}$$

应该指出的是，在不同系综中的涨落函数是不相同的。因此，针对不同的系综应该选择不同的热力学函数来计算 RMSD，从而得到各种热力学性质。这些热力学函数总结如下（详细请见文献 Sadus，1999 和 Allen、Tildesley，1987）：

(1) 恒容热容

恒容热容（constant-volume heat capacity）的定义式：

$$C_V=\left(\frac{\partial U}{\partial T}\right)_V \tag{2.19}$$

式中，U 为内能。

对微正则系综，由动能或势能的涨落可以导出：

$$C_V=\frac{1}{\frac{2}{3Nk}\left(1-\frac{2\langle(\delta E_{kin})^2\rangle_{NVE}}{3N(kT)^2}\right)} \tag{2.20}$$

或

$$C_V=\frac{1}{\frac{2}{3Nk}\left(1-\frac{2\langle(\delta E_{pot})^2\rangle_{NVE}}{3N(kT)^2}\right)} \tag{2.21}$$

对正则系综，由势能的涨落可以导出：

$$C_V=\frac{\langle(\delta E_{pot})^2\rangle}{kT^2}+\frac{3Nk}{2} \tag{2.22}$$

对巨正则系综，由粒子数和势能的涨落可以导出：

$$C_V=\frac{3Nk}{2}+\frac{1}{kT}\left(\langle(\delta E_{pot})^2\rangle_{\mu VT}-\frac{\langle \delta E_{pot}\delta N\rangle_{\mu VT}^2}{\langle(\delta N)^2\rangle_{\mu VT}}\right) \tag{2.23}$$

(2) 恒压热容

恒压热容（constant-pressure heat capacity）的定义式：

$$C_P=\left(\frac{\partial H}{\partial T}\right)_P \tag{2.24}$$

式中，H 为体系的焓。

对恒温恒压系综有：

$$C_P=\frac{\left\langle[\delta(E_{kin}+E_{pot}+PV)]^2\right\rangle_{NPT}}{kT^2} \tag{2.25}$$

(3) 热压力系数

热压力系数（thermal pressure coefficient）的定义式：

$$\gamma_V=\left(\frac{\partial P}{\partial T}\right)_V \tag{2.26}$$

对微正则系综：

$$\gamma_V=\frac{2C_V}{3}\left(\frac{1}{V}-\frac{\langle \delta P\delta E_{pot}\rangle_{NVE}}{N(kT)^2}\right) \tag{2.27}$$

或者

$$\gamma_V=\frac{2C_V}{3}\left(\frac{1}{V}-\frac{\langle \delta P\delta E_{kin}\rangle_{NVE}}{N(kT)^2}\right) \tag{2.28}$$

式中，C_V 由式(2.20) 或式(2.21) 来确定。

对正则系综：

$$\gamma_V=\frac{1}{V}\left(\frac{\langle \delta E_{\text{pot}}\delta W\rangle_{NVT}}{kT^2}+Nk\right) \tag{2.29}$$

或者

$$\gamma_V=\frac{\langle \delta E_{\text{pot}}\delta N\rangle}{kT^2}+\frac{Nk}{V} \tag{2.30}$$

对巨正则系综：

$$\gamma_V=\frac{Nk}{V}+\frac{\langle \delta E_{\text{pot}}\delta N\rangle_{\mu VT}}{VT}\left(1-\frac{N}{\langle(\delta N)^2\rangle_{\mu VT}}\right)+\frac{\langle \delta E_{\text{pot}}\delta W\rangle_{\mu VT}}{VkT^2} \tag{2.31}$$

(4) 恒温压缩系数

恒温压缩系数（isothermal compressibility）的定义式：

$$\beta_T=-\frac{1}{V}\left(\frac{\partial V}{\partial P}\right)_T \tag{2.32}$$

对微正则系综：

$$\beta_T^{-1}=\beta_S^{-1}-\frac{TV\gamma_V^2}{C_V} \tag{2.33}$$

式中，γ_V 用式(2.27) 或式(2.28) 计算；C_V 用式(2.20) 或式(2.21) 计算。

式(2.33) 中的绝热压缩系数（adiabatic compressibility）β_S 可以定义为：

$$\beta_S^{-1}=\frac{2NkT}{3V}+\frac{\langle F\rangle_{NVE}}{V}+\langle P\rangle_{NVE}-\frac{V\langle \delta P^2\rangle_{NVE}}{kT} \tag{2.34}$$

式(2.34) 中的 F 可以由下式计算：

$$F=\frac{1}{9}\sum_i\sum_{j>i}x(r_{ij})=\frac{1}{9}\sum_i\sum_{j>i}r\,\frac{\mathrm{d}w(r)}{\mathrm{d}r} \tag{2.35}$$

对正则系综：

$$\beta_T^{-1}=\frac{1}{V}\left(NkT+\langle W\rangle_{NVT}+\langle F\rangle_{NVT}-\frac{\langle(\delta W)^2\rangle_{NVT}}{kT}\right) \tag{2.36}$$

或

$$\beta_T^{-1}=\frac{2NkT}{3V}+\langle P\rangle_{NVT}+\frac{\langle F\rangle_{NVT}}{V}-\frac{V\langle(\delta P)^2\rangle}{kT} \tag{2.37}$$

对恒温恒压系综，等温压缩系数只与体积涨落有关：

$$\beta_T=\frac{\langle(\delta V)^2\rangle_{NPT}}{kTV} \tag{2.38}$$

对巨正则系综，等温压缩系数只与粒子数目涨落有关：

$$\beta_T=\frac{V\langle(\delta N)^2\rangle_{\mu VT}}{N^2kT} \tag{2.39}$$

(5) 热膨胀系数

热膨胀系数（thermal expansion coefficient）的热力学定义：

$$\alpha_P=\frac{1}{V}\left(\frac{\partial V}{\partial T}\right)_P \tag{2.40}$$

对于等温等压系综：

$$\alpha_P=\frac{\langle \delta V\delta(E_{\text{kin}}+E_{\text{pot}}+PV)\rangle_{NPT}}{kT^2V} \tag{2.41}$$

在巨正则系综中：

$$\alpha_P = \frac{P\beta_T}{T} - \frac{\langle \delta E_{\text{pot}} \delta N \rangle_{\mu VT}}{NkT^2} + \frac{\langle E_{\text{pot}} \rangle_{\mu VT} \langle (\delta N)^2 \rangle_{\mu VT}}{N^2 kT^2} \tag{2.42}$$

2.1.4 输运系数

分子动力学模拟能够计算含时性质物理量，以下我们简单介绍在流体模拟中经常遇到的计算输运系数（transport coefficients）公式（详细公式请见 Sadus，1999 和 Rapaport，1995 的工作）。

① 扩散 扩散系数（diffusion）计算公式：

$$D = \lim_{t \to \infty} \frac{1}{6Nt} \left\langle \sum_{j=1}^{N} | r_j(t) - r_j(0) |^2 \right\rangle \tag{2.43}$$

式中，t 为时间。

② 剪切黏度 剪切黏度（shear viscosity）的表达式：

$$\eta = \lim_{t \to \infty} \frac{1}{6kT^2 Vt} \left\langle \sum_{x<y} \left[\sum_y m_j r_{ij}(t) v_{ij}(t) - \sum_j m_j r_{ij}(0) v_{ij}(0) \right]^2 \right\rangle \tag{2.44}$$

式中，$\sum_{x<y}$ 包含 xy、yz、zx 三个成对矢量。

③ 热传导 热传导（thermal conductivity）方程：

$$\lambda = \lim_{t \to \infty} \frac{1}{6kT^2 Vt} \left\langle \sum_x \left[\sum_j r_{xj}(t) e_j(t) - \sum_j r_{xj}(0) e_j(0) \right]^2 \right\rangle \tag{2.45}$$

式中，$\sum_x$ 表示所有矢量总和；e 代表原子 j 的瞬时超额能量，定义为：

$e_j = \dfrac{mv_j^2}{2} + \dfrac{\sum_{i>j} u(r_{ij}) - \langle e \rangle}{2}$，其中 $\langle e \rangle$ 为能量的系综平均。

2.2 粒子动力学

这里所说的粒子包括原子模拟或者粗粒模拟中的粒子（原子模拟和粗粒模拟的划分请参见第 1 章），可以是单纯的原子、赝原子，也可以是代表更大官能团的球粒。在模拟中会对粒子采用不同的处理方式，如对模拟时间较长的聚集体形态，经常会固定粒子与粒子之间的键长，或者为了处理方便而固定某些粒子的位置，等等。这些处理方式是在势能函数或者求解运动方程中加入不同的选项，达到约束粒子的目的。以下我们将从统计力学的角度加以叙述。

2.2.1 非约束粒子的运动

对于单个粒子，牛顿运动方程为：

$$\boldsymbol{F} = m\ddot{\boldsymbol{r}} \tag{2.46}$$

式中，$\boldsymbol{F}$ 是粒子受到的总力；$\ddot{\boldsymbol{r}}$ 为位置矢量 $\boldsymbol{r}$ 对时间的二阶导数。对于多粒子体系，通常把粒子受到的力分为两类：第一类是环境施加在粒子上的外力 $\boldsymbol{F}_i^{\text{e}}$（如容器的壁），第二类是粒子间相互作用引起的内力 $\boldsymbol{F}_{ij}$。于是，第 i 个粒子的运动方程写为：

$$\sum_j \boldsymbol{F}_{ij} + \boldsymbol{F}_i^{\text{e}} = m_i \ddot{\boldsymbol{r}}_i \tag{2.47}$$

对于所有的粒子而言，有：

$$\sum_{j>i}\sum_{i}\boldsymbol{F}_{ij}+\sum\boldsymbol{F}_i^{\mathrm{e}}=\sum m_i\ddot{\boldsymbol{r}}_i \tag{2.48}$$

因为体系中任意一对粒子之间的相互作用力都是大小相等符号相反，即 $\boldsymbol{F}_{ij}+\boldsymbol{F}_{ji}=0$，因此式(2.48) 中的第一项加和等于 0，于是上式简化为：

$$\boldsymbol{F}^{\mathrm{e}}=\sum_i m_i\ddot{\boldsymbol{r}}_i \tag{2.49}$$

式中，$\boldsymbol{F}^{\mathrm{e}}$ 是施加在体系上的外力。

2.2.2 受约束粒子的运动

(1) 完全约束和不完全约束

以上讨论了粒子处于无约束情况下的运动。但在实际体系中约束行为总是存在。例如，容器中的气体粒子限定在容器中运动；刚性体中粒子之间的距离不随时间变化等。通常，我们能够根据实际情况，来区分完全约束（holonomic constraints）或不完全约束（non-holonomic constraints）。完全约束体系的函数方程为：

$$f(\boldsymbol{r}_1,\boldsymbol{r}_2,\boldsymbol{r}_3,\cdots,t)=0 \tag{2.50}$$

例如，刚性体之间的约束关系（对于成键的双原子刚性分子，形成的化学键不能被打破）为：

$$(\boldsymbol{r}_i-\boldsymbol{r}_j)^2-c_{ij}^2=0 \tag{2.51}$$

式中，c_{ij} 为第 i 和第 j 个粒子之间的键长。其他的约束严格意义上不能够用式(2.50) 进行描述，如容器壁，这种情况称作不完全约束。不完全约束通常发生在宏观层次上，而分子模拟是在分子或原子层次上进行处理，因此宏观上不完全约束的容器壁仍然可以处理成完全约束。事实上，容器壁也是由对体系的粒子产生作用力的器壁的原子或者分子构成的，因此约束概念可以认为是一种人为因素。这样一来，如果存在约束，在模拟中就可以采用完全约束的处理方式。

(2) 粒子的多个约束条件

对于粒子力学来讲，约束的出现要碰到两个问题：一是由于约束方程的出现，每个粒子的坐标并不完全独立，这样运动方程也不能完全独立；二是约束力，如器壁对气体粒子的作用力，事先并不清楚，而它们正是需要解决的问题之一。

对于完全约束，第一个问题可以通过广义坐标（generalized coordinates）解决。在无约束条件下，含有 N 个粒子的体系具有 $3N$ 个独立坐标或者自由度。如果存在 k 个约束条件，那么独立坐标或者独立自由度就变为 $3N-k$ 个，相应地就有 $3N-k$ 个独立变量。可以描述成下式：

$$\left.\begin{array}{l}\boldsymbol{r}_1=\boldsymbol{r}_1(q_1,q_2,\cdots,q_{3N-1},t)\\ \vdots\\ \boldsymbol{r}_N=\boldsymbol{r}_N(q_1,q_2,\cdots,q_{3N-k},t)\end{array}\right\} \tag{2.52}$$

式中，$\boldsymbol{r}_1$，$\boldsymbol{r}_2$，…，$\boldsymbol{r}_N$ 为直角坐标；q_1，q_2，…，q_{3N-k} 为广义坐标。

对于第二个问题，为了处理事先不知道的约束力，我们应该重新设定方法造成约束力消失，最终的运动方程就变成了下面的 Lagrange 方程或者 Hamilton 方程。

(3) 拉格朗日运动方程

在讨论拉格朗日方程之前，有必要引入虚位移的概念（virtual displacement）。一个虚位移就是在与作用力一致的空间坐标上移动一个无限小的 $\delta \boldsymbol{r}$，与实际位移不同的是，可以认为此时约束力不发生任何改变。当体系处在平衡状态时，作用在第 i 个粒子上的力 $\boldsymbol{F}_i=0$，那么虚功（virtual work）$\boldsymbol{F}_i \delta \boldsymbol{r}$ 会导致虚位移消失。于是，作用在全部粒子上的虚功总和为：

$$\sum_i \boldsymbol{F}_i \delta \boldsymbol{r}_i=0 \tag{2.53}$$

而力 $\boldsymbol{F}_i$ 可以看作是作用力（applied force，$\boldsymbol{F}_i^{\mathrm{a}}$）和约束力（constraint force，$\boldsymbol{f}_i$）之和：

$$\boldsymbol{F}_i=\boldsymbol{F}_i^{\mathrm{a}}+\boldsymbol{f}_i \tag{2.54}$$

将其代入式(2.53)，整理即得：

$$\sum_i \boldsymbol{F}_i^{\mathrm{a}} \cdot \delta \boldsymbol{r}_i+\sum_i \boldsymbol{f}_i \cdot \delta \boldsymbol{r}_i=0 \tag{2.55}$$

对于多数体系而言，约束力的虚功为零。于是，平衡条件仅仅剩下

$$\sum_i \boldsymbol{F}_i^{\mathrm{a}} \cdot \delta \boldsymbol{r}_i=0 \tag{2.56}$$

上式称作虚功原理（Sadus，1999）。

通常，因为 $\delta \boldsymbol{r}_i$ 与约束力有关并不完全独立，因此 $\boldsymbol{F}_i^{\mathrm{a}} \neq 0$。这样总的 $\delta \boldsymbol{r}$ 系数为 0。根据牛顿运动方程式(2.46)，每一个粒子的运动都可以写作：

$$\boldsymbol{F}_i-\dot{\boldsymbol{p}}_i=0 \tag{2.57}$$

式中，$\dot{\boldsymbol{p}}_i=m_i \dot{\boldsymbol{r}}_i$。

在平衡条件下，式(2.53) 写作：

$$\sum_i (\boldsymbol{F}_i-\dot{\boldsymbol{p}}_i) \cdot \delta \boldsymbol{r}_i=0 \tag{2.58}$$

通过分解，得到作用力项和约束力项（constraint components）：

$$\sum_i (\boldsymbol{F}_i^{\mathrm{a}}-\dot{\boldsymbol{p}}_i) \cdot \delta \boldsymbol{r}_i+\sum_i \boldsymbol{f}_i \cdot \delta \boldsymbol{r}_i=0 \tag{2.59}$$

如果不存在由约束力引起的虚功，那么

$$\sum_i (\boldsymbol{F}_i^{\mathrm{a}}-\dot{\boldsymbol{p}}_i) \cdot \delta \boldsymbol{r}_i=0 \tag{2.60}$$

上述公式称作达郎伯（D'Alembert）定理（Sadus，1999）。请注意，式(2.60) 中并不存在约束力，因此要求总的 $\delta \boldsymbol{r}$ 系数为 0。

当把上述虚位移转换成彼此独立的广义坐标形式时，即应用了关系式

$$\boldsymbol{r}_i=\boldsymbol{r}_i(q_1, q_2, \cdots, q_n, t)$$

并假设由 n 个独立坐标，可以把上述公式转换成：

$$\sum_j \left[\left\{\frac{\mathrm{d}}{\mathrm{d}t}\left(\frac{\partial E_{\mathrm{kin}}}{\partial \dot{q}_j}\right)-\left(\frac{\partial E_{\mathrm{kin}}}{\partial q_j}\right)\right\}-Q_j\right] \delta q_j=0 \tag{2.61}$$

式中，$Q_j=\sum_i \boldsymbol{F}_i \frac{\partial \boldsymbol{r}_i}{\partial q_j}$，称作广义力（generalized force）。为方便起见，上标 a 已经删除。假设是一种完全约束，那么 q_j 应为独立坐标变量。因为 δq_j 和 δq_k 彼此独立，上述公式可以写成：

$$\frac{\mathrm{d}}{\mathrm{d}t}\left(\frac{\partial E_{\mathrm{kin}}}{\partial \dot{q}_j}\right)-\frac{\partial E_{\mathrm{kin}}}{\partial q_j}=Q_j \tag{2.62}$$

而且有 n 个这样的方程，这个方程是在作用力不能由势能导出情况下的拉格朗日方程（Sadus，1999）。

但是，我们知道，一般情况下作用力可以从势函数推导，即

$$\boldsymbol{F}_i=-\nabla_i V \tag{2.63}$$

相应地，广义力可以通过下式得到：

$$Q_j=-\sum_i \nabla_i V \frac{\partial \boldsymbol{r}_i}{\partial q_j} \tag{2.64}$$

由于势能是坐标的函数 $V(\boldsymbol{r}_1, \boldsymbol{r}_2, \cdots, \boldsymbol{r}_N)$，于是有

$$Q_j=-\frac{\partial V}{\partial q_j} \tag{2.65}$$

这样一来，拉格朗日方程式(2.62) 就变成

$$\frac{\mathrm{d}}{\mathrm{d}t}\left(\frac{\partial E_{\text{kin}}}{\partial \dot{q}_j}\right)-\frac{\partial (E_{\text{kin}}-V)}{\partial q_j}=0 \tag{2.66}$$

由于 V 仅仅是坐标的函数，与广义速度（generalized velocity）无关，因此可以在上式第一项中添加入一项偏导数，得到

$$\frac{\mathrm{d}}{\mathrm{d}t}\left(\frac{\partial (E_{\text{kin}}-V)}{\partial \dot{q}_j}\right)-\frac{\partial (E_{\text{kin}}-V)}{\partial q_j}=0 \tag{2.67}$$

现在定义拉格朗日函数：$L=E_{\text{kin}}-V$

则式(2.67) 可写作：

$$\frac{\mathrm{d}}{\mathrm{d}t}\left(\frac{\partial L}{\partial \dot{q}_j}\right)-\frac{\partial L}{\partial q_j}=0 \tag{2.68}$$

这就是通常的 Lagrange 方程式。

拉格朗日方程的优点是可以用势能函数替代牛顿运动方程中的力矢量。通过广义速度和广义坐标下的标量函数 E_{kin} 和 V 得到 Lagrange 函数 L，并把它代入拉格朗日方程，然后求解式(2.68) 得到广义坐标。例如，对于笛卡儿坐标（x, y, z），有

$$L=\frac{1}{2m}(\dot{x}^2+\dot{y}^2+\dot{z}^2)-V$$

将其代入式(2.68)，就可以得到牛顿运动方程：

$$\left.\begin{aligned} F_x&=-\frac{\partial V}{\partial x}=m\ddot{x}\\ F_y&=-\frac{\partial V}{\partial y}=m\ddot{y}\\ F_z&=-\frac{\partial V}{\partial z}=m\ddot{z} \end{aligned}\right\} \tag{2.69}$$

(4) 哈密顿运动方程

拉格朗日方程以时间为参量，用广义坐标和广义速度描述粒子的运动，而哈密顿运动方程则是用广义坐标和广义动量来描述。广义动量可以定义为：

$$p_i=\frac{\partial L(q_i, \dot{q}_i, t)}{\partial \dot{q}_i} \tag{2.70}$$

定义哈密顿函数：

$$H(p, q, t)=\sum_i \dot{q}_i p_i - L(q, \dot{q}_i, t) \tag{2.71}$$

对哈密顿函数做全微分：

$$dH=\sum_i \frac{\partial H}{\partial q_i}dq_i+\sum_i \frac{\partial H}{\partial p_i}dp_i+\frac{\partial H}{\partial t}dt \tag{2.72}$$

此外，通过式(2.71) 可得：

$$dH=\sum_i \dot{q}_i dp_i+\sum_i p_i d\dot{q}_i-\sum_i \frac{\partial L}{\partial \dot{q}_i}d\dot{q}_i-\sum_i \frac{\partial L}{\partial q_i}dq_i-\frac{\partial L}{\partial t}dt \tag{2.73}$$

其中，广义动量为：

$$\sum_i p_i d\dot{q}_i-\sum_i \frac{\partial L}{\partial \dot{q}_i}d\dot{q}_i=0 \tag{2.74}$$

这样，涉及 $d\dot{q}_i$ 的项可以约去。

而且在拉格朗日方程中，有：

$$\frac{\partial L}{\partial q_i}=\dot{p}_i \tag{2.75}$$

把上述几个式子代入式(2.73)，可得：

$$dH=\sum_i \dot{q}_i dp_i-\sum_i \dot{p}_i dq_i-\frac{\partial L}{\partial t}dt \tag{2.76}$$

比较式(2.72) 和式(2.76)，可以得到 $2n+1$ 个关系式。

$$\dot{q}_i=\frac{\partial H}{\partial p_i} \tag{2.77}$$

$$\dot{p}_i=-\frac{\partial H}{\partial q_i} \tag{2.78}$$

$$\frac{\partial L}{\partial t}=-\frac{\partial H}{\partial t} \tag{2.79}$$

上述三式就是哈密顿正则运动方程（Hamilton's canonical equations of motion）。一般而言，可以通过式(2.70) 中的拉格朗日方程得到动量，然后通过式(2.71) 计算哈密顿，并代入式(2.77)～式(2.79) 产生一级运动方程。

如果哈密顿函数不含时间，那么与运动有关的哈密顿就应该是常数，此时哈密顿就是体系的总能量：

$$H=E_{kin}+V \tag{2.80}$$

在式(2.80) 存在的情况下，可以直接把这种关系代入式(2.77)～式(2.79) 得到运动方程。

(5) 最小约束的高斯原理

Gauss 曾经把最小二乘法用到统计力学中，提供了另外一种求解牛顿运动方程的方法(Mach，1960)。他假设，用一个最小的约束力就可以满足作用在系统上的任一力学约束，这就是最小约束的高斯原理（Gauss's principle of least constraint)。如果有以下约束运动方程：

$$m\ddot{\boldsymbol{r}}=\boldsymbol{F}+\boldsymbol{F}_c \tag{2.81}$$

最小约束的高斯原理就是让约束力 $\boldsymbol{F}_c$ 尽可能小，也就是说，下列和式有最小值：

$$\sum_i \frac{\boldsymbol{F}_{c,i}^2}{2m_i} \tag{2.82}$$

对于完全约束 $[g(\boldsymbol{r},t)=0]$ 或者不完全约束 $[g(\boldsymbol{r},\dot{\boldsymbol{r}},t)=0]$，加速度都会受到常数 g 的限制：

$$n(\boldsymbol{r},\dot{\boldsymbol{r}},t)\ddot{\boldsymbol{r}}+w(\boldsymbol{r},\dot{\boldsymbol{r}},t)=0 \tag{2.83}$$

当不存在约束时，未受约束的体系的运动通过下式计算：

$$m\ddot{\boldsymbol{r}}_{\mathrm{u}}=\boldsymbol{F} \tag{2.84}$$

当受约束时，加速度由下式求出：

$$\ddot{\boldsymbol{r}}_{\mathrm{c}}=\ddot{\boldsymbol{r}}_{\mathrm{u}}-\lambda\frac{n(\boldsymbol{r},\dot{\boldsymbol{r}},t)}{m} \tag{2.85}$$

式中，λ 为拉格朗日乘子，且满足如下限制：

$$\lambda=\frac{n\ddot{\boldsymbol{r}}_{\mathrm{u}}+w}{n(n/m)} \tag{2.86}$$

加速度 $\ddot{\boldsymbol{r}}_{\mathrm{c}}$ 可以通过约束力 $\boldsymbol{F}_{\mathrm{c}}$ 获得：

$$\ddot{\boldsymbol{r}}_{\mathrm{c}}=\frac{\boldsymbol{F}+\boldsymbol{F}_{\mathrm{c}}}{m}=\frac{\boldsymbol{F}}{m}-\lambda\frac{n}{m} \tag{2.87}$$

2.2.3 位力定理

运动方程的一个重要结果是可以推出位力定理。粒子体系的运动方程和力 $\boldsymbol{F}_i$ 之间的关系为：

$$\dot{\boldsymbol{p}}_i=\boldsymbol{F}_i \tag{2.88}$$

当定义一个新的量：

$$G=\sum_i \boldsymbol{p}_i\cdot\boldsymbol{r}_i \tag{2.89}$$

那么对时间求导可得：

$$\frac{\mathrm{d}G}{\mathrm{d}t}=\sum_i \dot{\boldsymbol{r}}_i\cdot\boldsymbol{p}_i+\sum_i \dot{\boldsymbol{p}}_i\cdot\boldsymbol{r}_i \tag{2.90}$$

上式中右边的第一项可以简单看作动能的二倍，而第二项也可以通过式(2.88) 进一步化解：

$$\frac{\mathrm{d}}{\mathrm{d}t}\sum_i \dot{\boldsymbol{p}}_i\cdot\boldsymbol{r}_i=2E_{\mathrm{kin}}+\sum_i \boldsymbol{F}_i\cdot\boldsymbol{r}_i \tag{2.91}$$

式(2.91) 可以在一定时间间隔（τ）内进行积分。除以 τ，得：

$$\overline{2E_{\mathrm{kin}}}+\overline{\sum_i \boldsymbol{F}_i\cdot\boldsymbol{r}_i}=\frac{1}{\tau}[G(\tau)-G(0)] \tag{2.92}$$

当 $\tau\rightarrow\infty$ 时，有

$$\overline{E_{\mathrm{kin}}}=-\frac{1}{2}\overline{\sum_i \boldsymbol{F}_i\cdot\boldsymbol{r}_i} \tag{2.93}$$

这就是经常用在统计力学和分子模拟中的位力原理。

总之，系综的统计力学定义贯穿了整个分子动力学和 Monte Carlo 模拟，它也决定了某个性质的热力学平均值。

参考文献

[1] Allen M P，Tildesley D J. Computer simulation of liquids. Oxford：Claredon Press，1987.

[2] Henderson J R. Statistical mechanics of fluids at spherical structure walls. Mol Phys，1983，51：741.

[3] Mach E. The science of mechanics. 6th Ed. La Salle：The Open Court Publishing Co，1960.

[4] Rapaport D C. The art of molecular dynamics simulation. Cambridge：Cambridge university press，1995.

[5] Sadus R J. Molecular simulation of fluids：theory，algorithms and object-orientation. Elsevier science B V，1999.

[6] Widom B. Some topics in the theory of fluids. J Chem Phys，1963，39：2808.

[7] Widom B. Potential distribution theory and the statistical mechanics of fluids. J Phys Chem，1982，86：869.

第3章 力 场

在上一章中曾经讨论过，任何热力学系综平均的计算都需要知道体系的动能和势能。不管分子动力学还是Monte Carlo模拟，一般都是通过分子间的成对势来计算体系的势能或者分子间的作用力，而且分子间势的发展早于分子模拟方法。分子间势包括早期的简单原子模型和现今应用在复杂分子体系里的力场。总体而言，随着研究体系的增大和不断追求的高精度，力场的形式越加详细和复杂。但是多数力场仅仅考虑成对势，仅在某些特殊情况下才会考虑多体势，此种情况受限于研究体系和计算机硬件。

在构造力场时，往往在不同的分子中选取相似的结构单元参数。例如，在许多力场中，C—H键长为刚性常数，一般在1.06～1.10Å；而C—H振动频率也变化不大，在2900～3300cm^{-1}之间，表明了C—H的力常数在不同的分子中可以取相同的数值。即使把C—H键进一步细分为单键、双键和三键，C—H振动力常数变化也很小。相似的官能团也有类似结论，例如所有的C═O键长近似为1.21Å，振动频率在1700cm^{-1}左右。这种相似性也体现在能量特征上，例如对于线形烷烃分子$CH_3(CH_2)_nCH_3$，其生成热与n之间存在线性关系，表明每一个亚甲基（$—CH_2—$）对分子能量的贡献是相同的。

在不同分子中，结构相似的原子在力场中定义为相同的原子类型（atom types）。原子类型与原子数和化学键类型有关，在力场中用序列数或者简单字母编号来表示。在MM2力场，有77个不同的原子类型。type 1表示sp^3杂化碳原子，sp^2杂化碳原子可以是type 2、type 3或者type 50，这取决于相邻的原子。当相邻的碳原子是双键sp^2杂化的，定义为type 2，而相邻原子为羧基中的氧原子时定义为type 3，type 50的相邻原子为芳香环上的碳。表3.1列出了完整的MM2（91）力场原子类型，其中91表示参数设定的年份。原子类型中的数字则表示需要确定的参数的数目。在本章中，我们将详细介绍分子间势（分子力场）的组成形式，并简单介绍时下流行的力场。

表3.1 MM2（91）力场中的原子类型

type	symbol	description	type	symbol	description
1	C	sp^3-carbon	28	H	enol or amide
2	C	sp^2-carbon, alkene	48	H	ammonium
3	C	sp^2-carbon, carbonyl, imine	36	D	deuterium
4	C	sp-carbon	20	Lp	lone pari
22	C	cyclopropane	15	S	sulfide (R_2S)
29	C·	radical	16	S^+	sulfonium (R_3S+)

续表

type	symbol	description	type	symbol	description
30	C^+	carbocation	17	S	sulfoxide(R_2SO)
38	C	sp^2-carbon, cyclopropene	18	S	sulfone(R_2SO_2)
50	C	sp^2-carbon, aromatic	42	S	sp^2-sulfur, thiophene
56	C	sp^3-carbon, cyclobutane	11	F	fluoride
57	C	sp^2-carbon, cyclobutene	12	Cl	chloride
58	C	carbonyl, cyclobutanone	13	Br	bromide
67	C	carbonyl, cyclopropanone	14	I	iodide
68	C	carbonyl, ketene	26	B	doron, trigonal
71	C	ketonium carbon	27	B	boron, tetrahedral
8	N	sp^3-nitrogen	19	Si	silane
9	N	sp^2-nitrogen, amide	25	P	phosphine(R_3P)
10	N	sp-nitrogen	60	P	phosphor, pentavalent
37	N	zao or pyridine(—N ═)	51	He	helium
39	N^+	sp^3-nitrogen, ammonium	52	Ne	neon
40	N	sp^2-nitrogen, pyrrole	53	Ar	argon
43	N	azoxy(—N ═N—O)	54	Kr	krypton
45	N	azide, centralatom	55	Xe	xenon
46	N	nitro(—NO_2)	31	Ge	germanium
72	N	imine, oxime(═N—)	32	Sn	tin
6	O	sp^3-oxygen	33	Pb	lead(R_4Pb)
7	O	sp^2-oxygen, carbonyl	34	Se	selenium
41	O	sp^2-oxygen, furan	35	Te	tellurium
47	O^-	carboxylate	59	Mg	magnesium
49	O	epoxy	61	Fe	iron(Ⅱ)
69	O	amine oxide	62	Fe	iron(Ⅲ)
70	O	ketonium oxygen	63	Ni	nickel(Ⅱ)
5	H	hydrogen, except on N or O	64	Ni	nickel(Ⅲ)
21	H	alcohol(OH)	65	Co	cobalt(Ⅱ)
23	H	amine(NH)	66	Co	cobalt(Ⅲ)
24	H	carboxyl (COOH)			

3.1 势函数

N 个粒子间的相互作用势可以写成：

$$E_{pot}=\sum_i u_1(r_i)+\sum_i\sum_{j>i}u_2(r_i,r_j)+\sum_i\sum_{j>i}\sum_{k>j>i}u_3(r_i,r_j,r_k)+\cdots \quad (3.1)$$

式中，第一项代表外加场（如容器壁）；第二项为成对相互作用势；第三项为三体之间的相互作用势，依次类推。一般情况下，第二项最为重要，因此在多数分子模拟中仅仅考虑成对相互作用。但也有证据表明，在某些情况下，三体或多体之间的相互作用对模拟结果有着非常重要的影响，但是在模拟中还要考虑模拟时间问题，如果加入三体和多体相互作用项将会非常费时。因此在模拟中，通常会采用近似的处理方式，把多体势融入成对势中，产生一个近似的"有效"成对势。实践表明，这种有效成对势能够给出比较满意的结果。于是，势函数式(3.1）变成：

$$E_{\mathrm{pot}} \approx \sum_{i} u_1(r_i) + \sum_{i}\sum_{j>i} u_2^{\mathrm{eff}}(r_i, r_j) \tag{3.2}$$

分子模拟中的成对势一般都是指式(3.2）所表示的有效成对势，它代表了所有的多体势。需要说明的是，这种有效成对势需要一些实验物理参数，如体系的密度、温度等，而真正的成对势并不需要这些参数。

计算势能不可避免地要讨论分子之间的吸引和排斥作用力。分子间相互作用是短程势和长程势两种效果的总和。静电（electrostatic)、诱导（induction）和色散（dispersion）相互作用可以看作是长程势。静电效应是由分子之间的电荷分布引起的，发生吸引或者排斥是由成对出现的荷电粒子决定的；诱导效应总是吸引型的，它是由邻近的极性分子产生的"偶极场"造成的，结果导致了分子变形；对非极性分子间势贡献最大的是色散力，它是由分子中正负电荷瞬间不重合所引起的。短程相互作用势随分子间距离成指数衰减关系。当分子间距离太小，分子波函数发生重叠，导致排斥作用发生，而这种相互作用并非成对出现。

理论上讲，可以用第一原理计算分子间的相互作用势，但是，事实上只有当研究的体系很小时才会采用第一原理或者从头算（*ab initio*）方法。更普遍的方法是采用不同类型的分子间势函数来表示分子间的相互作用，这就是我们下面要讲的分子力场方法。在分子动力学中有时也会采用从头算法得到势函数，如CPMD方法（Car 和 Parrinello，1985)。本章重点讨论分子力学（力场）部分。

3.2 简正模式

在描述势能形式之前，先讨论一下分子的运动，在此定义为简正模式（normal modes)，它形成了成键构型参数化的基础。

3.2.1 特征运动

分子振动光谱是表征不同力常数、分子间距、键结合能的基础。键的运动可以描述成在平衡位置附近的振动。对于含有 N 个原子的分子，每个原子有3个自由度（$3N$)，减去3个平动和3个转动自由度，得到 $3N-6$ 个正则模。

分子的振动能级可以用光谱技术进行检测，例如，对于吸收光谱有红外（IR）和拉曼光谱（Raman)。红外光谱是一个强有力的实验手段，可以捕捉到振动量子态之间相互跃迁的信息，拉曼光谱为不同振动能级之间的跃迁。

在分子模拟中，频率通常以 cm^{-1} 为单位。频率越高，构象转变越困难。因此，键的伸缩比键角弯曲运动有更高的频率，而键角弯曲比二面角运动又有更高的频率。还可以理解为，键伸缩能够影响键的断裂，因此能量较高；而键角弯曲对键的影响稍弱，因此能垒也较低；二面角变化对单键影响较小，能垒也低，但是对于双键，二面角变化与键的断裂相关联，因此涉及双键的二面角弯曲的频率比单键要高。

对于大分子，振动频率也是分析官能团强有力的手段。以水分子为例，可以通过振动频率获得水分子的结构信息。图 3.1 为水分子三个基本频率。由于非对称伸缩需要克服稍高的能垒，因此比对称伸缩频率要高约 100cm^{-1}。键角弯曲振动较柔和，因此频率较低。

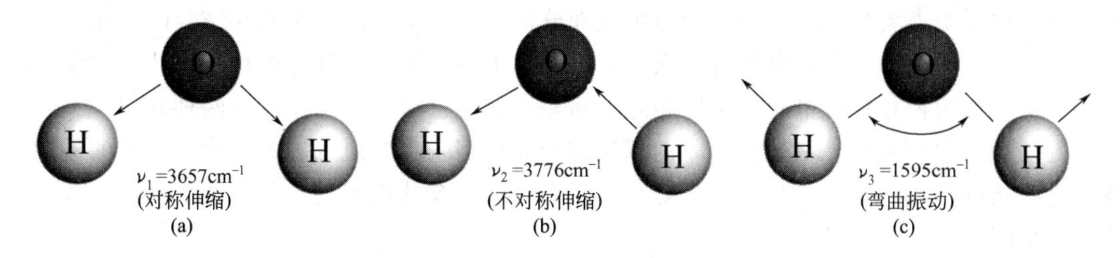

图 3.1 水分子的正则模

3.2.2 分子光谱

随着分子中原子数目的增加，振动光谱就会越加复杂，实验光谱的分析也就越困难。因此首先分析简单小分子的光谱特征，将有助于理解复杂分子的结构特点。例如，虽然同是 O—H 键，但当其出现在不同的分子中时，分子的振动频率也会有所不同。气相水分子的对称伸缩频率比 H—O—Cl 高 50cm^{-1}，比液体水或固体冰中的 O—H⋯O 氢键的伸缩频率高 300cm^{-1}，大约为 3400cm^{-1}，表明作用在氢键中氢原子上的力减弱，会引起能量和频率的降低。表 3.2 列出了一些特征振动频率。

表 3.2 特征振动频率

vibrational mode	frequency/cm^{-1}	vibrational mode	frequency/cm^{-1}
H—O stretch	3600～3700	H—O—H,H—N—H bend	1600
H—N stretch	3400～3500	C—C—H bend	1500
H—C stretch	2900～3000	H—C—H scissor	1400
C≡C,C≡N stretch	2200	H—C—H rock	1250
C═C,C═O stretch	1700～1800	H—C—H wat	1200
C—N stretch	1250	O—C═O bend	600
C—C stretch	1000	C—C═ bend	500
C—S stretch	700	C═C torsion	1000
S—S stretch	500	C—O torsion	300～600
		C—C torsion	30

3.2.3 光谱与力常数

测量和分析光谱有助于确定力场中的力常数。蛋白质、核酸等生化分子中 C—C 和 C—H 的振动频率也可以借鉴烷烃分子中相同的振动频率。烷烃分子中甲基、亚甲基之中的键伸缩和键角弯曲等振动模式，如对称性伸缩（稍低于 3000cm^{-1}）和非对称弯曲运动（$1350\sim1500\text{cm}^{-1}$）以及 C—C 伸缩（$1000\text{cm}^{-1}$）等，可为模拟大分子体系提供参考。这体现了光谱与力常数的关系以及力常数在相似环境中的可移植性。

3.3 简单体系的分子力场

用经验势函数的数学解析式所描述的分子间的相互作用势称为分子力场。在实际应用中，通常把分子力场分解成若干不同的组成部分，并用理论计算与实验相结合的方法建立力场参数；同时这套力场参数也具有较强的通用性，可以对某一类分子进行模拟计算。多数的分子力场包括四种相对简单的分子内和分子间相互作用。这些相互作用有两种来源：一是键长和键角的振动或旋转；二是体系非键部分的相互作用，主要通过键的变化和原子的运动来体现这些能量形式的贡献。此外，更复杂的力场可能含有其他形式，但上述最基本形式不可或缺。见图 3.2。

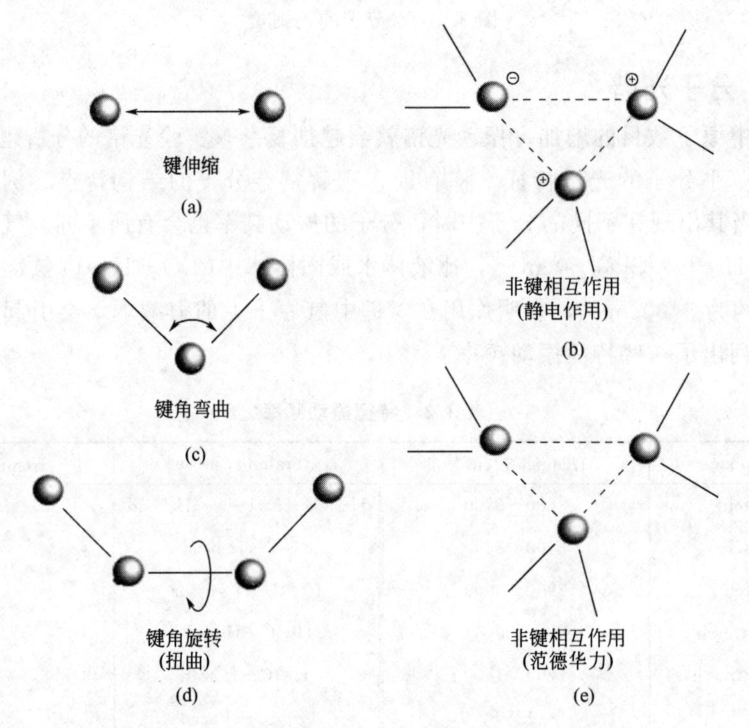

图 3.2　力场中主要的相互作用项

［成键（键伸缩、键角弯曲和二面角形式）和非键（范德华力和静电）相互作用］

分子力场是由特定的分子内坐标的变化所体现的，如键长、键角、二面角或者原子位置的相对运动等。这种能量形式表示如下（Leach，2001）：

$$u(r^N)=\sum_{\text{bonds}}\frac{k_i}{2}(l_i-l_{i,0})^2+\sum_{\text{angles}}\frac{k_i}{2}(\theta_i-\theta_{i,0})^2+\sum_{\text{torsions}}\frac{V_n}{2}[1+\cos(n\omega-\gamma)]$$
$$+\sum_{i=1}^{N}\sum_{j=i+1}^{N}\left\{4\varepsilon_{ij}\left[\left(\frac{\sigma_{ij}}{r_{ij}}\right)^{12}-\left(\frac{\sigma_{ij}}{r_{ij}}\right)^{6}\right]+\frac{q_iq_j}{r_{ij}}\right\} \tag{3.3}$$

为了与体系的势能 E_{pot}［式(3.2)］相区分，我们在公式中用符号 u 表示成对势。但为了简化起见，在以下的讨论中也用 u 标记势能。式(3.3) 体现了势能 u 是 N 个粒子（通常指原子）位置 r 的函数。不同作用方式见图 3.2。在式(3.3) 中，第一项为成对成键原子之间的相互作用势，由谐振动势（harmonic potential）给出键长从 $l_{i,0}$ 变化到 l_i 过程中能量的变化；第二项是分子中键角运动对能量的贡献，同样采用一个谐振动形式加以描述；第三项为二面角（torsional potential）的贡献，描述了如何通过键的旋转体现能量变化；第四项是非键形式，它包含不同分子间或者同一分子（至少含有三个键）中成对原子之间的相互作用，通常由 Coulomb 势能（表示静电相互作用）和 Lennard-Jones 势能（表示 van der Waals 相互作用）组成。

下面以丙烷为例，讨论如何通过这些简单的力场形式［式(3.3)］计算丙烷分子的势能。在丙烷分子中（图 3.3），共有 10 个化学键：8 个 C—H 键及 2 个 C—C 键。其中 2 个 C—C 键相同，但 C—H 键可分为两类：一是甲基上的 6 个 C—H 键，一是亚甲基上的 2 个 C—H 键。在一些复杂的力场中，会采用不同的参数表示不同的 C—H 键，但是多数力场中，采用相同的键参数（即 $l_{i,0}$ 和 k_i）表示这 8 个 C—H 键，意味着这样的参数可应用在更大范围的分子上。丙烷分子共有 18 个键角，分别为 1 个 C—C—C 键角，10 个 C—C—H 键角，7 个 H—C—H 键角。分子中还含有 18 个二面角扭转项，其中包含 12 个 H—C—C—H 二面角扭转项和 6 个 H—C—C—C 二面角扭转项。非键作用共有 27 项，分别为 21 组 H—H 原子对间的作用项与 6 组 H—C 间的作用项。分子中的静电相互作用由 Coulomb 势表示，van der Waals 相互作用采用 Lennard-Jones 势。我们看到，如此简单的丙烷分子就包含了 73 个能量形式，但这 73 个函数远远小于从头算（*ab initio*）量子力学计算中的积分数目。

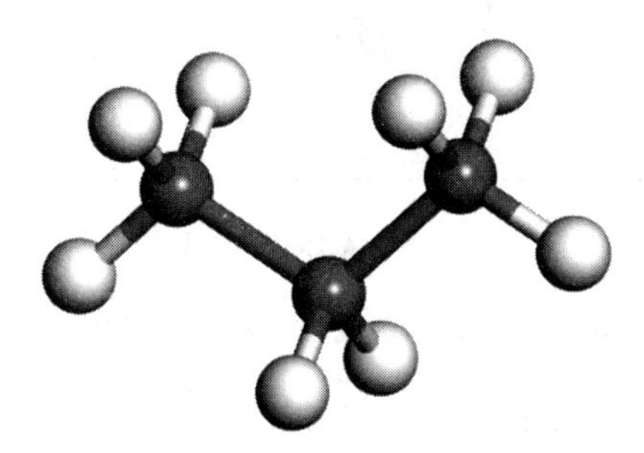

图 3.3　丙烷分子中的力场形式

（10 个键，18 个键角，18 个二面角和 27 个非键相互作用）

3.4　势能函数的具体形式

为了定义一个力场，不仅需要确定函数形式，还要确定大量的力场参数，如上面提到的 K_i、V_i 等。需要指出的是，两个力场的函数形式可能相同，但参数不一定相同。需要把力场看作一个整体进行综合评价，而不能单独讨论力场中各种能量形式，否则就会得出错误的结论。特别是，如果把一个力场中的参数简单地套用到另一个力场中，将无法得到严格、精确的结果。

对于力场，需要强调两点：第一，力场的形式及参数的可移植性（transfer ability）；第二，分子力场的经验性。参数的可移植性是力场的一个非常重要的性质，这种可移植性意味着一系列参数可以描述系列相关分子，而不必对每种分子重新设定参数；通过对分子力场的深入分析，可以得出这样的结论：力场是经验性的，没有任何一个力场是完全“准确”的。但随着计算机技术的发展和更加复杂力场的出现，准确性与计算效率之间的矛盾将得到缓解。下面我们将分项讨论力场的组成形式。

3.4.1 键伸缩势

键伸缩势函数（bond stretching potentials）可以用 Morse 势表示（Rappé、Casewit，1997）：

$$u_b(l)=D_e\{1-\exp[-\alpha(l-l_0)]\}^2 \tag{3.4}$$

式中，D_e、α 分别是与势阱深度和宽度有关的常数；l_0 是标准键长（reference bond length）。如图 3.4 所示，Morse 势能够准确地描述键长变化引起的能量变化，当 $l\to 0$，$u_b(l)\to\infty$；当 $l\to\infty$，$u_b(l)\to D_e$。尽管 Morse 势能够很好地反映原子彼此分离过程中的能量变化，但是指数形势函数在模拟计算中非常耗时，而且在公式中要选择 3 个势参数（D_e、α、l_0），这都限制了 Morse 势在分子力场中的应用。

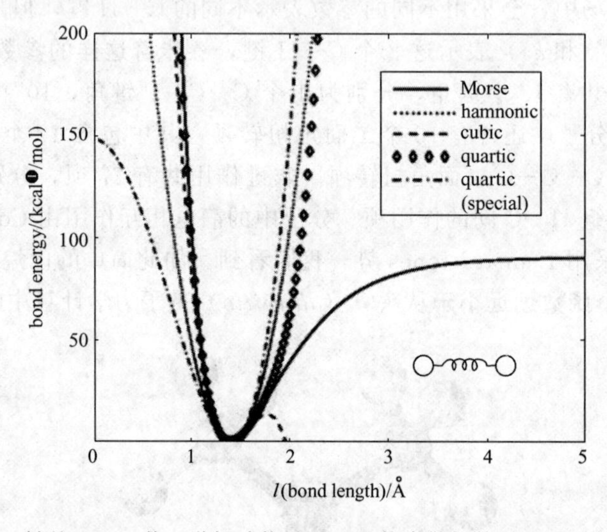

图 3.4 H—Br 键的 Morse 势、谐振动势及 Morse 势泰勒级数展开项三次、四次函数势

根据 Hooke 定律，力 F 正比于位移 x 或者加速度 $\ddot{x}$：

$$F(x)=-kx=m\frac{\mathrm{d}^2x}{\mathrm{d}t^2},\ k=m\omega^2>0 \tag{3.5}$$

式中，振动角频率 ω 是振动频率 ν 的 2π 倍（$\nu=c/\lambda$），与谐振力常数存在关系：

$$\omega=2\pi\nu=\sqrt{k/m}$$

相应的振动能量为 $u(x)=\frac{1}{2}kx^2$。考虑在平衡位置附近的谐振动时，谐振动势可以写成：

$$u_b(l)=\frac{1}{2}K_b(l-l_0)^2 \tag{3.6}$$

式中，K_b 为键伸缩力常数（即 k，为了与后面讨论势函数相一致，我们这里选用 K_b）。根据质量和键振动频率，可以按照 $k=m\omega^2$ 的大小进行推测。如果是不同种类的原子之间的谐振动，需要采用折合质量，$k=u\omega^2$，$u=m_1m_2/(m_1+m_2)$。式(3.6) 也是 Morse 势泰勒级数展开的第一个近似形式，现在许多力场均采用此种形式。谐振动势仅仅适用于在平衡位置做微小振动，键长变化幅度应在 0.1Å 或者更小范围内。对于偏离平衡位置较大的情况，谐振动势

❶ 1kcal=4.1868kJ。

不再适用。因为在距离较大的情况下，原子之间好发生解离因而不再产生相互作用，而能量也会随着距离的增大而急剧减小。

如果对键能要求的精度较高，则需要对式(3.7) 进行适当的近似，或者采用完整的Morse势。如果不存在键的断裂，意味着键的伸缩是在标准键长附近振动，这样可以把Morse势按照级数形式展开：

$$u_b(l)=\frac{1}{2}K_b(l-l_0)^2\left[1-\alpha(l-l_0)+\frac{7}{12}\alpha^2(l-l_0)^2+\cdots\right] \tag{3.7}$$

式中，$K_b=2D_e\alpha^2$。

图 3.4 示出了 HBr 分子的 Morse 势和谐振动势，其中 $D_e=90.5\text{kcal/mol}$，$\alpha=1.814\text{Å}$，$l_0=1.41\text{Å}$，$K_b=595.6\text{kcal/(mol}\cdot\text{Å}^2)$。我们也注意到，谐振动势在小位移下与Morse势吻合很好。表 3.3 列出了 MM2 力场中部分谐振动势的力常数和参考键长。

表 3.3 MM2 力场中部分谐振动势的力常数和参考键长

bond	l_0/Å	K_b/[kcal/(mol·Å^2)]
$Csp^3—Csp^3$	1.523	317
$Csp^3—Csp^2$	1.497	317
$Csp^2═Csp^2$	1.337	690
$Csp^2═O$	1.208	777
$Csp^3—Nsp^3$	1.438	367
C—N(amide)	1.345	719

在实际力场中，为追求更高精度的势能函数，有时候采用 Morse 势的泰勒（Talor）级数展开形式中的三次项（cubic）或者四次项（quartic）函数形式，如图 3.4 所示。例如，MM2力场采用三次和四次项形式，而在 MM4 力场中更采用了高达六次项的 Talor 级数形式。

3.4.2 键角弯曲势

Hooke 定律或者谐振动势也同样适用于键角势（angle bending potentials)。键角弯曲势描述（Dinur，1991）为：

$$u_\theta(\theta)=\frac{1}{2}K_\theta(\theta-\theta_0)^2\left[1-\alpha(\theta-\theta_0)+\frac{7}{12}\alpha^2(\theta-\theta_0)^2+\cdots\right] \tag{3.8}$$

或

$$u_\theta(\theta)=\frac{1}{2}K_\theta(\theta-\theta_0)^2 \tag{3.9}$$

式中，K_θ 为键角弯曲力常数；θ_0 为标准键角。式(3.9) 代表简单的谐弯曲形式，而式(3.8) 是较准确的 Talor 级数展开形式。表 3.4 示出了 MM2 力场中部分键角的弯曲力常数和参考键角。

也有采用三角函数的形式：

$$u_\theta(\theta)=\frac{1}{2}K'_\theta(\cos\theta-\cos\theta_0)^2 \tag{3.10a}$$

或更复杂的函数形式，例如，1992 年 Rappé 曾经提出了适合非线形空间结构分子的键角弯曲势函数：

$$u_\theta(\theta)=K_\theta\left(\frac{(2\cos^2\theta_0+1)-4\cos\theta_0\cos\theta+\cos2\theta}{4\sin^2\theta_0}\right) \tag{3.10b}$$

表 3.4　MM2 力场中部分键角的弯曲力常数和参考键角

angle	θ_0/Å	K_θ/{kcal/[mol·(°)]}
$Csp^3—Csp^3—Csp^3$	109.47	0.0099
$Csp^3—Csp^3—H$	109.47	0.0079
$H—Csp^3—H$	109.47	0.0070
$Csp^3—Csp^2—Csp^3$	117.2	0.0099
$Csp^3—Csp^2═Csp^2$	121.4	0.0121
$Csp^3—Csp^2═O$	122.5	0.0101

3.4.3　二面角扭转势

对于分子而言，需要施加较大的能量才能改变分子的键长或键角，因此前面讨论过的键长和键角引起的势函数通常看作“硬”自由度（hard degrees of freedom）。而二面角和非键相互作用更容易引起分子结构的改变。二面角势（torsional potentials）代表沿着某个键旋转引起的能量变化。例如，绕着乙烷分子中 C—C 键进行旋转，得到的势能剖面包括三个极小值和三个极大值，这些都表示了分子中二面角所引起的分子结构变化。需要指出的是，并不是所有的分子力场都使用二面角势，也可以通过二面角中头尾两个原子之间（即 1,4 原子）的非键相互作用得到势能剖面。

对于有机分子而言，所采用的力场大都包含了二面角扭转势的贡献。这种势函数一般都采用三角函数的级数展开形式：

$$u_\omega(\omega)=\frac{1}{2}\sum_n V_n\left[1+(-1)^{n+1}\cos n\omega\right] \tag{3.11}$$

式中，V_n 为二面角扭转势常数，表示能垒高度；n 为整数，表示绕键旋转 360°时出现的能量极小值的次数。不同力场中 n 的数值可能不同，常见的 n 取作 1、2、3，有时也会选取 4。CHARMM 力场中 n 较大，为 5 或 6。平衡二面角 ω_0 有时也会引入到公式中：

$$u_\omega(\omega)=\frac{1}{2}\sum_n V_n\left[1+\cos(n\omega-\omega_0)\right] \tag{3.12}$$

通常 ω_0 取 0 或者 π，因为 $1+\cos(n\omega-\pi)=1-\cos n\omega$，这样一来，上述两式就等价了。

时下采用的力场中，参数的获取通常是对特定模型化合物采用 *ab initio* 量子力学计算与构象优化相结合的方法。AMBER 力场中多数二面角势函数仅仅包括三角函数级数展开的第一项。为了体现某些键的特性，一些势函数也包括两个以上的三角函数展开形式。如 O—C—C—O 二面角，为体现 *gauche* 构象，势函数由两项组成：

$$u(\omega_{O-C-C-O})=0.25(1+\cos 2\omega)+0.25(1+\cos 3\omega) \tag{3.13}$$

DNA 中的 $OCH_2—CH_2O$ 键的二面角扭转势用图 3.5 表示。另外，多数力场中，如 CHARMM 力场，一般采用通用的二面角力场参数，而且只标定中心两个原子的类型，并不强调二面角头尾的原子。例如，用 *—C—C—* 表示二面角的一般形式，可以是 H—C—C—H、C—C—C—C 或者 H—C—C—C。

事实上，二面角扭转势中，双重（twofold）和三重（threefold）势函数形式也常见。三重势在 0°、120°和 240°处有极大点，而在 60°、180°和 360°处有三个极小点。乙烷有简单的三重势，见图 3.5 中的虚线。三个能量极大点对应 *cis* 构型，而三个极小点对应 *trans*

构型。

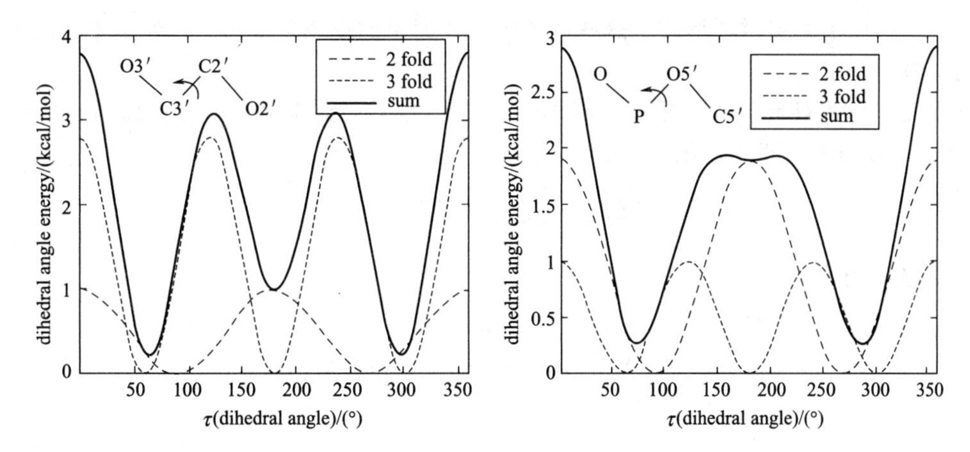

图 3.5 DNA 中二面角的双重、三重势和总势能以及所表现的 *trans*/*gauche* 能差
(O—C—C—O 二面角，$V_2=1.0$kcal/mol 和 $V_3=2.8$kcal/mol；
O—P—O—C 二面角，$V_2=1.9$kcal/mol 和 $V_3=1.0$kcal/mol)
(CHARMM 力场结果)

在碳氢化合物系列中，多数分子能量极小点处的势能并不相等。如丁烷分子，其 *trans* 构型比 *gauche* 构型的能量要低 1kcal/mol，在 2-甲基丁烷中，由于空间效应，*gauche* 构型的能量要比 *anti* 构型能量低，其构型说明参见图 3.6。对于电负性大的原子，如 O、F 原子，在 X—C—C—Y 类型中，其 *gauche* 构型有较高的能量，与一般的碳氢化合物的构型稍有不同，称其为 *gauche* 效应（*gauche* effect）。为了更好地体现不同的构型，许多力场通常要考虑双重势和三重势的结合，以弥补不同构型如 *cis*/*trans* 和 *trans*/*gauche* 引起的能量差异。MM2 力场中就包括了三种形式：

$$u(\omega)=\frac{V_1}{2}(1+\cos\omega)+\frac{V_2}{2}(1-\cos 2\omega)+\frac{V_3}{2}(1+\cos 3\omega) \tag{3.14}$$

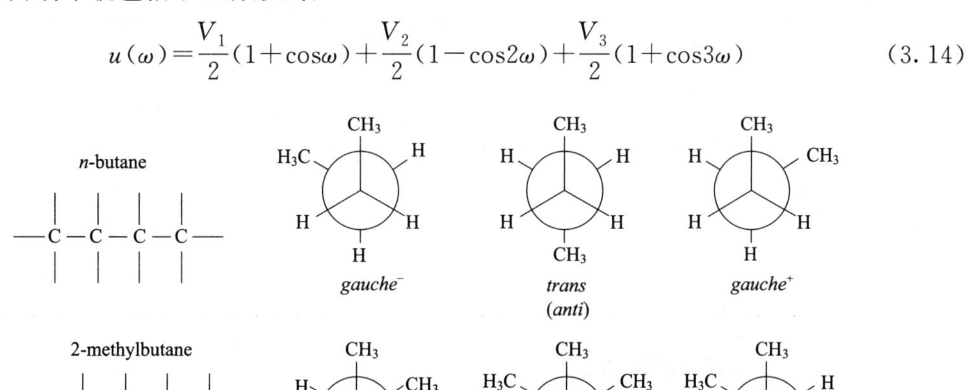

图 3.6 有极小能量的丁烷 *trans*（或 *anti*）构型和 2-甲基丁烷的 *gauche* 构型

在 MM2 力场中，通过 *ab initio* 计算为这三种形式赋予了相应的物理意义。第一项表示由成键原子电负性不同引起的键偶极之间的相互作用；第二项表示把成键都赋予“双键”特性，体现烷烃中的超共轭（hyperconjugation effects in alkanes）或者烯烃中的共轭效应

(conjugation effects in alkenes)；第三项表示 1,4 原子之间的空间效应。当然，对于一些特别的二面角，还需要多重项形式。这些函数形式比简单的单重项要精确，但是主要问题是确定力场参数。

下面简单介绍双重项和三重项的结合。用 ΔV 定义实验能垒，u 表示总的经验势能函数，u^{ω} 表示双重和三重项的结合能量。

$$u^{\omega}=\frac{V_2}{2}(1-\cos 2\omega)+\frac{V_3}{2}(1+\cos 3\omega) \tag{3.15}$$

在给定 ω 角下，可以计算：

$$\begin{aligned}\Delta V_{cis/trans}&=u_{\omega=0°}-u_{\omega=180°}\\&=V_3+(u-u^{\omega})_{\omega=0°}-(u-u^{\omega})_{\omega=180°}\end{aligned} \tag{3.16}$$

$$\begin{aligned}\Delta V_{trans/gauche}&=u_{\omega=180°}-u_{\omega=60°}\\&=\frac{3}{4}V_2+(u-u^{\omega})_{\omega=180°}-(u-u^{\omega})_{\omega=60°}\end{aligned} \tag{3.17}$$

于是可以得到：

$$\begin{aligned}V_3&=u^{\omega}_{\omega=0°}-u^{\omega}_{\omega=180°}\\\frac{3}{4}V_3&=u^{\omega}_{\omega=180°}-u^{\omega}_{\omega=60°}\end{aligned} \tag{3.18}$$

在给定 ω 角下可以得到分子坐标，还可以固定键长和键角，仅仅计算非键相互作用得到能量差，计算二面角参数变化。表 3.5 为 AMBER 和 CHARMM 力场中选择的几个二面角扭转势中的力常数。

表 3.5 部分二面角势中的力常数 [AMBER 力场（第一行）和 CHARMM 力场（第二行）]

sequence	$V_1/2$	ω_0	$V_2/2$	ω_0	$V_3/2$	ω_0	description
—C—C—					1.4 0.2	0 0	alkane C—C
O4′—C1′—N9—C8	2.5 1.1	0 0					purine glycosly C1′—N9 rotation
C—C—S—C	 0.24	 π			1.0 0.37	0 0	rotation about C—S in Met
O3′—P—O5′—C5′	 1.2	 π	1.2 0.1	0 π	0.5 0.1	0 π	P—O5′rotation in nucleic-acid backbone

3.4.4 离平面的弯曲势

分子中有些原子（如 4 个原子）有共处一个平面的倾向，所谓离平面的弯曲振动，是指某个原子在其他三个原子所处平面附近的上下振动。例如环丁酮，如图 3.7 所示，实验发现平衡结构中氧原子应该在环丁烷形成的平面上。但是仅仅采用键伸缩和键角弯曲两个势函数，氧原子会偏离平面，形成大约 120°的角度。这样的势能函数显然是不合理的，因此有必要加入另外的函数形式表示这种关系，我们称作离平面的弯曲势（out-of-plane bending potentials）。

一般有三种形式描述这种离平面的弯曲势能函数。第一种形式是把要处理的四个原子看成一个“非正常”二面角（improper torsion），即不是由 1-2-3-4 系列原子组成的，而是由

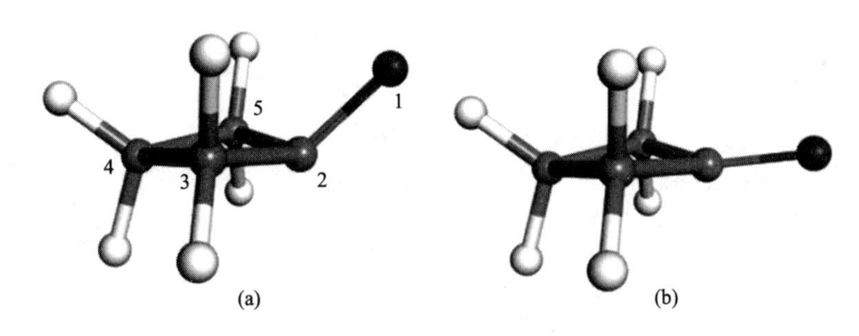

图 3.7　环丁酮中的氧原子

［未有离平面项约束时会偏离平面（a）］

1-5-3-2 原子组成的二面角。这种二面角势也采用之前所述［见式(3.10b)］的形式以维持非正常二面角为 0°或 180°：

$$u=k(1-\cos 2\omega) \tag{3.19}$$

另外的两种形式，是把离平面的原子与平面之间形成的角度或者高度定义为离开平面的坐标，用谐振动形式表示。其表达形式为（Dinur，1991）：

$$u_\chi(\chi)=\frac{1}{2}K_\chi(\chi-\chi_0)^2 \tag{3.20}$$

式中，K_χ 为离开平面的振动势常数；χ 定义为离开平面的振动的角度或者高度（如图 3.8 所示）。

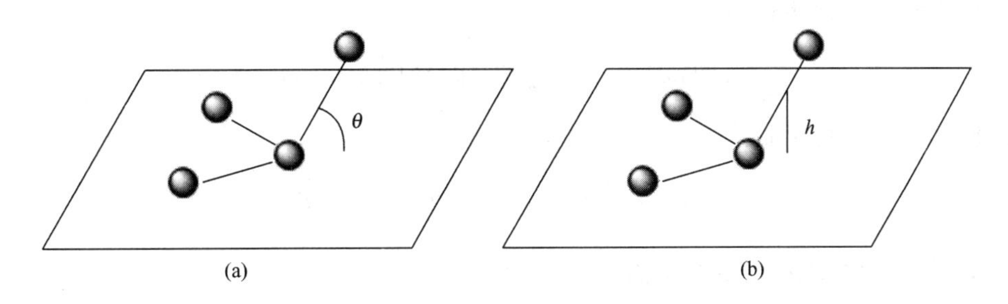

图 3.8　离平面弯曲贡献的两种描述方式

这种非正常二面角势函数在目前力场中有广泛的应用，如在联合原子力场中对空间结构的约束，而后两种离平面势可能更好描述脱离平面引起的能量变化，特别是在约束具有共轭结构的平面时后者更有优势。需要说明的是，在计算振动频率时，考虑离平面振动形式的结果更可靠。

3.4.5　交叉项

很容易理解，分子中各项运动形式是相互影响（或称耦合）的，例如键伸缩的同时也会引起键角、二面角的变化，反之也一样。耦合函数形式在预测振动光谱时非常重要，一般比较精细的力场中都包括此类型。多数耦合函数形式体现在两个或者几个内坐标之间的耦合关系。耦合函数会有不同的形式，如图 3.9 所示。

a. 键伸缩-键伸缩：

$$u(l_1,l_2)=\frac{1}{2}K_{l_1,l_2}(l_1-l_{1,0})(l_2-l_{2,0}) \tag{3.21}$$

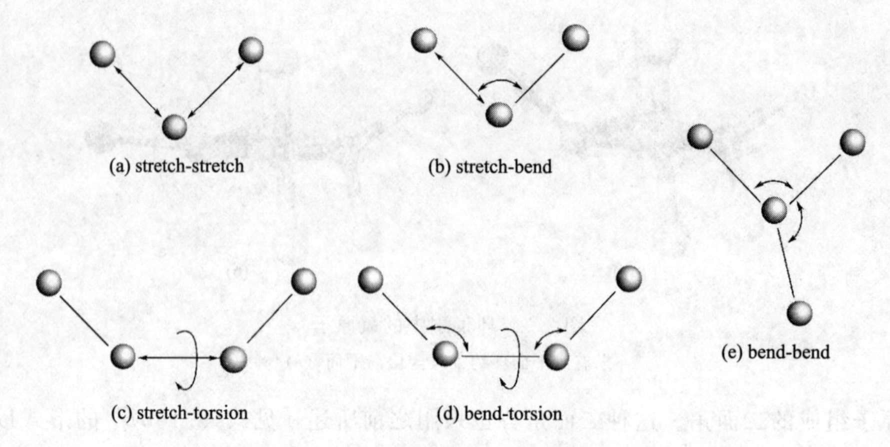

图 3.9　力场中的交叉运动形式

b. 键伸缩-键角弯曲：

$$u(l_1,l_2,\theta)=\frac{1}{2}K_{l_1,l_2,\theta}[(l_1-l_{1,0})+(l_2-l_{2,0})](\theta-\theta_0) \tag{3.22}$$

这里的键角 θ 是两个键之间的夹角。

c. 键伸缩-二面角扭转：

$$u(l,\omega)=\frac{1}{2}K_{l,\omega}(l-l_0)(1+\cos3\omega) \tag{3.23}$$

d. 键角弯曲-二面角扭转：

$$u(\theta,\omega)=\frac{1}{2}K_{\theta,\omega}(\theta-\theta_0)(1+\cos3\omega) \tag{3.24}$$

e. 键角弯曲-键角弯曲：

$$u(\theta_1,\theta_2)=\frac{1}{2}K_{\theta_1,\theta_2}(\theta_1-\theta_{1,0})(\theta_2-\theta_{2,0}) \tag{3.25}$$

3.4.6　van der Waals 势

在分子间的势能中，色散力和排斥力非常重要。前者属长程吸引力，后者属短程排斥力。London 在 1930 年首次用量子力学解释了色散力，因此这种相互作用也称作 London 力。色散相互作用通过 Drude 模型计算，其能量变化随 $1/r^6$ 变化：

$$u_{\text{dis}}=-\frac{3\alpha^4\hbar\omega}{4(4\pi\varepsilon_0)^2r^6} \tag{3.26}$$

式中，$\omega=\sqrt{k/m}$ 为角频率；$\alpha=q^2/k$，k 为力常数，q 为粒子电荷。事实上 Drude 模型仅仅考虑了分子间的偶极-偶极相互作用，如果考虑偶极-四极、四极-四极等相互作用，还要加上更多的级数展开项，于是，更精确的 Drude 模型可以写成：

$$u_{\text{dis}}=\frac{C_6}{r^6}+\frac{C_8}{r^8}+\frac{C_{10}}{r^{10}}+\cdots \tag{3.27}$$

所有的系数均为负值，表示相互吸引。

根据 Pauli 原理，同一量子态上的电子排斥会引起能量的急剧增加，这种排斥力也称作交换力（exchange force）或者重叠力（overlap force）。这种斥力随着原子核间距离的增加呈 $\exp(-2r/a_0)$ 指数衰减，a_0 为 Bohr 半径。

色散力和排斥力可用量子力学方法（考虑电子相关和采用大基组）进行精确计算，但是在分子力场方法中是通过经验方程进行拟合的。最著名的就是 Lennard-Jones 12-6 势函数：

$$u_{ij}(r)=4\varepsilon\left[\left(\frac{\sigma}{r_{ij}}\right)^{12}-\left(\frac{\sigma}{r_{ij}}\right)^{6}\right] \tag{3.28}$$

Lennard-Jones 势需要确定两个参数：碰撞距离 σ（collision diameter，即能量等于 0 时的距离）和势阱深度 ε。参数如图 3.10 表示。也可以根据能量最小时的距离 r_m 计算，此时能量的一级导数为 0，计算得到 $r_m=2^{1/6}\sigma$。因此 Lennard-Jones 势能可以写成：

$$u_{ij}(r)=\varepsilon\left[\left(\frac{r_m}{r_{ij}}\right)^{12}-\left(\frac{r_m}{r_{ij}}\right)^{6}\right] \tag{3.29}$$

或根据 $u_{ij}(r)=\frac{A}{r^{12}}-\frac{C}{r^{6}}$，可以得到 $A=4\varepsilon\sigma^{12}$，$C=4\varepsilon\sigma^{6}$。

既然是一个经验方程，也可以采用其他的函数形式表示 van der Waals 势能函数，如 9-6 势或 10-6 势。还有指数形式，如 Hill 势能函数（Hill，1948）：

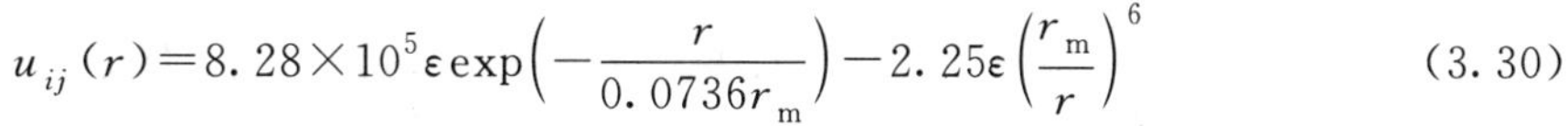

$$u_{ij}(r)=8.28\times10^{5}\varepsilon\exp\left(-\frac{r}{0.0736r_m}\right)-2.25\varepsilon\left(\frac{r_m}{r}\right)^{6} \tag{3.30}$$

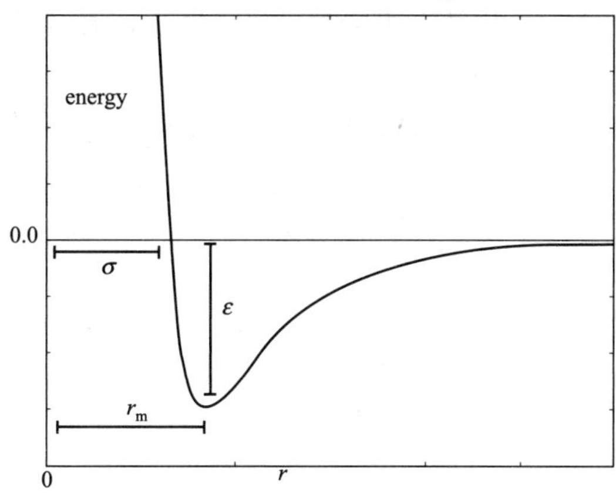

图 3.10　Lennard-Jones 势

3.4.7　静电相互作用

当分子带有电荷或者分子具有多极矩，则分子间的非键相互作用将会更加重要。通常用 Coulomb 定律描述电荷 q（charges）、偶极矩 μ（dipole moments）和四极矩 Q（quadrupole moments）等在不同分子（a、b）之间的相互作用（Hirschfelder，1954；Dinur，1991）：

$$u^{(q,q)}(r)=\frac{q_a q_b}{r} \tag{3.31}$$

$$u^{(q,\mu)}(r)=\frac{q_a\mu_b\cos\theta_b}{r^2} \tag{3.32}$$

$$u^{(q,Q)}(r)=\frac{q_a Q_b(3\cos^2\theta_b-1)}{4r^3} \tag{3.33}$$

$$u^{(\mu,\mu)}(r)=-\frac{\mu_a\mu_b[2\cos\theta_a\cos\theta_b-\sin\theta_a\sin\theta_b\cos(\phi_a-\phi_b)]}{r^3} \tag{3.34}$$

$$u^{(\mu,Q)}(r)=\frac{3\mu_a Q_b}{4r^4}\begin{bmatrix}\cos\theta_a(3\cos^2\theta_b-1)\\-2\sin\theta_a\sin\theta_b\cos(\phi_a-\phi_b)\end{bmatrix}\tag{3.35}$$

$$u^{(Q,Q)}(r)=\frac{3Q_a Q_b}{16r^5}\left\{\begin{matrix}1-5\cos^2\theta_a-5\cos^2\theta_b-15\cos^2\theta_a\cos^2\theta_b\\+2[\sin\theta_a\sin\theta_b\cos(\phi_a-\phi_b)-4\cos\theta_a\cos\theta_b]^2\end{matrix}\right\}\tag{3.36}$$

式中，θ_a、θ_b、ϕ_a 和 ϕ_b 的定义如图 3.11 所示。

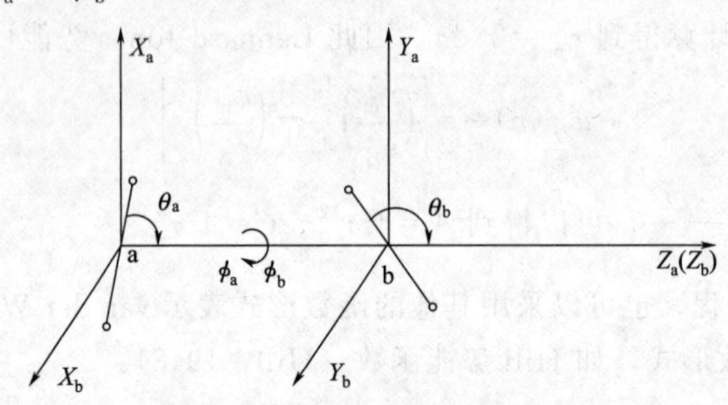

图 3.11　分子 a、b 之间多极相互作用中定义的角度

因为在许多计算方法中，采用的多极势都是以更高次倒幂函数形式衰减，比 r^{-3} 还要慢。如 Ewald 加和方法（Ewald sum，Allen 和 Tildesley，1987），因此有必要考虑长程相互作用。为了方便起见，有时也有采用平均多极贡献的函数形式（Hirschfelder，1954）：

$$u_{\text{ave}}^{(q,q)}(r)=\frac{q_a q_b}{r}\tag{3.37}$$

$$u_{\text{ave}}^{(q,\mu)}(r)=-\frac{q_a^2\mu_b^2}{3kTr^4}\tag{3.38}$$

$$u_{\text{ave}}^{(q,Q)}(r)=-\frac{q_a^2 Q_b^2}{20kTr^6}\tag{3.39}$$

$$u_{\text{ave}}^{(\mu,\mu)}(r)=-\frac{\mu_a^2\mu_b^2}{4kTr^6}\tag{3.40}$$

$$u_{\text{ave}}^{(\mu,Q)}(r)=-\frac{\mu_a^2 Q_b^2}{kTr^6}\tag{3.41}$$

$$u_{\text{ave}}^{(Q,Q)}(r)=-\frac{Q_a^2 Q_b^2}{40kTr^{10}}\tag{3.42}$$

从上述公式中可以看到，除了电荷-电荷之间的相互作用没有变化以外，其他的多极相互作用都比 r^{-3} 衰减得快。因此，用这样的处理方式计算长程相互作用很方便，并在一些模拟中取得了非常满意的结果。此外，上述公式最大的好处是消除了角度和三角函数。

3.4.8　氢键势

氢键相互作用是一种特殊的非键相互作用。根据传统的 Lennard-Jones 势，一般采用 10-12 势就可以较精确地描述氢键作用：

$$u(r)=\frac{A}{r^{12}}-\frac{C}{r^{10}}\tag{3.43}$$

式中，A 和 C 是经验常数。

另外，还有其他的形式描述氢键作用，如：

$$u(r)=\left(\frac{C}{r^{12}}-\frac{D}{r^{10}}\right)\cos^4\theta \tag{3.44}$$

式中，C 和 D 为经验常数；θ 为形成的氢键角。

$$u(r)=\left(\frac{A}{r_{\text{H-Acc}}^{12}}-\frac{C}{r_{\text{H-Acc}}^{10}}\right)\cos^2\theta_{\text{Don-H-Acc}}\cos^4\omega_{\text{H-Acc-Lp}} \tag{3.45}$$

式中，$r_{\text{H-Acc}}$是氢原子与受体原子之间的距离；$\theta_{\text{Don-H-Acc}}$ 是供体分子、氢原子和受体分子形成的角度；$\omega_{\text{H-Acc-Lp}}$ 为氢原子、受体分子和受体分子上孤对电子（lone pair）之间的夹角。

并不是所有的力场中都包含明确的氢键函数形式，多数力场更多在静电和 van der Waals 相互作用中体现氢键作用。氢键构型如图 3.12 所示。

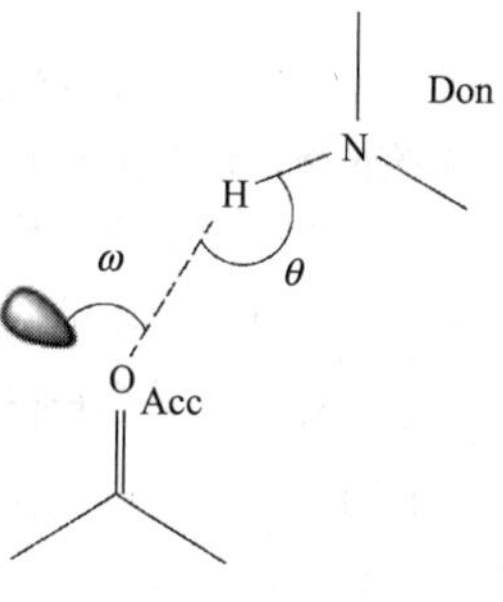

图 3.12　氢键构型

3.5　常见的力场

通过以上对各种相互作用势形式的分解，我们可以把分子体系的势能总结为：

$$\begin{aligned}E(r,l,\theta,\omega,\chi)=&\sum_{\text{bonds}}u_{\text{b}}(l)+\sum_{\text{angles}}u_{\theta}(\theta)+\sum_{\text{dihedral}}u_{\omega}(\omega)+\sum_{\text{out-of-plane}}u_{\chi}(\chi)\\&+\sum_{\text{cross}}u(l,\theta,\omega)+\sum_{\text{non-bonds}}u_{nb}(r)+\sum u_{\text{ele}}+\sum_{\text{H-bonding}}u(r)\end{aligned} \tag{3.46}$$

式(3.46) 包括了分子内和分子间相互作用势。不同势能函数中力参数决定着整个分子力场的品质。键和键角参数可以通过 X 射线、红外、核磁共振谱等实验手段得到，而非键参数可以通过分子束实验或者二级位力系数的实验数据获得。另外，有些参数也可以采用从头算和半经验方法计算得到。

研究的目的决定着分子内或分子间相互作用何者更重要。应该指出的是，非键相互作用在各种势能形式中其重要性应是第一位的。因此，有些情况下，可以根据研究体系和出发点的不同，把键长和键角的形式忽略，仅仅考虑非键和静电相互作用。例如，Stockmayer 势就仅考虑了排斥、色散和偶极相互作用：

$$E=\sum_{j>i}\left\{\begin{array}{c}4\varepsilon_{ij}\left[\left(\frac{\sigma_{ij}}{r_{ij}}\right)^{12}-\left(\frac{\sigma_{ij}}{r_{ij}}\right)^{6}\right]\\-\frac{\mu_{\text{a}}\mu_{\text{b}}[2\cos\theta_{\text{a}}\cos\theta_{\text{b}}-\sin\theta_{\text{a}}\sin\theta_{\text{b}}\cos(\phi_{\text{a}}-\phi_{\text{b}})]}{r^3}\end{array}\right\} \tag{3.47}$$

Stockmayer 势比较充分地考虑到了气液界面的偶极-偶极相互作用、偶极对界面相态的影响等，因此得到了满意的模拟结果（Gao，1997；van Leeuwen，1993）。在此我们不做详细叙述，读者可以参阅相关文献（Rappé，1997）。

分子模拟所使用的力场，从最初的单原子体系扩伸到多原子分子、聚合物、生化分子体系。力场也从简单的非键相互作用，扩展到复杂的形式。每个力场针对特殊目的有所侧重，各有优缺点和使用范围。在模拟计算中选择合适的力场尤为重要，也是决定计算结果成败的关键。

3.5.1　OPLS 力场

OPLS（the optimized potential for liquid simulation）是由 Jorgensen 和 Tirado-Rives 在 1988 年根据液体的特点而提出的力场。OPLS 势的非键形式非常简单：

$$E=\sum_{j>i}\left(\frac{A_{ij}}{r_{ij}^{12}}-\frac{B_{ij}}{r_{ij}^{6}}+\frac{q_i q_j}{r_{ij}}\right) \tag{3.48}$$

而成键势主要采用 AMBER 力场形式（AMBER 力场将在后面讨论）。OPLS 力场主要针对多肽核酸和有机溶剂的液体体系。在 1996 年 Jorgensen 在原有的 OPLS 力场基础上提出了全原子 OPLS 力场，称作 OPLS-AA 力场，后来又在这个力场中增加并重点讨论了全原子情况下二面角扭转引起的势能变化。

3.5.2 ECEPP/3 力场

ECEPP（the empirical conformational energy program for peptides）最早出现于 1975 年（Momany，1975）。Némethy 在 1983 年改进成 ECEPP/2，1992 年提出最新的 ECEPP/3 力场。ECEPP/3 势函数与以前的力场函数形式是相同的，只不过若干力场参数在实验基础上得到了改善。正像名称缩写所示，该力场主要针对多肽、氨基酸，计算构象能量和空间构象。ECEPP/3 力场写作：

$$E=\sum_{n}\frac{K_n}{2}(1\pm\cos n\omega_n)+\sum_{j>i}\varepsilon_{ij}\left[\left(\frac{r_{ij}^{*}}{r_{ij}}\right)^{12}-\left(\frac{r_{ij}^{*}}{r_{ij}}\right)^{6}\right]$$
$$+\sum_{j>i}\frac{q_i q_j}{D r_{ij}}+\sum_{j>i}\varepsilon_{ij}\left[5\left(\frac{r_{ij}^{*}}{r_{ij}}\right)^{12}-6\left(\frac{r_{ij}^{*}}{r_{ij}}\right)^{10}\right] \tag{3.49}$$

式中，D 是介电常数；r^* 是非键相互作用的最小距离。显然，ECEPP/3 力场仅仅考虑了四种势能形式：二面角扭转势、Lennard-Jones（12-6）势、静电相互作用势和氢键作用（12-10）势。

3.5.3 AMBER 力场

AMBER（assisted model building with energy refinement）力场最早出现于 Weiner 的工作中（Weiner，1984），随后发展成为 AMBER94、AMBER96、AMBER99 系列。该力场主要适用于蛋白质、核酸、多糖等生化分子，可用以得到合理的气态分子几何结构、构形能、振动频率与溶剂化自由能等模拟结果。AMBER 力场的参数全来自计算结果与实验值的对比，力场形式如下：

$$E=\sum_{b}K_l(l-l_0)^2+\sum_{\theta}K_\theta(\theta-\theta_0)^2+\sum_{\omega}\frac{1}{2}V_n[1+\cos(n\omega-\omega_0)]$$
$$+\sum\varepsilon_{ij}\left[\left(\frac{\sigma_{ij}}{r_{ij}}\right)^{12}-\left(\frac{\sigma_{ij}}{r_{ij}}\right)^{6}\right]+\sum\frac{q_i q_j}{\varepsilon_{ij} r_{ij}}+\sum\left[\frac{C_{ij}}{r_{ij}^{12}}-\frac{D_{ij}}{r_{ij}^{10}}\right] \tag{3.50}$$

式中，l、θ、ω 为键长、键角与二面角；第 4 项为范德华作用项；第 5 项为静电作用项；第 6 项为氢键的作用项。

3.5.4 CHARMM 力场

CHARMM 力场（chemistry at harvard molecular mechanics）的参数采用了很多从头算计算结果，也结合了多种实验数据。CHARMM 力场已经从最初的版本发展到了 CHARMM22、CHARMM27 以及 2002 年年底的 CHARMM3.0 等。CHARMM 力场形式为：

$$E=\sum_{\text{bonds}}K_b(l-l_0)^2+\sum_{\text{angle}}K_\theta(\theta-\theta_0)^2+\sum_{\text{UB}}K_{\text{UB}}(S-S_0)^2$$
$$+\sum_{\text{dihedral}}V_\omega[1+\cos(n\omega-\omega_0)]+\sum_{\text{out-of-plane}}K_\chi(\chi-\chi_0)^2$$
$$+\sum_{\text{nonbond}}\varepsilon_{ij}\left[\left(\frac{R_{ij}}{r_{ij}}\right)^{12}-2\left(\frac{R_{ij}}{r_{ij}}\right)^{6}\right]+\sum_{\text{ele}}\frac{q_i q_j}{4\pi\varepsilon r_{ij}} \tag{3.51}$$

上述势能形式包括成键相互作用（键长势、键角势、Urey-Bradley 1,3 相互作用、二面角势和离平面作用势）和非键相互作用（van der Waals 排斥和色散作用以及库仑相互作用）。但是 CHARMM 力场不包括氢键作用。这里需要说明的是 Urey-Bradley 1,3 相互作用表示用化学键连接的键角两端的原子 1 和 3 之间的相互作用。该力场可应用于研究许多体系，包括小的有机分子、溶液、聚合物、蛋白质、核酸、磷脂等。除用于有机金属分子外，该力场还可用于模拟分子体系的结构、作用能、构象能、振动频率、自由能等与时间相关的物理性质，模拟结果与实验值相吻合。

3.5.5 MM3 力场

MM3 力场（Allinger，1989）消除了早期版本 MM2 力场（Allinger，1977）的一些缺陷，改善了成键和非键势能函数模型，增建了模拟计算振动光谱数据的模块。其表达形式如下：

$$
\begin{aligned}
E = & \sum_{\text{bonds}} \frac{K_l}{2}(l-l_0)^2\left[1-2.55(l-l_0)+\left(\frac{7}{12}\right)\times 2.55(l-l_0)^2\right] \\
& + \sum_{\text{angles}} \frac{K_\theta}{2}(\theta-\theta_0)^2\begin{bmatrix}1-0.014(\theta-\theta_0)+5.6\times10^{-5}(\theta-\theta_0)^2 \\ -7\times10^{-7}(\theta-\theta_0)^3+9\times10^{-10}(\theta-\theta_0)^4\end{bmatrix} \\
& + \sum_{\text{out-of-plane}} \frac{K_\chi}{2}(\chi-\chi_{\text{eq}})^2\begin{bmatrix}1-0.014(\chi-\chi_{\text{eq}})+5.6\times10^{-5}(\chi-\chi_{\text{eq}})^2 \\ -7\times10^{-7}(\chi-\chi_{\text{eq}})^3+9\times10^{-10}(\chi-\chi_{\text{eq}})^4\end{bmatrix} \\
& + \sum_{\text{dihedrals}} \frac{1}{2}\left[V_1(1+\cos\omega)+V_2(1+2\cos2\omega)+V_3(1+\cos3\omega)\right] \\
& + \sum_{\text{bonds/angles}} \frac{K_{l\theta}}{2}\left[(l_1-l_{1,0})+(l_2-l_{2,0})\right](\theta-\theta_0) \\
& + \sum_{\text{bonds/torsion}} \frac{K_{l\phi}}{2}(l-l_0)(1+\cos3\phi) \\
& + \sum_{\text{angles/angles}} \frac{K_{\theta_1}K_{\theta_2}}{2}(\theta_1-\theta_{1,0})(\theta_2-\theta_{2,0}) \\
& + \sum_{i<j}\varepsilon_{ij}\left[-2.25\left(\frac{\sigma_{ij}}{r_{ij}}\right)^6+1.84\times10^5\exp\left(-\frac{12\sigma_{ij}}{r_{ij}}\right)\right] \\
& + \sum_{i<j}\frac{\mu_i\mu_j}{\varepsilon r_{ij}^2}\left[2\cos\theta_i\cos\theta_j-\sin\theta_i\sin\theta_j\cos(\phi_i-\phi_j)\right]
\end{aligned}
\tag{3.52}
$$

在 MM3 势函数中，键伸缩（第一项）作用采用了多个泰勒展开形式，使它更接近于 Morse 势，因此它比其他力场如 AMBER 或 CHARMM 中的 Hooke 定律函数（即键伸缩作用采用谐振子形式）要好。相似地，键角、二面角和平面外的振动运动，因为拥有了更高级别的展开形式，精确性也得到了提高。

MM3 势能形式的一个特点是包括了多个交叉项，如键/键角（第五项）、键/二面角（第六项）、二面角/二面角（第七项）等运动形式。非键作用形式则采用了改近的 Buking-ham 势表示色散和排斥作用（第八项）。与 AMBER 和 CHARMM 力场不同的是，MM3 不是用库仑势表示静电相互作用（第九项），而是把分子中的每个键看作键偶极矩（μ），因此总的静电相互作用表达为所有可能的偶极-偶极相互作用。MM3 力场的另一个特点是区分不同的原子类型，如碳原子，可以分为 sp^3 杂化、sp^2 杂化、sp 杂化、酮基碳、环丙烷碳、碳自由基、碳阳离子等类型，这样的区分要求有不同的势能参数，而 AMBER 力场没有分得这么细。在 MM 形式的力场中仔细考虑了许多交叉作用项，因此用于模拟计算中所得的结果往往优于其他形式的力场。但是 MM3 力场形式相对复杂，不易程序化，计算亦较为费时。MM3 力场适用于各种有机化合物、自由基、离子等。应用此力场可得到非常精准的构型、能量、各种热力学性质、振动光谱、晶体能等模拟结果。1996 年开始，Allinger 又继续开发了 MM4 力场，其基本力场类型没有改变，但是势能函数的原子类型又有了一定的细分，我们在此不再赘述。

此外，美国 Merck 公司针对药物分子的辅助设计，在 MM2 和 MM3 力场基础上开发了 MMFF 力场系列，如 MMFF94、MMFF95 等。该力场采用 MM3 函数形式，但拟合力场参数时引用了大量的量子力学计算结果。这些力场主要应用于模拟计算固态或液态的有机小分子体系。可得到较准确的几何结构、振动频率及各种热力学性质等，我们在此也不做详细介绍。

3.5.6 CFF 力场

一致性力场（consistent force field，CFF）属于第二代力场。之所以称之为第二代力场，是因为在构建 CFF 力场时还考虑到了：①可以解释小的单个分子、凝聚相和大分子体系的性质；②函数形式由非谐振动、键伸缩多项式、键角弯曲多项式组成，并包含若干重要的耦合作用；③相应的柔性排斥作用采用 9 次方项或者指数形式，而不是通常的 12 次方项排斥作用，形式上比静电力场复杂，需要大量的力常数。设计第二代力场的目的是能够精确模拟计算分子的结构、光谱及热力学性质等信息。其力场参数的拟合除了引用了大量的实验数据以外，还参考了许多精确的量子力学计算结果。CFF 力场尤其适用于有机分子及不含过渡金属的分子体系。其力场形式为：

$$
\begin{aligned}
E = & \sum_{b}[K_2(b-b_0)^2 + K_3(b-b_0)^3 + K_4(b-b_0)^4] \\
& + \sum_{\theta}[H_2(\theta-\theta_0)^2 + H_3(\theta-\theta_0)^3 + H_4(\theta-\theta_0)^4] \\
& + \sum_{\phi}\{V_1[1-\cos(\phi-\phi_1^0)] + V_2[1-\cos(2\phi-\phi_2^0)] + V_3[1-\cos(3\phi-\phi_3^0)]\} \\
& + \sum_{\chi}K_{\chi}\chi^2 + \sum_{b}\sum_{b'}F_{bb'}(b-b_0)(b'-b'_0) + \sum_{\theta}\sum_{\theta'}F_{\theta\theta'}(\theta-\theta_0)(\theta'-\theta'_0) \\
& + \sum_{b}\sum_{\theta}F_{b\theta}(b-b_0)(\theta-\theta_0) + \sum_{b}\sum_{\phi}(b-b_0)(V_1\cos\phi + V_2\cos 2\phi + V_3\cos 3\phi) \\
& + \sum_{b'}\sum_{\phi}(b'-b'_0)(V_1\cos\phi + V_2\cos 2\phi + V_3\cos 3\phi) \\
& + \sum_{\theta}\sum_{\phi}(\theta-\theta_0)(V_1\cos\phi + V_2\cos 2\phi + V_3\cos 3\phi) \\
& + \sum_{\phi}\sum_{\theta}\sum_{\theta'}K_{b\theta\theta'}\cos\phi(\theta-\theta_0)(\theta'-\theta'_0) \\
& + \sum_{i>j}\frac{q_i q_j}{\varepsilon r_{ij}} + \sum_{i>j}(\frac{A_{ij}}{r_{ij}^9} - \frac{B_{ij}}{r_{ij}^6})
\end{aligned}
\tag{3.53}
$$

CFF91 力场适用于研究碳氢化合物、蛋白质、蛋白质-配位基的相互作用，亦可研究小分子的气态结构、振动频率、构象能、扭转能、晶体结构等。CFF91 力场含有 H、Na、Ca、C、Si、N、P、O、S、F、Cl、Br、I、Ar 等原子的参数。

PCFF 力场由 CFF91 力场衍生而成，适用于聚合物及有机物。在聚碳酸酯类（polycarbonates)、三聚氰胺树脂（melamine resins）、多糖类（polysaccharides）、碳水化合物、脂肪类、核酸、有机物和部分无机物体系等的性质模拟方面都有成功的范例。除了CFF91力场的参数外，PCFF力场还含有He、Ne、Kr、Xe等惰性气体及Li、K、Cr、Mo、W、Fe、Ni、Pd、Pt、Cu、Ag、Au、Al、Sn、Pb等金属原子的力场参数。

CFF95力场也由CFF91力场衍生而成，特别针对多糖类、聚碳酸酯等生化分子与有机聚合物，但更加适用于生命体系。该力场含有卤素原子及Li、Na、K、Rb、Cs、Mg、Ca、Fe、Cu、Zn等多种金属原子的参数。

3.5.7 通用力场

由于前述各种力场最初的设计主要针对有机或生化分子，仅能涵盖元素周期表中的一小部分元素。力场参数大多是根据实验参数或量子化学计算的数据进行拟合所得，因此缺乏系统的通用性。为了使力场能够广泛地适用于整个元素周期表所涵盖的元素，于是派生出了新的一代力场，其原子参数来自实验或理论计算。

以原子为基础的力场包括ESFF、UFF（universal force field）和DREIDING力场等。ESFF力场涵盖元素周期表中由氢至氡的元素，可用于预测气态与凝聚态的有机分子、无机分子、有机金属分子系统的结构，但不能用以计算构象能或精确的振动频率。DREIDING力场可用以计算分子聚集体的结构及各项性质，但其力场参数并未涵盖元素周期表中的全部元素。UFF力场可适用于周期表所涵盖的所有元素，即适用于任何分子与原子体系。由UFF力场所计算的分子结构优于DREIDING力场，但计算与分子间作用有关的性质时则会产生较大的误差。

ESFF力场考虑了各种不同的环形化合物，并将环状化合物中心原子的各种杂化模式（sp、sp^2、sp^3）等纳入键角弯曲项。其力场的形式为：

$$
\begin{aligned}
E = & \sum_{\mathrm{b}} D_{\mathrm{b}}\{1-\exp[-\alpha(r_{\mathrm{b}}-r_{\mathrm{b}}^{0})^{2}]\} \\
& + \sum_{\mathrm{a}} \frac{K_{\mathrm{a}}}{\sin^{2}\theta_{\mathrm{a}}^{0}}(\cos\theta_{\mathrm{a}}-\cos\theta_{\mathrm{a}}^{0})^{2} \\
& + \sum_{\mathrm{a}} 2K_{\mathrm{a}}(\cos\theta_{\mathrm{a}}+1) \\
& + \sum_{\mathrm{a}} K_{\mathrm{a}}^{\theta_{\mathrm{a}}}\cos^{2}\theta_{\mathrm{a}} \\
& + \sum_{\mathrm{a}} \frac{2K_{\mathrm{a}}}{n^{2}}[1-\cos(n\theta_{\mathrm{a}})] + 2K_{\mathrm{a}}^{-\beta(r_{13}-\rho_{\mathrm{d}})} \\
& + \sum_{\tau} D_{\tau}\left[\frac{\sin^{2}\theta_{1}\sin^{2}\theta_{2}}{\sin^{2}\theta_{1}^{0}\sin^{2}\theta_{2}^{0}} + \mathrm{sign}\frac{\sin^{n}\theta_{1}\sin^{2}\theta_{2}}{\sin^{n}\theta_{1}^{0}\sin^{n}\theta_{2}^{0}}\cos(n\tau)\right] \\
& + \sum_{\chi} D_{\chi}\chi^{2} + \sum_{n\mathrm{b}}\left(\frac{A_{i}B_{j}+A_{j}B_{i}}{r_{n\mathrm{b}}^{9}} - 3\frac{B_{i}B_{j}}{r_{n\mathrm{b}}^{6}}\right) + \sum_{n\mathrm{b}}\frac{q_{i}q_{j}}{r_{n\mathrm{b}}}
\end{aligned}
\tag{3.54}
$$

上式第一项为键伸缩项；第二项为键角弯曲项；第三项为二面角扭转项；第四项为离开平面的振动项；第五项为非极性相互作用项；最后为静电作用项。

3.5.8 COMPASS力场

COMPASS（condensed-phase optimized molecular potentials for atomistic simulation studies）是第一个能够在很大范围内，准确模拟和预测单个分子或凝聚态物质的结构、构象、

振动频率、热力学性质的从头算力场。之所以称之为从头算力场，是因为这个力场中的多数参数是通过量子力学计算得到的，当然，为了与实验数据相吻合，有些参数也做了经验性优化。COMPASS力场可研究的对象包括最基本的有机小分子、无机小分子、聚合物等，还可以模拟计算由金属离子、金属、金属氧化物等形成的许多新型材料。虽然对不同的体系需要采用不同的模型，但COMPASS力场的参数是不变的，理论上讲，可以研究包括不同界面和材料的复杂体系。下面我们以共价键COMPASS力场模型为例，讨论其力场的表达形式。当然其他的离子、聚合物等COMPASS力场模型会有不同的形式，但也只是在此基础上进行微调罢了。

对于所有的有机和无机共价分子（包括聚合物），COMPASS力场中的总势能写作成键形式、非成键形式能量的总和，其中成键形式还包括对角和非对角交叉耦合形式（diagonal and off-diagonal cross coupling terms）。

$$
\begin{aligned}
E_{\mathrm{pot}} = & \sum_{b}[k_2(b-b_0)^2+k_3(b-b_0)^3+k_4(b-b_0)^4] \\
& +\sum_{\theta}[k_2(\theta-\theta_0)^2+k_3(\theta-\theta_0)^3+k_4(\theta-\theta_0)^4] \\
& +\sum_{\phi}[k_1(1-\cos\phi)+k_2(1-\cos2\phi)+k_3(1-\cos3\phi)] \\
& +\sum_{\chi}k_2\chi^2+\sum_{b,b'}k(b-b_0)(b'-b'_0) \\
& +\sum_{b,\theta}k(b-b_0)(\theta-\theta_0)+\sum_{b,\phi}(b-b_0)(k_1\cos\phi+k_2\cos2\phi+k_3\cos3\phi) \\
& +\sum_{\theta,\phi}(\theta-\theta_0)(k_1\cos\phi+k_2\cos2\phi+k_3\cos3\phi) \\
& +\sum_{b,\theta}k(\theta-\theta_0)(\theta'-\theta'_0)+\sum_{\theta,\theta,\phi}k(\theta-\theta_0)(\theta'-\theta'_0)\cos\phi
\end{aligned} \tag{3.55}
$$

其实，上式就是键伸缩、键角变化、二面角变化引起的能量改变的加和。

对于非键形式，包括描述静电相互作用的库仑项和描述van der Waals相互作用的Lennard-Jones势。其中静电相互作用表示为：

$$
E_{\mathrm{ele}}=\sum_{i>j}\frac{q_iq_j}{r_{ij}} \tag{3.56}
$$

van der Waals相互作用则采用以下形式：

$$
E_{\mathrm{vdW}}=\sum E_{ij}\left[2\left(\frac{r_{ij}^0}{r_{ij}}\right)^9-3\left(\frac{r_{ij}^0}{r_{ij}}\right)^6\right] \tag{3.57}
$$

与其他力场相比，COMPASS力场采用了更复杂的一套函数形式对相互作用势进行了更加准确的描述。自1998年该力场产生以来，已经验证和预测了大量的科学实验数据和材料的结构性质。需要特别说明的是该力场的主要编写者为中国学者孙淮教授。

3.6 联合原子和约化处理

在3.5节中介绍的力场，大都采用了全原子模型。针对非键相互作用，如果采用简化模型可以减少需要计算的非键相互作用数，这样能够大大简化计算。最简单的方法是把部分或者全部原子（通常指氢原子）归并到与之成键的原子上进行简化处理，例如，甲基可以作为一个“赝原子”（pseudo-atom）或者“联合原子”（united atom）进行处理。考虑van der

Waals 和静电相互作用时也对相关的氢原子做类似的处理，这样一来就可以节省大量的计算时间。如丁烷分子仅仅考虑四点模型，而不是 12 个原子模型，于是两个分子之间的 van der Waals 相互作用仅仅有 16 项，而不是 144 项。其他的碳氢化合物都可以采用联合原子模型进行处理。早期对蛋白质的模拟计算大都采用这种方式，但是有时候对能够形成氢键，连接在 N、O 原子上的氢原子会单独进行讨论。

在某些力场中，还有比联合原子模型更简化的方法，它们把整个原子基团仅用一个点来表示，比如，选择合适的力场参数把苯环看成一个点。

而在另外的一些模型中，采用的方法与“实际”的分子之间没有更多的关联，但是却非常实用，能够用较短的时间模拟计算更大的体系。适合于聚合物、液晶材料的力场等都体现了这一优越性。如描述液晶分子的 Gay-Berne 势函数（Gay，1981）。

3.7 粗粒力场

3.7.1 MARTINI 力场

2007 年出现的 MARTINI 力场是粗粒力场中的典型代表（Marrink，2007）。MARTINI 粗粒模型以全原子模型为基础，按照一定的规则对原子进行粒子化以扩大粗粒模型的使用范围，其实施思想类似 GROMOS 联合原子力场。自 2004 年 MARTINI 力场（1.0 版）出现以来，在生物体系有了广泛的应用。在随后的几年间，该课题组又针对性地把此力场扩展到了碳氢化合物（主要是糖类）、聚合物（主要为聚氧乙烯类）等多个领域，并进一步规范力场参数。目前也有众多的课题组以此力场为基础，进行修改和细化，在众多研究领域均有应用。

MARTINI 力场中把四个重原子看作一个相互作用点，对环状分子另有特殊处理。为尽量简化模型，MARTINI 力场中仅仅考虑四个主型（main type）相互作用点：polar（P）、nonpolar（N）、aploar（C）和 charge（Q）。每种类型还可以继续细化，共计分成 18 个副型（subtypes）相互作用粒子，分别代表着一些更具体的化学单元。每一个主型作用点，又可以通过形成氢键的能力或者极性强度进行细分，如氢键分成 d（donor）、a（acceptor）、da（both）和 0（none），以及极性强弱按照从 1（low polarity）到 5（high polarity）区分，其粗粒珠子类型与化合物或者官能团之间的划分参见表 3.6。MARTINI 力场中仍然分成成键和非键两种相互作用方式。非键作用中的 van der Waals 相互作用 Lennard-Jones 函数形式表示：

$$u_{lj}(r)=4\varepsilon_{ij}\left[\left(\frac{\sigma_{ij}}{r}\right)^{12}-\left(\frac{\sigma_{ij}}{r}\right)^{6}\right] \tag{3.58}$$

式中，σ_{ij} 代表着两个粒子之间的距离，默认的有效距离为 0.47nm；ε_{ij} 代表各个粒子之间的相互作用强度，详细的参数说明参见表 3.7。除了 Lennard-Jones 函数形式，如果粒子带有电荷，MARTINI 力场中还需要加入下面函数形式描述彼此之间的静电相互作用。

$$u_{\mathrm{el}}(r)=\frac{q_i q_j}{4\pi\varepsilon_0\varepsilon_r r} \tag{3.59}$$

式中，相对强度 $\varepsilon_r=15$。成键作用也包括了键长、键角和二面角项。对于环状分子如带有苯环的有机分子，有特殊的处理方式，并加入了约束项。

表 3.6 MARTINI 力场中非键相互作用矩阵

type		Q				P					N				C				
		da	d	a	0	5	4	3	2	1	da	d	a	0	5	4	3	2	1
Q	da	○	○	○	Ⅱ	○	○	○	Ⅰ	Ⅰ	Ⅰ	Ⅰ	Ⅰ	Ⅳ	Ⅴ	Ⅵ	Ⅶ	Ⅸ	Ⅸ
	d	○	Ⅰ	○	Ⅱ	○	○	○	Ⅰ	Ⅰ	Ⅰ	Ⅲ	Ⅰ	Ⅳ	Ⅴ	Ⅵ	Ⅶ	Ⅸ	Ⅸ
	a	○	○	Ⅰ	Ⅱ	○	○	○	Ⅰ	Ⅰ	Ⅰ	Ⅰ	Ⅲ	Ⅳ	Ⅴ	Ⅵ	Ⅶ	Ⅸ	Ⅸ
	0	Ⅱ	Ⅱ	Ⅱ	Ⅳ	Ⅰ	○	Ⅰ	Ⅱ	Ⅲ	Ⅲ	Ⅲ	Ⅲ	Ⅳ	Ⅴ	Ⅵ	Ⅶ	Ⅸ	Ⅸ
P	5	○	○	○	Ⅰ	○	○	○	○	○	Ⅰ	Ⅰ	Ⅰ	Ⅳ	Ⅴ	Ⅵ	Ⅵ	Ⅶ	Ⅷ
	4	○	○	○	○	○	Ⅰ	Ⅰ	Ⅱ	Ⅱ	Ⅲ	Ⅲ	Ⅲ	Ⅳ	Ⅴ	Ⅵ	Ⅵ	Ⅶ	Ⅷ
	3	○	○	○	Ⅰ	○	Ⅰ	Ⅰ	Ⅱ	Ⅱ	Ⅱ	Ⅱ	Ⅱ	Ⅳ	Ⅳ	Ⅴ	Ⅴ	Ⅵ	Ⅶ
	2	Ⅰ	Ⅰ	Ⅰ	Ⅱ	○	Ⅱ	Ⅱ	Ⅱ	Ⅱ	Ⅱ	Ⅱ	Ⅱ	Ⅲ	Ⅳ	Ⅳ	Ⅴ	Ⅵ	Ⅶ
	1	Ⅰ	Ⅰ	Ⅰ	Ⅲ	○	Ⅱ	Ⅱ	Ⅱ	Ⅱ	Ⅱ	Ⅱ	Ⅱ	Ⅲ	Ⅳ	Ⅳ	Ⅳ	Ⅴ	Ⅵ
N	da	Ⅰ	Ⅰ	Ⅰ	Ⅲ	Ⅰ	Ⅲ	Ⅱ	Ⅱ	Ⅱ	Ⅱ	Ⅱ	Ⅱ	Ⅳ	Ⅳ	Ⅴ	Ⅵ	Ⅵ	Ⅵ
	d	Ⅰ	Ⅲ	Ⅰ	Ⅲ	Ⅰ	Ⅲ	Ⅱ	Ⅱ	Ⅱ	Ⅱ	Ⅲ	Ⅱ	Ⅳ	Ⅳ	Ⅴ	Ⅵ	Ⅵ	Ⅵ
	a	Ⅰ	Ⅰ	Ⅲ	Ⅲ	Ⅰ	Ⅲ	Ⅱ	Ⅱ	Ⅱ	Ⅱ	Ⅱ	Ⅲ	Ⅳ	Ⅳ	Ⅴ	Ⅵ	Ⅵ	Ⅵ
	0	Ⅳ	Ⅳ	Ⅳ	Ⅳ	Ⅳ	Ⅳ	Ⅳ	Ⅲ	Ⅲ	Ⅳ	Ⅳ	Ⅳ	Ⅳ	Ⅳ	Ⅳ	Ⅳ	Ⅴ	Ⅵ
C	5	Ⅴ	Ⅴ	Ⅴ	Ⅴ	Ⅴ	Ⅴ	Ⅳ	Ⅳ	Ⅳ	Ⅳ	Ⅳ	Ⅳ	Ⅳ	Ⅳ	Ⅳ	Ⅳ	Ⅴ	Ⅴ
	4	Ⅵ	Ⅵ	Ⅵ	Ⅵ	Ⅵ	Ⅵ	Ⅴ	Ⅳ	Ⅳ	Ⅴ	Ⅴ	Ⅴ	Ⅳ	Ⅳ	Ⅳ	Ⅳ	Ⅴ	Ⅴ
	3	Ⅶ	Ⅶ	Ⅶ	Ⅶ	Ⅵ	Ⅵ	Ⅴ	Ⅴ	Ⅳ	Ⅵ	Ⅵ	Ⅵ	Ⅳ	Ⅳ	Ⅳ	Ⅳ	Ⅳ	Ⅳ
	2	Ⅸ	Ⅸ	Ⅸ	Ⅸ	Ⅶ	Ⅶ	Ⅵ	Ⅵ	Ⅴ	Ⅵ	Ⅵ	Ⅵ	Ⅴ	Ⅴ	Ⅴ	Ⅳ	Ⅳ	Ⅳ
	1	Ⅸ	Ⅸ	Ⅸ	Ⅸ	Ⅷ	Ⅷ	Ⅶ	Ⅶ	Ⅵ	Ⅵ	Ⅵ	Ⅵ	Ⅵ	Ⅴ	Ⅴ	Ⅳ	Ⅳ	Ⅳ

注：Lennard-Jones 势函数中 ε 值，○，$\varepsilon=5.6$kJ/mol；Ⅰ，$\varepsilon=5.0$kJ/mol；Ⅱ，$\varepsilon=4.5$kJ/mol；Ⅲ，$\varepsilon=4.0$kJ/mol；Ⅳ，$\varepsilon=3.5$kJ/mol；Ⅴ，$\varepsilon=3.1$kJ/mol；Ⅵ，$\varepsilon=2.7$kJ/mol；Ⅶ，$\varepsilon=2.3$kJ/mol；Ⅷ，$\varepsilon=2.0$kJ/mol；Ⅸ，$\varepsilon=2.0$kJ/mol，而 Lennard-Jones 势函数中的 σ 值除了Ⅸ型为 0.62nm 之外，其余均为 0.47nm。

表 3.7 典型分子的粗粒化类型

type	building-block	examples	type	building-block	examples
Qda	H_3N^+—C2—OH	ethanolamine(protonated)	Nda	C4—OH	1-butanol
Qd	H_3N^+—C3 Na^+OH	1-propylamine sodium(hydrated)	Nd	H_2N—C3	1-propanone
Qa	PO_4— Cl—HO	phosphate chloride(hydrated)	Na	C3 ═O C—NO_2 C3 ≡N C—O—C ═O C2HC ═O	2-propanone nitromethane propionitrile methylformate propanal
Q_0	C3N^+	chorine	N_0	C—O—C2	methoxyethane
P5	H_2N—C2 ═O	acetamide	C5	C3—SH C—S—C2	1-propanethiol methyl ethyl sulfide
P4	HOH(×4) HO—C2—OH	water ethanediol	C4	C2 ═C2 C ═C—C ═C C—X4	2-butene 1,3-butadiene chloroform
P3	HO—C2 ═O C—NH—C ═O	acetic acid methylformamide	C3	C2 ═C2 C3—X	2-butene 1-chloropropane 2-bromopropane
P2	C2—OH	ethanol	C2	C3	propane
P1	C3—OH	1-propanol 2-propanol	C1	C4	butane isopropane

基于 MARTINI 力场的粗粒模拟比一般的全原子分子动力学模拟快 4 倍以上，模拟表明在磷脂双层膜、囊泡形成等众多研究体系与全原子模拟结果一致。MARTINI 力场是目前发展最好的粗粒力场。相信随着更多课题组对该力场的进一步完善和细化，以 MARTINI 力场为代表的粗粒模型分子动力学或者 Monte Carlo 方法将迅速普及，研究体系会进一步扩大和丰富，进一步体现该方法在微米介观尺度下的优势。

3.7.2 从全原子到粗粒模型

以聚合物为例，构建粗粒力场的总体思路：依据分子结构的粗粒化模拟方法，其力场参数采用方法之一是对径向分布函数（RDF）的拟合，以此为基础构建粗粒化力场。这种方法是通过对聚合物链在全原子尺度下进行分子动力学模拟，根据统计出的径向分布函数及其各种分布函数，通过 Boltzmann 变换得到粗粒化力场，然后对粗粒化粒子进行分子动力学模拟。

首先是粗粒化粒子的选取，总体思路可以根据 MARTINI 力场将全原子结构划分成粗粒，粗粒化的粒子位置定位在选择的全原子结构的质量中心。然后利用全原子动力学模拟生成的数据统计得到目标粗粒的键长、键角、二面角以及相应的分布函数，按照它们的相对强度 $V_{\text{bond}} \rightarrow V_{\text{angle}} \rightarrow V_{\text{vdW}} \rightarrow V_{\text{torsion}}$ 依次对势能各个部分进行拟合并予以调整；对于粗粒电荷，采用第一性原理计算聚合物单体的电荷分布可能更好，依据划分赋予各个粗粒粒子电荷，表示库仑作用。

(1) 键长部分

两个连续的粗粒化粒子的距离分布可以很好地用高斯函数进行拟合，这样通过用解析函数的形式得到键长伸缩能 V_{bond}。由键长分布曲线拟合高斯函数方程：

$$P(l)=\sum_{i=1}^{n}\frac{A_i}{\omega_i\sqrt{\pi/2}}\mathrm{e}^{\frac{-2(l-l_{ci})}{\omega_i^2}} \tag{3.60}$$

式中，A_i 为面积；ω_i 为峰高；l_{ci} 为峰位。两边取自然对数，利用 Boltzmann 变换可得：

$$\begin{aligned}V_{\text{bond}}(l)&=-k_{\text{B}}T\ln\sum_{i=1}^{n}\frac{A_i}{\omega_i\sqrt{\pi/2}}\mathrm{e}^{\frac{-2(l-l_{ci})}{\omega_i^2}}\\&=\frac{2k_{\text{B}}T}{\omega_1^2}(l-l_{ci})^2-\ln\left\{1+\sum_{i=2}^{n}\frac{A_i\omega_1}{A_1\omega_i}\mathrm{e}^{-2\left[\frac{(l-l_{ci})^2}{\omega_i^2}-\frac{(l-l_{c1})^2}{\omega_1^2}\right]}\right\}\end{aligned} \tag{3.61}$$

这样，通过上式就可以得到粗粒化模型的键长伸缩能 V_{bond} 的解析表达式。

(2) 键角部分

三个连续的粗粒化粒子的角度分布和高斯函数比较接近，同样可以采取类似拟合键长分布的方法处理。

(3) 非键范德华作用部分

对该部分通过引用均力势表示非键能项，然后采用迭代的方法对粗粒化模型的均力势进行优化。首先由全原子模拟的径向分布函数 $g(r)$，根据 Boltzmann 变换，求得：

$$F(r)=-k_{\text{B}}T\ln g(r) \tag{3.62}$$

虽然它不是势能式，但是将式 $F(r)$ 作为循环体系的初始值 $V_0(r)$ 也是合理的。然后按照下面的方法进行迭代：

$$V_{i+1}(r)=V_i(r)+k_{\mathrm{B}}T\ln\frac{g_{i+1}(r)}{g_i(r)} \tag{3.63}$$

这里 $g_i(r)$ 为粗粒化模拟第 i 次迭代得到的径向分布函数。直到引入的品质函数

$$f_{\mathrm{target}}=\int\omega(r)[g(r)-g_j(r)]^2\mathrm{d}r \tag{3.64}$$

收敛到一个非常小的值，其中 $\omega(r)=\exp(-r)$ 为权重函数，最终得到较精确的势能函数。

(4) 二面角部分

对于四个连续的粗粒化的二面角分布，首先对目标原子得到的二面角函数通过 Boltzmann 变换，求得 V_{torsion}，然后对 V_{torsion} 曲线进行拟合，其中函数采用 Fourier 级数表达形式：

$$V_{\mathrm{torsion}}=\sum_{i=1}^{6}\frac{V_i}{2}[1+\cos(i\phi-\gamma_i)] \tag{3.65}$$

全原子模拟中得到的四个连续粗粒化的二面角分布图，其三个主峰强度主要受前两个参数的影响（V_1 和 V_2），拟合过程中结合统计数据再适当调整此参数，进而得到相应的势能函数形式。

(5) 非键库仑作用部分

尽管目前而言，多数粗粒力场仍然对粗粒化的聚合物链采用中性粒子的处理方式，但是由于静电相互作用在带电荷粒子下其聚集结构有明显差异，因此粗粒化模拟下库仑作用不能忽视，且应该为关注的重点。文献中对粗粒力场下的电荷分布描述的并不多，而 MARTINI 力场下简单赋予表面活性剂极性头一个负电荷也与全原子模拟下的电荷分布不符，在粗粒化力场中需要注意。

3.8 多体势

静电和 van der Waals 相互作用可以用成对相互作用进行计算，总的非键势能等于体系所有成对相互势能的加和。但是这种两分子之间的相互作用会受到第三、四或者更多粒子的影响。例如，三个分子 A、B 和 C 之间的相互作用并不等于三个成对相互作用的总和：

$$u(\mathrm{A,B,C})\neq u(\mathrm{A,B})+u(\mathrm{A,C})+u(\mathrm{B,C}) \tag{3.66}$$

另外一个例子是极化相互作用，它也是一个非成对相互作用。

三体效应能够影响色散相互作用，例如三体势占到了 Ar 晶格能量的 10%，因此精确的计算需要考虑多体相互作用。如果包括二体和三体相互作用，势能函数可以写成如下形式：

$$u(r^N)=\sum_{i=1}^{N}\sum_{j=i+1}^{N}u^{(2)}(r_{ij})+\sum_{i=1}^{N}\sum_{j=i+1}^{N}\sum_{k=j+1}^{N}u^{(3)}(r_{ij},r_{ik},r_{jk}) \tag{3.67}$$

Axilrod 和 Teller 三体色散势为：

$$u^{(3)}(r_{\mathrm{AB}},r_{\mathrm{AC}},r_{\mathrm{BC}})=K_{\mathrm{A,B,C}}\frac{3\cos\theta_{\mathrm{A}}\cos\theta_{\mathrm{B}}\cos\theta_{\mathrm{C}}}{(r_{\mathrm{AB}}r_{\mathrm{BC}}r_{\mathrm{AC}})^3} \tag{3.68}$$

式中，θ_{A}、θ_{B} 和 θ_{C} 是三原子之间的内角；r_{AB}、r_{BC} 和 r_{AC} 为彼此之间的距离；$K_{\mathrm{A,B,C}}$ 为标定三原子间的力常数。假如 A、B、C 三个原子相同，可以通过 Lennard-Jones 势函数中的色散力常数 C_6 和极化率 α 进行计算：

$$k_{A,B,C}=-\frac{3\alpha C_6}{4(4\pi\varepsilon_0)} \tag{3.69}$$

Axilrod-Teller 三体形式（也称作三极-偶极相关，triple-dipole correction）在分子为线形构型时会使能量负值更大，当三个原子呈现三角平衡位置时，会减弱这种相互作用。这是容易理解的，因为三原子共线时，会使电子的运动受到更大的影响；而当成三角状态时，会减弱这种相互作用。

三体相互作用也可以采用其他形式，如：

$$u^{(3)}(r_{AB},r_{AC},r_{BC})=K_{A,B,C}[\exp(-\alpha r_{AB})\exp(-\beta r_{AC})\exp(-\gamma r_{BC})] \tag{3.70}$$

式中，K、α、β、γ 为常数。对于离子-水体系，由于不能单独采用极化作用精确地描述离子周围水分子彼此之间的构象，Lybrand（1985）用上述函数形式进行了弥补，并且得到了理想的模拟效果。该三体相互作用势主要描述了离子-水分子-水分子之间的排斥作用（图 3.13）。

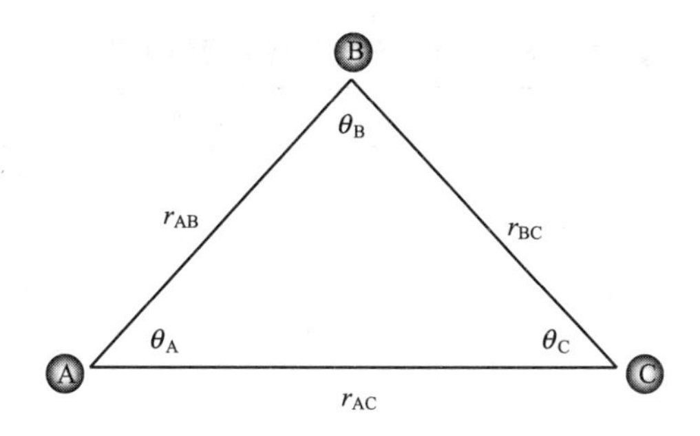

图 3.13　Axilrod-Teller 三体形式

如果参数合适，可以通过成对相互作用表达这种多体相互作用，也就是我们通常所说的“有效”成对相互作用。这种有效的成对相互作用并不代表真正的成对势能，所采用的参数已经包括了多体相互作用项。类似地，成对静电相互作用也可以用来表达极化作用。

3.9　水分子力场

到目前为止，在模拟水分子性质时有许多经验模型。水分子之所以为学者所重点关注，其中之一就是通过模拟水分子结构或者性质可以比较不同力场的优劣，而这些性质可以来自分子模拟也可以来自实验，在准确程度上很容易彼此进行比较。考虑到计算资源与水分子数量之间的平衡，现在的多数力场仍通过有效成对势研究水分子结构，而并没有考虑多体势或者极化效应。

水分子模型通常可以分为三种类型：一是简单相互作用点模型（interaction-site model），在这种模型中水分子是刚性的，水分子之间的相互作用通过成对的库仑和 Lennard-Jones 势函数描述；二是柔性模型（flexible model），在分子构型中允许分子内键长或键角变化；三是更精确的包括极化和多体相互作用的模型。

3.9.1　简单水分子模型

简单水分子模型（simple water models）就是在刚性水分子结构内考虑 3～5 个相互作用点。TIP3P（Jorgensen，1983）和 SPC（Berendsen，1981）属三点相互作用模型，模型中对水分子中的氧原子和氢原子赋予不同的正负电荷，其中静电作用体现在这三个点之间的相互作用，而水分子之间的 van der Waals 相互作用仅仅考虑水分子中氧原子之间简单的 Lennard-Jones 函数，并不考虑氢原子，以此代替水分子之间的 van der Waals 相互作用。二者细小的区别在于水分子中氧和氢原子的电荷以及对应的 Lennard-Jones 参数，这些差别参见表 3.8。表 3.8 中的 SPC/E 模型（Berendsen，1987）是 SPC 模型的改进版。四点模型包括 BF 模型（Bernal，1933）和 TIP4P 模型（Jorgensen，1983），模型的关键点是把氧原子上的电荷沿着两个氢原子之间的夹角中心线向前移动了一段距离，形成了一个新的模型点，如图 3.14 所示。目前 BF 模型几乎不再应用，但是在水分子模型发展历史中它却起到了非常重要的作用。五点模型是指比较典型的 ST2 模型（Stillinger 和 Rahman，1974），它是把电荷赋予在两个氢原子和氧原子的两个孤对电子上。如果氧原子-氧原子之间的距离小于 2.016Å，它对静电贡献为 0，超过 3.1287Å 则为全值，在二者之间用开关函数连接进而实施连续变化。

表 3.8　不同水分子模型之间的比较

项目	SPC	SPC/E	TIP3P	BF	TIP4P	ST2
r(OH)/Å	1.0	1.0	0.9572	0.96	0.9572	1.0
HOH/(°)	109.47	109.47	104.52	105.7	104.52	109.47
$A\times10^{-3}$/(kcal·Å^{12}/mol)	629.4	629.4	582.0	560.4	600.0	238.7
C/(kcal·Å^{6}/mol)	625.5	625.5	595.0	837.0	610.0	268.9
q(O)	−0.82	−0.8472	−0.834	0.0	0.0	0.0
q(H)	0.41	0.4238	0.417	0.49	0.52	0.2375
q(M)	0.0	0.0	0.0	−0.98	−1.04	−0.2375
r(OM)/Å	0.0	0.0	0.0	0.15	0.15	0.8

注：对于 ST2 模型而言，q(M) 表示距离 O 原子 0.8Å 的孤对电子上的电荷。

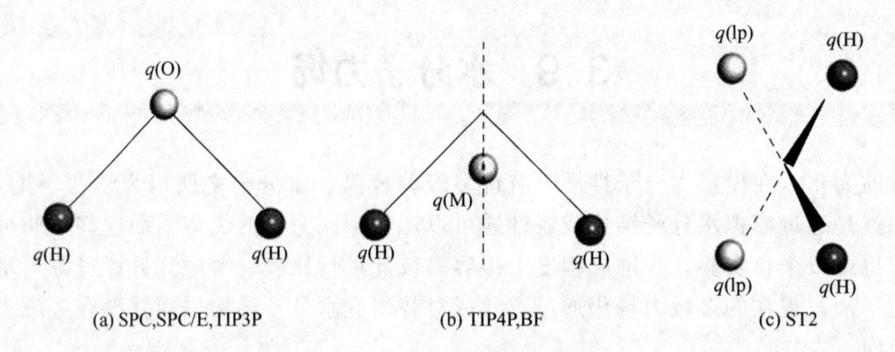

图 3.14　简单的水分子模型

实验中测得在真空中水分子的偶极矩为1.85D（1D＝3.33564×10^{-30}C·m）。采用上述简单模型计算单独一个水分子的偶极矩都高于这个数值，如 SPC 模型为 2.27D，TIP4P 模型为 2.18D。这些计算数值接近液体下水分子的偶极矩（大约 2.6D），也许就是采用有效成对势造成的差别。上述简单模型中的参数多通过分子动力学或 Monte Carlo 模拟计算的某些性质，如热力学或者结构性质，依据模拟数值与实验测量之间的比对，不断调整而得。模拟也发现有些性质，如水的密度、蒸发焓等，通过上述模型都可以给出比较合理的结果，但是也有些性质如介电常数，不同的模型给出的结果并不一致。在不同模型之间进行比较时，也需要考虑计算资源：简单的两个水分子之间，对于三点模型需要计算 9 个点对点的距离，四点模型为 10 个，而五点模型则需要考虑 17 个点对点距离。

水分子的刚性模型很明显做了一定程度的近似，也就意味着水分子的某些性质可能被忽略而根本就计算不出来，例如只有考虑分子内部的柔性变化才能计算分子的振动光谱。1995 年 Ferguson 把“嫁接”的键伸缩和键角弯曲项加入刚性水分子的势函数中发展了一个新的柔性模型（Ferguson，1995），其中的电荷和 van der Waals 参数也做了相应的调整，键长项应用了三次谐波形式，键角采用谐振动形式。计算的热力学性质、结构性质，包括介电常数、扩散系数等，与实验结果吻合得非常好。这种对水分子模型的改进，目前仍在继续。

3.9.2 可极化水分子模型

对研究纯水体系简单水分子模型能够给出比较满意的结果，但是如果要想得到更精确的结果还要选择其他模型。特别针对非均相体系，如存在离子或者有界面的体系，考虑可极化模型或者三体势可能更好一些。考虑可极化的水分子模型能够很好地处理界面、多相体系，用这种模型计算的气相中单个水分子的偶极矩比较接近实验结果。构建可极化模型最简单的方法是在简单水分子模型基础上引入一个各向同性的分子极化项，另外的一种方法是采用以原子为中心的极化项，或者采用一个随环境变化原子电荷也发生变化的方法。目前可极化模型的困难还是集中在计算资源分配上，而且一个不利的因素就是现在最好的可极化模型依然离不开有效成对势，换句话说可极化模型的理论基础并没有改变。

早期的可极化模型以 Barnes 的工作为代表（Barnes，1979），他的模型通过多极展开的方式把 1.855D 的偶极矩和通过量子力学计算的四极矩赋予单个水分子，通过周围水分子的偶极矩和四极矩产生的电场，根据各向同性水分子极化率计算水分子的极化效应，这种模型也应用了 Lennard-Jones 函数形式。Rick 在 TIP4P 和 SPC 模型中加入了波动电荷（Rick，1994）用于校正气相条件下的偶极矩（相对非极化模型）。他们的模型特别适合描述水分子的介电性质，包括在溶液体系中由某个水分子转动运动所引起的介电光谱。这样的信息在固定电荷模型下是不可能计算得到的，而其计算工作量只相当于前者的 1.1 倍。我国科学家杨忠志教授提出的原子-键电负性均衡模型和方法（ABEEM），含有键和孤对电子位点，引入反映穿透效应和形成氢键的参数，能很好地反映电荷分布和极化效应，代表了目前可极化力场的发展趋势。

3.10 无机材料力场

3.10.1 CLAYFF 力场

天然水合材料（包括氢氧化物、羟基氧化物、黏土等）具有复杂的化学组成，含有大量的羟基，是缺乏结构精细修正的单晶，多具有纳米颗粒大小尺寸，大量阳离子和水分子存在于层间且处于无序状态，这样的结构特征给传统的表征分析和光谱分析增加了困难。2004 年，Cygan 团队开发了适用于黏土、层状氧化物等的 CLAYFF 力场（Cygan，2004），该力场提供了一组简单的原子间势，在各个晶体间具有良好的可移植性，能够在能量最小化、分子动力学模拟中保持原子、晶体单元的稳定性，可在分子水平上获取所研究材料的能量和结构信息。

CLAYFF 力场的突出特点是能够区分四面体和八面体铝，有在四面体或八面体位置上替换原子时使配位氧原子间的部分电荷离域的能力。CLAYFF 力场可以精确描述大量的氢氧化物、羟基氧化物的晶体结构，可成功模拟黏土、层状双氢氧化物等的相结构、表面和界面等。此外利用简单的非键相互作用势还可描述金属-氧键，用谐振动势描述水和羟基键，这些措施为模拟包含数千到几十万原子的体系提供了有效和准确的力场依据。

CLAYFF 力场形式包括库仑（静电）相互作用、van der Waals 相互作用和成键相互作用（键和键角）：

$$E_{\text{total}}=E_{\text{Coul}}+E_{\text{vdW}}+E_{\text{bondstretch}}+E_{\text{anglebend}} \tag{3.71}$$

成键形式包括以柔性 SPC 水分子模型为代表的键和键角的谐振动势。其中：

$$E_{\text{Coul}}=\frac{e^2}{4\pi\varepsilon_0}\sum\frac{q_i q_j}{r_{ij}} \tag{3.72}$$

$$E_{\text{vdW}}=D_{0,ij}\sum\left[\left(\frac{R_{0,ij}}{r_{ij}}\right)^{12}-2\left(\frac{R_{0,ij}}{r_{ij}}\right)^{6}\right] \tag{3.73}$$

CLAYFF 力场目前已经广泛应用于层状氧化物、黏土等无机材料，在能量最小化、分子动力学和 Monte Carlo 模拟中保持了原子和晶胞参数的稳定性，可准确估计它们的热力学性质，与实验结果相一致。

3.10.2 INTERFACE 力场

INTERFACE 力场是 Heinz 团队开发的针对无机材料（硅酸盐、铝酸盐、硫酸盐、金属、氧化物等）界面的力场（Heinz，2013）。借助已有力场 PCFF、COMPASS、CHARMM、AMBER、GROMOS 和 OPLS-AA，INTERFACE 力场用相同的力场形式对无机材料表面处的原子再参数化，特别针对原子电荷和范德华参数，并引入一些热力学性质，用这种组合形式来处理无机-有机、无机-生物分子界面。所模拟的界面性质如密度、表面能、表面张力、吸附能和力学性能等，与实验数据有很好的匹配性，极大地消除了部分力场在界面处的不稳定性。目前该力场模拟了有机分子在无机材料表面的多相聚集，生物分子在无机材料表面的识别吸附，纳米晶和纳米颗粒的晶面生长、热力学性质、表面催化等。

在 INTERFACE 力场官网上（https：//bionanostructures. com/interface-md/）提供了针对周期表中众多元素的模拟平台，从该平台可以导出经过精确计算和验证的力场参数和部分表面模型。通过这些模型无机材料，以及相应可移植性的力场参数，可毫不费力地推导出大量未知材料的力场参数。

INTERFACE 力场包括 PCFF-INTERFACE、CHARMM-INTERFACE、CVFF-INTERFACE 力场形式，可对接 Forcite（Materials Studio）、LAMMPS、NAMD 和 Gromacs 程序。模型化合物或界面包括黏土矿物（高岭土、云母、蒙脱土等），Fcc 金属（如 Ag、Al、Au、Cu 等），SiO_2（方石英、石英、无定形，以及硅烷醇或硅氧烷封端的表面，不同电离程度，特定酸碱度溶液下的表面等），羟磷灰石，水泥矿物（硅酸三钙、铝酸三钙、硅矾石、硫酸盐等），石膏（硫酸钙等）等。模型结构和力场应用范围一直在扩展过程中。

3.11 极化力场

上述传统力场中，分子中原子上的电荷是不变的。这样的处理方式在研究常温、常压平衡状态下的单相凝聚态时是可靠的，但是在其他条件下就有可能出现问题。这样关于电荷与原子间的关系，在传统力场的基础上逐渐开发出了极化力场、反应力场等特殊力场。

极化力场就是在传统力场的基础上引入了极化作用项，可大体分为三类（杨小震，2010）。

第一类，最简单也是最被广泛使用的方法是 Drude 振荡模型（Lamoureux，2003），也称 Shell 模型。在这种方法中，原子上的点电荷用两个位点表达：一个仍在原子中心，另一个分配给一个与原子中心相连以谐振子的形式存在的 Drude 粒子上。这样对于原子电荷 q，Drude 粒子上的电荷为 q_D，则原子中心的电荷为 $q-q_D$。连接原子中心和 Drude 粒子的力常数为 k_D。Drude 粒子位点在模拟中与原子中心的偏移程度可以反映极化的强弱。在不加外电场的情况下，Drude 粒子与中心原子的平衡键长为 r，在体系受到电场 E 作用时，Drude 粒子相对中心原子的位移为 $r+d$：

$$d=\frac{q_D E}{k_D} \tag{3.74}$$

相应的平均诱导偶极为：

$$\mu=\frac{q_D^2 E}{k_D} \tag{3.75}$$

如果仅仅考虑极化率为各向同性的情况可以得到原子极化率为：

$$\alpha=\frac{q_D^2}{k_D} \tag{3.76}$$

式中，q_D^2 是极化位点上的电荷，k_D 是谐振子的力常数。

通过求解各个位点每一时刻的位置就可以计算出分子的极化率，从而求得诱导偶极相互作用能。通过改变 Drude 力常数和核壳电荷分配就能反映出分子的极化。

第二类是点偶极模型（Xie，2007），这里用到了原子极化率的概念。通过原子极化率计算原子的诱导偶极，进而计算整个分子的偶极。诱导偶极作用一般采用如下形式：

$$U_{\text{pol}}=-\frac{1}{2}\sum_{i=1}^{N}\mu_i E_i^0 \tag{3.77}$$

式中，N 是作用位点的数目；E_i^0 是第 i 个作用位点上感受到体系永久电荷产生的电场；μ_i 是第 i 个作用位点上的诱导偶极。

在求极化率时，一般采用 thole interaction diploe（TIP）模型。在 TIP 模型中，第 i 个作用位点上受到均匀外场 E_i^0 而产生的诱导偶极可以表示为：

$$\mu_i=\alpha_i\left(E_i^0-\sum_{j\neq i}^{N}T_{ij}\mu_j\right) \tag{3.78}$$

式中，N 是极化点的数目；α_i 为极化率张量；T_{ij} 定义如下：

$$T_{ij}=\frac{1}{r_{ij}^3}\boldsymbol{I}-\frac{3}{r_{ij}^5}\begin{bmatrix}x^2 & xy & xz\\ yx & y^2 & yz\\ zx & zy & z^2\end{bmatrix} \tag{3.79}$$

式中，$\boldsymbol{I}$ 是单位矩阵；x，y 和 z 是从 i 指向 j 的三个直角坐标分量。

从式(3.78) 中得知，每一个诱导偶极都依赖于其他的总偶极。所以在诱导偶极的计算中会涉及迭代的过程，首先，猜测一套初始参数，再将计算得到的新参数作为新的初始参数输入，直到体系达到收敛为止。为了避免出现无限极化的情况，在模型中引入了阻尼系数。一般来说，经过几步就可以使体系达到收敛。

第三类是基于电负性平衡原则的变动电荷模型（fluctuating charge model）（York，1996）。在这种模型中，原子电荷被作为变量，可以随着外电场的变化而发生改变。核心思想是把电荷处理为基于原子电负性的动态参数。如果一个给定位点发生位移，那么原子电荷受到的静电势将会发生改变，从而产生新的电荷分布。以这种观点考虑，分子中各个位点的电荷应该与其所处的环境有关。

对于孤立原子，创造一个电荷为 Q_A 的位点所需的能量为（Rick，1994）：

$$E(Q_A)=E_A(0)+\chi_A^0 Q_A+\frac{1}{2}J_{AA}^0 Q_A^2 \tag{3.80}$$

此处只展开到二次项。这里 χ_A^0 和 J_{AA}^0 是和原子类型相关的参数，可以通过量化计算拟合得到，或者采用经验参数。χ_A^0 体现了 Mulliken 电负性，J_{AA}^0 是孤立原子电负性强度的 2 倍。N_{molec} 个具有 N_{atom} 个原子的分子，体系的能量为：

$$U[(Q),(r)]=\sum_{i=1}^{N_{molec}}\sum_{\alpha=1}^{N_{atom}}\left[E_\alpha(0)+\chi_\alpha^0 Q_{i\alpha}+\frac{1}{2}J_{\alpha\alpha}^0 Q_{i\alpha}^2\right]+\sum_{i\alpha<j\beta}J_{\alpha\beta}(r_{i\alpha j\beta})Q_{i\alpha}Q_{j\beta}+\sum_{i\alpha<i\beta}V(r_{i\alpha j\beta}) \tag{3.81}$$

式中，$E_\alpha(0)$是原子 α 的基态能量；$r_{i\alpha i\beta}$ 是距离；$J_{\alpha\beta}(r_{i\alpha i\beta})$是库仑相互作用；$V(r_{i\alpha j\beta})$是 $i\alpha$ 和 $i\beta$ 之间其他非键相互作用。

一定状态下体系的电荷分布可通过变分法优化求得，也可以把电荷作为变量考虑到体系的拉格朗日方程中，其限制条件是要保持分子电中性：

$$\sum_{\alpha=1}^{N_{atom}}Q_{i\alpha}=0$$

体系的拉格朗日方程为：

$$L=\sum_{i=1}^{N_{molec}}\sum_{\alpha=1}^{N_{atom}}\frac{1}{2}m_\alpha\dot{r}_{i\alpha}^2+\sum_{i=1}^{N_{molec}}\sum_{\alpha=1}^{N_{atom}}\frac{1}{2}M_Q\dot{Q}_{i\alpha}^2-U[(Q),(r)]-\sum_{i=1}^{N_{molec}}\lambda_i\sum_{\alpha=1}^{N_{atom}}Q_{i\alpha} \tag{3.82}$$

式中，M_Q是虚质量；λ 是拉格朗日乘数，可解得：

$$\lambda_i=-\frac{1}{N_{atom}}\sum_{\alpha=1}^{N_{atom}}\chi_{i\alpha} \tag{3.83}$$

于是可以求得电荷的运动方程为：

$$M_Q\ddot{Q}_{i\alpha}=-\frac{1}{N_{atom}}\sum_{\beta=1}^{N_{atom}}(\chi_{i\alpha}-\chi_{i\beta}) \tag{3.84}$$

以上提到的三种极化力场方法都是在经典力场的基础上增加偶极相互作用来体现极化作用的，因此与经典力场参数不同，需要对偶极相互作用的相关参数进行拟合。在点偶极方法中，需要拟合的参数是原子极化率，已经证明对于相同原子类型该方法具有很好的可移植性。在 Drude 振荡模型中，需要确定的参数是 Drude 粒子上所分配的电荷 q_D，它反映了原子的极化率，类似于点偶极方法也可通过拟合量化数据得到。波动电荷模型拟合参数的过程较前两种方法复杂，需要用特殊方法对参数进行拟合。

3.12 反应力场

在经典力场中原子间连接固定，不能处理化学键的生成和断裂，只能用来研究没有化学反应的体系。随着力场方法研究的扩展和深入，为了描述有化学反应参与的体系，需要设计能够描述化学反应的力场（杨小震，2010）。

反应力场一般以键级为基础，建立体系能量与键级的关系。在反应力场模型中，经典力场中的原子类型不复存在，同时也没有任何固定的原子连接方式，每种原子作为独立粒子存在，因此不用键长、键角等分子内坐标的能量函数来表达体系的能量和受力情况。另外，反应力场中必须考虑多体相互作用，这是由于化学键的断裂和生成涉及分子轨道的重组，影响分子的整体结构和性质，所以不能单纯采用原子对相互作用。反应力场以多体原子间势函数作为基础，参数一般要拟合不同结构的能量（如生成热），力求能够正确描述构象空间更广泛的区域。目前使用的主要反应力场有 Brenner 设计的 REBO 力场（Brenner，1990；2002）和 Goddard 设计的 ReaxFF 力场（van Duin，2001），这里我们介绍 ReaxFF 力场。

与 REBO 相比，ReaxFF 反应力场设计思路与之相似，其核心亦为键级 BO_{ij}（bond order）。定义键级的一个最基本假设，即键级与原子间距离存在一定的数学关系，通过原子间的距离，可以直接得到任意两个原子之间的键级。将键级 BO_{ij} 定义为原子间距离 r_{ij} 的函数，并且使用化学键中单键 BO_{ij}^{σ}、双键 BO_{ij}^{π} 和三键 $BO_{ij}^{\pi\pi}$ 将键级看作三部分的贡献：

$$\begin{aligned} BO'_{ij} &= BO_{ij}^{\sigma} + BO_{ij}^{\pi} + BO_{ij}^{\pi\pi} \\ &= \exp\left[p_{\text{boc1}}\left(\frac{r_{ij}}{r_{\text{o}}^{\sigma}}\right)^{p_{\text{boc2}}}\right] + \exp\left[p_{\text{boc3}}\left(\frac{r_{ij}}{r_{\text{o}}^{\sigma}}\right)^{p_{\text{boc4}}}\right] + \exp\left[p_{\text{boc5}}\left(\frac{r_{ij}}{r_{\text{o}}^{\sigma}}\right)^{p_{\text{boc6}}}\right] \end{aligned} \tag{3.85}$$

式中，BO'_{ij} 为未经过校正的键级，在此基础上，ReaxFF 通过一系列的校正，得到校正后的键级 BO_{ij}（van Duin，2008）。

在键级定义的基础上，ReaxFF 将原子间的相互作用通过复杂的函数计算区分为键长、键角、二面角、共轭、库仑、范德华及调整项等。除非键相互作用以外，分子内能量各部分均通过键级来表达。ReaxFF 力场的开发强调了与经典力场的结合，其一般函数形式为：

$$\begin{aligned} E_{\text{system}} = & E_{\text{bond}} + E_{\text{lp}} + E_{\text{over}} + E_{\text{under}} + E_{\text{val}} + E_{\text{pen}} + E_{\text{coa}} \\ & + E_{\text{C2}} + E_{\text{tripe}} + E_{\text{tors}} + E_{\text{conj}} + E_{\text{Hbond}} + E_{\text{vdWaals}} + E_{\text{coulomb}} \end{aligned} \tag{3.86}$$

（1）键能 E_{bond}

任意两个键的键能：

$$E_{\text{bond}} = -D_{\text{e}}^{\sigma} BO_{ij}^{\sigma} \exp\left[p_{\text{be1}}\left(1 - BO_{ij}^{\sigma p_{\text{be2}}}\right)\right] - D_{\text{e}}^{\pi} BO_{ij}^{\pi} - D_{\text{e}}^{\pi\pi} BO_{ij}^{\pi\pi} \tag{3.87}$$

（2）孤对电子项 E_{lp}

在某些体系中，如 NH_3、H_2O 中的孤对电子，对体系的结构和能量有着较大的影响。为使 ReaxFF 能够处理这些特定的体系，引入函数 Δ_i^{e} 和 $n_{\text{lp},i}$ 表示外层的孤对电子数：

$$\Delta_i^{\text{e}} = -Val_i^{\text{e}} + \sum_{j=1}^{\text{neighbours}(i)} BO_{ij} \tag{3.88}$$

$$n_{\text{lp},i} = \text{int}\left(\frac{\Delta_i^{\text{e}}}{2}\right) + \exp\left\{-p_{\text{lp1}}\left[2 + \Delta_i^{\text{e}} - 2\text{int}\left(\frac{\Delta_i^{\text{e}}}{2}\right)\right]^2\right\} \tag{3.89}$$

式中，Val_i^{e} 为原子的最外层电子数（O 为 6，Si 为 4 等）。以氧为例，一般情况下，氧原子的键级为 2，未校正下解得 $\Delta_i^{\text{e}}=4$，需再由式(3.89）得其孤对电子数为 2。当氧原子的键级发生变化时，如某些情况下氧原子的键级超过了 2，则引起孤对电子数 $n_{\text{lp},i}$ 发生变化，由式(3.90）可得到此时氧原子的孤对电子与一般情况下氧原子孤对电子数 $n_{\text{lp,opt}}$（例如氧为 2，氮为 1，硅为 0）的变化：

$$\Delta_i^{lp}=n_{lp,opt}-n_{lp,i} \tag{3.90}$$

由此得出孤对电子对体系能量的贡献：

$$E_{lp}=\frac{p_{lp2}\Delta_i^{lp}}{1+\exp(-75\Delta_i^{lp})} \tag{3.91}$$

(3) 过配位的能量校正项 E_{over}

当原子的过配位数 $\Delta_i>0$ 时，由 BO 得到的体系能量需要校正，通过下式实现：

$$E_{over}=\frac{\sum_{j=1}^{Hbond}p_{ovn1}D_e^{\sigma}BO_{ij}}{\Delta_i^{lpcoor}+Val_i}\Delta_i^{lpcoor}\left[\frac{1}{1+\exp(p_{ovn2}\Delta_i^{lpcoor})}\right] \tag{3.92}$$

(4) 配位不足的能量校正项 E_{under}

当 $\Delta_i<0$ 时，同样需要对体系的能量进行校正：

$$E_{under}=-p_{ovn5}\frac{1-\exp(p_{ovn6})\Delta_i^{lpcoor}}{1+\exp(-p_{ovn2})\Delta_i^{lpcoor}}\times$$

$$\frac{1}{1+p_{ovn7}\exp\left\{p_{ovn8}\left[\sum_{j=1}^{neighbours(i)}(\Delta_j-\Delta_j^{lp})(BO_{ij}^{\pi}+BO_{ij}^{\pi\pi})\right]\right\}} \tag{3.93}$$

这种校正只有存在 π 键时才存在。

(5) 键角能量项 E_{val}、E_{pen}、E_{coa}

① 键角能量项 E_{val}。与价键项相似，键角的能量在 ReaxFF 中同样表示为键级 BO 的函数，计算键角的能量

$$E_{val}=f_7(BO_{ij})f_7(BO_{jk})f_8(\Delta_j)\{p_{val1}-p_{val1}\exp\{-p_{val2}[\Theta_0(BO)-\Theta_{ijk}]^2\}\} \tag{3.94}$$

② 键角能量惩罚项 E_{pen}。为处理键角中心原子两边各连两个双键的情况，如丙二烯，ReaxFF 中加入键角能量惩罚项：

$$E_{pen}=p_{pen1}f_9(\Delta_j)\exp[-p_{pen2}(BO_{ij}-2)^2]\exp[-p_{pen2}(BO_{jk}-2)^2] \tag{3.95}$$

③ 三体共轭项 E_{coa}。在一般共轭体系中，ReaxFF 的四体共轭项 E_{conj} 均能合理描述，但是在处理像—NO_2—基团的共轭时遇到了问题，为此引入三体共轭项：

$$E_{coa}=p_{coa}\frac{1}{1+\exp(p_{coa2}\Delta_j^{val})}\exp\left[-p_{coa3}\left(-BO_{ij}+\sum_{n=1}^{neighbour(i)}BO_{in}\right)^2\right]$$

$$\exp\left[-p_{coa3}\left(-BO_{jk}+\sum_{n=1}^{neighbour(i)}BO_{kn}\right)^2\right]$$

$$\exp[-p_{coa4}(BO_{ij}-1.5)^2]\exp[-p_{coa4}(BO_{jk}-1.5)^2] \tag{3.96}$$

(6) 二面角旋转位垒项 E_{tors}

与键角处理相同，在处理二面角时同样需要确定连接四个原子的键级数 BO，ReaxFF 中通过下式描述 E_{tors}：

$$E_{tors}=f_{10}(BO_{ij},BO_{jk},BO_{kl})\sin\Theta_{ijk}\sin\Theta_{jkl}$$

$$\left\{\frac{1}{2}V_2\exp\{p_{tor1}[BO_{jk}^{\pi}-1+f_{11}(\Delta_j,\Delta_k)]^2\}(1-\cos2\omega_{ijkl})+\frac{1}{2}V_3(1+\cos3\omega_{ijkl})\right\} \tag{3.97}$$

(7) 四体共轭项 E_{conj}

$$E_{conj}=f_{12}(BO_{ij},BO_{jk},BO_{kl})p_{cot1}[1+(\cos^2 w_{ijkl}-1)\sin\Theta_{ijk}\sin\Theta_{jkl}] \tag{3.98}$$

(8) 氢键作用项 E_{Hbond}

$$E_{Hbond}=[1-\exp(p_{hb2}BO_{XH})]\exp\left[p_{bh3}\left(\frac{r_{hb}^o}{r_{HZ}}+\frac{r_{HZ}}{r_{hb}^o}-2\right)\right]\sin^8\left(\frac{\Theta_{XHZ}}{2}\right) \tag{3.99}$$

(9) 非键相互作用项 $E_{vdWaals}$、$E_{coulomb}$

对于范德华相互作用，ReaxFF 采用 Morse 函数形式，同时对近程的排斥作用进行了保护：

$$E_{vdWaals}=\mathrm{Tap}D_{ij}\left\{\exp\left\{a_{ij}\left[1-\frac{f_{13}(r_{ij})}{r_{vdW}}\right]\right\}-2\exp\left\{\frac{1}{2}a_{ij}\left[1-\frac{f_{13}(r_{ij})}{r_{vdW}}\right]\right\}\right\} \tag{3.100}$$

式中，Tap 为分级校正因子。

对于库仑相互作用，同样采用了该因子：

$$E_{coulomb}=\mathrm{Tap}C\frac{q_iq_j}{[r_{ij}^3+(1/r_{ij})^3]^{1/3}} \tag{3.101}$$

在库仑相互作用中，其电荷采用 EEM 方法得到。

与 REBO 力场相似，ReaxFF 中也是以元素为基本单位的，其参数的拟合与一般力场的拟合相同，需要大量的描述分子结构与能量的训练集。训练集中通常包括结构信息（键长、键角、二面角、晶胞参数）、电荷、化合物的生成热、化学键断裂的势能面、键角弯曲及二面角弯曲的势能面等信息，这些信息一般可通过实验数据或量化计算得到。在此训练集的基础上，进行参数拟合。ReaxFF 的参数拟合方法采用单参数的扫描方法，通常的拟合标准为生成热与训练集相差在 4.0kcal/mol 以内、键长在 0.01Å 以内、键角在 2°以内。

目前，ReaxFF 力场的参数已覆盖了全部主族元素以及大部分的过渡元素，并且已经在部分体系中有了非常成功的应用。如运用 ReaxFF 方法研究二甲基硅氧高分子的热解过程，计算其热解的速率常数；研究氢气在 MgH_2 中的吸附和脱附过程；研究火箭燃料 JP-10 的热分解和燃烧机理等。特别是近年来反应力场在常见体系中的广泛应用显示了反应力场作为新型分子模拟方法的重要地位。但是反应力场在通用性、函数形式，及其参数化过程的简化、对非键相互作用的描述等方面，仍是需要解决的关键问题。

3.13 选择力场

目前的分子模拟（主要针对力场）解决了能源、医药、电子学、材料学、生物工程等广泛领域中的诸多问题，其研究尺度在 1nm～1μm 范围。分子模拟中的核心——力场，从二十世纪二三十年代出现的库仑、Lennard-Jones 相互作用的指数形式开始，在八十年代基本定型为谐振动势，包括 AMBER、CHARMM、COMPASS、CVFF、DREIDING、GROMOS、MMFF、OPLS-AA、PCFF、TEAMFF（Jin，2016）和 TraPPE 等。这些力场再现了蛋白质、碳水化合物、DNA、药物分子、表面活性剂和聚合物的许多性质，与实验结果吻合良好。此外，还发展了更专门的力场，如某些针对矿物和聚合物的 Buckingham 势、针对金属的 EAM 势、化学反应的 ReaxFF 力场、半导体和碳氢化合物的键级势（Tersoff 和

AIREBO），以及极性模型的 AMOEBA 力场。但是这些特殊的能量表达式可移植性差，仅限于较窄范围内的化合物，而且要涉及更多的参数。与针对有机分子的力场相比，针对无机化合物（如金属配合物、硅酸盐、铝酸盐、氧化物和金属）的力场少，可移植性也差。

3.13.1 力场的命名

如前所述，模拟计算中使用的力场非常多，而且新的力场仍在不断涌现。然而，某些程序开发者对原有程序做了改进后而未改变原有程序的名字，这就为后来的使用者增加了不少麻烦。当然，对于一个改进的力场或许没有必要采用一个新的名称，但是，我们会时常对老版本和新版本采用同一个名字感到很不方便。为此，有人采取了简单的办法，即在力场名称后面添加版本制定的年份，如 MM3（94）、MM3（96）等，这种处理方式很方便地命名了大幅度增加的同一种力场的改进版本，而且另一个好处是，这种命名可以追根溯源知道该力场最原始的力场类型。用此种方式命名的力场还有 CFF、MMFF 等。这里应该说明的是，有时候力场后面出现的年份并不一定是第一次公开发表论文的年份，因此我们应该格外注意。

还有一些情况，后续程序并不一定是原始程序编写人开发的，但是力场名字却非常接近，例如，商业软件 MacroModel 中的 MM2 * 和 MM3 * 力场，就是基于对原程序做了改进而命名的，其中 * 代表对于静电相互作用势采用了点电荷形式，而不是原程序中的偶极形式，对氢键作用采用了 10-12 势能形式而非 MM3 中的 Buckingham 势，另外还增加了处理共轭体系的势函数。但是，在商业软件 Chem3D 中，也用到了改进的 MM2 和 MM3 力场，令人困惑的是它们仍然沿用了 MM2 和 MM3 力场的名字，尽管部分函数形式有了改变。

需要指出，有一些力场本身并没有名字，而是简单地用软件的名字来称呼这个力场，例如 AMBER 力场。事实上，AMBER 程序中有很多力场，单纯地讲到 AMBER 力场就很容易感到困惑。不管怎么样，既然有人已经这样命名，我们不妨也就顺理成章地这样称呼下去。当然，在使用过程中应该特别小心。现在许多化学杂志都要求写文章时注明力场类型，其实就是要求提供充足的信息，考察所采用的力场是否适合所模拟的体系。我们在此不再详述。

3.13.2 力场的发展趋势

对全原子模拟而言，人们越来越重视力场的发展。概括地讲，可以把力场的发展趋势归结为三点。第一是朝着通用的方向发展，几乎覆盖所有的原子类型，如 UFF 力场，几乎覆盖了元素周期表中所有元素所形成的化合物。对于力常数矩阵的对角元采用了比较简单的形式，为了兼顾力常数的通用性，这些力场仅仅能够给出还算合理的预测。第二是重点强调和提高特定应用范围内的性质预测（多数针对生化分子），最近对凝聚相的预测也值得关注。这种趋势在新版的 AMBER 和 CHARMM 中有充分体现。特别是 OPLS/AMBER 力场，作者把 OPLS 的联合原子（united atom）模型扩展到了全原子模型。与第一个发展趋势相类似，这些力场也采用了比较简单的力场形式。第三是在适当的研究范围内追求结果的精确性，预测的性质包括分子结构、构型性质、振动频率、生成热等。为达到这个目标，在势能计算中包含了平面外的弯曲、交叉项以及多次方的复杂函数形式。MM3、MM4、CFF93、MMFF 等都属于此类。这些力场的参数用到了高度可靠的实验数据（如 MM 力场系列）或者从头算结果（如 CFF93、MMFF、COMPASS 等）。函数形式的扩展和数据质量的提高，使得这些力场的参数越来越精确。多数情况下，计算的偏差已经在实验所允许的范围内。

最近十余年间，新的力场研发集中在极化力场和反应力场方面。在经典的分子力场中力场参数是固定的，也就是说，在分子模拟过程中，参数是不变的，包括原子电荷。这种方法在计算单分子性质时没有问题，但是有时候针对凝聚相，特别是对于混合体系，由于分子间的极化，不同的分子聚集体会对应着不同的相互作用。例如在极性与非极性分子组成的混合溶液中，分子间的相互作用与相应的分子在纯组分中的相互作用有明显的区别。为了解决这一类问题，出现了极化力场。另外，在经典力场中，分子模型即分子的拓扑结构是不变的，也就是说经典力场对于化学反应是无能为力的。目前能够反映化学反应的反应力场得到了明显发展，反应力场中所有的作用都是由原子-原子相互作用描述，不存在固定的化学键长、键角和二面角。极化力场和反应力场的出现是经典分子力场下的新发展趋势。

3.13.3 如何选择力场

对于分子模拟计算的使用者来说，经常会提出两个问题：第一是如何选择最好的力场解决问题？第二是模拟结果可信吗？对于第一个问题，解决办法很简单。如果你不想进行力场的尝试，那么就直接选择前人曾经使用过的最有效的力场，当然所谓“有效”指的是力场参数的有效性，而且你将要研究的问题与前人的问题尽可能相近。例如，研究的是蛋白质的构型性质，选择模拟蛋白质的参数力场可能更有效。文献上经常有采用不同的力场进行结果对比的讨论，读者可以查阅相关的模拟计算杂志以供参考。Gundetofte（1991，1996）曾经对38个有机分子的实验构型能量选择了17种力场进行模拟对比（部分结果参见本章后附表），尽管文献距今已有20余年的时间，但是结果也有借鉴作用。他们对比发现，一般而言，MM2和MM3力场或者从这两个力场发展起来的力场会得到较满意的结果，MMFF93也不错；对于通用力场UFF，除了碳氢化合物以外，其他类型的化合物的模拟结果都不是很理想。对生物小分子的模拟计算，Barrows（1998）也曾经选择10种力场对葡萄糖（D-glucose）的11个不同的构象进行优化，并与量子力学从头算预测的相对构型能量进行了对比，结果表明：GROMOS、MM3（96）和AMBER力场的相对偏差为1.5～2.1kcal/mol；而CHARMM和MMFF的平均偏差为0.9～1.5kcal/mol；相应的AMBER*、Chem-X和OPLS的平均偏差仅为0.6～0.8kcal/mol。Beach在1997年曾经采用多种力场对许多的多肽构型进行模拟计算，发现OPLS和MMFF力场能够给出较好的模拟结果。

因为没有办法保证你所研究的类似体系是前人曾经模拟过的，在这种情况下选择最好的力场就是一件困难的事情。有些情况下，实验数据可以作为选择力场的一种参考。但是，当实验数据不可靠的情况下，与量子力学计算结果的对比将是最好的选择（如果计算能力允许），此时可以把从头算结果作为一种实验数据进行比对。如果这些办法都不合适，那么力场的选择就会有很大的不确定性，对得到的模拟结果应该小心评价。

另外应该注意，大多数的力场主要针对生化分子或者有机分子。而无机化学家对解决无机化学中的问题更感兴趣。遗憾的是，现在还没有一个普遍的力场能够精确解决大范围的无机分子，特别是金属配合物。在无机化合物中，力场参数的可移植性非常低，也就是说简单金属原子的力场参数不适合化合物（如配合物、晶体），因为其中的金属离子有着非常多的原子类型，因此，选择合适的力场解决这个问题现在还有一定的难度。Heinz课题组开发的CLAYFF力场，以及INTERFACE力场平台，更多针对黏土、矿物、金属等无机材料，现在众多的科研人员选择上述力场研究无机材料，特别是晶体表面性质。

参 考 文 献

[1] Allen M P, Tildesley D J. Computer simulation of liquids. Oxford: Clarendon Press, 1987.

[2] Allinger N L. Conformational analysis 130. MM2: a hydrocarbon force field unilizing V1 and V2 torsional terms. J Am Chem Soc, 1977, 99: 8127.

[3] Barnes P, Finney J L, Nicholas J D, et al. Cooperative effects in simulated water. Nature, 1979, 282: 459.

[4] Barrows S E, Storer J W, Cramer C J, et al. Factors controlling relative stability of anomers and hydroxymethyl conformers of glucopyranose. J Comput Chem, 1998, 19: 1111.

[5] Berendsen H J C, Postma P M, van Gunsteren W F, et al. Interaction models for water in relation to protein hydration//Pullman B. Intermolecular Forces. Dordrecht Reidel, 1981: 331.

[6] Berendsen H J C, Grigera J R, Straatsma T P. The missing term in effective pair potentials. J Phys Chem, 1987, 91: 6269.

[7] Bernal J D, Fowler R H. Theory of water and ionic solution, with particular reference to hydrogen and hydroxyl ions. J Phys Chem, 1933, 1: 515.

[8] Brenner D W. Empirical potential for hydrocarbons for use in simulating the chemical vapor deposition of diamond films. Phys Rev B, 1990, 42: 9458-9471.

[9] Brenner D W, Shenderova O A, Harrison J A, et al. A second-generation reactive empirical bond order (REBO) potential energy expression for hydrocarbons. J Phys Condens Matter, 2002, 14: 783-802.

[10] Car R, Parrinello M. Unified approach for molecular dynamics and density-function theory. Phys Rev Lett, 1985, 55: 2471.

[11] Chenoweth K, Van Duin A C T, Goddard W A. ReaxFF reactive force field for molecular dynamics simulations of hydrocarbon oxidation. J Phys Chem A, 2008, 112 (5): 1040-1053.

[12] Cramer C J. Essentials of computational chemistry: theories and models. England: John Wiley & Sons Ltd, 2002.

[13] Cygan R T, Liang J J, Kalinichev A G. Molecular models of hydroxide, oxyhydroxide, and clay phases and the development of a general force field. J Phys Chem B, 2004, 108: 1255-1266.

[14] Dinur A K, Hagler A R. Reviews in computational chemistry: vol. 2. New Work: VCH Publishers, 1991.

[15] Ferguson D M. Parameterisation and evaluation of a flexible water model. J Comput Chem, 1995, 16: 501.

[16] Gao G T, Woller J B, Zeng X C, et al. Vapor-liquid equilibria of binary mixtures containing Stockmayer molecules. J Phys Condens Matter, 1997, 9: 3349.

[17] Gay J G, Berne B J. Modification of the overlap potential to mimic a linear site-site potential. J Chem Phys, 1981, 74: 3316.

[18] Gundertofte K, Liljefors T, Norrby P O, et al. A comparison of conformational energies calculated by several molecular mechanics methods. J Comput Chem, 1996, 17: 429.

[19] Gundertofte K, Palm J, Petterson I, et al. A comparison of conformational energies calculated by molecular mechanics (MM2 (85), sybyl 5.1, sybyl 5.2 and Chem X) and semiempirical (AM1 and PM3) methods. J Comput Chem, 1991, 12: 200.

[20] Heinz H, Lin T J, Mishra R K, et al. Thermodynamically consistent force fields for the assembly of inorganic, organic and biological nanostructures: the INTERFACE force field. Langmuir, 2013, 29: 1754-1765.

[21] Hirschfelder J O, Crutiss C F, Bird R B. Molecular theory of gases and liquids. New York: John Wiley & Sons, 1954.

[22] Hill T L. Steric effects. I. van der Waals potential energy curves. J Chem Phys, 1948, 16: 399.

[23] Jin Z, Yang C, Cao F, et al. Hierarchical atom type definitions and extensible all-atom force fields. J Comput Chem, 2016, 37 (7): 653-664.

[24] Jorgensen W L, Chandrasehar J, Madura J D, et al. Comparison of simple potential functions for simulating liquid water. J Phys Chem, 1983, 79: 926.

[25] Lamoureux G, Roux B. Modeling induced polarization with classical drude oscillators: theory and molecular dynamics simulation algorithm. J Chem Phys, 2003, 119: 3025-3039.

[26] Leach A R. Molecular modeling: principles and applications. Second edition. Pearson education limited, 2001.

[27] Marrink S J, Jelger Risselada H, Yefimov S, et al. The MARTINI force field: coarse grained model for biomolecular simulations. J Phys Chem B, 2007, 111: 7812.

[28] Rappé A K, Casewit C J. Molecular mechanics across chemistry. Sausalito: University Science Books, 1997.

[29] Rick S W, Stuart S J, Berne B J. Dynamical fluctuating charge force fields: application to liquid water. J Chem Phys, 1994, 101: 6141.

[30] Stillinger F H, Rahman A. Improvedsi mulation of liquid water by molecular dynamics. J Phys Chem, 1974, 60: 1545.

[31] van Duin A C T, Dasgupta S, Lorant F, et al. ReaxFF: a reactive force field for hydrocarbons. J Phys Chem A, 2001, 105: 9396-9409.

[32] van Leeuwen M E, Smit B. What makes a polar liquid a liquid. Phys Rev Lett, 1993, 71: 3991.

[33] Xie W, Pu J, Mackerell A D, et al. Development of a polarizable intermolecular potential function (PIPF) for liquid amides and alkanes. J Chem Theory Comput, 2007, 3 (6): 1878-1889.

[34] York D M, Yang W T. A chemical potential equalization method for molecular simulations. J Chem Phys, 1996, 104 (1): 159-172.

[35] 杨小震．软物质的计算机模拟与理论方法．北京：化学工业出版社，2010.

OPLS:

[36] Jorgensen W L. Tirado-Rives J. The OPLS [optimized potentials for liquid simulations] potential functions for proteins, energy minimizations for crystals of cyclic peptides and crambin. J Am Chem Soc, 1988, 110: 1657.

[37] Pranata J, et al. OPLS potential functions for nucleotide bases: relative association constants of hydrogen-bonded base pairs in chloroform. J Am Chem Soc, 1991, 113: 2810.

[38] Jorgensen W L, Maxwell D S, Tirado-Rives J. Development and testing of the OPLS all-atom force field on conformational energetics and properties of organic liquids. J Am Chem Soc, 1996, 117: 11225.

[39] Maxwell D S, Tirado-Rives J, Jorgensen W L. A comprehensive study of the rotational energy profiles of organic systems by *ab initio* MO theory, forming a basis for peptide torsional parameters. J Comput Chem, 1995, 16: 984.

[40] Jorgensen W L, McDonald N A. Development of an all-atom force field for heterocycles. properties of liquid pyridine and diazenes. THEOCHEM-J Mol Struct, 1998, 424: 145.

[41] McDonald N A, Jorgensen W L. Development of an all-atom force field for heterocycles: properties of liquid pyrrole, furan, diazoles, and oxazoles. J Phys Chem B, 1998, 102: 8049.

[42] Rizzo R C, Jorgensen W L. OPLS all-atom model for amines: resolution of the amine hydration problem. J Am Chem Soc, 1999, 121: 4827.

[43] Price M L P, Ostrovsky D, Jorgensen W L. Gas-phase and liquid-state properties of esters, nitriles, and nitro compounds with the OPLS-AA force field. J Comput Chem, 2001, 22: 1340.

ECEPP/3:

[44] Momany F A, McGuire R F, Brugess A W, et al. Energy parameters in polypeptides. Ⅶ. Geometric parameters, partial atomic charges nonbonded interactions, hydrogen bond interactions, a dintrinsic torsional potentials for the naturally occurring amino acids. J Phys Chem, 1975, 79: 2361.

[45] Némethy G, Pottle M S, Scheraga H A. Energy parameters in polypeptides. 9. Updating of geometric parameters, partial atomic charges nonbonded interactions, hydrogen bond interactions, an dintrinsic torsional potentials for the naturally occurring amino acids. J Phys Chem, 1983, 87: 1883.

[46] Némethy G, Gibson K D, Palmer K A, et al. Energy parameters in polypeptides. 10. Improved geometrical parameters and nonbonded interactions for use in the ECEPP/3 algorithm, with application to proline-containing peptides. J Phys Chem, 1992, 96: 6472.

AMBER:

[47] Weiner S J, Kollman P A, Case D A, et al. A new force field for molecular mechanical simulation of nucleic acids and proteins. J Am Chem Soc, 1984, 106: 765.

[48] Weiner S J, Kollman P A, Nguyen D T, et al. An all atom force field for simulations of proteins and nucleic acids.

J Comput Chem，1986，7：230.

AMBER94：

[49] Cornell W D，Cieplak P，Bayly C I，et al. A second generation force field for the simulation of proteins，nucleic acids，and organic molecules. J Am Chem Soc，1995，117：5179.

AMBER99：

[50] Wang J，Cieplak P，Kollman P A. How well does a restrained electrostatic potential (RESP) model perform in calculating conformational energies of organic and biological molecules? J Comput Chem，2000，21：1049.

CHARMM：

[51] Brooks B R，et al. CHARMM：a program for macromolecular energy，minimization，and dynamics calculations. J Comput Chem，1983，4：187.

[52] Momany F A，Rone R. Validation of the general purpose QUANTA 3.2/CHARMm force field. J Comp Chem，1992，13：888.

[53] MacKerell Jr A D，Wiórkiewicz-Kuczera J，Karplus M. An all-atom empirical energy function for the simulation of nucleic acids. J Am Chem Soc，1995，117：11946.

[54] Neria E，Fischer S，Karplus M. Simulation of activation free energies in molecular systems. J Chem Phys，1996，105：1902.

[55] MacKerell Jr A D. Bashford D，Bellott M，et al. All-atom empirical potential for molecular modeling and dynamics studies of proteins. J Phys Chem，1998，102：3586.

MM：

[56] Kao J，Allinger N L. Conformational analysis. 122. Heats of formation of conjugated hydrocarbons by the force field method. J Am Chem Soc，1977，99：975.

[57] Allinger N L. Conformational analysis. 130. MM2. A hydrocarbon force field unilizing V1 and V2 torsional terms. J Am Chem Soc，1977，99：8127.

MM3：

[58] Allinger N L，Yan L. Molecular mechanics. The MM3 force field for hydrocarbons. J Am Chem Soc，1989，111：8551.

[59] Lii J H，Allinger N L. Molecular mechanics. The MM3 force field for hydrocarbons. 2. Vibrational frequencies and thermodynamics. J Am Chem Soc，1989，111：8566.

[60] Lii J H，Allinger N L. Molecular mechanics. The MM3 force field for hydrocarbons. 3. The van der Waals' potentials and crystal data for aliphatic and aromatic hydrocarbons. J Am Chem Soc，1989，111：8576.

MM4：

[61] Allinger N L，Chen K，Katzenellenbogen J A，et al. An improved force field (MM4) for saturated hydrocarbons. J Comput Chem，1996，17：642.

[62] Nevins N，Chen K，Allinger N L. Molecular mechanics (MM4) calculations on alkenes. J Comput Chem，1996，17：669.

[63] Nevins N，Chen K，Allinger N L. Molecular mechanics (MM4) calculations on conjugated hydrocarbons. J Comput Chem，1996，17：695.

[64] Nevins N，Chen K，Allinger N L. Molecular mechanics (MM4) vibrational frequency calculations for alkenes and conjugated hydrocarbons. J Comput Chem，1996，17：730.

[65] Allinger N L，Chen K，Katzenellenbogen J A，et al. Hyperconjugative effects on carbon-carbon bond lengths in molecular mechanics (MM4). J Comput Chem，1996，17：747.

MMFF94：

[66] Halgren T A. Merck molecular force field. Ⅰ. Basis，form，scope，parameterization，and performance of MMFF94. J Comput Chem，1996，17：490，520，553，616.

[67] Halgren T A. Merck molecular force field. Ⅱ. MMFF94 van der Waals and electrostatic parameters for intermolecular interactions. J Comput Chem，1996，17：520.

[68] Halgren T A. Merck molecular force field. Ⅲ. Molecular geometries and vibrational frequencies for MMFF94. J Com-

put Chem, 1996, 17: 553.

[69] Halgren T A, Nachbar R B. Merck molecular force field. Ⅳ. Conformational energies and geometries for MMFF94. J Comput Chem, 1996, 17: 587.

[70] Halgren T A. Merck molecular force field. Ⅴ. Extension of MMFF94 using experimental data, additional computational data, and empirical rules. J Comput Chem, 1996, 17: 616.

TRIPOS (SYBYC):

[71] Clark M, Cramer Ⅲ R D, Van Opdenbosch N. Validation of the general prupose Tripos 5. 2 force field. J Comput Chem, 1989, 10: 982.

GB:

[72] Gay J G, Berne B J. Modification of the overlap potential to mimic a linear site-site potential. J Chem Phys, 1981, 74: 3316.

[73] Luckhurst G R, Stephenes R A, Phippen R W. Computer simulation studies of anisotropic systems. ⅩⅨ. Mesophases formed by the Gay-Berne model mesogen. Liquid Crystals, 1990, 8: 451.

[74] Bates M A, Luckhurst G R. Computer simulation studies of anisotropic systems: the density and temperature dependence of the second rank orientational order parameter for the nematic phase of a Gay-Berne liquid crystal. Chem Phys Lett, 1997, 281: 193.

COMPASS:

[75] Sun H. COMPASS: an *ab initio* force field optimized fro condensed-phase applications-overview with details on alkane and benzene compounds. J Phys Chem B, 1998, 102: 7338.

[76] Bunte S W, Sun H. Molecular modeling of energetic materials: the parameterization and validation of nitrate esters in the COMPASS force field. J Phys Chem B, 2000, 104: 2477.

MARTINI:

[77] Marrink S J, Jelger Risselada H, Yefimov S, et al. The MARTINI force field: coarse grained model for biomolecular simulations. J Phys Chem B, 2007, 111: 7812.

附表 力场简介①

name (if any)	range	comments	refs	Σ(error)②
AMBER	biomolecules (2nd generation includes organics)	sometimes referred to as AMBER force fields; new versions are first coded in software of that name. all-atom (AA) and united-atom (UA) versions exist	original: Weiner S J, et al. J Comput Chem, 1986, 7: 230. latest generation: Cornell W D, et al. J Am Chem Soc, 1995, 117: 5179. see also http://www.ambermd.org/AmberModels.php	
—	organics and biomolecules	the program MacroModel contains many modified versions of other force fields, e. g., AMBER *, MM2 *, MM3 *, OPLSA *	Mohamadi F, et al. J Comput Chem, 1990, 11: 440. recent extension: Senderowitz H, et al. J Org Chem, 1997, 62: 1427. see also http://www.schrodinger.com/	7(AMBER *) 4(MM2 *) 5(MM3 *)
CHARMM	biomolecules	many versions of force field parameters exist, distinguished by ordinal number. all-atom and united-atom versions exist	original: Brooks B R, et al. J Comput Chem, 1983, 47: 187. Nilsson L, et al. J Comput Chem, 1986, 7: 591. latest generation: MacKerell A D, et al. J Phys Chem B, 1998, 102: 3586. see also http://www.mackerell.umaryland.edu/charmm ff.shtml	

续表

name (if any)	range	comments	refs	Σ(error)[②]
CHARMm	biomolecules and organics	version of CHARMM somewhat extended and made available in Accelrys software products	Momany F A, et al. J Comput Chem, 1992, 13: 888. see also https://www.3ds.com/products-services/biovia/	
Chem-X	organics	available in Chemical Design Ltd. Software	Davies E K, et al. J Comput Chem, 1989, 13: 149	12
CFF/CVFF	organics and biomolecules	CVFF is the original; CFF versions are identified by trailing year digits. bond stretching can be modeled with a Morse potential. primarily available in Accelrys software	CVFF: Lifson S, et al. J Am Chem Soc, 1979, 101: 5111, 5122, 5131. CFF: Hwang J J, et al. J Am Chem Soc, 1994, 116: 2515. Maple J R, et al. J Comput Chem, 1994, 15: 162. Maple J R, et al. J Comput Chem, 1998, 19: 430. Ewig C S, et al. J Comput Chem, 2001, 22: 1782	13(CVFF) 7(CFF91)
COMPASS	general		Sun H. J Phys Chem, 1998, 102: 7338. Bunte S W, Sun H. J Phys Chem B, 2001, 104: 2477	
COSMIC	organics and biomolecules		Vinter J G, et al. J Comput-Aided Mol Des, 1987, 1: 31. Morley S D, et al. J Comput-Aided Mol Des, 1991, 5: 475	
DREIDING	main-group organics and inorganics	bond stretching can be modeled with a Morse potential	Mayo S L, et al. J Phys Chem, 1990, 94: 8897	10
ECEPP	proteins	computes only non-bonded interactions for fixed structures. versions identified by /(ordinal number) after name	original: Nemethy G, et al. J Phys Chem, 1983, 87: 1883. latest generation: Nemethy G, et al. J Phys Chem, 1992, 96: 6472	
ESFF	general	bond stretching is modeled with a Morse potential	Barlow S, et al. J Am Chem Soc, 1996, 118: 7578	
GROMOS	biomolecules	coded primarily in the software having the same name	Daura X, et al. J Comput Chem, 1998, 19: 1535. Schuler L D, et al. J Comput Chem, 2001, 22: 1205. see also http://www.gromos.net/	
MM2	organics	superseded by MM3 but still widely available in many modified forms	comprehensive: Burkert U, et al. 1982. Molecular mechanics ACS Monograph 177, American Chemical Society: Washington, DC	5 [MM2(85) MM2(91) Chem-3D]
MM3	organics and biomolecules	widely available in many modified forms	original: Allinger N L, et al. J Am Chem Soc, 1989, 111: 8551. MM3(94): Allinger N L, et al. J Mol Struct(Theochem), 1994, 312: 69. recent extension: Stewart E L, et al. J Org Chem, 1999, 64: 5350	5 [MM3(92)]

续表

name (if any)	range	comments	refs	Σ(error)[②]
MM4	hydrocarbons		Allinger N L, et al. J Comput Chem, 1996, 17: 642. Nevins N, et al. J Comput Chem, 1996, 17: 669, 695, 730. Nevins N, et al. J Comput Chem, 1996, 17: 747	
MMFF	organics and biomolecules	widely available in relatively stable form	Halgren T A, et al. J Comput Chem, 1996, 17: 490, 520, 553, 587, 616. see also www.schrodinger.com	4 (MMFF93)
MMX	organics, biomolecules, and inorganics	based on MM2	see www.serenasoft.com	5
MOMEC	transition metal compounds		Comba P, Hambley T W. 1995. Molecular modeling of inorganic compounds. VCH: New York	
OPLS	biomolecules, some organics	organic parameters are primarily for solvents. all-atom and united-atom version exist	proteins: Jorgensen E L, et al. J Am Chem Soc, 1988, 110: 1657. Kaminski G A, et al. J Phys Chem B, 2001, 105: 6474. nucleic acids: Paranata J, et al. J Phys Chem B, 1991, 113: 2810. sugars: Damm W, et al. J Comput Chem, 1997, 18: 1955. recent extensions: Rizzo R C, et al. J Am Chem Soc, 1999, 121: 4827	
PEF95SAC	carbohydrates	based on CFF form	Fabricius J, et al. J Carbohydr Chem, 1997, 16: 751	
SHAPES	transition metal compounds		Allured V S, et al. J Am Chem Soc, 1991, 113: 1	
SYBYL/Tripos	organics and proteins	available in Tripos and some other software	Clark J, et al. J Comput Chem, 1989, 10: 982	8-12
UFF	general	bond stretching can be modeled with a Morse potential	Rappe A K, et al. J Am Chem Soc, 1992, 114: 10024, 10035, 10046	21
VALBOND	transition metal compounds	atomic-orbital dependent energy expressions	Root D M, et al. J Am Chem Soc, 1993, 115: 4201	

① From Cramer C J (2002), see the text.

② kcal/mol. From Gundertofte et al. (1991, 1996), see the text.

第4章 能量最小化

采用力场模拟计算分子性质的方法称为分子力学方法（molecular mechanics，MM）。分子力学方法最重要的用途是计算分子各种可能构象的势能，得到分子势能最低的构象，即最稳定的构象。寻找势能最低构象的过程称为能量最小化（energy minimization）。利用能量最小化方法所得到的构象称为几何优选构型（geometry optimized configuration）。对复杂的分子而言，由能量最小化方法所得到的几何优选构型并非一定就是能量最低的构象，因此应该严格区分最稳定构象和一般构象（陈正隆，2007）。

能量最小化方法一般是在模型构建完之后，在运行分子动力学或者 Monte Carlo 模拟之前使用的。特别是对于液体体系，能够更好地消除因搭建模型过程中可能造成的分子重叠、结构不合理引起的高能构象，从而保证随后的分子动力学或者 Monte Carlo 模拟能够正常运行；否则就有可能引起过高能偏差，导致分子动力学或者 Monte Carlo 程序的运行终止。本章我们首先讨论势能面的概念，然后讲解经常用到的能量最小化方法，并比较几种方法的优缺点，最后阐述化学反应中的过渡态结构和反应路径。

4.1 势能面

体系的势能是多维坐标的复杂函数。对这些坐标作图就可以得到分子的势能面（potential energy surface)，也称作势能超曲面（hypersurface）。对于含有 N 个原子的体系，势能是 $3N-6$ 个内坐标或者 $3N$ 个笛卡儿坐标的函数。例如，乙烷分子的构型势能是 18 个内坐标或者 24 个笛卡儿坐标的函数。因此除非简单的研究体系，我们不可能得到完整的分子势能面。但是为了讨论坐标变化对势能的影响，往往可以计算部分势能面或减维势能面（reduced-dimensional potential energy surface）。以正戊烷分子为例（见图 4.1)，如果令键长和键角固定，讨论势能随某个二面角如 τ_1 变化，可以得到二维平面上的势能曲线（图 4.2)，它表明存在三个错列的具有能量最小值的空间构象；如果讨论中心的两个化学键旋转即势能随两个二面角 τ_1 和 τ_2 变化时，则可以得到如图 4.3 所示的三维势能面。

从上述三维空间的势能面图（图 4.3)，可以明确如下几个基本概念：①我们特别感兴趣的是势能面上的极小点（minimum points)，每一个能量最小点都对应着体系的一个稳定构型，任何偏离这些极小点的构型，其能量都要升高；②在势能面上有很多能量极小点，其中能量最低的点称作全域能量极小点（global energy minimum)，寻找能量最小点的算法很多；③将势能面上的极小点连接起来就得到所谓反应路径（reaction path)，极大值点称作

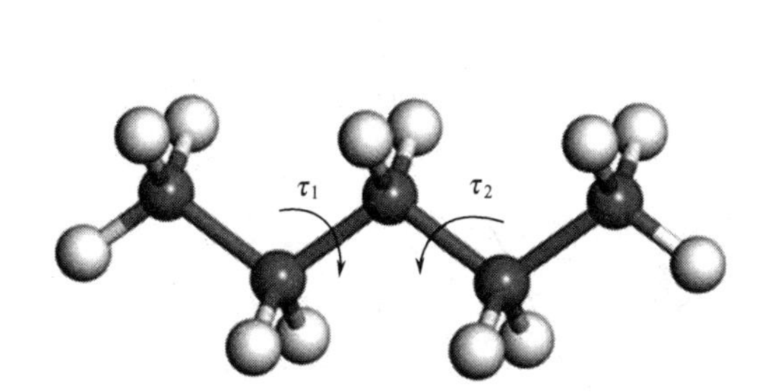

图 4.1　正戊烷分子的二面角

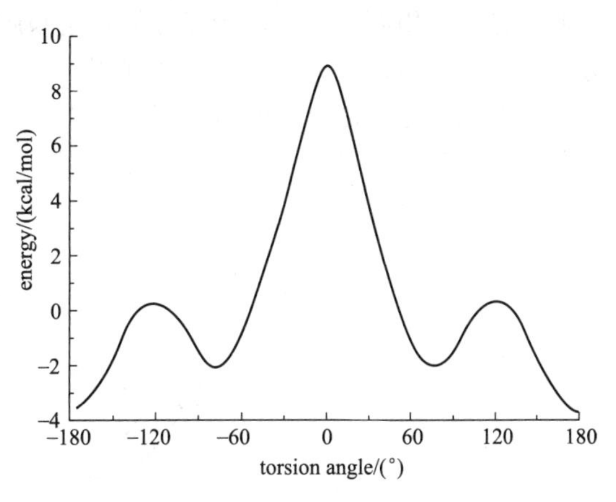

图 4.2　二面角 τ_1 旋转 360°的能量变化

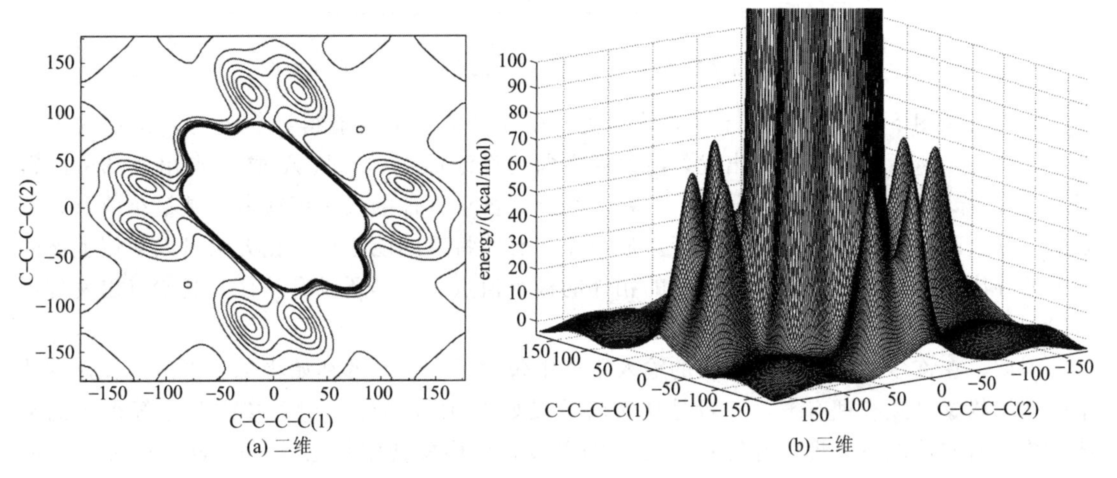

图 4.3　由两个二面角表示的势能面（二维等高线图和三维等距图）

鞍点（saddle point），鞍点处对应的分子构象称作过渡态（transition structure）；④势能面上极小点对应的构型是稳定构型，鞍点对应的构型是暂稳构型，极小值点和鞍点都称作驻点，其势能函数的一级导数值都为零。

如果我们把势能面看作地理图形，那么所谓能量最小化方法就是寻找下山的路，极小点对应着山谷的谷底，势能面可能是狭长的山谷或者平缓的平原，而鞍点就是山谷道上的峰。沿反应路径即山谷道行走的时候有时是“上坡”（uphill）有时是“下坡”（downhill）。

4.2　势函数的极小值

势函数 f 是含一个或多个独立变量的函数 $(x_1, x_2, \cdots, x_n)$，能量最小化方法就是寻找势函数的极小值。对于多变量函数，函数极小值存在的条件为（陈正隆，2007）：

$$\frac{\partial f}{\partial x_i}=0, \quad \frac{\partial^2 f}{\partial x_i^2}>0, \quad i=1,2,\cdots,n \tag{4.1}$$

在量子力学或者分子力学中，势能是笛卡儿坐标或者内坐标的函数，按照上述求能量极小值的思路，用微分方法逐步搜寻能量越来越低的构象，直到获得势能面上的最小值。由于分子体系的复杂性，即使多种方法并用，也很难得到能量的最小值，或者说具有最低能量的构象。图 4.4 是求极小值的示意图。图中，A、B、C 为不同的起始点，G_1 与 G_2 则为函数的两个极小值点。

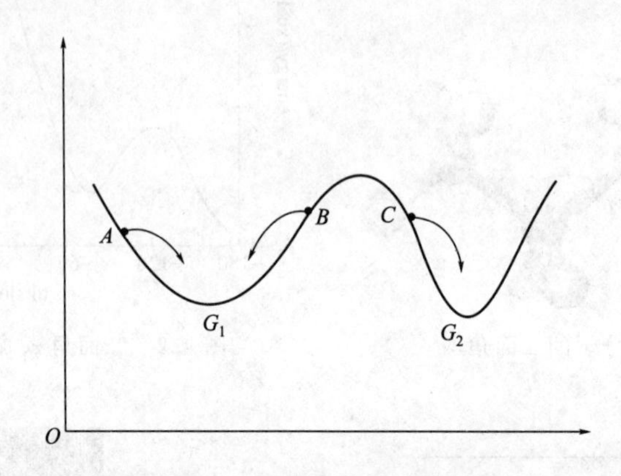

图 4.4　一维势能面上“下坡”找寻最近能量极小点示意图

如果仅采用下坡的方法进行能量最小化，在很多情况下只能得到靠近初始位置的极小点。如图 4.4 所示，从起始点出发，沿着函数曲线像滚球一样，从 A 或 B 点出发都可以得到点 G_1；若以 C 点为起点，则得到点 G_2。因此，欲求其他的极小值或者全域最小值点，有必要想办法改变初始点，然后进行能量最小化。有些特殊的能量最小化方法可以采用上坡的方式搜寻比这个极小值点能量还要低的相邻的极小值点，但是还没有从任一起始点出发都可以得到全域能量最小值点的成功算法。

因此，在许多能量最小化方法的输入文件中包含了一系列的初始坐标。当然选择这种体系的初始构象必须有理有据，一般是从实验手段如 X 射线晶体衍射、核磁共振等得到的晶体结构。有些情况下，理论计算也是必要的手段，如构象搜索算法（conformational search algorithm）。实验和理论的结合也是非常重要的一种选择，如对蛋白质在水中行为的研究，首先通过 X 射线得到蛋白质结构，再通过分子动力学或者 Monte Carlo 获得溶剂分子合理的坐标，最后把水分子当作一种“溶剂浴”，这样就可以用分子力学方法讨论蛋白质分子的活性。

既然势能可以看作是坐标的函数，那么，我们就可以从对函数求极值出发，探讨如何得到势能面上极小值的方法。对于一个函数，导数的求法有两种：数值方法和分析方法。分析方法可以直接由函数的数学表达式求其微分，可以得到精准的导数，而且速度快。相反，数值方法比较费时，所求得的导数亦可能有误差，但适用于非常复杂体系的势函数。以一元函数 $f(x)$ 为例，采用数值方法求导数，为

$$f'(x)=\lim_{\delta x \to 0}\frac{f(x+\delta x)-f(x)}{\delta x} \tag{4.2}$$

表示从起始点 x_0 的函数值 $f(x_0)$ 出发，得到微小改变量 δx 后的函数值 $f(x_0+\delta x)$，由式（4.2）计算得到 $x=x_0$ 时的导数。

另外一种更精确的计算导数的方法是计算 $f(x_0+\delta x)$ 与 $f(x_0-\delta x)$ 的函数值，其导数为

$$f'(x_0)=\frac{f(x_0+\delta x)-f(x_0-\delta x)}{2\delta x} \tag{4.3}$$

以函数 $f(x)=2x^3-5x+1$ 为例，设起始点为 $x=1$。

① 分析方法　此点的导数为

$$f'(x=1)=6x^2-5=6\times1^2-5=1$$

② 数值方法　设 $\delta x=0.01$，由式(4.2) 得

$$f(x=1)=2-5+1=-2$$

$$f(x=1+0.01)=2\times1.01^3-5\times1.01+1=-1.9894$$

$$f'(x)=\frac{-1.9894-(-2)}{0.01}=1.062$$

如果以较精确的方法计算 [式(4.3)]：

$$f(x=1-0.01)=2\times0.99^3-5\times0.99+1=-2.0094$$

$$f'(x)=\frac{-1.9894-(-2.0094)}{2\times0.01}=1$$

可见分析方法和数值方法计算的结果非常相近。

事实上，对势能函数求导数的方法，除了能够得到函数的极值外还可以获得其他信息，如势能面的形状等。如果这种方法应用合理，可以大大提高我们寻找极值的效率。应该说明的是，一个理想的算法应该是以最快的速度和最小的储存量为原则，当然还需指出的是，到现在为止还不能说哪一种算法能够保证在所有的模拟中都能发挥最佳的效率，因此，有必要针对不同的研究体系认真选择合适的软件程序。

4.3　非导数求极值法

4.3.1　单纯形法

单纯形法（the simplex method）是美国数学家 G. B. Dantzig 于 1947 年首先提出来的。一个单纯形是由 $M+1$ 个顶点组成的几何图形，M 为能量函数的变量的个数。对于两个变量的函数，单纯形为三角形；对于三个变量的函数，其单纯形为四面体；$3N$ 个笛卡尔坐标的势能函数，其单纯形有 $3N+1$ 个顶点；如果是内坐标，则有 $3N-5$ 个顶点。每一个顶点对应着要求计算一组坐标。对于初等函数 $f(x,y)=x^2+2y^2$，其单纯形为三角单纯形。

单纯形法通过变形运动在势能面上寻找能量极小点。它一般包括三种基本运动。最基本运动是从单纯形的反面翻转到最高能量点的映像，尝试得到能量较低的顶点，如果这一新的顶点比单纯形中其他的顶点有更低的能量，于是就可以进一步应用映像和拓展移动寻找能量更低的点。如果已经到达谷底（valleyfloor），使用映像步骤将不再产生新的顶点。在这种情况下，单纯形法会从最高能量点沿着一维方向压缩（contract），如果仍然不能产生较低能量点，就会应用第三种运动，单纯形从所有方向进行压缩，趋近到最低能量顶点。

以 $f(x,y)=x^2+2y^2$ 为例，显然通过解析法可以确认其极小点即为 (0,0) 处，不过现在要从数值上求解，计算的过程如下（见图 4.5）：

① 任选初始点 $A(9,9)$，该点函数值 $f(9,9)=243$。

② 从初始点 $A(9,9)$ 任意改变到其他两点，如 $B(9,11)$ 和 $C(11,9)$，这样得到两个函值 $f(9,11)=323$ 和 $f(11,9)=283$。

③ 以上述三个点 A、B 和 C 构成一个三角形，从函数值最大的点（标以 max）向对边中点做平行四边形，得到新的点 $D(11,7)$，其函值为 $f(11,7)=219$。

④ 弃去第③步骤中函数值最大的 $B(9,11)$，将余下的两个点 A（9,9）、$C(11,9)$ 和新的点 $D(11,7)$ 重新构成一个新的三角形。从其中函值最大的点 $C(11,9)$ 向对边中点作平行四边形，得到新的点 E，其坐标为 $E(9,7)$，其函数值为 $f(9,7)=179$。

⑤ 重复步骤④，即弃去步骤③中的函数值最大点，将余下的两个点 $A(9,9)$、$D(11,7)$ 和新的点 $E(9,7)$ 重新构成新的三角形。从其中函数值最大的点 $A(9,9)$ 向对边中心作平行四边形，得到新的点 $F(11,5)$，其函数值为 $f(11,5)=171$。

⑥ 重复以上平行四边形找新点的步骤，不断进行下去即可逼近函数的极小点（0,0）。

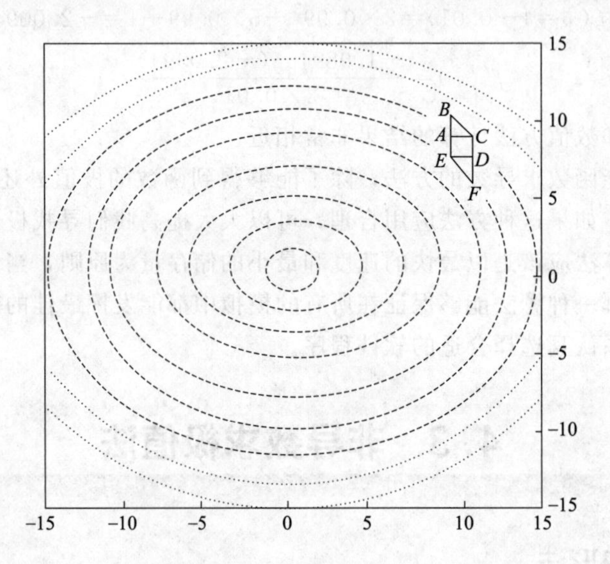

图 4.5　最初的单纯性法计算函数 $f(x,y)=x^2+2y^2$ 极小值示意图

（第一个三角为点 A、B、C 组成的三角，点 B 为最大点，这样下一个三角为 A、C、E 组成的三角，第三个三角为点 A、D、E 组成的三角，以此类推）

单纯形法对计算能量非常高的初始构象非常有用，但是对大的研究体系需要花费太多的 CPU 时间（对初始的单纯形就要计算 $3N+1$ 个能量值）。因此一般是将单纯形法与其他优化算法联合应用：先用单纯形法优化初始构象，再用更精确的算法进行计算。

为什么单纯形的顶点比自由度多一个？根本原因是含 M 个变量的函数其图形位于$M+1$的空间中。从实践的观点，一般认为单纯形算法不能探寻少于 $M+1$ 个顶点的整个的单纯形。例如，如果搜索二元势能面，两个顶点的单纯形是一条直线，唯一的移动是沿着直线运动，因而不能搜索到直线以外的势能面；而对一个三变量的函数，如果限定为三角形的单纯形，也只能搜索三角平面上的势能面，而实际上三变量函数的单纯形为四面体。

4.3.2　按序单坐标逼近法

量子化学计算中很少采用单纯形法，按序单坐标逼近法（the sequential univariate method）更适合量子化学计算，这是一种非导数求极值法，按次序通过轮换坐标系统完成一个优化循环。例如，对于坐标 x_i，从坐标 x_i 得到两个新的结构（如 $x_i+\delta x_i$ 和 $x_i+2\delta x_i$），并计算两个构象的能量。然后把这三个坐标点的结果进行拟合得到一条抛物线，并在此抛物线函数曲线中确定极小值点，然后把坐标移动到此极小点，以此为初始点进行下一个移动。搜索过程如图 4.6 所示，首先从标记 1 开始，沿着坐标移动两步（2 和 3）。通过这三个点可以拟合成一个抛物线，得到极值点 4，下一个过程沿着坐标 5、6 和 7 进行重复。当坐标变化非常小时，表示已经寻找到了极值点，否则执行下一个新的搜索过程。按序单坐标逼近法比单纯形法所要求的性能评价要少一些，但是当遇到狭长的能谷或者两个坐标接近的时候，其收敛速度会非常慢。

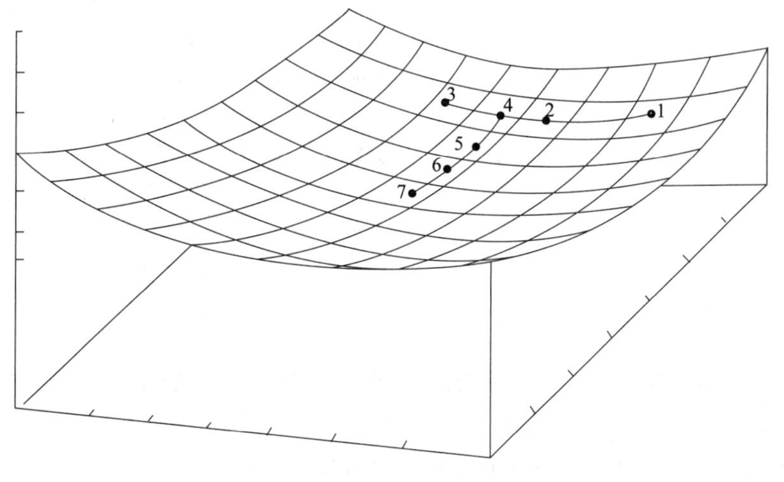

图 4.6　按序单坐标逼近法示意图

4.4　导数求极值法

势能函数的导数可以提供许多有用的信息，因此很多能量最小化方法都使用求导数的方法进行能量优化。例如，势能的一级导数称作梯度（gradient），梯度是一个矢量，其方向指向能量极小点，其大小代表所处位置的倾斜度（steepness），或者说在此处曲线的斜率。能量最小化就是通过对原子施加作用力，移动原子的位置逐渐降低体系的能量，而这个施加的力就等于梯度的负数。另外，势能函数的二级导数为势能面在此处的斜率，通过斜率可以判断函数变化的方向，即是朝着极小点的方向还是朝着鞍点的方向发生变化。

当讨论用导数求函数的极小值时，首先从能量的泰勒级数展开式开始。在 x_k 点处

$$E(x)=E(x_k)+(x-x_k)E'(x_k)+(x-x_k)^2E''(x_k)/2+\cdots \tag{4.4}$$

对于一个多元函数，矢量 $\boldsymbol{X}$ 可以由变量 x 组成的矩阵表示。这样如果势能 $E(X)$ 是 $3N$ 个笛卡儿坐标的函数，矢量 $\boldsymbol{X}$ 也会有 $3N$ 个组分；此时 $\boldsymbol{X}_k$ 为体系中可选择的一个构象。

把 $\boldsymbol{X}=\begin{pmatrix}x_1\\x_2\\\vdots\\x_N\end{pmatrix}$ 代入式(4.4) 得：

$$\boldsymbol{E}(\boldsymbol{X})=\boldsymbol{E}(\boldsymbol{X}_k)+\boldsymbol{E}'(\boldsymbol{X}_k)(\boldsymbol{X}-\boldsymbol{X}_k)+(\boldsymbol{X}-\boldsymbol{X}_k)^{\mathrm{T}}\boldsymbol{E}''(\boldsymbol{X}_k)(\boldsymbol{X}-\boldsymbol{X}_k)/2+\cdots \tag{4.5}$$

式中，$\boldsymbol{E}'(\boldsymbol{X}_k)$ 为 $3N\times1$ 的矩阵，是一矢量，是函数对各个坐标的偏微分。

$$\boldsymbol{E}'(\boldsymbol{X}_k)=\left(\frac{\partial E}{\partial x_1},\frac{\partial E}{\partial x_2},\cdots,\frac{\partial E}{\partial x_N}\right)_k \tag{4.6}$$

括号外下标“k”表示各微分项于 $\boldsymbol{X}_k$ 的值。式(4.5)中，$\boldsymbol{E}''(\boldsymbol{X}_k)$ 为 $3N\times3N$ 矩阵，其中的元素是函数对坐标（x_i，x_j）的二次微分。

$$\boldsymbol{E}''(\boldsymbol{X}_k)=\begin{bmatrix}\frac{\partial^2 E}{\partial x_1^2} & \frac{\partial^2 E}{\partial x_1\partial x_2} & \cdots & \frac{\partial^2 E}{\partial x_1\partial x_N}\\ \frac{\partial^2 E}{\partial x_2\partial x_1} & \frac{\partial^2 E}{\partial x_2^2} & \cdots & \frac{\partial^2 E}{\partial x_2\partial x_N}\\ \cdots & \cdots & \cdots & \cdots\\ \frac{\partial^2 E}{\partial x_N\partial x_1} & \frac{\partial^2 E}{\partial x_N\partial x_2} & \cdots & \frac{\partial^2 E}{\partial x_N^2}\end{bmatrix}_k \tag{4.7}$$

$(\boldsymbol{X}-\boldsymbol{X}_k)^{\mathrm{T}}$ 表示（$\boldsymbol{X}-\boldsymbol{X}_k$）的转置矩阵。若体系中含有 N 个原子，其势能 E 为所有原子坐标的函数，则会含有 $3N$ 个变量。故 $\boldsymbol{E}'(\boldsymbol{X}_k)$ 是 $3N$ 维矢量，$\boldsymbol{E}''(\boldsymbol{X}_k)$ 为 $3N\times3N$ 矩阵，一般称此二次微分矩阵为 Hessian 矩阵或力常数矩阵（force constant matrix）。

利用式(4.5)的泰勒级数展开式，可由 $\boldsymbol{X}_k$ 开始，逐步得到能量降低的构象，直至找到能量极小值为止。在分子模拟中很少用到泰勒级数展开中的第四项及以后的部分，因此此种方法也是一种近似。利用一级导数求极小值称为一级导数求极值法，利用一级和二级导数求极小值的方法称为二级导数求极值法。单纯形法可以看作是零级方法，因为没有应用求导数的过程。

4.5 一级导数求极值法

在分子模拟中，应用最多的一级导数求极值法（first-order minimization methods）包括最速下降法（steepest descents）和共轭梯度法（conjugate gradient）。这两种方法中每次迭代（k）的初始构象皆由上一个迭代的多维矢量 $\boldsymbol{X}_{k-1}$ 所决定，并且都是通过逐渐改变体系的原子坐标，以逼近最低能量的构象。

4.5.1 最速下降法

最速下降法就是沿着力的方向移动，就像在地理等高图中以直线朝山下走一样，寻找能量最低点。对于 $3N$ 个笛卡儿坐标，其移动方向由下式决定（陈正隆，2007）：

$$\boldsymbol{s}_k=-\frac{\boldsymbol{g}_k}{|\boldsymbol{g}_k|} \tag{4.8}$$

式中，$\boldsymbol{g}_k$ 表示势函数在分子位于 $\boldsymbol{X}_k$ 构象的梯度［一级导数 $f'(\boldsymbol{X}_k)$］；$-\boldsymbol{g}_k$ 表示各原子受到的总力；$\boldsymbol{s}_k$ 表示沿力方向的单位矢量。因此沿着此方向变化原子的坐标，就可以得到能量最小的构象 $\boldsymbol{X}_{k+1}$。

$$\boldsymbol{X}_{k+1}=\boldsymbol{X}_k+\lambda\boldsymbol{s}_k \tag{4.9}$$

式中，λ 为找到极小值所需移动的步幅。

以函数 $f(x, y)=x^2+2y^2$ 为例，设起始的 k 点坐标为 (9,9)，此点的函数值为 $f(\boldsymbol{X}_k)=9^2+2\times 9^2=243$。

此时：

$$\boldsymbol{g}_k=\left(\frac{\partial f}{\partial x},\frac{\partial f}{\partial y}\right)_k=(2x,4y)_k=(18,36)$$

$$\boldsymbol{s}_k=-\frac{\boldsymbol{g}_k}{|\boldsymbol{g}_k|}=-\frac{(18,36)}{\sqrt{18^2+36^2}}=(-0.447,-0.894)$$

那么：

$$\boldsymbol{X}_{k+1}=\boldsymbol{X}_k+\lambda\boldsymbol{s}_k=\begin{pmatrix}9\\9\end{pmatrix}+\lambda\begin{pmatrix}-0.447\\-0.894\end{pmatrix}=\begin{pmatrix}9-0.447\lambda\\9-0.894\lambda\end{pmatrix} \tag{4.10}$$

当改变 λ 值时，可以得到不同的函数值（见表 4.1）。

表 4.1 赋予 λ 数值后函数 $f(x,y)=x^2+2y^2$ 的变化

λ	$\boldsymbol{X}_{k+1}$	$f(\boldsymbol{X}_{k+1})$
1.0	(8.55,8.11)	204.57
2.0	(8.11,7.21)	169.73
3.0	(7.66,6.32)	138.49
4.0	(7.21,5.42)	110.85
5.0	(6.76,4.53)	86.754
6.0	(6.32,3.63)	66.36
7.0	(5.87,2.79)	49.51
8.0	(5.42,1.85)	36.25
9.0	(4.98,0.95)	26.59
10.0	(4.53,0.06)	20.53
11.0	(4.08,−0.83)	18.06
11.2	(4.00,−1.00)	18.00
12.0	(3.64,−1.73)	19.19

考虑到图 4.7 的二维势能面，从起始点的梯度方向出发沿着图中直线的方向前进，可以想象在沿直线前进的方向上，肯定会遇到一个极小值然后又上升。这样一来，就可以通过线性搜寻方法（line search）在沿力的方向上采用改变步幅逐渐逼近到体系的最小值。检测各点的能量计算值直到 3 个连续点的能量遵循关系：$f(\boldsymbol{X}_{n+1})<f(\boldsymbol{X}_n)<f(\boldsymbol{X}_{n+2})$（如表 4.1 中的 λ=11.0、11.2、12.0 三点）。此时，必有一最小值点处于 $\boldsymbol{X}_n$ 与 $\boldsymbol{X}_{n+2}$ 之间。若能找出这样的三个点，则再从 $\boldsymbol{X}_n$ 开始，逐步缩小原子移动的幅度，以找出最小值点。事实上，运行这样的程序较为费时，因此常采用其他搜索速度较快的近似法。

常用的近似法是把得到的三个点拟合成一个二次抛物线函数，通过此函数的数学表达式采用微分的形式得到最小值点；再由新得到的三个点得到新的抛物线及其最低点。重复多次，就可以得到体系的最小值点。如图 4.8 所示。

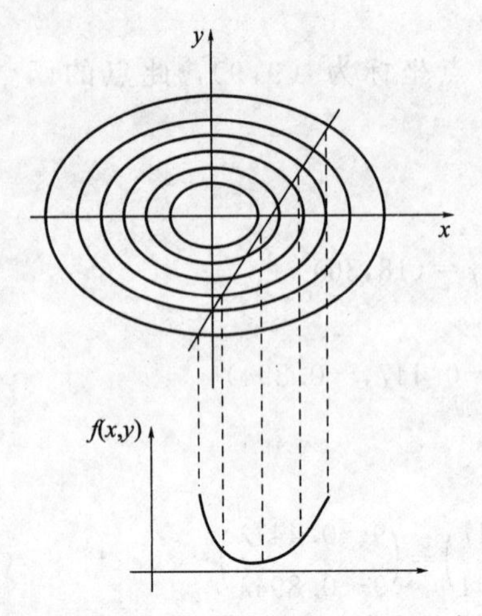

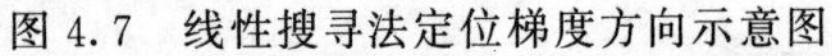

图 4.7　线性搜寻法定位梯度方向示意图

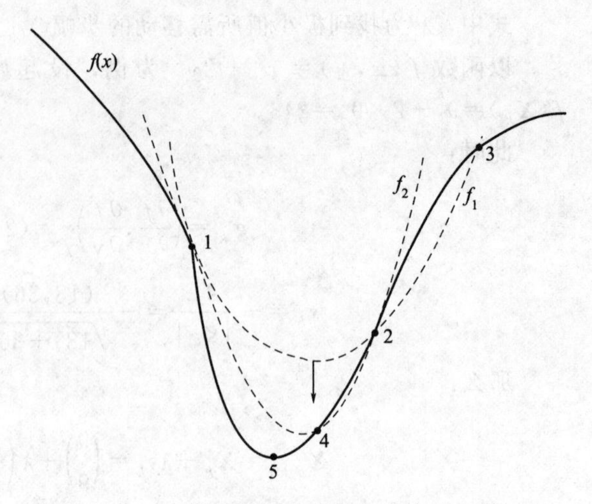

图 4.8　线性搜寻法寻找极小点示意图

图 4.8 中，首先从最初一组设置点（1，2 和 3）拟合抛物线，以抛物线极小点对应函数上的数值得到新点 4，再以第二组点（1，2 和 4）拟合抛物线，重复上述步骤，最终找寻到极小点。1、2、3 三个点为由最速下降法所找出的点，对应的函数值存在关系 $f(x_2)<f(x_1)<f(x_3)$。由此三点可拟合得抛物线 f_1，$f_1(x)$ 的最小值点对应于点 4。再取 1、2、4 三点，拟合得抛物线 f_2，$f_2(x)$ 的最小值对应于点 5，此最小值已非常接近函数 $f(x)$ 的最小值。在上例中，沿着起始点（9.0，9.0）的梯度所找出的最小值点为 $x_{k+1}=(4.0，-1.0)$，其所对应的函数值为 18.0。以此点为另一起始点，由式(4.10) 得出其梯度为 $\boldsymbol{g}_{k+1}=(8.0，-4.0)$；重复上述步骤，沿着梯度的方向寻找另一最小值点。最终可以得到函数的最小值点 (0,0)。

在最速下降法中每步所得出的梯度，有如下的正交关系：

$$\boldsymbol{g}_{k+1}\boldsymbol{g}_k=0 \tag{4.11}$$

这表示 k 点的梯度方向与 $k+1$ 点的梯度方向相互垂直。图 4.9 示出了由此方法寻找函数 x^2+2y^2 最小值点的情形。

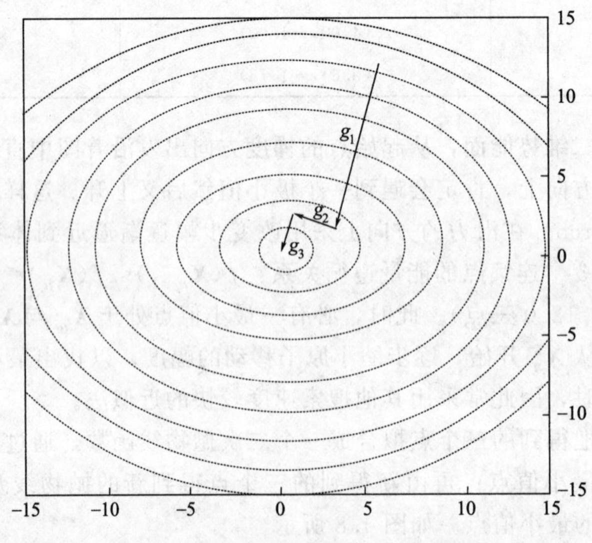

图 4.9　最速下降法寻找函数 x^2+2y^2 最小值点示意图

除了线性搜寻最小值的方法外，另一种常用方法为可调步搜寻法（arbitrary step approach）。其基本式为：

$$\boldsymbol{X}_{k+1}=\boldsymbol{X}_k+\lambda_k \boldsymbol{s}_k \tag{4.12}$$

式中，λ_k 表示每一步移动幅度的大小。通常先将 λ_k 设为 1，由最速下降法得到第一步的构象；若能量小于起始构象的能量，则增加 λ_k 之值为 1.2，再由式(4.12) 得到第二步的构象与能量；若能量继续降低，则再增加 λ_k 值为前一步的 1.2 倍。如此反复逐步增加 λ_k 值，直到能量增加时为止。此时，计算的构象能量应已超过了最小值点。因此再回到前一点的结构，并将 λ_k 值减小为原先的 0.5 倍，再尝试能否得到能量降低的构象。如此反复逐步改变 λ_k 值直到找出最小值点为止。

在最速下降法中，梯度的方向由原子间最大力的方向所决定，因此从最初构象出发，能够比较快速地越过最高能量构象搜寻到最低能量的构象。可以证明最速下降法的能量优化搜索路径中的每一步的方向都垂直于前一步的方向。于是在接近极小点附近就会产生振荡（也就是搜索过头），不容易收敛，或者在势能面的峡谷很窄的时候，也发生这样的现象（如图 4.10 所示），这是最速下降法的缺点。这个缺点在于它只依靠梯度计算，可正是因为如此，也形成了它的优点：该方法的鲁棒性好（robustness），即既使势能面处于非常偏离二次型曲面的地方，还是可以顺利地进行计算。所以在能量优化过程的初期，也就是偏离能量极小点很远的结构，或者刚刚完成化合物建模，往往首选最速下降法做最初的能量优化（例如做 10～100 次优化），以后再接其他精细的能量优化法优化（陈敏伯，2009）。

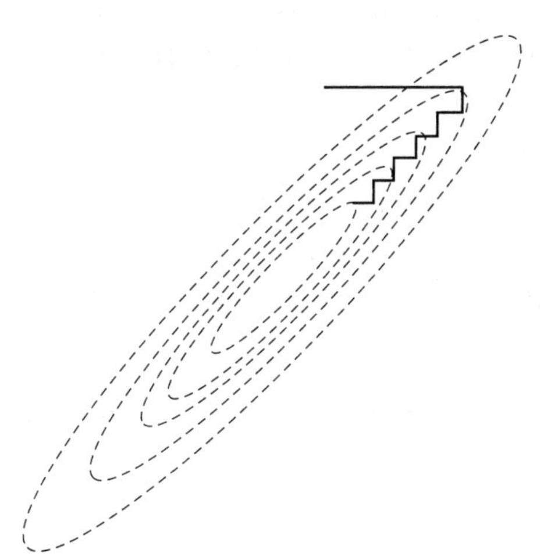

图 4.10　最速下降法在势能峡谷中的振荡示意图

4.5.2 共轭梯度法

共轭梯度法是 1952 年 Hestenness 和 Stiefel 为求解线性方程组提出的，后来也用于求解无约束极值问题。它是一种重要的优化方法，其基本思想是把最速下降法与二次函数共轭方向结合起来，利用已知位置处的梯度构建一组共轭方向，并沿着这一组方向进行一维搜索，求出目标函数的极小点。

共轭梯度法在运行过程中也会产生系列方向，不过这些方向并不会引起最速下降法在势能面峡谷中的摆动问题。在最速下降法中连续步幅之间的梯度和法矢量互相垂直，而在共轭梯度法中，任意点的梯度成直角，与其法矢量呈共轭关系（因此这种方法也称作共轭方向方法，conjugate directions method）。系列共轭方向矢量是 M 个变量的二次函数，表示在第 M 步达到能量极小点。

共轭梯度方法是将原子由 $\boldsymbol{X}_k$ 处的构象沿着法矢量 $\boldsymbol{v}_k$ 移动，其中 $\boldsymbol{v}_k$ 由 k 点的梯度 $\boldsymbol{g}_k$ 与前一步的法矢量 $\boldsymbol{v}_{k-1}$ 共同计算而得（陈正隆，2007）：

$$\boldsymbol{v}_k=-\boldsymbol{g}_k+\gamma_k\boldsymbol{v}_{k-1} \tag{4.13}$$

式中，γ_k 为一标量，其值为

$$\gamma_k=\frac{(\boldsymbol{g}_k)^{\mathrm{T}}\boldsymbol{g}_k}{(\boldsymbol{g}_{k-1})^{\mathrm{T}}\boldsymbol{g}_{k-1}} \tag{4.14}$$

在共轭梯度法中，所有的梯度与法矢量都满足如下的关系式：

$$\begin{cases}\boldsymbol{g}_i\boldsymbol{g}_j=0\\ \boldsymbol{v}_i\boldsymbol{V}''_{ij}\boldsymbol{v}_j=0\\ \boldsymbol{g}_i\boldsymbol{v}_j=0\end{cases} \tag{4.15}$$

显然，式(4.13) 只能从第二步开始，因为共轭梯度法中的第一步和最速下降法中的第一步是相同的，都是在梯度方向上进行下一步的搜索。线性搜寻法理论上也可以在任何方向上得到一维能量极小点，但需确保每个梯度与以前的梯度呈垂直关系，而法矢量与以前的法矢量共轭。同样也可以在此方法中使用可调步搜寻法。

我们仍以函数 $f(x,y)=x^2+2y^2$ 为例讨论共轭梯度方法的应用。起始点仍选择 (9,9)，按最速下降法找出第一个最小值点（4,−1），此时的第一个梯度为 $-\boldsymbol{g}_1=(2x,4y)=(-18,-36)$。下一个移动方向是在这个点的梯度相反的方向，这样得到的第二个梯度 $-\boldsymbol{g}_2=(-8,4)$。把上述结果代入式(4.13)，得到：

$$\boldsymbol{v}_2=\begin{pmatrix}-8\\4\end{pmatrix}+\frac{(-8)^2+4^2}{(-18)^2+(-36)^2}\begin{pmatrix}-18\\-36\end{pmatrix}=\begin{pmatrix}-80/9\\+20/9\end{pmatrix} \tag{4.16}$$

然后从（4,−1）点做值为−1/4 的线性搜寻，也就是说从 x_2 沿 $\boldsymbol{v}_2$ 方向利用线性搜寻法找到最小值点（0,0），此即函数的最小值点。显然在这个函数中只进行两步就可以得到最小值点（见图 4.11）。

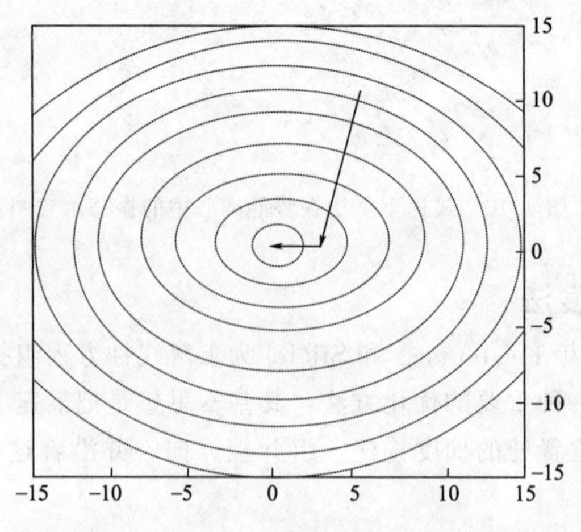

图 4.11　共轭梯度法找寻函数 x^2+2y^2 最小值点示意图

4.6 二级导数求极值法

与一级导数求极值的方法相比，利用函数的二级微导数求极小值的方法较为烦琐，但通常可得到较为准确的结果。常用的二级导数求极值的方法（second derivative minimization method）是牛顿-拉森法（Newton-Raphson method）。这种方法必须计算 Hessian 矩阵，计算量较大，因此发展出一些简化的方法处理 Hessian 矩阵，如沿对角线分块牛顿-拉森方法（block-diagonal Newton-Raphson method）及准牛顿-拉森法（quasi Newton-Raphson method）等（陈正隆，2007）。

4.6.1 牛顿-拉森法

牛顿-拉森方法是最简单的二级导数求极值法。我们首先从泰勒级数展开式进行讨论。一元函数 $f(x)$ 在 x_k 点的泰勒级数展开式为

$$f(x)=f(x_k)+(x-x_k)f'(x_k)+(x-x_k)^2 f''(x_k)/2+\cdots \tag{4.17}$$

如果只考虑泰勒级数展开式前三项，将上式进行一次求导

$$f'(x)=f'(x_k)+(x-x_k)f''(x_k) \tag{4.18}$$

在极小值点 $x=x^*$ 处，函数的一级导数为零，$f'(x^*)=0$。将此关系代入上式得

$$f'(x^*)=x^* f'(x_k)+(x^*-x_k)f''(x_k)=0$$

$$x^*=x_k-\frac{f'(x_k)}{f''(x_k)} \tag{4.19}$$

若函数为多元函数，也可得类似的关系式

$$X^*=X_k-f'(X_k)(f'')^{-1}(X_k) \tag{4.20}$$

式中，$(f'')^{-1}(X_k)$ 为函数二级导数 Hessian 矩阵的逆矩阵。在牛顿-拉森方法中，需要求算 Hessian 矩阵的逆矩阵，对于多原子体系，逆矩阵的求算需要占据较大的储存空间并需要较长的计算时间。因此用牛顿-拉森法研究的体系较小。

下面以函数 $f(x,y)=x^2+2y^2$ 为例，讨论牛顿-拉森方法的应用。该函数的 Hessian 矩阵为

$$\boldsymbol{f}''=\begin{pmatrix}\dfrac{\partial^2 f}{\partial x^2} & \dfrac{\partial^2 f}{\partial x\partial y}\\ \dfrac{\partial^2 f}{\partial y\partial x} & \dfrac{\partial^2 f}{\partial y^2}\end{pmatrix}=\begin{pmatrix}2 & 0\\ 0 & 4\end{pmatrix} \tag{4.21}$$

其逆矩阵为

$$\boldsymbol{f}''^{-1}=\begin{pmatrix}1/2 & 0\\ 0 & 1/4\end{pmatrix} \tag{4.22}$$

故依式(4.20)，若由 (9.0,9.0) 开始寻找函数 $f(x,y)$ 的最小值点，得

$$\boldsymbol{X}^*=\begin{pmatrix}9.0\\ 9.0\end{pmatrix}-\begin{pmatrix}1/2 & 0\\ 0 & 1/4\end{pmatrix}\begin{pmatrix}18\\ 36\end{pmatrix}=\begin{pmatrix}0\\ 0\end{pmatrix} \tag{4.23}$$

此点即为函数的最小值点。牛顿-拉森方法利用一级及二级导数，起始位置离最小值

点愈近则效果愈好。此外，Hessian 矩阵的本征值必须全为正数，否则会移动到能量较高点，而且能量最小化方法也变得不稳定。解决这个问题的方法是，在应用牛顿-拉森方法之前，采用其他较精确的方法把构型移动到能量极小点附近。事实上，在一些程序（如 Materials Studio）里所用到的 Smart 方法就是几种方法的结合，即首先通过精度较粗的最速下降法或共轭梯度法得到能量最小点附近的构象，然后再采用牛顿-拉森法进行能量最小化。

4.6.2 准牛顿-拉森法

牛顿-拉森法最困难处在于计算 Hessian 矩阵的逆矩阵。此步骤往往非常费时，而且有时计算函数的二级导数亦相当困难。准牛顿-拉森法是利用连续积分得到 Hessian 矩阵的逆矩阵（也称作变量矩阵方法，variable metric methods）。假设一系列矩阵 $\boldsymbol{H}_k$ 的极限为 Hessian 矩阵的逆矩阵：

$$\lim_{k\to\infty}\boldsymbol{H}_k=(f'')^{-1} \tag{4.24}$$

在每一积分步 k，新的位置 $\boldsymbol{X}_{k+1}$ 可由现在位置 $\boldsymbol{X}_k$、梯度 $\boldsymbol{g}_k$ 以及与 Hessian 矩阵的逆矩阵有关的近似矩阵 $\boldsymbol{H}_k$ 表示为：

$$\boldsymbol{X}_{k+1}=\boldsymbol{X}_k-\boldsymbol{H}_k\boldsymbol{g}_k \tag{4.25}$$

这个函数对于二次方的函数是非常精确的，但是对于复杂的势能函数则仍要采用线性搜寻的方法，沿着 $\boldsymbol{X}_{k+1}-\boldsymbol{X}_k$ 的矢量方向进行寻找。

移动到一个新的位置 $\boldsymbol{X}_{k+1}$ 后，那么就可以采用一些公式方法及时更新 $\boldsymbol{H}$ 矩阵。常用的方法有三种，如下：

① Davidon-Fletcher-Powell（DFP）方法

$$\begin{aligned}\boldsymbol{H}_{k+1}=\boldsymbol{H}_k&+\frac{(\boldsymbol{X}_{k+1}-\boldsymbol{X}_k)\otimes(\boldsymbol{X}_{k-1}-\boldsymbol{X}_k)}{(\boldsymbol{X}_{k+1}-\boldsymbol{X}_k)\cdot(\boldsymbol{g}_{k+1}-\boldsymbol{g}_k)}\\&-\frac{[\boldsymbol{H}_k\cdot(\boldsymbol{g}_{k+1}-\boldsymbol{g}_k)]\otimes[\boldsymbol{H}_k\cdot(\boldsymbol{g}_{k+1}-\boldsymbol{g}_k)]}{(\boldsymbol{g}_{k+1}-\boldsymbol{g}_k)\cdot\boldsymbol{H}_k\cdot(\boldsymbol{g}_{k+1}-\boldsymbol{g}_k)}\end{aligned} \tag{4.26}$$

式中，“$\otimes$”符号表示两向量相乘形成矩阵。例如，($\boldsymbol{u}\otimes\boldsymbol{v}$) 矩阵的 i 列 j 行元素为 $\boldsymbol{u}$ 的第 i 个分量乘以 $\boldsymbol{v}$ 的第 j 个分量。

② Broyden-Fletcher-Goldfarb-Shanno（BFGS）方法

BFGS 方式是在 DFP 公式中加入了一个额外的项：

$$\begin{aligned}\boldsymbol{H}_{k+1}=\boldsymbol{H}_k&+\frac{(\boldsymbol{X}_{k+1}-\boldsymbol{X}_k)\otimes(\boldsymbol{X}_{k-1}-\boldsymbol{X}_k)}{(\boldsymbol{X}_{k+1}-\boldsymbol{X}_k)\cdot(\boldsymbol{g}_{k+1}-\boldsymbol{g}_k)}\\&-\frac{[\boldsymbol{H}_k\cdot(\boldsymbol{g}_{k+1}-\boldsymbol{g}_k)]\otimes[\boldsymbol{H}_k\cdot(\boldsymbol{g}_{k+1}-\boldsymbol{g}_k)]}{(\boldsymbol{g}_{k+1}-\boldsymbol{g}_k)\cdot\boldsymbol{H}_k\cdot(\boldsymbol{g}_{k+1}-\boldsymbol{g}_k)}\\&+[(\boldsymbol{g}_{k+1}-\boldsymbol{g}_k)\cdot\boldsymbol{H}_k\cdot(\boldsymbol{g}_{k+1}-\boldsymbol{g}_k)]\boldsymbol{u}\otimes\boldsymbol{u}\end{aligned} \tag{4.27}$$

其中

$$\boldsymbol{u}=\frac{(\boldsymbol{X}_{k+1}-\boldsymbol{X}_k)}{(\boldsymbol{X}_{k+1}-\boldsymbol{X}_k)\cdot(\boldsymbol{g}_{k+1}-\boldsymbol{g}_k)}-\frac{\boldsymbol{H}_k\cdot(\boldsymbol{g}_{k+1}-\boldsymbol{g}_k)}{(\boldsymbol{g}_{k+1}-\boldsymbol{g}_k)\cdot\boldsymbol{H}_k\cdot(\boldsymbol{g}_{k+1}-\boldsymbol{g}_k)} \tag{4.28}$$

③ Murtaugh-Sargent（MS）方法

$$\boldsymbol{H}_{k+1}=\boldsymbol{H}_k+\frac{[(\boldsymbol{X}_{k+1}-\boldsymbol{X}_k)-\boldsymbol{H}_k(\boldsymbol{g}_{k+1}-\boldsymbol{g}_k)]\otimes[(\boldsymbol{X}_{k+1}-\boldsymbol{X}_k)-\boldsymbol{H}_k(\boldsymbol{g}_{k+1}-\boldsymbol{g}_k)]}{[(\boldsymbol{X}_{k+1}-\boldsymbol{X}_k)-\boldsymbol{H}_k(\boldsymbol{g}_{k+1}-\boldsymbol{g}_k)]\cdot(\boldsymbol{g}_{k+1}-\boldsymbol{g}_k)} \tag{4.29}$$

在应用准牛顿-拉森法时，将第一个 $\boldsymbol{H}_1$ 设为单位矩阵，然后用上述的方法求得下一个 $\boldsymbol{H}_2$，依次求出一系列的 $\boldsymbol{H}_k$。上述三种方法都用到了当前点和下一个点来更新 Hessian 逆矩阵，在 Gaussian 系列程序中都用到了这些方法。

4.6.3 沿对角线分块牛顿-拉森法

除了上述近似法外，在牛顿-拉森法中还有一种常被采用的近似法叫沿对角线分块牛顿-拉森法（block-diagonal Newton-Raphson method）。此方法求分子的最低能量构象时每次只移动一个原子。除了此原子 k 外，其他所有原子的二级导数项取 0，即 $\frac{\partial^2 E}{\partial x_i \partial x_j}$，$\cdots=0$，$(i, j\neq k)$，其中 i，j 表示原子的笛卡儿坐标。此方法将原本为 $3N\times3N$ 的 Hessian 矩阵简化为 N 个 3×3 的矩阵。而求 3×3 矩阵的逆矩阵远比求 $3N\times3N$ 矩阵的逆矩阵容易得多。有些分子中的原子间耦合性强，如苯环上的原子，则不能单独移动一个原子以求最低能量的构象。此时，如果仍然采用沿对角线分块牛顿-拉森法，则不会得到满意的结果。

4.7 能量最小化方法的选择和收敛性判据

如前诸节所述，求分子的最低能量构象有多种方法可供选择。而选择何种方法需要考虑很多因素，如计算机的储存量、计算的要求、计算速度或者分析精度等。这些方法中，求解 Hessian 矩阵所需要的储存量非常关键，更不用说求解 Hessian 逆矩阵。对于大的研究体系，最速下降法和共轭梯度方法最常用，而对于小的体系，尽管初始结构远离能量最小点时会引起较大的麻烦，通常还是使用牛顿-拉森方法比较多。因此比较明智的方法就是在应用牛顿-拉森方法之前，采用最速下降法或者共轭梯度法先运行一段时间，这也是我们前几节讲到的 Smart 方法的原理。当然选择何种方法，还要考虑多种因素，并需要长期工作的积累。这里需要说明的是，除了量子力学以外，分子力学中的能量最小化很难得到能量最低的构象，通常只能得到与真正最低能量构象相近的构象。

一般而言，能量最小化方法的结束方式有三种：第一种方法采用能量差进行判别，例如，设能量差的判别值为 ε，则当第 n 次计算与 $n-1$ 次计算的能量差符合 $\Delta U=U_n-U_{n-1}<\varepsilon$ 的条件时终止计算；第二种方法是利用原子坐标移动的幅度进行判别，当原子坐标变动的幅度符合制定的某个标准 $\Delta x^2=|\vec{x}_n-\vec{x}_{n-1}|^2<\varepsilon$ 时终止计算；第三种方法是利用计算的梯度进行判别。定义梯度的均方根偏差（root mean square deviation，RMSD）为

$$\mathrm{RMSD}=\sqrt{\frac{\boldsymbol{g}^{\mathrm{T}}\boldsymbol{g}}{3N}} \tag{4.30}$$

若此偏差符合 $\mathrm{RMSD}<\varepsilon$ 的条件则终止计算。

另外一个特殊的终止计算的判据是规定计算步数。在规定步数内并没有达到收敛标准，但计算也会在此步骤停止。所以，在能量最小化过程中，如果为了保证满足一定的收敛标准，通常需要把模拟步数设定较大一些为好。

4.8 过渡态结构与反应路径

对于化学反应，我们不仅仅关心反应过程中的热力学（不同化学结构的稳定性），更关注过程中的动力学（从一个化学机构到另外一个化学结构的转化率）。势能面上的极小点对应着相应的热力学数据，但是对于动力学需要关注的是势能面两个极小点之间的连接路径以及结构、能量变化等。选择的两个极小点可能代表着化学反应的反应物和产物、一个分子的两种结构或者复杂生物体系中的两个分子。因此，尽管我们把两个极小点之间的路径称作反应路径（reaction pathways），但是并不意味着肯定有化学键的形成或断裂。

在反应路径中，两个极小点之间的能量总是先攀升，越过鞍点处的能量最高点，然后再下降。在任意鞍点处，势能函数对坐标的一级导数为零（与极小点一样）。可以用 Hessian 矩阵负本征值的数量来区分鞍点的类型，一个 n 级过渡态或者鞍点会有 n 个负本征值。我们通常更关心第一级鞍点，也就是连接两个极小点之间的能量极大点，仅有一个负本征值的情况，当然在反应路径的垂直方向上其能量仍然是一个极小点。形象点说类似人们的鼻梁处，对左右脸颊而言鼻梁处为“极大点”，但是对鼻尖到额头它则为“极小点”，而两个方向的路径相互垂直。

在鞍点处，Hessian 矩阵的负本征值通常代表着体系运动的一个“虚频”（imaginary frequency）。以 Cl^- 与 CH_3Cl 之间的 S_N2 反应为例，如图 4.12 所示，当 Cl^- 沿着 C—Cl 键的方向逐渐接近离子-偶极复合物时，能量先经过一个极小点，然后在鞍点处（过渡态结构）达到最大。通过从头算 HF/SCF、6-31 * 基组计算，过渡态结构及对应的简正频率和振动模式见图 4.12。对低能量离子-偶极复合物而言，有三个最低频率，其中两个为分子内摇摆运动产生，一个为 71.3cm^{-1}，一个为 101.0cm^{-1}。在鞍点处，还有一个负的本征值（虚频为$-$415.0cm^{-1}），相应的振动方向沿着 Cl—C—Cl 轴，即沿着反应路径的方向振动

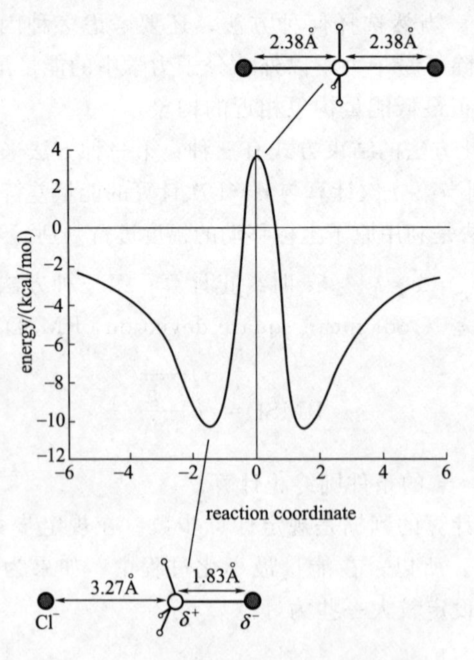

图 4.12 反应 Cl^- 与 CH_3Cl 的势能面

(图 4.13)。而其他的振动频率都为正值。

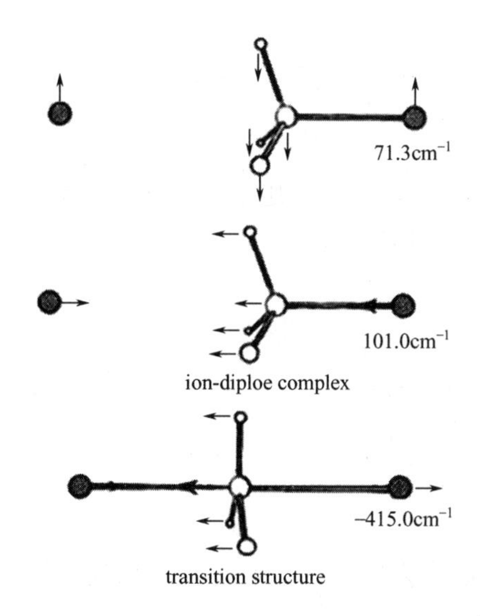

图 4.13 离子-偶极复合物的低频和过渡态结构的虚频

4.8.1 鞍点和二次区域

当反应从能量极小点接近鞍点时，Hessian 矩阵中的本征值将会在全部正值中出现一个负值，即意味着鞍点处的 Hessian 矩阵中的本征值包含一个负值，而极小点处的 Hessian 矩阵中的本征值全部为正值。鞍点附近能量区域称作鞍点的二次区域（quadratic region），相对应地，极小点的二次区域为极小点附近的能量区域。某些寻找鞍点的方法即从极小点二次区域中的初始构型开始。下面以函数 $f(x,y)=x^4+4x^2y^2-2x^2+2y^2$ 为例，讨论二次区域的概念。

函数的曲面如图 4.14 所示，另外在 xy 平面上也显示对应的等高线图。此函数有极值的条件是其一阶导数为零：

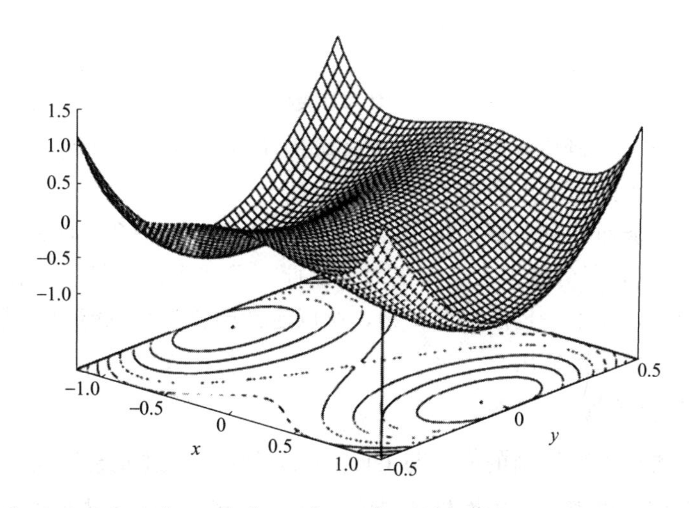

图 4.14 函数 $f(x, y)=x^4+4x^2y^2-2x^2+2y^2$ 的鞍点 (0,0)、极小点 (1,0) 和 (−1,0)

$\frac{\partial f(x,y)}{\partial x}=4x^3+8xy^2-4x=0$，且$\frac{\partial f(x,y)}{\partial y}=8x^2y+4y=0$

联立方程组：

$$\begin{cases} x(x^2+2y^2-1)=0 \\ y(2x^2+1)=0 \end{cases}$$

解此方程组，可得三组解，若 $x=0$，则 $y=0$；若 $y=0$，$x=\pm1$ 或 $x=0$。代表着三个极值点，即两个极小点（1,0）与（−1,0）和一个鞍点（0,0）。

此函数的 Hessian 矩阵为：

$$\begin{bmatrix} \frac{\partial^2 f}{\partial x^2} & \frac{\partial^2 f}{\partial x \partial y} \\ \frac{\partial^2 f}{\partial y \partial x} & \frac{\partial^2 f}{\partial y^2} \end{bmatrix} = \begin{pmatrix} 12x^2+8y^2-4 & 16xy \\ 16xy & 8x^2+4 \end{pmatrix}$$

在（1，0）处 Hessian 矩阵为$\begin{pmatrix} 8 & 0 \\ 0 & 4 \end{pmatrix}$，通过设定久期行列式为零可得到这个矩阵的本征值：

$$\begin{vmatrix} 8-\lambda & 0 \\ 0 & 4-\lambda \end{vmatrix}=0$$

其本征值 $\lambda=4$ 和 $\lambda=8$，均为正数，意味着点（1,0）为极小点。在（0,0）处的 Hessian 矩阵为$\begin{pmatrix} -4 & 0 \\ 0 & 4 \end{pmatrix}$，其本征值 $\lambda=4$ 和 $\lambda=-4$，一正一负，故此为鞍点。$\lambda=4$ 对应着特征向量为（0,1），$\lambda=-4$ 对应着特征向量为（1,0），此二向量垂直。特征向量表示函数梯度变化的方向，因此沿着 $x=0$ 函数要通过一个极小点。作为对比，如果由点（1,0）到（−1,0），函数就会通过一个极大点。若将此函数想象为势能面，则在鞍点，对应于过渡状态结构负本征值的特征向量，表示过渡复合物中原子的运动方向。如果沿着 x 轴由极小点（1,0）向鞍点移动，此途径上各点结构的 Hessian 矩阵为$\begin{pmatrix} 12x^2-4 & 0 \\ 0 & 8x^2+4 \end{pmatrix}$。而 $8x^2+4$ 恒大于零，故当 $x \geqslant 1/\sqrt{3}$ 时矩阵的本征值均为正数，否则将出现一个正本征值与一个负本征值。这种情况下沿着 x 轴方向鞍点的二次区域为所有 $|x|<1/\sqrt{3}$ 的点。因此如果想了解反应的过程，必须找出最小值点与鞍点的正确位置。

从鞍点周围的势能面特点来看，从连接两个极小点（反应物和产物）的反应坐标方向上看鞍点（过渡态），其处于势能极大点。正因为如此，寻找过渡态结构要比结构优化（寻找局部极小点）难得多，还不一定能保证找到，所以定性的化学直观能力（或者说经验）在寻找过渡态中往往会起到关键作用。

4.8.2 搜寻鞍点

在简单体系，类似上面提到的 Cl^- 与 CH_3Cl 的反应，其过渡态结构可直观预测，但是有些情况下对简单体系也需要采用网格搜寻法（grid search）找寻过渡态的大概位置。这种方法把势能面上的坐标系统地分割产生系列网格，并计算每个网格所对应结构的能量。网格划分越细，则位置的误差越小。目前网格搜寻法已经广泛用在构建势能面上，但是仅限含有少量数目的原子或者自由度下的体系，类似化学反应 $H+H_2 = H_2+H$，或者构建烷烃链中两个相邻二面角旋转势能面。它的优点在于能够得到整个势能面，这样更利于观察不同模式下能量转换所引起的动力学过程。这种方法不适合研究较大的体系，在有些情况下也不能直接给出过渡态结构。

由一个低能构象向另一个低能构象的转换有时候仅仅是几个坐标的变化。在这种情况下可以采用逐渐改变坐标的方法获得近似的反应路径，即固定某个坐标逐步改变另一个坐标从而产生系列构象，并优化每个构象的能量。路径中的最高能量点近似看为鞍点，这个过程中的系列结构就是反应途径中的各个结构。这种坐标驱动法（coordinate driving method）主要围绕键转动（即二面角）所产生的构象变化，这种方法也称作绝热映射法（adiabatic mapping）或者扭转角驱动法（torsion angle driving）。采用绝热映射法既可以研究小体系如环戊烷船式、椅式转换过程围绕键旋转的能量图，也可以构建大体系生化分子中沿某个桥键旋转的能量图。

4.8.3 反应路径

传统搜寻反应路径的方法主要是从鞍点出发采用“下山”的方法到达两个极小点，但是有时候即使相同极小点也会产生不同的路径。最简单的内禀反应坐标法（intrinsic reaction coordinate，IRC）就是固定步长的最速下降法。由过渡态位置开始，每步沿着当前梯度方向行进一定距离直到反应物/产物位置，也称 Euler 法。由于最速下降法及下文介绍的 GS 等方法第一步都需要梯度，而过渡态位置梯度为 0，所以第一步移动的方向是沿着虚频方向。最速下降法实际得到的路径是一条在真实 IRC 附近反复振荡的曲折路径，而非真实的平滑路径（如图 4.15 所示），因此对 IRC 描述并不精确。虽然可以通过调整更小的步长有一定程度的缓解，但是花费时间过长，对于复杂的反应机理，需要更多的计算点。

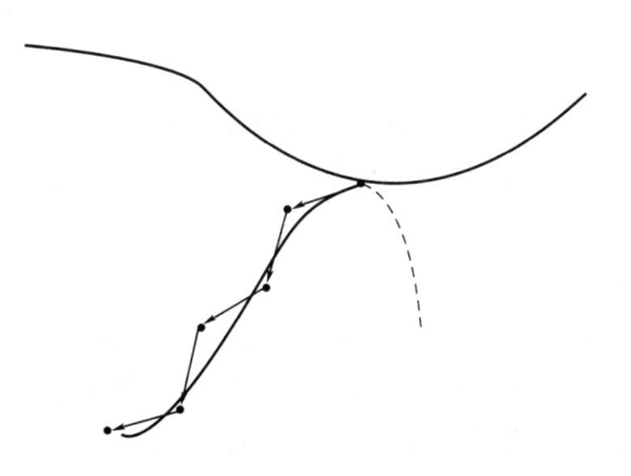

图 4.15　最速下降法产生的振荡反应路径

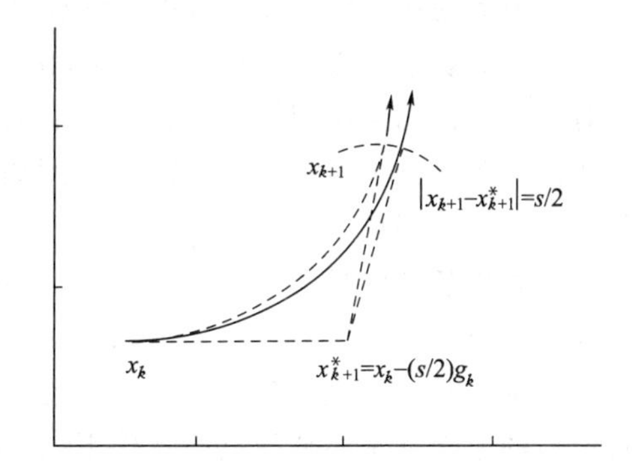

图 4.16　GS 对反应路径的校正示意图

（实线代表真实反应路径，虚线为算法产生的近似路径）

GS（Gonzalez-Schlege）方法是目前 Gaussian 程序中常用搜寻过渡态的方法（Gonzalez，1989；1990），如图 4.16 所示。首先计算起始点 x_k 的梯度，沿其负方向行进$s/2$ 距离得到 x_{k+1}^* 点作为辅助点。在距 x_{k+1}^* 点距离为 $s/2$ 的超球面上做限制性能量最小化，找到下一个点 x_{k+1}。因为这个点的负梯度（黑色箭头）在弧方向上分量为 0，故垂直于弧，即其梯度方向在 x_{k+1}^* 到 x_{k+1} 的直线上。这必然可以得到一段用于描述 IRC 的圆弧（虚线），它通过 x_k 与 x_{k+1} 点，且在此二点处圆弧的切线等于它们的梯度方向，这与 IRC 的特点一致，这段圆弧可以较好地对应实际的反应路径（实线）。之后再将 x_{k+1} 作为上述步骤的 x_k 重复进行，直到极值点。

GS 方法对 IRC 描述得比较精确。在研究反应过程等问题时，由于对中间体结构精度有要求，GS 方法是一个不错的选择，而且用大步长也可以得到与小步长相近的结果，但是可能花费更多的时间，这种方法优于 IMK、Müller-Brown 等方法。当然若只想得到与过渡态相连的反应物和产物结构，或者粗略验证预期的反应路径，对 IRC 精度要求也不高，使用最速下降法往往效率更高。

4.9 溶剂化效应

能量最小化方法（或者构型优化方法）应用最广的还是在量子化学计算中，在分子力学中主要的用途是为了在分子动力学或者 Monte Carlo 运行之前消除可能的高能构象重叠。通常量子化学研究的都是真空热力学零度下气相分子的性质，但是实际上大多数化学物质和过程都存在于介质（如各种溶剂）中。与孤立的气相分子相比，溶剂对溶质分子的性质及其所参与的化学反应都可能有非常重要的影响。不同的溶剂不仅可以影响溶质分子的结构、反应平衡、反应速率，甚至可以改变反应进程和机理，得到不同的产物或产率。一般将这些影响统称为溶剂化效应（solvent effect）（王宝山，2010）。

溶剂化效应非常复杂，主要表现在：或者作为物理介质提供反应环境，或者本身也作为催化剂参与反应，量子化学计算中更多是指前者。在计算化学中溶剂化效应既可以体现动态过程（如分子动力学模拟），也可以体现介质与溶质之间的静态相互作用。短程方面体现二者之间的共价键、配位键或氢键等，长程方面体现静电相互作用或者 van der Waals 相互作用。计算中溶剂化效应主要体现以下的计算方法：

（1）显式溶剂化模型（explicit solvation）

对存在短程相互作用的体系，一般采用显式溶剂化模型，即在计算时把真正的溶剂分子包括在内，溶质分子与溶剂分子形成“团簇”（clusters）。当然团簇尺寸越大，即考虑的溶剂分子越多，计算量也就越大。

（2）隐式溶剂化模型（implicit solvation）

也称作连续溶剂模型（continuum solvent model）或连续介质模型（continuum medium model）。通常是把溶剂看作均一性的连续介质，通过一些物理上的近似处理来模拟溶剂分子对反应的影响（主要是静电相互作用）。这种模型忽略了溶剂分子的具体结构，而把它视为在整个空间连续分布的均匀电介质，溶质分子处在电介质包围的空穴（cavity）之中。溶剂对溶质分子的作用称作反应场（reaction field）。

在连续介质模型的量子力学处理中，溶质分子的电子运动波函数及电荷密度和溶质分子与溶剂的相互作用耦合在一起，通过迭代方法计算，直到自洽，因此也将这种方法称为自洽反应场方法（self-consistent reaction field，SCRF）。比较常见的 SCRF 方法包括 Onsager 模型、极化连续介质模型（polarized continuum model，PCM）。

① Onsager 模型。Onsager 模型是简单的一种 SCRF 方法。溶质分子置于固定半径的球形空穴中，分子本身的偶极矩将会诱导空穴周围的电介质产生极化，而产生的极化电场又会反过来和分子的偶极矩相互作用，从而使体系稳定。显然，对偶极矩为零的体系，Onsager

模型不会表现出溶剂化效应。此外，该方法把空穴视为半径固定的球，这对于近似球形的分子比较合适，而对于其他形状的分子不合适。

② PCM 模型。PCM 模型采用分子的实际形状及大小来确定空穴。将溶质分子的每一原子视为具有一定半径的球，所有原子球组成的内部区域即为分子空穴。由于空穴形状复杂，在计算反应场时无法像 Onsager 模型那样解析求解，也无法运用多级展开，所以只能做数值计算。PCM 模型主要考虑了三种相互作用：在连续介质中形成空穴以容纳溶质分子，会导致体系能量升高，这部分能量称为空穴形成能（cavity formation energy）；空穴中的溶质分子和溶剂的 van der Waals 相互作用一般会使体系能量降低，这部分能量称为色散-排斥能（dispersion repulsion energy）；溶质分子的电荷分布会通过静电作用使连续溶剂产生极化，而溶剂的极化作用反过来会影响到溶质分子的电荷分布，从而使得体系能量降低，这就是静电相互作用能（electrostatic energy）。溶质分子的溶剂化自由能（free energy of solvation）就是这三项能量的加和。

为了提高计算精度，PCM 模型中采用的空穴定义和物理近似一直在改进。主要的改进方法如下（王宝山，2010）。

a. 等密度 PCM 模型（isodensity PCM，IPCM）。该模型把空穴定义为溶质分子电子密度的某一等值面，比如取电子密度为 0.001a.u. 的等值面。与原始的 PCM 模型相比，这种模型定义为空穴更接近于分子的实际形状，而且也能反映分子的一些特殊点性质。

b. 自洽等密度 PCM 模型（self-consistent isodensity PCM，SCI-PCM）。同样采用溶质分子的电子密度等值面作为空穴，与 IPCM 不同的是，SCI-PCM 进行自洽迭代计算时，除考虑静电效应外，还考虑空穴形状和尺寸变化的影响。

c. 类导体溶剂模型（conductor-like solvation model，COSMO）。与 PCM 模型有两点不同：初始电荷所用的条件更适合于导体而不是电介质；采用原子电荷而不是电子密度来计算静电势。COSMO 模型的计算速度比 PCM 快了很多，但计算精确度有所降低。

4.10 应用实例

能量最小化法已经广泛应用在分子模拟之中，并已经成为一些模拟技术必不可少的一部分，例如构象搜索方法。但是严格上讲，目前能量最小化方法更多应用在量子化学的分子结构优化方面，而完全用分子力学方法进行能量最小化是二十多年前的事情，现在已经很少单独使用，因此下面选择的前两个应用案例分析也是十余年前的文献。目前更多的是用分子力学和量子力学相结合的方法（即 QM/MM）进行结构优化。

经典分子模拟中的能量最小化，更多针对模拟之初的初始构型，如一般把它用在运行分子动力学或 Monte Carlo 方法之前，以消除初始构型中的不合理结构重叠，以保证随后的分子动力学或 Monte Carlo 能够正常运行，对于复杂研究体系（如凝聚体或自组装体系）这样的处理是必需的。

下面我们将简要讨论能量最小化方法在一些研究体系中的应用。

4.10.1 硅表面上烷烃自组装膜

从 1995 年 Linford 和 Chidsey 的工作开始（Linford，1995），许多化学家就用格氏（Grignard）试剂、紫外光照射等合成方法，通过烯烃在氢终止的硅表面上成功地构筑了单层膜，同时用接触角测量、X光散射、光电子能谱、原子力显微镜等实验表征方法对硅表面单层膜的形态进行了描述，发现硅表面的有机改性单层膜是具有一定倾斜角度、致密和高度有序的单层（densely packed，well-ordered monolayer）。

用分子力学或者量子力学计算研究 Si（111）表面有机单层膜的性质也引起了人们的重视（Sieval，2000）。这种分子模拟方法不仅从理论上否定了一些由实验得出的粗糙结论，如对十八碳的烷烃在硅表面的覆盖率只能是 50%左右（分子模拟计算），不可能是 97%的取代（实验估计），而且也提供了一些分子水平上的排列信息，如烷烃链的倾斜角度和单层膜厚度。我们将从如下的叙述中探讨能量最小化方法在有机单层膜中的应用。

Sieval 在最初的模拟中采用了 UFF 和 PCFF 力场（力场形式参见第 3 章内容）（Sieval，2000），用高标准收敛规则（参见 4.7 节内容），采用 Smart 能量最小化法进行能量优化。初始构型从 Si 晶体中劈出 Si(111) 面，在 4 层硅原子上方连接烷烃链，随后搭键 3.84Å×3.84Å×35Å、90°×90°×120°的格子，作为初始单元。然后可以任意扩展得到更大的模拟格子。经过能量最小化模拟之后，在硅表面形成了有一定倾斜角度的单层膜（图 4.17）。

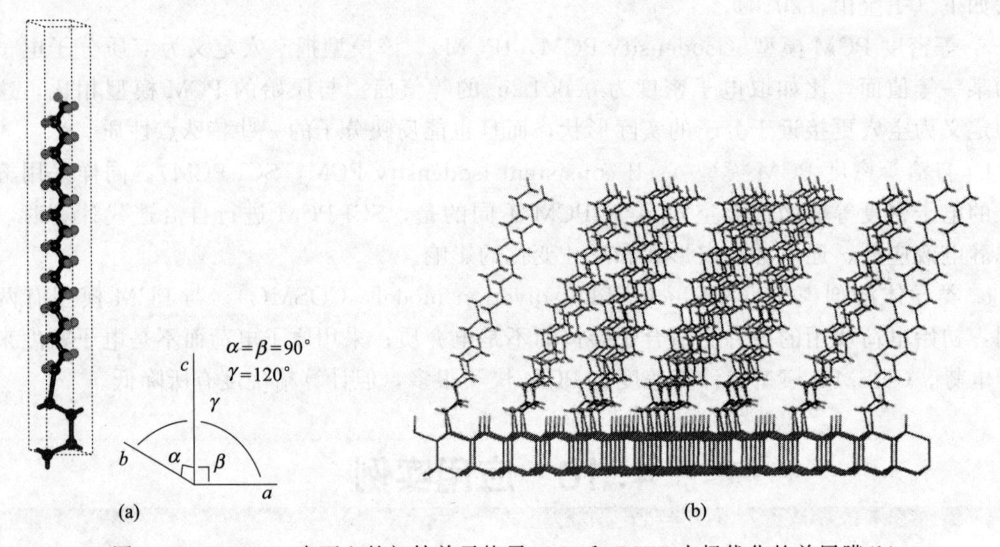

图 4.17 Si(111) 表面上的初始单元格子（a）和 PCFF 力场优化的单层膜(b)

模拟也发现对于烷烃单层最佳的取代率应该在 50%左右，与实验测量值非常吻合。在随后 Zhang 的工作中（Zhang，2001），用能量最小化方法计算了在 Si(111) 表面的烷烃链不同的趋向问题。合理解释和预测了在自由基取代情况下烯烃可能的排列组合（图 4.18）。

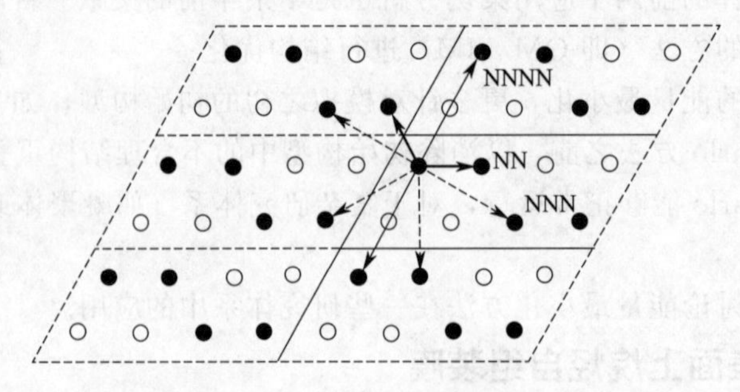

图 4.18 模拟格子下 Si(111) 表面烷基链可能的取代方向

（实点代表发生的烷基取代，而虚点代表氢终止点）

自由基机理说明如果是烷烃双键可以在 Si(111) 表面按照图 4.18 可能的方式一直进行下去。但是如果是炔烃和 Si(111) 面上的氢原子反应，碳-碳三键是否会发生两次反应形成四元环或者五元环而不是线性链。我们采用分子力学计算解释了实验中始终发现碳-碳双键红外光谱的问题（Yuan，2003），指出炔烃在 Si(111) 表面的二次反应形成的五元环或者四元环的能量远远高于一次反应时形成的线性链的能量。非常简单地用能量最小化方法解释了实验中推测的各种可能性。

如果把用烷烃单层改性的硅晶施加电压，可以把它看成二极管，在一定的电压下这种二极管可以被击穿。实验中对比的 C_8 到 C_{12} 烷烃会发生有规律的变化，用分子力学方法可以解释不同电压下烷烃单层能量的变化，得出烷烃单层受到来自两方面的作用，即硅晶体和外加电场，而二者作用方向相反（Yuan，2004）。这样可以从模拟计算角度为实验应用提供可能的研究思路。这种在烷烃改性硅晶两面加入电极板的模型在分子水平上模拟了宏观现象，使之更接近真实体系并能够给出合理的解释（图 4.19）。

随后又有多个课题组改性 Si(111) 单层膜的亲水亲油性质，如把烷基链顶端的甲基（—CH_3）改为羧基（—COOH）或者羟基（—OH）表示亲水性增强；再在单层膜基础上增加水滴，或者油滴探讨不同亲水亲油单层膜的性质，但是采用的方法已经不再局限于能量最小化，而更多地采用分子动力学方法。该部分内容我们将在第 7 章分子动力学模拟中继续讨论。

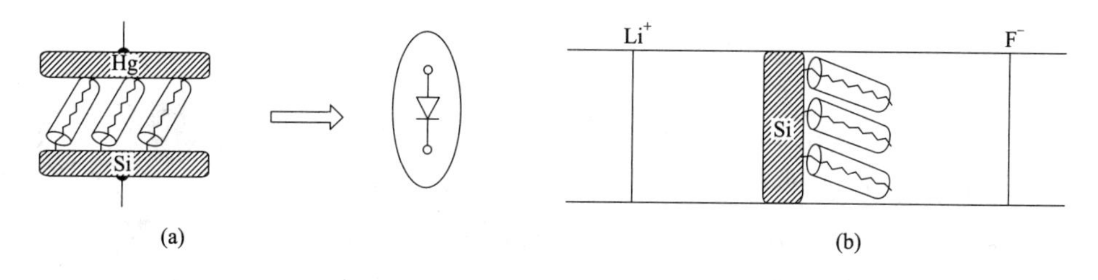

图 4.19 硅表面单层膜二极管模型（a）和外加电场模拟模型（b）

4.10.2 AOT 分子的结构性质

胶束、反胶束、囊泡、微乳液等表面活性剂自组装体系可以大大提高分析化学光谱信号的强度，为药物合成提供可控场所，因此备受人们的重视。人们对在分子水平上的聚集体结构、分子性质等微观信息也特别感兴趣。以目前的计算方法，分子模拟完全可以做到为实验选择合适的表面活性剂指明努力方向，提供合适的纳米反应尺寸的场所。2-乙基己基琥珀酸酯磺酸钠（AOT）是带有双尾巴的表面活性剂分子，它可以不需要助表面活性剂就能在油水体系中形成微乳液，这种三组分体系大大简化了实验研究和理论模拟，因此被广泛应用。在此我们选择 Derecskei（1999）的工作来阐述能量最小化方法在反胶束构型搜索中的应用。

首先使用 UFF 力场进行构型搜索，然后采用 ESFF 力场进行构型优化和能量计算。在长时间的构型搜索过程中发现，AOT 分子在真空中的随机构象可以分为两大类：闭尾（closed-tail）和开尾（open-tail），如图 4.20 所示。通过选择的随机构象的电荷分布考虑，AOT 分子中的磺酸基与尾链的连接部位在构象变化过程中起着非常关键的作用。

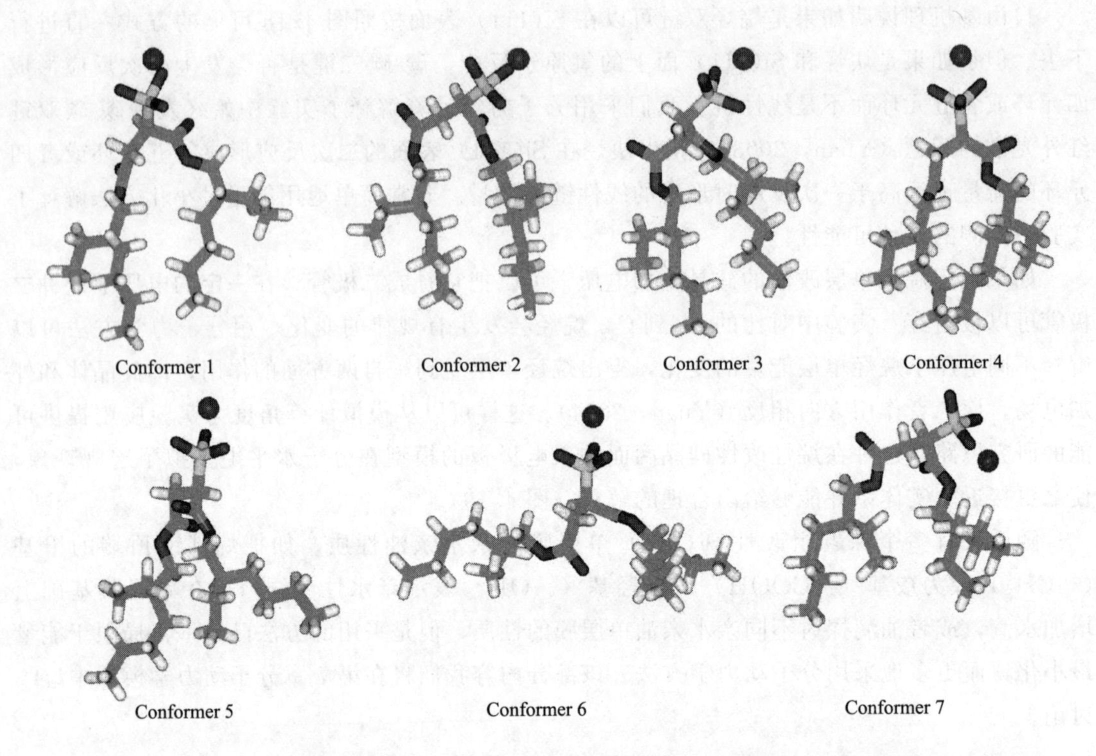

图 4.20　真空条件下 AOT 分子可能的 7 个最优构象

根据

$$\Delta E = E_{\mathrm{AOT+water}} - E_{\mathrm{AOT}} - E_{\mathrm{water}} \tag{4.31}$$

可以研究水溶液中 AOT 与水分子之间的相互作用强度，特别是可以表征 AOT 分子与第一水化层（图 4.21）和第二水化层之间能量的差异。通过计算数值可以把 AOT 周围的水分子分为强、弱两类，在 AOT 极性头（SO_3 和 Na）附近的水分子相互作用明显强于其他部分的水分子，能量差值从 17～23kcal/mol 降到 3～6kcal/mol。而计算在 AOT 周围与水分子存在 4 个强烈的相互作用键，这与相应的实验结果相一致。也充分说明能量最小化方法可以用于研究溶液体系下分子与分子之间的相互作用，以及判断相互作用的方式和强弱。

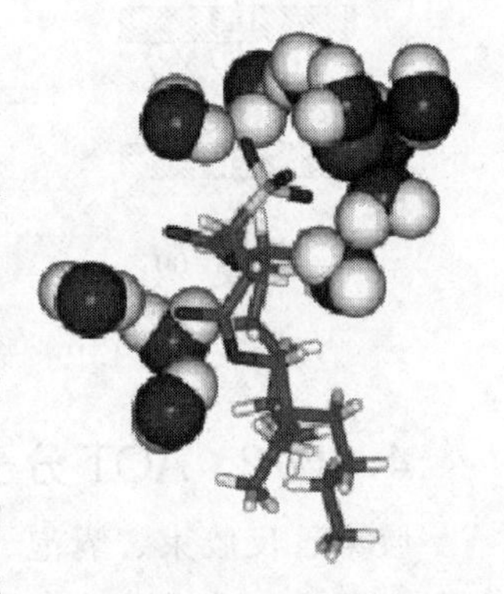

图 4.21　AOT 分子与第一水化层的 11 个水分子

4.10.3　催化反应中的 QM/MM 方法

在理论计算方面，通常使用经典分子动力学模拟处理空间和时间尺度较大的体系，或者选用更精确的量子力学方法做精确计算，但是前者并不涉及键的形成和断裂，后者也仅限于较小的研究体系和时间尺度，两种方法给出了不同尺度下的信息。在二十世纪七十年代，Karplus、Warshel 和 Levitt 三位科学家建立了量子力学与分子力学组合的 QM/MM 方法（quantum mechanics / molecular mechanics），并因此获得 2013 年的诺贝尔化学奖。目前 QM/MM 方法在研究凝聚态反应以及生物大分子中已经取得了极大的成功。

QM/MM 的基本思想是将体系的一小部分（QM 区）用量子力学来描述，剩余的部分（MM 区）用分子力学来描述。例如，对于酶催化体系来说，QM 区主要包括起催化作用的酶活性位点关键残基侧链、底物分子、辅因子及参与反应或起重要作用的水分子等，其余部分则划分到 MM 区。在 QM 区可以对化学键形成及断裂过程的电子重排进行有效描述，而 MM 部分可以有效地描述蛋白环境对反应的影响。

由于 QM 区与 MM 区存在强相互作用，所以体系的总能量（E_{total}）不能简单地看作 QM 部分能量（E_{QM}）与 MM 部分能量（E_{MM}）的加和，即 $E_{total} \neq E_{QM} + E_{MM}$。因此，在处理 QM/MM 边界区，尤其是在处理蛋白体系通常会涉及断裂横跨两个区域的共价键，这时需考虑 QM 区与 MM 区的耦合项（$E_{QM\text{-}MM}$）。总体来说，QM 区与 MM 区的相互作用主要有两种情况：一种是 QM 区与 MM 区非共价键相互作用，一种是对于 QM 区和 MM 区有共价相互作用时对两区域间前线原子的处理。

QM/MM 方法中主要有两种对区域间相互作用的处理办法：减法方案（subtractive scheme）和加法方案（additive scheme）。减法方案中体系总能量可表达为：$E_{total} = E_{QM} + E_{MM,total} - E_{MM,QM}$。$E_{MM,total}$ 代表的是整个体系通过 MM 方法计算的能量，$E_{MM,QM}$ 则为 QM 区用 MM 方法计算的能量。在减法处理方案中不涉及显式的 QM-MM 耦合项的计算，减小了计算难度。

在加法方案中体系总能量表达为：$E_{total} = E_{QM} + E_{MM} + E_{QM\text{-}MM}$。加法方案中存在明显形式的 QM-MM 耦合项（$E_{QM\text{-}MM}$），并且 MM 计算只针对 MM 区进行。在两个方案中 E_{QM} 都是代表包含了“盖帽”原子的 QM 区的能量。$E_{QM\text{-}MM}$ 项具体可以表达为：$E_{QM\text{-}MM} = E^{b}_{QM\text{-}MM} + E^{vdW}_{QM\text{-}MM} + E^{el}_{QM\text{-}MM}$，其中包括了成键作用（$E^{b}_{QM\text{-}MM}$）、范德华相互作用（$E^{vdW}_{QM\text{-}MM}$）和静电相互作用（$E^{el}_{QM\text{-}MM}$）。静电作用通常是对体系影响最大也是最难处理的一项。

在对整个研究体系进行 QM 区与 MM 区划分时通常不可避免地会涉及断裂共价键。这时需要注意 QM 区断裂共价键的饱和以及在静电嵌入中 MM 区对 QM 区过极化以及避免成键作用重复计算等问题。QM/MM 的边界处理方法有边界原子法、定域轨道法以及连接原子法等。其中连接原子法是较为常用的一种处理办法，该方法的基本思想是在断键的位置加入与其键连的原子进行饱和，最常用的饱和原子为氢原子。

QM/MM 方法为准确而高效描述复杂大尺度体系提供了有力工具，其准确性和高效性已得到大量证明。通过 QM/MM 方法对酶催化反应机理进行研究，可得到许多仅靠实验方法无法得到的有用信息。

刘永军课题组采用 QM/MM 方法研究了枯草芽孢杆菌中咪唑啉酮酸酶（HutⅠ）的催化机理（Su，2016），整个蛋白质的结构及构建的 QM 区模型如图 4.22 所示。其中 QM/MM 计算是通过 ChemShell 程序调用 Turbomole 对 QM 区域进行计算，选择 DL_POLY 程序对 MM 区域计算，其中的力场为 CHARMM22。QM/MM 方法中包括构型优化、路径扫描和单点能计算。

图 4.23 是通过 QM/MM 方法优化得到的羰基进攻过程的过渡态及中间体结构。研究表明，HutⅠ酶对底物的特异性选择是通过底物的四种异构体在活性位点的结合模式和结合强度来实现的。这些结果对于深入了解 L-组氨酸在哺乳动物和细菌中的生物降解路径有重大意义。

Pt 作为一种高效催化剂，在燃料电池和电解液中起到了关键催化作用，研究在能量储

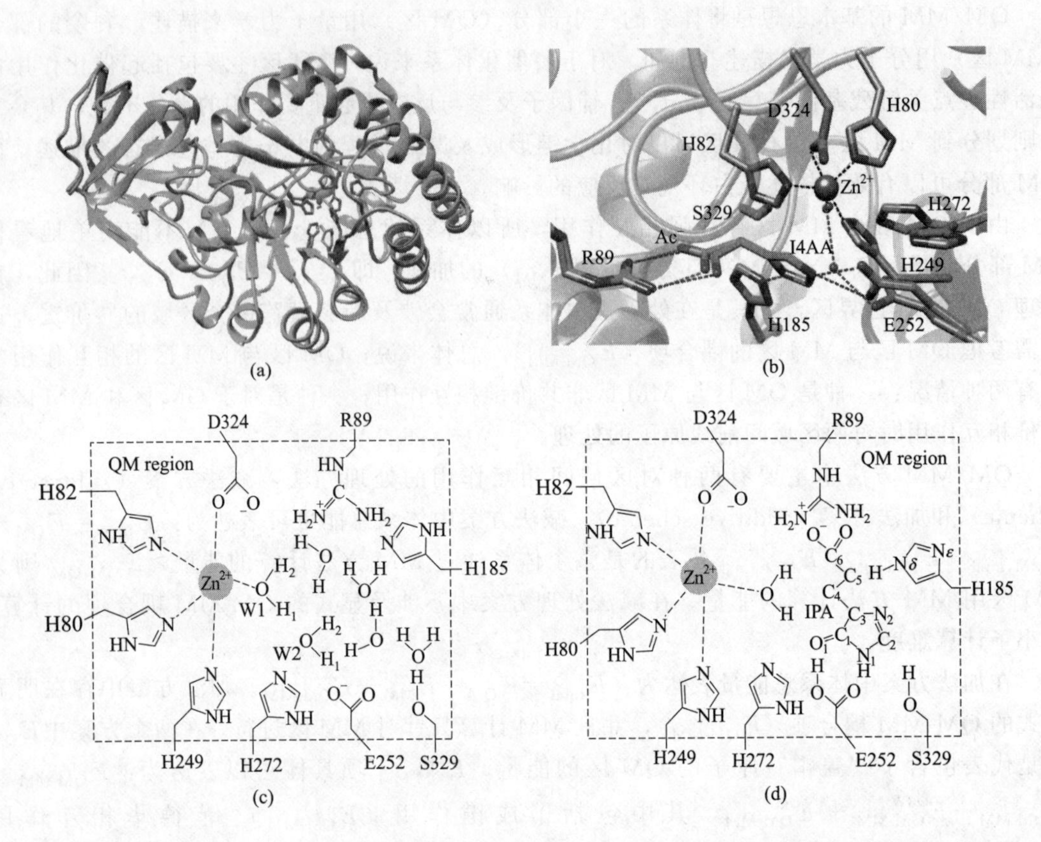

图 4.22 咪唑啉酮酸酶（HutⅠ）的晶体结构（PDB：2BB0）(a)，HutⅠ活性中心结构（b）和 QM/MM 计算中选择的两种 QM 模型［(c)、(d)］

存和转换过程中 Pt-水界面处的反应机理一直受理论计算关注。Ghosh 教授使用 QM/MM 方法在更大尺度下研究了 Pt-水界面处的水分子结构（Hardikar，2019），并进行了分子动力学（MD）计算，称作 QMMM-MD 方法。模型中采用了周期性边界条件，并在 z 方向上加上了一个真空层。

QMMM-MD 初始构型从先前运行的 10ns 分子动力学轨迹中随机筛选，以此按照图 4.24(a) 划分 QM 和 MM 区。QM 区包括四层 Pt 原子和靠近界面的一层水分子，此区域的计算选择了 CP2K 软件包中 QUICKSTEP17 模块，是基于密度泛函理论的量子力学方法。为确保 QM 和 MM 在边界处的连续过渡，文中使用了自适应缓冲力方法（the adaptive buffer force method），此方法中包括 QM 核心区外边缘半径 R_{QM} 内的水分子和扩展半径 R_{BUFFER} 内的水分子，利用 CP2K 软件包中基于 GEEP 算法的静电嵌入方案处理 QM 和 MM 部分的耦合，该方法的优点在于可以处理周期边界条件。随后进行 10ps 的 QMMM-MD 的模拟，模拟中选择了 *NVT* 系综、Langevin 控温方法。

模拟结果表明，在距离 Pt 表面 7.5Å 处，液体水的宏观性质或多或少地得到了恢复，下面的溶解水层为高密度液体。在界面处水分子的取向表现双峰分布，从而导致液相下的氢键网络被破坏，还可以观察到从溶解层到 Pt 表面的电荷转移。利用 QMMM-MD 方法，我们不仅可以研究更为真实的液体-水界面模型（通常使用经典的 MD 模拟），而且可以获得界面电荷转移的相关信息，而这些信息原先只能从量子力学中获得。

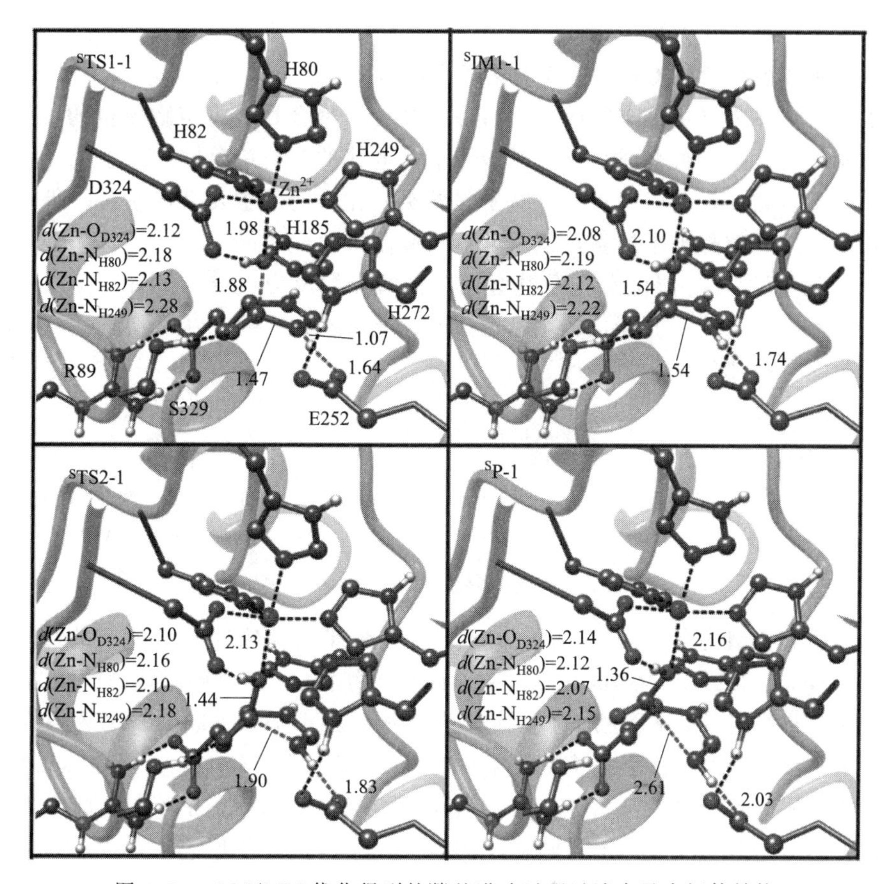

图 4.23 QM/MM 优化得到的羰基进攻过程过渡态及中间体结构

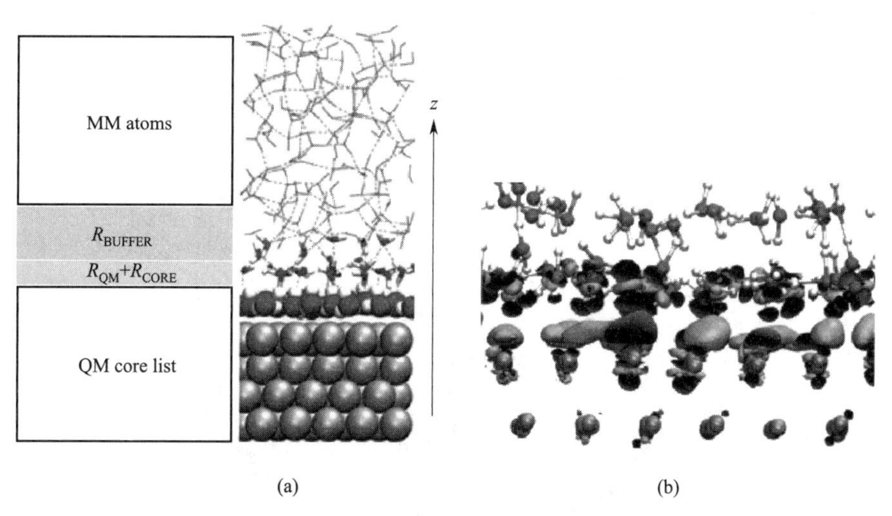

图 4.24 构建的 QM/MM 模型（a）和电荷转移等值图（b）

4.10.4 化学反应机理

近几十年来，随着量子化学理论和计算方法的发展，计算量子化学已广泛应用于化学的各个分支以及材料、环境、生物等相关领域，成为在分子水平上阐明化学反应机理的重要手段。下面列举两例来说明量子化学计算在化学反应机理研究中的应用，其使用的优化方法就是本章讲到的能量最小化方法。

(1) 木质素模型化合物 C—C 键的催化断裂机理

木质素是自然界中含量最丰富的天然芳香族高分子聚合物，占植物质量的 15%～30%，木质素的结构较为复杂，可看成是由羟基或甲氧基取代的苯丙烷单体经无序聚合而成的三维无定形芳香醇聚合物，是获得芳香类（特别是酚类）化合物的重要潜在原料。研究表明，过渡金属催化剂可以有效降解木质素，使其转变为高附加值化学品。

图 4.25 表示钌配合物催化木质素模型化合物的降解反应（vom Stein，2015），该反应实现了木质素模型化合物 1 的催化转化，通过 Cα—Cβ 键的断裂，得到芳香醇 2 和芳香醛 3。该反应路径为实验推测的催化降解历程。

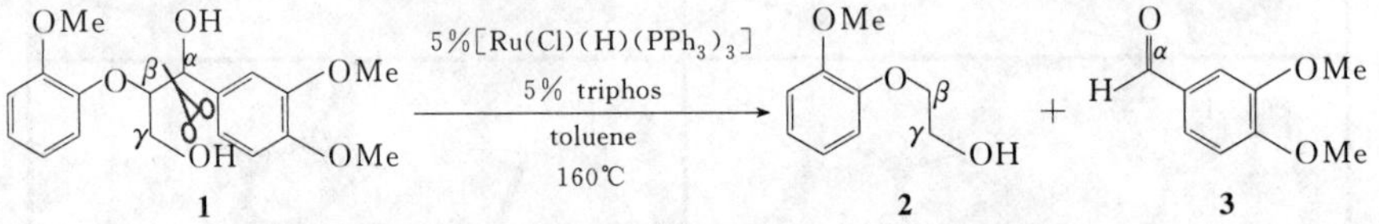

5%[Ru(Cl)(H)(PPh$_3$)$_3$]
5% triphos
toluene
160℃

图 4.25 钌配合物催化木质素模型化合物的降解反应

为理解木质素模型化合物的催化降解机理，张冬菊课题组对图 4.25 所示的反应进行了量子化学计算（Zhao，2019）。为提高计算效率，钌配合物中的三苯基膦配体被简化为三甲基膦，木质素模型化合物中的甲氧基用氢原子替换。选择密度泛函理论，Gaussian09 程序包。结构优化（即能量最小化）和振动频率（寻找反应过渡态）计算使用 MN12L 泛函和 def2-SVP 基组，单点能量计算使用 def2-TZVP 基组，并用 PCM 隐含溶剂模型考虑了甲苯的溶剂化效应。

计算结果表明（图 4.26），催化降解反应涉及四个阶段：①底物 1 的 γ-OH 与 Ru 中心配位；②两分子 H_2 消除；③C—C 键断裂；④催化剂再生。

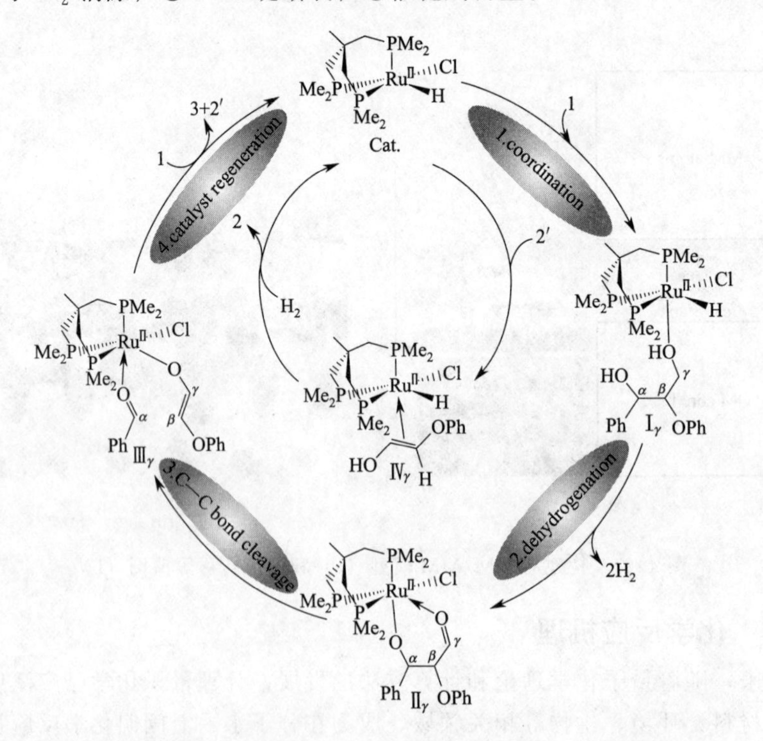

图 4.26 量子化学计算确立的木质素模型化合物降解的催化循环

通过密度泛函理论计算研究，发现脱氢过程是反应的速控步骤，反应的总能垒为 29.8 kcal/mol。该能垒较高，在室温下难于逾越，这与实验条件（160℃）符合较好。另外，计算的反应机理表明，木质素模型化合物中 α-羟基、γ-羟基以及 γ-H 的共存是 $C\alpha$—$C\beta$ 键断裂的必要条件，圆满解释了实验现象，即缺少 α-羟基、γ-羟基或 γ-H 的木质素模型化合物不能发生如图 4.25 所示的催化降解反应。

(2) 吡啶类化合物的 C—H 键活化

有机化合物中的 C—H 键具有很强的惰性，在温和条件下将 C—H 键断键是有机合成中最具挑战性的一类反应，过渡金属催化的 C—H 活化反应已成为有机合成化学强有力的工具。现以图 4.27 所示的反应为例（Zhang，2019），介绍 C—H 活化反应的理论研究。

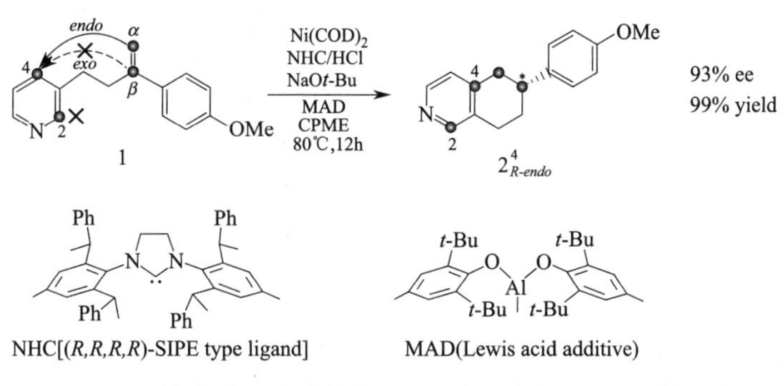

图 4.27　镍-氮杂环卡宾催化的吡啶类化合物的 C—H 键活化

该反应是一个分子内烯烃吡啶环化过程，使用零价镍催化剂［Ni(0)］、氮杂环卡宾配体（NHC）和路易斯酸添加剂（MAD），在碱性条件下实现了吡啶环 C4 位置的 C—H 键活化，产物产率高达 99%，*endo* 型产物为唯一产物，且主要产物为 *R* 构型，其对映体过量（enantiomeric excess）值高达 93%。这是一个典型的区域选择性、对映选择性 C—H 键活化反应。为了合理解释实验结果，张冬菊教授课题组对图 4.27 所示的化学反应进行了量子化学计算（Zhao，2020），主要解决了四个基本问题：①分子内环化为什么仅在 C4 位置发生；②观察到的产物为什么仅有 *endo* 型；③*R* 构型产物为什么占绝对优势；④氮杂环卡宾配体（NHC）和路易斯酸添加剂（MAD）在反应分别扮演什么角色。

计算结果表明，C—H 活化涉及一个 H 迁移协助的氧化金属化过程［图 4.28(a)］，这与通常的 C—H 活化机理（即氧化加成烯烃插入）明显不同。如图 4.28(a) 的过渡态结构所示，在 Ni(0)/NHC/MAD 协同作用下，吡啶环 C4 位置的 H 原子正在向烯烃 $C\beta$ 原子转移，同时 Ni—$C\alpha$ 和 Ni—C4 成键，$C\alpha$ ═$C\beta$ 键变为单键，实现 Ni(0) 到 Ni(Ⅱ) 的转化，即氧化金属化过程。

计算发现，氮杂环卡宾配体（NHC）可以明显提高镍催化剂的催化活性，可根据前线轨道理论予以解释。氮杂环卡宾通过与镍中心的配位使金属中心 d 轨道［即催化剂的最高占据分子轨道（HOMO）］能级明显升高，与底物最低未占分子轨道（LUMO）能级之间的间隙明显变小，反应更容易发生。路易斯酸添加剂（MAD）则是通过与吡啶 N 原子的配位使底物得以活化，促进反应顺利进行。

可以看出，通过量子化学计算，给出了图 4.28 所示反应的微观分子机理，明确了反应的详细基元步骤，合理解释了实验观察的区域选择性和对映选择性，弄清了氮杂环卡宾配体（NHC）和路易斯酸添加剂（MAD）在反应中所起的作用。理论计算丰富了该类反应的化

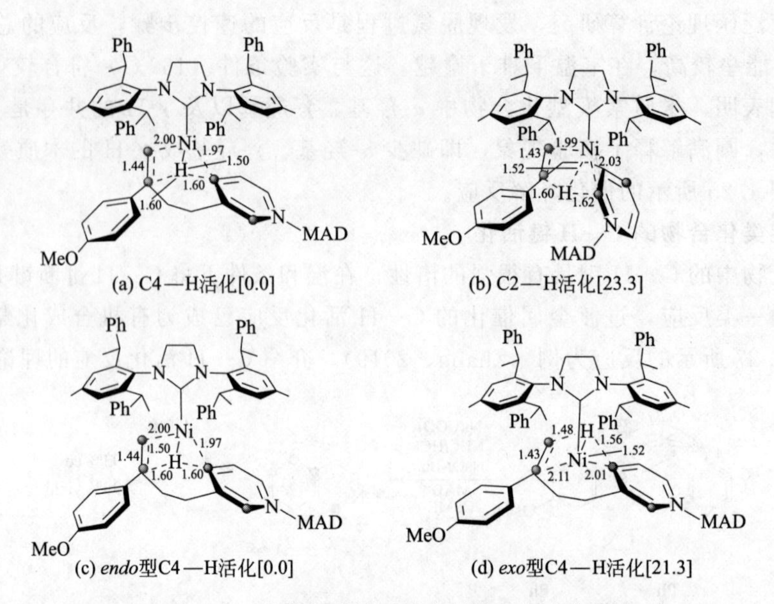

图 4.28　优化的关键过渡态结构及相对能量

［方框号中值的单位为 kcal/mol，(a)～(d) 中的数值表示键长（Å）］

学内涵，提供了理解实验现象的理论依据，为新型催化体系的设计提供了重要的理论指导。

参 考 文 献

［1］ Chopra N G，Luyken R J，Cherrey K，et al. Boron Nitride Nanotubes. Science，1995，269：966.

［2］ Derecskei B，Derecskei-Kovacs A，Schelly Z A. Atomic-level molecular modeling of AOT reverse micelles. Ⅰ. The AOT molecule in water and carbon tetrachloride. Langmuir，1999，15：1981-1992.

［3］ Gasteiger J，Marsili M. Iterative partial equalization of orbital electronegativity—arapid access to atomic charges. Tetrahedron，1980，36：3219.

［4］ Hardikar R P，Mondal U，Thakkar F M，et al. Theoretical investigations of a platinum-water interface using quantum-mechanics-molecular-mechanics based molecular dynamics simulations. Phys Chem Chem Phys，2019，21：24345-24353.

［5］ Leach A R. Molecular modeling：principles and applications. Pearson Education Limited，2001.

［6］ Linford M R，Fenter P，Eisenberger P M，et al. Alkyl monolayers on silicon prepared from 1-alkenes and hydrogen-terminated silicon. J Am Chem Soc，1995，117：3145.

［7］ Miller K J，Savchik J A. A new empirical method to calculate average molecular polarizabilities. J Am Chem Soc，1979，101：7206.

［8］ Moon W H，Hwang H J. Molecular mechanics of structural properties of boron nitride nanotubes. Physical E，2004，23：26.

［9］ Gonzalez C，Schlegel H B. An improved algorithm for reaction path following. J Chem Phys，1989，90：2154.

［10］ Gonzalez C，Schlegel H B. Reaction path following in mass-weighted internal coordinates. J Phys Chem，1990，94：5523.

［11］ Sieval A B，van den Hout B，Zuilhof H，et al. Molecular modeling of alkyl monolayers on the Si(111) surface. Langmuir，2000，16：2987.

［12］ Su H，Sheng X，Liu Y. Exploring the substrate specificity and catalytic mechanism of imidazolonepropionase (Hut Ⅰ) from *Bacillus subtilis*. Phys Chem Chem Phys，2016，18：27928-27938.

［13］ vom Stein T，den Hartog T，Buendia J，et al. Ruthenium-catalyzed C—C bond cleavage in lignin model substrates. Angew Chem Int Ed，2015，54：5859-5863.

[14] Yuan S L, Cai Z T, Jiang Y S. Molecular simulation study of alkyl monolayers on the Si(111) surface. New J Chem, 2003, 27: 626.
[15] Yuan S L, Zhang Y, Li Y. Molecular simulation study of alkyl-modified silicon crystal under the external electric field. Chem Phys Lett, 2004, 389: 155.
[16] Zhang L, Wesley K, Jiang S. Molecular simulation study of alkyl monolayers on Si(111). Langmuir, 2001, 17: 6275.
[17] Zhang W B, Yang X T, Ma J B, et al. Regio-and enantioselective C—H cyclization of pyridines with alkenes enabled by a Nickel/N-heterocyclic carbene catalysis. J Am Chem Soc, 2019, 141: 5628-5634.
[18] Zhao X, Ma X X, Zhu R X, et al. Mechanism and origin of MAD-induced Ni/NHC catalyzed regio-and enantioselective C—H cyclization of pyridines with alkenes. Chemistry-A European Journal, 2020, 26: 5459-5468.
[19] Zhao X, Yang Y Y, Zhu R X, et al. Mechanistic picture of the redox-neutral C—C bond cleavage in 1,3-dilignol lignin model compound catalyzed by [Ru(Cl)(H)(PPh_3)$_3$]/triphos. Mol Catal, 2019, 471: 77-84.
[20] 陈正隆. 分子模拟的理论与实践. 北京：化学工业出版社，2007.
[21] 陈敏伯. 计算化学——从理论化学到分子模拟. 北京：科学出版社，2009.
[22] 王宝山. 分子模拟实验. 北京：高等教育出版社，2010.

第5章 模拟中的基本原理

针对特定的研究体系，采用第4章介绍的能量最小化方法会产生许多最小能量构象。在某些情况下，由能量最小化法提供的信息完全可以准确地预测分子的性质。假设我们能够得到势能面上所有的最小能量构象，就可以运用统计力学方法计算配分函数，进而得到体系或者分子的热力学性质及其他信息。对于气体、小的分子或者小的聚集体系而言，采用这种方式是可行的，但对于溶液、固体等体系以及复杂的物理化学过程如固体表面自组装等，会产生非常多的能量接近的极小值构象，换句话说在势能面上会产生非常多的极小点。因此完全定性描述势能面是不可能的，事实上也没有必要这样做。分子模拟方法就是针对这样的复杂体系，以体系中有限小部分作为研究对象，来预测总体宏观体系的性质。经过长时间的模拟所产生的极小能量构象可以得到准确的结构和热力学性质。

计算分子之间的相互作用是分子动力学或者 Monte Carlo 模拟的核心问题。在 Monte Carlo 模拟中，要计算不同体系构象之间的相互作用能，并对体系的能量进行评价，通过一定的规则讨论当前构象是接受还是被拒绝；而在分子动力学模拟中，是通过分子之间的相互作用探讨分子受到的力，从而根据运动方程决定下一个移动坐标。不管何种方法，对分子之间相互作用的评价非常重要，而且最为耗时。

理论上讲，对于含有 N 个粒子的体系，当只考虑成对相互作用时，需要进行 $N(N-1)/2$ 个运算。如果 N 很大，$N(N-1)/2\approx N^2$。因为对每个构象都要进行这么多的运算，显然对于含有上万个粒子的体系而言，这将是一个非常耗时的工作。但是事实上，采用如下的处理方式，一般只需要进行数量级为 N 的运算（将在以下部分详细叙述），并且不需要重新评价所有的成对相互作用就会产生一个新的构象。这是分子动力学和 Monte Carlo 方法采用这些处理方式的基本出发点。

应该指出的是，如何减小 N^2 个运算的问题主要是针对分子动力学方法。因为在 Monte Carlo 方法中，特别是当不涉及非极性和库仑相互作用时，N^2 个相互作用的运算仅仅发生在 Monte Carlo 模拟运行开始的第一步，其目的是得到体系的初始能量；而在随后的 Monte Carlo 模拟步骤中，涉及的能量计算也只是 N 的数量级。但是以下介绍的针对分子动力学节省运算时间的措施，对 Monte Carlo 方法也适用；特别是考虑极性和库仑相互作用时 Monte Carlo 模拟更是如此。

分子之间的相互作用分为长程作用和短程作用。长程作用随距离的衰减形式为 r^{-d}，其中 d 为体系的维数。如离子/离子、偶极/偶极之间的相互作用势分别是 r^{-1} 和 r^{-3}。而 van der Waals（包括色散和排斥）相互作用为短程作用。许多节省运算时间的措施如周期边界条件、邻近列表（neighbor list）等都是针对短程相互作用；对于长程作用，由于已经远远超出了模拟盒子的长度而需要采用另外的处理方法，如 Ewald 加和法、反应场方法等。本章将一一介绍，先从短程相互作用开始。

5.1 短程相互作用

5.1.1 相互作用力

以简单的短程作用势 Lennard-Jones 势为例：

$$u(r)=4\varepsilon\left[\left(\frac{\sigma}{r}\right)^{12}-\left(\frac{\sigma}{r}\right)^{6}\right] \tag{5.1}$$

如果势能仅限于成对相互作用，那么总的势能 E_{pot} 应该是各个成对势能的总和：

$$E_{\text{pot}}=\sum_{i>j}^{N-1}\sum_{j=1}^{N}u(r_{ij}) \tag{5.2}$$

为得到作用在分子 i 上的作用力，我们必须考虑其他所有的分子对 i 分子的贡献：

$$f_i=\sum_{j\neq i}^{N}\left[-\frac{\partial u(r_{ij})}{\partial r_{ij}}\right] \tag{5.3}$$

当然在编写程序时，简单地采用两个镶嵌的循环就可以解决，但是我们更关注的是总数为 $N(N-1)/2$ 个的积分。对于含有上万分子的体系，可以选取立方格子以减少积分数目，这是采用周期边界格子的出发点。如果选择的样品数目较少（意味着格子较小），大量的分子就会存在模拟格子的表面而不是在本体中。表面的分子和本体中的分子性质不一样，导致模拟结果有较大误差，采用周期边界条件的目的就是解决此问题。

5.1.2 周期边界条件

周期边界条件（periodic boundary conditions）的作用是：在无限空间里复制有限大小的盒子，尽可能地体现真实研究体系。对于二维模拟盒子，每个盒子的周围有 8 个相邻的盒子（图 5.1）；而对于三维模拟盒子，则有 26 个相邻的盒子。镜像（image）格子（即盒子）里粒子的坐标是中心格子中相应粒子坐标加上格子边长的倍数。当系统中任一粒子移出盒外，则必有一粒子由相对的方向移入，如图中带箭头移动的粒子，这样的限制条件能够保持系统中的粒子数目恒定（图 5.1）。

立方格子是最简单的可视和可编程的周期体系，但是有时候立方格子也不适用于某些特定的研究体系。模拟模型中有五种不同形状的周期体系：立方格子或者平行六面体（cube/parallelepiped）、六方柱体（hexagonal prism）、缺顶角八面体（truncated octahedron）、菱形十二面体（rhombic dodecahedron）和延长的十二面体（elongated dodecahedron）。选择合适的模拟格子可以更好地反映研究体系的空间效应。例如，对于一个球形分子，选择平行六面体格子显然是不合适的，而选择缺角八面体或者菱形十二面体可能更好一些。对于这样的研究体系，选择比立方格子所需溶剂分子数目小的模拟格子，更利于计算。在这些不同形状的格子中，立方格子或者平行六面体格子用得最多。许多商业软件中用到的都是这种模拟格子（其他详细信息参见 Leach 的工作，2001）。

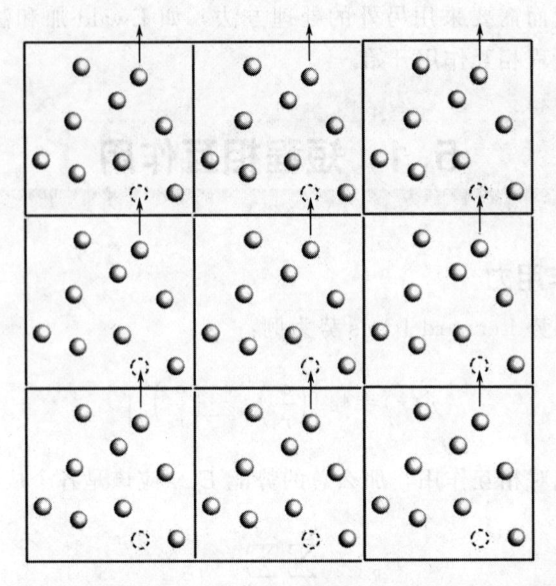

图 5.1　二维上的周期边界条件

这里需要说明的是，在某些模拟中各个方向上都使用周期边界条件并不合适，如研究分子在表面上的吸附，在垂直方向上使用周期边界条件并不合理。为了较真实地反映实际体系，必须对垂直方向上的重复镜像进行处理。根据经验，针对固体表面的吸附模型，采用二维格子或者加大三维格子垂直方向上的距离都是可行的。

现在分子模拟中广泛使用周期边界条件，但是它也有一定的缺陷。当体系的波动周期大于模拟格子长度时，例如在气液临界点附近，采用周期边界条件也会产生麻烦。解决的方法就是确保相互作用范围的基础上尽量选取足够大的格子，也就是说非常重要的是定义分子之间相互作用的范围。如选择短程 Lennard-Jones 势，格子长度需要大于 6σ，对于氩原子体系，相当于 20Å 左右。但是这样的处理又碰到了模拟时间过长的问题。

5.1.3　非周期边界方法

在模拟方法中上面提到的周期边界条件并不是非用不可。有些体系，例如水滴、聚集体等，研究体系本身就有一个边界。对于尚没有达到平衡的非均相体系（inhomogeneous），采用周期边界条件也会有麻烦。例如研究复杂体系的结构和构象性质，如蛋白质或者蛋白质/配体，在有限计算资源下，有时候分子模拟会考虑忽略绝大多数的溶剂分子，这种“真空”下的处理方式得到的结果会与溶液中的实验数据存在差距。“真空”边界条件下体系的表面积会缩小，其形状也会变形。由小分子组成的聚集体系，与“真实”溶剂体系相比，“真空”格子下分子之间的静电和范德华相互作用会使分子聚集的程度更强。

如果计算机功能足够强大，在模拟中适度增加溶剂分子的数目也是可能的。在目前情况下，最简单的方式就是在复杂分子周围加上一层溶剂“壳”（skin）。如果溶剂壳足够厚，就可以看作溶质分子存在于溶剂分子的液滴之中。这种情况下的溶剂分子一般比周期边界条件下的溶剂分子数目少得多，相应地就是把溶质与真空的界面转换成了溶剂与真空之间的界面，这种处理方式对于溶质来说可能更接近于真实情况。例如，二氢叶酸还原酶（dihydrofolate reductase）大约含有 2500 个原子，如果采用周期边界条件，立方模拟格子的边长至少为 10Å，包括水分子在内，所研究的原子数目几乎有 20000 个；而如果采用无边界条件厚度为 10Å 的溶剂壳，则研究的原子数目下降到 14700 个；如果采用厚度为 5Å 的溶剂壳则原子数目降到 8900 个，可见不同处理方式之间有很大差别。此溶剂壳的理念也可以处理生物酶的活性位点，活性位点区域设为反应区，而区域以外可以看作是一个“壳”，这样处理会大大简化模拟计算。在 Accelary 公司的 Discovery Studio 软件中，就有采用非周期边界方法研究生物体系的案例。对复杂体系的模拟研究，不妨采用这种处理方式。

5.1.4 最近镜像方法

采用周期边界条件或者非边界条件，在分子动力学、Monte Carlo 或能量最小化模拟中，最耗时的部分就是计算非键相互作用势。成键形式如键伸缩、键角弯曲或二面角扭曲势的计算量都正比于原子数目 N，而非键相互作用则正比于 N^2。分子力场中非键作用势计算的是成对原子之间的相互作用，但是如果总体考虑，这种计算并不合理。例如，Lennard-Jones 势随着粒子间的距离衰减得非常快：在 2.5σ 处 Lennard-Jones 势已是 σ 处的 1%。如果考虑更长距离的相互作用会耗费更多的机时，但是在长距离上舍弃这种相互作用也不会造成太大的误差。在周期边界条件下，用得最多的处理方式是非键截断半径（non-bonded cutoff）和最近镜像方法（nearest image）。

在最近镜像方法中，每个粒子最多看到其他粒子的一个镜像，也就是说，只能计算这个粒子与其他粒子（或者其他粒子的镜像）之间的相互作用（见图 5.2），此时大于镜像截断距离上的相互作用规定为 0。所以，当使用周期边界条件时，截断距离不应大到看到当前粒子的镜像，即相同分子之间的相互作用不能计算两次。对于立方格子中的研究体系，截断半径不应大于立方格子边长的一半。对于矩形六面体而言，截断半径不应大于最短边长的一半。在模拟过程中，非键相互作用的 Lennard-Jones 势如果选择 2.5σ 为截断半径，造成的相对误差很小。如果涉及长程静电相互作用，截断距离还要增加。有证据表明，使用多大的截断距离都会引起误差，只不过误差的大小不同而已。静电相互作用的截断距离问题属于长程作用，将在 5.2 节加以讨论。

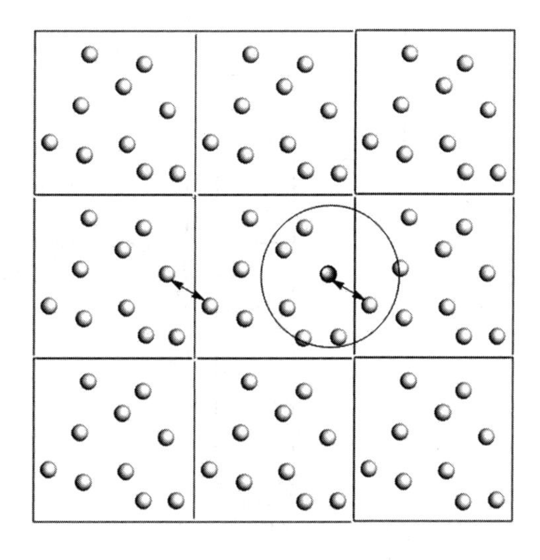

图 5.2 截断半径和最近镜像

5.1.5 近邻列表

对于非键相互作用势的计算，周期边界条件和截断半径的使用并没有大幅度降低计算时间，这是因为在模拟计算中不得不首先考虑每对原子之间的距离，然后判断是否在截断半径以内，最后才能决定是否计算它们之间的相互作用能。这里计算 $N(N-1)/2$ 个距离与计算相应的能量两个方面所花费的时间相差无几。

例如，在液体中，一个原子周围“相邻”的原子（即在截断距离以内的原子）在 10～20 步分子动力学模拟或者 Monte Carlo 模拟中变化并不大。如果我们事先知道了截断距离范围以内“相邻”的原子（例如把相应的原子事先储存起来），那么我们就可以直接计算“相邻”的原子与该原子的非键相互作用，而不必事先计算它们之间的距离随后判断是否在截断半径以内。Verlet（1967）提出的近邻列表（neighbor lists）方法很好地体现了上述理念。

Verlet 表储存了截断距离以内所有的原子和稍大于截断距离的一些原子，由一个大的近邻列表（neighbor list array）L 和指示列表（pointer array）P 组成。指示列表列出了目标原子周围第一个“相邻”的原子，最后一个“相邻”原子则是近邻列表中第 P(i+1)−1 个原子（见图 5.3）。相应地，原子 i 的所有“相邻”原子储存在临近列表 L[P(i)] 中。这种近邻列表在模拟中按照一定的步幅不断更新。更新后，近邻列表和指示列表可以直接确定原子 i“相邻”的原子。选择确定原子近邻的距离要大于非键截断半径，这样就可以保证在下次近邻列表更新时能够包括上一次原子 i 附近而距离稍大于截断半径的原子。

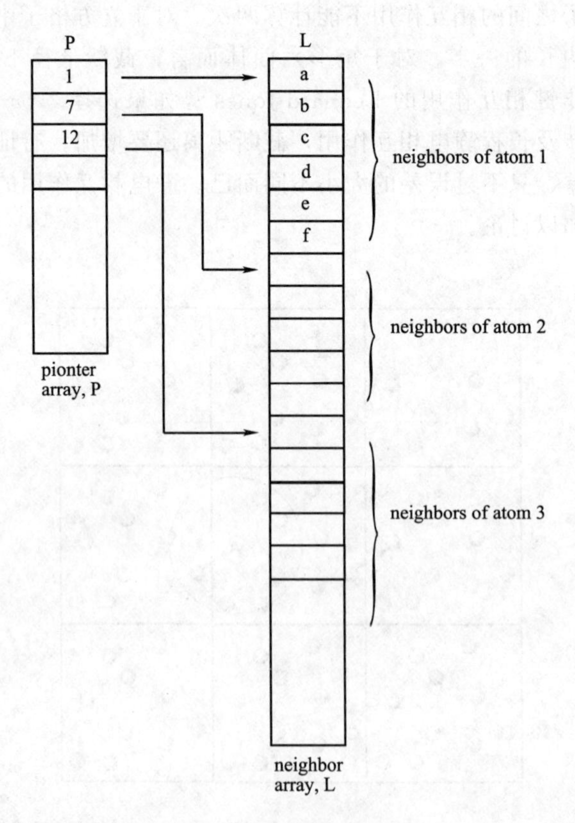

图 5.3 近邻列表和指示列表

不断适时地更新近邻列表非常重要。如果更新频率太快，这个过程就不会起到应有的效果，而更新太慢，也会影响正确地计算相应的能量和作用力。在模拟中，普遍认可的更新频率是10～20步。需要说明的是，并没有一成不变的规则要求近邻列表的截断距离比非键截断距离大多少，但是在截断距离和更新频率之间存在一种平衡，也就是说，更新频率越小，截断距离就越大，反之亦然。采用近邻列表方法一般可大幅度降低计算时间。

5.1.6 连锁格子方法

如果模拟体系比较大，即使采用近邻列表方法在计算时间上产生的效果也不是很理想。Quentrec 和 Brot 提出了特别适合大体系的簿记方法（bookkeeping method）。在这种模拟方法中，模拟盒子（box）被分成一定数目的格子（cell），每个格子的边长要大于非键截断距离。这样一来，原子 i 所有相邻的原子都被分配到周围的格子中。如果整个体系分成 $M\times M\times M$ 的格子，那么每个格子的长度为 L/M，而 L/M 必须大于非键截断半径，此时，每个格子中含有的原子数目平均为 N/M^3。

一个二维格子含有八个相邻的格子，而三维格子含有26个相邻格子。为了确定指定原子或分子的相邻数目，该方法需要考虑的是 $27N/M^3$（三维坐标）而不是 N 个原子。连锁格子法（linked-cells）最重要的就是确定每个格子中的原子数目。用类似图5.3中的连锁列表（linked list array，L）和指示列表（pointer array，P）可以说明此方法。其中，P(1)是指格子1中的“第一”组原子数；P(2)代表格子2中的“第一”组原子数，以此类推。当原子和分子从一个格子移动到另一个格子时，则要求及时更新指示列表和连锁列表。二维连锁格子方法中的格子标号见图5.4。

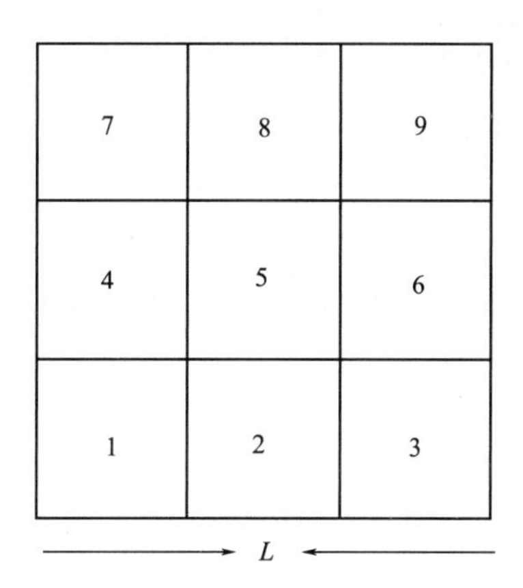

图5.4 二维连锁格子方法中的格子标号（$M=3$）

这里需要说明的是，当静电相互作用在模拟中有较大贡献时，要求对静电相互作用和van der Waals相互作用采用不同的截断距离，增加截断距离必然会增加计算成对势的时间。在模拟计算中，对不同的相互作用采用两个不同的截断距离，也应该是一种选择，我们不再详述。

下面，我们比较一下以上讲到的几种方法的计算效率。

如果对于全部成对作用力的计算时间是（Sadus，1999）：

$$t=\alpha\frac{N(N-1)}{2} \tag{5.4}$$

式中，α 为常数。当 Verlet 列表（近邻列表）应用后，能量的计算时间正比于分子数，而只有列表更新时才会出现 N^2 的形式。相应的计算时间是：

$$t=\gamma N+\lambda\frac{N(N-1)}{2} \tag{5.5}$$

式中，γ 是与能量评价有关的常数，且与 Verlet 列表更新频率有关。有证据表明，λ 数值很小，这样一来，Verlet 列表就会大大降低计算时间。一般情况下，应用 Verlet 列表法的时间应该是粒子数的 $N^{3/2}$。对于连锁格子方法，计算时间是：

$$t=\kappa N+\tau N \tag{5.6}$$

式中，κ 是与能量评价有关的常数，而 τ 则是与格子列表更新有关的常数。

采用近邻列表和连锁列表方法大大降低了势能的计算时间。但是应该指出，对于小体系应用列表方法时可能会花费更多的时间在创建和维持列表上，同时自动更新 Verlet 列表占用的时间会更长。事实上，Verlet 列表方法更适用于分子动力学模拟而不是 Monte Carlo 模拟。

5.1.7 后续处理问题

(1) 非键长程补偿

以上讨论了周期边界条件下计算成对非键势能的方法。上述处理方式后得到的是一个简化的势能，函数形式并不完整，因为我们忽略了非键势能的长程形式（即大于截断距离的能量表现形式）。尽管我们已经谈到，当截断距离选择 2.5σ 时，造成的误差已经很小，但是在精确计算中，并不能轻易忽视这种长程作用。

在势能函数中没有考虑长程作用时，可以通过加入一个长程校正函数（long-range correction）对某个性质 X 加以补偿：

$$X_{\text{ful}}=X_{\text{cutoff}}+X_{\text{correction}} \tag{5.7}$$

这种长程校正是大于截断距离 r_{C} 时性质 X 的补偿函数。应用此校正，可以得到能量（E）、位力（virial term，W）和化学势（chemical potential，μ）（详细参见 Allen 的工作，1987）分别为：

$$E_{\text{correction}}=2\pi N\rho\int_{r_{\text{C}}}^{\infty}r^2u(r)\,\mathrm{d}r \tag{5.8}$$

$$W_{\text{correction}}=-\frac{2\pi N\rho}{3}\int_{r_{\text{C}}}^{\infty}r^2w(r)\,\mathrm{d}r \tag{5.9}$$

$$\mu_{\text{correction}}=4\pi\rho\int_{r_{\text{C}}}^{\infty}r^2u(r)\,\mathrm{d}r \tag{5.10}$$

式中，$w(r)=r\dfrac{\mathrm{d}u(r)}{\mathrm{d}r}$。如果把这些公式引进 Lennard-Jones 势能形式，则有：

$$E_{\text{correction}}=\frac{8\varepsilon\pi N\rho\sigma^3}{9}\left[\left(\frac{\sigma}{r}\right)^9-3\left(\frac{\sigma}{r}\right)^3\right] \tag{5.11}$$

$$W_{\text{correction}}=\frac{32\varepsilon\pi N\rho\sigma^3}{9}\left[\left(\frac{\sigma}{r}\right)^9-\frac{3}{2}\left(\frac{\sigma}{r}\right)^3\right] \tag{5.12}$$

$$\mu_{\text{correction}}=\frac{16\varepsilon\pi N\rho\sigma^3}{9}\left[\left(\frac{\sigma}{r}\right)^9-3\left(\frac{\sigma}{r}\right)^3\right] \tag{5.13}$$

多数短程势函数随着距离的增加会迅速衰减，而长程形式则按照上述公式变化。

(2) 截断距离引出的问题

应用截断半径（5.1.4部分）引出一个非常实际的问题：在截断距离处势能或者作用力是不连续变化的（大于截断距离时作用力为0），这样一来，在分子动力学模拟中就会遇到能量守恒的问题。现在已有多种方法可以解决该问题（Leach，2001）。

① 位移函数　在使用截断距离的势能函数中加入一个常数项 u_C：

$$u'(r)=u(r)-u_C,\ r\leqslant r_C \tag{5.14}$$

$$u'(r)=0,\ r>r_C \tag{5.15}$$

这里 r_C 代表截断距离；u_C 为在截断距离处的势能。显然这个额外的 u_C 是个常数，当对其微分时并不影响如何计算相互作用力。需说明的是，应用位移函数（shifted function）保证了能量守恒，但是当距离小于截断距离时，所要研究的成对相互作用数会发生变化，因而总的势能也会有改变。

加入位移函数引出的另一个问题是随距离增加相互作用力是不连续变化的：在截断距离处作用力为一个有限的数值，而超过截断距离会突然变成零，这会造成模拟的不稳定。为了避免这种情况，有的模拟方法在势能函数中加入一个线性势函数，使其在截断半径处的导数为零：

$$u'(r)=u(r)-u_C-\left[\frac{\mathrm{d}u(r)}{\mathrm{d}r}\right]_{r=r_C}(r-r_C),\ r\leqslant r_C \tag{5.16}$$

$$u'(r)=0,\ r>r_C \tag{5.17}$$

这样处理之后，位移函数已经偏离了“真实”的势能函数，计算得到的热力学函数也偏离了“真实”的数值。当然“真实”数值还很难获得，因此位移函数一般很少用在研究“真实”的体系，而在粗粒模拟等近似的模拟模型中应用比较多（粗粒模拟的概念参见第1章）。

② 开关函数　另外一种消除势能和作用力不连续变化的方法是在势能函数中加入一个开关函数（switching function）。开关函数 $S(r)$ 是一个多项式，通过 $u'(r)=u(r)S(r)$ 来代表“真实”的函数。

$$u'(r)=u(r)\left[1-2\left(\frac{r}{r_C}\right)^2+\left(\frac{r}{r_C}\right)^4\right] \tag{5.18}$$

此开关函数在 $r=0$ 时为1，而在 $r=r_C$ 时为零。全程应用这种开关函数还存在一些问题，例如会影响体系的平衡结构。

另外一种改进方法是采用两个截断距离，而在两个截断距离之间引入开关函数，如此可以保证不影响最终的平衡结构。这样的开关函数表示为：

$$S(r)=1,\frac{\mathrm{d}S(r)}{\mathrm{d}r}=0,\ r\leqslant r_S \tag{5.19}$$

$$S(r)=\frac{(r_C-r)^2(r_C^2+2r-3r_S)}{(r_C-r_S)^3},\ \frac{\mathrm{d}S(r)}{\mathrm{d}r}=\frac{6(r_C-r)(r_S-r)}{(r_C-r_S)^3},\ r_S\leqslant r\leqslant r_C \tag{5.20}$$

$$S(r)=0,\ \frac{\mathrm{d}S(r)}{\mathrm{d}r}=0,\ r\geqslant r_C \tag{5.21}$$

图5.5显示利用开关函数所调整的非键势。

由图5.5可知，利用开关函数能够将在 $r_S\leqslant r\leqslant r_C$ 区间的非键势函数逐渐调整为零，形成连续且符合计算要求的势能。r_S 不宜过小，一般取 $0.9r_C$。

(3) 基于组的截断

当模拟较大的分子体系时，一般用基于组的截断（也称作基于残基的截断，residue-based cutoffs）进行计算。此时，大分子可以分成若干个“group”，每个组包括少量相连接的原子。如果计算中涉及溶剂分子，那么每个溶剂分子都可以看成一个简单的“group”。现在就有个问题，为什么要选择“group”的模式进行计算。我们以两个水分子之间的静电相互作用为例，采用 TIP3P 模型，水分子中氧原子带有 $-0.834e$，而氢原子带有 $0.417e$。按照成对相互作用，两个水分子之间需要考虑 9 个点对点相互作用势（Leach，2001）。以两个水分子之间氧原子距离变化表示的静电相互作用，如图 5.6 所示。

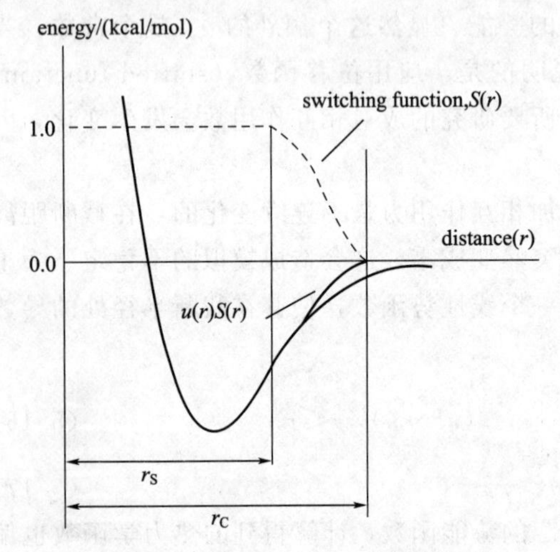

图 5.5　在 Lennard-Jones 势截断半径附近使用开关函数的示意图

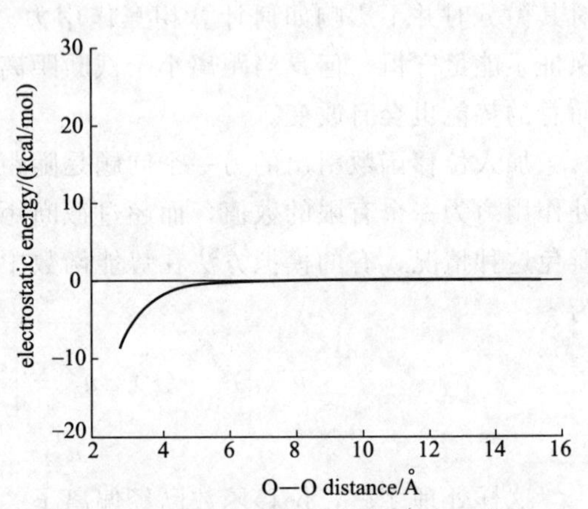

图 5.6　两个水分子之间随氧原子距离变化表示的静电相互作用（无截断半径）

静电相互作用在 O—O 距离超出 6Å 后已经很小，它是多种能量形式的总和。例如，在 O—O 距离为 8Å 时，总的能量为 -0.27kcal/mol，包括 29kcal/mol 的 O—O 相互作用能，-59.4kcal/mol 的 O—H 相互作用能，29.2kcal/mol 的 H—H 相互作用能。如果截断距离选择在 8Å 处，在仅考虑成对相互作用能的情况下，静电相互作用会发生剧烈的振荡，如图 5.7 所示，显然这样的模型在模拟中不可避免地会产生大麻烦。但是通过把每个水分子看成一个简单

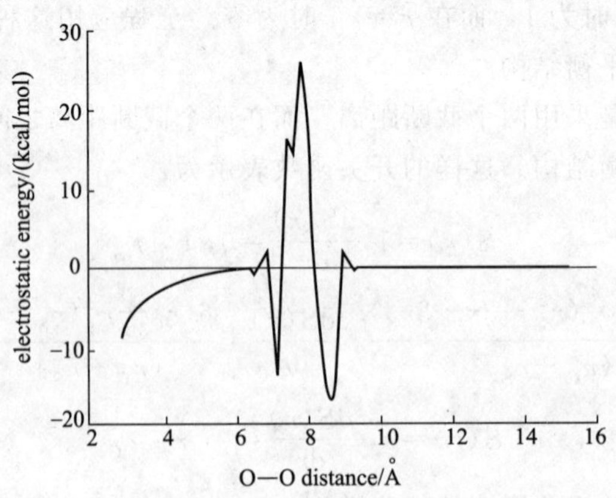

图 5.7　两个水分子之间随氧原子距离变化表示的静电相互作用（截断半径为 0.8nm）

的“group”，通过“group”与“group”之间的成对相互作用，就可避免这个问题。

第一个问题是如何对一个分子划分“group”。在一些情况下可以根据化学结构自然划分，特别适用于有特定化学官能团的聚合物。在划分的“group”中我们更希望它们带有零电荷，因为带有电荷的粒子之间的静电相互作用随距离变化呈现不同次方的倒数关系。当然多数情况下由多个原子组合成的“group”均带有部分电荷。

第二个问题是在基于“group”的模型中如何考虑截断。根据模拟需要可以划分不同大小的“group”，以此可以定义不同的截断距离。更具体地讲，可以以“group”中的某个原子作为标记原子，通过标记原子之间的距离决定“group”与“group”之间相互作用的距离。GROMOS 联合原子力场是这种处理方式的典型案例。

5.2 长程相互作用

计算分子间短程相互作用，周期边界条件和截断半径是在分子模拟中最普遍采用的方法，它可以避免由表面效应引起的错误结果，而且可以大大减少模拟时间。但是对于长程相互作用，如库仑、偶极等相互作用，其表现范围已经大大超出了模拟格子的长度。最简单的解决办法是采用足够大的模拟格子，但是这在模拟计算上是不可行的。还应该指出与非极性分子相比，涉及极性分子的静电相互作用有更大的不确定性和误差，因此有必要采用特定的方法来讨论极性相互作用。以下我们将详细介绍处理长程相互作用的几种方法，如 Ewald 方法、反应场方法（reaction field）和格子多重方法（cell multiple）等。

5.2.1 Ewald 求和法

Ewald 方法（Ewald summation method）也许是处理长程相互作用目前应用最普遍的方法，很多文献都对此做了详细的描述（请参见 Allen 和 Tildesley，1987；Frenkel 和 Smit，1996；Sadus，1999）。

在这种方法中，每个粒子都要与模拟盒子中的其他粒子和周期格子中所有粒子的镜像发生相互作用。首先考虑边长为 L 的中心模拟盒子，其中含有 N 个荷电粒子，中心模拟盒子里的静电相互作用写作：

$$E=\frac{1}{2}\sum_{i=1}^{N}\sum_{j=1}^{N}\frac{q_iq_j}{r_{ij}} \tag{5.22}$$

而每个中心盒子的镜像盒子为此盒子边长的一个矢量（$\pm iL$，$\pm jL$，$\pm kL$，i，j，$k=0,1,2,\cdots$）。在三维空间中，中心盒子会有六个镜像盒子，因为中心盒子的边长为 L，故其坐标为：$(0,0,L)$、$(0,0,-L)$、$(0,L,0)$、$(0,-L,0)$、$(L,0,0)$ 和 $(-L,0,0)$。于是，中心盒子里的粒子与六个镜像盒子里的所有粒子之间的静电相互作用表示为：

$$E=\frac{1}{2}\sum_{n\,\mathrm{box}=1}^{6}\sum_{i=1}^{N}\sum_{j=1}^{N}\frac{q_iq_j}{|r_{ij}+r_{\mathrm{box}}|} \tag{5.23}$$

我们可以对每一中心盒子构建长度为 5 个的周期镜像，不断地重复这个过程，模拟盒子就可以看成是一个球形（见图 5.8）。一般地，相对中心盒子，某个镜像盒子的坐标为 $n(n_xL,n_yL,n_zL)$，其中 n_x、n_y、n_z 为整数。

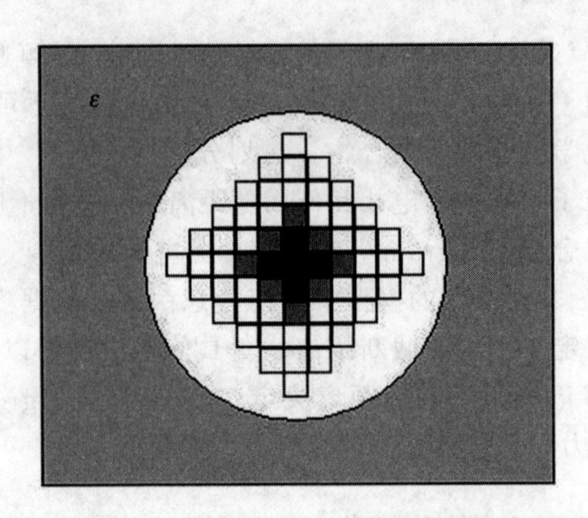

图 5.8　Ewald 方法中周期格子的构建

当考虑一个粒子与其他所有周期镜像盒里的粒子之间的静电相互作用时，静电势为：

$$E=\frac{1}{2}\sum_{n=0}^{\infty}\sum_{i=1}^{N}\sum_{j=1}^{N}\frac{q_i q_j}{|r_{ij}+n|} \tag{5.24}$$

这里，自然地不包括 $i=j$，因为当 $i=j$ 时，$n=0$。式(5.24) 包括了中心盒子中静电相互作用和中心盒子与所有镜像盒子之间静电相互作用的贡献，相当于球形罗列的盒子与周围介质之间相互作用的贡献。这就是 Ewald 计算公式。

实际上，在模拟中并不能直接应用式(5.24)，因为这种公式形式收敛得太慢。通常的做法是，把它分解成收敛比较快的两项。设想，每一个粒子都被等量但符号相反电荷的可中和的电荷分布所包围（neutralizing charge distribution）（见图 5.9）。这里用到了 Gaussian 电荷分布函数：

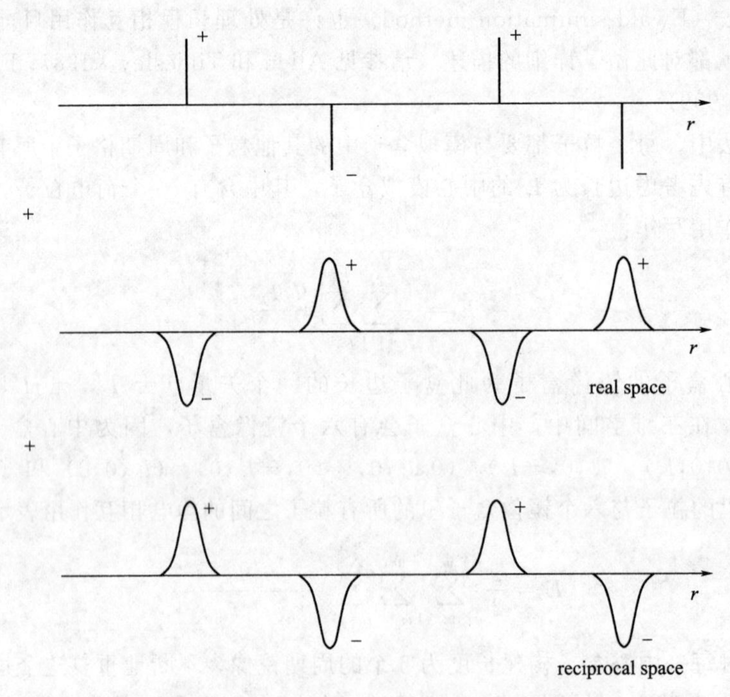

图 5.9　Ewald 加和法中的电荷、高斯分布的实空间和倒易空间

$$\rho_i(\boldsymbol{r})=\frac{q_i\alpha^3}{\pi^{3/2}}\exp(-\alpha^2 r^2) \tag{5.25}$$

此时，在点电荷的总静电相互作用等于“加上”了中和电荷分布的点电荷之间的相互作用。这种双重加和在实空间上为：

$$E_{\text{real-space}}=\frac{1}{2}\sum_{i=1}^{N}\sum_{j=1}^{N}\sum_{\boldsymbol{n}=0}^{\infty}\frac{q_i q_j \operatorname{erfc}(\alpha|\boldsymbol{r}_{ij}+\boldsymbol{n}|)}{|\boldsymbol{r}_{ij}+\boldsymbol{n}|} \tag{5.26}$$

式中，erfc 为补余误差函数（error function complement）：

$$\operatorname{erfc}=\frac{2}{\sqrt{\pi}}\int_x^{\infty}\exp(-t^2)\mathrm{d}t \tag{5.27}$$

这里，选择 α 的目的仅仅是考虑 $\boldsymbol{n}=0$（即仅涉及中心盒子中的电荷相互作用）情况下的贡献。

至于另一种电荷分布的贡献，确切地说是抵消或者中和电荷分布（neutralizing distribution)。因此，静电相互作用的加和形式可以认为是在倒易空间（reciprocal space）上形成的：

$$E_{\text{recip-space}}=\frac{1}{2}\sum_{k\neq 0}\sum_{i=1}^{N}\sum_{j=1}^{N}\frac{4\pi q_i q_j}{k^2 L^3}\exp\left(-\frac{k^2}{4\alpha^2}\right)\cos(\boldsymbol{k}\cdot\boldsymbol{r}_{ij}) \tag{5.28}$$

式中，$\boldsymbol{k}=2\pi\boldsymbol{n}/L$，为倒易矢量。这个倒易加和形式比原先的点电荷加和收敛得还要快，但是其矢量数目随着 Gaussian 分布的加宽而增大。因此有必要平衡实空间和倒易空间之间的加和，前者在 α 较大时收敛较快，而后者在 α 较小时收敛较快。从计算量的观点，一般取 $\alpha=5/L$ 和 100～200 个倒易矢量 $\boldsymbol{k}$ 是可接受的。另外，还有一种数学方法可代替式(5.28)：

$$E_{\text{recip-space}}=\frac{1}{2}\sum_{k\neq 0}\frac{4\pi}{k^2 L^3}\exp\left(-\frac{k^2}{4\alpha^2}\right)\left|\sum_{i=1}^{N}q_i\exp(i\,\boldsymbol{k}\cdot\boldsymbol{r}_i)\right|^2 \tag{5.29}$$

Gaussian 函数在实空间中的总和也应包括每个 Gaussian 函数之间的相互作用，因此，第三种静电相互作用能量的贡献为：

$$E_{\text{Gauss}}=-\frac{\alpha}{\sqrt{\pi}}\sum_{k=1}^{N}q_k^2 \tag{5.30}$$

而第四种静电相互作用能量形式是环绕模拟盒子周围的介质和球形盒子之间的校正项。当然，如果介质是一个良导体（$\varepsilon_0=0$），那么这个校正项为零；如果是真空（$\varepsilon_0=1$），则相应的校正项为：

$$E_{\text{corr}}=\frac{2\pi}{3L^3}\left|\sum_{k=1}^{N}q_k\boldsymbol{r}_k\right|^2 \tag{5.31}$$

于是，最终静电相互作用的表达形式为：

$$\begin{aligned}E&=E_{\text{real-space}}+E_{\text{recip-space}}+E_{\text{Gauss}}+E_{\text{corr}}\\&=\frac{1}{2}\sum_{i=1}^{N}\sum_{j=1}^{N}\left\{\begin{aligned}&+\sum_{\boldsymbol{n}=0}^{\infty}\frac{q_i q_j\operatorname{erfc}(\alpha|\boldsymbol{r}_{ij}+\boldsymbol{n}|)}{|\boldsymbol{r}_{ij}+\boldsymbol{n}|}\\&+\sum_{k\neq 0}\frac{4\pi q_i q_j}{k^2L^3}\exp\left(-\frac{k^2}{4\alpha^2}\right)\cos(\boldsymbol{k}\cdot\boldsymbol{r}_{ij})\\&-\frac{\alpha}{\sqrt{\pi}}\sum_{k=1}^{N}q_k^2+\frac{2\pi}{3L^3}\left|\sum_{k=1}^{N}q_k\boldsymbol{r}_k\right|^2\end{aligned}\right.\end{aligned} \tag{5.32}$$

Ewald 加和法因为需要计算许多的加和项，因此在计算上相当费时，其速度约为无计算静电相互作用时的1/10。在 α 为常数下，通常的计算量为 N^2 数量级；即使考虑采用截断半径的模式处理静电相互作用，计算量也只能下降到 $N^{3/2}$；但是当采用快速傅里叶转换（fast Fourier transform，FFT）处理倒易空间中的加和时，计算量可以下降到 $N\ln N$ 数量级，相对于 N^2，这样处理已经有很大优势了。另一种处理方式是选择足够大的 α，这样当 r_{ij} 大于截断半径（如 9Å）时，实空间中加和计算量缩减为 N 数量级，这样整个的计算量就可以降到 $N\ln N$。

快速傅里叶转换方法要求处理的数据是不连续的但是是离散的，这样在 Ewald 加和法中加入 FFT，需要用基于网格（grid-based）分布的电荷取代连续坐标下的点电荷。此时每个原子的电荷要处理成分布在其周围的网格点上，这样在原始点周围就会产生电势。周围划分的网格点越多，计算的结果越准确，当然计算量会越大。粒子网格方法（particle-mesh method）（Hockney，1988）在三维空间上考虑最近的 27 个格子点。通过这种格子电荷密度，利用 FFT 方法计算每个格子点上的电势，随后再转化到作用在每个粒子上的势（或者力）。在采用不同的变量，傅里叶转换会产生不同的函数形式，这样派生出 PM Ewald 方法（particle-mesh Ewald）（Darden，1993）和 PPPM 方法（particle-particle-particle-mesh）（Hockney，1988）。

Ewald 加和方法包括了所有的长程相互作用效应，是计算机模拟中最“准确”的方法，一般应用在高电荷的体系如金属离子，同时也应用在静电相互作用比较重要的体系如磷脂双层、蛋白质和 DNA 等。当然，Ewald 方法也可以处理偶极/偶极相互作用。我国青年学者胡中汉教授在 2014 年也在 Ewald 加和法方面做了学术性的探讨，研究了在特定体系（如离子晶体）中改进的 Ewald 加和法。

5.2.2 反应场方法

除了 Ewald 方法外，还有一些较简单的计算静电相互作用的方法。反应场方法（the reaction field method）能够比较简单地计算偶极相互作用，此方法计算截断半径内所有电荷间的静电相互作用，而将截断半径外的静电相互作用视为介电常数为 ε_S 均匀介质对电荷的作用（见图 5.10）。在截断半径内，可以明确地计算中心分子与其他所有分子的相互作用：

$$E(\text{short})_i = \sum_{j;r\leqslant r_C} u(r_{ij}) \tag{5.33}$$

式(5.33) 可以看作偶极相互作用的短程贡献，相应的长程贡献是分子与球体外介质之间的相互作用。这种贡献由周围介质所提供：

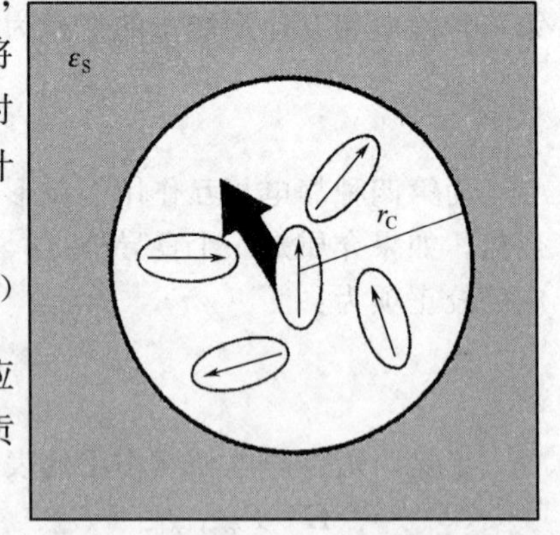

图 5.10 反应场方法（阴影箭头表示截断球内其他分子总的偶极矩）

$$E(\text{long})_i = -\frac{\mu_i(\varepsilon_S - 1)}{2\varepsilon_S + 1}\left(\frac{1}{r_S^3}\right)\sum_{j;r\leqslant r_C} u_j \tag{5.34}$$

这里 μ_i 是中心分子的偶极矩，μ_j 为球体内相邻分子的偶极矩。于是，每个分子的偶极作用能为：

$$E_i = E(\text{short})_i + E(\text{long})_i \tag{5.35}$$

需要注意的是，在考虑球形内和球形外的分子时，能量变化是不连续的。类似于处理

van der Waals 相互作用的截断半径，在模拟中也加入了一个开关函数（switching function）或者称作权重系数（weighting factor）$w(r_{ij})$ 来消除这种不连续。在模拟中，权重系数有多种表达形式，最简单的线性形式为：

$$w(r_{ij})=\begin{cases}1, r_{ij}<r_t \\ \dfrac{r_C-r_{ij}}{r_C-r_t}, r_t<r_{ij}<r_C \\ 0, r_C<r_{ij}\end{cases} \tag{5.36}$$

式中，$r_t=0.95r_C$。

采用反应场方法所耗的计算时间不长，因此它已经广泛地应用在分子动力学和 Monte Carlo 模拟中。然而，它的缺点是球形内外的函数衔接处是不连续性的，正如上面所提到的，尽管可以采用不同的开关函数，但是前提是必须知道介电常数。当然，介电常数也可以通过下式计算（Allen 和 Tildesley，1987）

$$\frac{1}{\varepsilon-1}=\frac{3kT}{4\pi\rho\mu^2 g(\varepsilon_S)}-\frac{1}{2\varepsilon_S+1} \tag{5.37}$$

式中，ε 为相对介电常数；$g(\varepsilon_S)$ 为与中心盒子总的偶极矩有关的波动动量：

$$g(\varepsilon_S)=\frac{\left\langle\left|\sum_{i=1}^{N}\mu_i\right|^2\right\rangle-\left\langle\left|\sum_{i=1}^{N}\mu_i\right|^2\right\rangle}{N\mu^2} \tag{5.38}$$

反应场方法也可以用来计算介电常数。

反应场方法广泛应用在偶极流体之中，但是，上述函数形式还不能用在离子液体中，因为超出截断半径以外其平均电荷密度等于零，而且也没有考虑中心粒子与离子之间的相互作用。Barker（1994）提出了可适用于包含离子和偶极两方面的流体的相互作用能量形式：

$$E=\sum_i v_i+\sum_{i<j}v_{ij}+\sum_a w_a+\sum_{a<b}w_{ab}+\sum_{ia}x_{ia} \tag{5.39}$$

式（5.39）包括了自偶极、自离子、异偶极、异离子和离子/偶极之间的相互作用，式中各个单项可以写成：

$$v_i=-\frac{d_1}{2r_C^3}\mu_i^2 \tag{5.40}$$

$$v_{ij}=-\frac{d_1}{r_C^3}\mu_i\mu_j \tag{5.41}$$

$$w_a=-\frac{d_1}{2r_C^3}q_a^2 \tag{5.42}$$

$$w_{ab}=-\frac{d_0}{r_C}q_a q_b-\frac{d_1}{r_C^3}q_i q_j r_{ab}^2 \tag{5.43}$$

$$x_{ia}=-\frac{d_1}{r_C^3}q_a r_{ia}\mu_j \tag{5.44}$$

式中，i、j 代表偶极；a、b 代表离子，且：

$$d_0=\frac{\varepsilon_S(1+\alpha r_C)-1}{\varepsilon_S(1+\alpha r_C)} \tag{5.45}$$

$$d_1=\frac{\varepsilon_S[2+2\alpha r_C+(\alpha r_C)^2-2(1+\alpha r_C)]}{\varepsilon_S[2+2\alpha r_C+(\alpha r_C)^2]+1+\alpha r_C} \tag{5.46}$$

$$\alpha^2=\frac{4\pi e^2}{\varepsilon_S kT}\sum_i n_i z_i^2 \tag{5.47}$$

这里 e 为单个电子电荷；n 为本体浓度；z 表示电荷数。

在模拟计算中，如果涉及偶极相互作用，一般都采用这种简化的反应场方法，但现在已涌现出众多的改进方法。Tironi（1995）报道了另外一种反应场方法，在他们的方法中两个区域通过一个球形边界进行衔接，并且外部区域有固定的介电常数和离子强度，他们还推导了一系列的公式，我们在此不再讨论，读者可参阅相关文献。

5.2.3 PPPM 方法

像 Ewald 方法和反应场方法一样，PPPM 方法也区分短程和长程两种作用。短程相互作用采用一般的处理粒子/粒子相互作用的方式，而我们现在关心的是如何处理长程相互作用。在 PPPM 方法中采用粒子网格（particle-mesh）处理长程相互作用。理论上讲，PM 方法既可以处理短程相互作用也能处理长程相互作用，但是事实上，单独应用 PM 方法产生的效果不佳，而将二者结合起来，计算速度和准确性都得到了提高。

PM 力的计算分为三个步骤。首先，把流体的电荷分配到模拟盒子的有限空间的网格中，接着计算流体的电荷密度；其次，网格上电荷分布引起静电相互作用，通过求解 Poisson 方程计算每个网格点上的势：

$$\frac{\partial^2\phi}{\partial x^2}+\frac{\partial^2\phi}{\partial y^2}+\frac{\partial^2\phi}{\partial^2 z}=-4\pi\rho(x,y,z) \tag{5.48}$$

式中，ϕ，ρ 分别为静电势和电荷分布。Poisson 方程很容易通过 Fourier 变换求解。最后，用数值积分法计算每个网格点上的电势能，然后再通过插值方法得到作用在粒子上的力。

以一维坐标为例，说明用 PM 方法，如何求解作用在粒子上的力。首先把边长为 L 的模拟盒子分成宽度为 H 的许多小格子，每个格子点代表着电荷密度、电势或电场。定义最初的网格点为零，那么格子点 p 的位置为 $x_p=pH$。当使用周期边界条件时，格子数目应该等于格子点数 N_g。

在一维情形下，对含有 N 个粒子的体系，在格子点 p 处的电荷密度 ρ 等于：

$$\rho_p=\frac{CN}{H}\sum_{i=1}^{N_p}W(x_i-x_p)+\rho_0 \tag{5.49}$$

这里 W 为电荷分配函数（charge assignment function）：

$$W(x)=\begin{cases}1 & |x|\leqslant H/2\\ 0 & |x|>H/2\end{cases} \tag{5.50}$$

有了式（5.49）就可以计算一维电场：

$$\phi_{p-1}-2\phi_p+\phi_{p+1}=-\frac{\rho_p H^2}{\varepsilon_0} \tag{5.51}$$

$$\phi_{p-1}-\phi_{p+1}=2E_pH \tag{5.52}$$

式中，ϕ，E 分别为电势和电场。当然这些公式都可以采用约化形式（reduced form）：

$$\phi^*_{p-1}-2\phi^*_p+\phi^*_{p+1}=\rho^*_p \tag{5.53}$$

$$\phi_{p-1}^{*}-\phi_{p+1}^{*}=E_{p}^{*} \tag{5.54}$$

式中

$$\phi_{p}^{*}=-\frac{q(\Delta t)^{2}}{2m_{e}H^{2}}\phi_{p} \tag{5.55}$$

$$E_{p}^{*}=-\frac{q(\Delta t)^{2}}{2m_{e}H}E_{p} \tag{5.56}$$

$$\rho_{p}^{*}=-\frac{q(\Delta t)^{2}}{2m_{e}\varepsilon_{0}}\rho_{p} \tag{5.57}$$

式中，m_e 为电子质量；Δt 为模拟步数。我们必须解 N_g 个式（5.53），第一个解为：

$$\phi_{1}=\frac{1}{N_{g}}\sum_{p=1}^{N_{g}}p\rho_{g} \tag{5.58}$$

把式（5.58）代入式（5.53），可以解出 ϕ_2；有了 ϕ_2，就可以得出 ϕ_3，以此类推。通过这些数值就可以得到一系列的 E_p 和 ρ_p。通过插值公式就可以计算作用在每个分子上的作用力：

$$f_{i}=Nq\sum_{p=0}^{N_{g}-1}W(x_{i}-x_{p})E_{p} \tag{5.59}$$

约化处理后，得到：

$$f_{i}^{*}=Nq\sum_{p=0}^{N_{g}-1}W(x_{i}^{*}-x_{p})E_{p}^{*} \tag{5.60}$$

式中，$x_i^*=x/H$。

当然，PPPM 方法主要还是用在三维模拟格子之中，但理论方法与此类似，这里不再详述。

5.2.4 树状方法

前面介绍的几种方法都是采用的势能衔接（potential truncation）法和近邻列表方法。这些方法的构思是，把对分子相互作用贡献大的邻近原子和贡献较小的远程分子区分开来。对邻近和远程相互作用也可以通过分级树结构方法进行处理（hierarchical tree structure），树状算法就是其中之一。树状算法（tree-based methods）已经广泛地应用在模拟计算之中。我们在此讨论两种方法：Barnes-Hut 算法和快速多极算法（fast multipole algorithms）。

（1）Barnes-Hut 算法

Barnes-Hut 算法用到了分级树原理，基本思路是把粒子分配到分级的格子中，计算每个格子的多极矢量。允许每个粒子与不同级别的格子中的粒子发生相互作用，从而得到粒子加速度，通过直接加和得到附近粒子所施加的力，远程力的影响则通过格子的多极扩展得到。

Barnes 和 Hut（1986）采用八体树数据结构（octagonal tree data structure）连续不断地把粒子放到立方格子中。最大的一个空盒子看作“根”（root）格子，它可以装下所有的粒子，当有粒子加入这个根格子里时，根格子就会不断地被分割直到每个粒子只占据一个空格子为止。例如，当第二个粒子加入根格子里时，分割后的格子的长度和宽度就是上一个格子的一半。在三维体系里，相应地就是把格子分割成八块。继续加入粒子，格子就会不断地被分割，直到每个粒子都占据一个格子。当所有的粒子都加入根格子以后，整个盒子就会被分割成很多大小不一的格子，但每个格子最多含有一个粒子。

事实上，Barnes-Hut 算法通常是从完全充满粒子的根格子出发，而不是从一个空格子开始。根格子首先被分成八个子格子，而每个子格子还会不断地分割。如果格子是空的，就舍去不再考虑继续分割；如果格子中只含有一个粒子，这样的格子就会储存在树结构的“树叶”网点中（leaf node）；如果格子中不只含有一个粒子，这样的格子就会当作“树枝”网点（twig node）继续被分割。这个过程一直进行下去，直到每个格子中最多含有一个粒子时为止（参见图 5.11）。

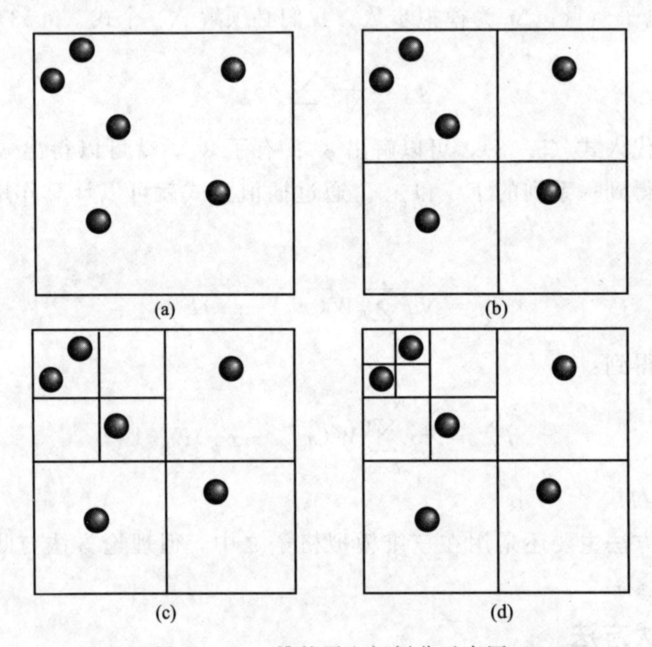

图 5.11　二维粒子空间划分示意图

如上所述，我们用三种树结构进行类比：根、树枝和树叶。我们在此做些说明：“树根”就是最初包含所有粒子的那个大格子，树的增长是通过整个“根”格子的不断分割而实现的。每一次分割都会产生下一级格子，每个格子网点都代表着包含粒子的一定体积的空间。应该指出的是，如果是空格子，则不需要储存。假设格子中只含有一个粒子，那么就看作是一片“树叶”，否则当作“树枝”继续分割。在构建树的过程中，总的质量、总质心坐标、每个格子的四极矩都会计算出来。

那么，如何计算作用在一个粒子上的力呢？首先从根格子开始，在每一步，计算格子的边长（s）及与粒子之间距离（d）的比值，把此比值与事先设定的参数进行对比（$\theta \approx 1$）。如果 $s/d \leqslant \theta$，格子中所有粒子的影响可以当作简单的粒子/格子之间的相互作用，否则，继续分割格子，直到满足这个规则或者达到基本格子为止。

这个算法的优点是，在计算作用力的过程中，计算时间为 $O(N\ln N)$，而相互作用强的粒子/粒子的计算时间为 $O(N^2)$。当然，这种方法也在不断地改进和完善之中。

（2）快速多极算法

快速多极算法（the fast multipole method，FMM），又称作格子多极方法（cell multipole method），能够保证计算所有的 $N(N-1)/2$ 个成对非键相互作用的时间是以粒子数 N 呈线性变化，而不是 N^2。该方法由 Greengard 和 Roklin 在 1987 年提出，并且也使用了分级树的概念。FMM 算法是从最低级盒子树进行多极展开，粒子则被分配在树的最新一级的格子中。与 Barnes-Hut 算法相比，FMM 中一些格子可以是空的，而另外一些格子可以包括多个粒子。这种多极展开从中心盒子开始，每个"子"格子继承了上一个"父"格子的信息，长程粒子之间的聚集信息也可以在更低级的格子中体现出来。

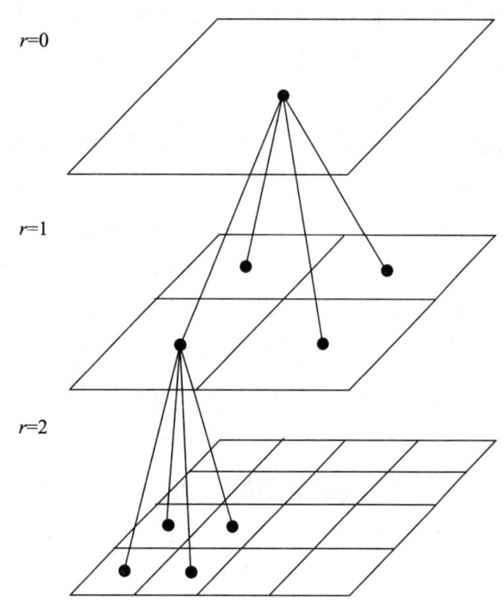

图 5.12　FMM 算法中不同代级划分关系

FMM 最初的想法是在一维和二维空间上实现的。Schmidt 和 Lee（1991）把它用在了三维空间中，分级格子如图 5.12 所示。长度为 d 的模拟盒子可以分割成长度为 $d/2^r$ 的小格子，其中 r 代表分裂的级数。这意味着对三维空间分割得到了 8^r 个大小相等的格子。

FMM 采用下述方法估算相互作用能：

$$\sum_{i}\sum_{j>i}\frac{q_i q_j}{|r_i - r_j|^p} \tag{5.61}$$

如前所述，采用树结构方法可将模拟空间分割成均匀的立方格子，每个格子的多极矢量（电荷、偶极矩和四极矩）通过格子中的原子总和进行计算。格子中的所有原子与格子外（或者说其他格子）其他原子之间的相互作用可以通过多极展开（multipole expansion）进行计算。在这种方法中，多极展开一般是用在计算大于一个格子的距离以上的相互作用，而在同一个格子内部多是计算普通的成对相互作用势。

以一个格子中的原子 C_0 为例，它与附近格子中原子之间的相互作用势采用一般的成对势进行计算。这样的格子有 27 个，需要计算与周围 26 个格子里原子之间的相互作用。与更远一些格子中原子之间的相互作用势则采用多极展开方法计算，由于相对距离较远，对所有原子而言可以近似看作是一个常数。这样一来，相对于中心格子其他每一个格子都可以认为是 Taylor 级数展开的形式。如果格子总数为 M，需要考虑的格子为 $M-27$ 个。对整个体系而言，需要计算的格子/格子之间的相互作用的量级为 $M(M-27)$。如果格子数目近似为原子的个数，此时计算量仍然近似为粒子数目的平方。当然，后来发展的方法已经在减少计算机时方面有了改善，我们不再详细介绍，请参见 Petersen 的工作（1994）。

5.3　模拟过程

尽管分子动力学、Monte Carlo 等模拟方法在理论上有许多不同之处，但是它们在初始运行时都有相同的处理方式。第一个相同点是选择何种能量形式来计算体系的能量。由于我们感兴趣的是含有大量原子的体系，需要计算大量的积分和运行很长的时间，因此分子内或者分子间相互作用几乎都采用经验的能量形式——分子力学进行计算。当然，随着功能强大的计算机和新理论方法的不断出现，有些模拟也采用量子力学或者量子力学与分子力学相结合的方式。选择好能量计算方式以后，一个完整的模拟过程一般需要进行四个步骤才能完成。首先，最重要的一点是建立初始构型。因为初始构型往往决定了模拟结果的好坏，如果初始构型选择不当，往往需要浪费相当长的时间才能达到系统平衡，甚至根本无法达到平衡。构建完初始构型之后，下一个步骤是平衡态性质的计算（the equilibration phase）。在这个过程中，通过检测许多热力学和结构性质来评价模拟是否达到平衡；有时候需要选择不同的系综进行模拟，才能达到模拟平衡，特别是对于非均相体系更应小心选择。第三个阶段是信息收集阶段（the production phase），在这个过程中将会计算体系的许多性质，并且按照一定的模拟步数储存这些信息，已备后续过程分析之用。最后一步是分析阶段，提取原先储存的一些信息，观察模拟过程中体系结构变化，以及检查模拟过程中遇到的不寻常的性质变化等。我们以下会做简单介绍。

5.3.1 选择初始构型

如上所述，初始构型的选择非常重要，选择不当不仅浪费模拟时间，而且极有可能得不到理想的结果。因此在选择初始构型时，需要进行大量的文献调研，并根据实验的实际情况，提出合理的初始构型，要尽量避免选择体系的高能构象，以确保模拟能够稳定运行。有时候可以利用能量最小化方法，在运行分子动力学和 Monte Carlo 方法之前进行构象优化，以减少产生不合理的构象，如分子重叠、相互交叉等问题。

如果已经测定了分子结构（如 X 射线衍射实验），那么可以方便地搭建分子结构作为初始构型。但是对于含有大量相同粒子的均相液体体系，通常选择标准的格子结构作为初始构型，因为随机的分子排列可能要引起分子重叠等高能构象。还要尽可能地按照实际的实验密度选择合适的模拟格子，这样就会更加接近实际情形。有些情况下，也有必要细心地排列每一个分子，例如较大的分子，但更重要的是选择的初始构型要尽量接近于平衡结构。

对于非均相体系或者是分子聚集体等情况，一般需要更严格的实验结构数据，如 X 射线衍射或 NMR 等实验数据，若无这些信息资料，则可以将分子力学能量最小化的结果作为初始构型。

对于复杂的自聚集体系，我们从实验数据入手讨论选择初始构型的问题。例如，对于 C16TAB 表面活性剂分子在疏水表面的吸附，由实验推测，在表面上形成了一种半椭圆形的胶束（图 5.13）。因此在选择初始构型时，应该更接近这种结构，以便缩短模拟时间从而更有利于讨论动力学模拟过程（Bandyopadhyay，1998）。

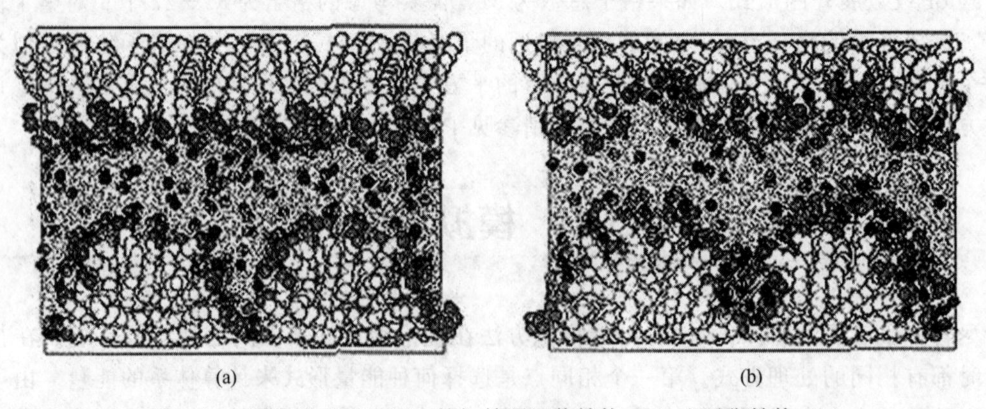

图 5.13　固液界面 C16TAB 的初始预组装结构（a）和平衡结构（b）

5.3.2 判断平衡

平衡阶段的目的是使体系从初始构型出发达到平衡状态，以保证体系的性质达到稳定。判断体系是否达到平衡有不同的判断方法，包括一些热力学性质，例如能量、温度、压力或者结构性质等。对于液体的模拟，一般采用相应的固体构型作为初始结构，因此在模拟之初首先使格子熔化。以下我们介绍几种比较常见的判断体系达到平衡的方法，以供参考。当然，最简单的方法是检查体系的能量、温度、压力等热力学函数随模拟时间的变化是否达到了平衡，有些时候则需要把多种方法结合起来才能检测体系是否真正达到了平衡。

有序参数（order parameters）通常作为判断液体体系是否达到平衡的标准，也可以作为判断体系有序程度的量度。在模拟晶体时，原子通常固定在某个位置，呈现出高度有序的状态。但是对于液体而言，更多地需要考虑分子的移动，这种情况下研究体系总会出现无序状态，从而需要判断体系是否达到了平衡。这里所谓平移有序参数（translational order parameter）最早由 Verlet 提出，他使用面心立方结构，其有序参数的定义为：

$$\lambda=\frac{1}{3}(\lambda_x+\lambda_y+\lambda_z) \tag{5.62}$$

$$\lambda_x=\sum_{i=1}^{N}\cos\left(\frac{4\pi x_i}{a}\right) \tag{5.63}$$

式中，a 为单元格子的边长。在模拟开始时，所有坐标（x_i，y_i，z_i）都是 $a/2$ 的倍数，因此有序参数为 1。随着模拟的进行，有序参数逐渐降低直到为 0，预示着原子正在逐渐随机分布。当达到平衡时，有序参数的波动与 $1/\sqrt{N}$ 成正比（N 为体系含有的原子数）。氩原子体系的模拟是一个典型，模拟结果见图 5.14。

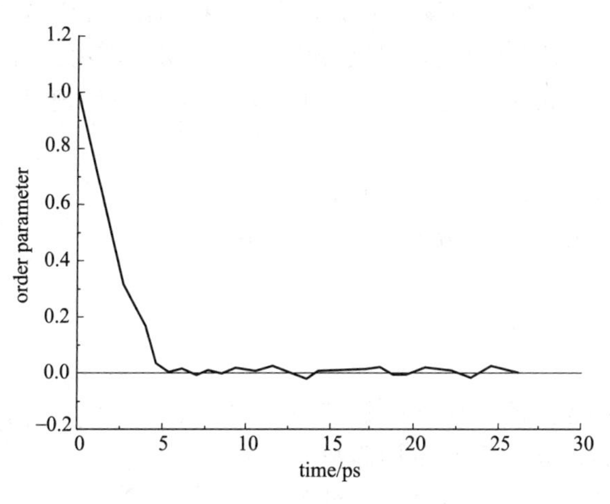

图 5.14 有序参数变化

对于分子而言，可以通过转动有序参数（rotational order parameter）考虑分子在体系中的方向性。例如，对于 CO_2 或者 H_2O 分子，在平衡阶段我们希望它们是完全无序的。而对于具有环状的分子形成液晶的情况，我们期望它们在达到平衡时是高度有序的。Viellard-Baron 转动有序参数是针对线形分子的，其有序参数为：

$$P_1=\frac{1}{N}\sum_{i=1}^{N}\cos\gamma_i \tag{5.64}$$

式中，γ_i 代表分子 i 在最初与现在轴方向之间的夹角。当等于 1 时表示分子排列成一行，而转动无序意味着参数为0。波动平均数值也与$1/\sqrt{N}$成正比。当然，还有其他的有序参数表示平衡或者体系的结构性质，我们不再赘述。

均方位移（mean squared displacement，MSD）可以用来判断固体格子是否熔化。它的定义为：

$$\Delta r^2(t)=\frac{1}{N}\sum_{i=1}^{N}[\boldsymbol{r}_i(t)-\boldsymbol{r}_i(0)]^2 \tag{5.65}$$

对于流体，没有规则结构，MSD会随模拟时间逐渐增加（见图5.15）。对于固体，MSD应该在某个值附近振荡，但是，如果固体中有部分分子或原子发生扩散，MSD在三维变化并不相同，例如对Li_3N的模拟计算（Wolf，1984），由于Li^+在水平表面上的移动幅度大于在垂直方向上的移动，因此，Li^+的MSD在x、y轴方向随时间逐渐上升（类似液体中的粒子），而在z轴上则围绕某个数值只作小幅振荡（类似固体中的粒子）。MSD有广泛的应用，如计算体系的扩散系数、黏度等，因此由这些性质的变化也可以判断模拟是否达到了平衡。

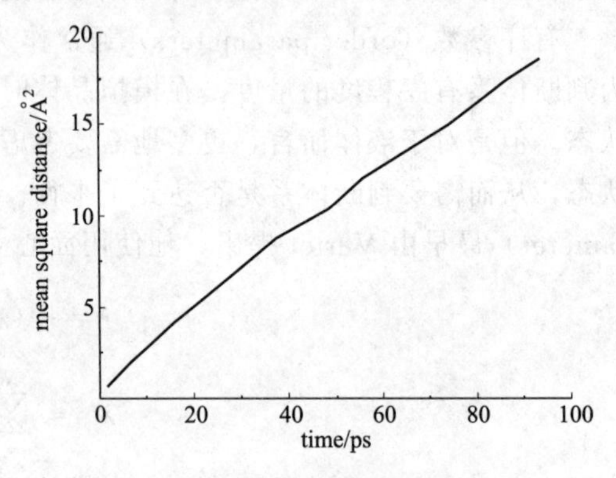

图5.15　均方位移变化

径向分布函数（radial distribution function，RDF）是另外一种用得比较多的判断体系是否达到平衡的函数。径向分布函数特别适用于液体，其峰会逐渐衰减，最终等于1，以此判断体系是否达到平衡，否则就应该延长模拟时间。在晶体中径向分布函数是无限多个分离的尖峰，代表着晶格点上粒子的位置。目前没有特殊说明我们用到的径向分布函数多指成对分布函数（pair distribution function），它表示中心粒子周围发现另外粒子的概率，体现区域密度与平均密度的对比。

如图5.16所示，假设在中心粒子距离$r\rightarrow r+\delta r$间的粒子数为dN，这样径向分布函数$g(r)$定义为：

$$g(r)=\frac{dN}{4\pi r^2 dr}/\rho \tag{5.66}$$

式中，ρ为系统密度。径向分布函数在中心粒子附近会出现逐渐衰减的峰，表示不同距离发现粒子的概率，体现中心粒子与其他粒子之间的相互作用强弱；在较远处趋向于1，表示粒子与粒子之间的相互作用非常弱，已经接近理想气体行为。分子动力学模拟中一般计算径向分布函数的方法为：

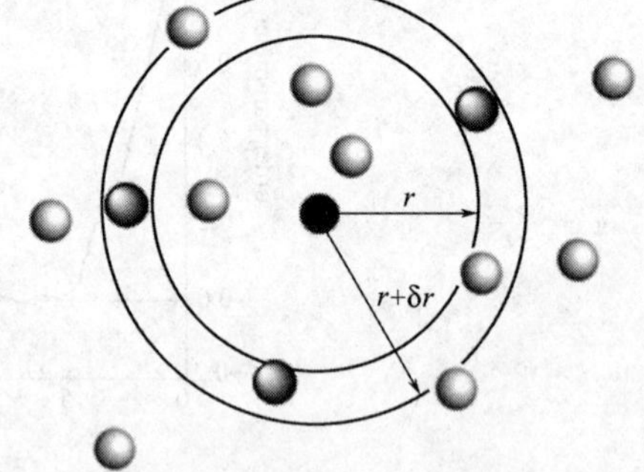

图5.16　径向分布函数示意图

$$g(r)=\frac{1}{\rho\times 4\pi r^2\delta r}\frac{\sum_{i=1}^{t}\sum_{j=1}^{N}\Delta N(r\rightarrow r+\delta r)}{Nt} \tag{5.67}$$

式中，N为分子总数；t为模拟的总时间（或者步数）；δr为设定的距离差；ΔN为

$(r \rightarrow r+\delta r)$ 间的分子数目。径向分布函数反映液体中分子聚集的特性，可借此了解液体的“结构”。将 $g(r)$ 从原点积分，可计算特定距离下 RDF 的积分面积，与密度相乘可得出在指定距离内（如截至最大峰值谷底处）的平均粒子数目。如果是水溶液可以计算中心粒子周围的水合数（hydration number）或者某个官能团下周围结合离子的配位数。图 5.17 为计算的聚合物水解聚丙烯酰胺（HPAM）单体中羧基周围结合 Na^+ 的数目。

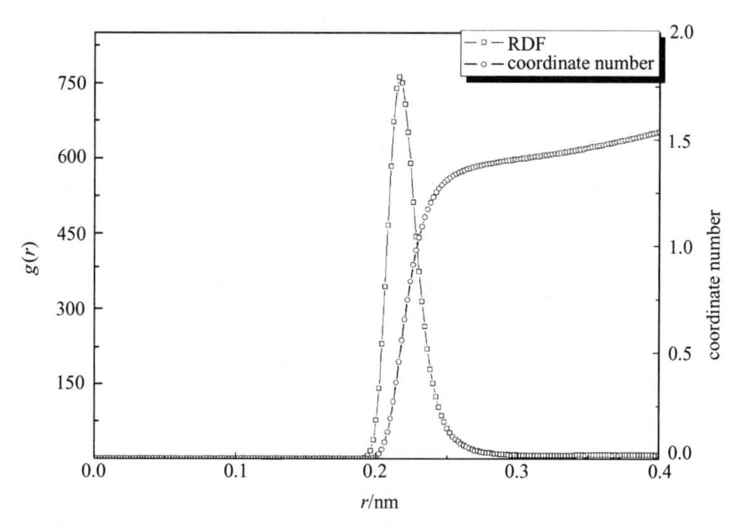

图 5.17　水解聚丙烯酰胺单体羧基与 Na^+ 之间的径向分布函数以及结合钠离子的数目

5.3.3　模拟结果和偏差分析

模拟运算完成之后，会产生大量的数据，分析这些数据并与相应的结构、性质建立联系，是非常艰巨的任务，也能体现出作者对模拟方法掌握的程度。对于一个特定的模拟而言，最直接的目的是通过简单的物理或者热力学性质来研究分子的构型变化。但是分子构型从当前步到下一步的变化幅度并不大，因此一般采取 5～25 步储存一个构型（当然要看研究的体系和计算机的储存能力），最后进行数据分析。通过检测整个模拟过程中构型的变化，可以关注分子动力学或者 Monte Carlo 中一般和特殊的构型变化。在分子动力学中，往往关心的是体系的结构性质，而不是计算相应的热力学函数。因此在这里我们强调的是，不同模拟方法对分析结果的侧重点是不同的。

任何模拟计算都存在误差，而这种误差是否合理则需要认真考虑。我们使用的计算软件运行过程中，会产生两种类型的误差：系统误差和偶然误差。前者是由计算机或者软件本身造成的，它是对于一个“合适”结果呈现一致的偏差，系统误差最严重的问题是在很大程度上偏离了“合适”的结果。系统误差很难被检测出来，因此在模拟计算过程中应该小心地选择模拟程序，诸如力场等都要认真对待，以便尽可能地消除系统误差。

即使消除了所有可能的系统误差，模拟计算的偶然误差也会存在。这些误差通常以标准偏差的形式体现。以下我们简要介绍偶然误差的一些概念和基本公式，其他信息读者可参阅统计方面的书籍。

对于一系列的观测数据，某个性质 x 的算术平均为：

$$\bar{x}=\frac{1}{N}\sum_{i=1}^{N}x_i \tag{5.68}$$

式中，N 代表着数据的数目。这个平均在统计力学中也可以写作 $\langle x\rangle$。标准偏差的平方 σ^2 表示总体数据对平均数据的偏差程度：

$$\sigma^2=\frac{1}{N}\sum_{i=1}^{N}(x_i-\bar{x})^2 \tag{5.69}$$

当然，标准偏差的平方也可以用以下公式来表示：

$$\sigma^2=\frac{1}{N}\left[\sum_{i=1}^{N}(x_i^2)-\frac{1}{N}\left(\sum_{i=1}^{N}x_i\right)^2\right] \tag{5.70}$$

标准偏差（standard deviation，σ）等于上式的平方根而且取正值：

$$\sigma=\sqrt{\frac{1}{N}\sum_{i=1}^{N}(x_i-\bar{x})^2} \tag{5.71}$$

性质 x 的标准分布（即 Gaussian 分布）在模拟中是非常重要的分布，相应的概率密度分布函数为：

$$p(x)=\frac{1}{\sigma\sqrt{2\pi}}\exp\left[\frac{-(x-\bar{x})}{2\sigma^2}\right] \tag{5.72}$$

指前因子确保函数 $p(x)$ 从 $-\infty$ 到 $+\infty$ 进行积分，而分布函数 $p(x)$ 也可以写成参数 α 的形式：

$$p(x)=\sqrt{\frac{\alpha}{\pi}}\mathrm{e}^{-\alpha(x-\bar{x})^2} \tag{5.73}$$

从式（5.71）可以知道，标准偏差与数据数目的平方根成反比。因此，长时间的模拟将会储存更多的数据，因而也就会得到更准确的模拟结果。另外一种降低模拟误差的方法，是在计算过程中增加原子或者分子数目，尤其是对体系的大小有依赖关系的性质，如能量、比热容等物理量，这些物理量的平均标准偏差正比于 $1/\sqrt{N}$。综合考虑，一般来说，对于较大体系进行较长时间的模拟总会得到较准确的结果。

参 考 文 献

[1] Allen M P，Tildesley D J. Computer simulation of liquids. Oxford：Claredon Press，1987.

[2] Bandyopadhyay S，Shelley J C，Tarck M. Surfactant aggregation at a hydrophobic surface. J Phys Chem B，1998，102（33）：6318.

[3] Barker J A. Reaction field，screening and long-range interactions in simulations of ionic and dipolar systems. Mol Phys，1994，83：1057.

[4] Bames J，Hut P. A hierarchical O（Nlg$N$）force calculation algorithm. Nature，1986，324：446.

[5] Darden T A，York D，Pedesen L. Particle-mesh Ewald：an Nlg(N) method for Ewald sums in large systems. J Chem Phys，1993，98：10089.

[6] Darden T A，Perera L，Li L，et al. New tricks for modelers from the crystallography toolkit：the particle mesh Ewald algorithm and its use in nucleic acid simulations. Structure with folding and design，1999，7：R55.

[7] Frenkel D，Smit B. Understanding molecular simulation，from algotithms to applications. San Diego：Academic Press，1996.

[8] Greengrard L，Roklin V I. A fast algorithm for particle simulations. J Comp Phys，1987，73：325.

[9] Hockney R W，Eastwood J W. Computer simulation using particles. Bristol：Adam Hilger，1988.

[10] Leach A R. Molecular modeling：principles and applications. Pearson Education Limited，2001.

[11] Quentrec B，Brot C. New method for searching for neighbors in molecular dynamics computations. J Comput Phys，1973，13：430.

[12] Pan C，Hu Z. Rigorous error bounds for Ewald summation of electrostatics at planar interface. J Chem Theory com-

put, 2014, 10: 534.
[13] Petersen H G, Soelvaso, D, Perram J W, et al. The very fast multipole method. J Chem Phys, 1994, 101: 8870.
[14] Sadus R J. Molecular simulation of fluids: theory, algorithms and object-orientation. Elsevier Science B V, 1999.
[15] Schmidt K E, Lee M A. Implementing the fast multipole method in three dimensions. J Stat Phys, 1991, 63: 1223.
[16] Tironi I G, Sperb R, Smith P E, et al. A generalized reaction field method for molecular dynamics simulations. J Chem Phys, 1995, 102: 5451.
[17] Verlet L. Computer experiments on classical fluids. Ⅱ. Equilibrium correlation functions. Phys Rev, 1967, 165: 201.
[18] Wolf M L, Walker J R, Catlow C R A. A molecular dynamics simulation study of the superionic conductor lithium nitride. Solid State Ionics, 1984, 13: 33.
[19] 陈正隆. 分子模拟的理论与实践. 北京: 化学工业出版社, 2007.

第6章 Monte Carlo 模拟

Monte Carlo 模拟是研究分子体系时出现的第一个计算机模拟方法，在分子模拟发展过程中有着非常特殊的地位。需说明的是通常在数学算法中所提到的 Monte Carlo 方法是指随机抽样（random sampling）方法；而在分子模拟中提到的 Monte Carlo 方法几乎都是指重要抽样（importance sampling）方法。Monte Carlo 模拟通过这样的一个过程得到新的构象：首先随机产生一个尝试构象（trial configuration）；接着通过计算尝试构象的能量或者其他性质通过公式计算得到一个概率因子；最后把得到的这个概率因子与产生的随机数进行比较，按照一定的规则，接受或者拒绝这个尝试构象，完成一个循环。需要指出的是 Monte Carlo 模拟过程中并不是产生的所有构象都对体系的性质有贡献，因此为了在有限的模拟时间内能够准确地计算体系的性质，从这些状态中抽出有重要贡献的样品进行分析是非常重要的。这个过程通常由产生的 Markov 链实现。Markov 链是许多连续变化的尝试构象的一系列组合，这种尝试构象只依赖前面一个构象，而与更前面步骤产生的构象无关。在 Markov 链中，如果一个新的状态比现在状态更合适，才会被接受，否则就会被拒绝，而产生的新尝试态一般会有较低的能量。

Monte Carlo 模拟方法从代表粒子位置坐标的 $3N$ 维的空间中抽样，不像分子动力学，Monte Carlo 模拟并不考虑粒子的动量。事实上 Monte Carlo 模拟中体系的理想行为并不包括粒子动量的贡献。与理想行为的偏差由粒子之间的相互作用势决定，这种势能只依赖粒子的位置而不是它的矢量。Monte Carlo 中计算的超额热力学函数（excess thermodynamic properties）表示与理想气体行为的偏差程度，一般通过简单的理想气体函数形式加入热力学函数中，也表明没有必要知道粒子的动量后再计算其他的热力学量。

我们在以下部分将分步讨论，首先讲解 Monte Carlo 方法的统计力学基础，然后是抽样算法和不同系综中的 Monte Carlo 模拟。

6.1 Monte Carlo 模拟中的配分函数

正如前面提到的，Monte Carlo 模拟方法从 $3N$ 维的空间坐标抽样，而热力学函数则需要在 $6N$ 维的相空间中计算，下面我们就从统计力学角度讨论热力学函数的计算。

我们从正则系综（N，V，T）的配分函数 Q 开始：

$$Q_{NVT}=\frac{1}{N!}\times\frac{1}{h^{3N}}\iint \mathrm{d}\boldsymbol{p}^N\mathrm{d}\boldsymbol{r}^N\exp\left[-\frac{H(\boldsymbol{p}^N,\boldsymbol{r}^N)}{k_\mathrm{B}T}\right] \tag{6.1}$$

当然如果是可分辨粒子体系（indistinguishable system），配分函数 Q 中的 $N!$ 项将不存在。$H(\boldsymbol{p}^N,\boldsymbol{r}^N)$ 代表着整个体系的 Hamiltonian 能量，它是体系中粒子的 $3N$ 坐标和 $3N$ 动量的函数，通常可以把它写成动能和势能的加和：

$$H(\boldsymbol{p}^N,\boldsymbol{r}^N)=\sum_{i=1}^{N}\frac{|\boldsymbol{p}_i|^2}{2m}+E(\boldsymbol{r}^N) \tag{6.2}$$

因此，可把式（6.1）的积分形式分解成：

$$Q_{NVT}=\frac{1}{N!}\times\frac{1}{h^{3N}}\int \mathrm{d}\boldsymbol{p}^N\exp\left[-\frac{|\boldsymbol{p}|^2}{2mk_{\mathrm{B}}T}\right]\int \mathrm{d}r^N\exp\left[-\frac{E(r^N)}{k_{\mathrm{B}}T}\right] \tag{6.3}$$

由于势能与速度无关，因此这种分离也是合理的。对动量进行积分：

$$\int \mathrm{d}\boldsymbol{p}^N\exp\left[-\frac{|\boldsymbol{p}|^2}{2mk_{\mathrm{B}}T}\right]=(2\pi mk_{\mathrm{B}}T)^{3N/2} \tag{6.4}$$

这样，相应的配分函数就变成了

$$Q_{NVT}=\frac{1}{N!}\left(\frac{2\pi mk_{\mathrm{B}}T}{h^2}\right)^{3N/2}\int \mathrm{d}r^N\exp\left[-\frac{E(r^N)}{k_{\mathrm{B}}T}\right] \tag{6.5}$$

上述式子中仅与位置有关的积分一般称作构象积分（configurational integral），Z_{NVT}：

$$Z_{NVT}=\int \mathrm{d}r^N\exp\left[-\frac{E(r^N)}{k_{\mathrm{B}}T}\right] \tag{6.6}$$

如果是理想气体，粒子之间不存在相互作用，那么势能 $E(r^N)$ 等于 0。因此对于每个粒子而言式（6.6）积分都等于 1。在每个原子的坐标上对 1 进行积分就会得到原子体积，相应的体系中所有 N 个理想粒子的构象积分等于 V^N。这样，理想气体的正则配分函数就变成了

$$Q_{NVT}=\frac{V^N}{N!}\left(\frac{2\pi mk_{\mathrm{B}}T}{h^2}\right)^{3N/2} \tag{6.7}$$

也可以写成德布罗意波长的形式（de Broglie thermal wavelength）

$$Q_{NVT}=\frac{V^N}{N!\,\Lambda^{3N}} \tag{6.8}$$

式中，$\Lambda=\sqrt{h^2/(2\pi k_{\mathrm{B}}Tm)}$。

结合式（6.4）和式（6.6），可以认为对于一个“真实”体系的配分函数可以看作是由理想气体行为（动量）和粒子之间相互作用两种贡献之和，因此我们可以把配分函数写成：

$$Q_{NVT}=Q_{NVT}^{\mathrm{ideal}}Q_{NVT}^{\mathrm{excess}} \tag{6.9}$$

式中，配分函数的超额部分：

$$Q_{NVT}^{\mathrm{excess}}=\frac{1}{V^N}\int \mathrm{d}r^N\exp\left[-\frac{E(r^N)}{k_{\mathrm{B}}T}\right] \tag{6.10}$$

理想气体的贡献可以通过对动量的积分体现，相应的通过上述配分函数也可以得到其他的热力学函数。例如在正则系综中，Helmholtz 自由能等于：

$$A=-k_{\mathrm{B}}T\ln Q_{NVT} \tag{6.11}$$

通过式（6.9）就可以写成：

$$A=A^{\mathrm{ideal}}+A^{\mathrm{excess}} \tag{6.12}$$

因此我们可以得出非常重要的结论：理想气体行为的偏差程度都是由体系中原子之间的相互作用引起的，而表示这种相互作用的势能函数只与原子的位置有关，而与它们的动量无关。这样 Monte Carlo 就可以通过计算势能得到导致与理想气体行为偏差的超额函数。

6.2 Monte Carlo 原理

6.2.1 函数积分

当模拟能够探索到整个构象空间后，那么下一步就是如何从中抽提有用的热力学性质。例如，对于一个热力学量，其平均值是 N 个粒子在 $3N$ 自由度多维空间中的积分：

$$\langle A(\boldsymbol{r}^N)\rangle=\int A(\boldsymbol{r}^N)\rho(\boldsymbol{r}^N)\mathrm{d}\boldsymbol{r}^N \tag{6.13}$$

式中，$\rho(\boldsymbol{r}^N)$ 是得到构象 $\boldsymbol{r}^N$ 的概率，它依赖该构象的势能：

$$\rho(\boldsymbol{r}^N)=\frac{\exp[-\beta E(\boldsymbol{r}^N)]}{\int\exp[-\beta E(\boldsymbol{r}^N)]\mathrm{d}\boldsymbol{r}^N} \tag{6.14}$$

事实上，Monte Carlo 模拟中用到的这些函数积分，很难通过一般的数学积分方法计算。例如，如果采用 Simpson 或者梯形积分规则计算一个 $3N$ 维积分需要有 m^{3N} 函数赋值（m 为每一维上确定积分所需要的点数），显然对于 Monte Carlo 模拟来说这样的积分方式是不现实的。如对于只含有 50 个粒子的体系，如果每一维上需要确定 3 个点，那么整个的积分就是 3^{150} 这样一个庞大的数目，此时梯形规则是不可行的。

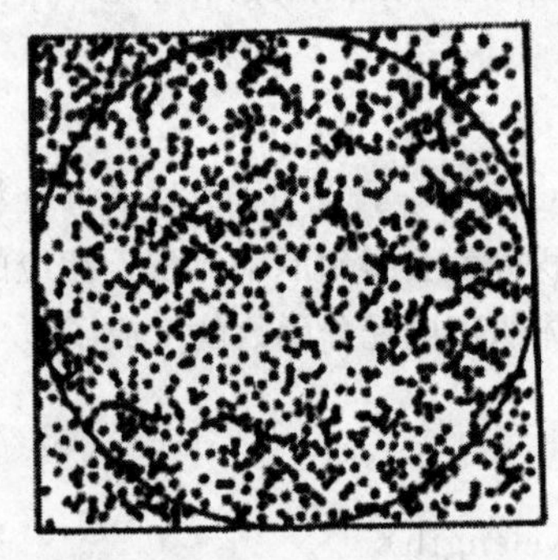

图 6.1　简单 Monte Carlo 积分算法计算 π（根据在正方形与圆形中出现随机数的比值）

另外一种积分方法是随机方法。如果我们尝试计算图 6.1 中圆的面积，基本原理就是把大量的随机点投向这个圆环。圆环所包围面积就可以通过落在边界以内的随机点与所有随机点之间的比值进行计算，同样采用这种方法也可以计算圆周率 π。

如果采用这种简单的 Monte Carlo 方法计算含有 N 个原子的配分函数，需要涉及以下步骤：

① 随机产生一个 $3N$ 个笛卡儿坐标的构象 $\boldsymbol{r}^N$；

② 计算这个构象的势能 $E(\boldsymbol{r}^N)$ 及函数 A；

③ 计算玻尔兹曼因子 $\exp[-E(\boldsymbol{r}^N)/(k_\mathrm{B}T)]$；

④ 累加玻尔兹曼因子，并将函数与玻尔兹曼因子相乘后累加，循环步骤到①；

⑤ N_{trial} 个尝试积分之后，计算体系函数的平均值：

$$\langle A(\boldsymbol{r}^N)\rangle=\frac{\sum_{i=1}^{N_{\text{trial}}}A_i(\boldsymbol{r}^N)\exp[-\beta E_i(\boldsymbol{r}^N)]}{\sum_{i=1}^{N_{\text{trial}}}\exp[-\beta E_i(\boldsymbol{r}^N)]} \tag{6.15}$$

虽然理论上该方法可以计算体系的统计平均，但是由于随机抽样（random sampling）会产生大量的构象，而这些构象粒子之间的高能重叠只占有非常小的 Boltzmann 概率，因此对整个热力学平均贡献很小，这样直接采用 Monte Carlo 方法计算体系的平均值并不恰当。

这也反映了这样一个事实：相空间中大多数的构象具有的能量非常高，只有少量构象具有较低能量（不存在粒子之间的高能重叠），但是却占有较高的 Bolztmann 概率，特别是液体体系下的相空间。

6.2.2 Metropolis 取样和 Markov 链

为了提高 Monte Carlo 方法的效率，Metropolis 于 1953 年提出了重要取样法（importance sampling），这种方法也称作 Metropolis 方法，它已经广泛地用在了 Monte Carlo 模拟中。一般模拟中提到的 Monte Carlo 模拟就是指这种方法，而不是上一节讲到的简单的 Monte Carlo 积分法。二者的区别在于：Metropolis 方法是朝着对积分有最大贡献的构象方向发展，并计算每个构象的概率 $\exp[-E(\boldsymbol{r}^N)/(k_B T)]$；而简单的 Monte Carlo 积分法则等概率地产生构象（包括高能或者低能构象），并把概率 $\exp[-E(\boldsymbol{r}^N)/(k_B T)]$ 赋予各个构象。

Metropolis 方法就是在体系中产生 Markov 链，满足重要取样的要求。一个 Markov 链需要遵循两个条件：

① 每次产生的构象仅与其相邻的前一个构象有关，而与更前面的构象无关；

② 由选择的随机数所产生每一个构象 $\boldsymbol{r}^N$ 必须是体系各构象组成的有限集合 $\{\boldsymbol{r}_1^N, \boldsymbol{r}_2^N, \cdots, \boldsymbol{r}_m^N, \boldsymbol{r}_n^N, \cdots\}$ 中的一员。

条件①可以区分分子动力学和 Monte Carlo 模拟，因为在分子动力学模拟中，各个构象之间是通过时间变化彼此关联的，而在 Monte Carlo 模拟中当前构象只与上一个构象有关。

我们举例说明形成 Morkov 链的机理（陈正隆，2007）。假设某一计算机其运行状态遵循如下的规则：若第一天正常运转而第二天也正常运转的概率为 60%，第一天死机而第二天也死机的概率为 70%，这个过程中我们把计算机分为正常运转（状态 1）与死机（状态 2）两种状态。由一种状态 i 转换为另一种状态 j 的概率为 π_{ij}，$\pi_{11}=0.6$ 为由状态 1 转换为状态 1 的概率，即第一天为正常第二天亦正常的概率；$\pi_{22}=0.7$ 代表第一天死机第二天亦死机的概率；π_{12} 代表第一天正常第二天死机的概率，π_{21} 代表第一天死机第二天正常的概率。不论第一天计算机的状态如何，第二天转换为状态 1 与状态 2 的概率总和应为 1，即符合

$$
\begin{aligned}
\pi_{11}+\pi_{12}&=1 \\
\pi_{21}+\pi_{22}&=1
\end{aligned} \tag{6.16}
$$

将 π_{11} 与 π_{22} 的值代入式（6.16），可得 $\pi_{12}=0.4$，$\pi_{21}=0.3$。依此规则可建立转换矩阵（transition matrix）为

$$
\boldsymbol{\pi}=\begin{pmatrix}\pi_{11} & \pi_{12} \\ \pi_{21} & \pi_{22}\end{pmatrix}=\begin{pmatrix}0.6 & 0.4 \\ 0.3 & 0.7\end{pmatrix} \tag{6.17}
$$

设 ρ_1 表示系统处于状态 1 的概率，ρ_2 表示系统处于状态 2 的概率，则系统的状态概率可以用一概率向量 $\boldsymbol{\rho}$ 表示

$$
\boldsymbol{\rho}=(\rho_1,\rho_2) \tag{6.18}
$$

设 $\boldsymbol{\rho}^{(1)}$ 为系统起始状态的概率向量，$\boldsymbol{\rho}^{(2)}$ 为系统经过第一次转换后的概率向量，则

$$
\boldsymbol{\rho}^{(2)}=\boldsymbol{\rho}^{(1)}\times\boldsymbol{\pi} \tag{6.19}
$$

再经一次转换的概率向量为

$$\boldsymbol{\rho}^{(3)}=\boldsymbol{\rho}^{(2)}\times\boldsymbol{\pi} \tag{6.20}$$

依次类推。若计算机第一天正常运转与死机的概率相同，即 $\boldsymbol{\rho}^{(1)}=(0.5, 0.5)$，依式(6.19)第二天计算机状态的概率向量为

$$\boldsymbol{\rho}^{(2)}=\boldsymbol{\rho}^{(1)}\times\boldsymbol{\pi}=(0.45,0.55) \tag{6.21}$$

表示计算机第二天正常运转的概率为45%，死机的概率为55%。相应地，第三天计算机状态的概率向量为

$$\boldsymbol{\rho}^{(3)}=\boldsymbol{\rho}^{(2)}\times\boldsymbol{\pi}=\boldsymbol{\rho}^{(1)}\times\boldsymbol{\pi}\times\boldsymbol{\pi}=\boldsymbol{\rho}^{(1)}\boldsymbol{\pi}^{2}=(0.435,0.565) \tag{6.22}$$

经过若干天后计算机状态的概率向量值会达到一极限值，此时就是Markov链的极限概率向量

$$\boldsymbol{\rho}^{\infty}=\lim_{N\to\infty}\boldsymbol{\rho}^{(1)}\boldsymbol{\pi}^{N}=(0.4286,0.5714) \tag{6.23}$$

如果概率向量已经达极值，此时再乘以转换矩阵必然还会得到相同的概率向量，即

$$\boldsymbol{\rho}^{\infty}\times\boldsymbol{\pi}=\boldsymbol{\rho}^{\infty}$$

$$(0.4286,0.5714)\begin{pmatrix}0.6 & 0.4\\0.3 & 0.7\end{pmatrix}=(0.4286,0.5714) \tag{6.24}$$

这表示当达到极限情形后，状态的概率分配值不再变化，系统已达平衡。此极限概率向量的概率值又称为平衡状态的概率分配值。

我们把上述例子推广到 N 个构象的体系，那么转换矩阵 $\boldsymbol{\pi}$ 应为 $N\times N$ 矩阵。设想从构象 m 开始，转移到构象 n，此时对于 $\boldsymbol{\pi}$ 矩阵每列元素的和均为1：

$$\sum_{m}\pi_{mn}=1 \tag{6.25}$$

体系在某个构象的概率矢量 $\boldsymbol{\rho}$ 为 N 维向量：

$$\boldsymbol{\rho}=(\rho_1,\rho_2,\cdots,\rho_m,\rho_n,\cdots,\rho_N) \tag{6.26}$$

满足极限概率分配值的条件为

$$\sum_{m}\rho_m^{\infty}\pi_{mn}=\rho_n^{\infty} \tag{6.27}$$

上式表明，如果一系综中含有 N 个构象，当达到平衡时（即各状态的概率值不变），任何一次构象的转换，系综依然保持平衡。

在Metropolis等人所设计的Monte Carlo方法中，需首先建立一随机矩阵（stochastic matrix)，此随机矩阵元为 α_{mn}，表示选择到状态 m 到状态 n 之间转换的概率，它也常被称作Markov链的基本矩阵（underlying matrix)。如果所选择的转换状态可被接受的概率为 p_{mn}，则由状态 m 转换至状态 n 的概率 π_{mn} 为

$$\pi_{mn}=\alpha_{mn}p_{mn} \tag{6.28}$$

通常假设随机矩阵 α 为一对称矩阵，即 $\alpha_{mn}=\alpha_{nm}$，表示选择由 $m\to n$ 的概率等于选择由 $n\to m$ 的概率。

设 ρ_m^{∞} 与 ρ_n^{∞} 分别表示状态 m 与状态 n 的极限概率，如果已经达到极限平衡状态，且 $\rho_n^{\infty}>\rho_m^{\infty}$（表示状态 n 的能量低于状态 m 的能量，此时状态 n 的Boltzmann概率高于状态 m 的Bolztmann概率)，则由 m 转换为 n 的矩阵元 π_{mn} 等于选择到状态 m 到状态 n 之间转换的概率，即 $\pi_{mn}=\alpha_{mn}$。若 $\rho_n^{\infty}<\rho_m^{\infty}$（表示状态 n 的能量高于状态 m 的能量)，则由 m 转换为 n 的概率等于选择到状态 m 到状态 n 之间转换的概率乘以 n 状态的极限概率与 m 状态极限概

率的比值，即存在如下关系式：

$$\pi_{mn}=\alpha_{mn} \qquad , \quad \rho_n^{\infty} \geqslant \rho_m^{\infty} \quad , \quad m \neq n \tag{6.29}$$

$$\pi_{mn}=\alpha_{mn}(\rho_n^{\infty}/\rho_m^{\infty}), \quad \rho_n^{\infty} < \rho_m^{\infty} \quad , \quad m \neq n \tag{6.30}$$

上述式子表示所选择的初始和终止状态不同的情况。如果状态 m 和状态 n 相同，那么转换矩阵元就变成了

$$\pi_{mm}=1-\sum_{n \neq m} \pi_{mn} \tag{6.31}$$

接下来让我们试着把状态 m 和状态 n 之间的能量关系也加入 Metropolis 算法中。如果构象 n 的能量低于初始构象 m 的能量，那么新的构象 n 被接受；如果新的构象 n 的能量高于初始构象 m 的能量，我们可以根据式（6.28）用概率讨论这个变化是否被接受。首先计算 Boltzmann 因子$\{\exp[-\Delta E(\boldsymbol{r}^N)/(k_B T)]\}$，其中 $\Delta E(r^N)=[E(\boldsymbol{r}^N)_n-E(\boldsymbol{r}^N)_m]$，比较该因子与(0,1)之间的随机数的大小。如果大于随机数，那么这个构象被接受，否则被拒绝。这就意味着如果新的构象 n 的能量非常接近旧的构象 m 的能量，其能量差值的 Bolztmann 因子会非常接近于 1，也表示这种新的构象 n 被接受的可能性很大；但是如果能量差值很大，其 Boltzmann 因子就会接近于 0，那么这个构象就很有可能被拒绝。

Metropolis 方法实际上遵循了微观可逆(microscopic reversibility)原则，即在平衡条件下，两构象之间的相互转移遵循相同的速度。从构象 m 到构象 n 之间转移的速度等于构象 m 占据概率和转换矩阵元 π_{mn} 的乘积。这样，在平衡状态下就有

$$\rho_m^{\infty}\pi_{mn}=\rho_n^{\infty}\pi_{nm} \tag{6.32}$$

相应的转移矩阵元之间的比值等于两个构象之间的 Boltzmann 因子的比值

$$\frac{\pi_{mn}}{\pi_{nm}}=\frac{\exp[-E(\boldsymbol{r}^N)_n/(k_B T)]}{\exp[-E(\boldsymbol{r}^N)_m/(k_B T)]}=\exp[-\Delta E/(k_B T)] \tag{6.33}$$

根据以上的讨论，欲建立含有许多粒子系统的 Morkov 链则必须建立符合各态经历假说的转换矩阵。事实上，多数 Monte Carlo 方法都不能做到各态经历过程。依照 Metropolis 方法，可由系统的任意起始状态开始，由转换矩阵产生一系列的结构，或者说产生一系列的相空间轨迹（phase space trajectories)，而计算其所对应性质的平均值。若计算的平均值不再变化，则系统已达平衡状态。转换矩阵元 π_{mn}，依系综的性质不同而不同。下列各节将讨论如何决定这些元素及执行 Metropolis 方法的 Monte Carlo 计算。

6.3 基本 Monte Carlo 模拟

在谈到 Monte Carlo 模拟时，人们习惯上总是要问 Monte Carlo 和分子动力学有什么区别。其实很难以简练的语言说明 Monte Carlo 与分子动力学程序的差异，最好的办法就是解释这些程序是如何编写的，这样可以更好地理解 Monte Carlo 或者分子动力学的运行。多数 Monte Carlo 或者分子动力学程序仅仅含有几百到几千行的程序，相对于量子化学程序是非常简单的。这也是为什么现在会开发出那么多的 Monte Carlo 或分子动力学软件。这种情况也产生一个问题，那就是没有一个标准的 Monte Carlo 或者分子动力学程序。尽管许多程序不相同，但是也可以从中找出相似的地方，我们在此就通过这些相似的部分讨论 Monte Carlo 是如何运行的。

6.3.1 算法

Monte Carlo 模拟的首要目的就是计算多组分体系的平衡性质。我们先从最简单的 Monte Carlo 程序入手。在以前的讨论中我们曾经用 Markov 链表示了 Metropolis 方法的运行过程，在 Metropolis 方法中，通过正比于 Boltzmann 因子 $\exp[-E(r^N)/(k_B T)]$ 的构象点 $\boldsymbol{r}^N$ 的位移得到一个新的构象。有很多的方法可以完成这一随机位移，Metropolis 算法采用如下的步骤：

① 随机选择一个粒子，并计算其能量 $E(r^N)$。

② 对该粒子进行随机步幅的位移（random displacement），$r'=r+\Delta r$，并相应计算新位置情形下的能量 $E(r'^N)$。

③ 用 $\min\left[1, \exp\left(-\frac{\Delta E_{nm}}{kT}\right)\right]$ 讨论这个随机位移是否被接受。其中该式表示两个位移之间的 Boltzmann 因子与（0,1）之间的随机数二者之间的比较，它决定随机位移被接受的概率。

6.3.2 平动

有了 Metropolis 算法，下面我们讨论如何应用。对于一个有合适初始构象的分子或原子体系，可以通过力场标定其势能，下一步就是建立基本的 Markov 链，也就是说确定随机矩阵 α。这样又回到了我们前几节的问题，如何确定下一个尝试移动。这里我们把它分成涉及分子质心和分子构象取向排列的两种不同的尝试移动，下面分别讨论（陈正隆，2007）。

我们先从分子质心的尝试移动谈起。比较好的创造一个尝试位移的方法就是在分子质心的笛卡儿三维坐标上分别加入一个随机数：

$$x_{\text{new}}=x_{\text{old}}+(2\xi-1)\delta r_{\max} \tag{6.34}$$

$$y_{\text{new}}=y_{\text{old}}+(2\xi-1)\delta r_{\max} \tag{6.35}$$

$$z_{\text{new}}=z_{\text{old}}+(2\xi-1)\delta r_{\max} \tag{6.36}$$

其中随机数 ξ 在（0,1）之间，这样可以保证粒子在三个笛卡儿坐标的正负方向上都可以尝试移动；$\delta r_{\max}$ 表示坐标方向上的最大位移。通过此项尝试移动之后，可以计算新构象的能量，这里需要说明的是在这种尝试移动过程中，没有必要重新计算整个体系的能量，而仅仅考虑计算尝试移动的原子能量就可以了（因为我们在计算 Boltzmann 因子中用到的是前后两个构象的能量差值）。因此，Monte Carlo 中的近邻列表（neighbor list）必须包括这个原子周围所有的原子，而在分子动力学中，相应的只包括一定范围的相邻原子。当然相应的周期边界条件和最小镜像等方法在其中也是适用的。如果新的构象能量比前一个构象的能量低，那么这个新构象被接受作为下一个尝试移动的起点；如果新构象的能量高，就要计算 Boltzmann 因子 $\exp[-\Delta E(r^N)/(k_B T)]$并与（0,1）之间的随机数做比较。如果 Boltzmann 因子大于随机数，那么这个新的构象也被接受，否则被拒绝重新回到上一个构象进行下一个尝试移动。接受的条件可以写成这种形式：

$$\text{rand}(0,1)\leqslant\exp[-\Delta E(r^N)/(k_B T)] \tag{6.37}$$

每次尝试移动的幅度由 $\delta r_{\max}$ 决定。一般而言，可以调整这个参数确保大约 50%的尝试移动被接受是比较合理的。如果选择的最大位移 $\delta r_{\max}$ 太小，那么就会有太多的尝试移动被接受，但是得到的各种构象太相似，而探索整个相空间将会非常慢。但是如果 $\delta r_{\max}$ 太大，将会发生太大的构象重叠，造成太多的尝试构象被拒绝。在程序中为得到满意的接受率应适当调整 δr_{max} 的数值。

我们以二维空间的体系为例，讨论 Metropolis 算法的变化模型。执行该计算首先应该先确定对称的 α 矩阵，其要求为 $\alpha_{mn}=\alpha_{nm}$。假设系统中含有几个粒子，其状态由 m 表示（见图 6.2）。

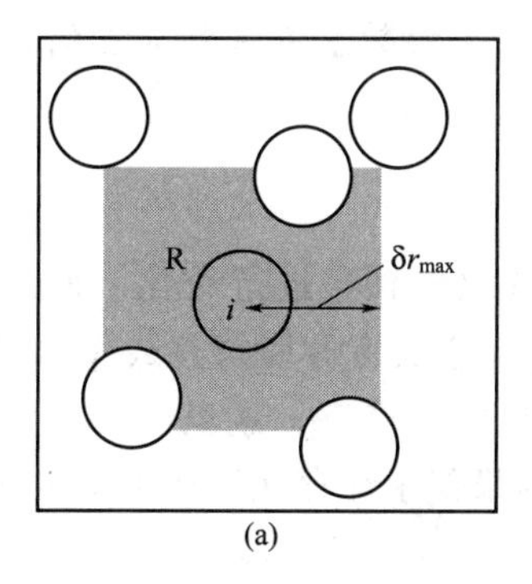

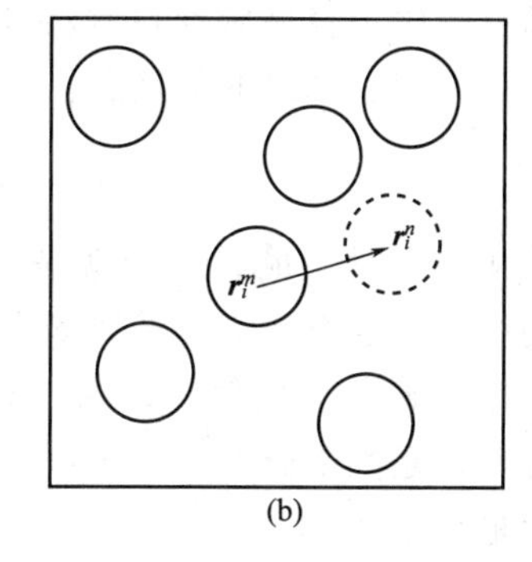

图 6.2　随机选择粒子的尝试移动

产生另一个状态的方法就是随机选取系统中的某一粒子 i，将其由原来的位置 $\boldsymbol{r}_i^m$，以相等的概率移动至范围 R 内的任意一位置 $\boldsymbol{r}_i^n$（图 6.2）。范围 R 的中心为 $\boldsymbol{r}_i^m$，边长为 $2\delta r_{max}$。若系统为三维空间的盒子则 R 为一边长为 $2\delta r_{max}$ 的立方体。设这样的移动对于粒子 i 可产生 N_R 个新的位置，即产生 N_R 个新的状态，因此，选择 $m \rightarrow n$ 的概率为 $1/N_R$。可定义 α_{mn} 为

$$\alpha_{mn}=1/N_R \qquad 若\ \boldsymbol{r}_i^n \in R \tag{6.38}$$

$$\alpha_{mn}=0 \qquad 若\ \boldsymbol{r}_i^n \notin R \tag{6.39}$$

这样的定义就可以满足式 $\alpha_{mn}=\alpha_{nm}$ 的要求。

下一步就是计算尝试移动后的玻尔兹曼因子。如图 6.2(b) 所示，设选择的粒子 i 由原先的 $\boldsymbol{r}_i^m$ 移动至新的位置 $\boldsymbol{r}_i^n$，则

$$\Delta E_{mn}=E(r^N)_n-E(r^N)_m=\left[\sum_{j=1}^{N}E(r_{ij}^n)-\sum_{j=1}^{N}E(r_{ij}^m)\right] \tag{6.40}$$

换句话说，计算粒子移动前后系统的势能差，并不需要计算状态 m 与 n 所有的能量，仅需计算所有与 i 粒子相关的能量变化即可。若 $\Delta E_{mn} \geqslant 0$，则将玻尔兹曼因子与随机数 $0 \leqslant \xi \leqslant 1$ 相比，以决定是否接受此粒子的移动。若玻尔兹曼因子大于此随机数，则此移动被接受，反之，此移动被拒绝。若此移动被接受，则以此新位置为 i 粒子的位置，否则回到原来的位置。再随意选择系统的任一粒子，并重复如上的移动步骤。这样的计算方法，即为 Metropolis 计算法。传统的 Metropolis 计算方法，每次仅选择一个移动粒子。目前的 Monte Carlo 方法，完全可以做到计算中对系统中的所有原子皆同时移动。

6.3.3　取向运动

Monte Carlo 方法可以非常容易地用在原子体系中，因为它仅仅考虑平动自由度，相对少量的模拟步数就可得到准确的结果。但是当它用在分子体系中，特别是柔性分子中时，就会遇到麻烦。这是因为在这样的体系中，除了分子平动运动以外，还必须要考虑分子的转动

运动。这种转动运动一般会引起分子内部或者相邻分子之间的高能重叠，从而产生较低的接受率。下面我们简单叙述分子运动在不同分子体系中的处理方式。

(1) 刚性线形分子

考虑含有 N 个线形分子的体系，假设第 i 个分子的取向为单位矢量 $\boldsymbol{u}_i$。可以通过下面的步骤加入一个小的、随机的数值改变矢量 $\boldsymbol{u}_i$。首先，产生一个随机矢量 $\boldsymbol{v}$（像随机数一样，这种矢量 $\boldsymbol{v}$ 通过程序很容易做到）；接着用一个参数 γ 对矢量 $\boldsymbol{v}$ 加倍，参数 γ 表示尝试旋转的程度。这样就得到了最终的矢量和：

$$\boldsymbol{t}_i=\boldsymbol{u}_i+\gamma\boldsymbol{v} \tag{6.41}$$

式中，$\boldsymbol{t}_i$ 不是单位矢量。最后一步就是对式（6.42）进行约化，得到的尝试取向矢量 $\boldsymbol{u}_i'$ 就是我们想要的结果。这里我们仍然要固定 γ，它决定着取向尝试移动的接受率。平动运动中的规则同样适用于确定 γ 数值，以保证理想的接受率。这里的平动和转动可以同时考虑也可以分开处理，但是如果分开计算得到的结果似乎会存在一些不确定性。

(2) 刚性非线形分子

最简单的方法就是选择笛卡儿坐标的一个轴（x,y,z），沿着选定的某个轴随机的旋转某个角度 $\delta\omega$ 完成分子的转动移动，当然旋转角度应该在规定的最大角度 $\delta\omega_{\max}$ 范围内。这种旋转可以直接采用三角函数关系式表示。例如，某个分子的矢量为（$x\boldsymbol{i},y\boldsymbol{j},z\boldsymbol{k}$），沿着 x 轴旋转某个 $\delta\omega$ 得到新的矢量（$x'\boldsymbol{i},y'\boldsymbol{j},z'\boldsymbol{k}$），相应的计算式：

$$\begin{pmatrix}x'\\y'\\z'\end{pmatrix}=\begin{pmatrix}1 & 0 & 0\\0 & \cos\delta\omega & \sin\delta\omega\\0 & -\sin\delta\omega & \cos\delta\omega\end{pmatrix}\begin{pmatrix}x\\y\\z\end{pmatrix} \tag{6.42}$$

Euler 角（ϕ，θ，ψ）经常用来计算分子的取向，其中 ϕ 表示沿着笛卡儿坐标 z 轴旋转的角度，可以认为是移动 x 轴和 y 轴的结果；接着对新产生的坐标旋转，θ 为产生的新坐标沿 x 轴旋转的角度；最后针对这个新坐标进行旋转，ψ 是沿着第二次产生的坐标 z 轴旋转的角度。如果 Euler 角随机变化 $\delta\theta$、$\delta\phi$ 和 $\delta\psi$，那么得到的新的矢量为：

$$\boldsymbol{u}_{\text{new}}=\boldsymbol{A}\boldsymbol{u}_{\text{old}} \tag{6.43}$$

式中，矩阵 $\boldsymbol{A}$ 为：

$$\begin{pmatrix}\cos\delta\phi\cos\delta\psi-\sin\delta\phi\cos\delta\theta\sin\delta\psi & \sin\delta\phi\cos\delta\psi+\sin\delta\phi\cos\delta\theta\sin\delta\psi & \sin\delta\theta\sin\delta\psi\\-\cos\delta\phi\sin\delta\psi-\sin\delta\phi\cos\delta\theta\cos\delta\psi & -\sin\delta\phi\sin\delta\psi+\cos\delta\phi\cos\delta\theta\cos\delta\psi & \sin\delta\phi\cos\delta\psi\\\sin\delta\phi\sin\delta\theta & -\cos\delta\phi\sin\delta\theta & \cos\delta\theta\end{pmatrix} \tag{6.44}$$

需要特别指出的是简单抽样下位移不会产生均匀的分布，因此有必要用 $\cos\theta$ 取代 θ 进行抽样。相应的采用 $\cos\theta$ 抽样会得到：

$$\phi_{\text{new}}=\phi_{\text{old}}+(2\xi-1)\delta\phi_{\max} \tag{6.45}$$

$$\cos\theta_{\text{new}}=\cos\theta_{\text{old}}+(2\xi-1)\delta(\cos\theta)_{\max} \tag{6.46}$$

$$\Psi_{\text{new}}=\Psi_{\text{old}}+(2\xi-1)\delta\Psi_{\max} \tag{6.47}$$

另外一种对 θ 的抽样方式：

$$\theta_{\text{new}}=\theta_{\text{old}}+(2\xi-1)\delta\theta_{\max} \tag{6.48}$$

此时接受或拒绝规则为：

$$\frac{\rho_{\text{new}}}{\rho_{\text{old}}}=\exp[-\Delta E/(k_{\text{B}}T)]\frac{\sin\theta_{\text{new}}}{\sin\theta_{\text{old}}} \tag{6.49}$$

Euler 角方法的缺点是转动矩阵中包含总数为 6 个的三角函数（即每个 Euler 角有正弦和余弦两种形式），这些三角函数计算起来非常耗时。另外一个转换形式为四组分方法（quaternion），表示一个四维矢量各个组分的总和为 1，即 $q_0^2+q_1^2+q_2^2+q_3^2=1$。相应的 Euler 角的四组分为：

$$q_0=\cos\frac{1}{2}\theta\cos\frac{1}{2}(\phi+\psi) \tag{6.50}$$

$$q_1=\sin\frac{1}{2}\theta\cos\frac{1}{2}(\phi+\psi) \tag{6.51}$$

$$q_2=\sin\frac{1}{2}\theta\sin\frac{1}{2}(\phi+\psi) \tag{6.52}$$

$$q_3=\cos\frac{1}{2}\theta\sin\frac{1}{2}(\phi+\psi) \tag{6.53}$$

这样 Euler 角旋转矩阵就可以写成：

$$\boldsymbol{A}=\begin{pmatrix} q_0^2+q_1^2-q_2^2-q_3^2 & 2(q_1q_2+q_0q_3) & 2(q_1q_3-q_0q_2) \\ 2(q_1q_2-q_0q_3) & q_0^2-q_1^2+q_2^2-q_3^2 & 2(q_2q_3+q_0q_1) \\ 2(q_1q_3+q_0q_2) & 2(q_2q_3-q_0q_1) & q_0^2-q_1^2-q_2^2+q_3^2 \end{pmatrix} \tag{6.54}$$

为了产生一个新的取向，有必要旋转四组分矢量产生一个随机取向。对于四组分矢量，取向必须发生在四维空间。一般通过下述方法得到：

① 在（−1，1）范围内产生一对随机数（ξ_1，ξ_2）直到符合 $S_1=\xi_1^2+\xi_2^2<1$；

② 同样的过程产生另外一对随机数（ξ_3，ξ_4）直至 $S_2=\xi_3^2+\xi_4^2<1$；

③ 产生的随机数，可形成四维向量（ξ_1，ξ_2，$\xi_3\sqrt{(1-S_1)/S_2}$，$\xi_4\sqrt{(1-S_1)/S_2}$），然后在此四维向量里为（q_0,q_1,q_2,q_3）向量采样。

为获得合适的接受率，描述新旧取向的两个矢量之间的夹角应该小于某些数值，以保证能够随机和均匀地在某个相空间抽样。

(3) 小的柔性分子

除非柔性分子很小，或者采用了特殊的模型方法，否则很难顺利地运用 Monte Carlo 方法去模拟柔性分子。对于此类分子，最简单的产生新构象的方法就是除了考虑整个分子的平动和转动以外，还要考虑单个原子在笛卡儿坐标上的随机变化。在这种情况下，为获得一定的接受率需要非常小的原子位移，这意味着要花费很长的模拟时间去探索整个相空间。例如，甚至平衡键长附近微小的移动也会引起能量的大幅上升。一个明智的方法就是保持一些内自由度不变，通常指的是“刚性坐标”如键长、键角等。另一种方法就是在针对刚性分子的模拟算法中做些改进（Tilesley，1993）来研究小的柔性分子，如丁烷等。一个新的尝试构象过程一般包括：①移动头部原子（head atom）；②通过 Euler 角的随机变化改变分子的取向；③在（0，2π）范围内随机改变二面角 χ 产生新的构象。尝试构象通过式（6.37）讨论是否被接受，当然其中的能量变化包括了分子内和分子间贡献之和。但是对于大的分子，即使幅度很小的键运动也会引起能量的大幅变化（图 6.3），此时即使固定某些内坐标也会引起一些麻烦。特别是针对聚合物。我们在以下的讨论中将详细讲解。

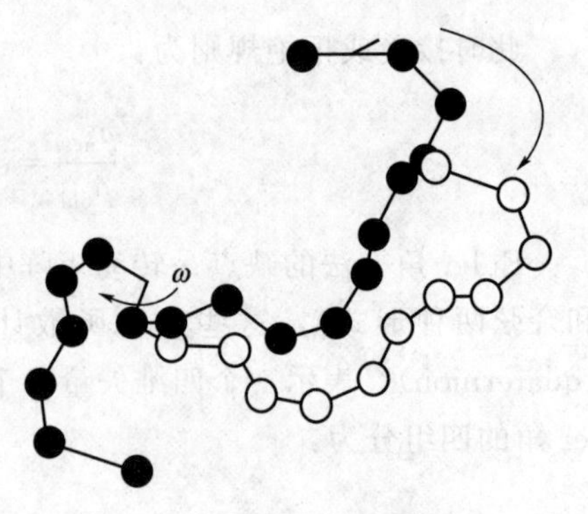

图 6.3 分子中间小的旋转可引起尾部大幅度变化

(4) 聚合物

聚合物是系列分子片段通过化学键连接而成的大分子。有些分子通过简单的基本单元（单体）聚合而成，而有些聚合物是由多个单体聚合得到。例如，蛋白质就是由二十个氨基酸单体聚合而成的。不同单体链之间的交叉组合可以形成不同结构不同性质的聚合物，而人们比较感兴趣的是不同条件下的聚合物性质，如在溶液中、熔化状态下或者晶体结构中。分子模拟技术能够帮助人们理解聚合物性质并可以预测聚合物的性质。但是要描述聚合物的性质需要更大的时间尺度和粒子尺度，相应的时间跨度从 10^{-14}s（化学键振动范围）到秒的数量级，同样对于聚集尺度也从 1～2Å 的化学键到几百埃的聚合物胶团。这样在描述聚合物性质方面产生了很多的模型和方法，如 Flory-Huggins 理论，已经广泛地用在了聚合物的分子模拟之中。我们在此简单介绍几种方法（Binder，1995）。

① 蛇滑行算法

Wall 和 Mandel（1975）提出了类似蛇滑行产生链的算法。整个滑行算法（the reptation or slithering snake algorithm）最初的想法来源于格子聚合物，但这套理论也可以用于非格子模型。对于含有 $p+1$ 个单体的线形聚合物共有 p 个连接（相当于化学键），蛇行算法通过四个过程完成一个尝试构象：

a. 随机选择聚合物链的某个终端作为头，如单体 1；

b. 第 $p+1$ 个单体和第 p 个连接消失，并在链的头部随机选择一个方向进行连接；

c. 计算能量变化 $\Delta E=E_1(\text{trial})-E_{p+1}(\text{old})$，此式表示从尾部单体到产生新的头部单体的能量差值；

d. 通过式（6.37）判断尝试运动是否被接受。

此种尝试运动参见图 6.4。这个过程中，对头部和尾部单体的随机选择非常重要，它可以避免与相邻聚合链之间的能量重叠。这种方法也可以用在三维格子或者流体溶液中。

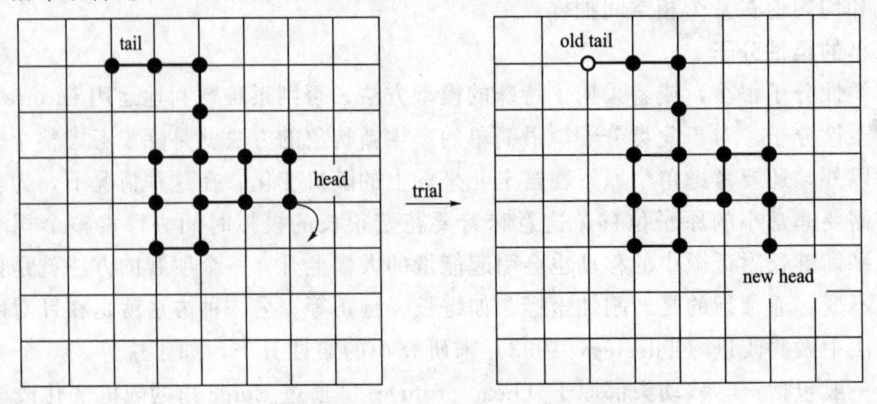

图 6.4 蛇滑行算法示意图

蛇滑行方法一般限于线形聚合物，现在不少改进方法也用到了其他聚合物研究体系，例如对聚合物链中任意单体的消除和取代以及相邻两个聚合链之间的连接等。

② 结点跳跃法

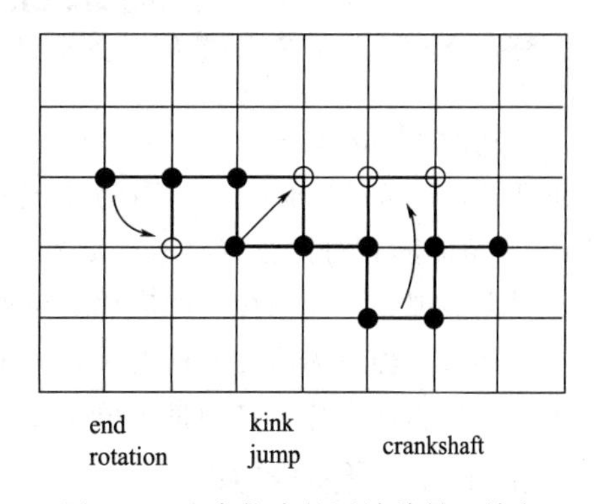

图 6.5 聚合物中的尾端旋转、结点跳跃和曲轴移动等运动方式

结点跳跃法（the kink-jump algorithm）最初也是用在格子聚合物中（Verdier，1962）。在这个方法中，随机的选择单体从位置 $\boldsymbol{r}_n$ “弹跳” 产生新的尝试位置 $\boldsymbol{r}'_{\mathrm{n}}=\boldsymbol{r}_{n+1}+\boldsymbol{r}_{n-1}+\boldsymbol{r}_n$。但是当距离很小，单体之间强烈的分子间排列作用会产生排斥或者空体积（excluded or empty volume）。为了消除排斥体积的影响，局部“曲轴”运动也加入了这种方法（见图 6.5）。

Baumgartner（1979）把结点跳跃法用在了非格子的线形链中，很好地解决了排斥体积引起的问题。对于含有 $p+1$ 个单体和 p 个连接点的线形聚合物，其工作原理如下：

a. 随机选择聚合物链上的某个单体 i；

b. 如果选择的单体 i 为头（$i=1$）或者尾（$i=p+1$），则对第一个或者第 p 个连接随机取向，获得尝试态；否则围绕第 $i+1$ 和第 $i-1$ 个单体之间的矢量进行随机的旋转，旋转角度范围为 $-\Delta\phi_{\max}\sim+\Delta\phi_{\max}$；

c. 通过式（6.37）判断尝试移动是否被接受。

示意图见图 6.6。

③ 枢轴算法

枢轴算法（the pivot algorithm）(Lal，1969）与自避免行走（self avoiding walk，SAW）(Binder，1997）相结合在格子中产生一个新的构象。随机选择自避免行走中的任意点作为轴点，新的链通过部分链绕轴点旋转一定角度得到（见图 6.7）。如果旋转链的位置与未旋转的部分发生重合，则这个尝试运动就被拒绝；否则按照式（6.37）讨论是否被接受。虽然这种方法有较高的拒绝率，但是仍然可以获得一些有代表性的构象。对于含有 p 个连接点的聚合物，Madras（1998）发现这种方法比 SAW 方法的效率高出 p 倍。这种方法也可以用在非格子模型，对于单链聚合物体系非常有效，但是针对聚合物熔融状态由于与其他链有很高的重叠率，所以效果不是很理想。SAW 有很多的文献综述，读者可查阅相关文献。

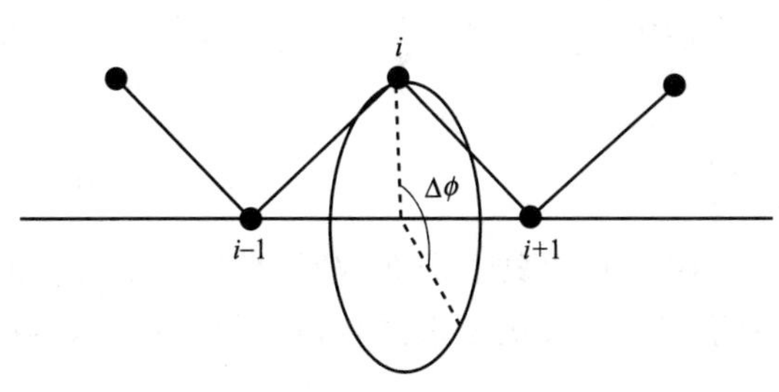

图 6.6 结点跳跃算法中的尝试运动示意图

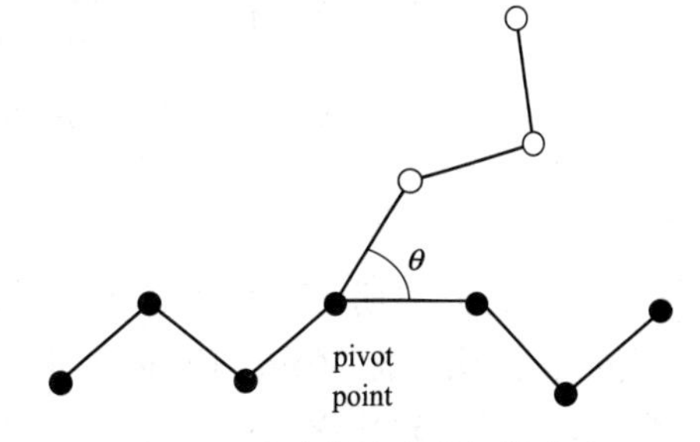

图 6.7 聚合物链中的枢轴移动

6.4 不同系综中的 Monte Carlo 模拟

最初的 Monte Carlo 方法（Metropolis，1953）研究的是正则系综。Metropolis 在该模拟中，用重要抽样建立 Markov 链。因为重要抽样方法能够用来做不同的 Markov 链，因此 Monte Carlo 模拟能够相对比较容易地扩展到不同系综。一般而言，抽样变量和一些新固定参数的应用，足以实现在不同系综中的应用。例如，McDonald（1972）报道了除了分子坐标以外，通过体积抽样（共轭量为压力）研究 Monte Carlo 在等温等压系综中的应用（NPT）；在巨正则系综中，则采用化学势（共轭量为分子数 N）作为抽样（Valleau，1980）。

6.4.1 正则系综

正则系综（canonical ensemble）的定义参见第 2 章，某个性质 A 的正则平均 $\langle A\rangle$ 为

$$\langle A\rangle=\frac{\int A(\boldsymbol{r}^N)\exp[-\beta E(\boldsymbol{r}^N)]\mathrm{d}\boldsymbol{r}^N}{\int\exp[-\beta E(\boldsymbol{r}^N)]\mathrm{d}\boldsymbol{r}^N} \tag{6.55}$$

式中，$\beta=1/(kT)$；E 为总势能。理论上讲，当产生大量的构象（假设为 M 个），$\langle A\rangle$ 可以通过有限的加和取代积分

$$\langle A\rangle=\frac{\sum_{i=1}^{M}A(i)\exp[-\beta E(i)]}{\sum_{i=1}^{M}\exp[-\beta E(i)]} \tag{6.56}$$

但是在实际过程中，这种简单方法是无效的，因为抽取的许多构象根本对系综平均 $\langle A\rangle$ 不可能有贡献。为了有效地在相空间里抽样，理论上要确保有限的抽样构象空间能够代替真实体系，这就是重要抽样的定义，它可以确保在对式（6.55）贡献最大的构象空间中抽样的频率最高。但是，重要抽样也会引起抽样偏好（bias），当然可以对每个构象进行合适的权重对比消除这种偏好。如果 $W(i)$ 是选择到的构象 i 的概率，式（6.56）可以写成：

$$\langle A\rangle=\frac{\sum_{i=1}^{M}\dfrac{A(i)\exp[-\beta E(i)]}{W(i)}}{\sum_{i=1}^{M}\dfrac{\exp[-\beta E(i)]}{W(i)}} \tag{6.57}$$

Boltzmann 分布能够用于计算权重系数（weighting factor）

$$W(i)=\exp[-\beta E(i)] \tag{6.58}$$

把式（6.58）代入式（6.57），就可以得到

$$\langle A\rangle=\frac{1}{N}\sum_{i=1}^{M}A(i) \tag{6.59}$$

式（6.59）表明，正则系综可以看作是样品在所有构象上的非权重平均（unweighted average）。因此，把 Monte Carlo 模拟转到其他系综中，关键是选择合适的权重系数，当然形式类似式（6.59）。

正则系综中的 Monte Carlo 过程是随机地移动一个粒子 i，并计算由此引起的能量变化 $\Delta E=E_{\text{trial}}-E_i$。如果 $\Delta E<0$，由于能量低于移动前，因此这一移动被接受，粒子移动到新

的位置。如果 $\Delta E>0$，这一步的移动要由 $\exp(-\beta\Delta E)$ 概率来确定；而此时要在 0 和 1 之间选出一个随机数 R，假设 $R>\exp(-\beta\Delta E)$，粒子的移动被拒绝回到原来位置，否则该移动就被接受。不管运动的结果如何，即不论是产生了一个新的构象还是维持了原来的构象，都认为产生了新的构象，这也是系综平均的目的。这个过程就是我们前面提到的 Markov 链，也就是说任何构象都是仅仅由它之前的构象决定。

产生 Monte Carlo 模拟的初始构象需要标定不同的系综和参数，对于许多固体一般通过面心立方格子标定的粒子作为初始态，如果采用成对相互作用，可以应用合适的分子势能函数计算初始势能。在每一个 Monte Carlo 模拟中，仅仅要求计算本步的能量，对于其他的系综，初始数值也包括其他性质如 Viral 或者压力等。Monte Carlo 模拟的中心问题是产生 Markov 链，而这种链一般需要几千个循环才能完成，而每一个循环也包括多个 Monte Carlo 移动。Marko 链中的每个新构象，都是通过所有原子的依次尝试移动得到。对于每个原子 i，随机数和计算的能量之间的关系决定着该尝试步是否被接受，而此时计算的能量包括原子 i 和其他 $N-1$ 个原子之间的所有相互作用能，因此相应的 Monte Carlo 算法对成对相互作用而言是 N 的数量级。如果尝试运动被接受，原子 i 的位置和系综的能量被更新；否则，不发生变化而考虑下一个原子。这种变化与不变化的状态归因于 Markov 链。

需要指出的是，在考虑收集系综平均的性质之前，体系达到平衡是必要的。因为初始形态不能准确地反映平衡的构象，而为获得稳定可靠的系综平均，平衡阶段是非常重要的。也可以说平衡阶段就是对固态格子的“熔化”而产生流体的过程。

正如下面将要讨论的那样，其他的 Monte Carlo 模拟需要改进的是尝试步的接受规则，一般地，定义如下的赝 Blotzmann 因子（pseudo-Boltzmann factor）

$$W(i)=\exp(-\beta Y) \tag{6.60}$$

这里 Y 依赖系综的特性，对于正则系综我们选取的是势能 E，但是其他的系综会有不同的形式，我们将在以下部分一一讲解。

6.4.2 等温等压系综

在固定温度和压力情况下，与式（6.55）等价的方程变为（McDonald，1972）

$$\langle A\rangle=\frac{\int_0^\infty \exp(-\beta PV)\mathrm{d}V\int_V A(\boldsymbol{r}^N,V)\exp[-\beta E(\boldsymbol{r}^N)]\mathrm{d}\boldsymbol{r}^N}{\int_0^\infty \exp(-\beta PV)\mathrm{d}V\int_V \exp[-\beta E(\boldsymbol{r}^N)]\mathrm{d}\boldsymbol{r}^N} \tag{6.61}$$

在 Monte Carlo 模拟中，粒子限定在围绕边长为 L 波动的立方格子中。相应地，我们可以应用标度坐标（scaled coordinates）$\alpha_i=r_i/L$，这样上式对粒子坐标的积分可以表示成在单元格子 Ω 内的积分：

$$\langle A\rangle=\frac{\int_0^\infty V^N\exp(-\beta PV)\mathrm{d}V\int_\Omega A\{[(L\alpha)^N,V]\exp\{-\beta E[(L\alpha)^N,L]\}\mathrm{d}\alpha^N}{\int_0^\infty V^N\exp(-\beta PV)\mathrm{d}V\int_\Omega \exp\{-\beta E[(L\alpha)^N,L]\}\mathrm{d}\alpha^N} \tag{6.62}$$

通过与式（6.58）比较，在此我们用式（6.60）定义一个赝 Boltzmann 因子：

$$Y=PV+E[(L\alpha)^N,L]-NkT\ln V \tag{6.63}$$

因此执行 NPT 系综的算法可以看作是相对简单地改进了 NVT 系综。其中除了尝试粒子位移（由 ΔE 决定该位移是否被接受）以外，尝试的体积涨落也要求维持压力不变。ΔY 的数值将决定尝试的体积变化是否被接受。理论上讲，尝试体积的变化比粒子位移要花费更长的时间，因为相对计算 $N-1$ 个粒子的位移，它还要求重新评价 $N(N-1)$ 个相互作用。但是，通常采用“标度”分子间势能来避免这种麻烦计算。

正常情况下，体积 V 的 n 级导数可以写成（Lustig，1994）：

$$\frac{\partial^n E}{\partial V^n}=\frac{1}{2(3V)^n}\sum_{k=1}^{n}\sum_{i}\sum_{i\neq j}a_{nk}r_{ij}^{k}\left(\frac{\partial^k u(r_{ij})}{\partial r_{ij}^{k}}\right) \tag{6.64}$$

式中，u 表示分子势能；a_{nk} 表示 Sterling 系数（Sterling numbers），采用下面的递归算法计算：

$$\begin{cases} a_{n+1,k}=a_{n,k-1}+ka_{nk} \\ a_{n0}=0 \\ a_{nn}=1 \end{cases} \tag{6.65}$$

当 $n=1$ 时，有：

$$\frac{\partial E}{\partial V}=\frac{1}{6V}\sum_{i}\sum_{i\neq j}r_{ij}\left(\frac{\partial u(r_{ij})}{\partial r_{ij}}\right) \tag{6.66}$$

有证据表明，上述式子由于体积涨落影响到所有的粒子，因此体积涨落是非常耗时的。体积的变化也意味着长程相关必须重新计算。对于许多简单的分子势能，可以通过标度方法避免重新计算成对相互作用势。例如，对于 Lennard-Jones 型分子间势能，尝试态的能量为：

$$E=4\varepsilon\sum_{i}\sum_{j>i}\left(\frac{\sigma_{ij}}{L\alpha_{ij}}\right)^{12}-4\varepsilon\sum_{i}\sum_{j>i}\left(\frac{\sigma_{ij}}{L\alpha_{ij}}\right)^{6} \tag{6.67}$$

上面的式子表明两个不同的因子对能量有贡献，利用标度方法，可以把它们分别以 12 次项和 6 次项形式储存起来。这样，能量可以定义为：

$$E=E(12)+E(6) \tag{6.68}$$

相应地，格子长度变化引起的能量变化就可以写成：

$$E_{\mathrm{trial}}=E(12)\left(\frac{L_{\mathrm{trial}}}{L}\right)^{12}+E(6)\left(\frac{L_{\mathrm{trial}}}{L}\right)^{6} \tag{6.69}$$

相似的过程也可以用在计算 virial 上。

应该说明的是，标度过程仅适用于势能函数中只有一个特征长度的情况，只限于相对简单的分子势能。对一些涉及键长的分子模型，除了点对点相互作用以外，是不适用的。因此在许多情况下，不可避免地要计算耗时的 $N(N-1)$ 个成对势。

我们下面简单叙述一下 NPT 系综的计算过程。首先除了要对能量进行标度定义以外，初始态的设定类似 NVT 系综，当然势能函数是否标度也影响到处理体积涨落。NPT 系综中的 Markov 链上的每个构象，都是原子随机移动和体积变化两个可能尝试运动的结果。Markov 过程中的原子随机移动与 NVT 系综一致，它涉及尝试坐标的变化和在尝试位置处的能量计算，并决定着整个系综能量的变化。在这个阶段，体积不受影响，而且接受与否只遵守 NVT 系综的规则。在 Markov 链的第二阶段是尝试体积的涨落。尝试体积通过事先设定的变化范围，随机重新变化模拟格子的长度。如果势能是标度的，系综的能量可以通过新的标度体积，否则通过考虑尝试坐标下的所有成对势计算尝试能量。系综的体积和能量变化决定 ΔY 的大小。体积涨落是否被接受由 ΔY 决定。

应该指出的是，可能有不同的尝试运动的结合方式。上面我们提到的是首先对每个原子尝试随机移动，然后进行一个体积变化；同样尝试随机移动和体积变化也可以在同一个步骤中完成。随机选择粒子位移和体积变化也是一种可能。也应该指出的是偏重粒子的随机移动是为了确保系综更快地达到平衡。事实上，每个循环体积的变化足以保证体系达到平衡。更详细的体积变化的影响可以参照 Brennan 的工作（1998）。

6.4.3 巨正则系综

巨正则系综（μVT）是粒子数目波动而化学势、体积和温度不变。巨正则系综的某个性质的系综平均为：

$$\langle A \rangle = \frac{\sum_{N=0}^{\infty} \frac{\Lambda^{-3N}}{N!} \exp(\beta N \mu) \int \exp[-\beta E(\boldsymbol{r}^N)] \mathrm{d}\boldsymbol{r}^N}{Z_{\mu VT}} \tag{6.70}$$

式中，$Z_{\mu VT}$ 是正则配分函数；Λ 为 de Broglie 波。

利用标度坐标和 $\beta\mu_{\text{ideal}} = \lg(N/V) + 3\lg\Lambda$，可以把上式写成（Adams，1974；Hansen，1986）：

$$\langle A \rangle = \frac{\sum_{N=0}^{\infty} \exp(\beta N \mu^* - \ln N!) \int_{\Omega} A \exp(-\beta E) \mathrm{d}\alpha^N}{Z_{\mu VT}} \tag{6.71}$$

式中，μ^* 通过超额化学势 μ^{ex} 获得：

$$\mu^* = \mu^{\text{ex}} + kT\ln\langle N \rangle \tag{6.72}$$

这样赝 Boltzmann 因子为：

$$Y = -N\mu^* + kT\ln N! + E(\boldsymbol{r}^N) \tag{6.73}$$

巨正则系综涉及可能的粒子插入和消除。如果粒子数目不变化，很显然通过式（6.73）就可以得到 $\Delta Y = \Delta E$，就可以简单地利用正则系综中的式（6.62）计算 Boltzmann 平均。因此，巨正则系综中的算法包括三个尝试运动：粒子的随机移动（等同于正则系综）、粒子的插入和粒子的消除。

巨正则系综的一个可能的过程包括：初始态设定和 Markov 链的产生（粒子移动、粒子插入和粒子消除）。粒子的随机移动与 Monte Carlo 模拟在正则系综中的移动相类似，当选择了一个移动，所有的粒子都要尝试运动。换句话说，如果每一步仅仅尝试移动一个粒子，循环的数目将会非常大。随后的粒子插入涉及随机选择势能坐标和计算体系能量。这个能量包括计算这个粒子和其他 N 个粒子的相互作用。相互作用能用来计算 ΔY，通过 ΔY 判断是否被接受。粒子的消除和随机选择粒子的行为是相似的过程，这个算法也可以直接评价 ΔY，判断是否被接受。

6.4.4 微正则系综

正如前面讨论的那样，Monte Carlo 模拟的基础就是 Metropolis 在 1953 年针对正则系综提出的算法。这个算法已经应用到等温等压系综和巨正则系综中，但是它却不能用在微正则系综（NVE）中。Creutz（1983）第一次报道了 Monte Carlo 模拟在微正则系综中的应用。他的解法限定在格子体系，涉及通过可能构象的随机步方法，保持总能量守恒。后来，Ray（1991）基于统计力学的方法得到了一般的解法，我们在此简单介绍 Ray 的工作。该过程类似 Metropolis 运动，用到的接受规则是 $P_{\mathrm{E}} = \min[1, W_{\mathrm{E}}(\boldsymbol{r}')/W_{\mathrm{E}}(\boldsymbol{r})]$，概率密度 W_{E} 与在其他的系综中起到的作用相同。

$$W_{\mathrm{E}}(\boldsymbol{r})=C[E-E_{\mathrm{pot}}(\boldsymbol{r}^N)]^{\frac{3N}{2}-1}\Theta[E-E_{\mathrm{pot}}(\boldsymbol{r}^N)] \tag{6.74}$$

在式（6.74）中，C 是常数，当 $x>0$，$\Theta(x)=1$；而 $x\leqslant 0$ 时，$\Theta(x)=0$。相应的配分函数为：

$$Z_{NVE}=C(N)\int[E-E_{\mathrm{pot}}(\boldsymbol{r}^N)]^{\frac{3N}{2}}\Theta[E-E_{\mathrm{pot}}(\boldsymbol{r}^N)]\mathrm{d}\boldsymbol{r}^N \tag{6.75}$$

根据热力学函数关系式：$S=k\ln Z_{NVE}$ 和 $\frac{1}{T}=\frac{\partial S}{\partial E}$，有：

$$T=\frac{2\langle E-E_{\mathrm{pot}}(\boldsymbol{r}^N)\rangle}{3Nk}=\frac{2\langle K\rangle}{3Nk} \tag{6.76}$$

在式（6.76）中，我们简化了动能 $K=E-E_{\mathrm{pot}}(\boldsymbol{r}^N)$。此时压力可以通过熵对体积的微分得到：

$$P=\frac{NkT}{V}-\left\langle\frac{\partial E_{\mathrm{pot}}}{\partial V}\right\rangle \tag{6.77}$$

如果熵对能量微分，可以得到定容热容 C_V：

$$\frac{Nk}{C_V}=1-\left(1-\frac{2}{3N}\right)\langle K\rangle\langle K^{-1}\rangle \tag{6.78}$$

Monte Carlo 模拟在微正则系综中的应用在 Lustig（1998）的工作中也做了详细的讨论。

需要指出的是式（6.76）非常有意义，因为通过这个式子可以在 Monte Carlo 模拟中计算体系的温度。温度依赖粒子的动量，在分子动力学中很容易求算，但是在 Monte Carlo 模拟中，温度固定不变而不能通过模拟本身计算得到，因为粒子的动量在 Monte Carlo 模拟中是不能直接求算的。式（6.76）通过系综中的构象性质不需要任何动力学信息就可以计算温度。Butler（1988）通过下式计算温度：

$$\frac{1}{kT}=\left\langle\frac{\nabla_q^2 E_{\mathrm{pot}}}{|\nabla_q E_{\mathrm{pot}}|^2}\right\rangle \tag{6.79}$$

式中，∇_q 代表与粒子坐标（q）无量纲的梯度算符。此式表明可以通过模拟中分子间势能的一阶和二阶导数计算模拟温度。应用这个式子也可以通过构象温度是否与 Monte Carlo 模拟开始时设定的温度相一致，来检测模拟的可靠程度。

下面我们简要介绍微正则系综的模拟过程。在微正则系综中，除了通过动能的变化比值来讨论随机位移是否被接受外，其他的过程都类似正则系综。初始态需要确定初始动能，与正则系综中一样，首先进行一个尝试运动得到能量，通过能量的变化得到新的动能。该尝试步骤是否被接受由新旧动能的比值（W）决定，W 类似正则系综中的 ΔE。Θ 的数值就表明了仅仅当势能低于当前构象的能量时，尝试运动才被接受。$W>1$ 的构象因为已经保证能量比当前构象能量低而立即被接受。需要指出的是，周期性地更新有利于避免较低的接受率。另外一种尝试办法是采用随机的数值与尝试运动结合使用。

当然这种相似过程也可以用在等温等焓系综（NPH）中，对于这种系综，合适的概率密度为（Ray，1991）：

$$W_E(\boldsymbol{r})=C[H-PV-E_{\mathrm{pot}}(\boldsymbol{r}^N)]^{\frac{3N}{2}-1}\Theta[H-PV-E_{\mathrm{pot}}(\boldsymbol{r}^N)] \tag{6.80}$$

此时的微正则系综的模拟过程也可以用到等温等焓系综，但是在模拟过程中需要周期性的体积涨落保持恒压。

6.5 应用实例

Monte Carlo 方法目前在材料、化学、生命科学等领域均有应用。以下我们选择几个案例描述 Monte Carlo 方法在不同研究主题下的应用。

6.5.1 蛋白质与弱聚电解质相互作用

蛋白质与弱电解质之间的相互作用在食品加工、生物医学和生物传感器等方面均有涉及。蛋白质与聚电解质的性质、溶液的 pH 值及离子强度都会对最终的聚集形态及性质产生影响。对于蛋白质而言，当溶液 pH 值低于等电点时蛋白质显正电，高于等电点时蛋白质显负电。虽然在蛋白质和聚电解质之间存在强烈的静电相互作用，但是氢键和疏水相互作用也非常重要。

研究较多的模型蛋白有溶菌酶、α-乳清蛋白（α-lb)、β-乳清蛋白（β-lg）等。在球状乳球蛋白中，α-lb 和 β-lg 是牛乳乳清的主要成分，其等电点分别为 4.0 和 4.5。研究发现乳清蛋白（WP）与羧甲基纤维素（CMC）相互作用取决于培养基的 pH 值，在 pH＝3.2 时 α-lb 与 WP 会聚集，而在 pH＝4 时 β-lg 与之发生聚集。β-lg 与海藻酸钠在正常条件下形成一种可溶性复合物，而在 pH 值 3～4 范围内，该络合物是不溶的。由于 β-lg 是一种多糖，其性质类似于弱酸生物电解质（pK_a＝3.5），因此该过程对 pH 值有很强的依赖性。此外海藻酸钠与 β-lg 在 pH＝5 时形成可溶性络合物。在 pH＞pI 时发生的此种现象被描述为“等电点的错边复合”。

2019 年，Torres 使用谐振动势规范聚电解质的成键作用（Torres，2019），非键相互作用选择库仑相互作用。选择隐形溶剂模式，盐离子是带有一个电荷的硬核。聚电解质为带有 40 个单体的聚合物链，以负电荷与中性粒子比例表示聚电解质的静电排斥作用强弱。弱聚电解质在溶液中聚集，而强聚电解质在溶液中伸展。以直链粗粒模型表示蛋白质骨架（β-lg)，在支链上用两种类型粗粒表示氨基酸的中性或离子化，其中离子化粒子又分为两类，一种是酸化粒子，一种为碱化粒子。支链氨基酸粒子在不同 pH 值下会有不同的解离度，而聚电解质也与溶液的 pH 值有关，以此建立 pH 值、蛋白质的等电点 pI、各个氨基酸电离的平衡常数 K_a、K_b 之间的函数关系。

模拟中选择标准的 Monte Carlo 规则，通过两步之间的静电作用探讨模拟步骤是否被接受。为研究随 pH 值变化时电解质与蛋白质之间的相互作用，Torres 等选择巨正则系综探讨氨基酸粗粒的离子化过程，其步骤接受规则中包含 pH 值和 pK_a：

$$\min[1, e^{-\beta\Delta U_{el} \pm (pH - pK_a)}]$$

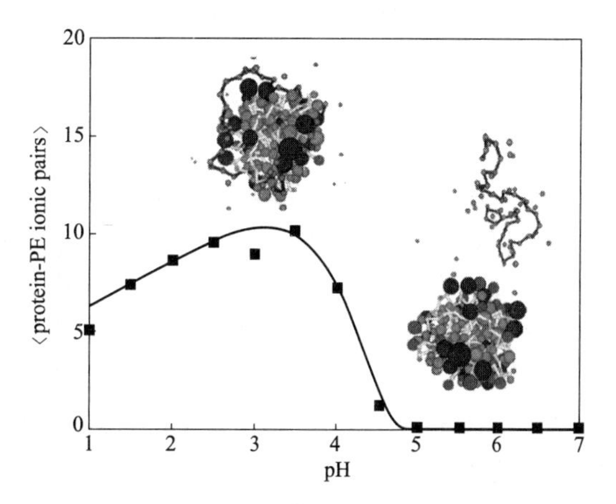

图 6.8　聚电解质与蛋白质间形成的离子对与 pH 的关系

模拟中以正、负带电粒子之间的距离判断聚电解质中单体与蛋白质中氨基酸是否形成了离子对（图 6.8)。在 pH 值小于 3.5 之前，聚合物链上带电荷单体与蛋白质中正电荷残基或中性粒子相接触形成离子对，此时氨基酸多体现质子化呈现正电性，在静电吸引作用下二者形成聚电解质缠绕蛋白质形式的复合物；随着 pH 值增加这些氨基酸离子化，逐渐体现负电性，这样聚电解质与蛋白质之间形成静电排斥作用，离子对趋向于零，二者发生解离，单独存在于溶液中。蛋白质等电点在离子对极具变化的阶段，即 pH 值 4.0 左右。

采用 Monte Carlo 方法研究了不同 pH 环境下聚合物与蛋白质之间的相互作用，采用粗粒模型定性地描述了蛋白质等电点附近与弱聚电解质之间的静电相互作用，为后续类似领域提供了研究思路。

6.5.2 云母表面吸附水分子

通常，黏土矿物是四面体或八面体的层状结构，在夹层表面会残余部分电荷，这些电荷起离子平衡作用。黏土矿物的组成、结构、晶格对称性和表面电荷密度各不相同，表面离子能够影响黏土矿物的吸附行为。外界环境能够影响黏土颗粒的表面性质，如污染物的吸附、与周围介质的离子交换。研究表明，水分子会在高岭石表面吸附，而能嵌入蒙脱石内部导致蒙脱石膨胀。研究也表明高岭石中的锂离子对水分子吸附没有影响，意味着这些锂离子被掩盖在高岭石晶格中，为空间排斥所屏蔽。实验也发现，在不同金属离子中，钠基高岭石的吸附量最大。

Debbarma 以白云母作为黏土矿物表面，研究了云母表面钾离子和氢离子对水分子吸附的影响（Debbarma，2016）。实验表明，在钾离子-云母表面和氢离子-云母表面水的吸附等温线有明显的区别，根据压力变化，吸附等温线前者分成三个区域，而后者可能有两种吸附机理（Balmer，2008）。

Debbarma 等人采用巨正则 Monte Carlo（GCMC）模拟方法研究了水在钾离子-云母和氢离子-云母表面的吸附。模拟选择白云母［$KAl_2(AlSi_3)O_{10}(OH)_2$］为黏土颗粒，白云母由四面体的二氧化硅和八面体的氧化铝层组成，在 z 方向上重复。在每个单元中，低价铝原子取代四面体层中的一些硅原子，这样在云母骨架上会产生净的负电荷，这种负电荷会吸附层间的金属离子以保持电中性。吸附层间的金属离子不是以共价键结合到云母骨架上，而是通过静电吸引保持相邻。晶体夹层也是云母片层相互作用最弱的部分，可以从大块晶体上剥离白云母薄膜。由于层间剥离，离子会在剥离表面重新随机分布，以保持电中性。白云母由于易于剥离，在原子力显微镜、表面张力仪、吸附等温线等实验研究中被广泛用作参照表面。

模型构建：构建双层云母骨架（TOT 结构），间隙层填充部分钾离子，在云母表面用氢离子代替钾离子［图 6.9(a)］。超级格子为电中性，在 x 和 y 方向重复产生周期性云母。为更接近真实模拟体系，在模型表面删除多余离子，剩余离子随机分布。在表面放置钾原子，以吸附水分子。模型采用周期边界条件，在 z 方向上 300Å 处放置一石墨烯层，代表云母表面上方的自由水蒸气空间。为研究表面离子对有云母表面水分子的影响，通过用氢离子［图 6.9(b)］替换顶部表面的钾离子，并保持云母结构的其余部分完成，形成氢离子-云母表面。

模拟计算：模拟中非键相互作用包括 van der Waals 相互作用（Lennard-Jones 函数形式）和处理静电相互作用（3D Ewald 加和法）。水分子间采用 SPC 势函数形式，云母和水分子间选择 CLAYFF 力场函数形式，氢离子-云母表面的氢原子选自 CHARMM 力场中 TIP3P 水分子参数。模拟选择巨正则模型（GCMC），研究 298K、不同相对压力下水分子云母表面的吸附行为。采用插入、删除、位移（2D 和 3D）和旋转处理水分子在云母表面的吸附。二维位移（平行于云母表面）表示水分子在云母表面扩散，有助于更快达到平衡。插入移动是通过随机选择氧原子的质心位置，将水分子以随机方向放置在该位置。模拟中所有 MC 移动均以相同的概率尝试，并使用 Metropolis 规则判断接受与否。在任一相对压力下执行 5×10^8 步的平衡模拟，之后执行 5×10^8 步的信息收集，在此期间分析各种性质，如密度分布、偶极取向、相关函数、氢键、吸附等温线等。

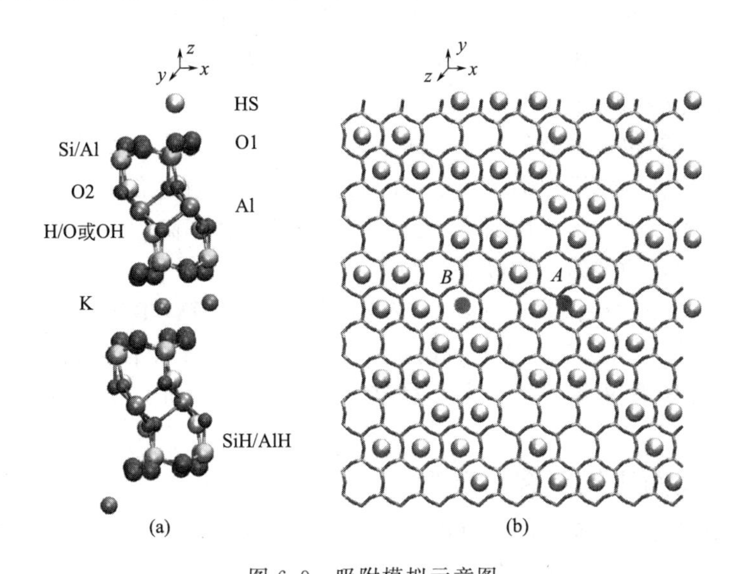

图 6.9　吸附模拟示意图

(a) 包含氢离子的两层云母片，其中夹层为 K 离子；(b) 超晶格下云母表面俯视图，其中 A、B 点为水分子吸附评价点，用 VDM 软件显示

研究发现，水在氢离子-云母表面吸附等温线表现为两种状态（图 6.10），在 $p/p_0<0.7$ 时，水分子吸附层呈线性增加，其中可观察到接触层逐渐形成，随后是类液体吸附层。模拟中在云母表面氢离子周围观察到了水合离子（H_3O^+），密度分布、取向分布和氢键等都显示了水分子在云母表面的不同构型特征。在压力较低时，水分子比云母表面的氢离子更倾向于在空隙中吸附，形成吸附水分子与表现氢离子之间的空间氢键网络。

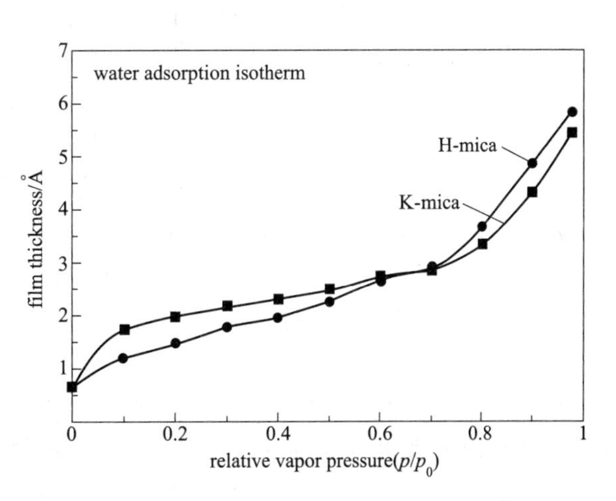

图 6.10　水分子在氢离子-云母和钾离子-云母表面吸附等温线比较

（相对压力 $p/p_0<0.7$ 时，氢离子-云母表面的吸附水层要薄）

与氢离子-云母表面相比，水分子在钾离子-云母表面上的吸附层结构、吸附等温线，以及膜的厚度等都有差异。在钾离子-云母表面未形成水分子层，而在氢离子-云母表面则形成了两个水分子层。水分子在钾离子-云母表面的吸附等温线表现为三个阶段，即 $p/p_0=0.1$ 以下的初始阶段为快速吸附，随后在 $0.1<p/p_0<0.7$ 间为线性增加，

在 $p/p_0>0.7$ 以上的阶段吸附膜快速增厚，而在氢离子-云母表面只观察到了后两个阶段情况。此外，在 $p/p_0<0.7$ 时，氢离子-云母表面吸附水分子的膜厚度比钾离子-云母表面吸附层厚度要薄，这与实验结果相符。

在相对压力 $p/p_0<0.1$ 时，云母表面两种离子作为作用点吸附水分子。在氢离子-云母表面上形成较小的水壳会以氢键的形式吸附更多的水分子，导致水分子与表面氢离子间的吸附能减小，吸附容量减小，这样水分子的吸附会在更多的空白区域发生，而不是氢离子周围。较大的水化壳层与钾离子之间的化学作用降低了水分子的吸附能，结果是水分子优先吸附在近表面的钾离子上，形成水化壳。较大的水化壳也为水分子的吸附提供了较大的比表面积，导致膜厚比云母表面的膜厚增加。

虽然从表面离子的角度看吸附机理不同，但从水分子的角度看吸附机理相似。在这两种云母表面，水分子能够首先识别不规则分布的表面离子，并通过形成适当的水化壳来覆盖它们。表面离子周围都被水分子所包围时，云母表面覆盖度并不高。一旦部分或不规则表面被覆盖，进一步的吸附是均匀的，类似液态水。

详细了解表面离子对吸附水分子结构变化的影响，对设计纳米摩擦体系、电子器件、化妆品等的基底具有重大意义，其中吸附的水分子对这些材料的功能至关重要。模拟计算能够提供从表面张力仪器、原子力显微镜、干涉实验等研究中无法直接获得的分子信息。

6.5.3 冰表面氯代甲烷的吸附

表征有机小分子在冰表面的吸附过程在大气科学中非常重要。极地平流层云中的冰粒子被认为参与了对流层中卤化分子的化学反应，最终导致卤化自由基对臭氧的催化破坏。在这些物种中，卤化碳分子受到了极大的关注，这不仅是因为它们在臭氧破坏循环中的作用，还因为其中一些分子具有很强的影响气候的能力。

在专门研究卤化碳-冰相互作用的一系列实验中，发现四氯化碳和冰之间的分子间力相当弱，是典型的物理吸附过程。利用红外光谱研究发现，低温时卤代甲烷分子都是通过卤键相互作用而产生的；X 射线光电子能谱分析表明氯仿在结晶冰上存在单层和多层吸附状态，但是在无定形冰表面却只有单一状态，且与表面覆盖度无关；也有实验发现 77 ～ 292K 的温度范围内臭氧与吸附在冰膜上的氯代甲烷相互作用时，这些分子并不能在冰表面解离，因此不会释放氯。上述实验还无法提供低温下吸附分子的取向和它们的确切吸附位置（即冰表层之上或之内），但是这样的微观信息对于确定被大气冰粒或雪层捕获的氯代甲烷分子的光化学反应，并由此评估这些反应在臭氧破坏循环中的确切作用至关重要。

在各种计算机模拟方法中，巨正则 Monte Carlo（GCMC）特别适用于这类吸附研究。因为在 GCMC 模拟中，化学势固定而不是分子数固定，有利研究小分子在表面的吸附过程（或者孔道内的吸附），而且化学势与被吸附分子数量可方便计算出来，也可方便地转换成传统（如压力相关的）形式。此种方法已经应用到高岭土、沸石、金属氧化物、碳基材料、MOF 有机框架、自组装单层膜、蛋白质晶体等介质上。

Jedlovszky 课题组通过模拟对流层温度下（Sumi，2017；Szentirmai，2016）不同氯化甲烷衍生物在冰表面的吸附等温线，探讨了分子层面上有机分子的吸附状态，为大气化学研究提供了新的微观信息。

模拟过程：选择巨正则 Monte Carlo 方法（μ,V,T），最低化学势对应单个有机分子在格子中的状态，而最高化学势对应分子在冰表面的凝聚相状态。格子大小选择 10nm×

3.59nm×3.89nm，包含18层水分子，属I_h冰晶结构，采用TIP5P模型。冰层上方的蒸气相中随机放置两个氯化甲烷分子。模拟中CH_3Cl选择通用AMBER力场（GAFF），$CHCl_3$和CCl_4采用OPLS力场。模拟截断半径选择1.25nm，力场参数参见文献（Sumi，2017）。

每一MC步考虑，或分子随机平移（最大步幅0.25Å）和转动（不超过15°）发生位移，或通过插入或消除一个分子。分子的位移尝试或插入/消除尝试交替进行。只有空穴位置的半径至少2.5 Å才有可能考虑分子的插入和消除，每个空穴体积是将模拟格子按照100×100×100划分，每经历10^6MC步重新计算空穴体积。每一MC步接受与否按照标准的Metropolis规则执行，最终至少0.1%的插入/消除尝试、20%以上的位移尝试成功完成了MC步。模拟在10^8～10^9步骤数量级，模拟步数以吸附分子数量〈N〉波动平衡为准。

模拟结果（图6.11）表明，CH_3Cl、$CHCl_3$和CCl_4在冰面上没有明显的吸附，与之前氟代甲烷衍生物在冰面上的吸附形成鲜明对比。其原因在于氯代甲烷分子之间存在强烈的分子间引力，甚至在第一吸附层形成之前就已经发生凝聚。这种强的内聚力，与这些分子和冰相之间的弱相互作用，两方面相结合的结果使得体系在冷凝点之前甚至不出现吸附层。

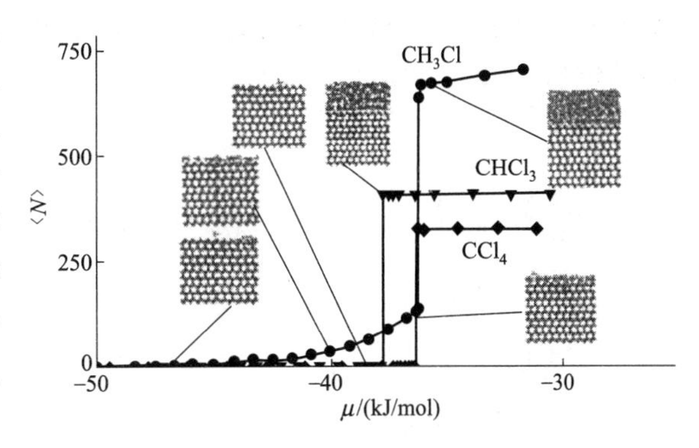

图6.11　不同化学势下氯代甲烷分子在冰表面的数量

相比之下，在吸附质发生冷凝之前，CH_3Cl会在冰面形成接近饱和的单层。这是因为CH_3Cl与冰的相互作用比具有更多氯原子的甲烷衍生物（如$CHCl_3$）强得多。毕竟吸附的CH_3Cl分子可以以定向方式（即氯原子朝向气相）与冰层表面水分子形成三个弱的碳氢氧型氢键。虽然这种类型的氢键肯定比卤键（即文中的氢氧氯型键）弱，但在吸附的CH_3Cl与表面水分子之间形成的三个氢键补偿了这种相对弱的氢键。

从大气的角度来看，模拟结果表明，在极地平流层地区（温度非常低），冰表面可能不是捕获氯化甲烷衍生物的良好基质。考虑到这些物种在极地平流层地区的典型浓度为0.5×10^3～$1.5\times10^2\mu mol/m^3$，并根据Antoine方程估计大气压在200K时为10^1～10^3Pa的范围，它们的化学势大概为−60kJ/mol。尽管这些分子的浓度可能局部超过它们的平均浓度几个数量级，但很明显从大气环境来看，只有吸附在冰表面的氯化甲烷衍生物分子才能体现这些性质。另外，由于这些分子可以催化各种化学反应，例如对流层中臭氧层的破坏，它们对大气的影响不需要以高浓度的形式出现。在这方面，重要的是强调类似于氟化甲烷衍生物，氯化分子也优先体现在冰表面的分子取向，其中至少一个卤素原子暴露于气相，使得它在光解离过程中容易释放，从而用于与其他气相分子的反应。

6.5.4　有机分子的模板诱导沉积

近年来，基于自组装的模板诱导沉积方法为人们提供了一种精确制备微米、纳米尺度有机半导体材料的新思路。它主要利用有机分子与基底和基底修饰材料之间结合能的差异，通过有机分子在模板上的吸附/脱附、扩散/结合过程来实现有机分子的定位可控生长。迟力峰教授课题组报道了介观尺度下模板诱导有机小分子定位自组装的系列实验，构建了各种高度均一的聚集图案。实验首先在SiO_2基底上预先构建金纳米模板，然后利用气相沉积方法完成有机功能分子在预制模板表面的吸附和扩散过程，最终实现有机分子的区域定位生长。实验中主要应用了三种典型的有机发光分子：N,N'-二[N-(3,6-二叔丁基-咔唑基)]-喹吖啶酮(DtCDQA)、N,N'-二苯基-N,N'-(1-萘基)-1,1′-联苯-4,4′-二胺(NPB) 和 N,N-二辛基-3,4,9,10-苝二酰亚胺($PTCDI-C_8$)。在相同的金墙模板上，三种有机分子表现出完全不同的沉积形貌（图 6.12）。DtCDQA 分子主要在金墙的侧表面聚集；NPB 分子主要在金墙的上表面进行聚集生长；$PTCDI-C_8$ 分子则在金墙周围都会聚集但主要定位于金墙侧面。根据上述有机分子聚集行为的差异，实验上提出了结合能诱导成核和台阶诱导成核两种机理。Heuer 等人利用 Monte Carlo 方法从微观角度对有机分子的沉积聚集机理进行了探讨，分析了有机分子在模板表面可控定位的临界条件，从模拟的角度得到了与实验相似的结论（Lied，2012；Kalischewski，2008；Hopp，2010）。利用 Monte Carlo 方法同样可以详细讨论影响有机分子模板诱导构图的关键因素，系统分析粒子间相互作用力对最终沉积粒子聚集构型的影响（Liu，2016）。

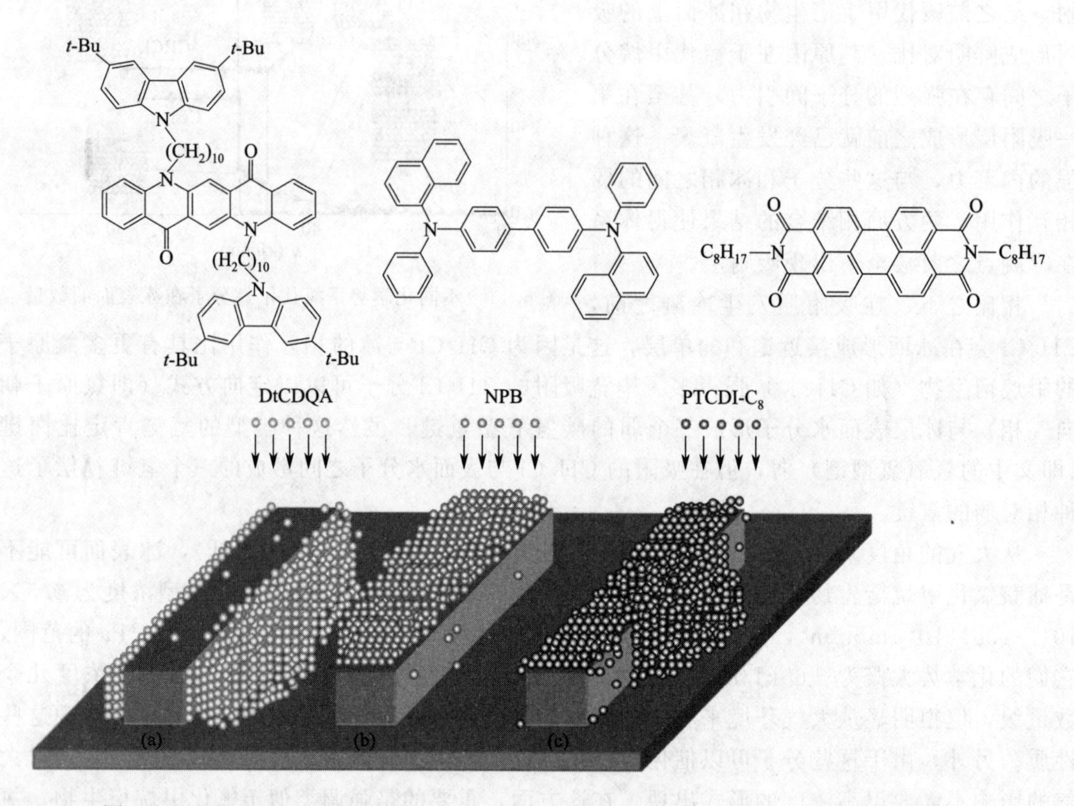

图 6.12　DtCDQA (a)，NPB (b) 和 $PTCDI-C_8$ (c) 在模板诱导中的定位沉积示意图

在模板诱导沉积过程中，预制模板的尺寸、分布对最终有机分子聚集形态的大小、厚度具有重要影响，甚至可以成为调控有机分子最终聚集直径、厚度的关键手段。如图 6.13 所示，利用 Monte Carlo 模拟可以详细讨论模板尺寸对有机分子诱导沉积过程的影响，定量分析模板大小与有机分子聚集厚度的关系（Liu，2016）。结果发现，模拟初期小尺寸金点吸附的有机粒子厚度远大于大尺寸金点，并且随着诱导沉积过程的不断进行，这种差异会发生相应的改变（图 6.13）。利用模板大小和有机分子的沉积量可以实现有机分子膜厚度的精准控制。同时模拟还发现，有机粒子间相互作用的大小也能显著影响有机粒子在不同金点表面的聚集差异，较小或较大的有机粒子间相互作用可以减少这种聚集差异。

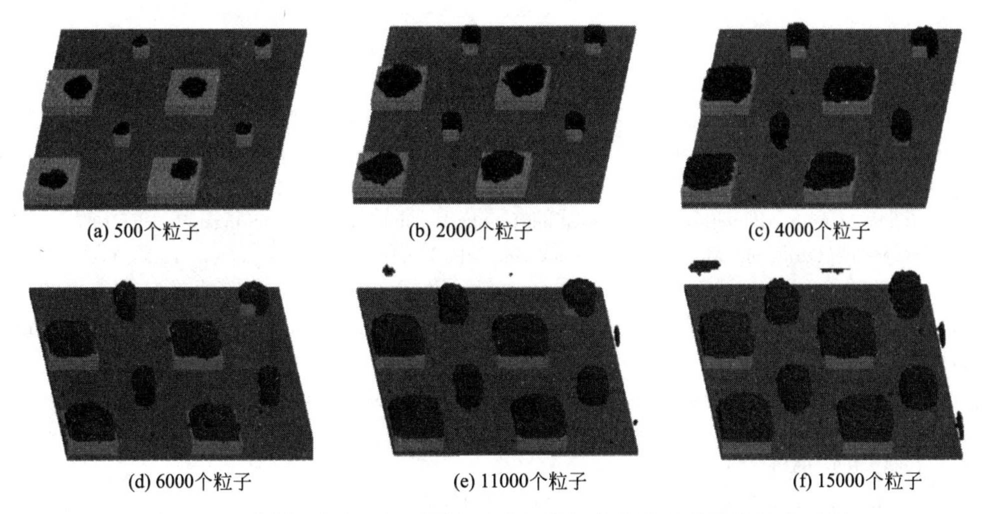

(a) 500个粒子　(b) 2000个粒子　(c) 4000个粒子

(d) 6000个粒子　(e) 11000个粒子　(f) 15000个粒子

图 6.13　诱导沉积过程中不同金点表面有机分子聚集结构的演变过程

（体系中ε_{pp}、ε_{ps} 和ε_{pg} 分别为 1.8、0.3 和 1.3）

虽然模板诱导沉积方法在控制有机分子聚集点位、大小、厚度等方面表现了巨大的应用潜力，然而有机粒子的定位不够精确，有机粒子聚集过程中经常会出现偏离金点模板中心的问题，制约了模板诱导沉积在有机分子自组装方面的应用。如图 6.14 所示，利用 Monte Carlo 模拟对模板诱导过程中有机粒子中心偏移现象进行分析，我们发现成核偏差（nucleation deviation）和生长偏差（growth deviation）是造成中心偏移的主要原因。有机粒子在模板侧面的成核、聚集是引起成核偏差的主要原因，其引起的偏差较大。有机粒子的随机成核是造成生长偏差的主要原因，其导致的中心偏差相对较小。另外，模拟还发现金点模板的高度、有机粒子间相互作用力也是影响有机粒子最终聚集结构与模板中心偏差的关键因素。当金点高度较大、有机粒子间相互作用较强时，极易发生有机粒子最终聚集结构的中心偏移现象。

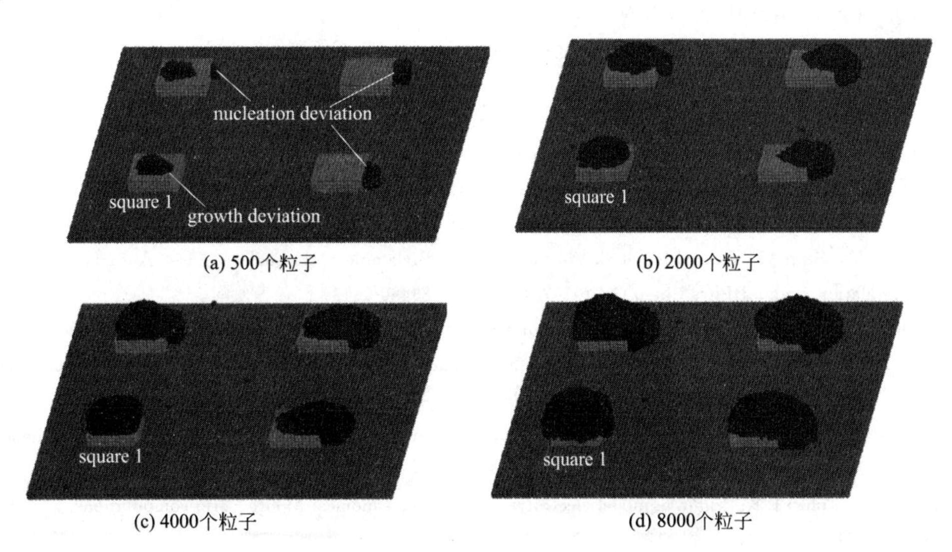

(a) 500个粒子　(b) 2000个粒子

(c) 4000个粒子　(d) 8000个粒子

图 6.14　诱导沉积过程中有机分子聚集结构和金点中心偏差产生的过程

（体系中ε_{pp}、ε_{ps} 和ε_{pg} 分别为 2.1、0.3 和 1.3）

参 考 文 献

[1] Adams D J. Chemical potential of hard-sphere fluids by Monte Carlo methods. Mol Phys，1974，28：1241.

[2] Balmer T E，Christenson H K，Spencer N D，et al. The effect of surface ions on water adsorption to mica. Langmuir，2008，24：1566-1569.

[3] Binder K. The Monte Carlo method in condensed matter physics. 2nd Ed. Berlin：Springer-Verlag，1995.

[4] Binder K. Monte Carlo and Molecular Dynamics simulations in polymer science. New York：Oxford University Press，1995.

[5] Binder K，Heermann D W. Monte Carlo simulation in statistical physics：an introduction. 3rd Ed. Berlin：Spring-Verlag，1997.

[6] Brennan J K，Madden W G. Efficient volume changes in constant-pressure Monte Carlo simulations. Mol Sim，1998，20：139.

[7] Butler B D，Atyon G，Jepps O G，et al. Configurational temperature verification of Monte Carlo simulations. J Chem Phys，1988，109：6519.

[8] Creutz M. Microcanonical Monte Carlo. Phys Rev Lett，1983，50：1411.

[9] Debbarma R，Malani A. Comparative study of water adsorption on a H^+ and K^+ ion exposed mica surface：Monte Carlo simulation study. Langmuir，2016，32：1034-1046.

[10] Hansen J P，McDonald I R. Theory of simple liquids. 2nd Ed，London：Academic Press，1986.

[11] Hopp S F，Heuer A. Kinetic Monte Carlo study of nucleation processes on patterned surfaces. J Chem Phys，2010，133（20）：204101.

[12] Kalischewski F，Zhu J，Heue A. Loss of control in pattern-directed nucleation：a theoretical study. Phys Rev B，2008，78（15）：155401.

[13] Lal M. Monte Carlo computer simulation of chain molecules. Mol Phys，1969，17：57.

[14] Lied F，Mues T，Wang W，et al. Different growth regimes on prepatterned surfaces：consistent evidence from simulations and experiments. J Chem Phys，2012，136（2）：024704.

[15] Liu G，Zhang H，Liu G，et al. A kinetic Monte Carlo simulation of organic particles hetero-patterning on template-induced surface. Colloids Surf A，2016，494：186-193.

[16] Lustig R. Microcanonical Monte Carlo simulation of thermodynamic properties. J Chem Phys，1998，109：8816.

[17] Lustig R. Statistical thermodynamics in the classical molecular dynamics ensemble. Ⅱ. Application to computer simulation. J Chem Phys，1994，100：3060.

[18] Metropolis N，Rosenbluth A W，Rosenbluth M N，et al. Equation of state calculations by fast computing machines. J Chem Phys，1953，21：1087.

[19] McDonald I R. NPT ensemble Monte Carlo calculations for binary liquid mixtures. Mol Phys，1972，23：41.

[20] Ray J R. Microcanonical ensemble Monte Carlo method. Phys Rev A，1991，44：4061.

[21] Sumi I，Picaud S，Jedlovszky P. Adsorption of chlorinated methane derivatives at the ice surface：a grand canonical Monte Carlo simulation study. J Phys Chem C，2017，121（14）：7782-7793.

[22] Szentirmai V，Szori M，Picarud S，et al. Adsorption of methylamine at the surface of ice. A grand canonical Monte Carlo simulation study. J Phys Chem C，2016，120（41）：23480-23489.

[23] Tildesley D J，Allen M P，Tildesley D J. Computer simulation in chemical physics. Dordrecht：Kluwer，1993.

[24] Torres P B，Quiroga E，Ramirez-Pastor A J，et al. Interaction between β-Lactoglobuline and weak polyelectrolyte chains：a study using Monte Carlo simulation. J Phys Chem B，2019，123：8617-8627.

[25] Verdier P H，Stockmayer W H. Monte Carlo calculations on the dynamics of polymers in dilute solution. J Chem Phys，1962，36：227.

[26] Valleau J P，Cohen L K. Primitive model electrolytes. Ⅰ. Grand canonical Monte Carlo computations. J Chem Phys，1980，72：5935.

[27] Wall F T，Mandel F. Macromolecular dimensions obtained by anefficient Monte Carlo method without sample attrition. J Chem Phys，1975，63：4592.

[28] 陈正隆．分子模拟的理论与实践．北京：化学工业出版社，2007.

第 7 章　分子动力学模拟

分子动力学模拟是通过积分算法求解牛顿运动方程以获取随时间变化的构象。理论上，标准的有限积分算法就可以求解这些运动方程，但是由于复杂的相互作用势，采用解析的积分方法是不可能的。在实际应用中都是采用有限差分的方法，就是用有限的时间段 Δt 以取代无限小的时间段 $\mathrm{d}t$，然后通过数值积分方法完成。Δt 为时间步长，它的选取视原子核的运动快慢而定。通常原子核的振动时间尺度为 10^{-14}s 数量级，故对于通常化合物的分子动力学模拟的时间步长选取 $\Delta t=10^{-15}\mathrm{s}=1\mathrm{fs}$。在分子动力学模拟中，通过经典力学求解原子核骨架行为，依据分子力场计算每个瞬时势能，依据统计力学求算各种体系的性质。

分子动力学中改进的有限积分算法可以分为两类：预测方法（predictor）和预测校正方法（predictor-corrector method）。对于前者，通过当前步或者通过以前的已知步更新下一步的分子坐标，如 Verlet 算法（1967）及其随后改进的方法都属此类；对于后者则相反，首先预测新的分子坐标，然后通过这个预测坐标计算相关函数，最后通过此函数值再校正最初的预测，广泛应用的 Gear 算法（1971）就属此类。需要指出的是这些算法很容易应用在原子体系，但是对于分子体系还需要作特殊的处理（如进行约束化等，我们在以后章节将做讨论）。我们在此首先讨论相关积分算法，更详细的内容读者可参阅有关文献（Sadus，1999；Allen，1987；Leach，2001；陈正隆，2007 等）。

在本章的余下部分我们将讲解分子动力学方法在不同系综中的应用，以及一些分析参数和具体的模拟应用。

7.1　积分运动等式

牛顿第二运动定律描述的是位移过程中作用在粒子上的力：

$$\boldsymbol{F}_i=m_i\boldsymbol{a}_i \tag{7.1}$$

式中，$\boldsymbol{F}_i$ 是作用在粒子 i 上的力；m 和 $\boldsymbol{a}$ 分别为粒子的质量和作用在粒子上的加速度。分子模拟中我们更感兴趣的是粒子随时间的变化，因此用坐标的二级导数可以给出：

$$\frac{\mathrm{d}^2\boldsymbol{r}_i}{\mathrm{d}t^2}=\frac{\boldsymbol{F}_i}{m_i} \tag{7.2}$$

通过积分求解每个粒子和整个体系的牛顿运动方程［式(7.2)］得到热力学性质。当作用力为常数时，用小的时间段对式（7.2）进行积分：

$$\frac{\mathrm{d}\boldsymbol{r}_i}{\mathrm{d}t}=\left(\frac{\boldsymbol{F}_i}{m_i}\right)t+c_1 \tag{7.3}$$

在初始时刻（$t=0$），第一项消失。此时速度为常数，代表着初始速度 v_i。通常情况下也可以写成：

$$\frac{\mathrm{d}\boldsymbol{r}_i}{\mathrm{d}t}=\boldsymbol{a}_i t+v_i \tag{7.4}$$

如果再对式（7.4）积分：

$$\boldsymbol{r}_i=\frac{\boldsymbol{a}_i t^2}{2}+\boldsymbol{v}_i t+c_2 \tag{7.5}$$

式中，c_2 为粒子当前位置。当原子的初始速度和加速度给定以后，通过式（7.5）就可以计算粒子的位移。这就是所有分子动力学方法产生粒子位移的理论基础。

7.2 Verlet 预测方法

7.2.1 Verlet 算法

分子动力学中 Verlet 算法（1967）可能是应用最广的求解牛顿运动方程的积分方法。随后出现的改进方法都称作 Verlet 系列方法。最初的 Verlet 算法运用了 Taylor 级数展开式，考虑粒子坐标 $\boldsymbol{r}(t)$，Taylor 级数展开式为

$$\boldsymbol{r}(t+\delta t)=\boldsymbol{r}(t)+\frac{\mathrm{d}\boldsymbol{r}}{\mathrm{d}t}\delta t+\frac{1}{2!}\times\frac{\mathrm{d}^2\boldsymbol{r}}{\mathrm{d}t^2}\delta t^2+\cdots \tag{7.6}$$

$$\boldsymbol{r}(t-\delta t)=\boldsymbol{r}(t)-\frac{\mathrm{d}\boldsymbol{r}}{\mathrm{d}t}\delta t+\frac{1}{2!}\times\frac{\mathrm{d}^2\boldsymbol{r}}{\mathrm{d}t^2}\delta t^2+\cdots \tag{7.7}$$

二者相加：

$$\boldsymbol{r}(t+\delta t)=2\boldsymbol{r}(t)-\boldsymbol{r}(t-\delta t)+\frac{\mathrm{d}^2\boldsymbol{r}}{\mathrm{d}t^2}\delta t^2 \tag{7.8}$$

此式就是著名的 Verlet 算法，它可以不计算速度就可以得到分子位移，但是模拟中还需要知道速度从而计算体系的动能。由式(7.6）和式(7.7）相减得：

$$\boldsymbol{v}(t)=\frac{\mathrm{d}\boldsymbol{r}}{\mathrm{d}t}=\frac{1}{2\delta t}[\boldsymbol{r}(t+\delta t)-\boldsymbol{r}(t-\delta t)] \tag{7.9}$$

此式表明 t 时刻的速度可由 $t+\delta t$ 及 $t-\delta t$ 时刻的坐标计算得到。

Verlet 算法很容易应用和程序化，是分子动力学中普遍采用的一种算法，其优点之一是时间可逆，即 t 时刻前后一步的位置均由 t 时刻的位置求得，体现时间的可逆，而时间可逆是 Newton 方程的基本要求，式(7.6）和式(7.7）在长时间的模拟中能够保证能量守恒；Verlet 算法的另一个优点是每一步只需要计算一次力。它的一个不足是关于此方法的启动步骤，即在 $t=0$ 时，必须估算 $t=-\delta t$ 时的分子位置。当然只要模拟时间足够长，体系进入定态，甚至平衡态，那么模拟到一定时间之后，时间演化就会与初始条件无关。另外 Verlet 算法的主要缺点是对速度的计算，式（7.9）计算的速度是当前位置的速度而不是相应新位置的速度，计算的速度要落后于计算的位置。这个问题可以通过下面的几种方法得以改进。Verlet 算法所需内存量中等，需要储存的量有当前位置、当前作用力（或加速度）和前一步

位置。

7.2.2 蛙跳 Verlet 算法

Hockney（1970）提出了对 Verlet 算法的改进方法，称作蛙跳 Verlet 算法（leap-frog Verlet method）。它利用了半时间间隔处的速度：

$$\boldsymbol{r}_i(t+\delta t)=\boldsymbol{r}_i(t)+\boldsymbol{v}_i\left(t+\frac{1}{2}\delta t\right)\delta t \tag{7.10}$$

$$\boldsymbol{v}_i\left(t+\frac{1}{2}\delta t\right)=\boldsymbol{v}_i\left(t-\frac{1}{2}\delta t\right)+\boldsymbol{a}_i(t)\delta t \tag{7.11}$$

计算时假设 $\boldsymbol{v}_i\left(t-\frac{1}{2}\delta t\right)$ 和 $\boldsymbol{r}_i(t)$ 已知，则由 t 时的位置 $\boldsymbol{r}_i(t)$ 计算质点所受的力与加速度 $\boldsymbol{a}_i(t)$。再依式(7.11) 预测时间 $t+\frac{1}{2}\delta t$ 时的速度 $\boldsymbol{v}_i\left(t+\frac{1}{2}\delta t\right)$，以此类推。时间 t 时的速度可由下式算出

$$\boldsymbol{v}_i(t)=\frac{1}{2}\left[\boldsymbol{v}_i\left(t+\frac{1}{2}\delta t\right)+\boldsymbol{v}_i\left(t-\frac{1}{2}\delta t\right)\right] \tag{7.12}$$

蛙跳 Verlet 算法仅需储存 $\boldsymbol{v}_i\left(t-\frac{1}{2}\delta t\right)$ 与 $\boldsymbol{r}_i(t)$ 两种信息，可节省储存空间。此外，这种方法使用简便且准确性及稳定性均高，至今已广泛使用。

由于前后两个数值差异很小，蛙跳算法在数值上的不确定性大大减弱。但是速度的计算还要依赖不同时间间隔的速度平均，而且该算法也存在初始启动问题，即也需要知道最初 $t=-\frac{1}{2}\delta t$ 时的速度。当然这个问题也可以通过可逆的 Euler 估算，得到初始前半个模拟步的速度：

$$\boldsymbol{v}\left(-\frac{1}{2}\delta t\right)=\boldsymbol{v}(0)-\boldsymbol{a}(0)\frac{1}{2}\delta t \tag{7.13}$$

或者对初始位置在合理的范围内随机设定，初始前半步的速度根据 Maxwell 分布随机设定。

蛙跳 Verlet 法的优点可以直接计算速度，由它计算的位置、速度的误差要小于 Verlet 方法。但是与原始的 Verlet 算法一样，这个算法也存在计算的速度落后位移的问题。

7.2.3 速度 Verlet 算法

Swope 在 1982 年提出了速度 Verlet 算法用以提高速度的计算：

$$\boldsymbol{r}_i(t+\delta t)=\boldsymbol{r}_i(t)+\boldsymbol{v}_i(t)\delta t+\frac{1}{2}\boldsymbol{a}_i(t)\delta t^2 \tag{7.14}$$

$$\boldsymbol{v}_i\left(t+\frac{1}{2}\delta t\right)=\boldsymbol{v}_i(t)+\frac{1}{2}\boldsymbol{a}_i(t)\delta t \tag{7.15}$$

$$\boldsymbol{v}_i(t+\delta t)=\boldsymbol{v}_i\left(t+\frac{1}{2}\delta t\right)+\frac{1}{2}\boldsymbol{a}_i(t+\delta t)\delta t \tag{7.16}$$

首先通过式(7.14) 和式(7.15) 分别计算新位置和半时间速度，从新位置得到作用在原子上的力，从而根据式(7.16) 计算在（$t+\delta t$）时刻的速度和加速度，在这个过程中更新当

前步的速度和加速度。

速度 Verlet 算法在位置和速度计算精度上优于 Verlet 方法，该方法仅储存 t 时刻的位置、速度和加速度，不需要用额外的内存量储存（$t+\delta t$）时刻的位置、速度和加速度。其缺点在于计算的复杂性要高于 Verlet 算法和蛙跳 Verlet 算法。该方法可以求得同一时刻每个原子的位置和速度，这是蛙跳 Verlet 方法所不能及的。在处理初始位置和速度时，该方法采用蛙跳方法相同的处理方式。

7.2.4 Beeman 算法

Beeman（1976）算法可能是 Verlet 系列算法中计算速度最准确的一种方法：

$$\boldsymbol{r}_i(t+\delta t)=\boldsymbol{r}_i(t)+\boldsymbol{v}_i(t)\delta t+\frac{1}{6}[4\boldsymbol{a}_i(t)-\boldsymbol{a}_i(t-\delta t)]\delta t^2 \tag{7.17}$$

$$\boldsymbol{v}_i(t+\delta t)=\boldsymbol{v}_i(t)+\frac{1}{6}[2\boldsymbol{a}_i(t+\delta t)+5\boldsymbol{a}_i(t)-\boldsymbol{a}_i(t-\delta t)]\delta t \tag{7.18}$$

式(7.18) 确保了速度计算与位置计算的同步。

与其他改进的 Verlet 算法一样，Beeman 算法也存在初始速度的启动问题，也需要知道上一步的加速度 $[\boldsymbol{a}(t-\delta t)]$。此方法的优点在于可以引用较长的积分间隔 δt，其积分步长 δt 可为 Verlet 方法的 3～4 倍。Beeman 算法的缺点一是速度不可逆，二是计算表达形式复杂，计算过程中耗时较高。

7.3 Gear 预测校正方法

7.3.1 基本的 Gear 算法

式(7.5) 表明了粒子坐标随时间的变化。粒子位移的任何变化都会影响到作用在粒子上的力、速度和加速度。让我们再回到 Taylor 级数展开式：

$$\boldsymbol{r}(t+\delta t)=\boldsymbol{r}(t)+\boldsymbol{v}(t)\delta t+\frac{1}{2}\boldsymbol{a}(t)\delta t^2+\frac{1}{6}\boldsymbol{b}(t)\delta t^3+\cdots \tag{7.19}$$

$$\boldsymbol{v}(t+\delta t)=\boldsymbol{v}(t)+\boldsymbol{a}(t)\delta t+\frac{1}{2}\boldsymbol{b}(t)\delta t^2+\cdots \tag{7.20}$$

$$\boldsymbol{a}(t+\delta t)=\boldsymbol{a}(t)+\boldsymbol{b}(t)\delta t+\cdots \tag{7.21}$$

$$\boldsymbol{b}(t+\delta t)=\boldsymbol{b}(t)+\cdots \tag{7.22}$$

式中，$\boldsymbol{v}(t)$、$\boldsymbol{a}(t)$、$\boldsymbol{b}(t)$ 为 $\boldsymbol{r}(t)$ 的 1 次、2 次及 3 次微分。Gear 预测校正法（Gear predictro-correctior method）（Gear，1971）有三个基本步骤：第一步，通过上述式子预测粒子新的位置、速度和加速度等，但是得到的数值等并非完全正确，因为这些物理量来自 Taylor 展开式，而非由求解牛顿运动方程得到；第二步，通过新的位置估算作用力并得到相应的加速度；第三步，把此加速度与 Taylor 级数展开中得到的加速度比较，得到的差值作为校正项重新校正位置、速度和加速度。

设二者之间的差为：

$$\Delta\boldsymbol{a}(t+\delta t)=\boldsymbol{a}^{c}(t+\delta t)-\boldsymbol{a}(t+\delta t) \tag{7.23}$$

以此为依据，可得各量的校正式为

$$\boldsymbol{r}^{c}(t+\delta t)=\boldsymbol{r}(t+\delta t)+c_0\Delta\boldsymbol{a}(t+\delta t) \tag{7.24}$$

$$\boldsymbol{v}^{c}(t+\delta t)=\boldsymbol{v}(t+\delta t)+c_1\Delta\boldsymbol{a}(t+\delta t) \tag{7.25}$$

$$\boldsymbol{a}^{c}(t+\delta t)=\boldsymbol{a}(t+\delta t)+c_2\Delta\boldsymbol{a}(t+\delta t) \tag{7.26}$$

$$\boldsymbol{b}^{c}(t+\delta t)=\boldsymbol{b}(t+\delta t)+c_3\Delta\boldsymbol{a}(t+\delta t) \tag{7.27}$$

式中，c_0、c_1、c_2、c_3 等均为常数。这些系数依赖于 Taylor 级数展开到第几项，对于式(7.24)～式(7.27)，只有三个级数展开下［即只到 $\boldsymbol{b}(t)$项］，相应的系数分别为：$c_0=1/6$，$c_1=5/6$，$c_2=1$，$c_3=1/3$。

7.3.2 Gear 算法的改进方法

Gear 算法需要的储存量（15N）比 Verlet 算法大（9N），更为严重的是 Gear 算法中对力的计算每一步需要计算两次，这些都是 Gear 算法不利的一面。现在有很多种改进方法，Rahman（1964）就是其中之一。具体如下：

第一步预测新位置

$$\boldsymbol{r}(t+\delta t)=\boldsymbol{r}(t-\delta t)+2\delta t\boldsymbol{v}(t) \tag{7.28}$$

接着用一般方法计算新位置的加速度，这些加速度可以产生系列新的速度，并校正新位置：

$$\boldsymbol{v}(t+\delta t)=\boldsymbol{v}(t)+\frac{1}{2}\delta t[\boldsymbol{a}(t+\delta t)+\boldsymbol{a}(t)] \tag{7.29}$$

$$\boldsymbol{r}^{c}(t+\delta t)=\boldsymbol{r}(t)+\frac{1}{2}\delta t[\boldsymbol{v}(t)+\boldsymbol{v}(t+\delta t)] \tag{7.30}$$

再重新计算新的校正位置上的加速度得到新的速度。这种方法尽管可以得到精确的结果，但是现在已经很少使用。其他改进方法我们不再叙述。

在上面两节中，讲述了不同的分子动力学积分方法，其中用的比较多的还是 Verlet 系列算法。通过这些积分算法，在分子动力学模拟过程中可以得到体系中所有粒子的位置和动量随时间变化的全部信息，即体系的时间演化，理论上讲就可以得到基态体系的所有性质随时间的变化；同样从统计力学上讲，根据时间演化过程可以求得体系的所有性质（包括平衡态和非平衡态的性质）。鉴于分子动力学中关键步骤仍然是计算体系的能量，而每次模拟至少要计算 10^4～10^5 次，限于目前计算机的能力，大多数计算能量的步骤仍然采用力场方法，故称为经典的分子动力学模拟。如果计算能量的这一步采用量子力学方法，如密度泛函理论（density functional theory）或者半经验（semi-empirical）量子力学方法，则称为量子的分子动力学模拟，包括从头算分子动力学模拟（*ab initio* MD）。

在经典分子动力学模拟中，由于力场方法中计算势能的前提是针对已知化学结构组成的研究体系，或者说分子力场的组成中不涉及电子的性质，因此经典的分子动力学模拟不能判断演化中是否有新的化学键形成，只能模拟没有化学反应的体系。

7.4 分子体系中的积分方法

上述积分方法可以直接应用在原子体系中，通过合适的势能函数得到原子的运动方程。例如，在早期的分子动力学模拟中，用到了很多势能函数如 Lennard-Jones 势或者其他更复杂的函数。但是分子模拟的目的最终要研究真实更复杂的分子体系，不像原子体系，可以把原子看成一个球形粒子，对于分子体系，需要考虑分子的转动、化学键等因素。特别是分子内的化学键限制了分子里原子的相对运动，这样，对分子运动的积分方法必须采用其他特殊处理，更好地体现实际效果。

7.4.1 小分子

从分子力学上讲，是把多原子分子中的多原子聚集构型处理成刚性体，即把键长和键角固定。如果分子振动波长小于分子的长度，这样的近似是合理的。

一般我们把刚体的运动看作来自两个独立的运动：一个是质心的平动，一个是绕质心的转动。平动由直接作用在分子上的力决定，而转动则依赖力矩的大小。多原子分子的平动与处理单个原子的平动一样，而对于转动则需要其他方式处理。

处理分子的转动，也采用 Euler 角的处理方式。Euler 角的定义和相关性质参见 6.3.3 节。相应的采用四分量参数形式（the quaternion parameters）处理也可以得到角度变化后相应的变化量，其中的旋转矩阵 $\boldsymbol{A}$ 表达式见式（6.54），定义为

$$V_{\text{principal}}=\boldsymbol{A}V_{\text{laboratory}} \tag{7.31}$$

这样可以得到相应的角速度 ω_{p}，与下述矩阵有关的四分量。

$$\begin{pmatrix}\dot{q}_0\\ \dot{q}_1\\ \dot{q}_2\\ \dot{q}_3\end{pmatrix}=\frac{1}{2}\begin{pmatrix}q_0 & -q_1 & -q_2 & -q_3\\ q_1 & q_0 & -q_3 & q_2\\ q_2 & q_3 & q_0 & -q_1\\ q_3 & -q_2 & q_1 & q_0\end{pmatrix}\begin{pmatrix}0\\ \omega_{\mathrm{p}x}\\ \omega_{\mathrm{p}y}\\ \omega_{\mathrm{p}z}\end{pmatrix} \tag{7.32}$$

7.4.2 大分子

一般而言，分子可以看作是许多原子通过不同类型、不同强度和不同长度的化学键连接组成的链。因此理论上讲，上面提到的四分量方法也适用于多原子组成的分子体系。但是，对于大的柔性分子，大量的原子坐标在处理计算上非常困难，不可避免地也会导致错误的结论。

原子之间的化学键和相应的键角可以约束分子。约束（constraint）的概念来自 Lagrangian 和 Hamiltonian 力学，该概念已经广泛应用于分子动力学中。下面详细叙述。

考虑最简单的三原子分子，如图 7.1 所示。忽略键角约束，三原子分子至少有两个键约束项

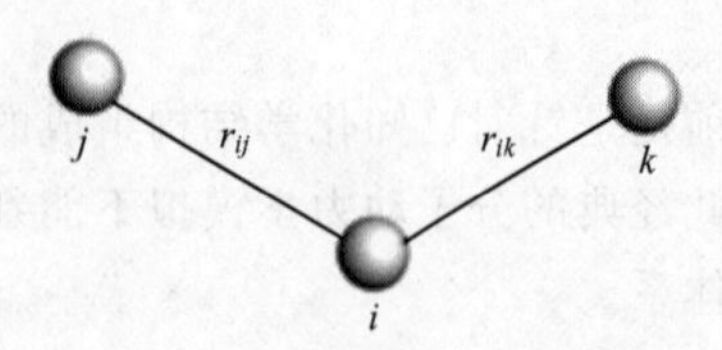

图 7.1 三原子分子示意图

$$\begin{cases}\boldsymbol{r}_{ij}^2-d_{ij}^2=0\\ \boldsymbol{r}_{ik}^2-d_{ik}^2=0\end{cases} \tag{7.33}$$

式中，d 为键偏离平衡时的距离。如果式（7.33）有一个条件不满足，那么这个键就会断裂，相应的三原子分子就会分裂。

一般，如果我们用符号 $\sigma(\boldsymbol{r})$ 代表一个约束［即式(7.33) 中的形式］，由 N 个原子组成的一个分子有 M 个约束（de Leeuw，1990；Tildesley，1993）

$$\begin{cases}\sigma_1(\boldsymbol{r})=0\\ \quad\vdots\\ \sigma_M(\boldsymbol{r})=0\end{cases} \tag{7.34}$$

分子的 $3N$Euler-Lagrange 公式（见第 2 章）为

$$\frac{\mathrm{d}}{\mathrm{d}t}\left(\frac{\partial L}{\partial \boldsymbol{r}_i}\right)-\frac{\partial L}{\partial \boldsymbol{r}_i}=\boldsymbol{g}_i \tag{7.35}$$

式中，L 代表 N 个原子体系的 Lagrangian；$\boldsymbol{g}_i$ 是作用在原子 i 上的约束力。

$$\boldsymbol{g}_i=\sum_{\alpha=1}^{M}\lambda_\alpha\left(\frac{\partial\sigma_\alpha}{\partial \boldsymbol{r}_i}\right) \tag{7.36}$$

式中，λ_α 为与约束有关的乘数。

式(7.35) 也可以导出 Hamitonian 运动等式（de Leeuw，1990）

$$\dot{\boldsymbol{r}}_i=\frac{\boldsymbol{p}_i}{m_i}-\frac{1}{m_i}\sum_{\alpha=1}^{M}\gamma_\alpha\left(\frac{\partial\sigma_\alpha}{\partial \boldsymbol{r}_i}\right) \tag{7.37}$$

$$\dot{\boldsymbol{p}}_i=-\frac{\partial u_i}{\partial \boldsymbol{r}_i}+\sum_{\alpha=1}^{M}\sum_{j=1}^{N}\gamma_\alpha\left(\frac{\partial^2\sigma_\alpha}{\partial \boldsymbol{r}_i\partial \boldsymbol{r}_j}\right)\dot{\boldsymbol{r}}_j \tag{7.38}$$

这里 $\dot{\gamma}_\alpha=\lambda_\alpha$。此外，这些一级等式也可以转换成 $3N$ 个二级不同的等式

$$\ddot{\boldsymbol{r}}=\boldsymbol{a}_i-\frac{1}{m_i}\sum_\alpha\lambda_\alpha\left(\frac{\partial\sigma_\alpha}{\partial \boldsymbol{r}_i}\right) \tag{7.39}$$

式中，$\boldsymbol{a}_i$ 是原子 i 的加速度。如果对式（7.34）进行微分，得到约束力的时间导数：

$$\frac{\mathrm{d}\sigma_\alpha}{\mathrm{d}t}=\sum_i\dot{\boldsymbol{r}}_i\left(\frac{\partial\sigma_\alpha}{\partial \boldsymbol{r}_i}\right)=0 \tag{7.40}$$

$$\frac{\mathrm{d}^2\sigma_\alpha}{\mathrm{d}t^2}=\sum_i\ddot{\boldsymbol{r}}_i\left(\frac{\partial\sigma_\alpha}{\partial \boldsymbol{r}_i}\right)+\sum_i\sum_j\dot{\boldsymbol{r}}_i\left(\frac{\partial^2\sigma_\alpha}{\partial \boldsymbol{r}_i\partial \boldsymbol{r}_j}\right)\dot{\boldsymbol{r}}_j=0 \tag{7.41}$$

把式（7.39）相应地改成对 β 的求导，并代入式（7.41）

$$\begin{aligned}\frac{\mathrm{d}^2\sigma_\alpha}{\mathrm{d}t^2}&=\sum_i\boldsymbol{a}_i\left(\frac{\partial\sigma_\alpha}{\partial \boldsymbol{r}_i}\right)-\sum_i\frac{1}{m_i}\sum_\beta\lambda_\beta\left(\frac{\partial\sigma_\alpha}{\partial \boldsymbol{r}_i}\right)\left(\frac{\partial\sigma_\beta}{\partial \boldsymbol{r}_i}\right)+\sum_i\sum_j\dot{\boldsymbol{r}}_i\left(\frac{\partial^2\sigma_\alpha}{\partial \boldsymbol{r}_i\partial \boldsymbol{r}_j}\right)\dot{\boldsymbol{r}}_j\\&=(\boldsymbol{F})_\alpha-(\boldsymbol{\Lambda})_\alpha(\boldsymbol{M})_{\alpha\beta}+(\boldsymbol{T})_\alpha=0\end{aligned} \tag{7.42}$$

则：

$$\boldsymbol{\Lambda}=(\boldsymbol{M})^{-1}(\boldsymbol{F}+\boldsymbol{T}) \tag{7.43}$$

式中，$\boldsymbol{M}$ 是 $M\times M$ 的矩阵，其矩阵元为

$$(\boldsymbol{M})_{\alpha\beta}=\sum_i\frac{1}{m_i}\left(\frac{\partial\sigma_\alpha}{\partial \boldsymbol{r}_i}\right)\left(\frac{\partial\sigma_\beta}{\partial \boldsymbol{r}_i}\right) \tag{7.44}$$

$\boldsymbol{\Lambda}$、$\boldsymbol{F}$、$\boldsymbol{T}$ 表示 α 的矢量：

$$(\boldsymbol{\Lambda})_\alpha=\lambda_\alpha \tag{7.45}$$

$$(\boldsymbol{F})_\alpha=\sum_i\boldsymbol{a}_i\left(\frac{\partial\sigma_\alpha}{\partial \boldsymbol{r}_i}\right) \tag{7.46}$$

$$(\boldsymbol{T})_\alpha=\sum_i\sum_j\dot{\boldsymbol{r}}_i\left(\frac{\partial^2\sigma_\alpha}{\partial \boldsymbol{r}_i\partial \boldsymbol{r}_j}\right)\dot{\boldsymbol{r}}_j \tag{7.47}$$

有了式(7.45) 可以具体地解出式(7.39)。但是，在实际应用中，不同等式的数值解法

有差异，只能说体现了这种约束条件满足这种算法的准确程度。相应地，这种差异也会随着模拟时间的增长而增大。

(1) SHAKE 算法

SHAKE 算法（Ryckaert，1977）可能是目前应用最广的加入约束条件的一种计算分子运动的方法，这种方法和 Verlet 积分算法一起应用。

首先让我们回顾一下未加限制的 Verlet 积分：

$$\boldsymbol{r}'_i(t+\delta t)=2\boldsymbol{r}_i(t)-\boldsymbol{r}_i(t-\delta t)+\frac{\delta t^2}{m_i}\boldsymbol{f}_i \tag{7.48}$$

因为对原子增加了约束，意味着原子之间的距离是一个键长的长度，实际的位置：

$$\boldsymbol{r}_i(t+\delta t)=2\boldsymbol{r}_i(t)-\boldsymbol{r}_i(t-\delta t)+\frac{\delta t^2}{m_i}(\boldsymbol{f}_i-\boldsymbol{g}_i) \tag{7.49}$$

从式(7.36) 得到约束力

$$\boldsymbol{r}_i(t+\delta t)=\boldsymbol{r}'_i(t+\delta t)-\frac{\delta t^2}{m_i}\sum_{\alpha=1}^{\alpha}\lambda_\alpha\left(\frac{\partial\sigma_\alpha[\boldsymbol{r}(t)]}{\partial\boldsymbol{r}_i}\right) \tag{7.50}$$

此时，在 $t+\delta t$ 时刻原子坐标也必须遵守式(7.34) 的约束：

$$\begin{cases}\sigma_1[\boldsymbol{r}(t+\delta t)]=0\\ \vdots\\ \sigma_M[\boldsymbol{r}(t+\delta t)]=0\end{cases} \tag{7.51}$$

上式代表了一系列 α 非线性等式，通过 SHAKE 方法可以解出乘数 λ_α（Ryckaert，1977）。

SHAKE 方法的第一步是通过式（7.48）得到未约束下的原子位置，这些坐标需要迭代调整，直到约束等式满足一个特定的容许量。每一个迭代经历所有的约束后完成一个循环。如果对于一个仅仅涉及某些原子 N_ω 的约束（ω），在第 k 个迭代循环中，假设原子的坐标为 $\boldsymbol{r}_i^{\text{old}}$，在此迭代中，这些原子上的约束力会产生新的位置：

$$\begin{cases}\boldsymbol{r}_1^{\text{new}}=\boldsymbol{r}_1^{\text{old}}-\lambda_\omega^k\left(\dfrac{\partial\sigma_\omega[\boldsymbol{r}(t)]}{\partial\boldsymbol{r}_1}\right)\\ \vdots\\ \boldsymbol{r}_{N_\omega}^{\text{new}}=\boldsymbol{r}_{N_\omega}^{\text{old}}-\lambda_\omega^k\left(\dfrac{\partial\sigma_\omega[\boldsymbol{r}(t)]}{\partial\boldsymbol{r}_{N_\omega}}\right)\end{cases} \tag{7.52}$$

此时 Lagrange 乘数为：

$$\lambda_\omega^k=\frac{\sigma_\varpi(\boldsymbol{r}^{\text{old}})}{\delta t^2\sum_{i=1}^{N_\omega}\frac{1}{m_i}\left(\frac{\partial\sigma_\omega(\boldsymbol{r}^{\text{old}})}{\partial\boldsymbol{r}_i}\right)\left(\frac{\partial\sigma_\omega[\boldsymbol{r}(t)]}{\partial\boldsymbol{r}_i}\right)} \tag{7.53}$$

通过式(7.53) 得到第 ω 个约束的乘数，并把它用在式（7.52）中获得新的原子坐标。几十个这样的迭代以后，所有的约束都会满足很高的精确度，从而得到新的约束下的新位置 $\boldsymbol{r}(t+\delta t)$。

SHAKE 算法也可以应用在预测校正积分中（van Gunsteren，1977）。Brown（1997）曾经报道了预测校正算法与 SHAKE 方法结合应用的案例，并进行了部分调整，我们在此叙述如下。首先让我们先定义一个符号：

$$\text{SHAKE}(\boldsymbol{r}_1,\boldsymbol{r}_2,\boldsymbol{r}_3) \tag{7.54}$$

表示由未约束步得到的位置 $\boldsymbol{r}_2$ 重新调整得到约束下的 $\boldsymbol{r}_3$。这个位移矢量的方向（$\boldsymbol{r}_2-\boldsymbol{r}_1$）

由参考位置 $\boldsymbol{r}_1$ 决定。

此算法的第一步从预测的新位置、速度和加速度开始

$$\boldsymbol{x}_{\mathrm{p}}(t+\delta t)=\boldsymbol{B}\boldsymbol{x}(t) \tag{7.55}$$

式中，$\boldsymbol{x}_{\mathrm{p}}$ 可以是速度、位置或者加速度；$\boldsymbol{B}$ 代表着用 $\boldsymbol{F}$ 表示的预测矩阵。在此阶段要计算下述总和，以备后用

$$Y=\sum_{\substack{i=0\\i\neq 1}}^{k=1}(B_{1i}-B_{11}B_{0i})r_i(t) \tag{7.56}$$

在缺少约束力下，位置通过式(7.55) 校正

$$\boldsymbol{r}_2=\boldsymbol{r}_{\mathrm{p}}(t+\delta t)-k_0\frac{\delta t^2\ddot{\boldsymbol{r}}_{\mathrm{p}}(t+\delta t)}{2} \tag{7.57}$$

式中，k_0 是与位置有关的校正系数。

把位置 $\boldsymbol{r}(t)$ 作为参考，SHAKE 过程继续用在位置 $\boldsymbol{r}_2$

$$\mathrm{SHAKE}[\boldsymbol{r}(t),\boldsymbol{r}_2,\boldsymbol{r}_3] \tag{7.58}$$

相应的未约束或者说自由力下的校正位置：

$$\boldsymbol{r}_{\mathrm{free}}(t+\delta t)=\boldsymbol{r}_3+k_0\frac{\delta t^2 f_{\mathrm{free,p}}(t+\delta t)}{2m} \tag{7.59}$$

把 $\boldsymbol{r}_{\mathrm{p}}(t+\delta t)$ 位置当作参考，继续 SHAKE 过程

$$\mathrm{SHAKE}[\boldsymbol{r}_{\mathrm{p}}(t),\boldsymbol{r}_{\mathrm{free}}(t+\delta t),\boldsymbol{r}_{\mathrm{total}}(t+\delta t)] \tag{7.60}$$

式中，$\boldsymbol{r}_{\mathrm{total}}(t+\delta t)$ 为总的受力。

这样约束力可以通过下式计算：

$$\boldsymbol{f}_{\mathrm{constraint}}=\frac{2[\boldsymbol{r}_{\mathrm{total}}(t+\delta t)-\boldsymbol{r}_{\mathrm{free}}(t+\delta t)]}{k_0\delta t^2} \tag{7.61}$$

相应的总的力为：

$$\boldsymbol{f}_{\mathrm{total}}=\boldsymbol{f}_{\mathrm{free}}+\boldsymbol{f}_{\mathrm{constraint}} \tag{7.62}$$

最后，得到加速度和速度：

$$\boldsymbol{a}(t+\delta t)=\boldsymbol{a}_{\mathrm{p}}(t+\delta t)+\frac{k_2}{2}\left(\frac{\boldsymbol{f}_{\mathrm{total}}}{m}-\ddot{\boldsymbol{r}}_{\mathrm{p}}(t+\delta t)\right) \tag{7.63}$$

$$\boldsymbol{v}(t+\delta t)=\frac{B_{11}\boldsymbol{r}(t+\delta t)+Y}{\delta t}+\frac{\delta t}{2}\left(\frac{\boldsymbol{f}_{\mathrm{total}}}{m}-\ddot{\boldsymbol{r}}_{\mathrm{p}}(t+\delta t)\right) \tag{7.64}$$

键角的约束在 SHAKE 方法中也很容易实现，简单地加入一个额外的距离约束就可以实现，也就是说三原子分子的键角可以通过两个端点的原子之间的距离约束维持不变。这样可以保证一些小的分子（如水分子）保持一定的刚性空间（rigid geometry）。例如，水分子简单的点电荷模型（the simple point charge model，SPC）就应用了三个距离自由度。一般而言，为了在搜索柔性分子的整个构象空间中维持键角不变而采取约束措施造成一些不利影响也是可以接受的，这是因为在这种情况下，许多的构象平动也会造成和键的旋转效果一样的键角变化。SHAKE 方法最基本的应用就是对涉及氢原子的约束键，毕竟含有氢原子的键有更高的振动频率。这种措施施加之后，可以增加模拟步幅，一般可以提高到 1～2fs。另外需要说明的是在 SHAKE 方法中约束自由度的影响要小于其他自由度，这样才能保证分子的运动不会因

约束项的加入而受到影响。也就是说，如果在丁烷分子中加入键长和键角约束项，那么剩下的唯一自由度二面角项仍然可以按照没有应用 SHAKE 方法的过程探索相空间。

(2) RATTLE 算法

现在 SHAKE 方法已经用在了许多的积分算法中，如上一节提到的 Verlet 算法、预测校正法，以及其他的算法如蛙跳法等。这些 SHAKE 方法与相应的积分算法一样，会遇到相同的问题，即计算的速度数值落后于积分步等情况。当把约束情况用在速度 Verlet 算法过程中，我们把这样的方法称作 RATTLE 方法（Andersen，1983）。RATTLE 方法和速度 Verlet 算法一样，可以通过当前步的位置和速度，不需要前一步的信息就可以计算下一步的位置和速度。

RALLTE 方法中用到的关键公式为（Andersen，1983）：

$$\dot{\boldsymbol{r}}_i(t+\delta t)=\dot{\boldsymbol{r}}_i(t)+h\dot{\boldsymbol{r}}_i(t)+\frac{\delta t^2}{2m_i}\left[\boldsymbol{f}_i(t)-2\sum_j \lambda_{RRij}(t)\boldsymbol{r}_{ij}(t)\right] \tag{7.65}$$

式中的 Lagrange 乘数 $\lambda_{RRij}(t)$ 与约束力有关，保证在时间 $t+\delta t$ 时满足式（7.34）的条件。它通过与 SHAKE 算法相同的积分方法计算。

该方法大致计算思路如下：在运行 RATTLE 方法之间，应首先知道位置、作用力以及键约束。RATTLE 方法与 SHAKE 方法接近，但是它有两个明显的计算块。在 RATTLE 方法的前半部分，首先计算位置，然后应用约束计算下半步的速度；接着原子位置通过速度 Verlet 方法更新，反复迭代应用键约束。在这一部分，与 SHAKE 方法一样，RATTLE 方法也评价成键原子之间的距离并检测原子位移是否满足键约束条件。在 RATTLE 方法的下半部分，计算速度、动能和约束对 virial 的贡献。这个过程包括使用 Verlet 算法更新每个分子中的原子位置以及速度约束。应用速度约束需要计算成键原子之间速度和距离的差异。在 RATTLE 方法的最后计算体系的动能。

(3) 最少约束的 Gauss 原理

有别于 RATTLE 和 SHAKE 算法的另外一个思路是从式（7.39）的精确解中校正轨迹。Edberg（1986）提出了最少约束的 Gauss 原理，描述涉及完全约束（holonomic constrain）的运动等式。这个过程的起始点是对式（7.34）的键约束进行时间微分

$$\boldsymbol{r}_{12}\cdot\ddot{\boldsymbol{r}}_{12}+(\dot{\boldsymbol{r}}_{12})^2=0 \tag{7.66}$$

运用最少约束的 Gauss 原理，运动等式变成

$$\begin{cases}\dot{\boldsymbol{q}}_i=\boldsymbol{p}_i\\ \dot{\boldsymbol{p}}=\dfrac{\boldsymbol{f}_1}{m}-\lambda\boldsymbol{r}_{12}\\ \dot{\boldsymbol{p}}=\dfrac{\boldsymbol{f}_2}{m}-\lambda\boldsymbol{r}_{12}\end{cases} \tag{7.67}$$

如果分子多于两个原子，除了每个点从属于约束力以外，运动等式也都与式（7.67）相同。很显然也需要系列乘数 λ_{ij} 计算这些运动等式。Edberg 提出一个补偿函数求解方程，相关信息读者可参阅该文献，在此不再详细叙述。

(4) 其他方法

在处理分子运动的积分计算过程中，RATTLE 和 SHAKE 方法是应用最广的一种方法，另外在最近十几年间也出现了一些方法如矩阵反演方法（matrix inversion method）（de Leeuw，1990）、连续松弛方法（successive over-relaxation method，SOR）（Barth，1995）等，这些方法很

多是在 SHAKE 方法上改进得到的。我们在此不再详细叙述，读者可参考相关文献。

7.5 不同系综中的分子动力学

7.5.1 微正则系综

因为牛顿运动方程就是保持能量守恒，因此微正则系综也是分子动力学模拟的默认（缺省）系综。正如第 2 章讲述的那样，粒子的运动并不影响系综的能量守恒。理论上可以通过求解牛顿运动方程自动选择微正则系综，这样的过程简述如下。

首先对各个原子赋予初始速度。因为初始速度会在模拟积分算法中重新校正，因此初始速度可以任意赋予或者设定为零。相似地，除了加速度以外，其他物理量的时间导数在积分算法中都可以设定初始为零。原子上的初始力必须通过所有的 $N(N-1)$ 个相互作用势计算，这样初始加速度也通过关系式 $a_i=f_i/m_i$ 得到。当然在微正则系综中也是通过力计算总的势能。模拟的主体部分是下述模拟步骤的重复循环。对于程序而言，其中心部分是计算作用在原子上的力，这不可避免地要涉及应用合适的分子间势能表示不同粒子之间的相互作用，计算势能的函数形式我们在第 3 章中已经做了详细讲解。计算的新作用力体现在牛顿运动方程中，相应的得到新的原子坐标、速度、加速度和其他与时间有关的物理量。每一个循环表示时间又增加了一个 Δt，相应的多个循环之后，我们就可以得到总的模拟时间。但是仅仅在平衡阶段以后，才可以考虑收集信息，讨论系综平均。

正如上面所阐述的那样，分子动力学算法的中心问题就是计算作用力，通过合适的积分算法，根据牛顿运动方程确定新的分子坐标和其他的动力学性质。虽然在估算作用力的过程中可以计算势能，但是计算的势能与分子位移并没有关系。在每一模拟步需要重新计算所有的作用力，这表明分子动力学算法是 N^2 的级数，而 Monte Carlo 是 N 的级数，因此在分子动力学中要考虑更多的节省时间的方法（参见第 5 章内容）。

在微正则系综中，粒子数、体积和能量不变。模拟中可以直接保持粒子数和体积恒定，因为在初始时刻已经对二者赋予了数值，因此在模拟中并不涉及体积涨落、粒子数量的变化。总能量的控制通过动能的贡献实现。在初始时刻，每个粒子的预设能量（desired energy）为 E_D，但是实际的能量 E_A 由实际的动能 K_A 和计算的势能 E_{pot} 决定：

$$E_A=K_A+E_{pot} \tag{7.68}$$

设定的动能 K_D 通过计算的势能得到：

$$K_D=E_D-E_{pot} \tag{7.69}$$

通过设定和实际的动能对每个分子的初始速度进行标度，然后得到设定能量：

$$\left.\begin{aligned} \boldsymbol{v}_{ix}^{new}&=\boldsymbol{v}_{ix}\sqrt{\frac{K_D}{K_A}} \\ \boldsymbol{v}_{iy}^{new}&=\boldsymbol{v}_{iy}\sqrt{\frac{K_D}{K_A}} \\ \boldsymbol{v}_{iz}^{new}&=\boldsymbol{v}_{iz}\sqrt{\frac{K_D}{K_A}} \end{aligned}\right\} \tag{7.70}$$

理论上讲，在模拟开始只需对速度进行一次标度，正则系综中的能量守恒方法完全可以确保能量守恒，但是在实际过程中，对计算作用力的不准确性也会引起能量的涨落。因此，为始终保持计算的连续性，在模拟平衡阶段应该周期性地对速度进行标度。这种标度在平衡阶段结束后就要停止，否则在能量上会引起人为中断。典型地，在 10～100 步进行标度是合理的。

7.5.2 正则系综

从实际应用角度来看，微正则系综占的比重并不大，因为我们一般更注重的是温度而不是能量。这样正则系综中的温度、体积、粒子数恒定就引起了人们的重视。在正则系综中，采用不同的方法维持温度恒定，如速度标度法（velocity scaling）、热浴耦合方法（heat-bath coupling）。还有其他的调温方法包括：Andersen（1980）、Nosé（1984）、Hoover（1985）以及一般的约束方法（Hoover，1982；Evans，1983），后者涉及改进的运动等式。这些方法的应用和优缺点我们在下面一一介绍。

(1) 简单速度标度法

理论上讲，这是最简单保持温度恒定的方法，它需要周期性地重新标度粒子速度（Woodcock，1971）。每个粒子的动能通过下式计算：

$$\langle K\rangle=\frac{1}{2N}\left\langle\sum_i m_i\boldsymbol{v}_i\cdot\boldsymbol{v}_i\right\rangle \tag{7.71}$$

或者通过气体的动力学原理计算：

$$\langle K\rangle=\frac{3}{2}kT \tag{7.72}$$

通过上面两式我们可以得到这样的关系式

$$T=\frac{1}{2Nk}\left\langle\sum_i m_i\boldsymbol{v}_i\cdot\boldsymbol{v}_i\right\rangle \tag{7.73}$$

此式可以确保模拟中我们能够随时检测系综的温度。也可以通过实际 T_A 和设定温度 T_D 获得模拟速度：

$$\left.\begin{aligned}\boldsymbol{v}_{ix}^{\text{new}}&=\boldsymbol{v}_{ix}\sqrt{\frac{T_D}{T_A}}\\ \boldsymbol{v}_{iy}^{\text{new}}&=\boldsymbol{v}_{iy}\sqrt{\frac{T_D}{T_A}}\\ \boldsymbol{v}_{iz}^{\text{new}}&=\boldsymbol{v}_{iz}\sqrt{\frac{T_D}{T_A}}\end{aligned}\right\} \tag{7.74}$$

正则系综中的算法与速度标度的微正则系综中的算法类似，不同点是前者以温度标度，而后者以能量标度。在微正则系综中，初始以后的速度标度是可选项，而在正则系综中周期性地再标度是必需的。在达到预设模拟步数时，利用温度标度得到的温度比利用速度标度得到的能量效果稍差，这是因为动能在正则系综中不是一个常数。在平衡阶段体系从预设温度漂移引起的能量变化可以在势能和动能之间相互交换，而再标度可以补偿这种漂移。

(2) 热浴耦合方法

另一种方法是通过体系和外部的热浴相耦合维持预设温度，也称作 Berendsen 速度标度法（Berendsen，1984）。热浴的功能就是为体系补偿或移走多余能量。实际温度的变化速率与预设的温度（热浴温度）有关：

$$\frac{\mathrm{d}T_A}{\mathrm{d}t}=\frac{T_D-T_A}{\tau} \tag{7.75}$$

式中，τ 是表示热浴和体系之间耦合程度的常数，其量纲为时间，故称为弛豫时间。上式中连续步骤之间的温度变化有

$$\Delta T=\frac{\Delta t}{\tau}(T_D-T_A) \tag{7.76}$$

相应的速度标度：

$$\left.\begin{aligned}\boldsymbol{v}_{ix}^{\text{new}}&=\boldsymbol{v}_{ix}\sqrt{1+\frac{\Delta t}{\tau}\left(\frac{T_D}{T_A}-1\right)}\\ \boldsymbol{v}_{iy}^{\text{new}}&=\boldsymbol{v}_{iy}\sqrt{1+\frac{\Delta t}{\tau}\left(\frac{T_D}{T_A}-1\right)}\\ \boldsymbol{v}_{iz}^{\text{new}}&=\boldsymbol{v}_{iz}\sqrt{1+\frac{\Delta t}{\tau}\left(\frac{T_D}{T_A}-1\right)}\end{aligned}\right\} \tag{7.77}$$

当 $\tau=\Delta t$ 时，式（7.77）简化为简单的速度标度方法。标度形式类似微正则系综的算法，一般的当 $\Delta t/\tau=0.0025$ 时，能够给出满意的结果。

(3) Andersen 热浴法

Andersen（1980）提出了另外一个替代速度标度的方法，这种方法把分子动力学和随机过程结合起来。设体系放置在一个指定温度 T 的大热浴内，热浴与体系的相互作用体现在随机选取某个粒子上的随机碰撞。碰撞的强度由一个设定的随机碰撞频率 ν 来决定。一个粒子在任意时间间隔 Δt 内遇到一次随机碰撞的概率为 $\nu\Delta t$。假设任意先后接连的两次碰撞之间是独立事件，这样可以认为碰撞发生的时间分布符合 Poisson 分布：

$$P(t,\nu)=\nu \mathrm{e}^{-\nu t} \tag{7.78}$$

合适的 ν 应等于

$$\nu=\frac{\nu_c}{N^{2/3}} \tag{7.79}$$

式中，ν_c 为碰撞频率。

模拟过程中，随机选择某些粒子在任意小的时间间隔内进行随机碰撞。模拟过程如下：首先设定初始坐标和动量，对运动等式进行积分直到第一次碰撞完成。对选定的随机碰撞的粒子，规定其动量遵循 Boltzmann 分布。这种碰撞并不影响其他的粒子。随后对所有粒子的 Hamilton 等式进行积分，直到发生下一次碰撞。接着重复此过程。Andersen 热浴法实际上可以看成分子动力学和随机碰撞交替进行的过程。在两次随机力先后发生之间的时间段内，体系各个粒子的运动仍然按照牛顿力学来进行，即代表体系的相点在相空间的某个势能面上进行时间演化，而随机产生的碰撞把此相点从一个等能面移到另一个等能面。这意味着随机碰撞可以使得相点遍历所有可能的相当于恒温的等能面。研究发现，运用 Andersen 热浴法模拟 Lennard-Jones 流体恒温时的速度分布，与精确的 Boltzmann 速度分布比较一致，且与碰撞频率 ν 无关。可以验证 Andersen 热浴法可以产生正则分布，重现正则系综平衡态的性质。

但是由于 Andersen 热浴引入的随机力是非物理的，是不真实的，所以它们干扰了真实的时间演化过程，粒子速度之间的相关性减弱，这样速度时间相关函数也会减弱，显然体系

中的扩散系数的模拟将会受到影响。所以一般来说，Andersen 热浴适合模拟体系的静态性质，而不适合模拟体系的动态性质（陈敏伯，2009)。

根据上述叙述，简单速度标度法和热浴耦合法简单，而且应用比较广泛，但是理论依据粗糙；Andersen 恒温法由于引入了随机碰撞，本质上破坏了经典分子动力学的动态性质，在相空间中的时间演化轨迹上发生了间断。更严格的理论应该属于下面叙述的 Nosé-Hoove 恒温扩展法。

(4) Nosé 热浴法（恒温扩展法）

受到 Andersen 在恒压分子动力学模拟中的“约化变量”和 Hamilton 量的“扩展”思想的启发，Nosé（1984）提出了扩展的 Hamilton 量的方法。他认为也可以通过单独的分子动力学方法研究正则系综中的控温过程。在这种方法中，热浴可以认为是体系积分的一部分，由额外的自由度 s 表示。扩展体系的 Hamilton 量为：

$$H_{\text{ext}}=\sum_{i=1}^{N}\frac{\boldsymbol{p}_i^2}{2m_i s^2}+V(q)+\frac{\boldsymbol{p}_s^2}{2Q}+gkT_{\text{D}}\ln s \tag{7.80}$$

其中第一项为体系粒子的总动能，第二项为粒子间的势能，第三项为热浴的动能，第四项为热浴的势能，$E_{\text{potential}}^{\text{res}}=gkT_{\text{D}}\ln s$，其中 g 表示体系的自由度数。对热浴势能的表达形式即为该方法的巧妙之处。热浴的动能也可以通过下式计算

$$E_{\text{kinetic}}^{\text{res}}=\frac{1}{2Q}\left(\frac{\mathrm{d}s}{\mathrm{d}t}\right)^2=\frac{\boldsymbol{p}_s^2}{2Q} \tag{7.81}$$

式中，Q 表示热浴与真实体系之间耦合的常数，表征热浴的响应速度，它影响着温度的涨落，它的单位是［能量］×［时间］^{2}。相应地，Q 正比于 gkT_{D}，比例系数由模拟本身决定，表示是否能满足维持设定温度不变。如果 Q 太大，在热浴和模拟体系之间很难有能量交换，相反如果 Q 太小，能量就会发生摆动抑制平衡。

广义体系（extended system）上的每一个态都相对应于真实体系的某个态，在真实体系中某个原子的速度：

$$\boldsymbol{v}=s\frac{\mathrm{d}\boldsymbol{r}}{\mathrm{d}t}=\frac{\boldsymbol{p}}{ms} \tag{7.82}$$

相应的真实体系的动能

$$E_{\text{kinetic}}^{\text{real}}=\frac{\boldsymbol{p}^2}{2ms^2} \tag{7.83}$$

因此广义体系的 Hamiltonian 为

$$H=\sum_i\frac{\boldsymbol{p}_i^2}{2m_i s^2}+E_{\text{pot}}(q)+\frac{\boldsymbol{p}_s^2}{2Q}+gkT_{\text{D}}\ln s \tag{7.84}$$

Nosé 方法的关键所在就是应用广义 Hamiltonian，运动方程的变化决定了 Hamiltonian 的变化。从上面式子可以得到相应的运动方程：

$$\dot{\boldsymbol{q}}=\frac{\boldsymbol{p}}{ms^2} \tag{7.85}$$

$$\dot{\boldsymbol{p}}=\boldsymbol{F}(\boldsymbol{q}) \tag{7.86}$$

$$\dot{s}=\frac{\boldsymbol{p}_s}{Q} \tag{7.87}$$

$$\dot{\boldsymbol{p}}_s=\sum_i\frac{\boldsymbol{p}_i^2}{m_i s^3}-\frac{gkT_{\text{D}}}{s} \tag{7.88}$$

Nosé 热浴法现在更多地称为 Nosé 动力学方法，其重要性不仅仅限于对控温方法的处理，更重要的是它提出了扩展体系 Hamilton 量的做法。此种处理方式不仅适用于恒温体系，也可以启发沿用到恒压体系或恒温恒压体系，开拓了通向其他统计系综的思路。Nosé 动力学之后，学术上逐步明确了要从根本原理上追求一个完美的分子动力学方法，即积分的运动方程应该满足：准遍态历经性、时间可逆性和具有相应的系综分布（如 NVT 系综中的正则分布）。但是该方法的缺陷在于通过虚拟时间等间距抽样满足正则分布，所以在真实时间上并不是等间距，于是给后续的模拟处理带来了麻烦。例如对时间相关函数的计算，尤其对非平衡过程的模拟处理。

(5) Nosé-Hoover 方法

在 Nosé 热浴方法中有一个难得到的 s 变量。Hoover（1985）对 Nosé 运动等式重新做了调整，消除了这个变量。因此，这种方法称作 Nosé-Hoover 方法。

$$\dot{\boldsymbol{q}}=\frac{\boldsymbol{p}}{m} \tag{7.89}$$

$$\dot{\boldsymbol{p}}=\boldsymbol{F}(\boldsymbol{q})-\xi\boldsymbol{p} \tag{7.90}$$

$$\dot{\xi}=\frac{\sum_{i}\frac{\boldsymbol{p}_{i}^{2}}{m_{i}}-gkT_{\mathrm{D}}}{Q} \tag{7.91}$$

在 Nosé-Hoover 等式中，ξ 是随时间变化的摩擦系数，由上式模拟循环计算。针对 NVT 系综的整个模拟算法可以直接应用针对微正则系综中的过程，唯一的区别就是 ξ 要在每一步进行更新。运动等式可以采用预测校正算法进行积分，模拟步骤简单叙述如下：

在初始阶段，首先按照预测校正算法对位置坐标进行 m 阶微分，并设定 ξ 初始数值为零。模拟过程中，用预测校正方法求解运动方程，计算作用在每个原子上的力并通过微分方程校正新的位置，通过最新的预测速度预测加速度。新的预测位置和所有的多阶时间导数通过校正步得到。然后通过求算速度的平方和（式中的第一项）更新 ξ 数值。整个过程都在校正步中完成。

由 Nosé-Hoover 的运动方程［式(7.89)～式(7.91)］构成的概率密度可以满足按照时间（对应于 Nosé 的“真实时间”）等间距抽样而获得正则分布。该方法继承了 Nosé 方法中的扩展 Hamilton 量的思想：即使不从一个新的 Hamilton 量出发，而从上述运动方程出发，仍然可以使运动方程中的摩擦系数 ξ 产生正则分布系综。与 Nosé 方法相比，该方法可以更方便用“实时间”的等间距抽样得到正则分布，对于非平衡过程的模拟尤甚。

需要指出的是对于小的或者刚性体系，Nosé-Hoover 等式也不能做到真正的各态经历。为了校正这个缺陷，Martyna 用一串变量改进的方法替代了上述简单的热浴方法（Martyna，1992）。在其运动方程中选用了 M 个热浴：

$$\dot{\boldsymbol{q}}=\frac{\boldsymbol{p}}{m} \tag{7.92}$$

$$\dot{\boldsymbol{p}}=\boldsymbol{F}(\boldsymbol{q})-\xi_{1}\boldsymbol{p} \tag{7.93}$$

$$\xi_{1}=\frac{\sum_{i}\frac{\boldsymbol{p}_{i}^{2}}{m_{i}}-gkT_{\mathrm{D}}}{Q_{1}}-\xi_{1}\xi_{2} \tag{7.94}$$

$$\xi_{j}=\frac{Q_{j-1}\xi_{j-1}^{2}-kT_{\mathrm{D}}}{Q_{j}}-\xi_{j}\xi_{j+1} \tag{7.95}$$

$$\xi_M = \frac{Q_{M-1}\xi_{M-1}^2 - kT_D}{Q_M} \tag{7.96}$$

此时的 ξ_2 为递归函数（recursive function）。事实上这个递归函数在程序上很容易实现，特别是当 M 很大的情况下。

(6) 约束方法

一般地，可以通过在运动等式中引入一个温度约束项保持温度恒定。这样运动等式可以改成：

$$\dot{\boldsymbol{r}} = \frac{\boldsymbol{p}}{m} \tag{7.97}$$

$$\dot{\boldsymbol{p}} = \boldsymbol{f} - \xi(\boldsymbol{r},\boldsymbol{p})\boldsymbol{p} \tag{7.98}$$

式中，$\xi(\boldsymbol{r},\boldsymbol{p})$ 扮演着“摩擦系数”的功能，对临时温度起着约束的作用，其形式类似 Nosé-Hoover 方法中的式(7.89)～式(7.91)。也可以应用最小约束的 Gauss 理论（第 2 章）。

$$\xi = \frac{\sum_i \boldsymbol{p}_i \cdot \boldsymbol{f}_i}{\sum_i |\boldsymbol{p}_i|^2} \tag{7.99}$$

上述几个式子很容易通过预测校正算法求解（Brown，1984）。

7.5.3 恒压恒焓系综

恒压恒焓系综在分子动力学中并不常用，但是由于这种系综中引入了压力恒定项，而且由于化学反应等经常发生在恒温或恒压条件下，因此渐渐引起了人们极大的兴趣，而且这些算法很容易扩展到 NPT 系综。

(1) 标度变化恒压法

标度变化法保持模拟体系压力恒定的原理如下：设体系置于一个压力为 P 的恒压环境，t 时刻体系的实际压力为 $P(t)$。在体系压力趋向于外部压力浴时，体系压力的增速正比于环境与体系之间的压力差，即

$$\frac{\mathrm{d}P(t)}{\mathrm{d}t} = \frac{1}{\tau_P}[P_{\mathrm{ex}} - P(t)]$$

比例系数设为 $1/\tau_P$，其中 τ_P 的量纲为时间，故称为压力传递的弛豫时间。其数值越小表示压力传递得越快，通常根据模拟需要设定其数值。模拟中体系在恒压环境下体积是变化的。

当体系压力 $P(t-\Delta t/2) < P_{\mathrm{ex}}$ 时，体系内部压力变小，此时体系体积减小，会导致下一刻的压力上升，故每个粒子的位置向量存在

$$r_i\left(t+\frac{\Delta t}{2}\right) = \sqrt[3]{1+\frac{\Delta t}{\tau_P}\left[\frac{P_{\mathrm{ex}}}{P(t-\Delta t/2)} - 1\right]}\, r_i\left(t-\frac{\Delta t}{2}\right)$$

也就是通过体系体积的标度变化（即体积的缩放）控制模拟过程的压力变化。

标度变化恒压法简单、方便，但是此法的缺点在于无法判断从时间演化轨迹中抽样得到的数据应该属于那种统计系综。

(2) Andersen 算法

Andersen（1980）在体系中引入了额外自由度，特别是把体积看作与粒子坐标相共轭的动力学变量。牛顿运动方程通过这种包含粒子坐标和体积的广义体系求解。

应用标度坐标 $x_i = r_i / V^{1/3}$，Andersen 引入了一个新的变量 Q，在定压下得到了 Lagrangian 函数：

$$L = \frac{Q^{2/3}}{2} \sum_{i=1}^{N} m_i \dot{\boldsymbol{x}} \cdot \dot{\boldsymbol{x}} - \sum_{j>i}^{N} v(Q^{1/3} \boldsymbol{x}_{ij}) + \frac{M\dot{Q}^2}{2} - \alpha Q \tag{7.100}$$

变量 Q 可以解释成体积，式中前面两项表示加入新的变量以后一般的 Lagrangian 函数形式，第三项表示与 Q 有关的动能，第四项表示势能，α 和 m 代表常数。可以通过由活塞（piston）控制的体积变化解释 Lagrangian 方程的物理意义。这里体系的体积 Q 由活塞的坐标决定，而 αQ 是从作用在活塞上的额外压力 α 上得到的势能，m 为活塞的质量。此时体系的 Hamiltonian 为

$$H = \frac{1}{2Q^{2/3}} \sum_{i=1}^{N} \frac{\boldsymbol{\pi}_i \cdot \boldsymbol{\pi}_i}{m_i} + \sum_{j>i}^{N} v(Q^{1/3} x_{ij}) + \frac{\boldsymbol{\Pi}^2}{2M} + \alpha Q \tag{7.101}$$

式中，$\boldsymbol{\pi}$ 和 $\boldsymbol{\Pi}$ 分别是与 x 和 Q 有关的动量。我们对标度和未标度坐标定义如下的关系：

$$\left.\begin{aligned} V &= Q \\ \boldsymbol{r} &= Q^{1/3} \boldsymbol{x} \\ \boldsymbol{p} &= \frac{\boldsymbol{\pi}}{Q^{1/3}} \end{aligned}\right\} \tag{7.102}$$

联合上述两式，可得下面的几个运动方程：

$$\dot{\boldsymbol{r}} = \frac{\boldsymbol{p}}{m} + \frac{\boldsymbol{r}}{3} \times \frac{\mathrm{d}\ln V}{\mathrm{d}t} \tag{7.103}$$

$$\dot{\boldsymbol{p}} = \boldsymbol{F}(\boldsymbol{r}_{ij}) - \frac{\boldsymbol{p}}{3} \times \frac{\mathrm{d}\ln V}{\mathrm{d}t} \tag{7.104}$$

$$\frac{M\mathrm{d}^2 V}{\mathrm{d}t^2} = -\alpha + \frac{2}{3V} \sum_{i=1}^{N} \frac{\boldsymbol{p}_i \cdot \boldsymbol{p}_i}{2m_i} - \frac{1}{3V} \sum_{j>i}^{N} \boldsymbol{r}_{ij} \frac{\partial u(\boldsymbol{r}_{ij})}{\partial \boldsymbol{r}_{ij}} \tag{7.105}$$

当把 α 看作设定的压力（P_{D}），那么实际的压力 P_{A} 为：

$$P_{\mathrm{A}} = \frac{2}{3V} \sum_{i=1}^{N} \frac{\boldsymbol{p}_i \cdot \boldsymbol{p}_i}{2m_i} - \frac{1}{3V} \sum_{j>i}^{N} r_{ij} \frac{\partial u(\boldsymbol{r}_{ij})}{\partial \boldsymbol{r}_{ij}} \tag{7.106}$$

当把上述两式结合

$$\frac{\mathrm{d}^2 V}{\mathrm{d}t^2} = \frac{P_{\mathrm{A}} - P_{\mathrm{D}}}{M} \tag{7.107}$$

在式(7.103) 和式(7.104) 中随时间变化的体积可以通过式(7.105) 获得。反过来体积也会依赖 $\mathrm{d}V/\mathrm{d}t$ 进行调整。

体系的焓等于标度体系的能量（E）减去与 Q 运动相关的时间平均动能。Andersen 方法允许模拟盒子形状发生改变。模拟计算中，首先设定体积的导数为零，并在模拟过程中对体积涨落进行校正。通过计算作用力得到系综实际的压力 P_{A}，积分算法不断更新坐标、速度、加速度和其他对时间的导数。在模拟的第一步，由于在式(7.103)～式(7.105) 中的体积导数为零，我们可以方便地应用牛顿运动等式求解。但是，随着模拟的继续，不断更新的体积导数只能采用 Andersen 等式。

Andersen 提出的扩展法是一个超出处理恒压体系的重要突破，设想如体系受到外力作用，体系的体积会发生变动，用体积作为额外的动力学变量来扩展体系的 Hamilton 量。这种理论思想更引起了后来 Nosé 对恒温体系的更大突破。但是 Andersen 法模拟 NPH 系综

的晶体时，实际上假定晶胞的几何结构往往发生很大的变化，此时 Andersen 法失效。现在针对 NPH 系综模拟晶体时，多采用 Parrinello-Rahman 方法（Parrinello，1980）。

(3) 约束方法

最少约束的 Gauss 原理（见第 2 章）也可以用来改进运动等式使其适合恒压恒焓系综（Evans，1984）。

$$\dot{\boldsymbol{r}}=\frac{\boldsymbol{p}}{m}+\chi(\boldsymbol{r},\boldsymbol{p})\boldsymbol{r} \tag{7.108}$$

$$\dot{\boldsymbol{p}}=\boldsymbol{f}-\chi(\boldsymbol{r},\boldsymbol{p})\boldsymbol{p} \tag{7.109}$$

$$\dot{V}=3V\chi(\boldsymbol{r},\boldsymbol{p}) \tag{7.110}$$

式中，χ 为 Lagrange 系数，表示体系扩大的速率。

$$\chi=-\frac{2\sum_i \frac{\boldsymbol{p}_i\cdot\boldsymbol{f}_i}{m_i}-\sum_i\sum_{j>i}\frac{(\boldsymbol{r}_{ij}\cdot\boldsymbol{p}_{ij})}{m_i r_{ij}}\left(\frac{\mathrm{d}w(r_{ij})}{\mathrm{d}r_{ij}}\right)}{2\sum_i\frac{\boldsymbol{p}_i^2}{m_i}+\sum_i\sum_{j>i}r_{ij}\left(\frac{\mathrm{d}w(r_{ij})}{\mathrm{d}r_{ij}}\right)+9PV} \tag{7.111}$$

在上式中对位力和压力的计算必须包括长程相关。

7.5.4 等压等温系综

把应用在 NVT 系综中的分子动力学方法扩展，可以得到研究 NPT 系综的三种方法。第一个是由 Andersen（1980）提出的混合 Monte Carlo 和分子动力学的方法，它是在 Andersen 热浴中增加了恒压项使其可以应用到 NPH 系综中，然后再通过一个随机过程应用到 NPT 系综中。另外两种方法是：在 NVT 系综 Hoover 公式中加入一个压力约束项或者其他的约束项，从而体现在 NPT 系综中的应用。

(1) 混合分子动力学和 Monte Carlo 方法

为了把 Andersen 算法从 NPH 系综转嫁到 NPT 系综，必须允许体系的能量和焓涨落。处理中引入一个能够影响粒子动量的随机碰撞，以得到这种涨落。此随机碰撞随时在给定的 Q 下发生。NPT 系综中的模拟算法类似 NPH 系综中的算法，唯一区别是增加了一项可以导致随机碰撞的恒温项。在模拟中每一步，积分算法更新坐标、速度、加速度后，会产生一个随机数。如果随机数小于 $v\Delta t$，就可以认为发生了一次有效碰撞，会从 Boltzmann 分布中随机选择一个数值赋予原子动量。缺少了这个碰撞的模拟过程就变成了在 NPH 系综中的应用。

(2) 扩展的 Nosé-Hoover 等式

在 NVT 系综中的 Nosé-Hoover 等式中增加一个扩展项就可以直接应用到 NPT 系综中。根据约化坐标（$x\equiv q/V^{1/d}$，d 是坐标系数），Hoover（1985）定义：

$$\dot{x}=\frac{\boldsymbol{p}}{mV^{1/d}} \tag{7.112}$$

$$\dot{\boldsymbol{p}}=\boldsymbol{F}-(\varepsilon+\xi)\boldsymbol{p} \tag{7.113}$$

$$\dot{\xi}=\frac{\sum_i\frac{\boldsymbol{p}_i^2}{m_i}-gkT_{\mathrm{D}}}{Q} \tag{7.114}$$

$$\dot{\varepsilon}=\frac{\dot{V}}{\mathrm{d}V} \tag{7.115}$$

$$\dot{\varepsilon}=\frac{P_{\mathrm{A}}-P_{\mathrm{D}}}{\tau^2 k T_{\mathrm{D}}} \tag{7.116}$$

式中，P_{A} 和 P_{D} 分别是实际和设定的压力；τ 是弛豫时间。式(7.112)～式(7.115) 利用了额外的摩擦系数 $\dot{\varepsilon}$，它通过式(7.116) 计算得到，计算过程类似 NVT 系综中的 $\dot{\xi}$。对式(7.116) 的定义和在模拟中起到的作用也类似 NPH 系综中的式 (7.107)。

除了参数 $\dot{\varepsilon}$ 和 $\dot{\xi}$ 需要在每步都进行计算以外，在整个的 NPT 系综中 Nosé-Hoover 等式与 NVT 系综中的等式类似。为了在每一步更新 $\dot{\varepsilon}$ 和 $\dot{\xi}$，必须计算速度的平方项和实际的压力。实际的压力在计算作用力阶段通过位力关系计算，而速度的平方通过校正步骤计算，同时 $\dot{\varepsilon}$ 和 $\dot{\xi}$ 在校正步骤之后更新。需要指出的是，实际计算的压力总是在预测或者校正之前完成，这样得到的压力总要落后一步。但是引入的偏差相对很小，如果势能是标度的，可以在校正步之后进行一个简单的标度过程，进而获得满意的结果；如果势能不是标度的，仅仅需要执行一个 $N(N-1)$ 项的重新评估也能得到准确的结果。

(3) 约束方法

约束的 NVT 系综中的运动等式进行改进后就可以应用在 NPT 系综中（Evans，1984）：

$$\dot{\boldsymbol{r}}=\frac{\boldsymbol{p}}{m}+\chi(\boldsymbol{r},\boldsymbol{p})\boldsymbol{r} \tag{7.117}$$

$$\dot{\boldsymbol{p}}=\boldsymbol{f}-\chi(\boldsymbol{r},\boldsymbol{p})\boldsymbol{p}-\xi(\boldsymbol{r},\boldsymbol{p})\boldsymbol{p} \tag{7.118}$$

$$\dot{V}=3V\chi(\boldsymbol{r},\boldsymbol{p}) \tag{7.119}$$

式中，χ 为 Lagrange 系数，表示体系扩大的速率；ξ 为摩擦系数。

$$\chi=-\frac{\sum_i\sum_{j>i}\frac{(\boldsymbol{r}_{ij}\cdot\boldsymbol{p}_{ij})}{m_i r_{ij}}\left(\frac{\mathrm{d}w(r_{ij})}{\mathrm{d}r_{ij}}\right)}{\sum_i\sum_{j>i}r_{ij}\left(\frac{\mathrm{d}w(r_{ij})}{\mathrm{d}r_{ij}}\right)+9PV} \tag{7.120}$$

式中，w 为瞬时位力，而

$$\xi=\frac{\sum_i \boldsymbol{p}_i\boldsymbol{f}_i}{\sum_i|\boldsymbol{p}_i|^2}-\chi \tag{7.121}$$

到目前为止，对此领域的研究还在继续，也不断地涌现一些新的方法，如另外改进的 Nosé-Hoover 方法（Martyna，1994），我们不再详细叙述。

7.5.5 巨正则系综

巨正则系综中化学势恒定而粒子数变化，在 Monte Carlo 模拟中可以直接通过加入或者移去粒子引起系综中的粒子数目变化，但是在分子动力学中把此思路用到巨正则系综中确实非常困难，一些文献对此问题也做了详细的叙述（Lo，1995）。在分子动力学中，一般将粒子波动的随机过程应用到巨正则系综中。

(1) Lupkowski-van Swol 方法

这个方法简单地把分子动力学与 Monte Carlo 方法结合起来（Lupkowski，1991），依据分子动力学 NVT 系综中的算法周期性地尝试插入或者消除一个粒子。过程中创造一个粒子的概率为：

$$P^{+}=\min\left[1,\exp\left(\frac{\mu-\Delta E_{\text{trial}}}{kT}+\ln\left(\frac{V}{\Lambda^{3N}(N+1)}\right)\right)\right] \tag{7.122}$$

消除一个粒子的概率为：

$$P^{-}=\min\left[1,\exp\left(-\frac{\mu+\Delta E_{\text{trial}}}{kT}-\ln\left(\frac{V}{\Lambda^{3N}N}\right)\right)\right] \tag{7.123}$$

模拟过程中按照 Monte Carlo 巨正则系综中的步骤插入和消除粒子。新产生粒子的速度满足 Maxwell-Boltamann 分布。算法相对比较简单，但是粒子的插入和消除可能影响速度自动相关函数，所以采用该方法在计算传输系数等数据时需要小心对待。

(2) Çagin-Pettitt 方法

Çagin (1991) 应用“碎片粒子”(fractional particles) 的概念阐明分子动力学在巨正则系综中的应用。体系中的粒子数是时间的函数，在模拟过程中，在坐标 $\boldsymbol{r}_{\text{f}}$ 处的碎片粒子可以变成全粒子或者消失。在 NVT 系综中，Çagin-Pettitt 方法使用参数耦合体系和热浴，在巨正则系综中为了耦合体系和化学势，Çagin 引入了一个连续变量 (c)，它的积分表示体系中的粒子数 (N)。体系的动能和势能用 $c-N$ 和 N 标度。此时巨正则系综中的 Lagranian 等于：

$$\begin{aligned}L=&\frac{1}{2}\sum_{a=1}^{N}ms^{2}\dot{\boldsymbol{x}}_{a}^{2}+\frac{c-N}{2}m_{\text{f}}s^{2}\dot{\boldsymbol{x}}_{\text{f}}^{2}+\frac{W\dot{c}^{2}}{2}+\frac{Q\dot{s}^{2}}{2}\\&-\sum_{a=1}^{N-1}\sum_{b>a}^{N}u(r_{ab})-(c-N)\sum_{a=1}^{N}u(r_{\text{fa}})+uc-gkT\ln s\end{aligned} \tag{7.124}$$

与 Andersen (1980)、Nosé (1984) 和 Hoover (1985) 针对 NPT 或者 NVT 系综的工作一样，上式中的 Lagrangian 也针对广义体系。变量 x 表示广义坐标，s 是体现耦合体系和热浴的参数，Q 表示与 s 有关的量。上式中引入的新变量 W 可以解释是与新的动力学变量 c 有关的量。这种方法已经成功应用在不同的研究体系中 (Ji，1992)。

(3) Lo-Palmer 方法

Lo-Palmer 方法 (1995) 能够正确地描述 Lennard-Jones 流体的密度-温度-化学势行为，得到理想气体的性质。对巨正则系综，广义的 Hamiltonian 为：

$$\begin{aligned}H=&\sum_{i=1}^{N}\frac{\boldsymbol{p}_{i}^{2}}{2m_{i}s^{2}}+E(\boldsymbol{q}^{N})+\frac{\boldsymbol{p}_{\text{f}}^{2}}{2m_{\text{f}}s^{2}}+E_{\text{f}}(\boldsymbol{q}^{N},\boldsymbol{q}_{\text{f}},c)+\frac{\boldsymbol{p}_{s}^{2}}{2Q}\\&+gkT\ln s+\frac{\boldsymbol{p}_{v}^{2}}{2U}+ckT\ln[(N+1)!]+(1-c)kT\ln\left(\frac{VN!}{\Lambda_{\text{f}}^{3}}\right)-(N+c)\mu\end{aligned} \tag{7.125}$$

上式中用下标 f 区分一般的粒子和“碎片”粒子。对动量和势能的贡献都来自于与这两种粒子有关的贡献。变量 c 是耦合了剩下体系的碎片粒子，类似 Çagin-Pettitt 方法中的相应参数的作用，其数值一般处在 0 和 1 之间。常数 U 表示与变量 c 有关的量，Λ_{f} 表示碎片粒子的 de Brogile 波长。式中余下部分类似 Nosé 方法中 Hamiltonian。当 $c=1$ 时，碎片粒子完全耦合到剩下的体系中，而 $c=0$ 表示碎片粒子从整个体系中剥离出来。

这个算法也是从一般的初始过程开始。初始的模拟过程从产生 NVT 系综开始，选择 Nosé-Hoover 算法可能更明智一些。因为除了缺少恒定化学势以外，Lo-Polmer 等式可以简化成 Nosé-Hoover 算法。在创建完 NVT 系综以后，通过加入一个随机过程使其转化成在巨正则系综中的应用。如果是产生一个粒子，$c=0$，随机选择碎片粒子的坐标，用 Maxwell-

Boltzmann 分布标定初始速度和 $\dot{c}$。如果是删除一个粒子，删除的粒子也是随机选择，但 $c=1$，而 $\dot{c}$ 也是在 Maxwell-Boltzmann 分布中进行标定。运动等式重复求解，直到 c 等于 0 或者 1。如果 $c=1$，表示碎片粒子的坐标和速度已经看作等同于普通粒子。

(4) Beutler-van Gunseren 方法

Beutler（1994）把体系与化学势浴相耦合的方式发展了巨正则分子动力学。化学势弱耦合算法（chemical potential weak coupling，CPWC）基于 Berendsen（1984）热浴的概念。它随时根据评估的化学势调整体系的粒子数。平均 Boltzmann 系数（mean Boltzmann factor，MBF）通过 Widom 插入法计算：

$$\mathrm{MBF}(N)=\left\langle \exp\left(-\frac{E_{\text{test}}}{kT}\right)\right\rangle_N \tag{7.126}$$

可以通过 MBF 计算超额化学势：

$$\mu^{\text{ex}}=-kT\ln[\mathrm{MBF}(N)] \tag{7.127}$$

校正的粒子数等于：

$$N(t+\Delta t)=N(t)+\mathrm{round}\left\{\alpha_N[\mathrm{MBF}(N)-\mathrm{MBF}(N(t))]\right\} \tag{7.128}$$

式中，α_N 为耦合常数；round 表示方括号中最接近的整数。CPWC 算法有三个模块：

① 抽样（sampling）。对 n_1 模拟步中的每一步执行插入 n_w 个 Widom 粒子，测定 MBF $[N(t)]$ 值。在抽样最后阶段，用式（7.128）计算粒子数的变化。

② 增长/收缩（growing/shrinking）。此阶段涉及 n_2 个模拟步。如果加入粒子，采用 Monte Carlo 方法评估新粒子的开始点是否在能量上更有利，粒子的初始速度设定为零，而相互作用的大小按照从零到某个数值连续标度。如果是删除粒子，由最高势能的粒子在 n_2 模拟步中标度至无相互作用。

③ 弛豫（relaxation）。在第二阶段以后，再进行 n_3 步的分子动力学模拟。

总之，系综的选择影响着所要选择的模拟算法。Monte Carlo 模拟自然选择正则系综，也可以简单地应用到其他的系综之中；而对分子动力学模拟，运动等式更自然选择微正则系综，其他系综中的应用都是通过这个运动等式转换。分子动力学模拟中，巨正则系综的应用不可避免地要引入 Monte Carlo 模拟中提到的随机元素。

7.6 相关函数

对于微观上的相依子体系，由于粒子之间存在相互作用，所以在不同空间位置上的粒子其性质之间存在相互联系；同样同一粒子在不同时间的性质也存在相互联系，这些都称为相关（correlation），人们用相关函数来表征这样的联系。分子模拟中包括两类相关函数：空间相关函数和时间相关函数。这两种相关函数是描述处理非平衡体系和平衡体系的重要工具，在分子模拟中有非常广泛的应用（陈敏伯，2009）。

7.6.1 时间相关函数

分子动力学模拟会产生不同时间的构象，因此可以计算体系的含时性质（time-dependent property），也体现了分子动力学与 Monte Carlo 方法的区别，也是分子动力学的优势。含时性质通常依据时间相关系数（time correlation coefficient）计算得到。

对于模拟中产生的数据 x 和 y，如何确定二者之间是否存在关联。例如，设想采用分子动力学方法模拟液体在毛细管中的运动，如何确定液体中的某个原子的速度是否与器壁之间的距离存在相关性，可以通过对不同数值之间的图解进行解释。这种相关函数（也称作相关系数）可以提供是否存在相关性以及相关的程度。系列不同直径的毛细管可以检验这种相关性。

对于相关函数，假定 x 和 y 有 M 组数据，可以定义为：

$$C_{xy}=\frac{1}{M}\sum_{i=1}^{M}x_iy_i\equiv\langle x_iy_i\rangle \tag{7.129}$$

通过均方根可以对相关函数进行归一化，设定在＋1 和－1 之间：

$$c_{xy}=\frac{\frac{1}{M}\sum_{i=1}^{M}x_iy_i}{\sqrt{\left(\frac{1}{M}\sum_{i=1}^{M}x_i^2\right)\left(\frac{1}{M}\sum_{i=1}^{M}y_i^2\right)}}=\frac{\langle x_iy_i\rangle}{\sqrt{\langle x_i^2\rangle\langle y_i^2\rangle}} \tag{7.130}$$

其中，如果 $c_{xy}=0$ 表示二者之间不存在相关，如果 $c_{xy}=1$ 则表明二者之间存在高度相关（当然其数值可正也可负）。我们用 C 表示相关系数，c 表示归一化相关系数。

通常分子动力学中 x、y 会围绕非零的系综平均 $\langle x\rangle$ 和 $\langle y\rangle$ 波动，当考虑此波动后，其相关函数变为：

$$c_{xy}=\frac{\frac{1}{M}\sum_{i=1}^{M}(x_i-\langle x\rangle)(y_i-\langle y\rangle)}{\sqrt{\left(\frac{1}{M}\sum_{i=1}^{M}(x_i-\langle x\rangle)^2\right)\left(\frac{1}{M}\sum_{i=1}^{M}(y_i-\langle y\rangle^2)\right)}}=\frac{\langle(x_i-\langle x\rangle)(y_i-\langle y\rangle)\rangle}{\sqrt{\langle(x_i-\langle x\rangle)^2\rangle\langle(y_i-\langle y\rangle^2)\rangle}} \tag{7.131}$$

c_{xy} 也可以写成下列形式：

$$c_{xy}=\frac{\sum_{i=1}^{M}x_iy_i-\frac{1}{M}\left(\sum_{i=1}^{M}x_i\right)\left(\sum_{i=1}^{M}y_i\right)}{\sqrt{\left[\sum_{i=1}^{M}x_i^2-\frac{1}{M}\left(\sum_{i=1}^{M}x_i\right)^2\right]\left[\sum_{i=1}^{M}y_i^2-\frac{1}{M}\left(\sum_{i=1}^{M}y_i\right)^2\right]}} \tag{7.132}$$

上式中的 $\langle x\rangle$ 和 $\langle y\rangle$ 并不需要在计算相关系数之前就知道，只需在模拟过程中收集数据再计算即可。

分子动力学模拟可以提供不同时刻的数据，可以研究当前时刻的某个性质与当前或者某个指定时刻的其他性质之间的关联，这就是时间相关系数。其相关函数可写成：

$$C_{xy}(t)=\langle x(t)y(0)\rangle \tag{7.133}$$

相应的有两个极限条件：

$$\lim t\to 0\quad C_{xy}(0)=\langle xy\rangle$$

$$\lim t\to \infty\quad C_{xy}(t)=\langle x\rangle\langle y\rangle \tag{7.134}$$

如果 x、y 性质不同，此时相关函数称作交叉相关函数（cross-correlation function），如果 x、y 性质相同，称作自相关函数（autocorrelation function）。自相关函数反映了体系保留以前步骤信息的能力，即体系对以前的信息有多长的保留时间。例如速度自相关函数

(velocity autocorrelation function)，反映了 t 时刻时的速度与初始速度之间的关联程度。分子动力学模拟中有些相关函数可以是体系中所有粒子性质的平均（如速度相关函数），而也有一些相关函数代表了整个体系的某个性质（如体系的偶极距）。N 个粒子的体系中速度相关函数为：

$$C_{vv}(t)=\frac{1}{N}\sum_{i=1}^{N}v_i(t)\cdot v_i(0) \tag{7.135}$$

归一化后：

$$c_{vv}(t)=\frac{1}{N}\sum_{i=1}^{N}\frac{\langle v_i(t)\cdot v_i(0)\rangle}{\langle v_i(0)\cdot v_i(0)\rangle} \tag{7.136}$$

一般情况下，自相关函数（如速度相关函数）模拟之初等于 1，长时间之后等于 0。相关函数降到 0 所模拟的时间称作相关时间（correlation time），或者称作弛豫时间（relaxation time）。如果模拟时间远远大于弛豫时间（这也是模拟必需的），就可以从模拟中抽取足够的数据计算相关函数以减少计算过程中的不确定性。如分子动力学模拟要求 P 步的弛豫时间，计算总共进行了 Q 步，那么计算过程中会有（$Q-P$）个数组用以计算相关函数，如第 1 步到第 $N+1$ 步之间的信息，第 2 步到第 $N+2$ 步之间产生的信息，以此类推。假设有这样的 M 个时间段，那么速度相关函数可以写成：

$$C_{vv}(t)=\frac{1}{MN}\sum_{j=1}^{M}\sum_{i=1}^{N}v_i(t_j)\cdot v_i(t_j+t) \tag{7.137}$$

因此如果构建的体系有较小的弛豫时间，较长的模拟时间通常会提供大量的信息和数据；相反，如果弛豫时间大于模拟时间，则不可能给出准确的结果。对于缓慢衰减的弛豫时间，在计算某些性质如输运系数（transport coefficient）时，尽管在 $t=0$ 和 $t=\infty$ 之间进行数学积分有利，但是其在统计上的不确定性较大。

针对体系中全部粒子的速度相关函数，一个重要应用是计算体系的净偶极距（net dipole moment），是体系中所有分子的偶极加和（如果单个分子存在偶极，那么体系的总偶极距肯定不为 0）。体系的净偶极会随着模拟时间强度和方向发生改变，其表达式：

$$\mu_{\text{tot}}(t)=\sum_{i=1}^{N}\mu_i(t) \tag{7.138}$$

$\mu_i(t)$ 是分子 i 在时刻 t 时的偶极距。那么总的偶极相关函数（dipolar correlation function）：

$$c_{\text{dipole}}(t)=\frac{\langle\mu_{\text{tot}}(t)\cdot\mu_{\text{tot}}(0)\rangle}{\langle\mu_{\text{tot}}(0)\cdot\mu_{\text{tot}}(0)\rangle} \tag{7.139}$$

得到的偶极相关时间（dipole correlation time）可以计算样品的吸附光谱。如果体系的整个偶极变化快（即弛豫时间短），吸附光谱的峰值会出现在高频区域，反之就会出现在低频区域。对于光谱的计算还需要 Fourier 分析，详见文献（Leach，2001）。

其他方向相关函数（orientational correlation function）都有类似的表达式，表示 t 时刻时分子方向与初始时刻之间的关联。如角速度相关函数（angular velocity autocorrelation function）与速度相关函数类似：

$$c_{\omega\omega}(t)=\frac{\langle\omega_i(t)\cdot\omega_i(0)\rangle}{\langle\omega_i(0)\cdot\omega_i(0)\rangle} \tag{7.140}$$

溶液中，分子的旋转受相邻分子的影响，随模拟时间的增加，其相关也会衰减至零。相关函数得到的信息可以计算谱学数据，如红外光谱、拉曼光谱、核磁共振波谱等。

时间相关函数是非平衡统计力学的基本描述工具之一，所有弛豫、输运和涨落行为的描述都离不开时间相关函数。即使是平衡态体系，在微观上其内部微观结构、分子自身的结构或者分子之间的相互作用等都是一个动态过程，这就需要经常使用时间相关函数用以描述动态行为。

7.6.2 空间相关函数

在宏观上即使物质在空间位置的分布上是均匀的，但是在微观上由于分子的运动，物质在空间位置的分布仍然是不均匀的。在分子模拟中描述物质的某种性质在空间位置上的分布就是空间相关函数。空间函数表示在体系的某一空间位置处的某种性质通过粒子间的相互作用，对另外一个空间位置处的另一种（或同一种）性质造成影响的程度，体现了原因和结果在空间上的联系。相关长度（correlation length）表征了这种联系的空间尺度。关于液体中“平均配位数”的概念实际上就是与空间相关函数相联系的概念。

性质 x 在位置 r 处的涨落为：

$$\Delta x(r) \equiv x(r) - \langle x(r) \rangle \tag{7.141}$$

显然处于平衡态的体系，其涨落的平均值应为零：

$$\langle \Delta x(r) \rangle \equiv \langle x(r) - \langle x(r) \rangle \rangle = 0 \tag{7.142}$$

但是涨落平方的系综平均值具有确定的数值，设定为 a，则

$$\langle (\Delta x(r))^2 \rangle \equiv \langle [x(r) - \langle x(r) \rangle]^2 \rangle = a \tag{7.143}$$

在不存在外场作用下，处于平衡态的体系应当是均匀的，于是 a 的值与位置无关。

考虑体系内，不同空间位置 r 和 r' 处，性质 x 和 y “乘积”的系综平均，即为二者的空间相关函数：

$$C_{xy}(r, r') = \langle x(r) y(r') \rangle \tag{7.144}$$

此空间相关函数 $C_{xy}(r, r')$ 描述了空间某处 r 的性质 x 和另一处 r' 的性质 y 之间的相互联系。如果上述两个性质相同，则称为空间的自相关函数，即

$$C_{xx}(r, r') = \langle x(r) x(r') \rangle \tag{7.145}$$

空间自相关函数 $C_{xx}(r, r')$ 描述两个不同空间位置处的同一性质 x 之间的相互联系。

平衡体系体现宏观均匀性，只要两点的相对位置一定，不论这两点在哪里其空间相关函数 $C_{xy}(r, r')$ 应当不变。因此空间相关函数只是向量 $r - r'$ 的函数，即

$$\langle x(r) y(r') \rangle = \langle x(r - r') y(0) \rangle \tag{7.146}$$

这在几何上相当于空间相关函数 $C_{xy}(r, r')$ 关于空间位置平移的不变性，也就是平衡态的空间相关函数 $C_{xy}(r, r') = \langle x(r) y(r') \rangle$ 具有空间位置平移的不变性。

当然如果体系是各向同性的，那么空间相关函数 $C_{xy}(r, r')$ 与向量 $r - r'$ 的方向无关，仅仅与两点之间的距离 $|r - r'|$ 有关，一般说来会随着两点的距离 $|r - r'|$ 的增大而减小。如果在某个距离 ξ 内表征的空间相关函数 $C_{xy}(r, r')$ 值相当大，而大于距离 ξ 后相关性相当小，则长度 ξ 可作为空间相关范围的度量，称作相关长度。相关长度代表着某处某个性质所产生影响涉及的空间尺度。如果在任何两处都不存在空间相关的场合，则相当于相关长度 $\xi = 0$。

7.6.3 输运性质

输运是指能够导致材料从一个区域向另一个区域流动的现象。例如在一个溶质未平衡分布的溶液中，溶质最终达到均匀扩散的过程就是输运。输运现象的存在意味着体系未达到平

衡，以此计算输运性质而发展起来的是非平衡分子动力学（non-equilibrium MD），我们在此不做讨论。本部分关注的是如何从平衡分子动力学中计算非平衡性质。考虑到在平衡状态下，微观局域内仍然存在不平衡状态，以此计算非平衡性质也成为可能。当然不可否认，非平衡分子动力学在计算输运性质方面更有效（Allen，1987）。

按照 Einstein 统计理论，液体中分子的扩散系数（diffusion coefficient）与均方距（mean square distance）、$\langle|[r(t)-r(0)]^2|\rangle$有关。三维下，均方位移（mean square displacement）为：

$$\mathrm{MSD}=\lim_{t\to\infty}\frac{\langle|r(t)-r(0)|^2\rangle}{2t} \tag{7.147}$$

当然这个关系式，只有当 $t\to\infty$时才严格遵守。

通过上述 Enstein 关系式可以在平衡分子动力学模拟中计算扩散系数，就是通过 MSD 对时间 t 的函数，用有限模拟时间推测 $t\to\infty$时的行为从而得到扩散系数。式中采用$|r(t)-r(0)|$以便更好地消除偶然误差。

Enstein 关系式也可以计算其他输运性质，如剪切黏度（shear viscosity）、溶液黏度（bulk viscosity）等。如剪切黏度：

$$\eta_{xy}=\frac{1}{Vk_\mathrm{B}T}\lim_{t\to\infty}\frac{\left\langle\left[\sum_{i=1}^{N}m\dot{x}_i(t)y_i(t)-\sum_{i=1}^{N}m\dot{y}_i(t)x_i(t)\right]^2\right\rangle}{2t} \tag{7.148}$$

剪切黏度是个矢量，有六个组分：η_{xy}、η_{xz}、η_{yx}、η_{yz}、η_{zx} 和 η_{zy}。它表示整个体系的性质而不是指单个原子，所以其计算的准确性要比扩散系数差。对于单一均相体系，六个方向的剪切黏度应该相等，也可以通过六个组分的平均减小偶然误差。需指出的是上述式子不能直接应用到周期性体系中。

另外的一个变化方法就是采用合适的相关函数计算体系的输运性质。如扩算系数与随时间变化体系中原子的位置有关，这样不同时刻时的位置差异有

$$|r(t)-r(0)|=\int_0^t v(t')\mathrm{d}t' \tag{7.149}$$

对上式平方就得到了均方值

$$\langle|r(t)-r(0)|\rangle^2=\int_0^t\mathrm{d}t'\int_0^t\mathrm{d}t''\langle v(t')\cdot v(t'')\rangle \tag{7.150}$$

上式中关键点是相对应的相关函数不应该受初始位置的影响，也就是说需要遵循如下关系式：

$$\langle v(t')\cdot v(t'')\rangle=\langle v(t''-t')\cdot v(0)\rangle \tag{7.151}$$

这样二重积分下，式（7.150）就变成了 Green-Kubo 公式：

$$\frac{\langle|r(t)-r(0)|\rangle^2}{2}=\int_0^t\langle v(t)\cdot v(0)\rangle\left(1-\frac{\tau}{t}\right)\mathrm{d}t \tag{7.152}$$

这样

$$3D=\lim_{t\to\infty}\frac{\langle|r(t)-r(0)|^2\rangle}{2t}=\int_0^\infty\langle v(t)\cdot v(0)\rangle\mathrm{d}\tau \tag{7.153}$$

因此，自相关函数的长尾现象（long time-tails）也是非常重要的，在缓慢衰减下其曲线下的积分面积是 Green-Kubo 公式积分式的重要组成部分。当然这种长尾现象也可以通过对曲线的函数进行拟合得到，然后再尝试曲线积分。

7.7 自由能

自由能是非常重要的一个热力学函数，包括 NVT 系综下的 Helmholtz 自由能 A 和 NPT 系综下的 Gibbs 自由能 G，而很多实验都是在恒压下进行的，因此 Gibbs 自由能应用更广。相对量子力学方法，在分子动力学模拟中自由能的计算还是有一定难度的，例如液相或者聚合物中会有很多由低能能垒间隔的极小能量构象，而分子模拟不能充分地在这样的相空间中取样，其他的热力学量如熵、化学势等也很难计算。具体地说，对于 Helmholtz 自由能有

$$A = k_B T \ln\left(\iint d\boldsymbol{p}^N d\boldsymbol{r}^N \exp\left(\frac{+H(\boldsymbol{p}^N, \boldsymbol{r}^N)}{k_B T}\right)\rho(\boldsymbol{p}^N, \boldsymbol{r}^N)\right) \tag{7.154}$$

式中，$\exp\left(\frac{+H(\boldsymbol{p}^N, \boldsymbol{r}^N)}{k_B T}\right)$对积分有重要贡献。但是无论 Monte Carlo 还是分子动力学模拟都是针对低能相空间采样，对高能相空间抽样并不充分，因此用通常的方法计算自由能会存在较差的收敛和不准确的结果。巨正则系综和插入粒子方法，提供了获取自由能的方法，但是对于许多我们感兴趣的凝聚态复杂体系并不适合。

以乙醇（C_2H_5OH）和硫醇（C_2H_5SH）的自由能差计算为例，让我们考虑两个状态之间的自由能差计算。下面涉及三种计算自由能的方法：微扰法（thermodynamic perturbation）、积分法（thermodynamic integration）和缓慢生长法（slow growth）。

7.7.1 热力学微扰法

对于明确的两个状态 X 和 Y，其中状态 X 为包含一个乙醇分子并充满水的盒子；状态 Y 为包含一个硫醇分子并充满水的盒子，分别对应的哈密顿量为 H_X 和 H_Y。这样两个状态间的自由能差为

$$\Delta A = A_Y - A_X = -k_B T \ln \frac{Q_Y}{Q_X} \tag{7.155}$$

$$\begin{aligned}
\Delta A &= -k_B T \ln\left\{\frac{\iint d\boldsymbol{p}^N d\boldsymbol{r}^N \exp\left(\frac{-H_Y(\boldsymbol{p}^N, \boldsymbol{r}^N)}{k_B T}\right)}{\iint d\boldsymbol{p}^N d\boldsymbol{r}^N \exp\left(\frac{-H_X(\boldsymbol{p}^N, \boldsymbol{r}^N)}{k_B T}\right)}\right\} \\
&= -k_B T \ln\left\{\frac{\iint d\boldsymbol{p}^N d\boldsymbol{r}^N \exp\left(\frac{-H_Y(\boldsymbol{p}^N, \boldsymbol{r}^N) + H_X(\boldsymbol{p}^N, \boldsymbol{r}^N)}{k_B T}\right)\exp\left(\frac{-H_X(\boldsymbol{p}^N, \boldsymbol{r}^N)}{k_B T}\right)}{\iint d\boldsymbol{p}^N d\boldsymbol{r}^N \exp\left(\frac{-H_X(\boldsymbol{p}^N, \boldsymbol{r}^N)}{k_B T}\right)}\right\} \\
&= -k_B T \ln\left\langle \exp\left(-\frac{H_Y(\boldsymbol{p}^N, \boldsymbol{r}^N) - H_X(\boldsymbol{p}^N, \boldsymbol{r}^N)}{k_B T}\right)\right\rangle_0
\end{aligned} \tag{7.156}$$

下标 0 表示针对初始状态 X 的系综平均，下标 1 表示针对终态 Y 的系综平均。可认为是可逆过程：

$$\Delta A = k_B T \ln\left\langle \exp\left(-\frac{H_X(\boldsymbol{p}^N, \boldsymbol{r}^N) - H_Y(\boldsymbol{p}^N, \boldsymbol{r}^N)}{k_B T}\right)\right\rangle_1 \tag{7.157}$$

为了进行热力学微扰计算，需要首先定义 H_X 和 H_Y。接着在状态 X 下做模拟，产生 $\exp[-(H_Y-H_X)]/k_BT$ 的系综平均；如果是针对状态 Y 做模拟，就会产生 $\exp[-(H_X-H_Y)]/k_BT$ 的系综平均。这样假设状态 X 对应乙醇，状态 Y 对应硫醇，从模拟乙醇在水的周期格子中的自由能差开始，在系列构象中，需要计算每个瞬时构象能量（其中临时把硫的势能参数逐渐赋予氧）；反过来模拟硫醇时，每个构象中要将硫原子换成氧原子（也是改变势能参数），通过这样的模拟处理来计算两个状态间的自由能差。

7.7.2 热力学积分法

热力学积分法的推导过程与热力学微扰法比较类似，不过它是对哈密顿量进行微扰。还是假设两个状态 X 和 Y，根据公式(7.154) 可以推出

$$\Delta A=\int_0^1\left\langle\frac{\partial H(\boldsymbol{p}^N,\boldsymbol{r}^N)}{\partial\lambda}\right\rangle_\lambda \mathrm{d}\lambda \tag{7.158}$$

要计算自由能差，需要对上式进行积分。在实际过程中，通过对 λ 在 0 和 1 之间设定系列数值进行计算。λ 从 0 到 1，表示哈密顿量从 H_X 变成了 H_Y。对确定的 λ，可以确定其系综平均 $\left\langle\frac{\partial H(\boldsymbol{p}^N,\boldsymbol{r}^N)}{\partial\lambda}\right\rangle_\lambda$。这些偏导数在一些程序中可解析计算，而在一些程序里则采用差分法，即

$$\Delta A(\lambda_{n-1}\rightarrow\lambda_n)=\left\langle\frac{H_{\lambda_n}-H_{\lambda_{n-1}}}{\lambda_n-\lambda_{n-1}}\right\rangle_{\lambda_{n-1}} \tag{7.159}$$

总的自由能差等于图 7.2 中的积分面积。

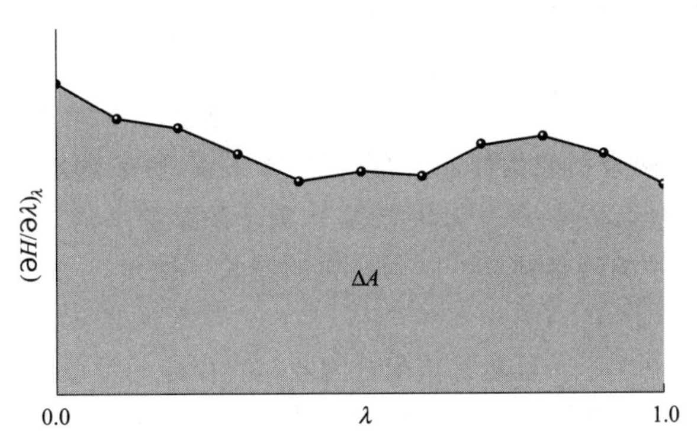

图 7.2 热力学积分法计算自由能差 ΔA

7.7.3 缓慢生长法

在缓慢生长法中，计算的每一步间哈密顿量变化是一个很小的常数，也就意味着在每一阶段哈密顿量 $H(\lambda_{i+1})$ 非常接近 $H(\lambda_i)$。对热力学微扰自由能表达式进行泰勒级数展开，可得到自由能差：

$$\Delta A=\sum_{i=1}^{i=N_{\text{step}}}(H_{i+1}-H_i) \tag{7.160}$$

原则上用上述三种方法计算的自由能差应该相同，因为自由能是一个状态函数，与路径无关。然而不同的方法会产生不同的误差，其计算结果会有所差别。误差来源主要有两个方面：一是不正确的哈密顿量，二是未能充分在相空间中抽样。

另外一个需要指出的是，上面提到的自由能计算公式用到了配分函数 Q 和哈密顿量 $H(\boldsymbol{p}^N, \boldsymbol{r}^N)$，包含动能和势能的贡献。当动能的贡献被积分掉以后，各种方程可以写成势能函数 $V(\boldsymbol{r}^N)$ 的差，而不是哈密顿量 $H(\boldsymbol{p}^N, \boldsymbol{r}^N)$ 的差。而且配分函数 Q 也被构型积分 Z 所代替，得到的自由能就是相对理想气体的超额自由能。

到目前为止，我们讨论的都是 Helmholtz 自由能计算，是 NVT 系综下的模拟。为了与实验相比较，我们通常需要计算 NPT 系综下的 Gibbs 自由能。

7.7.4 计算实例

分配系数（partition coefficient，P）是溶质在两种溶剂间转移的平衡常数。水和各种溶剂（主要是辛醇）之间的分配系数的对数（$\log P$）广泛用于推导结构活性关系（参见第 9 章）。实验上通过溶质（如甲醇）在溶液中的浓度计算得到，即

$$\log P = \log([\mathrm{ROH}]_{\mathrm{CCl_4}} / [\mathrm{ROH}]_{\mathrm{aq}})$$

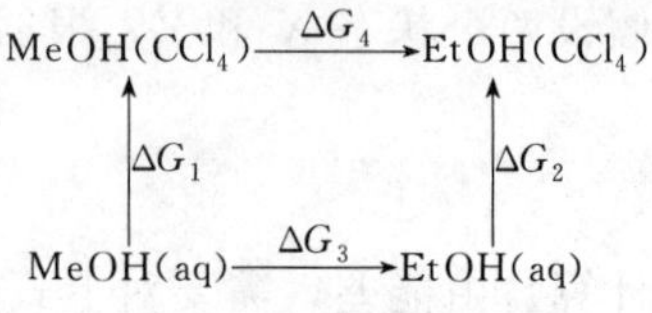

$$\begin{array}{ccc} \mathrm{MeOH(CCl_4)} & \xrightarrow{\Delta G_4} & \mathrm{EtOH(CCl_4)} \\ \uparrow \Delta G_1 & & \uparrow \Delta G_2 \\ \mathrm{MeOH(aq)} & \xrightarrow{\Delta G_3} & \mathrm{EtOH(aq)} \end{array}$$

图 7.3 甲醇和乙醇在水和 CCl_4 中的溶解 ΔG 变化

考虑到如图 7.3 所示的热力学循环，可通过 Gibbs 自由能 ΔG_1 和 ΔG_2 分别确定甲醇和乙醇的分配系数，其中溶剂中单体溶质的标准态对应于 293.15K、标准压力。这样可以通过模拟产生的 ΔG_1 和 ΔG_2 计算 $\log P$（Essex，1989）。

然而，这样的模拟将涉及从一种溶剂中移出溶质并将其浸入另一种溶剂中，这一过程在分子动力学模拟中会花费过多的时间。$\log P$ 的差可以通过 $\Delta G_1 - \Delta G_2$ 的差值确定，这样也可以通过 ΔG_3 和 ΔG_4 的差计算得到，毕竟 $\Delta G_3 - \Delta G_4 = \Delta G_1 - \Delta G_2$。Gibbs 自由能 ΔG_3 和 ΔG_4，通过自由能微扰关系还是很容易得到的

$$\Delta G = -RT \ln \left\langle \exp\left(-\frac{H_{XY}}{RT}\right) \right\rangle_X \tag{7.161}$$

式中，X 和 Y 表示两个相似的体系，H_{XY} 是体系 X 和 Y 的哈密顿量差，表示对状态 X 的微扰 $H_Y = H_X + H_{XY}$；$\langle \cdots \rangle_X$ 为状态 X 构象上的系综平均，这样的构象可以通过分子动力学模拟实现，其中的哈密顿量可以用经典的键长、键角、二面角、非键 vdW 和静电相互作用表示。

自由能微扰法的优点在于：虽然是从配分函数与自由能的关系推导出来的，但是在计算中却无需计算配分函数。需要说明的是，要想让式(7.161) 在合理时间内快速收敛，ΔG 大约要小于 $2k_\mathrm{B}T$。要满足这个条件，模拟中就是把微扰分解融入到若干个较小的模拟（windows）中。借助耦合参数 λ，定义每个模拟（windows）的哈密顿量

$$H_\lambda = \lambda H(\mathrm{MeOH}) + (1-\lambda) H(\mathrm{MeOH})$$

在正向模拟中（forward simulation）中，λ 以 0.05 的步幅从 1 减少到 0，这样整个模拟中会产生 21 个窗口。同样在反向模拟中（backward simulation），相应的是 EtOH 向 MeOH 变化。每个模拟体系在数据收集前需要达到平衡，以满足对主要构象的抽样。甲醇微扰成乙醇的自由能变化由每个窗口的自由能变化之和给出。

用热力学微扰法模拟的分配系数差值为 -0.64 ± 0.14[由 $\Delta \log P = -(\Delta G_3 - \Delta G_4)/2.303RT$ 计算得到]，实验结果为 -0.70 [由 $\Delta \log P = \log P(\mathrm{MeOH}) - \log P(\mathrm{EtOH})$ 计算得到]，二者非常接近（Essex，1989）。

7.8 均力势

到目前为止，我们考虑的自由能变化是与化学“变化”（或说状态变化）相对应的。有时候我们可能更感兴趣的是自由能随分子间或者分子内坐标是如何发生变化的，例如随两个分子之间的距离变化，或者在分子内一个键的扭转情况下自由能的变化。沿反应坐标的自由能变化曲线称为均力势（potential of mean force，PMF）。当所选系统在溶剂中时，此时均力势包括了溶剂效应和两个粒子之间的相互作用。也就是说，由1,2-二氯乙烷 *trans*/*gauche* 构型比值所反映的均力势在液相和孤立单分子时，二者并不相同。不像热力学微扰方法（沿着非物理过程变化），均力势反映的是沿着某个特定物理过程的变化量。因此，在PMF中自由能剖面上的最高点就对应着这个过程的过渡态，从过渡态就可以导出动力学量，如反应速率。

计算均力势的方法有很多种，其中最简单计算方法是沿着两个粒子之间的距离（r）通过自由能变化计算而得。可以用下面Helmholtz自由能的表达式从径向分布函数 $g(r)$ 计算均力势

$$A(r)=-k_BT\ln g(r)+\text{常数} \tag{7.162}$$

其中的常数项往往是为了使最可能的构象分布对应着的自由能为零。

均力势PMF与径向分布函数 $g(r)$ 之间的这种对数关系，意味着自由能的微小改变（即几倍 k_BT）相对应的 $g(r)$ 就会发生数量级上的变化。遗憾的是分子动力学模拟或Monte Carlo模拟，都不能在体现径向分布函数或均力势的最大值的相空间中充分采样，会导致不准确的计算结果。避免这个问题的方法就是下面说的伞式抽样法（umbrella sampling）。

7.8.1 伞式抽样

伞式抽样试图通过改变势函数来克服抽样问题，使不利状态也能充分抽样。该方法可用于Monte Carlo和分子动力学模拟，其在势函数上增加了一个微扰项：

$$V'(\boldsymbol{r}^N)=V(\boldsymbol{r}^N)+W(\boldsymbol{r}^N) \tag{7.163}$$

式中，$W(\boldsymbol{r}^N)$ 为权重函数，通常为如下的形式

$$W(\boldsymbol{r}^N)=k_W(\boldsymbol{r}^N-\boldsymbol{r}_0^N)^2 \tag{7.164}$$

对于远离平衡态 $\boldsymbol{r}_0^N$ 的构象，权重函数会很大。使用修正的势函数 $V'(\boldsymbol{r}^N)$ 以平衡态为起点沿着相关反应坐标对原有平衡态的构象进行模拟。当然这种结果分布是非Boltzmann分布的。在实际操作中，引入下述方法从非Boltamann分布中做相应的Boltzmann平均。

$$\langle A\rangle=\frac{\langle A(\boldsymbol{r}^N)\exp[+W(\boldsymbol{r}^N)/k_BT]\rangle_W}{\langle\exp[+W(\boldsymbol{r}^N)/k_BT]\rangle_W} \tag{7.165}$$

下标 W 表示基于概率 $P_W(\boldsymbol{r}^N)$ 的系综平均，有修正的势函数 $V'(\boldsymbol{r}^N)$。例如要通过径向分布函数 $g(r)$ 获得均力势［式(7.162)］，就必须确定作用力势 $W(\boldsymbol{r}^N)$（forcing potential）的分布函数，再加以修正以得到真正的径向分布函数，从中计算出随距离变化的自由能函数。

通常是在一系列阶段进行伞式采样计算，每个阶段都有一个特定的坐标值和适当的作用力势 $W(\boldsymbol{r}^N)$。但是如果 $W(\boldsymbol{r}^N)$ 太大，式(7.165)中的分母会仅由少数构象［特别是具有

较大 $W(\boldsymbol{r}^N)$] 所主导，因此需要选择合适的 $W(\boldsymbol{r}^N)$。

7.8.2 应用实例

7.8.2.1 来自径向分布函数的均力势

在统计力学中，多粒子系统中的径向分布函数 $g(r)$ 用来描述距离参考 A 粒子 r 处 B 粒子的概率密度分布，代表着两个粒子在相互靠近过程中的各个状态。通过式(7.162) 将每一小段距离（Δr）的每一个状态下的概率密度转换成自由能，得到能量变化的曲线即为自由能势能曲线。由于两个粒子靠近过程中，环境中其他粒子也对 A、B 两个粒子有相互作用，因此得到的是一个平均作用力，即我们所说的均力势（PMF）。

溶液体系中，PMF 通常用来反映两粒子之间的相互作用强弱。例如在表面活性剂十二烷基磺酸钠的盐溶液体系中，PMF 可以表征表面活性剂极性头基的耐盐性（Yan，2010），如图 7.4 所示。模拟中分别计算硫酸根和磺酸根周围不同离子的径向分布函数 $g(r)$，通过式(7.162) 计算组分之间的均力势。

沿反应坐标 r，PMF 曲线反映了粒子之间随距离变化的能量大小。在 PMF 曲线上，通常会在某一距离处找到能量最小点（contact minimum），该最小点对应的距离即为两粒子结合的最稳定距离。在溶液系统中，除了粒子间相互作用，PMF 还包括了溶剂效应，因此 PMF 曲线反映了粒子间相互结合所需要克服的溶剂层能垒（the barrier of solvent layer）。

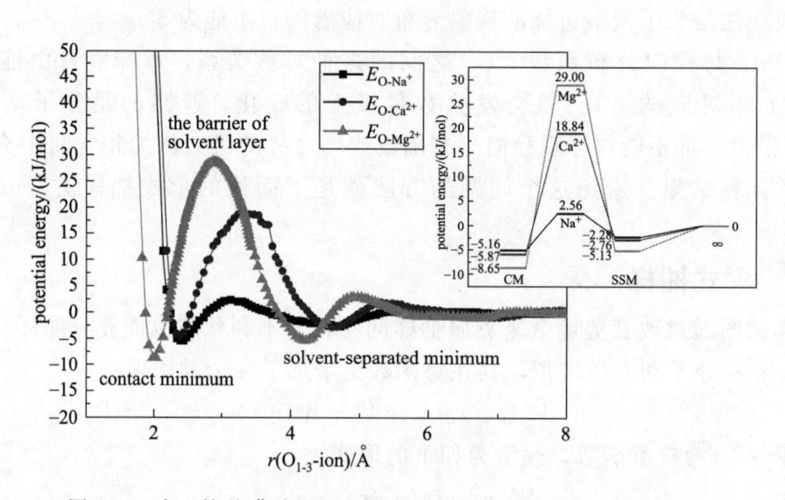

图 7.4 十二烷基磺酸根和金属离子之间的均力势（Yan，2010）

7.8.2.2 来自伞式抽样的均力势

上例中提到的沿反应路径通过概率密度分布计算自由能的方法，对于一些体系并不适用。这是因为在分子动力学模拟中，某些体系中的粒子倾向处于能量低的状态，而难以自发地向能量高的状态变化。体系无法达到高能状态，造成反应路径上的采样不足，无法得到合理的自由能曲线。伞式抽样法通过在势函数中增加微扰项 [式(7.164)]，使体系达到人为设定的高能状态，再将反应坐标分成若干采样窗口（sampling windows）进行采样统计，我们称作有偏采样法（biased sampling）。最后再通过加权柱状图分析法（weighted histogram analysis method，WHAM）将有偏采样的统计结果转换成无偏统计结果。

如图 7.5 所示乳液体系中，采用伞式抽样法计算乳液滴融合过程的均力势（Wang，2021）。处于动力学不稳定状态的乳液体系，溶液中的乳液滴可能自发聚并，而对于稳定状态的乳液，动力学模拟过程中液滴不会自发靠近并融合。因此通过伞式抽样法，计算液滴之间的均力势，能够定性反映出乳液的稳定性。首先确定液滴融合的反应路径，将作用力势函数 $W(\boldsymbol{r}^N)$施加在液滴上，使两液滴沿着设定的反应路径相互靠近并融合。路径上势能高的状态被充分采样统计，计算出随距离变化的自由能函数。

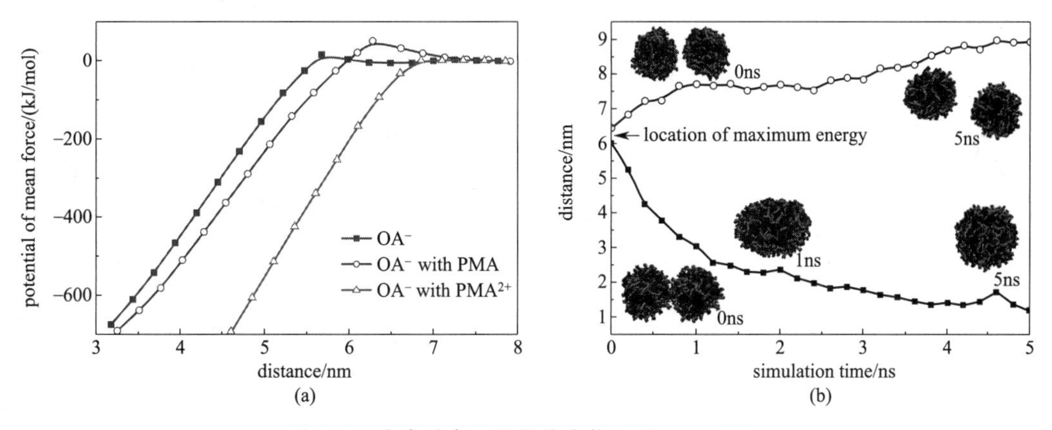

图 7.5 液滴融合过程的均力势（Wang，2021）

具体做法是，以两乳液滴质心连线确定反应路径（8nm），以 0.5nm 的间隔将反应路径分成 16 个采样窗口。选择适当的作用力势 $W(\boldsymbol{r}^N)$，对每个窗口进行独立模拟做充分采样。通过 WHAM 方法计算真实的概率分布 $P_W(\boldsymbol{r}^N)$，按照 $A(r)=-k_B T\ln[P_W(\boldsymbol{r}^N)]$ 求算 PMF。

7.9 性质分析

7.9.1 热力学性质

分子动力学模拟可以计算各种各样的热力学函数，还可以对难以或不可能获得的热力学数据进行预测，也能够提供关于分子结构的信息。下面我们选择几个常用的热力学函数进行阐述，主要针对正则系综。

（1）能量

内能很容易从模拟中获得，是状态能量的系综平均。模拟中可监控能量变化。

$$U=\langle E\rangle=\frac{1}{M}\sum_{i=1}^{M}E_i \tag{7.166}$$

（2）热容

热容与温度相关，通过检测热容变化可以知道模拟中是否有相空间转换。计算的热容也可以与实验数据对比，用于检验模拟模型是否合理。热容定义为：

$$C_V=\left(\frac{\partial U}{\partial T}\right)_V \tag{7.167}$$

因此可以通过体系不同温度下的模拟计算热容，或者说不同的温度下体系有不同的能量，经过数学拟合得到热容。

也可以通过能量涨落计算单一温度下的热容：

$$C_V=(\langle E^2\rangle-\langle E\rangle^2)/(k_B T^2) \tag{7.168}$$

由于

$$\langle E^2\rangle-\langle E\rangle^2=\langle(E-\langle E\rangle)^2\rangle$$

于是

$$C_V=\langle(E-\langle E\rangle)^2\rangle/(k_B T^2) \tag{7.169}$$

因此，通过模拟过程中的能量 E 和 E^2，以及模拟结束后得到的 $\langle E^2\rangle$ 和 $\langle E\rangle$ 就可以计算体系的热容。式(7.169) 通过计算$\langle(E-\langle E\rangle)^2\rangle$得到的热容相对而言会准确些，而第一种情况下［式(7.168)］得到的 $\langle E^2\rangle$ 和 $\langle E\rangle^2$ 是个很大的数，增加了计算的不确定性。

(3) 压力

压力一般通过克劳修斯的位力定理计算。位力定义为粒子坐标乘以作用在粒子上的力，即 $W=\sum x_i \dot{p}_{x_i}$，其中 x_i 为坐标（即原子上的坐标 x 或 y），$\dot{p}_{x_i}$ 为沿坐标方向上动量的一级导数（即牛顿第二定律中 $\dot{p}_{x_i}$ 为作用力）。在位力定理中位力等于$-3Nk_B T$。

对于理想气体，仅有的相互作用力为气体与器壁之间的相互作用，这种情况下位力等于$-3PV$。也可以通过理想气体状态方程式 $PV=Nk_B T$ 得到。

在实际气体或液体中粒子之间的作用力会影响位力，也就会影响压力。这样实际体系的总的位力是理想气体部分（$-3PV$）与粒子间相互作用的贡献之和，即

$$W=-3PV+\sum_{i=1}^{N}\sum_{j=i+1}^{N} r_{ij}\frac{\mathrm{d}v(r_{ij})}{\mathrm{d}r_{ij}}=-3Nk_B T \tag{7.170}$$

式中，$\frac{\mathrm{d}v(r_{ij})}{\mathrm{d}r_{ij}}=f_{ij}$，为作用在原子 i 和原子 j 之间的作用力。相应压力的表达式可以写成：

$$P=\frac{1}{V}\left(Nk_B T-\frac{1}{3}\sum_{i=1}^{N}\sum_{j=i+1}^{N} r_{ij}f_{ij}\right) \tag{7.171}$$

力的计算本就是分子动力学中必须要有的一部分，再额外地计算位力，也就得到压力了。

(4) 温度

正则系综中，温度是恒定的。在微正则系综中，温度是波动的。温度直接与系统的动能有关：

$$K=\sum_{j=i+1}^{N}\frac{|\boldsymbol{p}_i|^2}{2m_i}=\frac{k_B T}{2}(3N-N_c) \tag{7.172}$$

式中，$\boldsymbol{p}_i$ 是粒子 i 的总动量；m_i 是粒子 i 的质量；N_c 是体系中的约束项数。按照能量均分理论，每个自由度的贡献为 $k_B T/2$。如果体系含有 N 个粒子，每个粒子有 3 个自由度，那么动能的贡献就等于 $3Nk_B T/2$。在分子动力学模拟中，系统的线动量通常为零，也就是说要从体系中排除掉 3 个自由度，因此 N_c 等于 3。其他类型的约束不再讨论。

计算实例

水的热力学性质的计算实例参见二维码内容。

7.9.2 径向分布函数

设参考原子为 A，被统计的原子为 B，则 A-B 型径向分布函数（radial distribution

function，RDF）体现距离 A 原子为 r 处壳层内 B 原子的密度相对于整个盒子中 B 原子的平均密度的比值。RDF 在一定程度上可以体现出在凝聚相下 A-B 原子间的相互作用。

A 类型粒子与 B 类型粒子之间的 $g_{AB}(r)$ 定义为：

$$g_{AB}(r)=\frac{\langle \rho_B(r) \rangle}{\langle \rho_B \rangle_{local}}=\frac{1}{\langle \rho_B \rangle_{local}}\times\frac{1}{N_A}\sum_{i\in A}^{N_A}\sum_{j\in B}^{N_B}\frac{\sigma(r_{ij}-r)}{4\pi r^2} \tag{7.173}$$

计算实例

式中，$\langle \rho_B(r) \rangle$ 为 A 类型粒子周围距离 r 处 B 类型粒子的密度；$\langle \rho_B \rangle_{local}$ 为所有以 A 粒子为中心，半径为 r_{max} 的壳层内 B 粒子的平均密度。通常 r_{max} 的值取为盒子长度的一半，具体计算时，分析程序会将系统划为球形切片（从 r 到 $r+dr$），并生成一个直方图。

水分子质心间的径向分布函数计算实例参见二维码内容。

7.9.3 空间分布函数

分子动力学模拟中常以径向分布函数来描述粒子周围环境的分布特性，并表征其短程有序性。分布函数的概念可推广到三维空间，三维空间的分布函数被称为空间分布函数（spatial distribution function，SDF），可定义为与粒子的局部数密度与平均数密度之比，数学实质是三维上的某种密度分布。

计算实例

$$\Omega(x,y,z)=\frac{\rho(x,y,z)}{\bar{\rho}} \tag{7.174}$$

空间分布函数计算实例可参见二维码内容。

7.9.4 扩散系数

根据不同的外界限制条件，粒子的扩散有多种模式，如静态模式、简单（或布朗）扩散模式、定向扩散（传输）模式、限制扩散模式和受障模式，不同扩散模式下粒子的均方位移（mean square displacement，MSD）与时间 t 的关系也不同。大多数情况下，分子动力学模拟研究的是粒子的简单扩散模式。

分子的扩散性质借助 MSD 分析。MSD 是时间的函数，衡量经过 t 时间粒子位移量平方的平均值。均方位移的计算公式如下所示：

$$\mathrm{MSD}(t)=\left\langle \frac{1}{N_\alpha}\sum_{i=1}^{N_\alpha}|r_i(t)-r_i(0)|^2 \right\rangle \tag{7.175}$$

式中，N_α 表示体系中的分子数量；$r_i(t)$代表分子 i 在 t 时刻的位置。均方位移可以用来表示分子相较于它们初始位置的变化情况。扩散系数 D 体现分子的扩散速度，其计算公式为：

$$D_\alpha=\frac{1}{2dN_\alpha}\lim_{t\to\infty}\frac{d}{dt}\sum_{i=1}^{N_\alpha}\langle |r_i(t)-r_i(0)|^2 \rangle \tag{7.176}$$

计算实例

式中，d 表示的是整个体系的维数。

扩散系数计算实例可参见二维码内容。

7.9.5 氢键

氢键就是键合于一个分子或分子碎片 X—H 上的氢原子与另外一个原子或原子团之间形成的吸引力，有分子间氢键和分子内氢键之分，其 X 的电负性比氢原子强。可表示为

X—H…Y，其中“…”是氢键。X—H是氢键供体，Y是氢键受体。Y可以是分子、离子或者分子片段。受体Y必须是带负电的，可以是含孤对电子的Y原子，也可以是含π键的Y分子。X、Y原子相同时形成对称氢键。

氢键在分子动力学模拟结果的分析中占有重要地位，但是在分子模拟中的氢键判断标准有多种，例如能量准则、电子结构准则、几何准则等。其中几何准则涉及的计算量相对较小，被广泛使用。Gromacs中对氢键的判断标准为几何准则，对应的结构示意见图7.6。

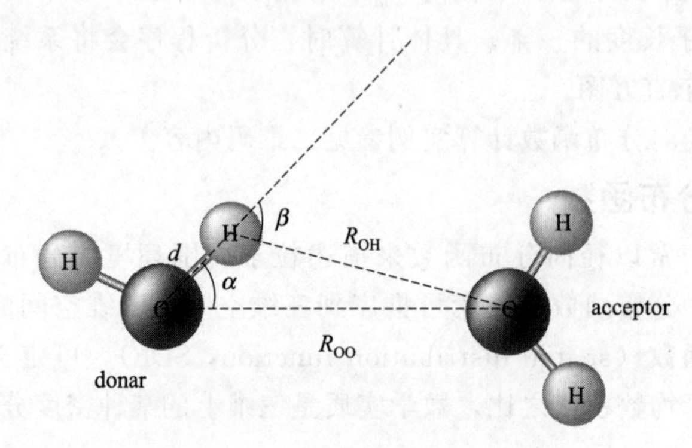

图7.6　水分子之间形成的氢键

相应的角度和距离之间的函数关系有：

$$R_{OO}\sin\alpha=R_{OH}\sin\beta$$

$$R_{OO}\cos\alpha=R_{OH}\cos\beta+d$$

$$R_{OH}^2=R_{OO}^2+d^2-2R_{OO}d\cos\alpha$$

$$\sin\beta=\frac{R_{OO}\sin\alpha}{R_{OH}}=\frac{R_{OO}\sin\alpha}{\sqrt{R_{OO}^2+d^2-2R_{OO}d\cos\alpha}}$$

$$\beta=\arcsin\frac{R_{OO}\sin\alpha}{\sqrt{R_{OO}^2+d^2-2R_{OO}d\cos\alpha}} \tag{7.177}$$

根据上式，若$R_{OO}=3.5$，$d=1$，$\alpha=30°$，则$\beta=40.7°$。

Gromacs程序基于命令gmx hbond分析所有的供体（donar）和受体（acceptor）之间的氢键（HB）。参考值$r_{HB}=0.35$nm，对应于SPC水模型RDF的第一极小位置，其中$R_{OO}\leqslant r_{HB}=0.35$nm，$\alpha\leqslant\alpha_{HB}=30°$。

计算实例

氢键的计算实例可参见二维码内容。

7.9.6　弛豫时间

弛豫时间能够说明粒子在一定空间范围内存在的时间长短。以表面活性剂水溶液为例，弛豫时间越长，则表明表面活性剂对水分子的束缚作用越强，其表面结合的水分子也越稳定，水分子越不易脱离。

弛豫时间通常由一个时间步长内仍然残留于该水化层内的水分子所占的比例确定，可通过时间自相关函数$C_r(t)$计算得到：

$$C_r(t)=\frac{1}{N_W}\sum_{j=1}^{N_W}\frac{\langle P_{Rj}(0)P_{Rj}(t)\rangle}{\langle P_{Rj}(0)^2\rangle} \tag{7.178}$$

式中，P_{Rj} 为一个二值函数。如果第 j 个水分子在 t 时刻时仍停留在该水化层内，则 $P_{Rj}(t_1)=1$，否则 $P_{Rj}(t_1)=0$，如图 7.7 所示，N_W 为水化层内的水分子数。

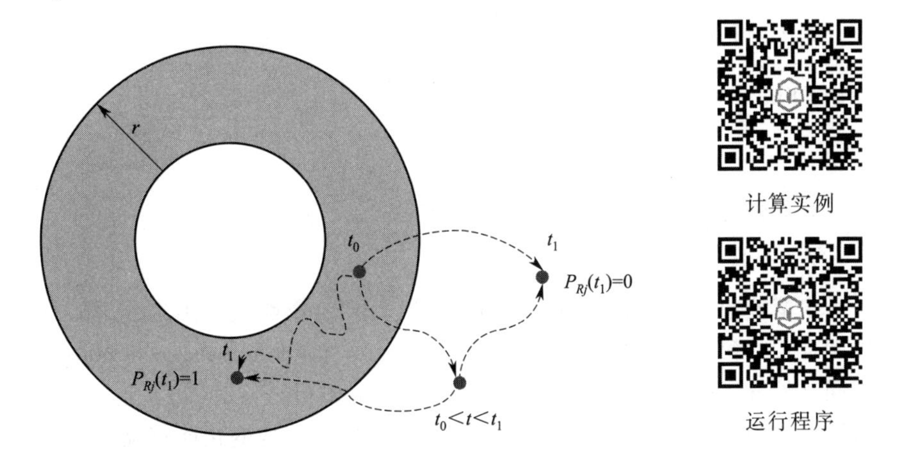

图 7.7　式(7.178) 中 P_{Rj} 示意图

为了定量表示某原子周围第一水化层内水分子的弛豫时间，对时间自相关函数进行指数拟合，即可得弛豫时间，公式如下：

$$C_r(t)=A_r\exp\left(-\frac{t}{\tau_r}\right) \tag{7.179}$$

式中，A_r 表示强度系数；τ_r 为弛豫时间。原子周围水分子的弛豫时间与扩散系数一一对应，水分子的弛豫时间越长，则表明原子对其束缚越强，其扩散系数就越小。

弛豫时间的计算实例及运行程序可参见二维码内容。

7.9.7　表面张力

在物理上表面张力的狭义定义是指液体试图获得最小表面位能的倾向；广义上讲，所有两种不同物态的物质之间界面上的张力都被称为表面张力，单位为 N/m 或者 J/m^2，即单位长度上的力或者单位面积上的能量。表面张力最常见的例子发生在液体与其他物质的接触面。以水为例，水的表面张力来自于由范德华力所造成的内聚力。在材料科学里，表面张力也称为表面应力和表面自由能。

热力学对表面张力系数的定义为：在温度 T 和压力 P 不变的情况下表面张力系数 σ 是吉布斯自由能 G 对面积 A 的偏导数。

$$\sigma=\left(\frac{\partial G}{\partial A}\right)_{T,P} \tag{7.180}$$

在 Gromacs 中，表面张力计算公式为（以平行于 xy 界面的为例）：

$$\gamma(t)=\sum_{-\infty}^{+\infty}[p_{\perp}(z,t)-p_{\parallel}(z,t)]\mathrm{d}z=\sum_{-\infty}^{+\infty}\left[P_{zz}(z,t)-\frac{1}{2}p_{xx}(z,t)-p_{yy}(z,t)\right]\mathrm{d}z \tag{7.181}$$

压力分量在 z 方向的积分等价于从 edr 文件中提取出压力分量乘以 z 方向的尺寸 L_z：

$$L_z \overline{P_{\alpha\beta}}(t) = \sum_{-\infty}^{+\infty} P_{\alpha\beta}(z,t)\,\mathrm{d}z \tag{7.182}$$

故
$$\gamma(t) = L_z \left\{ \overline{P_{zz}}(t) - \frac{1}{2}\left[\overline{p_{xx}}(t) + \overline{p_{yy}}(t)\right] \right\} \tag{7.183}$$

计算实例

实际计算的压力需要取时间平均

$$\gamma = \lim_{\tau\to\infty} \frac{1}{\tau}\int_0^{\tau} \gamma(t)\,\mathrm{d}t = L_z \left\langle \overline{P_{zz}} - \frac{1}{2}(\overline{p_{xx}} + \overline{p_{yy}}) \right\rangle = L_z \left[\langle \overline{P_{zz}} \rangle - \frac{1}{2}(\langle \overline{p_{xx}} \rangle + \langle \overline{p_{yy}} \rangle) \right] \tag{7.184}$$

表面张力计算实例可参见二维码内容。

7.9.8 水-水角

水溶液中，极性和非极性基团的水合作用会影响其周围水分子的空间排布。在极性分子周围形成的第一水化层中水-水氢键角（water-water hydrogen bonding angle）可以定量解释不同极性分子间水化作用下的极性强弱（Gallagher，2003）。这种由某溶质（可以是蛋白质、氨基酸，甚至是纤维素等聚合物）诱导的水结构变化能够反映水分子所处环境的细微差异，可以表征溶质对水分子“冰山结构”的影响。

按照水的随机网络模型（Gallagher，2003），在两个水分子之间会形成四个 H—O—O 角，如图 7.8 所示，其中最小的 H—O—O 称作水-水角（water-water angle）。为了增加水-水角分析的灵敏性，更多选择成对的 O—O 距离为 0.4nm，在此距离范围内可以计算水-水角的分布。水-水角的分布有两个峰，一个在 12°左右，一个在 50°左右。水-水角与水溶液中的氢键网络有关，低角（12°左右）由形成的氢键角决定。以谷底为界，二者的面积比可以表征由溶质极性引起的水分子网络结构的变化。

水-水角的计算实例介绍及运行程序可参见二维码内容。

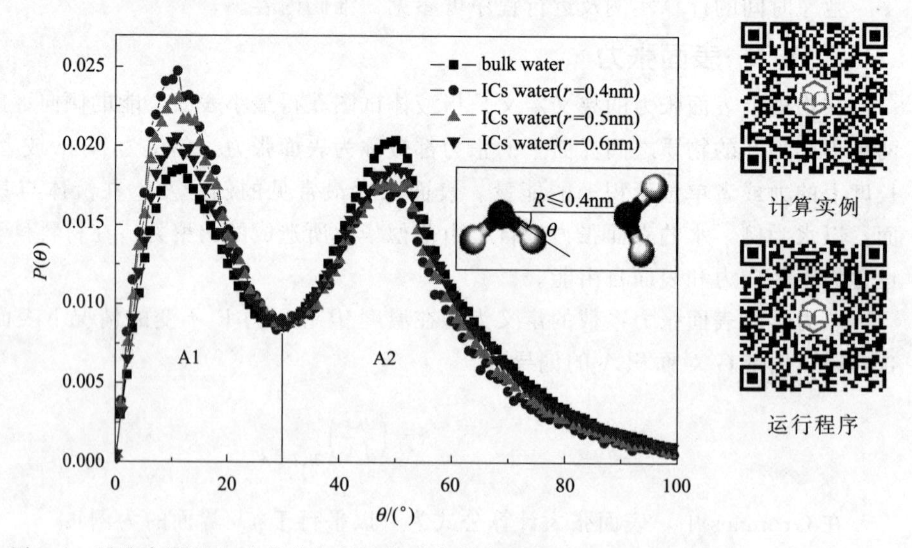

图 7.8　纤维素周围水-水角分布以及水-水氢键角的定义（Liu，2018）

7.9.9 弱相互作用

杨伟涛课题组提出了可视化弱相互作用这一概念（Johnson，2010），当将其运用到分子动力学模拟分析过程中后，称为 average noncovalent interactions（aNCI）。后来，卢天等人应用自己开发的 Multiwfn 程序对这种弱相互作用进行了分析（Lu，2012），又将其称为 average reduced density gradient（aRDG）。本教程的理论基于杨伟涛课题组文章。分子动力学模拟软件选自 GROMACS 2019，分析软件为 Multiwfn（http：//sobereva.com/multiwfn），可视化使用 VMD 软件。

aRDG 来源于电子密度（ρ）及其一阶导数：

$$s=1/[2(3\pi^2)^{1/3}]|\nabla\rho(r)|/\rho(r)^{4/3} \tag{7.185}$$

式中，ρ 为电子密度；∇ 是梯度算符；$|\nabla\rho(r)|$为电子密度梯度的模。前面的常数项可以忽略掉，只讨论$|\nabla\rho(r)|/\rho(r)^{4/3}$ 这一部分，主要由表 7.1 中所示的四部分组成。

表 7.1　体系中不同位置的电子密度及弱相互作用

参数	原子核附近	化学键附近	弱相互作用附近	分子边缘
$\lvert\nabla\rho(r)\rvert$	大	0～较小	0～小	很小～小
$\rho(r)^{4/3}$	大	中	小	0～小
RDG	中	0～较小	0～中	中～极大

需说明的是，表 7.1 中的大、小标准是比较模糊的，仅作为定性讨论。通过 RDG 函数数值大小来找弱相互作用附近，可以将“原子核附近”和“分子边缘”区域去掉；“弱相互作用附近”和“化学键附近”的 RDG 函数值、$|\nabla\rho(r)|$值都比较小，二者区分不开，但 $\rho(r)^{4/3}$ 有一定差异。因此结合 RDG 函数和 $\rho(r)^{4/3}$ 函数，可以确定分子中哪些区域涉及弱相互作用。通过 $\rho(r)^{4/3}$ 与 RDG 的散点图，可以把上述概念图形化且定量地表述出来。

$\rho(r)^{4/3}$ 可以反映出相互作用强度，类型则需要由 sign(λ_2) 函数来反映，这个函数是电子密度 Hessian 矩阵的第二大本征值 λ _ 2 的符号，其中键临界点的 sign(λ_2)＝－1，环、笼临界点的 sign(λ_2)＝＋1，在接近临界点的区域其值与临界点处一般相同。计算中可以将 sign(λ_2) 函数用不同色彩投影到 RDG 等值面上，在表现强度的同时还可以进一步表现某一个区域的相互作用类型。

计算实例

弱相互作用计算实例可参见二维码内容。

7.9.10　均力势（伞式抽样）

伞式抽样是沿反应坐标计算自由能的方法。在伞式抽样过程中，沿（一维或多维的）反应坐标的偏离势（bias potential）驱动系统从一种热力学状态到另一种热力学状态（例如反应物和生成物），中间步骤由一系列窗口覆盖，在每个窗口执行分子动力学模拟。偏离势可以是任意函数形式，通常选用较为简单的谐振势。根据系统沿反应坐标的采样分布，可以计算出各个窗口自由能的变化。然后通过加权直方图分析方法（WHAM）组合窗口，从而得到沿反应坐标的自由能变化，即均力势。

系统的正则配分函数 Q 可以通过对整个相空间，即构型空间和动量空间作积分计算。如果势能 E 独立于动量，后者的积分是与 Q 相关的常数，可以忽略。于是，Q 可以通过以下公式得到：

$$Q=\int\exp\left[-E(r)/k_BT\right]\mathrm{d}r^N \tag{7.186}$$

计算实例

式中，k_B 是玻尔兹曼常数；T 是热力学温度；N 是系统的自由度。

在正则系综中，亥姆霍兹自由能 $A=-k_BT\ln Q_{NVT}$；在等温等压系综中，吉布斯自由

能 $G=-k_{\mathrm{B}}T\ln Q_{NPT}$。

均力势（伞式抽样）计算实例可参见二维码内容。

7.10 应用实例

分子动力学模拟作为研究微观世界的有效手段，特别适用于不涉及电子运动的各种分子聚集行为，已经是实验研究的重要补充，在众多研究领域如材料学、生命科学、化学等学科中得到了足够的重视。

与量子力学相比，传统分子动力学模拟由于未考虑电子性质，因此在涉及成键作用的化学反应、光谱等方面其应用受到了一定限制。鉴于此，在 20 世纪末即出现了研究大体系的反应力场分子动力学模拟（ReaxFF MD）和针对小体系的从头算分子动力学模拟（*ab initio* MD）。前者兼顾了大的模拟体系，也考虑了原子之间的成键作用，在模拟高温高压等极端条件下的生物降解、高能分子反应等方面获得了良好的模拟效果；后者提高了经验势函数（即力场）的精确性，考虑了与电子相关的性质和含时动力学性质，兼顾了量子力学和动力学两个方面，越来越受到学者的关注。

随着计算机软硬件的发展，依托不同理论基础的分子动力学模拟，将会在更多的研究领域普及，我们将在下面展示不同分子动力学模拟方法在不同研究领域中的应用。需说明的是从头算分子动力学模拟，更倾向于求解含时的薛定谔方程，与传统分子动力学模拟理论基础并不相同，因此我们在此不进行详细讨论，读者可参考相关文献。

7.10.1 硅表面上自组装膜的润湿性

在第 4 章我们曾经讨论过在 Si(111) 表面构筑烷烃单层膜，使用的模拟手段仅仅是进行了能量最小化，并获得了实验上观察到的致密、有序、有一定倾斜角度的单层膜（详见 4.10 节）。如果把烷烃端基改成不同官能团，就可以得到不同润湿性的自组装单层膜。在此基础上可以讨论单层膜的微观润湿性。

从生物、环境、化学到工程应用再到新材料和新技术的发展，自组装膜的表面润湿性越来越受到人们的重视。由于水在自然界中的普遍存在，在研究和应用自组装膜的表面吸附作用时，不得不考虑水分子对不同润湿自组装膜的影响。自组装膜的表面润湿性也会影响生物小分子如蛋白质、氨基酸、多肽等在表面的吸附行为。为从微观层面上理解水分子对自组装膜的吸附，我们采用分子动力学模拟研究了六种类型的自组装单层膜（Xu，2011），其中包括三类亲水头基（—CN、—NH_2、—COOH），三类疏水头基（—CH_3、—OCH_3、—C═C），代表了不同润湿性的自组装膜。实际上，选择不同的基底（如 Au、Cu 等），在实验上可容易地构建这些自组装单层膜。分子动力学模拟研究可为相关实验和应用提供微观层次上的信息，有助于理解表面润湿性在不同湿度下对有机分子的吸附影响。

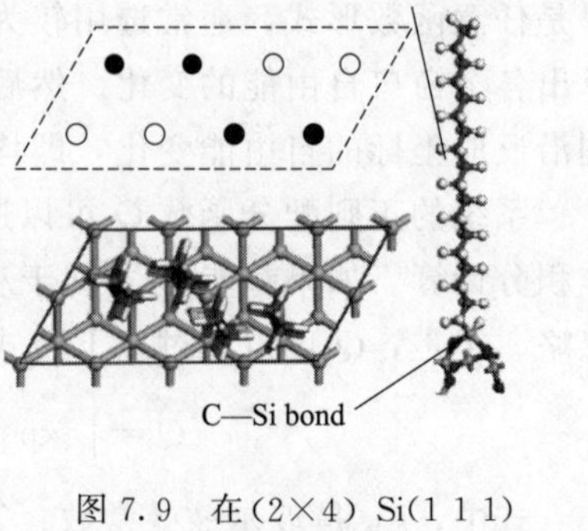

首先构建 (2×4) 的 Si(111) 表面的单元格子，以 50%取代率接上烷基链形成初始构建单元（图 7.9）。然后把链的端基改成不同的官能团，扩展成 (16×16) 的格

eighteen-carbon-long alkyl chain

C—Si bond

图 7.9 在 (2×4) Si(1 1 1) 表面烷基链取代的结构单元

子，对此体系进行能量最小化，形成有一定倾斜角度的致密单层膜。在此模型基础上，把组成为509个水分子的水球放到单层膜表面，进行长时间的 *NVT* 系综分子动力学模拟，以探讨不同润湿性对水分子吸附的影响。

模拟发现在三种疏水头基（$—CH_3$、—C═C、$—OCH_3$）表面，水球在模拟的最初形成水滴状，但是随着模拟时间的增加，并没有再发生明显的变化；另外，在三种亲水头基（—CN、$—NH_2$、—COOH）表面，水分子与头基形成的分子间氢键作用下，水球随着模拟时间的增加逐渐沿着 SAM 表面铺展开来（图 7.10）。

分析表明 SAM 表面润湿性强弱取决于表面头基基团与水分子形成氢键的数目、强弱。三类疏水头基 SAM 表面与水分子没有形成氢键，从而使得 CH_3—SAM、C ═C—SAM 和 OCH_3—SAM 呈现较弱的表面润湿性；而 NH_2—SAM、COOH—SAM 表面呈现典型的亲水性，是由于在 NH_2—、COOH—头基与水分子之间形成了两类较强的氢键［H(OH)—O(H_2O)和 N(NH_2)—H(H_2O)］，称为水桥结构。研究结论从微观尺度上提供了这六种常见自组装膜表面微观润湿性的机理。对实验室设计和制备特殊润湿性表面的生物敏感材料具有一定的指导意义。

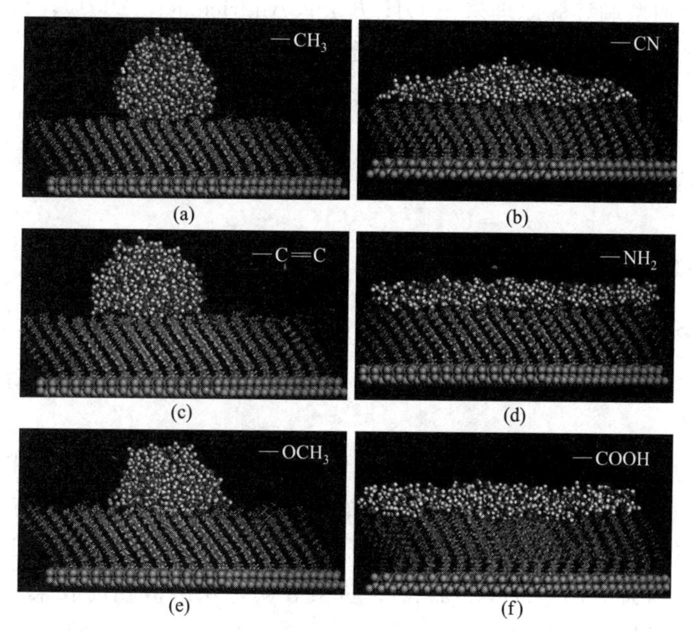

图 7.10　水球在六种不同表面表现出未润湿（CH_3—、C ═C—头基），部分润湿（OCH_3—、CN—头基）和完全润湿（NH_2—、COOH—头基）

7.10.2　表面活性剂胶束化过程中的熵驱动

室温水溶液中，普遍认为表面活性剂胶束化过程是熵主导的自发过程，而对这个过程一直存在的争议是熵增的来源问题。对于熵增加目前认为有两种来源：第一是由表面活性剂尾链周围“冰山”结构的水分子，重新形成体相水分子结构引起；第二是由表面活性剂尾链在胶束内核有更大的自由空间所造成。但是在实验上，很难对上述胶束化过程中不同的熵增加来源进行区分。

1945年，Frank 和 Evans 认为表面活性剂尾链周围的水分子具有“冰山”结构，当表面活性剂形成胶束的过程中，这些“冰山”结构的水分子重新变成了水溶液中的水分子，从而使混乱度增加，熵增加（Frank，1945）。然而，这种解释并没有考虑表面活性剂分子本身熵的变化。后来，另外一种解释认为胶束熵的增加主要来源于表面活性剂尾链环境的变化所引起的熵增加，同时也接受水分子的结构变化引起熵的变化，但是他们认为水分子引起的熵增加所占比重很小（Aranow，1965）。这两种论述都很难用实验手段进行定量测定。

不论是水分子引起的熵增加还是表面活性剂尾链造成的熵增加，在提出之后都被后来的实验结果所质疑。例如“冰山”结构模型，早期的中子衍射实验并没有发现“冰山”结构型水分子的存在。后来有学者提出折中的“冰山”结构，即表面活性剂尾链周围的水分子比水溶液中的水分子更有序，同时比冰山结构无序（Galamba，2014）。实验上胶束化过程中的熵变是通过微量热技术、电导滴定，或表面张力等方法测量推导的，然而这些技术手段是无法区分胶束化过程熵究竟具体来自表面活性剂溶液中哪一部分，即无法区分水分子结构贡献，或者表面活性剂聚集结构的贡献。

我们采用分子动力学模拟研究了胶束化过程中表面活性剂对熵变的贡献（Liu，2016），计算了表面活性剂在聚集形成胶束的过程中的构型熵数值（分成振动熵、转动熵和平动熵），给出了构型熵对胶束化过程的贡献，并讨论了水分子在此聚集过程中熵变的贡献。

模拟中选择的构型熵计算原理采用 QH 方法（Andricioaei，2001），模拟中视系统的运动近似符合高斯概率分布。其中频率 ω 可以通过下面的公式求得

$$\det\left(\boldsymbol{M}^{1/2}\boldsymbol{\sigma}\boldsymbol{M}^{1/2}-\frac{k_{\mathrm{B}}T}{\omega^{2}}\boldsymbol{1}\right)=0 \tag{7.187}$$

其中 $\boldsymbol{\sigma}$ 是直角坐标系下的协方差矩阵，$\boldsymbol{\sigma}$ 的矩阵元素定义为

$$\sigma_{ij}=\langle(x_i-\langle x_i\rangle)(x_j-\langle x_j\rangle)\rangle$$

熵 S 可以通过把 ω 代入下面的公式求得

$$S=k_{\mathrm{B}}\sum_i\frac{\hbar\omega_i/k_{\mathrm{B}}T}{\exp(\hbar\omega_i/k_{\mathrm{B}}T)-1}-\ln[1-\exp(-\hbar\omega_i/k_{\mathrm{B}}T)] \tag{7.188}$$

式中，k_{B} 是玻尔兹曼常数；T 是温度；$\hbar$ 代表普朗克常数除以 2π。$\boldsymbol{M}$ 和 $\boldsymbol{1}$ 分别代表质量矩阵和单位矩阵。

模拟中选择的十二烷基硫酸钠（SDS）是典型的阴离子表面活性剂，其在室温水溶液中的聚集数大约为 60。从表面活性剂溶液下的单分子（即始态）到胶束环境下的单分子（即终态）的变化可以体现胶束化过程。利用统计方法，在这种胶束化过程中计算得到的表面活性剂分子熵贡献大约为－168.1J/(mol·K)。负值表明，从溶液相向胶束相转换过程中表面活性剂分子对熵的贡献是减小的。

有实验测得在 298K 下 SDS 胶束化过程中熵增加为 47～115J/(mol·K)，代表着胶束化过程体系总熵的变化，但是不同的测定方法测定结果差异较大。结合实验数据，可以计算出水分子在胶束化过程中熵的贡献约为 215.1～283.1J/(mol·K)。

单纯从绝对数据而言，表面活性剂分子对熵的贡献十分重要，在于表面活性剂熵变数值与水分子熵变数值有相同的数量级，但是二者符号相反。所以，胶束化过程中的熵变是水分子结构变化引起的熵增加，部分被表面活性剂分子形成胶束引起的熵减小所抵消，是二者共同作用的结果（图 7.11）。

在表面活性剂分子对熵的贡献中，疏水尾链引起的构象熵占到整个表面活性剂熵变化的 90%，占据主导作用。在表面活性剂疏水尾链构型熵变中还包括振动熵变（ΔS_{vib}）、转动熵变（ΔS_{rot}）和平动熵变（$\Delta S_{\mathrm{transl}}$）。这其中振动和转动造成的熵变又占据尾链熵变的 80%，

而平动熵变小于20%，说明环境的变化主要影响表面活性剂的振动和转动，尤其是疏水尾链。也可以认为，表面活性剂的熵变主要来源于尾链的振动和转动。对于极性头，振动和平动熵则占据了极性头总熵变的大部分。单个表面活性剂的转动熵可以理解为是依附于整个胶束，相对于胶束质心转动；而极性头位于胶束最外边，在转动相同角度情况下，极性头的转动幅度更大。

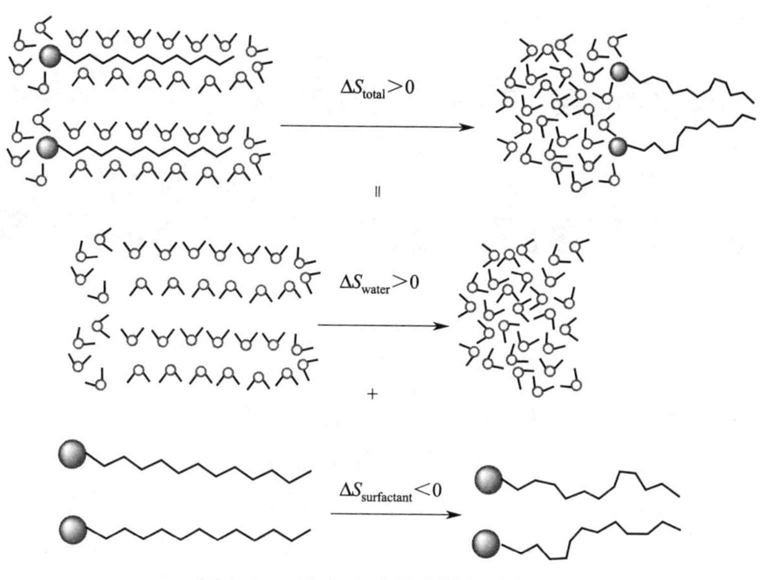

图 7.11　胶束化过程中熵变示意图

7.10.3　亲油固体表面的润湿翻转

实验研究认为在表面活性剂溶液中油污从固体表面被剥离的过程主要分为三个阶段：第一个阶段首先是表面活性剂吸附到油-水界面上，导致油-水界面张力迅速降低从而引起接触角和接触线的快速变化，表现为油珠底面的收缩；在第二个阶段中油-水界面张力基本达到平衡，这一阶段主要是水相（表面活性剂溶液）沿着油-固接触面的渗透和扩散，该阶段油珠的形态没有太大的变化，并且这一过程在整个油珠的剥离过程中持续时间最长；第三个阶段是油珠在浮力的作用下颈缩直到被拉断，最终油滴从固体表面剥离。这些机理虽然概括了表面活性剂剥离油污的过程，但是均未从细节上反映表面活性剂是如何将油滴从固体表面剥离下来的。

在水相渗透或沉积过程中，固体表面的接触线会收缩，因此人们提出：水分子在水-固界面形成了凝胶层，并且在最接近固体表面的三相接触线上发生渗透扩散；一旦这层分离的水膜形成，一个轻微的剪切作用就可以将油滴从固体表面剥离。尽管很多实验方法都估计了油滴从固体表面剥离的机理，但是从实验上还是很难在分子水平上研究油滴剥离过程的细节问题。

2010年Yang和Abbott曾经在三种固体表面（OTS处理的玻璃表面、玻璃表面和烷烃硫醇处理的金表面）上放置几十微米厚的植物油，再在油层上方放置水相（Yang，2010）。经一个星期之后，前两种固体表面上均发现了水滴，如图7.12所示。实验研究表明，固体基底的电荷密度是水滴形成的关键。适当改变固体表面的电荷密度，以及在水相中加入能够降低水的化学势的物质（即变为稀溶液），也可以阻止水分子穿过油层到达油固界面。此实验结论为设计适当的固体表现诱导乳液的形成提供了可能的研究思路。

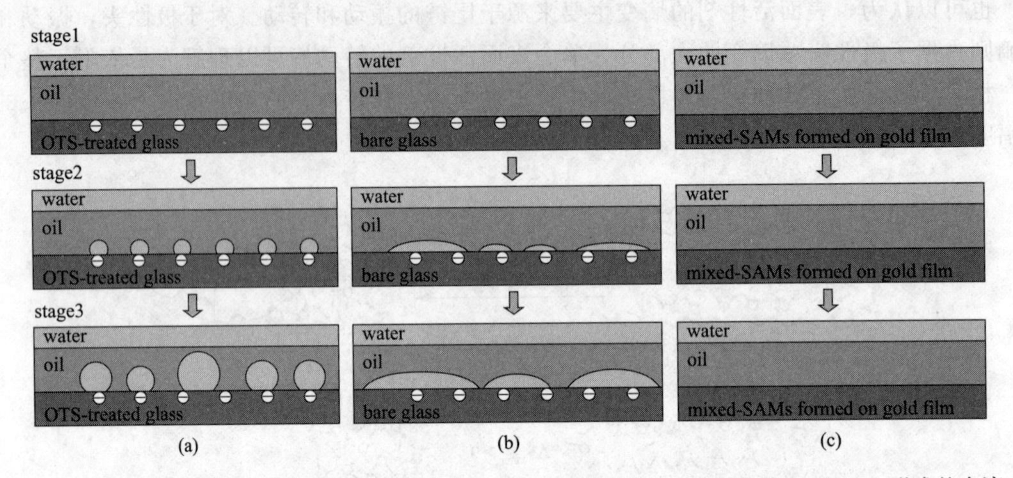

图 7.12　OTS处理的玻璃表面（a）、玻璃表面（b）和烷烃硫醇处理的金表面（c）上形成的水滴

（中间层植物油在几十微米数量级，最上层为水相）

受上述实验现象启发，Liu 等人在分子水平上研究了水分子在油-二氧化硅表面的渗透机理（Liu，2012；Zhang，2014），提出了水分子通过“水通道”穿透油层渗透到固体表面，并沿固体表面扩散，并最终完成油滴从固体表面上的剥离，即固体表面的润湿翻转机理。研究中以十二烷烃作为模拟油，把 SiO_2 作为亲水表面。模拟中在油层上方加入表面活性剂水溶液，水分子采用 SPC 模型，采用 Berendsen 方法控制模拟温度。通过分子动力学模拟，在分子水平上讨论表面活性剂溶液对亲油固体表面润湿翻转的影响。

与烷烃分子（油相）相比，水分子与二氧化硅表面之间的非键相互作用更强。二氧化硅表面吸附油层以后变成了疏水表面，但是在水分子的作用下，表面附着油层的二氧化硅在热力学上是不稳定的。因此从理论上讲水的加入能够促使油滴的脱附，其脱附只是一个时间的问题，但是实际过程中油滴的脱附还会受很多因素的影响限制，造成油滴脱附困难。

在分子与分子之间的非键相互作用中范德华作用属于短程作用，其作用方式在 2.5σ 的距离时影响已经很小，而静电相互作用属于长程作用，此种作用距离在纳米数量级。SiO_2 表面的 Si 和 O 原子均带有 0.3～0.4e 的正电荷，而饱和氢带有较大的负电荷，水分子中 O 和 H 均带有部分负电荷或正电荷，在油层范围内（几个纳米厚度），能够体现水分子与 SiO_2 表面之间的静电相互作用。研究发现在极性表面活性剂作用下，油-水界面处的烷烃分子的原有序结构会遭到破坏，利于水分子穿透。依靠水分子与 SiO_2 表面之间强静电相互作用，水分子会通过烷烃分子与烷烃分子之间的空隙，通过氢键穿透油膜吸附到 SiO_2 表面，从而形成“水通道”[图 7.13(a)]。

在形成的水分子通道中，水分子首先以单列水分子进入。水分子彼此之间以氢键的形式相连接，而与 SiO_2 表面接触的水分子会形成更多的氢键与之相结合，这种牢固的氢键模式促使第一层油膜中的有序烷烃分子发生倾斜，产生更大的接触面积，以涌入更多的水分子[图 7.13(b)]。在氢键作用下，越来越多的水分子一并穿过油层，众多水分子在油相中形成更大的水分子通道。图 7.13(c) 明显观察到在大的水分子通道下，更多油分子的有序结构遭到破坏，而水分子的加入在油滴和二氧化硅表面之间形成一层水膜，在疏水（微观）、浮力（宏观）等作用下油滴脱离固体表面 [图 7.13(d)]，完成固体表面的润湿翻转。

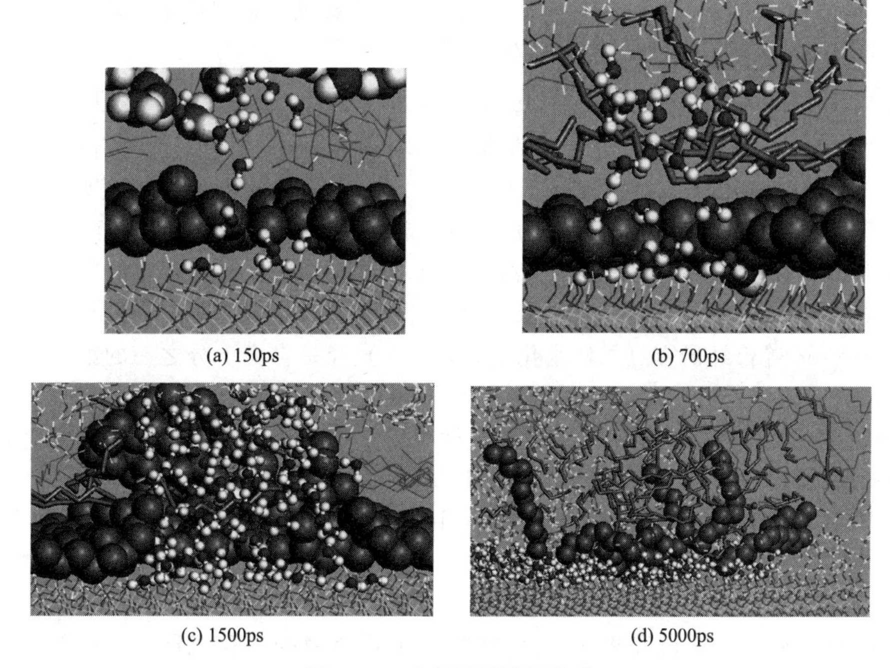

图 7.13　水分子通道的形成

图 7.14 为纳米尺度下的固体-油-水界面处，在表面活性剂溶液中油滴从固体表面剥离的示意图。模拟证明了油层中“水通道”的形成是影响油滴剥离的关键因素。另外，水分子在油-固界面上的渗透扩散以及在固体表面上水凝胶相的形成都是加速油滴从固体表面剥离的影响因素。在分子水平上固体表面油滴剥离的过程，可以分为三个阶段。阶段Ⅰ，表面活性剂在油-水界面上吸附，并且通过疏水尾链与油分子之间形成疏水作用。由于水分子、阳离子表面活性剂分子与固体表面之间的静电相互作用，CTAB 水溶液向固体表面移动，从而逐渐破坏有序排列的油层，利于水分子穿透油层形成最初的“水通道”。初步形成的“水通道”，是影响油滴从固体剥离的重要因素。阶段Ⅱ，由于水分子和 SiO_2 表面之间的氢键相互作用以及 CTAB 在油水界面上的吸附，水分子将油分子从固体表面上取代下来，沿着二氧化硅表面渗透扩散，水-油-固体三相接触线逐渐收缩，最终在固体表面形成水凝胶相 [图 7.14(d)]。阶段Ⅲ，当接触线变得足够小时，油滴形状不稳定。在浮力的作用下，油滴从固体表面逃离，油分子完全从固体表面剥离 [图 7.14(e)]。实验上的三阶段模型在分子水平上得以证实和完善。同时，分子动力学模拟在分

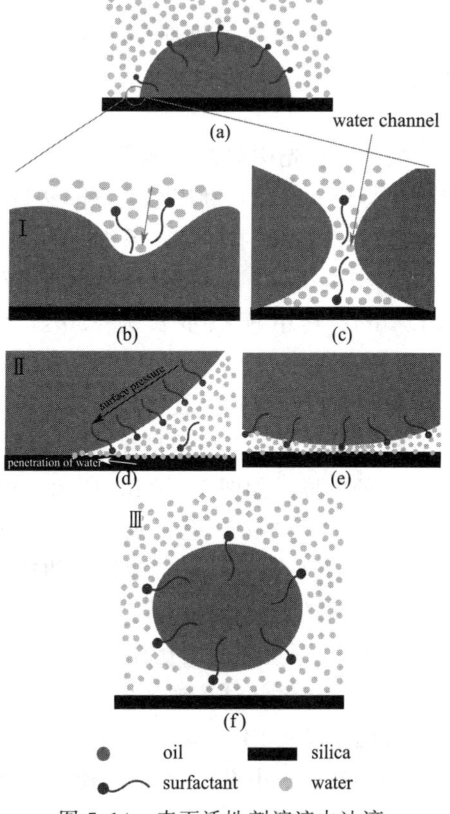

图 7.14　表面活性剂溶液中油滴从固体表面剥离的示意图

子水平上提出了影响油剥离的主要因素，这对于以后在提高原油采油率、矿物浮选、去污等领域中最佳条件的选择具有理论指导意义。

7.10.4 纳米孔道中聚合物的运移（非平衡分子动力学模拟）

在石油工业中，堵水调剖是处理石油储层非均质性的有效手段，可提高水的波及效率。预交联凝胶颗粒（preformed particle gels，PPG）在堵水调剖方面有着良好的应用效果。PPG是由部分水解的聚丙烯酰胺交联而成，具有很好的水溶性和增黏性，可以改变油水流速比，同时PPG被注入油井后，会吸水溶胀并在孔道中聚集，实现对高渗透区域的有效封堵，从而改善水驱的波及效率，有效地提高原油采收率。

Hendrickson等曾经研究过柔性水化凝胶颗粒在直径是自身十分之一的纳米薄膜中的运移行为（Hendrickson，2010），发现微凝胶颗粒在通过纳米孔的运移过程中发生了形变。Holden等通过电阻脉冲传感技术研究了单个微凝胶粒子的运移行为，研究结果表明在运移过程中微凝胶颗粒发生了变形和脱水，并导致微凝胶导电性能的变化（Holden，2011）。根据实验结果，Goudarzi等人提出PPG通过不同孔径孔道时会有六种运移模式，如直接通过、收缩模式和受限通过模式等，并从PPG颗粒大小、溶胀能力及注入情况等方面进行了详细讨论（Goudarzi，2015）。

为了在分子水平上探讨和揭示PPG在微纳米孔道中的运移机制，Ma等人采用分子动力学模拟研究了PPG在不同孔径间、不同亲疏水孔道中的运移，模拟发现SiO_2纳米孔道表面羟基与水分子形成的水化层对PPG的运移过程起到至关重要的作用（Ma，2016；Zhang，2016），水化层起到屏蔽和润滑作用从而减少了PPG在纳米孔道中运移所需要克服的阻力，进而减小了油井注射PPG的压力，并促进PPG在纳米孔道中的运移。在孔喉处，PPG表面的水化层会遭到破坏，是PPG脱水、变型，封堵微纳米水通道的关键。

模拟中首先构建微纳米孔道，如图7.15(a)所示。基本的分子动力学模拟步骤如下：初始构型建立以后，利用最速下降法进行能量优化以消除可能的构象重叠，随后进行分子动力学计算；模拟选择*NVT*系综，采用Berendsen热浴法控制温度，LINCS方法约束键长，采用particle-mesh Ewald（PME）方法处理长程静电相互作用，非键相互作用的截断半径选择1.4nm；其中模拟步长为2.0fs，间隔10ps保存一次轨迹信息供后续分析。采用VMD1.9.2软件观察动力学轨迹。

为了模拟预交联凝胶颗粒在水驱压力下在岩石孔隙中的运移过程，在分子动力学模拟达到平衡之后，以其平衡构型作为初始构型再进行拉伸动力学（steered molecular dynamics，SMD）的模拟。如图7.15(b)所示，以纳米孔道中心某一点为固定参考点，距离PPG质心（蓝色点）约为3nm，延z轴正方向在PPG上施加外力做数纳秒的SMD模拟，其中取力常数为1000kJ/(mol·nm^2)，弹簧拉伸速度为0.01nm/ps。

通过对模拟实验的分析，可得到如下结论：

① PPG聚集体从大孔径（5nm）到小孔径（2nm）转变过程中，在孔道轴向上回旋半径发生明显变化，对其施加的外力也最大，表明在此拉伸过程中PPG发生了脱水、变形。均方根偏差以及PPG聚集体亲水基团周围水化层内水分子数目（图7.16）也体现了此种变化趋势。当大、小孔径之间直径差别不明显时，施加外力是平缓的，PPG变型情况也不明显。

② 通过分析PPG聚集体构象能的变化及亲水基团与水化层内水分子的均力势，可得

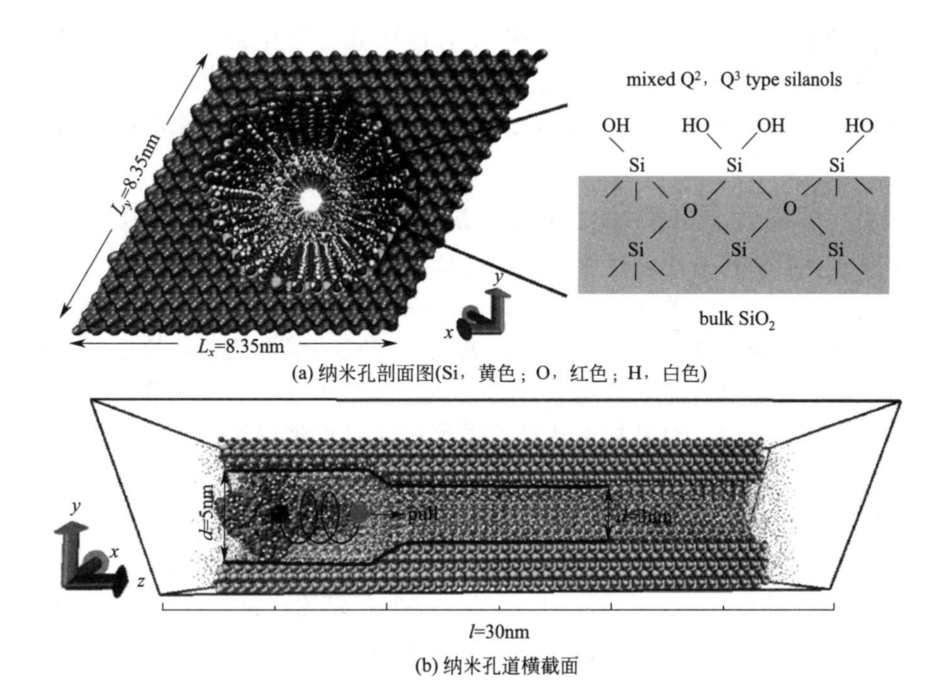

(a) 纳米孔剖面图(Si，黄色；O，红色；H，白色)

(b) 纳米孔道横截面

图 7.15　模拟构型图

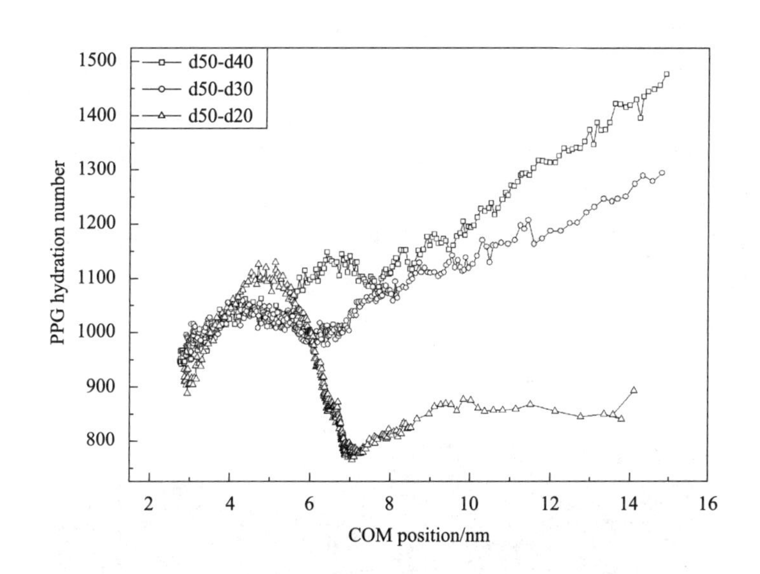

图 7.16　在不同孔径的纳米孔道中 PPG 运移时 PPG 聚集体水合层内水分子数目的变化
［包括大孔道（5nm）到小孔道（4nm、3nm 和 2nm）］

出 PPG 中的亲水官能团是水化层稳定的决定因素，而纳米孔径的亲疏水性质也影响着 PPG 的脱水和变形情况。模拟发现，当 PPG 聚集体从大孔径被拉伸进入小孔径纳米孔道中时，构象变化引起构象能急剧升高，部分水分子与亲水基团解离。因此外力拉伸 PPG 进入小孔径纳米孔道需要克服该构象变化能以及亲水基团与水分子解离所需要跨越的能垒。

在微观层面探讨 PPG 聚集体在多孔介质中的运移机制，对原油开采中堵水调剖技术，以及在分子水平上设计和选择亲水亲油官能团具有一定的理论指导意义。另外，不同聚集体在微纳米孔道中的运移也是许多生物过程中的自然现象，因此运用分子动力学模拟方法研究聚集体在微纳米孔道中的运移也会对相关领域研究起到积极的借鉴作用。

7.10.5 单晶硅表面的氧化反应（反应力场分子动力学模拟）

氢终止的硅表面因其独特的性质和广泛的应用前景，诸如金属氧化物（MOS）设备的制造和在其表面构筑烷烃单分子膜，引起了人们的关注。虽然氢终止的硅表面是化学惰性的，但当该表面暴露在空气中时，会在其表面形成一层氧化膜，这层氧化膜的存在会影响硅基设备的性能以及烷烃自组装膜的性质。实验研究表明温度和湿度都会对氧化膜的生长造成一定的影响，但是均未从细节上反映氧化机理以及温度和湿度是如何影响氧化反应的。

实验上运用许多手段，诸如X射线光电子能谱（XPS）、扫描隧道显微镜（STM）等，来研究氢终止硅表面的氧化反应。尽管对硅表面的氧化进行了深入研究，但文献中通过O_2和H_2O侵蚀的氧化存在一些差异。Morita及其同事得出结论，在室温下，硅表面自然氧化物在Si(111)和Si(100)表面的生长需要氧和水的存在（Morita，1990）。Zhou等人也提出形成羟基终止的Si(111)表面需要同时存在氧化剂（O_2）和亲核试剂（H_2O）（Zhou，2000）。然而大量研究也表明，在受控的干燥氧气环境中，也存在氢终止Si表面的氧化。尽管实验观察存在一定的差异，但研究最终表明，在氢终止的Si表面氧化过程中会发生三个主要反应，分别是O原子插入Si—Si键中形成O_ySiH_x位点，以及形成Si—O—Si键和Si—OH表面。

基于以上实验背景，为了在分子层面研究氧化反应机理以及温度和湿度对氧化反应的影响，我们采用基于反应力场的分子动力学模拟（Yuan，2019），研究了不同温度和湿度下氢终止硅表面的氧化反应。模拟发现，在氧化过程中，氧气分子首先吸附到表面上，然后与其发生反应形成H_2O_2中间体，后随之分解并与表面的硅原子发生反应，形成Si—OH与Si—O—Si位点，如图7.17所示。

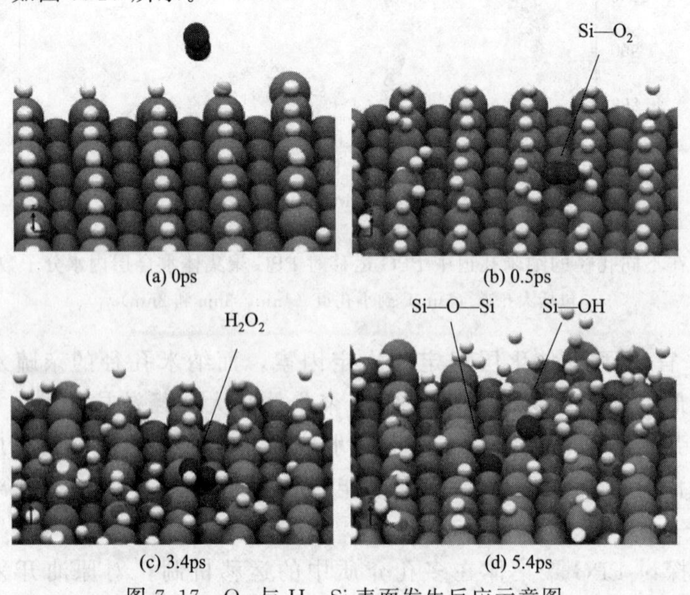

图7.17 O_2与H—Si表面发生反应示意图

模拟中为了研究不同湿度下的氧化反应，构建了两个体系，第一个体系中加入100个氧气分子与50个氮气分子，在第二个体系中加入了100个氧气分子和50个水分子，模拟分别在300K和500K温度下进行。采用的基本的分子动力学模拟步骤如下：初始构型建立以后，利用最速下降法进行能量优化以消除可能的构象重叠，随后进行分子动力学模拟；模拟选择 *NVT* 系综，采用 Berendsen 热浴法控制温度，在 x、y 方向上采取周期性边界条件，为了防止氧气分子越过盒子上部与最底部的硅原子发生反应，在 z 方向上采取固定边界条件。其中模拟步长为2.0fs，键级的选择是0.3，总的模拟时间为500ps。

如图7.18所示，Si的氧化过程可以分为两个阶段：第一快速氧化阶段（约50ps）和第二相对缓慢的氧化阶段。这两个阶段均受湿度与环境温度影响。从图7.18中可以看出，随着温度的增加，氧气的消耗程度也增加。这可能是因为较高的温度会增加氧气分子与Si表面碰撞的可能性，从而增加氧气分子在Si表面吸附和解离的可能性。此外，随着湿度的增加，即水分子的存在会使氧气的消耗增加。图7.18表明主要的氧化产物为Si—O—Si与Si—OH键，图7.18(b)、(c) 示出了两种氧化产物随时间的变化。从图中可以看出，温度和湿度的增加同样会使氧化产物增加。此外，模拟发现被氧化的Si原子以 Si^{+}、Si^{2+}、Si^{3+} 和 Si^{4+} 组分的形式存在，分别与一个、两个、三个和四个最近的氧原子键合。研究结果表明，Si^{+} 在氧化的Si原子中占比最多，而 Si^{4+} 占比最少。

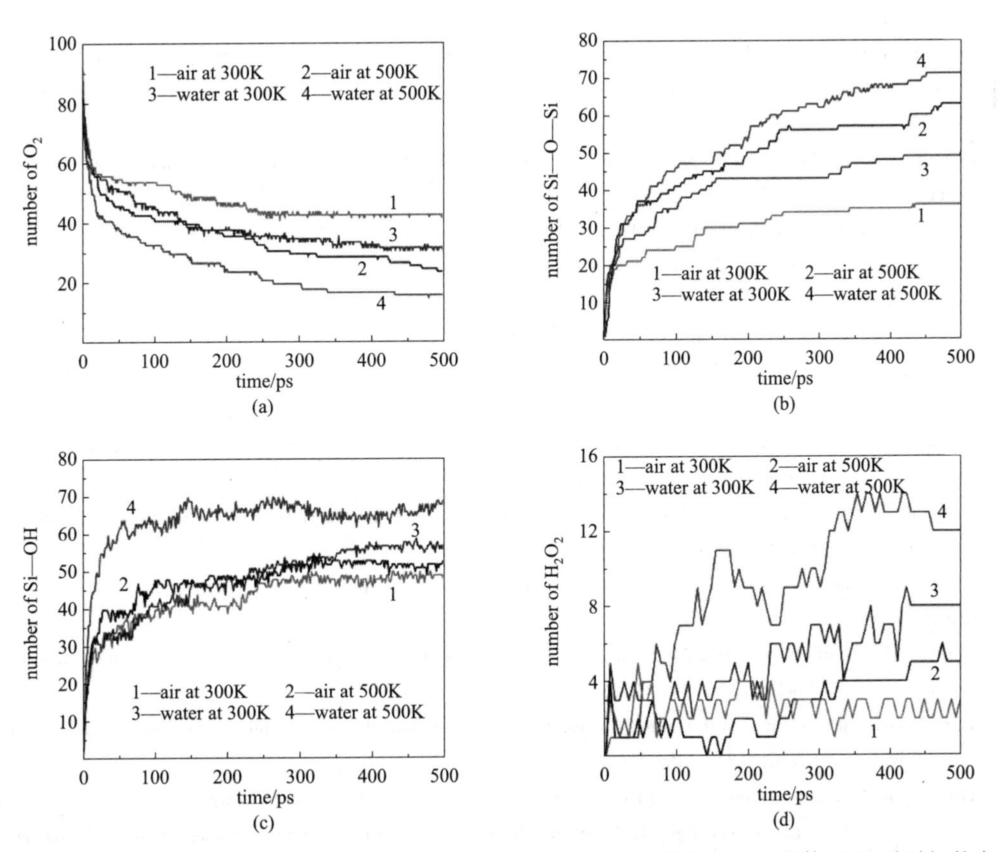

图7.18 反应过程中氧气消耗（a），Si—O—Si（b），Si—OH（c）和 H_2O_2 中间体（d）随时间的变化

参 考 文 献

[1] Allen M P, Tildesley D J. Computer simulation of liquids. Oxford: Oxford University Press, 1987.

[2] Andersen H C. Rattle: a "velocity" version of the shake algorithm for molecular dynamics calculations. J Comput Phys, 1983, 52: 24.

[3] Andersen H C. Molecular dynamics at constant pressure and/or temperature. J Chem Phys, 1980, 72: 2384.

[4] Andricioaei I, Karplus M. On the calculation of entropy from covariance matrices of the atomic fluctuations. J Chem Phys, 2001, 115: 6289-6292.

[5] Aranow R H, Witten L. Additional comments on the thermodynamics of environmental changes of the methylene group. J Chem Phys, 1965, 43: 1436-1437.

[6] Barth E, Kuczera K, Leimkuhler B, et al. Algorithms for constrained molecular dynamics. J Comput Chem, 1995, 16: 1192.

[7] Beeman D. Some multistep methods for use in molecular dynamics calculations. J Comput Phys, 1976, 20: 130.

[8] Berendsen H J C, Postman J P M, van Gunsteren W F. Molecular dynamics with coupling to an external bath. J Chem Phys, 1984, 81: 3684.

[9] Beutler T C, van Gunsteren W F. Molecular dynamics simulations with first order coupling to a bath of constant chemical potential. Mol Simu, 1994, 14: 21.

[10] Brown D, Clarke J H R. A comparison of constant energy, constant temperature, and constant pressure ensembles in molecular dynamics simulations of atomic liquids. Mol Phys, 1984, 51: 1243.

[11] Brown D. The force of constraint in predictor-corrector algorithms for shake constraint dynamics. Mol Sim, 1997, 18: 339.

[12] Çagin T, Pettitt B M. Grand molecular dynamics: a method for open system. Mol Sim, 1991, 6: 5.

[13] Çagin T, Pettitt B M. Molecular dynamics with a variable number of molecules. Mol Sim, 1991, 6: 169.

[14] de Leeuw S W, Perram J W, Petersen H G. Hamilton' s equations for constrained dynamical systems. J Stat Phys, 1990, 61: 1203.

[15] Edberg R, Evans D J, Morriss G P. Constrained molecular dynamics: simulation of liquid alkanes with a new algorithm. J Chem Phys, 1986, 84: 6933.

[16] Essex J W, Reynolds C A, Richards W G. Relative partition coefficients from partition functions: a theoretical approach to drug transport. J Chem Soc Chem Commun, 1989, 16: 1152-1154.

[17] Evans D J. Computer "experiment" for nonlinear thermodynamics of Couette flow. J Chem Phys, 1983, 78: 3297.

[18] Frank H S, Evans M W. Free volume and entropy in condensed systems Ⅲ. Entropy in binary liquid mixtures; partial molal entropy in dilute solutions; structure and thermodynamics in aqueous electrolytes. J Chem Phys, 1945, 13: 507-532.

[19] Galamba N. Water tetrahedrons, hydrogen-bond dynamics, and the orientational mobility of water around hydrophobic solutes. J Phys Chem C, 2014, 118: 4169-4176.

[20] Gallagher K R, Sharp K A. Analysis of thermal hysteresis protein hydration using the random network model. Biophysical Chemistry, 2003, 105: 195-209.

[21] Gear C W. Numerical initial value problems in ordinary differential equations. Englewood Cliffs, New Jersey: Prentice Hall, 1971.

[22] Goudarzi A, Zhang H, Varavei A, et al. A laboratory and simulation study of preformed particle gels for water conformance control. Fuel, 2015, 140: 502-513.

[23] Hendrickson G R, Lyon L A. Microgel translocation through pores under confinement. Angewandte Chemie International Edition, 2010, 49 (12): 2193-2197.

[24] Hockney R W. The potential calculations and some application. Methods in Comput Phys, 1970, 9: 136.

[25] Holden D A, Hendrickson G, Lyon L A, et al. Resistive pulse analysis of microgel deformation during nanopore translocation. J Phys Chem C, 2011, 115 (7): 2999-3004.

[26] Hoover W G. Canonical dynamics: equilibrium phase-space distribution. Phys Rev A, 1985, 31: 1695.

[27] Hoover W G, Ladd A J C, Moran B. High strain rate plastic flow studied via nonequilibrium molecular dynamics. Phys Rev Lett, 1982, 48: 1818.

[28] Ji J, Çagin T, Pettitt B M. Dynamic simulations of water at constant chemical potential. J Chem Phys, 1992, 96: 1333.

[29] Johnson E R, Keinan S, MoriSánchez P, et al. Revealing noncovalent interactions. J Am Chem Soc, 2010, 132: 6498.

[30] Leach A R. Molecular modeling: principles and applications. Pearson Education Limited, 2001.

[31] Liu G, Sun H, Liu G K, et al. A molecular dynamics study of cellulose inclusion complexes in Naoh/urrea aqueous solution. Carbohydrate Polymers, 2018, 185: 12-18.

[32] Liu G K, Wei Y Y, Gao F F, et al. Origins of entropy change for the amphiphilic molecule in micellization: a molecular dynamics study. Phys Chem Chem Phys, 2016, 18: 11357-11361.

[33] Liu Q, Yuan S L, Yan H, et al. Mechanism of oil detachment from a silica surface in aqueous solutions: molecular dynamics simulations. J Phys Chem B, 2012, 116: 2867-2875.

[34] Lo C, Palmer B. Alternative Hamiltonian for molecular dynamics simulations in the grand canonical ensemble. J Chem Phys, 1995, 102: 925.

[35] Lu T, Chen F. Multiwfn: a multifunctional wavefunction analyzer. J Comput Chem, 2012, 33 (5): 580-592.

[36] Lupkowski M, van Swol F. Ultrathin films under shear. J Chem Phys, 1991, 95: 1995.

[37] Ma Y, Zhang H, Hao Q, et al. Molecular dynamics study on mechanism of preformed particle gel transporting through nanopores: deformation and dehydration. J Phys Chem C, 2016, 120: 19389-19398.

[38] Martyna G J, Klein M L, Tuckerman M. Nosé-Hoover chains: the canonical ensemble via continuous dynamics. J Chem Phys, 1992, 97: 2635.

[39] Martyna G J, Tobias D J, Klein M L. Constant pressure molecular dynamics algorithms. J Chem Phys, 1994, 101: 4177.

[40] Morita M, Ohmi T, Hasegawa E, et al. Growth of native oxide on a silicon surface. J Appl Phys, 1990, 68: 1272-1281.

[41] Nosé S. A unified formulation of the constant temperature molecular dynamics methods. J Chem Phys, 1984, 81: 511.

[42] Parrinello M, Rahman A. Crystal structure and pair potentials: a molecular dynamics study. Phys Rev Lett, 1980, 45: 1196.

[43] Parrinello M, Rahman A J. Polymorphic transitions in single crystals: a new molecular dynamics method. Appl Phys, 1981, 52: 7182.

[44] Rahman A. Correlations in the motion of atoms in liquid argon. Physical Review A, 1964, 136: 405.

[45] Ryckaert J P, Ciccotti G, Berendsen H J C. Numerical integration of the Cartesian equations of motion of a system with constraints: molecular dynamics of n-alkanes. J Comput Phys, 1977, 23: 327.

[46] Sadus R J. Molecular simulation of fluids: theory, algorithms and object-orientation. Elsevier Science B V, 1999.

[47] Tildesley D J, in Allen M P, Tildesley D J. Computer simulation in chemical physics. Dordecht: Kluwer, 1993.

[48] Verlet L. Computer experiments on classical fluids. Ⅰ. Thermodynamical properties of Lennard-Jones molecules. Phys Rev, 1967, 159: 98.

[49] van Gunsteren W F, Berendsen H J C. Algorithms for macromolecular dynamics and constraint dynamics. Mol Phys, 1977, 34: 1311.

[50] Woodcock L V. Isothermal molecular dynamics calculations for liquid salts Chem. Phys Lett, 1971, 10: 257.

[51] Xu Z, Song K, Yuan S L, et al. Microscopic wetting of self-assembled monolayers with different surfaces: a combined molecular dynamics and quantum mechanics study. Langmuir, 2011, 27: 8611-8620.

[52] Yan H, Yuan S L, Xu G Y, et al. Effect of Ca^{2+} and Mg^{2+} ions on surfactant solutions investigated by molecular dynamics simulation. Langmuir, 2010, 26: 10448-10459.

[53] Yang Z, Abbott N L. Spontaneous formation of water droplets at oil-solid interfaces. Langmuir, 2010, 26: 13797-13804.

[54] Yuan S, Wang X, Zhang H, et al. Reactive molecular dynamics on the oxidation of H-Si(100) surface: effect of humidity and temperature. J Phys Chem C, 2020, 124: 1932-1940.
[55] Zhang H, Ma Y, Hao Q, et al. Molecular dynamics study on mechanism of preformed particle gel transporting through nanopores: surface hydration. Rsc Adv, 2016, 6 (9): 7172-7180.
[56] Zhang P, Xu Z, Liu Q, et al. Mechanism of oil detachment from hybrid hydrophobic and hydrophilic surface in aqueous solution. J Chem Phys, 2014, 140: 164702.
[57] Zhou X, Ishida M, Imanishi A, et al. Reactions of Si□H to Si□X (X=halogen) bonds at H-terminated Si(111) surfaces in hydrogen halide solutions in the presence of oxidants. Electrochim. Acta, 2000, 45, 4655-4662.
[58] 陈敏伯．计算化学——从理论化学到分子模拟．北京：科学出版社，2009.
[59] 陈正隆．分子模拟的理论与实践．北京：化学工业出版社，2007.

第 8 章 介观模拟

介观模拟方法不同于前几章讨论的分子动力学或者 Monte Carlo 方法，它所构建的是近似的、粗粒的模型。这些模型是含有大量粒子、经历长时间变化的体系，例如含有 10nm～1μm 胶体粒子的溶液，这些胶体粒子本身又是由上百万甚至更多的原子组成，体系中还会包括更多的溶剂分子。显然，含有成千上万个粒子、时间跨度从 ms 到 μs，如此巨大的体系是没有办法选用全原子或者联合原子分子动力学进行模拟的，这也是为什么总是采用粗粒模型模拟的原因。

胶体粒子的最简单模型是硬球模型，这种模型可以用来估计带电荷（或者不带电荷）、球形胶粒彼此间的排斥行为以及这种分散体系的静态性质，但是我们更感兴趣的是在溶剂存在下胶体粒子的动态行为。在实际体系中，胶体粒子与溶剂分子发生的碰撞遵循 Brown 运动，而对于一般的硬球分子动力学而言，球粒之间的碰撞纯粹是弹性碰撞，所以为了模拟胶体动力学，还需要考虑溶剂效应。不带电荷胶体粒子的布朗运动并不依赖溶剂分子中的原子，意味着可以通过温度、密度、黏度等宏观物理量体现介质的性质。因此没有必要通过全原子的模型来研究胶体运动，而是采用一种简化的模型处理溶剂效应，这就是建立粗粒模型的基本思想。本章将要叙述的两种介观模拟方法体现了这种思想，我们将一一介绍。

8.1 耗散粒子动力学模拟

8.1.1 基本原理

计算原子体系的动力学行为，最准确的方法就是对所有原子的运动方程进行积分，这就是分子动力学模拟技术的理论基础。通常这种方法提供的都是在原子或者分子尺度下的精确计算，并不描述时间或空间跨度比较大的物理过程。在描述微秒级甚至更长时间范围的物理化学变化过程时，分子动力学方法还存在一定的局限，这是模拟方法与计算机功能之间存在不可调和的矛盾。1992 年，Hoogerbrugge 和 Koelman 提出了一种新型分子模拟方法，他们把分子动力学与格子气体自动控制方法（lattice gas automata，LGA）有机地结合起来，提出了针对复杂流体的介观层次上的模拟方法，称作耗散粒子动力学模拟（dissipative particles dynamics，DPD）。该方法的出发点也是积分牛顿运动方程，用一系列珠子（beads）代表体系中的原子簇，利用柔性势函数计算体系能量，并通过运动方程和三种作用力来描述这些珠子的运动，属介观尺度下的模拟方法。

DPD方法中的基本粒子是珠子，它代表流体材料中的一小部分，相当于分子动力学模拟中的原子和分子。一个珠子代表一个原子簇，受限于指定的作用力，其动力学行为由Newton运动方程描述（Groot，1997）：

$$\frac{\mathrm{d}\boldsymbol{r}_i}{\mathrm{d}t}=\boldsymbol{v}_i,\ m_i\frac{\mathrm{d}\boldsymbol{v}_i}{\mathrm{d}t}=\boldsymbol{f}_i \tag{8.1}$$

式中，$\boldsymbol{r}_i$、$\boldsymbol{v}_i$、$\boldsymbol{f}_i$ 分别表示第 i 个珠子的位置矢量、速度和总的作用力。在DPD方法中，为简便起见，将 m_i 设定为1。每一个珠子所受到的力可以分为三部分：保守力（conservative interaction，与珠子之间的距离呈线性关系）、耗散力（dissipative interaction，与两个珠子的相对速度有关）和随机力（random force，任意珠子与之相碰撞珠子之间的相互作用），即

$$\boldsymbol{f}_i=\sum_{j\neq i}(\boldsymbol{F}_{ij}^{\mathrm{C}}+\boldsymbol{F}_{ij}^{\mathrm{D}}+\boldsymbol{F}_{ij}^{\mathrm{R}}) \tag{8.2}$$

上式囊括了第 i 个珠子在半径 r_{c} 内所受到的力。

粒子的位置坐标决定着粒子所受三种力的大小和方向，并由截断半径 r_{c}（cutoff radius，DPD模拟中规定 $r_{\mathrm{c}}=1$）决定该粒子与其他粒子之间是否存在相互作用。保守力（或对称力）是沿中心线方向的一种柔性排斥力（soft repulsion）。

$$\boldsymbol{F}_{ij}^{\mathrm{C}}=\begin{cases}-a_{ij}\omega^{\mathrm{C}}(r_{ij})\hat{\boldsymbol{r}}_{ij}, & r_{ij}<1\\ 0, & r_{ij}\geqslant 1\end{cases} \tag{8.3}$$

其中，a_{ij} 是粒子 i 和 j 之间的排斥参数，$\boldsymbol{r}_{ij}=\boldsymbol{r}_j-\boldsymbol{r}_i$，$\hat{\boldsymbol{r}}_{ij}=\boldsymbol{r}_{ij}/|\boldsymbol{r}_{ij}|$。

耗散力正比于两个珠子之间的相对速度，其目的是减小相对矢量：

$$\boldsymbol{F}_{ij}^{\mathrm{D}}=\begin{cases}\lambda\omega^{\mathrm{D}}(r_{ij})(\hat{\boldsymbol{r}}_{ij}v_{ij})\hat{\boldsymbol{r}}_{ij}, & r_{ij}<1\\ 0, & r_{ij}\geqslant 1\end{cases} \tag{8.4}$$

这里 $\omega^{\mathrm{D}}(r_{ij})$ 是一个短程权重函数（short-range weight function）。耗散力能够保证每个成对粒子的动量守恒，从而保证整个体系的动量守恒。

所有成对珠子之间的随机力在模拟体系中充当热源，向体系提供能量：

$$\boldsymbol{F}_{ij}^{\mathrm{R}}=\begin{cases}-\sigma\omega^{\mathrm{R}}(r_{ij})\theta_{ij}\hat{\boldsymbol{r}}_{ij}, & r_{ij}<1\\ 0, & r_{ij}\geqslant 1\end{cases} \tag{8.5}$$

其中，$\theta_{ij}(t)$ 是复合Gaussian分布的随机变量，并有 $\langle\theta_{ij}(t)\rangle=0$ 和 $\langle\theta_{ij}(t)\theta_{kl}(t')\rangle=(\delta_{ik}\delta_{jl}+\delta_{il}\delta_{jk})\delta(t-t')$。由于这种随机力在模拟中是成对出现的，而不是单独地加在每一个运动的粒子上，这样就可以保证总的线性动量守恒。

在上面的讨论中，存在两个未知函数［$\omega^{\mathrm{D}}(r_{ij})$ 和 $\omega^{\mathrm{R}}(r_{ij})$］和两个未知常数（$\gamma$ 和 σ），Espagnol和Warren曾经定义了这两个权重函数，并推导出二者之间的关系：

$$\omega^{\mathrm{D}}(r)=[\omega^{\mathrm{R}}(r)]^2,\sigma^2=2\gamma k_{\mathrm{B}}T \tag{8.6}$$

式中，γ 和 σ 是与温度有关的常数。

为简便起见，Groot曾经推导出如下较简单的关系式：

$$\omega^{\mathrm{D}}(r)=[\omega^{\mathrm{R}}(r)]^2=(1-r)^2,r\leqslant 1 \tag{8.7}$$

在DPD模拟中，珠子的质量和半径（即珠子之间相互作用的距离）使用DPD单位，通过这种约化单位得到质量和距离；同样根据能量均分原理，可以得到与温度相关的速度，等

价单位为 $\sqrt{\frac{mr_c^2}{k_B T}}$。这样所有的距离、速度和时间均采用 DPD 单位，即 (r, v, t) 可以由 $(\bar{r}, \bar{v}, \bar{t})$ 来表示：

$$\bar{r} = \frac{r}{r_c}, \quad \bar{v} = \frac{v}{\sqrt{k_B T/m}}, \quad \bar{t} = \frac{t}{\sqrt{mr_c^2/(k_B T)}}$$

简单的 DPD 模拟结果都是由所选珠子的质量、距离（或半径）、温度、相互作用参数、扩散参数等物理量表示的。

在早期 DPD 积分算法中，采用一个简单的 Euler 算法，积分运动方程，确定系列粒子的位置和速度，但是过短的 Δt 会造成位置和速度变化不是很大。这种算法为：

$$\begin{aligned} \boldsymbol{r}_i(t+\delta t) &= \boldsymbol{r}_i(t) + \delta t \boldsymbol{v}_i(t) \\ \boldsymbol{v}_i(t+\delta t) &= \boldsymbol{v}_i(t) + \delta t \boldsymbol{f}_i(t) \\ \boldsymbol{f}_i(t+\delta t) &= \boldsymbol{f}_i[\boldsymbol{r}(t+\delta t), \boldsymbol{v}(t+\delta t)] \end{aligned} \tag{8.8}$$

此时，随机力就变成了：

$$\boldsymbol{F}_{ij}^{R} = \begin{cases} \sigma\omega^{R}(r_{ij})\xi_{ij}\delta t^{-\frac{1}{2}}\hat{r}_{ij} & , r_{ij} < 1 \\ 0 & , r_{ij} > 1 \end{cases} \tag{8.9}$$

式中，ξ_{ij} 是一个随机数，伴随每一个粒子随机出现。

在现在的 DPD 模拟中，采用另外一种方法即改进的 Verlet 速度算法求解 Newton 运动方程。其思路和第 7 章讲述的分子动力学模拟中的积分算法一致：根据珠子当前的位置、速度和受到的力来求解下一时刻珠子的位置、速度；同时当前的位置、速度可以计算下一时刻作用在这个珠子上的作用力，之后再校正速度，这样完成一个循环步骤。采用的公式如下：

$$\left.\begin{aligned} \boldsymbol{r}_i(t+\delta t) &= \boldsymbol{r}_i(t) + \delta t \boldsymbol{v}_i(t) + \frac{1}{2}(\delta t)^2 \boldsymbol{f}_i(t) \\ \boldsymbol{v}_i(t+\delta t) &= \boldsymbol{v}_i(t) + \lambda \delta t \boldsymbol{f}_i(t) \\ \boldsymbol{f}_i(t+\delta t) &= \boldsymbol{f}_i[\boldsymbol{r}(t+\delta t), \boldsymbol{v}(t+\delta t)] \\ \boldsymbol{v}_i(t+\delta t) &= \boldsymbol{v}_i(t) + \frac{1}{2}\delta t[\boldsymbol{f}_i(t) + \boldsymbol{f}_i(t+\delta t)] \end{aligned}\right\} \tag{8.10}$$

Groot 在 1997 年曾经讨论了不同步幅对积分数值的影响，根据前人的经验，如果粒子受到的力独立于速度，那么实际的 Verlet 速度算法在 $\lambda = 1/2$ 时需要重新设置，而且需要对预测的新速度在下一步进行校正。在更复杂的速度算法中，在第二步之后，粒子上受到的力都要进行更新，这样并不增加计算时间。所有的物理测量依赖第二步之后的坐标变化，温度也一样。

如果，没有随机或者耗散力，在 $\lambda = 1/2$ 时算法应该是 $O(\delta t^2)$ 的函数。因为过程中的随机性，算法的级数都会很模糊。在计算中采用 $\lambda = 1/2$，就是为了解释一些 λ 参数对稳态温度的影响。

现在讨论在式(8.9) 中出现的 $\delta t^{-1/2}$。可以通过积分随机公式，解释 Wiener 过程的随机力，从而推导出式 (8.9)。考虑到液体中粒子的运动，由于与其他粒子之间的碰撞，随机力 $f(t)$ 总是要发生在粒子碰撞之间，而力的总平均值为 0，但是它的方差不为 0。为了计算这个随机力需要对时间进行 N 重积分。在每个积分中，采用 $\langle f_i \rangle = 0$，而 $\langle f_i^2 \rangle = \sigma^2$。

这里最初设想是偏差与时间步幅无关，但是在某些情况下会发生异常，随机力在不同步幅之间未做调整，如 $i \neq j$ 时，$\langle f_i f_j \rangle = 0$。体系中随机力是由摩擦系数引起的，从随机力到随机步的转置，力在时间上的积分正比于扩散过程中偏差的平方，即

$$\langle F^2 \rangle = \left\langle \left(\int_0^t f(t') \mathrm{d}t' \right) \right\rangle = \left\langle \left(\sum_{i=1}^{N} f_i \right)^2 \left(\frac{t}{N} \right)^2 \right\rangle = \frac{\sigma^2 t^2}{N} = t\sigma^2 \Delta t \tag{8.11}$$

正如前面公式所叙述的那样，随着 N 的增加（即 $\Delta t = \frac{t}{N}$ 的减小），其平均值越接近于0。如果最初假设 $\langle f_i \rangle$ 与 Δt 无关，粒子的扩散必须是一个与积分步幅无关的有限数，自然就可以认为 $\langle f_i^2 \rangle = \frac{\sigma^2}{\Delta t}$ 是合理的，这样随机力是与 $\delta t^{-1/2}$ 有关的。

现在再讨论式（8.6）中的两个权重函数：耗散函数和噪声函数，二者在DPD方法中非常重要。首先考虑分布函数 $\rho(r_i, p_i, t)$，它表示在粒子的位置、动量和某个时间点上发现该粒子的概率。这个式子随时间的变化符合Fokker-Planck等式：

$$\frac{\partial \rho}{\partial t} = L^{\mathrm{C}} \rho + L^{\mathrm{D}} \rho \tag{8.12}$$

式中，L^{C} 和 L^{D} 是针对粒子运动的算符。第一项是哈密顿体系中与保守力 F^{C} 有关的Liouville算符，第二项是包含耗散和噪声部分的 L^{D} 算符。如果耗散力和随机力规定为0，那么就只需考虑哈密顿体系。当在巨正则系综中时，Gibbs-Boltzmann分布的解为：

$$\frac{\partial \rho^{\mathrm{eq}}}{\partial t} = L^{\mathrm{C}} \rho^{\mathrm{eq}} = 0 \tag{8.13}$$

如果耗散力和随机力不为零，而我们又不想让平衡分布远离这种分布，那么必须满足的条件就是 $L^{\mathrm{D}} \rho^{\mathrm{eq}} = 0$，这就是式（8.6）所体现的函数关系。如果不按照式（8.6）选择随机和耗散权重函数，模拟就会远离平衡的Gibbs-Boltzmann分布。在这种情况下，虽然可以获得稳态结构，但是会与热力学平衡分布无关，可以认为是一个不可识别的哈密顿。

8.1.2 步幅和噪声选择

步幅的大小要体现运算速度，也要考虑保证体系能够达到平衡。在DPD模拟中根据体系温度的涨落来判断模拟是否达到平衡。通过式（8.6），DPD中定义 $k_{\mathrm{B}} T = 1$，这样模拟中可以通过温度判断转换成通过速度来判断体系是否达到平衡，反之也一样。

现在考虑两种类型的噪声，一种是均匀分布的随机数，另一种是符合高斯分布的随机数。对含有4000个粒子，排斥参数 $a = 25$ [式(8.3)]，$10 \times 10 \times 10$ 的模拟体系，经模拟噪声 $\sigma = 3$ 条件下的实验数据，得到如下结论：

① 采用均匀分布和高斯分布，没有统计偏差（强调的是 $\sigma = 3$），但是由于均匀分布所需CPU时间短，所以DPD模拟中采用均匀分布。

② 凭借温度变化情况选择步幅。通过式(8.10) 可以发现，在 $\lambda = 1/2$ 时，步幅 $\Delta t = 0.04$，温度增加为2%；而当步幅为0.05，则温度增加为3%。似乎0.04是一个合理的选择，而0.05是它的上限。而如果采用Euler算法，采用的步幅是0.01。

③ 只有通过式(8.10) 中的 $\frac{1}{2}(\delta t)^2 f(t)$ 项才能稳定地控制温度，如果把这一项去掉，会产生与采用Euler算法同样不好的结果。

基于上述情况，当 $\sigma = 3$、温度在 $k_{\mathrm{B}} T = 1$ 到 $k_{\mathrm{B}} T = 10$ 范围，耗时适当并能够获得合理

结果。因此在选择耗散力参数时，应避免噪声 σ 大于 3，这样才能保证可靠的模拟结果。

同时选择 $\rho=3$，$\lambda=1/2$，$\Delta t=0.04$。

8.1.3 排斥参数选择

选择了参数 $\sigma=3$ 和 $\Delta t=0.04$，下一步是如何获取与模拟模型相关的其他参数。DPD 中重要的参数是式（8.3）中的 a。DPD 模拟中使用柔性球模型，通过 Weeks-Chandler-Anderson 微扰理论得到液体压缩系数：

$$\kappa^{-1}=\frac{1}{nk_{\mathrm{B}}T\kappa_{T}}=\frac{1}{k_{\mathrm{B}}T}\left(\frac{\partial p}{\partial n}\right)_{T} \tag{8.14}$$

式中，参数 n 代表分子的数密度（number density）；κ_T 代表等温下压缩系数。对于水分子，无量纲的压缩系数 $\kappa^{-1}=15.9835$。

可以通过压力与数密度之间的函数关系，计算不同珠子之间的排斥参数。通过 virial 理论，有：

$$\begin{aligned} p&=\rho k_{\mathrm{B}}T+\frac{1}{3V}\left\langle\sum_{j>i}(\boldsymbol{r}_i-\boldsymbol{r}_j)\cdot\boldsymbol{f}_i\right\rangle\\ &=\rho k_{\mathrm{B}}T+\frac{1}{3V}\left\langle\sum_{j>i}(\boldsymbol{r}_i-\boldsymbol{r}_j)\cdot\boldsymbol{F}_{ij}^{\mathrm{C}}\right\rangle\\ &=\rho k_{\mathrm{B}}T+\frac{2\pi}{3}\rho^2\int_0^1 rf(r)g(r)r^2\mathrm{d}r \end{aligned} \tag{8.15}$$

式中，$g(r)$ 为径向分布函数；$\boldsymbol{f}_i$ 和 $\boldsymbol{F}_{ij}^{\mathrm{C}}$ 分别为作用在粒子上的总力和保守力。在上面的公式推导中，只有体系符合正确的 Boltzmann 分布时，第一个式子才能推导出第二个式子，否则这两个式子是不能相等的。

通过第三个式子中的径向分布函数 $g(r)$，可以求出压力，此时引起的压力误差在 0.7%范围内。也可以引入一个柔性墙，计算平均作用在墙上的力来估计程序本身所造成的最终误差。例如，分别平行运行两个 10000 步，对于密度 $\rho=5$，$8\times5\times5$ 格子大小和排斥参数 $a=15$ 的体系，包含噪声时的压力为 50.82 ± 0.05，而不包含噪声时的压力为 50.59 ± 0.05，此时对墙的压力为 50.92 ± 0.05。可见，这两种对压力的计算误差是个有限的数值；但是如果把作用在界面上的压力也算进去，即当研究 $p_{xx}-(p_{yy}+p_{zz})/2$ 时，这两种方法之间并不存在误差。而当测定体系的表面张力时，即通过界面上的压力进行计算时，不包括的噪声所引起的误差是式（8.15）所描述压力的 2.5 倍。

在 $\rho=1$ 至 $\rho=8$ 范围，参数选取 $a=15$、$a=25$、$a=30$ 等情况时，分析发现：对于理想气体行为，随着排斥参数的增加，超额压力（excess pressure）呈线性增加，而且超额压力由 ρ^2 决定。当对 $\dfrac{p-\rho k_{\mathrm{B}}T}{a\rho^2}$-$\rho$ 作图，发现在 $\rho>2$ 时，对于不同的排斥参数，所得的曲线是一样的，数值相同。也发现，对于 $\rho=3$，超额压力与 ρ^2 成正比。

这样我们就可以得到这样简单的关系式（$\rho>2$）：

$$p=\rho k_{\mathrm{B}}T+\alpha a\rho^2(\alpha=0.101\pm0.001) \tag{8.16}$$

这样式（8.14）表示的压缩系数为

$$\kappa^{-1}=1+2\alpha a\rho/(k_{\mathrm{B}}T)\approx1+0.2a\rho/(k_{\mathrm{B}}T)$$

结合已知水的压缩系数，$\kappa^{-1}\approx16$，可导出 $a\rho/kT\approx75$。

理论上讲，可以自由选取密度参数，但是每一步和每一个单位体积所花费的CPU时间与密度的平方成正比，因此DPD中有充足的理由选择最小的密度 $\rho=3$，此时，水的压缩系数变为 $a=25k_BT$。其他密度时可以选择 $a=75k_BT/\rho$。

8.1.4 Flory-Huggins参数选择

DPD方法的一个主要用途是研究发生在液体界面上的性质。如果针对最明显的气液界面，排斥压力随密度增加而增加，在高密度下会缺少 ρ^3 项，引起较大误差，换句话说，DPD下液、气两相不能共存，也就不存在气液界面。如果保守力［式(8.3)］按照短程排斥、长程吸引的方式变化，这种吸引会随着压力按照 ρ^2 的正比关系减少，而且它是一个温度的函数。这意味着当温度超过某个临界点时，在一个较宽的密度范围内，压力会消失。因为压力应该始终是一个正值，因此当温度低于这个临界点时，体系就会崩塌（collapses）。这样在DPD体系中，不存在气液界面，那么剩下的就只有液液、液固界面了。当然如果强行改变排斥力，加入液气界面，就很难体现DPD研究界面的优势。

对于液体体系，DPD的格子模型应用了有关聚合物的Flory-Huggins理论。DPD模拟中把不同长度的聚合物链段可以看作是一个格子。自由能通过混合理想溶液行为计算，即仅仅考虑纯组分的超额部分（相当于超额函数）：

$$\frac{F}{k_BT}=\frac{\phi_A}{N_A}\ln\phi_A+\frac{\phi_B}{N_B}\ln\phi_B+\chi\phi_A\phi_B \tag{8.17}$$

式中，ϕ_A 和 ϕ_B 为聚合物中A组分和B组分的体积分数；N_A 和 N_B 是每个A和B组分数目，且 $\phi_A+\phi_B=1$。当A和B发生排斥时参数 χ 为负值，如果相互吸引（如AA、BB），参数就为正值。

对上述式子，当 $N_A=N_B$ 时，在 $u=\frac{\partial F}{\partial\phi_A}=0$ 处有一个最小的自由能。此时可以得到：

$$\chi N_A=\frac{\ln[(1-\phi_A)/\phi_A]}{1-2\phi_A} \tag{8.18}$$

如果参数 χ 是正值但是非常小，不会发生分离，但是如果它超出了某个临界数值，就会形成两个共存的富A相和富B相。这个临界点为：

$$\chi^{\text{crit}}=\frac{1}{2}\left(\frac{1}{\sqrt{N_A}}+\frac{1}{\sqrt{N_B}}\right)^2 \tag{8.19}$$

因为DPD模拟体系很难被压缩（$\kappa^{-1}\approx16$），而超额压力也以密度的二次方变化，这样柔性球模型自然非常接近Flory-Huggins模型。此时自由能密度和组分的压力之间遵循这样的关系：

$$\frac{f_V}{k_BT}=\rho\ln\rho-\rho+\frac{\alpha a\rho^2}{k_BT} \tag{8.20}$$

对二组分体系

$$\frac{f_V}{k_BT}=\frac{\rho_A}{N_A}\ln\rho_A+\frac{\rho_B}{N_B}\ln\rho_B-\frac{\rho_A}{N_A}-\frac{\rho_B}{N_B}+\frac{\alpha(a_{AA}\rho_A^2+2a_{AB}\rho_A\rho_B+a_{BB}\rho_B^2)}{k_BT} \tag{8.21}$$

如果选择 $a_{AA}=a_{BB}$，并假设 $\rho_A+\rho_B=C$（常数），此时

$$\frac{f_V}{(\rho_A+\rho_B)k_BT}\approx\frac{x}{N_A}\ln x+\frac{(1-x)}{N_B}\ln(1-x)+\chi x(1-x)+C \tag{8.22}$$

式中，$x=\frac{\rho_A}{\rho_A+\rho_B}$。

最终整理得：

$$\chi=\frac{2\alpha(a_{AB}-a_{AA})(\rho_A-\rho_B)}{k_BT} \tag{8.23}$$

其中，对于柔性球模型 $f_V/(\rho_A+\rho_B)=F$（Flory-Huggins 理论）。

经过进一步调整，最终能够建立 DPD 排斥参数与 Flory-Huggins χ 参数之间的线性关系：

$$a_{ij}\approx a_{ii}+3.27\chi_{ij}(\rho=3) \tag{8.24}$$

$$a_{ij}\approx a_{ii}+1.45\chi_{ij}(\rho=5) \tag{8.25}$$

这里需要说明的是，DPD 模拟中的基本结构单元是液体珠子与聚合物珠子。此时把聚合物和表面活性剂的物理化学性质完全映射到 DPD 模拟需要的参数上，从而建立珠子与真实聚合物中原子、分子之间的关系，通过 DPD 方法得以实现结构和性质变化。

8.1.5 应用实例

(1) 表面活性剂与聚合物的聚集结构

当表面活性剂与聚合物在溶液中混合时，由于存在不同的相互作用，二者之间可以形成不同的聚集体。普遍接受的聚集结构是胶束吸附在聚合物链上，形成一个镶嵌在聚合物骨架上的胶束珍珠项链，或者形成类似瓶子刷的结构。Groot（2000）用不同的 DPD 参数表示表面活性剂与聚合物、水分子之间的相互作用，定性地采用 DPD 模拟研究了随表面活性剂浓度增加聚合物链末端距先减小到一个最低值，后又增加（见图 8.1）这一普遍实验现象。其中拐点对应的浓度可以看作是表面活性剂分子在聚合物溶液中的临界聚集浓度（critical aggregation concentration，CAC）。当用不同的 DPD 参数表示表面活性剂头、尾与聚合物之间的相互作用强弱时，DPD 模拟可以给出不同的聚集结构，分为珍珠项链结构、瓶子刷结构，或者二者之间无影响的情况（图 8.2）。依据这种定性关系，可以有目的地选择聚合物和表面活性剂，研究特定的聚集体系，如为特定纳米材料的合成提供模板模型等。这是 DPD 方法在应用方面比较经典的早期案例。

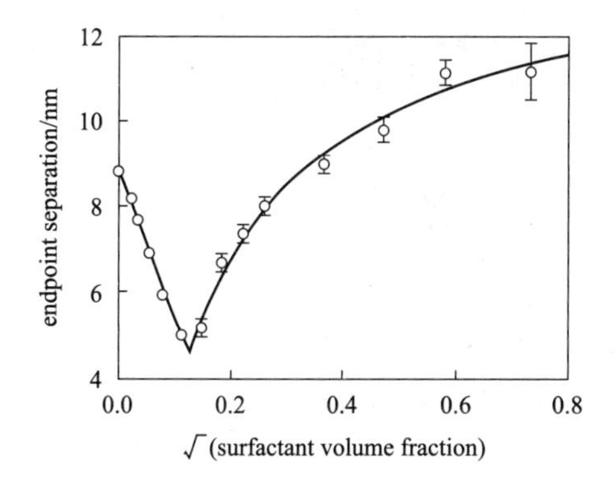

图 8.1 随表面活性剂浓度的增加聚合物链末端距的变化

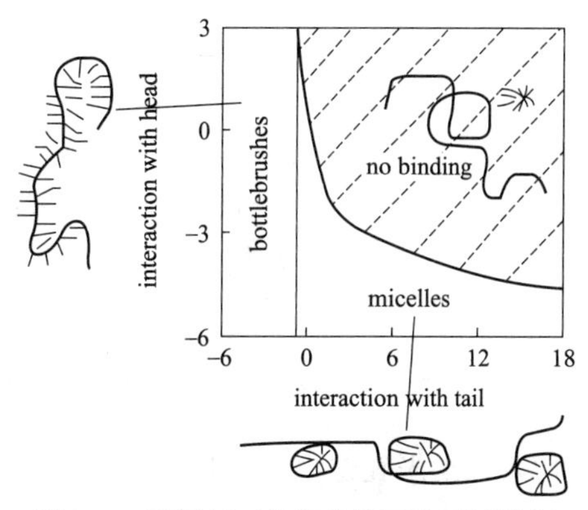

图 8.2 不同相互作用参数下表面活性剂与聚合物形成的聚集结构

基于此 DPD 参数，我们研究过中性聚合物与离子型表面活性剂之间的聚集行为（苑世领，2002）。这些中性聚合物包括聚氧乙烯（PEO）、聚氧丙烯（PPO）、聚乙烯吡咯烷酮（PVP）、聚乙烯醇（PVA）等，而离子型表面活性剂可以是十二烷基硫酸钠（SDS）、烷基三甲基溴化铵（CTAB）等。事实上，在实验中曾经观察到随 SDS 浓度的增加，PEO 的回转半径先减小后增加，存在一个最小的回转半径。此种现象是中性聚合物与表面活性剂形成聚集结构中最普遍的一个现象。模拟中表面活性剂分子由一个头基粗粒和一个尾基粗粒组成，多个单体相连组成聚合物，粗粒之间彼此采用简单的谐振动势表示。选择不同的参数以表示表面活性剂的头基、尾基、聚合物单体和水之间的相互作用。

由于聚合物链的柔韧性，与表面活性剂和水分子发生相互作用时聚合物会在水溶液中形成不同的聚集形态。浓度较低时，表面活性剂分子在溶液中呈现单分散形态［图 8.3(a)］，也表明表面活性剂浓度未达到 CAC 时，聚合物表现为自由伸展，末端距较大。随着表面活性剂浓度的增加，表面活性剂分子与聚合物之间发生相互作用，将聚合物压缩成团，多余的表面活性剂分子则在溶液中形成胶束［图 8.3(b)］，此时聚合物的末端距最小，而表面活性剂浓度也应视为 CAC。

如果保持表面活性剂浓度不变时，聚合物的加入也会引起聚集体的变化。在聚合物浓度较低时［图 8.3(a)］，聚合物分子与表面活性剂分子不发生相互作用；随聚合物浓度的增加［图 8.3(c)］，开始形成棒状聚合物与表面活性剂聚集体；在更高浓度下［图 8.3(d)］，由于聚集体中表面活性剂分子尾部的相互排斥作用，这种松散的带有表面活性剂分子的棒状结构被带有胶束项链的聚合物结构所代替。

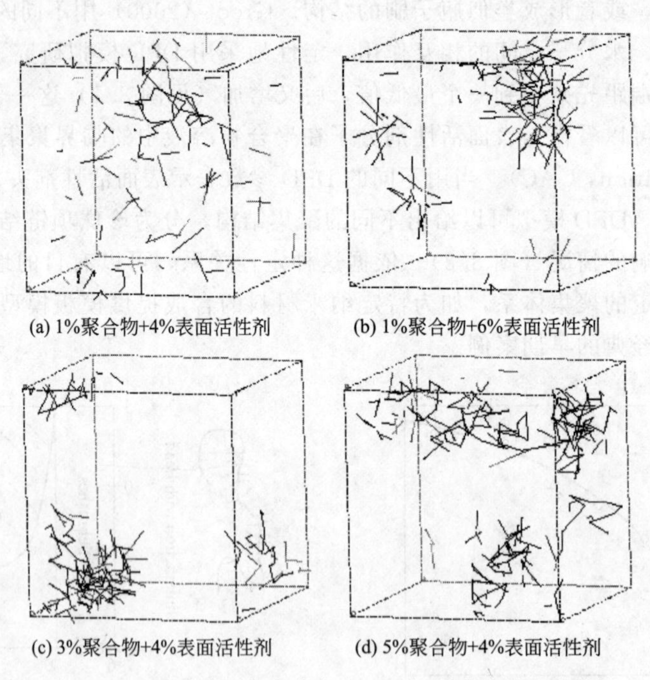

图 8.3　不同浓度下聚合物与表面活性剂形成的聚集结构

(2) 微纳米孔道中的运移

微通道和微通道网络中的多相流体运动涉及复杂的流体动力学，诸如在喷墨打印、DNA 和蛋白质微/纳米排列、药物释放等多种实际应用方面。微流体流动通常具有非常小的或可忽略的惯性力（从宏观实验角度看），包括流体的黏性、表面效应等。实验上对微通道流体的解析一般仅限于极少简单的情况，而且要求非常精细的实验技术。对微通道流体的数值模拟可以作为一种有效的替代方法，但是鉴于多相微通道流体的复杂特性，包括可移动界面、大的表面积比，以及微尺度物理现象等，其数值模拟也不容易实现。

微通道内多相流的真实数值模型必须能够处理可移动边界、大密度比（如水和空气的密度比为 1000∶1）和大黏度比（如水和空气的黏度比为 100∶1）。这些要求以及微通道中的微尺度现象、复杂边界流体动力学等对传统基于网格的数值模拟提出了严峻挑战，如有限差分法和有限体积法，需要特殊的算法来处理和跟踪不同相之间的界面。分子动力学可以研究微通道内多相流体行为，但是相对于流体相行为，分子动力学方法具有很小的时间和空间尺度。另外的一些粗粒模拟方法在此方面有广泛的应用，如与密度相关的格子 Boltzmann 方法，其模型基于规则格子或网格，该方法已经广泛地应用到胶体体系和多相微流等领域。

在 DPD 模拟中，粒子加速度是根据粒子-粒子之间的成对相互作用计算而得。传统的 DPD 方法使用一个简单的线性函数 $1-r$（其中 $r\leqslant 1$）作为保守力的权重函数，其中 r 是两个 DPD 粒子之间的距离。这个权重函数描述了一种纯粹的排斥相互作用，在整个计算域中引起 DPD 粒子彼此分离。具有此权重函数的 DPD 模型可用于模拟受限空间中或具有周期性边界下的流体。然而，它不能模拟气体存在下的液体。

Liu 等人（2007）提出了一个改进的 DPD 模型，该模型中保守力由短程排斥和长程吸引两种相互作用组合而成。这种改进的 DPD 模型能够模拟受限空间或开放空间中的气体、液体体系。在 DPD 相互作用参数中，$\omega^{C}(r)$ 权重函数表达式改为：

$$\omega^{C}(r)=A\omega_1'(r,r_{c1})-B\omega_2'(r,r_{c2}) \tag{8.26}$$

其中，$\omega_1'(r,\ r_{c1})$ 为截断半径为 r_{c2} 的三次样条函数（cubic spline function），在公式中属开关函数；A 和 B 体现排斥和吸引相互作用之间的强度比。

$$\omega(r,r_c)=\begin{cases}1-\dfrac{3}{2}\left(\dfrac{2r}{r_c}\right)^2+\dfrac{3}{4}\left(\dfrac{2r}{r_c}\right)^3 & ,0\leqslant\dfrac{2r}{r_c}<1\\ \dfrac{1}{4}\left[2-\left(\dfrac{2r}{r_c}\right)\right]^3 & ,1\leqslant\dfrac{2r}{r_c}<2\\ 0 & ,\dfrac{2r}{r_c}\geqslant 2\end{cases}$$

其中的 r_c 为光滑粒子流体动力学（smoothed particle hydrodynamics，SPH）中的光滑长度 h。

依据图 8.4 所示函数形式，DPD 模拟中的保守力是随距离（以及权重函数中的参数）变化的函数，可以描述不同性质的流体，其中吸引作用决定着材料的性质。如果吸引力很弱，总的保守力体现为排斥作用，代表着气体行为；如果吸引力适中，吸引和排斥作用模拟气体和液体共存；如果吸引力非常大，模拟的即为固体行为。通过改变与相互作用间的势函数参数，DPD 方法可以模拟不同密度比的气液共存体系。

根据实验观察，利用 DPD 模拟复杂网格中微流体的流动。DPD 模型采用无量纲单位，计算格子大小为 100×3×103，微通道墙用 13844 个固定的墙粒子代替。相互作用中权重函数中的 $A=2.0$，$r_{c1}=0.8$，$B=2.0$，$r_{c2}=1.0$。模拟中每百步注入 50 个粒子。重力设为 0.2DPD 单位，并在 x-z 平面呈现 2.5°的倾斜，这样可以分解为水平和向下的重力分量。模拟结果基本与实验观察相一致（图 8.5）。

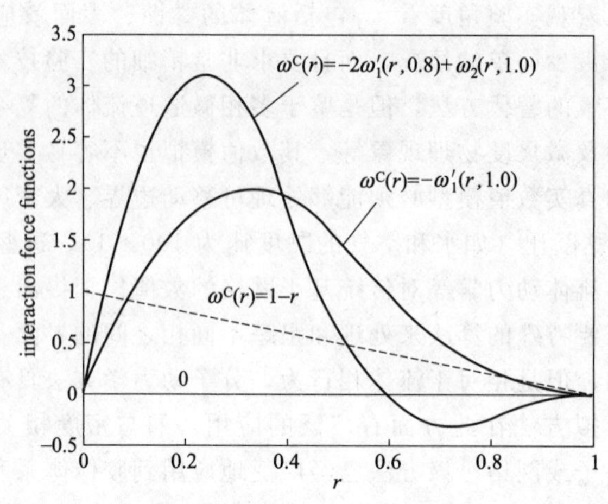

图 8.4　三次样条函数表示的权重函数 $\omega^C(r)=-\omega_1'(r,1.0)$，$\omega^C(r)=-2\omega_1'(r,0.8)+\omega_2'(r,1.0)$ 和传统 DPD 保守力权重函数 $\omega^C(r)=1-r$

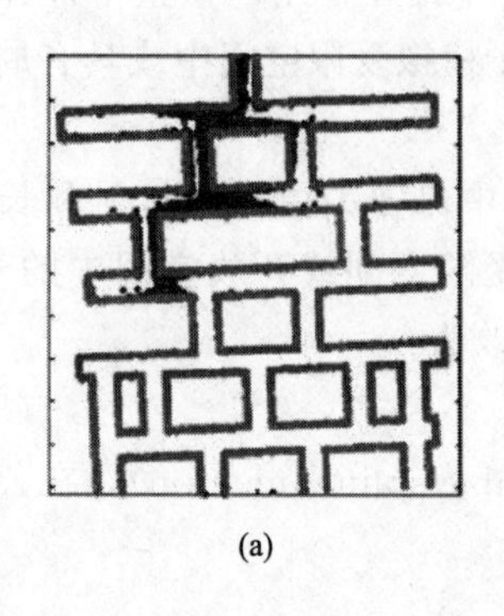
(a)

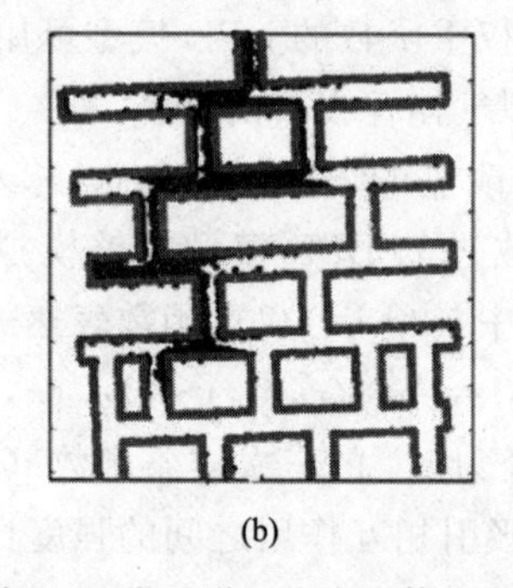
(b)

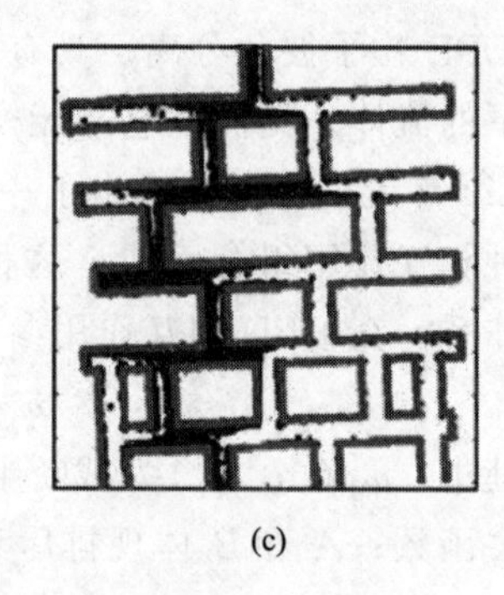
(c)

图 8.5　微通道网格中流体的运动

针对复杂的多相流体，上述 DPD 模拟与实验差距体现在注入口附近流体刚刚进入微通道的时候，而在流体下部这种差异会变小。可以认为即使非常简单几何形状的微通道，多相流体仍然有复杂的时空行为，模拟和实验中的微小扰动也会导致不同的流体模式。实验中的通道壁在微观尺度下或多或少是粗糙的而不是光滑的，这会影响流体的润湿行为和流体模式，实验装置并不能做到严格意义上的微型化。DPD 模拟采用随机分布的冻结粒子的方式，管壁的粗糙度会与实验模型不一致，这是实验和模拟有差别的原因。

不管怎么样，DPD 方法得到的数值结果与其他来源的数值结果吻合较好，清楚地说明了这种 DPD 方法在微通道和微通道网络中多相流模拟和分析中的潜在价值，是 DPD 模拟方法发展中的新思路。

8.2　介观动力学模拟

介观动力学模拟（MesoDyn）利用密度泛函描述化学势，对 Langevin 等式进行数值积分；采用均场方法处理局部非理想相互作用，并根据涨落耗散理论（fluctuation－dissipation theorem）通过噪声体现涨落。在此方法中，忽略热力学效应并假设粒子不可压缩。目前 MesoDyn 已经广泛应用在聚合物、表面活性剂溶液等复杂体系，特别适用于 Pluronic 聚氧乙烯聚氧丙烯嵌段共聚物体系。

介观动力学模拟方法是从二维的均场密度泛函方法发展而来的（Fraaije，1997）。在推广到三维时，进行了相应处理：首先三维中采用的是理想的高斯链而不是理想的立方格子链；其次采用了一种简单的因数分解方法获取泛函 Langevin 模型中的噪声分布。根据涨落耗散理论，噪声肯定与某个性质（如化学势）密切相关。我们在以下的讨论中将详细讲解动力学均场泛函方法的理论基础和公式推导过程。

8.2.1 热力学部分

假设在粗粒时间尺度下，某一时刻某类型珠子 I 的总密度场为 $\rho_I^0(\boldsymbol{r})$（我们把此密度场作为基准参考点）。根据函数 $\boldsymbol{\Psi}(\boldsymbol{R}_{11},\cdots,\boldsymbol{R}_{\gamma s},\cdots,\boldsymbol{R}_{nN})$，其中 $\boldsymbol{R}_{\gamma s}$ 为链 γ 上珠子 s 的位置，在粗粒时间范围内某个位置上会按照一定的概率出现珠子。考虑到函数 $\boldsymbol{\Psi}$，定义在所有链上珠子 s 的总体浓度，其平均微观密度算符（the average of the microscopic density operator）为：

$$\rho_I[\boldsymbol{\Psi}](\boldsymbol{r})=\sum_{\gamma=1}^{n}\sum_{s=1}^{N}\delta_{Is}^{\mathrm{K}}\mathrm{Tr}\boldsymbol{\Psi}\delta(\boldsymbol{r}-\boldsymbol{R}_{\gamma s}) \tag{8.27}$$[1]

式中，δ_{Is}^{K} 为 Kronecker 函数，当珠子 s 的类型为 I 时，$\delta_{Is}^{\mathrm{K}}=1$，如为其他类型则等于 0。液体珠子间的相互作用不依赖动量，因此可以仅针对坐标进行积分：

$$\mathrm{Tr}(\cdot)=\frac{1}{n!\boldsymbol{\Lambda}^{3nN}}\int_{V^{nN}}(\cdot)\prod_{\gamma=1}^{n}\prod_{s=1}^{N}\mathrm{d}\boldsymbol{R}_{\gamma s} \tag{8.28}$$

式中，$n!$ 表示链不可区分，$\boldsymbol{\Lambda}$ 为波长：

$$\boldsymbol{\Lambda}=\sqrt{\frac{h^2\beta}{2\pi m}} \tag{8.29}$$

式中，m 为珠子的质量；$\beta=1/(k_{\mathrm{B}}T)$。这种约化 $\boldsymbol{\Lambda}^{3nN}$ 是为了确保 $\boldsymbol{\Psi}$ 为无量纲的量。

显然，处理过程中我们希望 $\rho_I^0(\boldsymbol{r})=\rho_I[\boldsymbol{\Psi}](\boldsymbol{r})$，即参考浓度 $\rho_I^0(\boldsymbol{r})$ 等于平均的微观密度算符 $\rho_I^0[\boldsymbol{\Psi}](\boldsymbol{r})$，这样就可以在分布函数 $\boldsymbol{\Psi}$ 上加入一个约束项。在一组分布函数 $\boldsymbol{\Psi}$ 中，定义一个等价关系：

$$\boldsymbol{\Psi}_1\sim\boldsymbol{\Psi}_2\Leftrightarrow\rho_I[\boldsymbol{\Psi}_1]=\rho_I[\boldsymbol{\Psi}_2] \tag{8.30}$$

有相同参考密度 $\rho_I^0(\boldsymbol{r})$ 的所有分布函数 $\boldsymbol{\Psi}$ 可以组成一个分布函数集合 Z：

$$Z=\{\boldsymbol{\Psi}(\boldsymbol{R}_{11},\cdots,\boldsymbol{R}_{nN})\,|\,\rho_I^0(\boldsymbol{r})=\rho_I[\boldsymbol{\Psi}](\boldsymbol{r})\} \tag{8.31}$$

在这组分布函数中，自由能函数 $F[\boldsymbol{\Psi}]$ 为

$$F[\boldsymbol{\Psi}]=\mathrm{Tr}(\boldsymbol{\Psi}H^{\mathrm{id}}+\beta^{-1}\boldsymbol{\Psi}\ln\boldsymbol{\Psi})+F^{\mathrm{nid}}[\rho^0] \tag{8.32}$$

其中第一部分是高斯链相互作用的平均哈密顿量：

$$H^{\mathrm{id}}=\sum_{\gamma=1}^{n}H_\gamma^{\mathrm{G}} \tag{8.33}$$

式中，H_γ^{G} 为链 γ 的哈密顿量：

---

[1] 假设体系中含有 n 个 Gaussian 链，总体积为 V，仅含有 A、B 两种珠子，珠子总数为 $N=N_{\mathrm{A}}+N_{\mathrm{B}}$，珠子序列号为 $s=1, 2, \cdots, N$。珠子的类项用 I 表示。此时体系中会存在两个势能 U_{A} 和 U_{B}，密度 ρ_{A} 和 ρ_{B}，化学势 μ_{A} 和 μ_{B}。此时密度函数 $\rho_I[U](\boldsymbol{r})$ 表示 ρ_I 是 U_{A}、U_{B} 的函数，也是在空间 $\boldsymbol{r}$ 内的位置函数。

$$H_{\gamma}^{\mathrm{G}}=\frac{3\beta^{-1}}{2a^{2}}\sum_{s=2}^{N}(\boldsymbol{R}_{\gamma s}-\boldsymbol{R}_{\gamma,s-1})^{2} \tag{8.34}$$

式中，a 为高斯键长参数。自由能函数［式(8.32)］中的第二部分是熵的贡献；第三部分是在假设 ρ^0 为参考密度时，$F^{\mathrm{nid}}[\rho^0]$ 为均场非理想行为下的贡献。通过这种定义，在均场近似下 $F^{\mathrm{nid}}[\rho^0]$ 与从分布函数集合 Z 中选择的分布函数 $\boldsymbol{\Psi}$ 无关。这样，密度泛函方法就可以描述均场下高斯链内或者不同高斯链之间的关系。

在热力学上，动力学密度泛函理论的关键点是，在粗粒时间尺度内每一个时间间隔上分布函数 $\boldsymbol{\Psi}$ 保证有最小的自由能函数 $F[\boldsymbol{\Psi}]$。在这种限制条件下，分布函数 $\boldsymbol{\Psi}$ 不依赖以前的体系变化，并满足这样的条件：瞬间约束 $\rho_I^0(\boldsymbol{r})=\rho_I[\boldsymbol{\Psi}](\boldsymbol{r})$ 和向最小自由能的方向变化。约束最小化过程来自于密度泛函理论，这里引出一个辅助热力学变量 $F'[\boldsymbol{\Psi}]$：

$$F'[\boldsymbol{\Psi}]=F[\boldsymbol{\Psi}]+\sum_{I}\int_{V}U_I(\boldsymbol{r})[\rho_I[\boldsymbol{\Psi}](\boldsymbol{r})-\rho_I^0(\boldsymbol{r})]\mathrm{d}\boldsymbol{r}+\lambda[\mathrm{Tr}\boldsymbol{\Psi}-1] \tag{8.35}$$

式中，第二部分中的势 $U_I(\boldsymbol{r})$ 作为 Lagrange 乘数约束密度场，最后一部分的 Lanrange 乘数 λ 约化此分布函数。

对式 (8.35) 进行求导，满足条件 $\delta F'/\delta\boldsymbol{\Psi}=0$，可得最佳分布函数 $\boldsymbol{\Psi}^0$：

$$\boldsymbol{\Psi}^0=\frac{1}{Q^{\mathrm{id}}}\mathrm{e}^{-\beta\left[H^{\mathrm{id}}+\sum_{\gamma=1}^{n}\sum_{s=1}^{N}U_I(\boldsymbol{R}_{\gamma s})\right]} \tag{8.36}$$

式中的理想配分函数定义为：

$$Q^{\mathrm{id}}=\mathrm{Tre}^{-\beta\left[H^{\mathrm{id}}+\sum_{\gamma=1}^{n}\sum_{s=1}^{N}U_s(\boldsymbol{R}_{\gamma s})\right]} \tag{8.37}$$

同时式 (8.35) 遵循的约束条件为：

$$1=\mathrm{Tr}\boldsymbol{\Psi}^0 \tag{8.38}$$

$$\rho_I^0(\boldsymbol{r})=\rho_I[\boldsymbol{\Psi}^0](\boldsymbol{r})=\rho_I[U](\boldsymbol{r}) \tag{8.39}$$

很显然可以注意到 $\boldsymbol{\Psi}^0$ 是 U 的函数。

密度函数关系表明了外加势（external potentials）和共轭密度场之间的独特关系。这种关系也表明密度泛函在两组场 $\{\rho_{\mathrm{A}}^0(\boldsymbol{r}),\ \rho_{\mathrm{B}}^0(\boldsymbol{r})\}$ 和两种势 $\{U_{\mathrm{A}}(\boldsymbol{r}),\ U_{\mathrm{B}}(\boldsymbol{r})\}$ 之间是映射关系。这种映射性质对理解 Langevin 等式的时间积分非常关键，我们在下面将详细讨论。

n 个理想高斯链的分布函数可以分解成单个链函数相乘的形式，因此密度函数可以进一步地简化成单一链的密度函数：

$$\rho_I[U](\boldsymbol{r})=n\sum_{s'=1}^{N}\delta_{Is'}^{\mathrm{K}}\mathrm{Tr}_{\mathrm{c}}\boldsymbol{\Psi}\delta(\boldsymbol{r}-\boldsymbol{R}_{s'}) \tag{8.40}$$

式中，函数 Tr 仅限于对一个链的坐标积分：

$$\mathrm{Tr}(\cdot)=\frac{1}{\boldsymbol{\Lambda}^{3N}}\int_{V^N}(\cdot)\prod_{s=1}^{N}\mathrm{d}\boldsymbol{R}_s \tag{8.41}$$

而 $\boldsymbol{\Psi}$ 是单链分布函数：

$$\boldsymbol{\Psi}=\frac{1}{\boldsymbol{\Phi}}\mathrm{e}^{-\beta\left[H^{\mathrm{G}}+\sum_{s=1}^{N}U_s(\boldsymbol{R}_s)\right]} \tag{8.42}$$

这里 $\boldsymbol{\Phi}$ 为单链配分函数：

$$\boldsymbol{\Phi}=\mathrm{Tr}_{\mathrm{c}}\mathrm{e}^{-\beta\left[H^{\mathrm{G}}+\sum_{s=1}^{N}U_{s}(\boldsymbol{R}_{s})\right]} \tag{8.43}$$

式中，H^{G} 为高斯链哈密顿。

下面我们讨论单链痕量函数 Tr_{c} 中的 $\boldsymbol{\Lambda}^{3N}$ 问题［式（8.41）］。对于每条链来说，仅有三个平动自由度，对 $\boldsymbol{\Lambda}^{3N}$ 可以用三个平动自由度结合剩下的 $N-1$ 个高斯积分进行约化处理，这样在定义 Tr_{c} 时可以用下式替代 $\boldsymbol{\Lambda}^{3N}$

$$\boldsymbol{\Lambda}^{3N}\rightarrow\boldsymbol{\Lambda}^{3}\left(\frac{2\pi a^{2}}{3}\right)^{3/2(N-1)} \tag{8.44}$$

也必须指出这种约化处理并不影响统计结果。

在前面的两个约化处理中，约束最小化中的自由能可以重新定义，此时约束最小化 $\rho=\rho^{0}$，这样 $F^{\mathrm{nid}}[\rho]=F^{\mathrm{nid}}[\rho^{0}]$。可以得到：

$$F[\rho]=-\beta^{-1}n\ln\boldsymbol{\Phi}+\beta^{-1}\ln n!-\sum_{I}\int U_{I}(\boldsymbol{r})\rho_{I}(\boldsymbol{r})\mathrm{d}\boldsymbol{r}+F^{\mathrm{nid}}[\rho] \tag{8.45}$$

现在引入一个非理想自由能函数：

$$F^{\mathrm{nid}}[\rho]=\frac{1}{2}\iint\begin{bmatrix}\varepsilon_{\mathrm{AA}}(|\boldsymbol{r}-\boldsymbol{r}'|)\rho_{\mathrm{A}}(\boldsymbol{r})\rho_{\mathrm{A}}(\boldsymbol{r}')+\varepsilon_{\mathrm{AB}}(|\boldsymbol{r}-\boldsymbol{r}'|)\rho_{\mathrm{A}}(\boldsymbol{r})\rho_{\mathrm{B}}(\boldsymbol{r}')\\+\varepsilon_{\mathrm{BA}}(|\boldsymbol{r}-\boldsymbol{r}'|)\rho_{\mathrm{B}}(\boldsymbol{r})\rho_{\mathrm{A}}(\boldsymbol{r}')+\varepsilon_{\mathrm{BB}}(|\boldsymbol{r}-\boldsymbol{r}'|)\rho_{\mathrm{B}}(\boldsymbol{r})\rho_{\mathrm{B}}(\boldsymbol{r}')\end{bmatrix}\mathrm{d}\boldsymbol{r}\,\mathrm{d}\boldsymbol{r}' \tag{8.46}$$

$\varepsilon_{IJ}(|\boldsymbol{r}-\boldsymbol{r}'|)$ 是类型 I 在 $\boldsymbol{r}$ 和类型 J 在 $\boldsymbol{r}'$ 处均场相互作用能，用高斯核函数（Gaussian kernel）定义为理想链哈密顿：

$$\varepsilon_{IJ}(|\boldsymbol{r}-\boldsymbol{r}'|)\equiv\varepsilon_{IJ}^{0}\left(\frac{3}{2\pi a^{2}}\right)^{3/2}\mathrm{e}^{-(3/2a^{2})(\boldsymbol{r}-\boldsymbol{r}')^{2}} \tag{8.47}$$

而高斯核函数同样可以进行约化处理，这样可以表示成 $\int_{V}\varepsilon_{IJ}(|\boldsymbol{r}-\boldsymbol{r}'|)\mathrm{d}\boldsymbol{r}=\varepsilon_{IJ}^{0}$ 。

均场化学势也很容易通过自由能的偏导数得到：

$$\mu_{\mathrm{A}}(\boldsymbol{r})\equiv\frac{\delta F}{\delta\rho_{\mathrm{A}}(\boldsymbol{r})} \tag{8.48}$$

$$=-U_{\mathrm{A}}(\boldsymbol{r})+\int_{V}\varepsilon_{\mathrm{AA}}(|\boldsymbol{r}-\boldsymbol{r}'|)\rho_{\mathrm{A}}(\boldsymbol{r}')+\frac{1}{2}[\varepsilon_{\mathrm{AB}}(|\boldsymbol{r}-\boldsymbol{r}'|)+\varepsilon_{\mathrm{BA}}(|\boldsymbol{r}-\boldsymbol{r}'|)]\rho_{\mathrm{B}}(\boldsymbol{r}')\mathrm{d}\boldsymbol{r}' \tag{8.49}$$

$$\mu_{\mathrm{B}}(\boldsymbol{r})\equiv\frac{\delta F}{\delta\rho_{\mathrm{B}}(\boldsymbol{r})} \tag{8.50}$$

$$=-U_{\mathrm{B}}(\boldsymbol{r})+\int_{V}\varepsilon_{\mathrm{BB}}(|\boldsymbol{r}-\boldsymbol{r}'|)\rho_{\mathrm{B}}(\boldsymbol{r}')+\frac{1}{2}[\varepsilon_{\mathrm{AB}}(|\boldsymbol{r}-\boldsymbol{r}'|)+\varepsilon_{\mathrm{BA}}(|\boldsymbol{r}-\boldsymbol{r}'|)]\rho_{\mathrm{A}}(\boldsymbol{r}')\mathrm{d}\boldsymbol{r}' \tag{8.51}$$

平衡时 $\mu_{I}(\boldsymbol{r})$ 等于常数，这个结果与均场高斯链模型的自洽场等式类似。一般而言，这些公式有很多的解，其中之一是具有最低自由能的态，而多数态则处于亚稳态。

8.2.2 动力学部分

下面是密度场扩散动力学的 Langevin 函数：

$$\frac{\partial\rho_{\mathrm{A}}(\boldsymbol{r})}{\partial t}=MV\,\nabla\cdot\rho_{\mathrm{A}}\rho_{\mathrm{B}}\,\nabla[\mu_{\mathrm{A}}-\mu_{\mathrm{B}}]+\eta \tag{8.52}$$

$$\frac{\partial \rho_B(\boldsymbol{r})}{\partial t}=MV\nabla\cdot\rho_A\rho_B\nabla[\mu_A-\mu_B]+\eta \tag{8.53}$$

式中，高斯噪声 η 的分布满足涨落耗散理论：

$$\langle\eta(\boldsymbol{r},t)\rangle=0 \tag{8.54}$$

$$\langle\eta(\boldsymbol{r},t)\eta(\boldsymbol{r}',t')\rangle=-2MV\beta^{-1}\delta(t-t')\times\nabla_{\boldsymbol{r}}\cdot\delta(\boldsymbol{r}-\boldsymbol{r}')\rho_A\rho_B\nabla_{\boldsymbol{r}'} \tag{8.55}$$

式中，M 是珠子迁移率（mobility parameter）。Langevin 等式适用于粒子不能压缩的体系，采用的动力学约束为：

$$V^{-1}\equiv\rho_A(\boldsymbol{r},t)+\rho_B(\boldsymbol{r},t) \tag{8.56}$$

式中，V 是分子体积，即占据一个统计单位的体积。动力学系数 $MV\rho_A\rho_B$ 模拟局部交换机理，可以保证材料的任何净流动都为 0。可以通过额外的约束压力函数加入化学势中得到交换等式，在此过程中，要保证动力学系数是局部和非关联的。

对噪声的校正可以确保对 Langevin 等式进行时间积分时，产生的密度场其概率分布为：

$$\frac{1}{\vartheta}e^{-\beta F[\rho]} \tag{8.57}$$

式中，ϑ 为巨配分函数：

$$\vartheta=\int_C e^{-\beta F[\rho]}d(\rho_A)d(\rho_B)$$

$$C=\{[\rho_A(\boldsymbol{r}),\ \rho_B(\boldsymbol{r})]\mid\rho_A(\boldsymbol{r})+\rho_B(\boldsymbol{r})=V^{-1}\} \tag{8.58}$$

总体系的巨自由能：

$$F'=-\beta^{-1}\ln\vartheta \tag{8.59}$$

8.2.3 参数部分

高斯链密度泛函式（8.40）表明了势能 U_A 和 U_B 以及密度场 ρ_A 和 ρ_B 之间的关系；按照式(8.48) 和式(8.50)，化学势 μ_A 和 μ_B 是外加势和密度场的函数；Langevin 等式(8.52) 和式(8.53) 表明了 $\partial\rho_A/\partial t$ 和 $\partial\rho_B/\partial t$ 与化学势 μ_A 和 μ_B 之间的关系；描写噪声的式(8.54) 和式（8.55）表明了噪声与交换动力学系数的关系。这些公式可以作为一个系列，通过立方网格方法进行积分。这样的数学分析可以得到四个重要的参数：

$$\tau=\beta^{-1}Mh^{-2}t \tag{8.60}$$

$$d=ah^{-1} \tag{8.61}$$

$$\Omega=V^{-1}h^3 \tag{8.62}$$

$$\chi=\frac{\beta V^{-1}}{2}(\varepsilon_{AB}^0+\varepsilon_{BA}^0-\varepsilon_{AA}^0-\varepsilon_{BB}^0) \tag{8.63}$$

式中，τ 为无量纲时间；t 为按比例扩展时间；h 为网格大小；$\beta^{-1}M$ 为珠子扩散系数。相应的格子参数 d 通过非格子模板算法（off-lattice stencil algorithm）计算高斯链密度函数，χ 代表相互作用参数。

特殊的参数是 Ω，因为在不可压缩体系中 $\Omega=V^{-1}h^3=(\rho_A+\rho_B)h^3$，所以 Ω 为每个格子中不变的珠子总数。无量纲噪声按照 $\Delta\tau/\Omega$ 的比例变化（$\Delta\tau$ 为时间步幅），这样 Ω 的数值越高，即格子中的珠子数目越多，噪声的影响越小。也就是说如果每个格子中有很多的珠子，那么每个类型的珠子在相对浓度范围内的涨落 $|\delta\rho_I/(\rho_A+\rho_B)|=|\delta v\rho_I|$ 肯定很小，但如果珠子数目较少，那么相对涨落就会很大。事实上，可以把 Ω 解释成尺寸扩展参数(size-expansion parameter)。介观动力学应用的 Langevin 模型也有一定的限制，如果 Ω 数

值选择得太小（如 $\Omega \approx 1$），显然这种动力学模型会造成较大的误差。

8.2.4 应用实例

8.2.4.1 电荷对 Pluronic 嵌段共聚物聚集行为的影响

Fraaije（1997）和 Kyrylyuk（2004）用介观密度泛函模拟方法研究了弱聚电解质嵌段共聚物在盐溶液中形成的不同相态，包括层状相、连续相、六角状相等。采用近似方式，用两种珠子代替聚合物中不同的亲水和疏水链，描述了三嵌段共聚物 $A_3B_9A_3$，表示 Pluronic 聚合物 PL64 的粗粒结构的聚集结构。格子大小采用 32×32×32，最初的条件采用均相浓度 $d=1.1543$、噪声 $\Omega=100$，盐强度和粒子电荷为变量，讨论不同离子强度下的聚合物的聚集形态。相互作用参数为 $\chi_{AS}=1.4$，$\chi_{BS}=1.7$，$\chi_{AB}=3.0$。假设珠子 B 不带电荷，而珠子 A 带有电荷，盐的浓度为 $c_S=0.1$mol/L。

有了模拟中必备的一些参数，就可以运行 MesoDyn 程序，得到相关的介观相（图 8.6）。结果发现，三嵌段聚电解质的聚集形态，除了与其浓度有关以外，也与盐的浓度和聚合物链上的电荷有关。当亲溶剂片段的电荷较小时，嵌段聚电解质的结构不变，而随着电荷的增加，聚集形态将会发生改变，导致形成无序结构。

Fraaije 课题组十余年的工作，在 MesoDyn 理论研究和程序推广中做出了突出的贡献，现在越来越多的课题组使用 MesoDyn 方法研究聚合物聚集体系，包括聚苯乙烯、Pluronic 聚合物等。

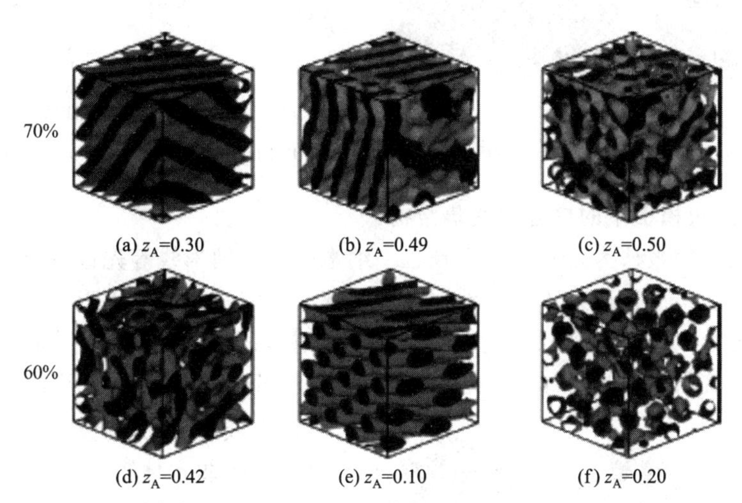

图 8.6 嵌段共聚物 $A_3B_9A_3$ 在电解质溶液中的介观结构（盐浓度 $c_S=0.1$mol/L，时间 $\tau=5000$，质量分数为 60% 和 70%，珠子 A 上的电荷为 z_A）

根据 Fraaije 的工作，我们曾经采用 MesoDyn 方法模拟了介孔材料 SBA-15 模板（Yuan，2009）。实验上介孔材料 SBA-15 的制作使用了 Pluronic 聚合物 P123（$PEO_{20}PPO_{70}PEO_{20}$），P123 在一定浓度下会聚集形成六角状堆积结构。模拟中对 P123 溶液加一定方向的剪切力，以模拟实验中的搅拌；给珠子 A 增加一定数量的弱电荷，以模拟实验中加入 HCl 调节 pH 值。聚合物 P123 中 PEO 或 PPO 的单体数量（X,Y）与模拟中 Gaussian 链（x,y）之间存在下述关系：

$$\frac{X}{x}\approx 4.3, \frac{Y}{y}\approx 3.3$$

这样 P123 在 MesoDyn 理论中的拓扑结构为 $A_5B_{21}A_5$。当赋予珠子 A、B 和 S 之间不同的相互作用参数，通过改变体系的浓度、在不同电荷和剪切行为下，可以获得不同的相行为。图 8.7 表示随着 PEO 电荷数量的增加，六角相开始形成。图 8.7(a)～(f) 中在亲水 PEO 珠子(A) 上赋予的电荷分别为 0、0.1e、0.2e、0.3e、0.4e 和 0.5e。从一个侧面表明在介孔材料合成中，用 HCl 调节 P123 溶液 pH 值是关键的步骤，而且实验中的搅拌作用不仅仅加速了 P123 在水中的溶解，这也是介孔材料合成中的必备条件。

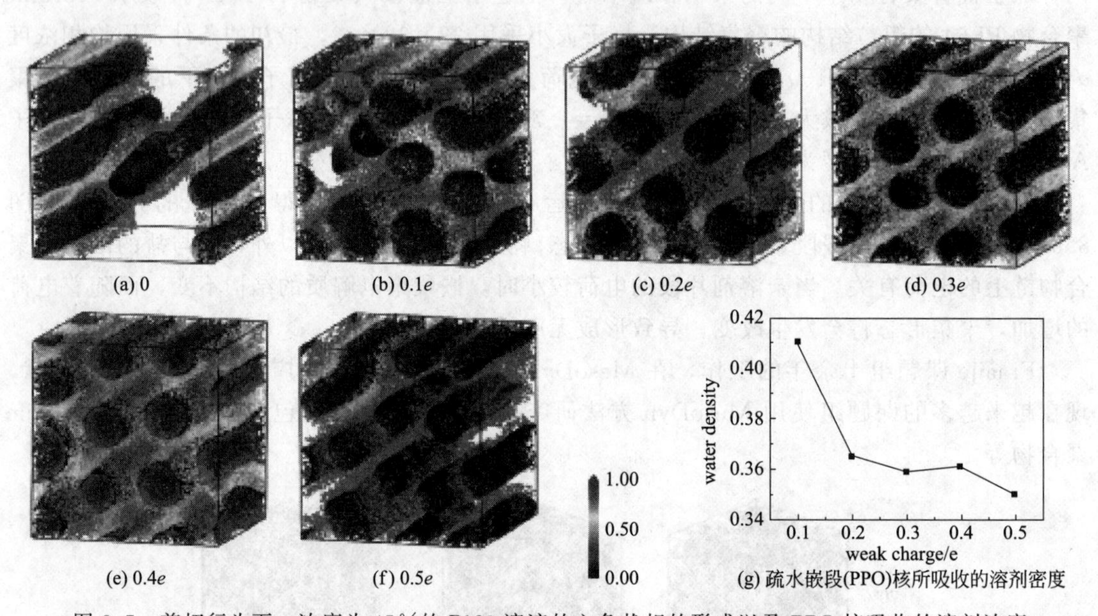

图 8.7　剪切行为下，浓度为 45% 的 P123 溶液的六角状相的形成以及 PPO 核吸收的溶剂浓度

8.2.4.2　约束模板下的聚合物聚集结构

柔性嵌段共聚物被认为是制备纳米颗粒、纳米胶囊、纳米线等先进材料的理想材料。此种聚合物的结构、组成，以及浓度、外加电场等都会影响最终的聚集形态，其中包括不同嵌段之间的体积分数、Flory-Huggins 参数和聚合度等。嵌段共聚物在不同条件下可以形成层状、圆柱状、回旋状、球形等结构。在限制条件下，当嵌段共聚物被限制在壁间（一维）、圆柱内或者表面接枝时（二维），会表现出不同的非本体形态。与一维、二维限制相比，在三维限制条件下，嵌段共聚物的形态受三个主要因素的影响：①嵌段间的相互作用；②嵌段与边界表面的相互作用；③限制条件，如空间、体积分数等。这样嵌段共聚物会产生洋葱状同心片层、网球、轮子、螺旋等丰富的形貌。早期 Fraaije 利用自洽场密度泛函方法研究了嵌段共聚物质在球形限制条件下的聚集形貌 (Fraaije，2003)，二嵌段共聚物会形成层状、双连续相、球状等不同的聚集形态，如图 8.8 所示。在限制条件下研究嵌段共

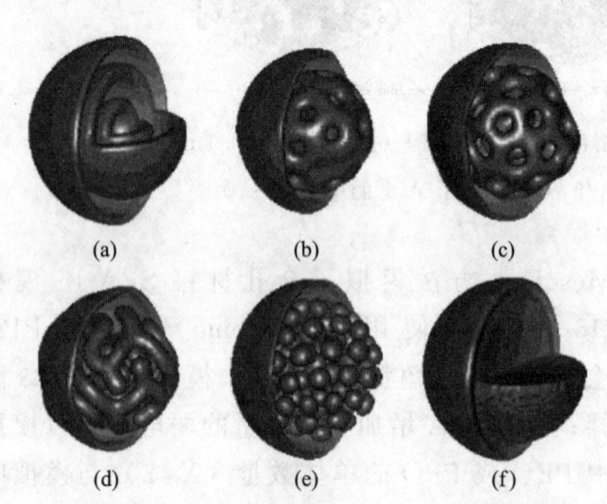

图 8.8　嵌段共聚物 $A_{N-M}B_M$ 纳米球的聚集形貌。亲溶剂 A 的密度场分布图，其中 $f=M/N$ 分别为 0.35、0.30、0.25、0.20、0.15 和 0.10

聚物的形貌，Fraaije 做出了开创性的工作。

Ly 和 Makatsoris（2019）采用自洽场理论研究了聚合度为 N 的嵌段共聚物在球形限制条件下的聚集形貌。模拟中共有三个珠子，A 和 B 组成嵌段聚合物，长度为 12；C 珠子选 1、2 或 5，组成均聚物。在 28×28×28 格子中心位置，构建球形域。嵌段共聚物 $A_N B_{12-N}$ 只能在球形域内聚集，由 C 组成的均聚物可在整个格子范围内存在。参数选择 $\chi_{AC}=\chi_{BC}=2.0$ 和 $\chi_{AB}=0$，嵌段共聚物在整个体系中的浓度为 10％或者 20％。在 $N_C=1$ 时，实际上球形域中的嵌段共聚物浓度能够达到 92.3％。当 $N_C=2$ 时，球形域内嵌段共聚物浓度能达到 99％。图 8.9 示出了在限制条件下嵌段共聚物的微相分离。

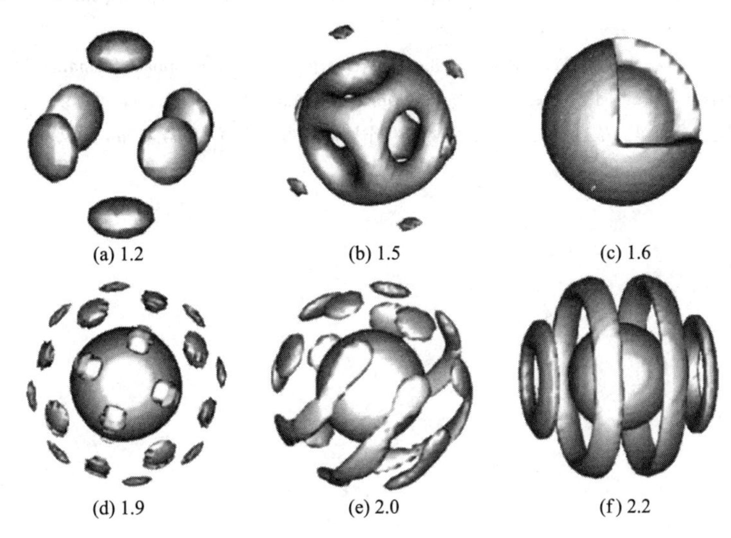

图 8.9　A、B 间不同相互作用下嵌段共聚物的聚集结构（其中均聚物与共聚物间的相互作用为 2.0）

当均聚物链长较短时，为了实现嵌段共聚物的微相分离，嵌段共聚物与均聚物之间的相互作用需要很强。由于链长较短，均聚物可以很容易地渗透到共聚物空间中，降低了嵌段共聚物之间的相互作用，防止嵌段共聚物的分离。在发生嵌段共聚物相分离时，均聚物不仅存在于两相界面区，也存在于整个体系。但是当均聚物链长增加时，限制内均聚物的存在显著减少。当均聚物链足够长时，均聚物与嵌段共聚物之间可获得完全的相分离。在球体限制内，根据单体 A 和 B 之间以及均聚物和共聚物之间的相互作用，可以得到不同的形貌，如岛状、笼状、条纹状、均匀的壳等。了解嵌段聚合物基纳米颗粒的形成机理，以及如何在不同形貌之间切换微相行为，是开发一种同时适用于无机和有机纳米颗粒的混合方法的重要步骤。

参 考 文 献

[1] Fraaije J G E M，Sevink G J A. Model for pattern formation in polymer surfactant nanodroplets. Macromolecules，2003，36，21：7891-7893.

[2] Fraaije J G E M，van Vimmeren B A C，Maurits N M，et al. The dynamic mean-field density functional method and its application to the mesoscopic dynamics of quenched block copolymer melts. J Chem Phys，1997，106（10）：4260.

[3] Groot R D，Warren P B. Dissipative particle dynamics：bridging the gap between atomistic and mesoscopic simulation. J Chem Phys，1997，107（11）：4423-4435.

[4] Groot R D. Mesoscopic simulation of polymer-surfactant aggregation. Langmuir，2000，16：7493-7502.

[5] Hoogerbrugge P J，Kowlman J M V A. Simulating microscopic hydrodynamic phenomena with Dissipative Particle Dy-

namics. Europhys Lett，1992，19：155.
[6] Koelman J M V A，Hoogerbrugge P J. Dynamic simulations of hard-sphere suspensions under steady shear. Europhys Lett，1993，21：363.
[7] Kyrylyuk A V，Fraaije J G E M. Microphase separation of weakly charged block polyelectrolyte solutions：Donnan theory for dynamic polymer morphologies. J Chem Phys，2004，121 (6)：2806-2812.
[8] Liu M，Meakin P，Huang H. Dissipative particle dynamics simulation of multiphase fluid flow in microchannels and microchannel networks. Physics of fluids，2007，19：033302.
[9] Ly D Q，Makatsoris C. Effects of the homopolymer molecular weight on a diblock copolymer in a 3D spherical confinement. BMC Chemistry，2019，13：24.
[10] Rekvig L，Hafskjold，Bjorn. Simulating the effect of surfactant structure on bending moduli of monolayers. J Chem Phys，2004，120 (10)：4897-4950.
[11] Yuan S L，Zhang X Q，Chan K Y. Effects of shear and charges on the microphase formation of P123 polymer in the SBA-15 synthesis investigated by mesoscale simulation. Langmuir，2009，25：2034-2045.
[12] 苑世领，徐桂英，蔡政亭．表面活性剂与聚合物相互作用的动力学模拟．化学学报，2002，60 (4)：585-589.

第9章 定量结构性质关系

有机物结构与活性定量相关（定量构效关系，quantitative structure-activity relationship，QSAR）的研究，作为最初定量药物设计的一个研究分支，对设计和筛选生物活性显著的药物，以及阐明药物作用机理等具有指导作用。随着计算（机）软硬件的发展，QSAR方法无论是描述符和数学方法，均已经发展到了一个全新的高度，在不同的研究领域（如环境化学、化学腐蚀等）都有广泛的应用，其名称也扩展到定量结构性质关系（QSPR）。如在环境毒理方面，可以通过各种污染物结构-毒性定量关系的研究，建立具有毒性预测能力的环境模型，对已进入环境的污染物及尚未投入市场的新化合物的生物活性、毒性，以及可能的环境行为进行成果预测、评价和筛选。在胶体化学领域，根据定量结构性质关系可得到数学方程，预测表面活性剂的临界胶束浓度和表面张力。这些研究应用说明 QSPR 在不同的研究领域具有广阔的应用前景。

需要说明的是，QSAR 本身是药物设计中必不可少的一个环节。与现在所使用的许多药物设计方法相比，本章仅介绍定量构效关系（QSAR）最基本的原理，更详细的药物设计理论和方法请读者参阅相关书籍。

9.1 定量构效关系

所谓定量构效关系，就是定量地描述和研究有机物的结构和活性（或者性质）之间的相互关系。定量构效关系分析是指利用理论计算和统计分析工具来研究系列化合物结构（包括二维分子结构、三维分子结构和电子结构等）与其效应（如药物的药效性质、遗传毒性、生物活性等性质）之间的定量关系。其要点就是从化合物的分子结构出发来建造某种数学模型，然后运用这种模型去预测化合物的活性与性质，从而为新分子的设计、评价提供理论依据，而几乎所有探索化合物结构-活性关系的分析方法都是以统计学为基础的。

此种方法也用到其他领域，所选取的描述符并不限于分子结构参数。例如在预测 CO_2 驱油实验中最小混相压力（MMP）时（即 CO_2 相与油相混合成一相时的压力），其描述符可以是输入的气体组成、地层温度、油相组成等（参见 9.4.3），已经从最初的分子结构性质扩展到了实际应用的参数，但是其统计方法并没有改变。我们本部分内容还是从最初 QSAR 中的分子结构出发进行讨论。

20 世纪 60 年代，Hansch 和 Free-Wilson 分别用数理统计方法并借助计算机技术建立了结构-活性关系表达式，标志着 QSAR 时代的开始。在他们开创性的研究工作之后，许多的研究方法不断涌现。尽管各种方法形式多样，但都符合相同的原理，它们的应用都是以下面的前提为基础：

① 假定化合物的结构和生物活性之间存在一定的关系，也就是说，结构参数 S 和活性 A 之间存在函数关系 $A=f(S_1, S_2, S_3, \cdots)$，其中 S_1、S_2 等为结构描述符。

② 根据已知化合物结构-活性数据建立的函数关系式，可以外推至新的化合物。

这样在一般的定量构效关系模式中，其研究程序包括如下的几个主要步骤：

第一，选择合适的待试数据资料，建立待试数据库，并在其中选择合适的分子结构参数及欲研究的活性参数。分子结构参数的选择与确定是定量构效关系研究中非常重要的环节。目前主要有三种结构信息参数：理化参数、拓扑指数和量子化学参数。活性参数的获取途径包括权威数据库、经典文献和研究者所测数据。

第二，选择合适的方法建立结构参数与活性参数间的定量关系模型。目前构建定量构效关系的方法包括回归分析、判别分析、因子分析、模式识别、主成分分析和聚类分析等多元统计分析方法。

第三，对定量构效关系模型检验。模型建立以后必须进行检验，检验包括：相关显著性检验，在多大置信水平上显著相关；给出方法的误差；给出模型的使用范围。

最后，由得到的定量构效关系模型，预测、预报新化合物的活性性质。

9.2 典型结构参数

描述有机物分子结构方面的参数已经有几百个，一般可分为三大类：间接结构参数（理化参数）、分子几何结构方面的特征参数（如分子拓扑指数）和电子构型相关的特征参数（如某些量子化学参数）。常用的间接结构参数是以代表物质结构的某种性质作为基础，从而间接表示物质在该方面的结构特点。最经常采用的如辛醇-水分配系数，表示物质的极性或者憎水性。几何结构参数包括分子的长度、体积、表面积、价键角度、立体空间结构及分子拓扑指数等。分子的电子构型包括原子的种类、价键类型、偶极矩、轨道构型、电子云密度、氢键、官能团及其他量子化学参数等。

以下简单介绍几种典型的结构参数。

9.2.1 辛醇-水分配系数

20 世纪初，Meyer 和 Overton 发现有机物的油-水相分配系数能够比当时常用的水溶解度（S_{aq}）更好地表示有机物的生物活性，更好地预示有机物穿过生物膜的行为。自此以后大量的研究成果都证明了物质的油-水相分配系数能够描述有机物在不同介质中的分布和迁移特性，以及物质分子本身的聚集等性质，是目前应用最为广泛的宏观特性参数之一。基于此思想，也派生出多种分配系数。

辛醇-水被认为是测定有机物相分配系数比较好的介质组合。一是因为辛醇分子本身含有一个极性羟基和一个非极性的烷基链，二是因为绝大部分有机物质都溶解于辛醇。辛醇-水分配系数被定义为化合物在该两种介质处于平衡状态时在两相中的浓度比值，处于水相中的浓度作为分母。辛醇与水相互有一定的溶解度，并不是绝对的互不相溶，辛醇在平衡时含有 27%的水分。研究表明，辛醇-水相分配系数的确比其他系统的相分配系数能够更好地与其他生物活性相关联。

测定辛醇-水分配系数的方法有许多，传统上采用的是摇瓶法。摇瓶法是将被测物质直接加入辛醇和水组成的两相液体中，在恒定温度下充分摇动混合，使之达到平衡状态，然后再进行分离，分离测定辛醇和水相中被测物质的物质的量浓度，经过计算可以得到物质的分配系数，一般用 K_{OW} 或 P 表示，在实际应用中经常采用其对数形式 $\lg K_{OW}$ 或者 $\lg P$。

根据已知化合物的辛醇-水分配系数，通过差分可以计算出相应的取代基团或者官能团的特征分配系数，用 π 表示为 $\pi=\lg P_{衍生物}-\lg P_{母体}$。苯环上的取代基，无论母体是苯、苯甲酸，或苯乙酸，π 值通常都是恒定的，同时还要求这些母体不得有强亲水性基团直接与之相连。

对于酚类和苯胺类环上的取代基，采用第二套 π 值（Fujita 等人将这类值取名为 π^- 值）。在这种情况下，基团的疏水效应是该基团的固有疏水性加上它对母体以及母体对它的疏水性影响的总和。由此可预料到，对位取代的硝基，其 π 值和 π^- 值之间的差值最大（+0.73 对数单位）。硝基直接与羟基、氨基共轭从而降低了这些取代基与水相互作用的能力，对硝基取代可增加苯胺的 $\lg P$ 值，但却降低苯的 $\lg P$ 值。

通过上述规律总结，无需采用传统上的实验，就可以计算出新化合物的辛醇-水分配系数。目前，辛醇-水分配系数广泛应用于表示生物活性、相溶性等领域，也派生出类似的在不同研究领域应用的参数，如胶体化学中的 HLB 值（亲水亲油平衡值）等。相应化合物的 $\lg P$ 值读者可参考相关文献。

9.2.2 Hammett 取代基常数

取代基（或者说官能团）是有机物分子上一些起着特殊作用的基团，对化合物的性质和反应活性具有关键性的影响。取代基常数是 1935 年 Hammett 描述取代基对化学平衡和反应的影响时而发展起来的。例如，吸电性的取代基常常降低芳香烃的反应活性，而给电性的取代基常常能够增加芳香烃的反应活性。不同类型的取代基，由于其吸引或者排斥电子云的能力不同，其对反应活性的影响程度各异。

Hammett 参数适用于芳香烃类型的有机物。以苯甲酸作为基准物质，设苯甲酸的解离平衡常数为 K_H，含有取代基 X 的苯甲酸的解离平衡常数为 K_X，Hammett 参数定义为

$$\sigma=\lg K_X-\lg K_H \tag{9.1}$$

其中 σ 为正值，说明取代基是吸电性的。例如，对位硝基的 σ 值为 0.78，而给电性的取代基 σ 值为负值，例如甲基、氨基就属于给电性基团。这说明，σ 值与物质的某些基本结构特征（如反应中心的电子云密度等）相关联。当苯甲酸中羟基 O—H 键电子云密度减小时，苯甲酸解离程度就相应降低，解离平衡常数减小，σ 值增加，变为正值。相应的 Hammett 参数可参阅相关文献。

Hammett 参数与反速率常数的关系经常表示为：

$$\lg k_X=\sigma\rho+\lg k_H \tag{9.2}$$

此方程称为 Hammett 方程，其中 k_X 是含有取代基化合物的反应速率常数，而 k_H 是相应母体化合物的反应速率常数。

将苯甲酸于 25℃ 时在水中电离的 ρ 值规定为 1.00，因而可用这一反应确定新的取代基 σ 值。研究表明，芳环和反应中心之间的次甲基越多，ρ 值就越小（ρ 值衡量反应对取代基影响的敏感程度）。当反应在不同溶剂中进行时，溶剂的极性越小，其 ρ 值越大。

目前，已经建立了成千上万种化合物的 Hammett 系数。Hammett 理论在其最初的定义基础上也经过了各种修改和扩展，也派生出了其他的取代基参数，例如 Taft 取代基参数，

它是把 Hammett 参数扩展到了饱和价键化合物中，重点考虑了价键的诱导效应在反应中的作用。

Hammett 方程（包括 Taft 理论）已经广泛用于化学和生物反应过程，有大量的成功案例。

9.2.3 量子化学参数

量子化学参数能够描述有机物分子的电子构型和空间性质，包括形状、价键特征、电子性质等。随着计算方法的日益精准，量子化学参数在 QSAR 研究中的重要性越来越大。主要的量子化学参数如表 9.1 所示。

表 9.1 QSAR 中的量子化学参数

与电荷相关的参数	与能量相关参数	与电荷和能量均相关参数
原子电荷密度	前线轨道能量	亲核极化度
原子静电荷	最低空轨道能量	亲电极化度
前线轨道电子密度	分子轨道的特征值差异	前线极化度
自由价	库仑反应能	分子静电场势
…	…	…

① 原子电荷或者电子云密度　电子云密度决定着物质的性质和反应活性，因而经常被用作结构参数，用于表示分子之间的弱相互作用。

② 分子轨道能量　电子在分子轨道上的能量分布能够指示其反应活性。最高占据分子轨道能量和最低未占分子轨道能量是最经常使用的量子化学参数。最高占据分子轨道（HOMO）表示分子进一步放出电子的能力，而最低未占分子轨道（LUMO）表示分子进一步接受电子的能力。两者都能够准确描述分子局部之间的相互作用和分子的反应活性。根据前线轨道理论，反应过渡态的形成是由前线轨道之间的相互作用决定的。HOMO 和 LUMO 在自由基反应中尤其重要。两者的差值可以表示分子的稳定性，差值越大，分子越稳定。这个差值也可以表示分子激发所需要的最小能量。

③ 前线轨道电子云密度　电子云密度可以反映各个原子发生反应的倾向性，电子云密度越大的位置与亲电化合物发生反应的可能性越高；而电子云密度越小的位置则与亲核化合物发生反应的可能性越高。在反应过程中，供体和受体之间反应部位的电子云密度往往是最大的，因此，用电子云密度可以表达反应的容易程度。

④ 离域能　离域能表示原子通过传递电子形成价键的稳定性，是指通过电子的共轭而使体系得以稳定的能量。离域能越大，反应越容易进行。离域能与 Hammett 常数存在着密切的关联关系。两者都是由电子云局部的密度和能量决定的。

⑤ 偶极矩　偶极矩能够很好地表示电子移动的能力，与物质的亲水性和溶解度有密切的关系，经常被使用。偶极矩数值一般是经过测量得到的，也可以通过分子轨道理论比较准确地计算分子的偶极矩。

量子化学参数都具有明确的物理意义，以及比较客观、准确和形象等优点。目前量子化学参数作为描述符，已经广泛应用于 QSAR 研究中。

9.2.4 分子拓扑指数

分子拓扑指数是采用分子拓扑学方法产生的拓扑理论参数，该参数从分子结构的直观概念出发，采用图论的方法以数量来表征分子结构，因此不受经验和实验的限制，对所有化合物均可获得拓扑指数，而且算法一般比较简单，可以采用计算机程序化设计对大批量数据处理，同时在定量构效关系研究中又可获得良好的结果。

在数百种拓扑指数中，分子连接性指数（MCI）在定量构效关系研究中有着重要影响，采用该指数建立了许多有意义的构效关系定量模型。但是一般 MCI 指数仅局限于描述化合物分子的立体结构，缺乏电子结构信息，而且不能区分构象，虽然有众多改进方法，但是从根本上解决这些问题需要开发新的指数。

目前研究的大多数拓扑指数是全局分子描述符，即描述的是整个分子的信息，不利于分析局部基团对性质的贡献，而基于原子类型的拓扑指数——原子类型 E-性能指数、AI 指数等能够解决这些问题。自相关拓扑指数最初用于药理学研究中，经过改进后在结构-性质/活性定量关系研究中显示出巨大优势，其中的电价自相关拓扑指数直接从分子结构获取指数，在对化合物的理化性质、生物活性、羟基自由基反应速率、生物降解性等定量构效关系研究中获取成功，有很好的应用前景。虽然拓扑指数种类繁多，但同时满足选择性和相关性的不多，真正在构效关系研究中常用的指数仅数十种。目前有多种软件可以计算分子的拓扑指数。

9.2.5 其他结构参数

① 分子量　分子量是表示分子大小的最简单方法，尤其对于同一系列的化合物，分子量可以比较好地与化合物的其他性质定量地关联。

② 分子体积　分子体积为分子量与密度的比值，可以通过测量或者计算得到。例如，通过对分子每个原子的范德华体积进行加和，可视为分子的体积。分子体积可以表征分子空间效应或者立体结构效应。

③ 表面积　代表分子的大小或者空间结构形态。分子表面积通过计算机软件很容易得到。

④ 范德华半径　范德华半径可以表示原子的大小，或者官能团的大小。

⑤ 氢键　氢键是物质相互作用过程中非常重要的物理量。氢键会影响物质的许多性质，如溶解度、相分配等，一般可以采用氢键的数目或者电负性原子的孤对电子数目表示，或者采用物质释放氢原子或者物质接受氢原子的能力表示。

在上述讨论的各种分子结构参数之间是存在着相互关系的，例如辛醇-水分配系数是一种间接表示物质结构特征的方式，其所代表的憎水性实际上包含多种相互作用，包括偶极矩作用、氢键、位阻效应等。Hammett 系数虽然也是间接的方式，更多地应用于反应体系中。分子连接指数是一种具有明确的数字信息特征的指数，对任何类型的化合物，都可以从不同的层面进行准确的定量描述。量子化学参数能够准确地表示分子以及分子之间的微观作用机理，而且有日益广泛的应用。

在 Materials studio 程序 QSAR 模块中给出了 53 个描述符，包括空间类（spatial）、结构类（structural）、拓扑类（topological）等；该模块还提供 30 余个模拟计算的数据，如能量类（energies）、电荷类（charges）、结构类（structural）等。这些数据可以直接作为描述符用在 QSAR 程序设计中，设计的计算模块包括 DMol3、VAMP、Forcite 等密度泛函方法，半经验方法和分子力学方法，下面用表格（表 9.2、表 9.3）进行说明。另外，还可以自定义利用其他计算工具得到结构、能量数据，或者实验数据作为描述符，应用到 QSAR 中。

表 9.2 QSAR 模块中部分描述符（descriptors）

structural	spatial	topological	others
Total molecular mass	Connolly surface	Molecular flexibility	Total charge
Rotatable bonds	Surface Area	Balaban indices	Total formal charge
Hydrogen bond donor	Occupied Volume	Wiener index	Atom count
Hydrogen bond acceptor	Free volume	Zagreb index	Element count
Chiral centers	Molecular dipole moment	Kappa indices	AlogP
Molecular density	Ellipsoidal volume	Subgraph counts	AlogP98
Molecular volume	Radius of gyration	Chi indices	Molecular refractivity
Molecular area	Moments of inertia	Valence modified Chi indices	E-state keys
…	Polar and apolar areas	…	Angle measurements
	…		…

表 9.3 QSAR 模块中部分计算参数

energy	charge/multipoles	structural / others
Non bond energy	Atomic charges	Molecular surface area
Configuration energy	Dipole	Molecular point group
Orbitals	Quadrupole	Fukui indices
Total energy	Octupole	Density of states
COSMO energy	Mean polarizabililty	Structure
…	…	…

9.3 数学方法

回归分析、多元统计分析是定量结构活性关系研究中的基本数学方法。应用这些方法可以在化合物的结构-性质/活性之间建立回归方程，对未知属性的化合物进行合理的分类，通过数学模型将化合物的结构信息与活性类别联系起来，最后预测未知物的性质/活性，寻找合适的化合物。实践表明，回归分析、多元统计分析在 QSAR 研究领域中的应用获得了极大的成功，为后续研究工作的深入开展提供了巨大的推动力。在计算机软硬件发展的今天，统计分析软件已经实现了商业化，使 QSAR 研究中的数据分析上升到了一个新的水平。

定量结构性质关系研究通常包括如下的几个环节：

① 分子结构参数的获取　由化合物结构来提取特征变量，即结构参数，是构造数学模型的关键环节。这样的结构参数包括上一节提到的拓扑参数（如分子中原子类型、键的类型及拓扑指数等)、几何参数（如键长、键角、分子体积等)、电性参数（如电负性、能量等)、物理化学参数（如分配系数、热力学常数等)。提取何种特征参数，由研究的对象和所采用的研究方法决定。

② 分子结构参数的选取　由于一个化合物可以同时提取多种和多个变量，这些变量对

于构造数学模型的重要性是不等同的，所以需要提出非显著性变量。用于变量筛选的方法有多种，如主成分分析、因子分析、遗传算法等。

③ 数学模型的构造　在定量结构性质关系中数学模型的构造是建立在实验基础上的。即首先由实验测得一系列化合物的某种性质，如吸附性能、溶解度、活性等，然后运用前述所得变量，通过回归分析、多变量方法、人工神经网络和遗传算法等数学手段建立未知物预报的数学模型。

④ 数学模型的检验　数学模型建立以后，除了统计学上的检验是否在合理置信区间以外，还需要把预留的已知化合物的分子结构参数代入，通过计算的性质数据与实际的实验数据作对比，从而估计数学模型的合理性。

⑤ 新型化合物的性质预测　有了上述数学模型，可以设计新型化合物，并从计算的分子结构参数入手，利用数学模型计算得到预测的性质数据。

9.3.1 回归分析

回归分析是定量结构性质关系研究中最常用的统计分析方法，该方法是对一组数据进行最小二乘拟合处理并建立函数关系的过程。一元回归分析涉及一个性质与一个变量的关系，多元回归通常表示一个性质与多个变量之间的关系。在回归分析中如果因变量与自变量之间存在线性关系，那么它们就是线性关系回归所研究的对象；若因变量与自变量的关系不是线性，属于非线性回归要解决的问题。

9.3.1.1 一元线性回归

对大量的试验和观测数据，用数理统计方法，寻找隐藏在这些随机性数据后面的统计规律，就是寻找数据间的回归关系。研究有机物的结构信息参数和活性间的定量关系常用到回归分析。

(1) 一元回归方程的求解

设有 n 组数据，因变量 y 的测量值为 y_1，y_2，y_3，…，y_k，…，y_n；自变量 x 的取值为 x_1，x_2，…，x_k，…，x_n。建立在这些数据基础上的一元回归方程为

$$Y=aX+b$$

式中，b 为回归线的截距；a 为回归线的斜率，也称作回归系数。

根据最小二乘法的原理，可得到回归系数 a 和常数 b

$$\begin{cases} a=\dfrac{\sum\limits_{k=1}^{n}(x_k-\bar{x})(y_k-\bar{y})}{\sum\limits_{k=1}^{n}(x_k-\bar{x})^2} \\ b=\bar{y}-\bar{x} \end{cases} \tag{9.3}$$

式中，$\bar{x}=\dfrac{1}{n}\sum\limits_{k=1}^{n}x_k$；$\bar{y}=\dfrac{1}{n}\sum\limits_{k=1}^{n}y_k$。

(2) 回归方程的相关系数

相关系数 r 是因变量 y 和自变量 x 之间相关程度的度量。回归方程有无意义，在检验了相关系数 r 之后就可以判断。相关系数 r 的计算公式为：

$$r=\frac{\sum_{k=1}^{n}(x_k-\overline{x})(y_k-\overline{y})}{\sum_{k=1}^{n}(x_k-\overline{x})^2\sum_{k=1}^{n}(y_k-\overline{y})^2} \tag{9.4}$$

相关系数取值范围为$|r|\leqslant 0$。$r=0$ 表明 y 与 x 之间线性无关（但也有可能存在其他关系，如抛物线关系）；$|r|=1$ 表明 y 与 x 完全线性相关；$|r|$数值越接近于1表明 y 与 x 之间线性相关程度越大。通过相关系数来衡量变量之间的线性相关程度，相关系数越大，则相关性越强。

(3) 根据回归方程预测Y值

回归方程式如果拟合得很好，就可以进一步利用它来预测化合物的活性。根据正态分布，对于固定的 $X=X_0$，Y 的取值是以 Y_0 为中心而对称分布的，越靠近 Y_0 的地方出现的概率越大，而离 Y_0 越远的地方出现的概率就越小，且与剩余标准偏差 σ 之间的关系为：落在 $Y_0\pm\sigma$ 区间的概率是 68.3%，落在 $Y_0\pm 2\sigma$ 区间内的概率是 95.4%。由此可见，若 σ 越小，则从回归方程预测的 Y 值就越精确。

如果自变量与因变量的关系在散点上呈现的是曲线关系，不妨选适当的函数来拟合，其中有些曲线可以通过变换化为直线，如指数、对数等化作变量，这样处理后仍可使用线性回归方法。

9.3.1.2 多元回归分析

多元回归分析中涉及的自变量至少有两个。事实上，通常遇到的是几个自变量共同影响一个因变量，因此在这类问题上采用多元线性回归分析通常可以获得满意的结果。在多元回归分析中因变量与每一个自变量之间都存在着线性关系，多元非线性回归一般都是化成多元线性回归后求解。

设因变量 y 与自变量 $x_1, x_2, \cdots, x_k, \cdots, x_p$ 的线性回归模型为：

$$y=b_0+b_1x_1+b_2x_2+\cdots+b_px_p+\varepsilon$$

式中，b_0 为常数项，$b_0,b_1,b_2,\cdots,b_p$ 为回归系数；ε 为随机误差；下标 p 为自变量个数。

根据最小二乘法原理，解多元线性回归方程的“正规方程”，即可计算获得回归系数 b_i：

$$b_i=\sum_{j=1}^{p}C_{ij}l_{ij} \quad (i=1,2,3,\cdots,p) \tag{9.5}$$

式中，C_{ij} 是正规方程的系数矩阵的逆阵元素，即 $(C_{ij})=(l_{ij})^{-1}$，$l_{ij}=l_{ji}=\sum_{k}(X_{ki}-\overline{X}_i)(X_{kj}-\overline{X}_j)$。具体的推导过程可参考相关数理统计书籍。

(1) 标准偏差

对因变量 y 的总偏离平方和 l_{yy} 进行分解得：

$$l_{yy}=\sum_{i=1}^{n}(y_i-\overline{y})^2=\sum_{i=1}^{n}(y_i-\hat{y})^2+\sum_{i=1}^{n}(\hat{y}_i-\overline{y})^2=Q+U \tag{9.6}$$

式中，U 为回归平方和，它反映了自变量的变化所引起的波动，是总离差平方和中由回归方程解释的部分；Q 为残差平方和，它是由随机因素以及测量误差引起的，是总离差平方和中未被回归方程解释的部分。

多元回归分析中的标准偏差：

$$\sigma=\sqrt{\frac{Q}{n-p-1}} \tag{9.7}$$

式中，n 为每一个样本的观测值数量；p 为自变量个数。标准偏差 σ 值越小，回归方程的精度越高。

(2) F 检验

对回归方程的显著性检验，就要看自变量 x_1，x_2，…，x_k，…，x_p，从整体上对 y 是否有明显影响。由此建立多元线性回归方程显著性检验的 F 统计量，即

$$F=\frac{U/p}{Q/(n-p-1)} \tag{9.8}$$

对于给定的数据，$x_{i1},x_{i2},\cdots,x_{ip},y_i(i=1,2,\cdots,n)$，依照上式得到 F 值，再由给定的显著性水平 α 值，查 F 值分布表，得临界值 F^{α}_{n-p-1}。当 $F>F^{\alpha}_{n-p-1}$，即认为在显著性水平 α 下 y 对 x_1，x_2，…，x_k，…，x_p 有显著的线性关系。反之，认为线性回归方程不显著。

(3) 自变量的显著性检验

F 检验是对整个回归方程的显著性检验，换句话说，F 检验是对回归方程中全部自变量的总体效果的检验。但总体效果显著并不意味着每一个变量都显著。常有这样的情况，在 p 个变量中，只有 k 个（$k<p$）足够显著，这 p 个变量的回归方程也就显著。换言之，在拒绝全部 b_i 都等于零的假设同时，即 $b_1=b_2=\cdots=b_p=0$，也可能不拒绝其中有几个 b_i 等于零的假设。如某自变量 x_i 的系数 $b_i=0$，则该自变量就不重要，应略去。为了考察各自变量 x_i 的重要性，必须逐一检验 b_i 的显著性。

$$t_i=\frac{b_i}{\sqrt{C_{ii}}\sigma} \tag{9.9}$$

用 t_i 来检验回归系数 b_i 是否为零，即 x_i 对 y 的影响是否显著。对于给定的数据 x_{i1}，$x_{i2},\cdots,x_{ip},y_i(i=1,2,\cdots,n)$，可以根据上式得到 t_i 的值，再由给定的显著性水平 α，查 t 分布表，得临界值 t^{α}_{n-p-1}。当 $t_i>t^{\alpha}_{n-p-1}$，认为在显著性水平 α 下 x_i 对 y 的影响显著，即可判定因变量 y 与自变量 x_i 之间存在线性关系；反之，认为 x_i 对 y 的影响不显著，无线性关系。

9.3.1.3 逐步回归分析

在多元回归分析中，可以通过 F 检验剔除回归方程中一些不重要的变量，但是这种剔除工作是在全部变量的回归方程建立后进行的。这种处理方式是低效的，而且如果变量过大，则解的精度必然下降。

逐步回归分析法则是根据各个自变量的重要性大小，每步选择一个重要的变量进入回归方程。第一步是在所有可供选择的变量中选出一个变量，并使它组成的一元回归方程比其他量将有更大的回归平方和（或更小的剩余平方和）；第二步是在未选的变量中选一个这样的变量，与已选的那个量组成的二元回归方程比其他任一个量与已选量组成的二元方程将有更大的回归平方和，如此继续下去。当然在每步时需要对即将选入的变量做显著性检验，如果在此步新变量的引入而变得不显著，则回归分析退回上一步，结束。此种逐步算法目前在QSAR研究中经常采用。

第一阶段：建立标准化正规方程。

计算均值：

$$\bar{x}_i=\frac{1}{n}\sum_k x_{ki} \quad (i=1,2,3,\cdots,p) \tag{9.10}$$

计算离差矩阵：

$$l_{ij}=l_{ji}=\sum_k (x_{ki}-\bar{x})(x_{kj}-\bar{x}) \quad (i=1,2,3,\cdots,p) \tag{9.11}$$

为使计算有更好的数字效果，需把正规方程改为标准化正规方程，即

$$\begin{cases} r_{11}\bar{b}_1+r_{12}\bar{b}_2+\cdots+r_{1p}\bar{b}_p=r_{1y} \\ r_{21}\bar{b}_1+r_{22}\bar{b}_2+\cdots+r_{2p}\bar{b}_p=r_{2y} \\ \cdots\cdots \\ r_{p1}\bar{b}_1+r_{p2}\bar{b}_2+\cdots+r_{pp}\bar{b}_p=r_{py} \end{cases} \tag{9.12}$$

其中 $r_{ij}<1$

$$r_{ij}=\frac{l_{ij}}{\sqrt{l_{ii}}\sqrt{l_{ij}}} \quad (i=1,2,3,\cdots,p) \tag{9.13}$$

$\bar{b}_i$ 是标准回归系数，它与 y 及 x_i 的单位无关。$\bar{b}_i$ 与 b_i 的关系有

$$b_i=\bar{b}_i\frac{\sqrt{l_{yy}}}{\sqrt{l_{ii}}} \quad (i=1,2,3,\cdots,p) \tag{9.14}$$

相关矩阵（r_{ij}）的逆矩阵（$\widetilde{C}_{ij}$）与离差矩阵（l_{ij}）的逆矩阵（C_{ij}）有如下的关系：

$$C_{ij}=\frac{\widetilde{C}_{ij}}{\sqrt{l_{ii}}\sqrt{l_{ij}}} \tag{9.15}$$

除了这些变化外，前面有关逐步回归计算中出现的 l_{ij} 都可以用 r_{ij} 代替。当然 $\bar{l}_{ij}$ 已被标准化处理（$\bar{l}_{ij}=r_{ij}=1$）。

第二阶段：逐步计算。

假设已计算了 l 步（包括 $l=0$），回归方程中引入了 l 个变量，则第 $l+1$ 步的计算内容如下：

① 算出全部变量的贡献

$$\widetilde{V}_i^{(l)}=\frac{[r_{iy}^{(l)}]}{r_{ii}^{(l)}}=\widetilde{V}_i^{(l+1)} \tag{9.16}$$

其中，前一个等号可以理解为回归方程中剔除量 x_i 所损失的贡献，后一个等号为未引入量 x_i 一旦引入所增加的贡献。

② 在已引入的自变量中，考虑剔除可能存在的不显著量。这是在已引入量中选出具有最小 $\widetilde{V}_i$ 值的那一个，计算 F 值，即

$$F=(n-l-1)\frac{\widetilde{V}_k^{(l)}}{\widetilde{Q}^{(l)}} \tag{9.17}$$

若 $F\leqslant F^{\alpha}$，则把 x_k 从方程中剔除出去（其后计算见步骤③）；若 $F>F^{\alpha}$，则考虑从未引入的变量中选出最显著的量，即未引入量中具有最大值得那一个，计算 F 值，即

$$F=[n-(l+1)-1]\frac{\widetilde{V}_k^{(l+1)}}{\widetilde{Q}^{(l+1)}}=(n-l-2)\frac{\widetilde{V}_k^{(l+1)}}{\widetilde{Q}^{(l)}-\widetilde{V}_k^{(l+1)}} \tag{9.18}$$

此时，若 $F > F^{\alpha}$，则把 x_k 引入回归方程（其后的计算也是步骤③），否则逐步计算阶段结束，进入第三阶段。

③ 对需要剔除或引进的 x_k 做一次消去运算，即

$$\tilde{r}_{ij}^{(l+1)}=\begin{cases} r_{ij}^{(l)}-r_{ik}^{(l)}\dfrac{r_{kj}^{(l)}}{r_{kk}^{(l)}} & (i,j\neq k) \\ \dfrac{r_{ij}^{(l)}}{r_{kk}^{(l)}} & (i=k,j\neq k) \\ \dfrac{1}{r_{kk}^{(l)}} & (i,j=k) \\ -\dfrac{r_{ik}^{(l)}}{r_{kk}^{(l)}} & (i\neq k,j=k) \end{cases} \tag{9.19}$$

这时，对于已进入回归方程式的量 x_i，其回归系数 $\bar{b}_i^{(l+1)}=r_{ij}^{(l+1)}$。

至此，第 $l+1$ 步计算结束，其后重复步骤①～③进行下一步计算。如上所述，计算的每一步总是先考虑变量的剔除，然后再考虑引入。因此，开头几步可能都是引入变量，其后几步也可能相继剔除几个变量。在实际问题中，先引进又被剔除并不多见，剔除后又被重新引入更少见到，在既不能剔除又无法引入时，逐步计算结束，转入下一阶段。

第三阶段：结尾。

计算 b_0、残差 e_k、复相关系数 R、偏相关系数 R_i 等，如：

$$b_0=\bar{y}-\sum_i b_i\bar{x}_i \tag{9.20}$$

$$e_k=y_k-\hat{y}_k=y_k-(b_0+\sum_i b_i x_{ki}) \tag{9.21}$$

式中的求和号仅对已选量 x_i 进行。

9.3.2 多元统计分析

多元统计分析包括主成分分析、因子分析、聚类分析、判别分析和模式识别等。其中前三种方法是根据分子结构、生物性质、理化性质等对化合物进行分组，并研究它们之间的关系。当物质性质可定性分成活泼和不活泼时，判别分析可评价哪一种理化性质的组合能更有效地进行化合物分类，建立的判别方程可用来预测一个新化合物属于哪一类。

9.3.2.1 主成分分析

在定量构效关系研究中常常遇到所选用的结构参数、理化常数之间存在着程度不同的相关性，因而参数信息之间会发生重叠，掩盖了要分析的问题本质。在数学上可通过变量的线性组合来消除可能的信息重叠。也就说从 k 个变量中（或者 k 个主成分中）挑选少数几个主成分作代表，就可以获取由原始变量提供的绝大部分信息。同时可根据主成分值绘制的主成分图考察化合物的分类情况。

主成分分析的主要步骤如下：

(1) 原始数据的标准化

由于数据来源不同，数据本身所代表的意义也不相同，度量标准（如单位、量级或者数值变化幅度）也会不一致。如果直接用原始数据进行计算，必然会突出那些绝对值大的变量而压低了绝对值较小的变量的作用。为了减少和消除上述各种因素带来的影响，一般在计算

前要对原始数据进行标准化变化。

标准化值

$$x_{ij}^{*}=\frac{x_{ij}-\bar{x}_j}{S_j} \quad (i=1,2,\cdots,n;j=1,2,\cdots,k) \tag{9.22}$$

式中，$\bar{x}_j=\frac{1}{n}\sum_{j=1}^{n}x_j$；$S_j=\sqrt{\frac{1}{n-1}\sum_{i=1}^{n}(x_{ij}-\bar{x}_j)^2}$。

这种变化方法是把变量看成是呈正态分布的随机变量，经标准化后所有变量都服从标准状态分布。通过这样的变化使得变量之间因数值大小和变化幅度不同而产生的差异消除了。

(2) 建立相关矩阵，计算矩阵的特征值和特征向量

利用标准化值计算两两变量之间的相关系数，对 k 个变量可以建立 k 阶相关矩阵。该矩阵有助于从专业角度了解变量之间的关系。用 k 阶相关矩阵可获得 k 个特征值（λ_i，$i=1,2,\cdots,k$）。此外，k 个特征值还对应着 k 个特征向量，每个特征向量里包含着 k 个分量。

(3) 选取主成分

第 i 个主成分对总方差的贡献率，实际就是第 i 个特征值占 k 个特征值总和的比例，即对总方差的贡献率：

$$\frac{\lambda_i}{\sum_{i=1}^{k}\lambda_i}\times 100\% \tag{9.23}$$

将 k 个主成分对总方差的贡献率由大到小排列，对总方差值贡献最大的主成分称之为第一主成分，贡献率居次之的称第二主成分，以此类推。

选取用于分析问题的主成分数目取决于主成分的累计方差贡献率，一般使方差贡献率累加到80%～90%即可。如果 k 个主成分中第一、二个主成分对总方差贡献率累计达到85%，那么选取第一、二主成分就能代表 k 个原始变量提供的全部信息的绝大部分了。

(4) 建立主成分方程，计算主成分值

k 个主成分是 k 个原始变量的线性组合，也就是可以用 k 个主成分表示，而且各主成分方程的基本形式都一样，仅系数不同。以第一主成分方程为例，即

$$c_1=a_1x_1+a_2x_2+\cdots+a_kx_k \tag{9.24}$$

各变量的系数成为权重系数。这里的权重系数 $a_1,a_2,\cdots,a_k$ 就是属于最大特征值 λ_i 的特征向量的各个分量。将各个分量的标准化数值代入该方程中可以计算出第一主成分值。由此可知，n 个化合物用 k 个变量描述，一共可获取 k 个主成分方程；每个化合物有 k 个主成分值，n 个化合物有 $n\times k$ 个主成分值。权重系数的相对大小及正、负对主成分的理论意义可从专业的角度进行讨论。

(5) 绘制主成分图

主成分平面图可以对化合物进行分类。用第一主成分作横坐标，第二主成分作纵坐标，将 n 个化合物逐一画入平面图中，就可以把化合物聚集的状况进行分类，进而讨论这样的分类受何种因素支配。同样方式可以处理第一、第三主成分之间的关系。

9.3.2.2 聚类分析

聚类分析是按样品（不同的化合物）或变量（不同的结构参数）之间的相似程度，用数学方法将样品或变量定量分组成群的一种多元统计方法。聚类分析有 Q 型群分析（对样品或称样本分类）和 R 型群分析（对变量或称指标分类）两种类型。如果对生物活性化合物

进行结构构造时，事前将数目众多的不同取代基（样品），按结构信息参数（变量）进行分类，使结构信息参数相似者归为一类，把不相似者归为另外一类。这种按化学结构信息参数的亲疏关系将不同活性化合物进行归类的方法称为 Q 型分析，例如选择合成对象时所采用的方法。在类型衍化过程中，常将化学结构不尽相同的化合物隶属于一个大类，或将复杂化合物结构剖析为不同类型的亚结构，在用虚参数或指示变量加以表征。这种按亚结构类型或样品的不同对变量进行分类的方法称为 R 型群分析，例如类型衍化时对变量进行归组分类的方法。应用聚类分析方法可以突破传统药物化学所建立的一些定性分类系统，形成一些定量的分类关系，从而为药物研究者合理选择和确定合成目标提供理论依据。

聚类分析的主要步骤如下：

(1) 原始数据的标准化

为减少和消除多数数据因单位、量纲及变动范围不同对聚类分析带来的不利影响，对原始数据要进行标准化，处理过程参见主成分分析部分。

(2) 观察对象之间相似性的度量

定义观察对象相似性的度量是进行聚类分析的前提。相似性的度量可以分两大类：一类以距离作为观察对象相似性的度量，距离越小越相似；一类以相关系数、夹角余弦作为观察对象相似性的度量，其值越大越相似。

在上述两大类中，其中距离是最常用的度量。如果两观察对象之间距离为零，表明两者完全相等，距离越大观察对象间差异越大，距离越小相似性越高。按照一定的数学规则可以构造出不同的距离定义，如绝对值距离、欧式距离、广义距离等，最常用的还是欧式距离。在多元统计分析中欧式距离容易理解也便于想象，不难将二维平面上两点的欧式距离概念推广到多维空间中。这样，k 个变量描述的 n 个观察对象可以看成是分布在 k 维空间中的 n 个点，那么任意两点（i，l）之间的欧式距离就等于这两个点 k 个坐标值（$x_{ij}-x_{lj}$）平方和的平方根，即

$$d_{il}=\sqrt{\sum_{j=1}^{k}(x_{ij}-x_{lj})^2} \quad (i,l=1,2,\cdots,n) \tag{9.25}$$

式中，j 为变量的编号；n 为观察对象的综述；k 为变量综述；x_{ij}、x_{lj} 分别表示第 i、第 l 个观察对象的第 j 个变量的数据标准化值。

(3) 聚类的方式

解决了相似性的度量，下一步就是采用不用的聚类方法（如系统聚类、动态聚类等）进行聚类。系统聚类的基本方式为：首先把 n 个观察对象视为 n 个类别，即每一类中只有一个观察对象。类间距离就是观察对象之间的距离，用观察对象间的距离定义计算初始类与类之间的距离。有了类间距离后，将距离最小的两类合并，成为新的一类。新类与其他类间的距离需要重新计算，按照距离最小原则再对剩下的类别进行合并，重复此过程。每合并一次减少一类，直到 n 个类合并为一类为止。

类间距离可分为最短距离、最长距离、平均距离、重心距离等，因此系统聚类方法也是多样化的。采用最短距离定义的系统聚类法称之为最短距离法，采用最长距离定义的称作最长距离法，等等。需要说明的是，采用不同的类间定义，聚类的结果不完全一样。无论采用何种方法进行类间合并，先合并的类相似程度高，后合并的类相似程度低。如果事先制定一个相似程度的临界水平（就是通常说的阈值），超过这个阈值的类就不再合并，那么在此水平上可获得分成若干类的最后结果。

系统聚类的结果可以用谱系图形象地表示。谱系图的横坐标是观察对象的编号，纵坐标则用距离表示类间相似程度（或相反），每一类的谱线长度代表着类间相似的程度。

9.3.2.3　判别分析

判别分析和聚类分析有明显的区别。在判别分析中，用以建立判别函数的数据事先已经知道了所属类别，而聚类分析中的数据类别是未知的。

判别分析是根据观测数据判别样品（如化合物）所属类型（如有无活性）的一种统计方法。其中的因变量是定性数据（如有无活性），自变量是定量变量（如结构参数）。判别分析可以解决两个问题：一是根据已知样品（化合物）的理化性质、结构参数等，构建判别函数。利用判别函数验证这些样品归类的准确性；二是根据样品的多种性质把未知属性的样品进行合理分类。

在药物分子设计中，判别分析是很有用的：第一，可以粗略地预判各化合物的活性大小（指等级、范围）；第二，判断类似物中哪些化合物活性相近，哪些化合物不具活性；第三，根据影响活性强度的结构信息参数，可以设计优化化合物。

判别分析的主要步骤如下：

建立判别函数需要有1个分类变量，若干个定量变量。

(1) 分类变量

确定性质类别所属范围可以通过实验数据（如有无活性，或者活性强弱），以及类别(设定边界）进行划分。

(2) 定量变量

定量变量可以选取化合物结构特征、性质的各种参数。若仅用一个变量进行判别分析，往往会因数据在各类中的分布相互重叠而不好分辨。采用多变量将会提高判别分析的效果，一般来说变量越多，类间分辨效果越好。

(3) 建立判别函数

建立判别函数的方法很多，有距离判别、回归判别、Fisher判别、Bayes判别、典型判别等。常用的是Fisher法和Bayes法，这两种方法都是利用各类中数据分布呈多维正态分布的特点来构造判别函数的。一般使用的判别函数累计的判别能力在80%以上就可以了。

(4) 预报

将未知性质的化合物结构参数代入判别函数中，计算函数值，按上述方法将化合物判归到所属的性质类别中，就可以知道化合物的所属类型。

9.3.3　人工神经网络方法

人工神经网络方法是一类通过抽象、模拟生物神经网络信息处理的机理，并将其应用于数据回归或分类的方法。1943年，McCulloch和Pitts依据生物神经元的应激原理首次建立了一种多输入单输出的非线性数学模型——M-P模型（图9.1)。M-P模型是一种简单的神经元模型，它将外界的刺激视为数值输入，经包含连接权重和偏置值的激活函数作用后，使用输出值0和1分别表示神经元的抑制和兴奋两种应激状态。六年后，心理学家Hebb基于神经系统的条件反射机理将人工神经元之间的权重以正比于输入输出乘积的方式进行更新，提高了神经元模型可靠性，这就是Hebb学习规则。M-P模型和Hebb学习规则为人工神经网络的结构设计和学习算法奠定了基础。此后，陆续有几百种神经元模型相继被提出。

接受外界刺激，作出相应的反馈，并通过更新突触权重来存储记忆，人工神经网络方法的实现让机器具备“思考”能力这一议题成为可能。

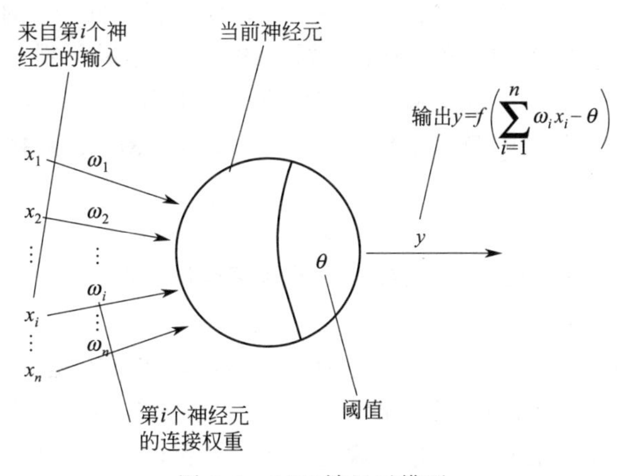

图 9.1 M-P 神经元模型

人工神经网络方法的主要步骤如下：

(1) 确定神经元之间的连接结构

神经元，或称节点，是神经网络中最基本的单元，每个神经元都是一个信息处理元件。人工神经网络的结构是完成从输入集合到输出集合的映射，由大量神经元通过一定的拓扑结构连接而成。拓扑结构对人工神经网络的功能和性质具有重要的影响，一般可分为前馈与反馈两种结构。前馈型神经网络中数据只能正向逐层流动，其输出仅由当前的输入和连接权重决定，各层间没有反馈，如反向传播神经网络。而反馈型神经网络的输出不仅与当前输入和连接权重有关，还和网络之前输入相关，具有较强的联想记忆和优化计算能力，如 Hopfield 神经网络。

图 9.2 是一个典型的三层前馈型神经网络结构，它分为三个部分：一个包含三个神经元的输入层，至少一个具有 n 个神经元的隐藏层和一个神经元的输出层。不同层的神经元有不同的含义：输入层每个神经元代表一个外界的刺激特征，隐藏层的神经元代表该网络对刺激特征的转化，输出层的神经元代表该网络对刺激做出的反应。除输入层外的每个神经元都采用来自其下面层中的神经元输出经变换的线性组合作为其输入：

$$I_i=\sum_j w_{ij}X_j+\theta_i \tag{9.26}$$

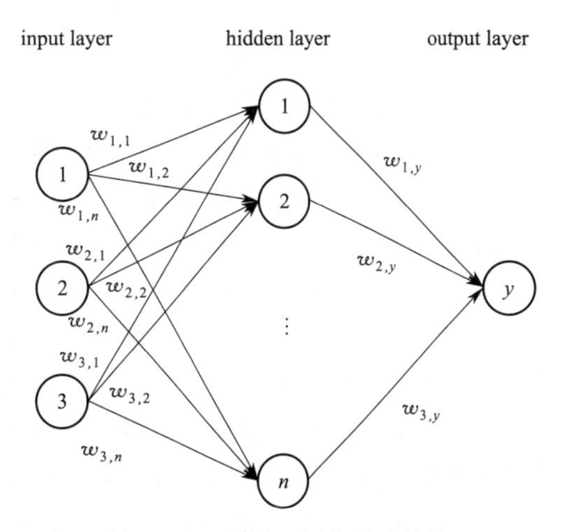

图 9.2 三层神经网络基本结构

式中，I_i 是向第 i 神经元的输入；X_j 是前一层中的第 j 神经元的输出，j 是对前一层中所有神经元的求和；w_{ij} 是神经元之间的连接权重；θ_i 为偏置值。Kolmogorov 定理表明，一个三层反向传播神经网络在给定任意小的精度内可以解决几乎所有的分类问题。

(2) 设定人工神经网络的超参数

超参数是人工神经网络中需要用户指定的参数，包括隐藏层层数、各隐藏层神经元个数、学习率、激活函数和误差函数等，它们承载信息的变化和传递，在较大程度上决定了模型的性能。各值由实际情况通过经验、文献或反复试验获得。同一层神经元的激活函数是相同的，Sigmoid 函数是一类简单的激活函数，如式(9.27)，这种平滑的、易于微分的函数具有饱和效应，可以在任何范围内接受输入，在更窄的范围内产生输出，以此增强人工神经网络的非线性特性。此外，常用的激活函数还有 Tanh 函数、ReLU 函数等。

$$y=\frac{1.2}{1+e^{-x}}-0.1 \tag{9.27}$$

在超参数确定后，连接相邻层之间神经元的连接权值、偏置值等可以由数据规律给出。

(3) 训练人工神经网络

人工神经网络的训练，也称为人工神经网络的学习，实际上是一个超参数调优的过程，目的在于发现训练集从输入到输出之间的规律，以此指导对参数的更新，再使用验证集修正，从而增强神经网络的泛化能力。这里说的参数包括了超参数以及连接权重和偏置值，连接权重的大小和正负反映出神经元之间的连接强弱，而偏置值决定了“激活”神经元所需要的强度阈值。

该过程可分为监督学习、无监督学习以及半监督学习三种形式。监督，意味着每一次训练都需要将结果与样本值比对“打分”，常用的监督学习算法包括朴素贝叶斯、支持向量机、k-近邻和各类回归算法等。无监督则仅仅是依据一定的规则对数据进行处理，不存在“打分”的过程，Hebb 学习规则和聚类分析都是典型的无监督学习方法。半监督是以上两者的结合：力图以较少的“打分”样本结合自身的数据处理能力获得更高的模型准确性，如自训练算法、联合训练算法和基于图论的方法。误差函数，或称损失函数、代价函数，是进行“打分”的依据，其种类繁多，例如可以用 BFGS（Broyden-Fletcher-Goldfarb-Shanno）函数使用式(9-28）来描述误差：

$$E=\sum_{i=1}^{n}C_i(y_i-y'_i)^2+Q\sum_{j}(x_j-\bar{x}_j)^2+P\sum_{k,l}w_{k,l}^2 \tag{9.28}$$

式中，C_i 是结果比重参数值；y_i 与 y'_i 分别代表真实值和预测值；Q 是为缺失值设置的惩罚因子；x_j 是系统猜测的缺失数据值；$\bar{x}_j$ 为每一个输入数据的平均值；P 代表连接权重的惩罚因子；$x_{k,l}$ 代表连接权重。第一大项是误差的主要项，为模型的预测值和实际输出值的差值平方和，第二项表征因填补缺失数据引发的误差，第三项是对所有连接权重的平均，将此项添加至误差函数中，可防止权重变得过大。

我们以反向传播算法为例说明人工神经网络的训练过程。反向传播算法是一种经典的监督学习算法，多用于前馈型神经网络的训练，其“反向”指的是误差的反向传播。在训练过程中，样本信息从输入层经历隐藏层传达至输出层，获得训练的误差，再将误差通过一定的函数关系由输出层开始逐层返回给输入层各神经元，作为更新各连接权重的依据。随后进行第二轮的“学习-更新”过程，重复该过程直至网络对输入的响应处于预设目标区间，最终获得一个训练好的反向传播神经网络。最后，可使用测试集评价模型性能。在大数据时代，一个好的人工神经网络往往需要成千上万次训练，需要注意的是，模型最终性能与训练次数并不存在必然联系。

理想的训练是一个误差逐渐下降至目标阈值的过程，然而在实际情况中，当模型复杂而样本集不足时容易出现过度拟合的情况，表现为训练集准确度极高但泛化能力较弱。这可以通过对误差函数的 L_1、L_2 正则化（normalization）、对网络结构的信号失活（dropout）或者提前终止训练（early stopping）等方式来消减。Materials Studio 2018 中包含的统计分析方法如表 9.4 所示。

表 9.4 Materials Studio 2018 中包含的统计分析方法

statistics	methods
Data Reduction	Principal Component Analysis
Cluster analysis	Hierarchical Cluster Analysis, Nonhierarchical Cluster Analysis
Cluster validation	Discriminant Analysis, Cluster Significance Analysis
Model Building	Multiple Linear Regression Analysis, Partial Least Squares Regression Analysis, Genetic Function Approximation, Neural Network Analysis

9.4 应用实例

定量结构活性关系借助分子的理化性质参数或结构参数，以数学和统计学手段定量研究有机小分子与生物大分子相互作用，有机小分子在生物体内吸收、分布、代谢、排泄等生理相关性质的方法。这种方法已经广泛应用于药物、农药、化学毒剂等生物活性分子设计。在早期的药物设计中，定量构效关系方法占据主导地位。从二十世纪八十年代以来随着计算机计算能力的提高和众多生物大分子三维结构的准确测定，基于三维结构的药物设计逐渐取代了定量构效关系在药物设计领域的主导地位，但是 QSAR 在药学研究中仍然发挥着非常重要的作用。

除了药物设计以外，定量构效关系原理方法在其他领域也有广泛应用，例如下面讨论的对超临界 CO_2 与原油组分最小混相压力的预测，所选择的参数（或者也称作描述符）与分子结构并不一定相关，但是统计方法却与之相同，其基本原理一致，这样的应用案例很多。说明定量构效关系在很多领域都有巨大的应用潜力，如材料、环境、医学、催化等诸多领域。

9.4.1 抗真菌药物的分子设计

定量结构-活性关系研究基于相似化合物具有相似活性的理念，确定与生物活性相关的结构描述符，并得到与生物活性的关系函数。这些信息可用于开发和设计新型抗菌剂，评估建立的预测模型，或筛选具有抗微生物特性的化合物。传统上，杂环化合物因其具有良好的生物活性而被广泛应用在结构活性关系研究之中，其中的酚类化合物也表现出多种抗菌特性。为此，Appell 等人报道了一种基于拓扑描述符和密度泛函理论导出的分子轨道性质开发的 QSAR 模型（Appell，2020），该方法能够预测和设计抗真菌药物，包括针对曲霉属、青霉属、革兰氏阳性葡萄球菌等。该方法也遵循了一般构建 QSAR 的过程：

① 构建分子结构；

② 用密度泛函理论计算相关分子性质，当作描述符；

③ 通过软件计算其他 1D 和 2D 拓扑结构描述符；

④ 建立训练集和测试集；

⑤ 应用遗传函数近似（GFA）做描述符识别；

⑥ 选择合适的描述符构建数学模型；

⑦ 使用内部验证和外部验证来评估模型。

数据集包含 24 个与三唑并噻嗪类分子相关的分子结构信息，分子结构如图 9.3 所示。文献表明这种类型的分子对黑曲霉、黄曲霉、青霉菌、革兰氏阳性金黄色葡萄球菌和枯草芽孢杆菌以及革兰氏阴性大肠杆菌等具有生物活性。抗真菌活性可由菌丝生长的抑制率（mycelial growth inhibition，MGI,%）表示，抗生素活性由最小抑菌浓度（minimum inhibitory concentration，pIC50）和生长抑制区直径（diameter of growth inhibition zone，DGI）表示。

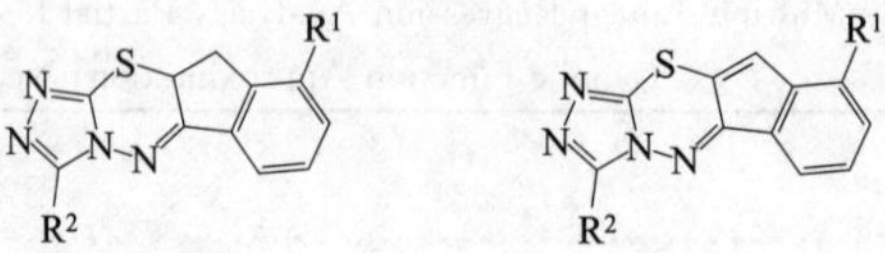

图 9.3　三唑并噻嗪分子（R^1 代表—H 或—CH_3，R^2 代表—H，—CH_3，—CH_2CH_3 或—C_6H_5）

描述符选择：描述符是为了深入了解本研究中使用的化合物的量子化学性质。量子化学参数包括带隙能量 $\Delta\varepsilon=\varepsilon_{HOMO}-\varepsilon_{LUMO}$、最高占据分子轨道能量 ε_{HOMO}、最低未占分子轨道能量 ε_{LUMO}、化学势 μ、电负性 χ、硬度 η、柔软度 σ 和亲电性指数 ω。计算的软件包括 HyperChem v. 8.0.10、OpenBabel、Spartan 18 等。分子拓扑描述符由 Mold2 软件计算产生，多达几十种。

QSAR 模型：由 BuildQSAR 软件构建，描述符选择采用 GFA 方法。

训练集和测试集：针对黑曲霉、黄曲霉、青霉菌、金黄色葡萄球菌和枯草芽孢杆菌的训练集包含 19 种化合物。大肠杆菌和铜绿假单胞菌的训练集有 12 种化合物。测试集包括 5 种化合物。

以黑曲霉（*Aspergillus niger*）为例，产生的 QSAR 方程为：

$$\lg(\mathrm{MGI})=-0.2158(GTSv6)-17.6409(BELe8)-0.2339(BEHp5)+40.537$$

其中，$GTSv6$ 是被原子范德华体积加权的 Geary 拓扑结构自相关长度，$BELe8$ 是被电负性加权的 Burdex 矩阵的最低特征值，$BEHp5$ 是由极化率加权的 Burdex 矩阵的最高特征值。

以铜绿假单胞菌（*Pseudomonas aeruginosa*）为例，产生的 QSAR 方程为：

$$\lg(\mathrm{DGI})=-1.2342(GTap2)-0.3167(\varepsilon_{HOMO})+0.4678$$

其中，$GTap2$ 是由原子极化率加权的 Geary 拓扑结构自相关长度。

针对不同的真菌，会建立生物活性与系列三唑并噻嗪分子结构性质（包括拓扑结构参数和量子化学参数）之间的定量活性关系。根据相关系数的平方 R^2 和 F 检验，以及测试集的检验，认为二维拓扑结构和量子化学描述符所生成的 QSAR 模型，可描述三唑并噻嗪化合物的抗菌活性。

这样的构建方式有助于设计更有效的抗菌化合物，提供更有效的结构性质关系方法。

9.4.2　分子对接与 3D-QSAR

1980 年以后，出现了三种典型的三维定量构效关系（3D-QSAR），分别是：Hopfinger 等的分子形状分析（molecular shape analysis，MSA）（Hopfinger，1980），Crippen 等的距离几何学方法（distance geometry，DG）（Crippen，1981），和 Cramer 等的比较分子场分析（comparative molecular field analysis，CoMFA）（Cramer，1988）。以此理念又发展了多种 3D-QSAR 方法，如 CoMSIA（Klebe，1994）、COMBINE（Ortiz，1995）等。这些方法可探索生物活性分子的三维构象性质，精确地反映生物活性分子与受体相互作用的能量变化和

图形；与分子对接（molecular ducking）分析相结合，可更深刻地揭示药物-受体相互作用的机理，更好地设计和预测新型药物分子，大大缩短了药物研发周期。

脂烯酰基载体蛋白还原酶是催化脂肪酸生物合成最后还原步骤的关键酶，也是抗结核药物开发的关键酶之一。Parkali 等人对一系列嘧啶衍生物（29 种化合物）进行了分子对接和 3D-QSAR 研究（CoMFA 和 CoMSIA），以了解改善生物、物理化学性质的结合位点和相互作用（Parkali，2021）。

（1）分子对接

选择 SYBYL-X 2.1.1 软件（美国 Tripose 公司）中 Surflex-Dock 对蛋白 InhA（PDB ID：5OIR）进行分子对接。该方法要求：①确定研究体系各个化合物（嘧啶衍生物）的药效构象，依据合理的重叠规则，把它们重叠在一个能包容全部化合物的空间网格上；②计算化合物分子各种作用场下的空间分布。按化合物分子与受体的作用方式，选择合适的探针基团，计算探针基团在每个空间网格上与化合物分子的作用能量。例如用 H_2O 作疏水基团的探针，用 H^+ 作为静电作用的探针等。嘧啶系列衍生物的结合能力用打分函数（scoring function）做评价，如表 9.5 所示。

表 9.5　嘧啶衍生物的 Sulflex docking 打分项

Surflex docking score	comments
Crash score	Revealing he inappropriate penetration into the binding site. Crash score close to 0 are favorable. Negative numbers indicate penetration
Polar score	Indicating the contribution of the polar interactions to the total score. The polar score may be useful for excluding docking results that make no hydrogen bonds
D score	For charge and van der Waals interactions between the protein and the ligand
PMF- score	Indicating the Helmholtz free energies of interactions for protein-ligand atom pairs (potential of mean force，PMF)
G-score	Showing hydrogen bonding，complex（ligand-protein），and internal（ligand-ligand）energies
Chem score	Points for H-bonding，lipophilic contact，and rotational entropy，along with an inter-cept term
C score	Integrates a number of popular scoring functions for ranking the affinity of ligands bound to the active site of a receptor and reports the output of total score

（2）3D-QSAR 模型

上述数据，与生物活性值一起组成数据表，用偏最小二乘法（partial least square，PLS）建立 3D-QSAR 方程。

CoMFA 方法反映了化合物与受体相互作用的三维结构（图 9.4），以作用场（如空间立体图、静电图、疏水性图、氢键供体和受体图等）的方式反映分子整体性质，能表达分子与受体作用的本质，其物理意义明确，在药物设计中发挥着很大的作用。

此外，在进行的 3D-QSAR 研究中，对数据集通过使用多样性和不相似性方法分为训练集和测试集，验证 CoMFA 和 CoMSIA 模型，以预测更好的抑制效力所需的结构特征（图 9.5），并以等高线图的形式形象展示。研究中，观察到嘧啶衍生物与蛋白酶中的氨基酸残基 TYR158、MET199、MET161、GLY96 和 PHE97 的相互作用，这些指示对设计分子结构有重要提示作用。通过对模型分析，可很好理解一些化合物的活性，有助于开发新型药物分子。

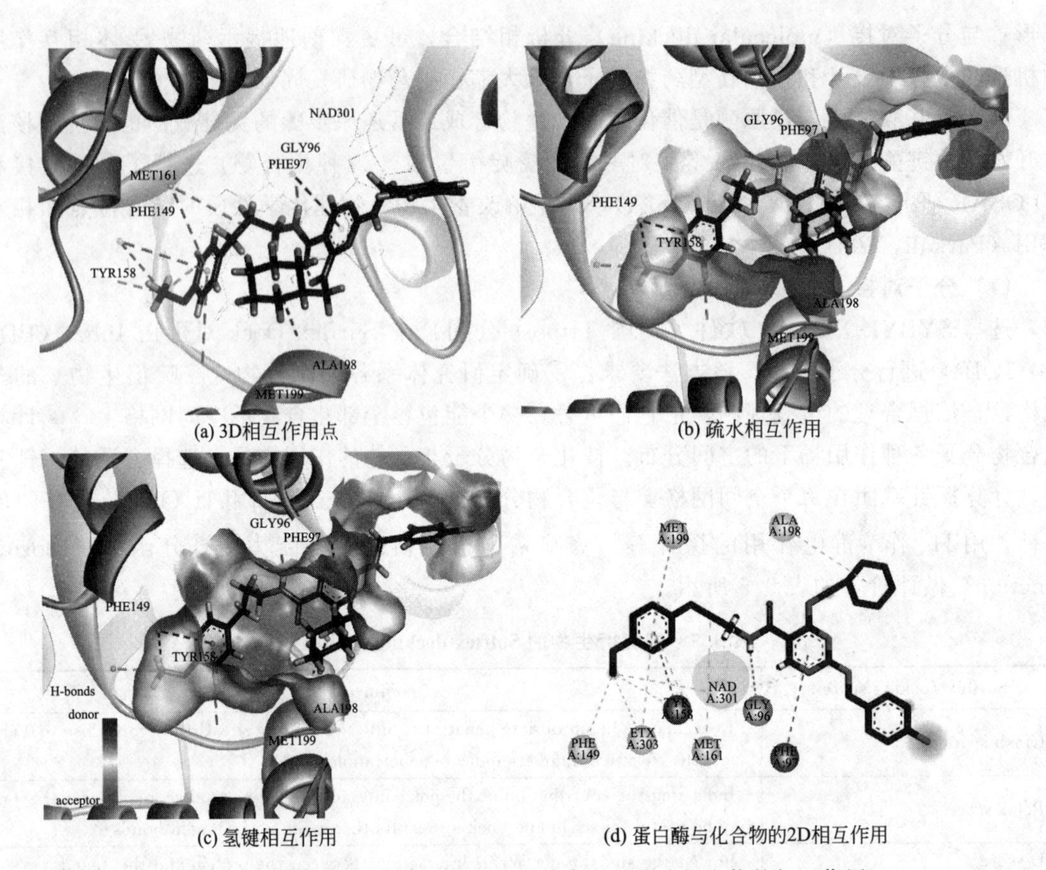

(a) 3D相互作用点　(b) 疏水相互作用　(c) 氢键相互作用　(d) 蛋白酶与化合物的2D相互作用

图 9.4　蛋白酶（PDB ID：5OIR）结合点处嘧啶衍生物的相互作用

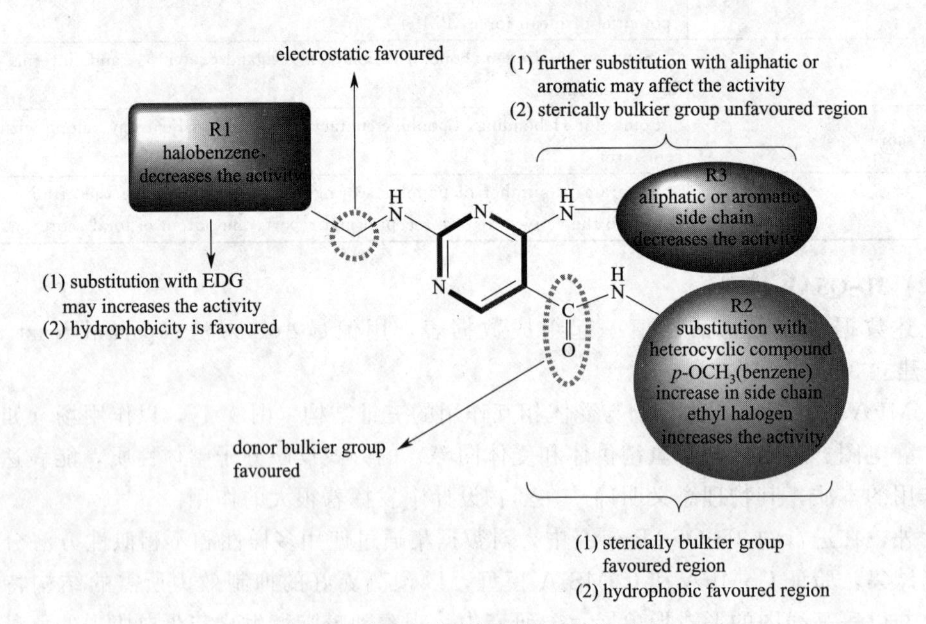

图 9.5　嘧啶衍生物的结构活性关系

9.4.3　预测 CO_2 与原油的最小混相压力

在三次采油中，常用作气驱的驱替剂包括 CO_2、N_2、液化石油气（丙烷）和烟道气等。

其中CO_2的临界温度为31℃，临界压力也仅有7.38MPa，均低于绝大多数石油储层的地质温度和压力，因此在这种地质条件下CO_2将保持超临界流体状态，也就意味着使用CO_2作为驱替剂可以更容易地达到混相驱的效果，使原油采收率大大提高。此外，作为温室效应的主要引发气体，诸如化工厂、炼油厂和发电厂等产生的大量CO_2所引发的环境问题一直广为诟病，使用CO_2驱油可以让大量CO_2填充到地下，实现CO_2的永久封存，也有利于尽快实现碳达峰碳中和目标。

CO_2相与原油体系达到的最小混相压力是CO_2驱油体系的重要指标。在实验测定法中，细管实验是测定最小混相压力的标准方法，具有较高的测定精度和可重复性，但是细管实验耗时久且实验结果受装置的影响较大。其他的实验方法如生泡仪法、消失界面张力技术等，测量的MMP与细管实验测定的MMP偏差较大，需要进一步探索。由于受实验时间和操作费用限制，人们需要一个更快速、更经济的MMP测定方法。

经验公式法是一种可供选择的替代方法，就是根据已有的实验数据如CO_2注入气压、驱替温度、原油中重质组分（C_{5+}）、原油中的中间组分（$C_2 \sim C_6$）等与MMP构造函数关系式来预测MMP。随着越来越多的预测因子的加入，所获得经验公式的精度也在不断提升，然而，这些公式都是基于特定驱替数据得到的，具有严格的使用条件，当新的情况出现时，这些经验公式的预测精度就会大打折扣。

近些年来，随着机器学习技术的飞速发展，机器学习所蕴含的一些理念和算法也被应用到包括原油开采的各个领域。神经网络是一种典型的机器学习算法，它从输入数据中进行学习，能比传统统计方法更加有效地反映出数据的特点，已被证明是一种非常有效的系统分析和预测的方法。也有学者利用遗传算法（GA-ANN）和粒子群算法（ANN-PSO）对人工神经网络的连接权重和网络结构进行优化以预测MMP，这样的组合可以更加快速地获得更加精确的结果。

我们从文献中筛选出147组数据（包括气体组成、原油组成等），通过QSPR方法构建函数方程用于预测MMP。首先通过离群值分析确定最后136组数据用于计算，然后与已有文献的预测模型进行对比（Li，2019）。

参数（描述符）选择：影响MMP的因素大体可以分为两类，一是注入气体组成，一是原油组成。由于CO_2气流来源于化工厂、炼油厂和发电厂等产生的工业废气，因此气体中还会混有大量的H_2S、N_2、C_1和$C_2 \sim C_5$等杂质气体组分，这些杂质气体的存在也会对CO_2与原油的MMP值造成一定程度的影响，它们的摩尔组成（x_i，i代表不同物质）和平均临界温度（T_c）都是需要考虑的因素。此外还需考虑原油自身所带来的影响，通常按碳数和物理性质再为三个部分：重质组分C_{5+}的分子量（$MW_{C_{5+}}$），中间组分（$C_2 \sim C_4$，H_2S和CO_2）的摩尔分数（x_{int}），易挥发组分（C_1和N_2）的摩尔分数（x_{vol}）。这样根据实际情况，从驱替温度、原油组成和CO_2的注入其组成中挑选T_R、$MW_{C_{5+}}$、x_{vol}/x_{int}、T_c、x_{CO_2}、x_{H_2S}、x_{C_1}、$x_{C_2 \sim C_5}$和x_{N_2}共9个主要影响因子进行分析。

统计方法：使用近年来兴起的基于机器学习的多种预测模型，即神经网络分析（NNA）、遗传函数近似（GFA）、多元线性回归（MLR）和偏最小二乘回归（PLS）来模拟预测MMP。

相关系数和多个误差函数的分析表明，基于机器学习的四种模型可以很好地解决MMP预测问题，预测值与结果较为接近（图9.6），其中使用智能算法的模型比单纯的线性模型具有更高的预测精度。数据表明，神经网络分析（NNA）具有最高的预测精度，与具有相似算法的遗传函数分析（GFA）与基因表达式编程（GEP）所获得的结果相差不大。

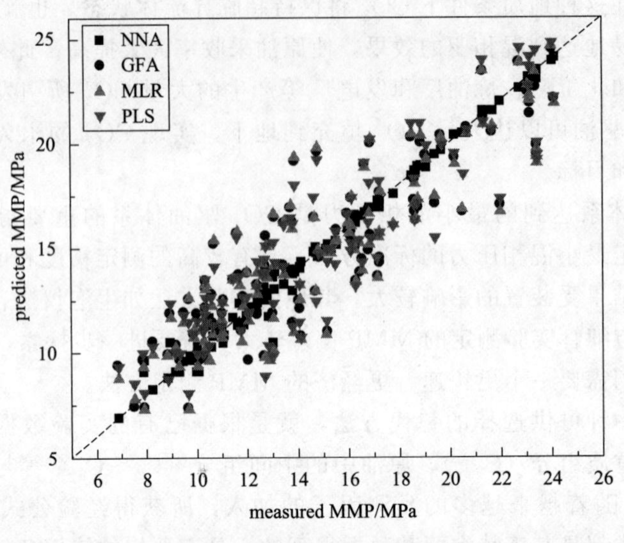

图 9.6　四种预测模型结果对比

针对 NNA 方法的灵敏度分析，得到对 MMP 值成正相关和负相关的影响因子（图 9.7），以及影响程度最大的几个因素：驱替温度、原油重质组分分子量、轻质组分和中间组分的比值等。其影响程度由大到小的顺序：$T_R > MW_{C_{5+}} > \frac{x_{vol}}{x_{int}} > x_{N_2} > T_c > x_{H_2S} > x_{CO_2} > x_{C_1} > x_{C_2 \sim C_5}$。该研究对基于机器学习的多种方法做了深入的分析、预测评价和总结，对新 MMP 预测模型的开发具有参考意义。

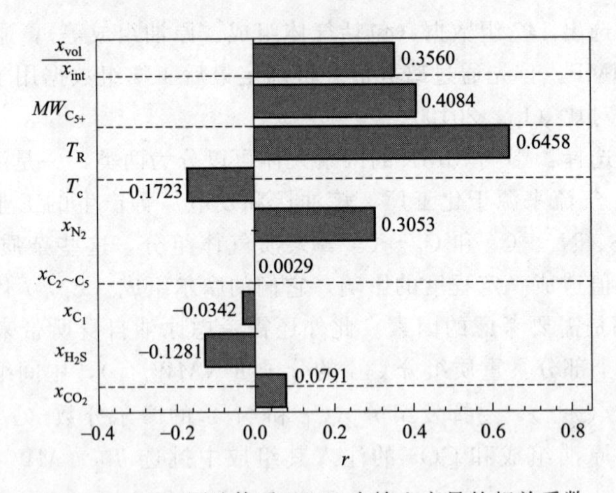

图 9.7　CO_2/原油体系 MMP 中输入变量的相关系数

参　考　文　献

[1] Appell M，Compton D L，Evans K O. Predictive quantitative structure-activity relationship modeling of the antifungal and antibiotic properties of triazolothiadiazine compounds. Methods Protoc，2020，4：2.

[2] Cramer R D，Paterson D. E，Bunce J D. Comparative molecular field analysis (CoMFA). I. Effect of shape on binding of steroids to carried proteins. J Am Chem Soc，1988，110：5959-5967.

[3] Crippen G M. Distance geometry and conformational calculations. Chichester, UK: research studies press, 1981.

[4] Hopfinger J A. A QSAR investigation of dihydrofolate reductase inhibition by Baker triazines based upon molecular shape analysis. J Am Chem Soc, 1980, 102: 7196-7206.

[5] Klebe G, Abraham U, Mietzner T. Molecular similarity indices in a comparative analysis (CoMSIA) of drug molecules to correlate and predict their biological activity. J Med Chem, 1994, 37: 4130-4146.

[6] Li D, Li X L, Zhang Y H, et al. Four methods to estimate minimum miscibility pressure of CO_2-oil based on machine learning. Chin J Chem, 2019, 37: 1271-1278.

[7] Ortiz A R, Pisabarro M T, Gago F, et al. Prediction of drug binding affinities by comparative binding energy analysis. J Med Chem, 1995, 38: 2681-2691.

[8] Parkali P M, Shyam Kumar A. Molecular docking and three-dimensional quantitative structure-activity relationships for antitubercular pyrimidine derivatives. Polycyclic Aromatic Compounds, 2021 (3): 1-14.

第10章 量子化学

量子力学关注的是电子，体现的是依赖电子分布的性质，特别适用于研究化学键的形成和断裂，有别于前几章讨论的分子力学。量子力学伴随着第一代计算机的出现就涉足了诸多研究领域，今天我们用到的不同量子力学方法都是前辈们持续不断在理论和方法上发展的成果。早期量子力学的应用还仅限于原子，或者高度对称的体系，现在借助计算机的发展，量子力学已经可以能够处理真实、实验工作者更感兴趣的实际体系。

化学的研究对象归根结底是电子、原子核等微观物体间的相互作用，而微观物体的运动规律就是在20世纪30年代发展起来的量子力学。量子化学方法就是用量子力学的理论和方法来研究化学问题。由于量子力学是微观化学物质所遵循的根本规律，所以量子化学是整个化学学科的理论基础。目前量子化学的理论和计算已经深入到了化学学科的各个分支。①物理化学：获取分子的各种热力学函数，如熵、焓和自由能等；得到分子构型和性质，如键长、键角、偶极矩、转动势垒、异构化能等；计算化学反应的速率常数；解释分子间相互作用以及分子和固体中的成键情况。②有机化学：预测分子的相对稳定性；研究化学反应的中间体；计算反应势垒、研究反应机理。③分析化学：了解和解释各种光谱，计算各种光谱的频率和强度。④无机化学：预测过渡金属络合物的性质等。⑤生物化学：研究生物分子，计算生物大分子的构型和构象，研究生物分子的相互作用，例如酶和底物的相互作用等。随着计算机技术的发展，量子化学计算的精度也日益提高。对于较小的体系，量子化学计算的精度已经达到或超过了实验精度。

本章的目的是为读者介绍分子模拟中涉及量子力学的一些基本概念，这些概念在众多教科书中（如结构化学、量子力学等）均有阐述。

10.1 Schrödinger 方程

1925年，奥地利物理学家Schrödinger指出，微观物体的运动应当符合以下方程：

$$i\hbar \frac{\partial}{\partial t}\psi = \hat{H}\psi \tag{10.1}$$

式中，$i=\sqrt{-1}$；$\hbar=\dfrac{h}{2\pi}$（h 为普朗克常数）。对于定态Schrödinger方程则可简化为：

$$\hat{H}\psi = E\psi \tag{10.2}$$

式中，ψ 为体系的波函数；E 为体系总能量；$\hat{H}$ 为哈密顿算符。对于 N 个电子，p 个原子核组成的体系，哈密顿算符为：

$$\hat{H}=\sum_{\alpha=1}^{p}\left(-\frac{\hbar^2}{2M_\alpha}\nabla_\alpha^2\right)+\sum_{i=1}^{N}\left(-\frac{\hbar^2}{2m_e}\nabla_i^2\right)-\sum_{i=1}^{N}\sum_{\alpha=1}^{p}\frac{Z_\alpha e^2}{r_{i\alpha}}+\sum_{i=1}^{N}\sum_{j>i}\frac{e^2}{r_{ij}}+\sum_{\alpha=1}^{p}\sum_{\beta>\alpha}\frac{Z_\alpha Z_\beta e^2}{R_{\alpha\beta}} \tag{10.3}$$

上述式子从左到右，依次为 p 个核的动能、N 个电子的动能、核与电子之间的吸引能、电子与电子之间的排斥能以及核与核之间的排斥能。为了简便起见，定义拉普拉斯算符 $\nabla^2=\frac{\partial^2}{\partial x^2}+\frac{\partial^2}{\partial y^2}+\frac{\partial^2}{\partial z^2}$。

计算化学的任务就是求解 Schrödinger 方程［式(10.2)］，然而对于绝大多数分子体系而言，Schrödinger 方程至今仍不能精确求解，只有单电子类氢原子或离子的 Schrödinger 方程才有精确的解析解。即便如此，氢原子严格解的结果为解决更复杂的 Schrödinger 方程提供了理论支持，在此基础上人们通过各种近似，为解决多原子分子的 Schrödinger 方程发展出了许多计算方法。

10.1.1 Born-Oppenheimer 近似

Hamiltonian 算符中的物理量用原子单位表示，则 Schrödinger 方程中的 Hamiltonian 算符［式(10.3)］可写为：

$$\hat{H}=\sum_{\alpha=1}^{p}\left(-\frac{1}{2M_\alpha}\nabla_\alpha^2\right)+\sum_{i=1}^{N}\left(-\frac{1}{2m_e}\nabla_i^2\right)-\sum_{i=1}^{N}\sum_{\alpha=1}^{p}\frac{Z_\alpha}{r_{i\alpha}}+\sum_{i=1}^{N}\sum_{j>i}\frac{1}{r_{ij}}+\sum_{\alpha=1}^{p}\sum_{\beta>\alpha}\frac{Z_\alpha Z_\beta}{R_{\alpha\beta}} \tag{10.4}$$

其中，α 代表核；i 表示电子。方程中包含所有核的坐标 $\vec{R}$ 和所有电子的坐标 $\vec{r}$，对于一般的体系，核坐标与电子坐标不能严格分离。但是，核的质量 M_α 远大于电子的质量，因而电子运动速率的变化比核快得多。如果核的构型有变化，电子能迅速进行调整，变成与之相适应的状态。鉴于此，Born 和 Oppenheimer 提出把核运动的坐标与电子运动坐标相分离的近似，称为 Born-Oppenheimer 近似。所以体系的薛定谔方程通过分离变量变为：

$$-\sum_{\alpha}\frac{1}{2M_\alpha}\nabla_\alpha^2 \upsilon+E'(\vec{R})\upsilon=E\upsilon \tag{10.5}$$

$$-\sum_{i}\frac{1}{2}\nabla_i^2 u+V(\vec{R},\vec{r})u=E'(\vec{R})u \tag{10.6}$$

其中式(10.5) 只与 $\vec{R}$ 有关，为核运动的方程。式 (10.6) 为电子运动的方程，虽然它与 $\vec{R}$、$\vec{r}$ 都有关，但核的坐标 $\vec{R}$ 是参量，对于给定的一组核构型 $\vec{R}$，就可求解式 (10.6)，得到在该核构型下电子运动能量 $E'(\vec{R})$ 和波函数 $u(\vec{r},\vec{R})$。如果把所有可能的核构型下的电子能量 $E'(\vec{R})$ 都计算出来，即作为核坐标的函数的 $E'(\vec{R})$ 已经找到，则可求解式(10.5)，得到核运动的波函数 υ。

在这里，应当强调以下四个量的物理意义：

① $u(\vec{r},\vec{R})$ 表示一定核构型下电子运动的波函数。

② $E'(\vec{R})$ 在式(10.6) 中表示在一定构型下分子的能量，同时在式(10.5) 中作为 $\vec{R}$ 的函数，是核运动的势能。它显示着核运动即原子-分子反应中原子运动的趋势。如果体系有 N 个原子，则共有 $3N$ 个核坐标，去掉整个体系运动的平动坐标和转动坐标，有 $3N-6$

（线形分子为 $3N-5$）个表示体系内部运动的核坐标。这样，作为 $3N-6$（线形分子为 $3N-5$）个核坐标 $\vec{R}$ 的函数，$E'(\vec{R})$ 可表示为 $3N-5$（线形分子为 $3N-4$）维空间中的一个超曲面，所以 $E'(\vec{R})$ 被称为体系的势能面。在体系的势能面上，我们可以看到分子体系的各个平衡构型、过渡态以及反应途径。

③ $\upsilon(\vec{R})$ 表示核运动波函数，它包括了核运动的全部信息。

④ E 表示总能量，包括电子运动的能量和核运动的能量。

量子化学的最重要的工作之一，就是在一定的核构型下求出 $E'(\vec{R})$。在找出“全部”核构型下的 $E'(\vec{R})$ 即找到势能面后，就可以解式(10.5)。

10.1.2 单电子近似

类氢波函数是可以精确求解的。对于氦和锂等核外电子数较少的原子，波函数可以通过变分、微扰方法近似求解，但对于更高原子序数的原子，Schrödinger 方程的求解建立在单电子近似的基础之上。

设有一 N 个电子的原子体系，坐标原点位于原子核上。若不考虑核的运动，描述原子运动状态的波函数是 N 个电子坐标的函数，其哈密顿算符为：

$$\hat{H}=\sum_{i=1}^{N}\left(-\frac{1}{2}\nabla_i^2\right)+\sum_{i=1}^{N}\left(-\frac{Z}{r_i}\right)+\sum_{i}\sum_{j>i}\frac{1}{r_{ij}} \tag{10.7}$$

其中第一个求和项是 N 个电子的动能算符，第二个求和项是电子与电荷为 Z 的核的吸引势能，第三个求和项是电子之间的排斥势能。由于存在电子间排斥项 $\frac{1}{r_{ij}}$，其 Schrödinger 方程不能通过分离变量求解。为此，采用近似方法求解 Schrödinger 方程。最简单的近似是忽略电子间的相互作用，得到一个零级波函数。

$$\hat{H}^{(0)}=\sum_{i=1}^{N}\left(-\frac{1}{2}\nabla_i^2\right)+\sum_{i=1}^{N}\left(-\frac{Z}{r_i}\right)=\sum_{i=1}^{N}\left(-\frac{1}{2}\nabla_i^2-\frac{Z}{r_i}\right)=\sum_{i=1}^{N}\hat{H}_i \tag{10.8}$$

于是 Schrödinger 方程分离成 N 个单电子类氢方程，零级波函数就是 N 个类氢单电子波函数的乘积，体系的能量为各电子能量之和。

$$\begin{aligned}\Phi^{(0)}&=\psi_1(r_1,\theta_1,\varphi_1)\psi_2(r_2,\theta_2,\varphi_2)\cdots\psi_N(r_N,\theta_N,\varphi_N)\\E^{(0)}&=E_1+E_2+\cdots+E_N\end{aligned} \tag{10.9}$$

然而忽略电子间的相互作用将引起较大的误差，但这种方法给我们很大启示，我们可以把多电子原子中的每个电子看作是在原子核和其余 $N-1$ 个电子所共同形成的势场中运动，每个电子都可用它的坐标的函数来描述其运动状态，这种近似称为单电子近似。在单电子近似下，我们只需求解单个电子的 Schrödinger 方程就可以了。

$$\left[-\frac{1}{2}\nabla_i^2-\frac{Z}{r_i}+V(r_i)\right]\psi_i=E_i\psi_i \tag{10.10}$$

其中，ψ_i 是所考虑的电子的坐标的函数；V 是该电子与其余 $N-1$ 个电子之间的排斥能。由于 V 不仅与所考虑的坐标有关，还与其余 $N-1$ 个电子的坐标有关。但作为一种平均情况，可以认为第 i 个电子是在其余 $N-1$ 个电子所形成的电子云的云雾中运动，V 与这 $N-1$ 个电子的运动状态有关，当其状态一定时，V 就只是第 i 个电子坐标的函数了。因此要求解任何一个单电子的 Schrödinger 方程以得到该电子所对应的轨道，都必须知道其他电子的轨道信息，即所有单电子的轨道的求解是耦合在一起的。

具有最低能量的轨道可以通过迭代方法求得自洽解，即自洽场方法（self-consistent field，SCF），其基本步骤是：

① 初始猜测所有的单电子轨道（通常用半经验方法产生）；

② 构造每个电子的哈密顿算符；

③ 求解所有电子的 Schrödinger 方程，得到一组新的单电子轨道；

④ 将新的单电子轨道作为初始猜测，重复②、③步，直到结果收敛为止。

这里的收敛是指目标分子的某些指标（如能量、波函数、电子密度）达到或小于预先设定的某个阈值。当然，如果初始猜测不够好，与待求的实际波函数差别太大，就不容易收敛，而没有收敛的波函数是没有任何意义的，在此基础上的进一步计算也都是没有意义的。这种单电子近似结合自洽场迭代求解电子波函数的方法即称为 Hatree-Fock 计算。

10.1.3 原子轨道线性组合近似

对于有多个电子的分子，可以认为分子中的电子都处在各自的分子轨道上。分子轨道与分子的骨架即组成分子的各个原子的空间位置有关，可写成各个原子轨道的线性组合（molecular orbital as the linear combination of atomic orbital，简称为 LCAO-MO)。在单电子近似下，整个体系的波函数就是 Born-Oppenheirmer 近似后电子运动 Schrödinger 方程的解 $\boldsymbol{\Psi}$，可以近似地写为由这些分子轨道组成的 Slater 行列式 $\boldsymbol{\Phi}$。

分子中的电子处在它们各自的分子轨道上，其排列情况称为组态。对于单电子近似，体系的波函数是这些分子轨道的乘积，加以反对称化，就是一个 Slater 行列式：

$$\boldsymbol{\Phi}=|\Psi_1(q_1)\Psi_2(q_2)\cdots\Psi_N(q_N)| \tag{10.11}$$

一个行列式表示一个电子组态，其中，$\Psi_i(q_i)=\phi_i(\vec{r}_i)\sigma(i)$ 表示一个自旋旋轨（等于空间轨道×自旋轨道)。严格地说，体系的波函数应当写为这些 Slater 行列式的线性组合，即 $\boldsymbol{\Psi}=\sum_k c_k\boldsymbol{\Phi}_k$，但是，对于闭壳层体系的基态，我们往往只取一个行列式，也能得到很有意义的结果。

10.1.4 Roothaan 方程

Hartree-Fock 方程可解出正则的单电子轨道，但是对于分子问题，Hartree-Fock 方程只能给出数值解，即波函数在空间各点的数值，这是非常不方便的。1951 年，Roothaan 提出，假设 $\{\chi_\mu\}$ 是一个已知的函数集合，那么分子轨道 ϕ_i 就可朝着这种基集合展开，$\phi_i=\sum_\mu c_{\mu,i}\chi_\mu$ $(i=1,2,3,\cdots,N)$，只要知道展开系数 $c_{\mu,i}$ 就可写出 ϕ_i，这里 i 表示分子轨道，χ_μ 表示基函数。

将 Hatree-Fock 方程与 LCAO-MO 近似相结合，可将分子中电子的 Schrödinger 方程转化为 Hartree-Fock-Roothaan 方程，或简称为 Roothaan 方程：

$$\boldsymbol{FC}=\boldsymbol{SC}\varepsilon \tag{10.12}$$

式中，$\boldsymbol{F}=(F_{\mu,\nu})$，为 Fock 矩阵；$S$ 表示重叠积分，$S_{\mu,\nu}=\langle\chi_\mu|\chi_\nu\rangle$；$\boldsymbol{C}$ 是系数矩阵，每一列表示一个分子轨道；ε 为能量本征值。Fock 矩阵元为：

$$F_{\mu,\nu}=H_{\mu,\nu}^{\text{core}}+\sum_\lambda\sum_\sigma P_{\lambda\sigma}\left[(\mu\nu|\lambda\sigma)-\frac{1}{2}(\mu\lambda|\nu\sigma)\right] \tag{10.13}$$

式中，密度矩阵元 $P_{\lambda\sigma}$ 与被占有的分子轨道有关，$P_{\lambda\sigma}=2\sum_i^{N/2}c_{\lambda i}c_{\sigma i}$。

Roothaan 方程是一个 Fock 矩阵的广义本征值方程，Fock 矩阵又与占有的分子轨道有关，利用自洽场迭代方法求解 Roothaan 方程的步骤大致如下：

① 确定基函数集合 χ_μ （$\mu=1,2,3,\cdots,m$）；

② 由基函数计算各种积分：$h_{\mu\nu}$、$(\mu\nu|\lambda\sigma)$、$S_{\mu\nu}$；

③ 假设一组初始的分子轨道 ϕ_i （$i=1,2,3,\cdots,N$），即系数矩阵 $\boldsymbol{C}$；

④ 用 N 个占有轨道的系数组成初始的密度矩阵（$P_{\lambda\sigma}$）；

⑤ 构造 Fock 矩阵（$F_{\mu,\nu}$）；

⑥ 解方程 $\boldsymbol{FC}=\boldsymbol{SC}\varepsilon$，得到 m 个分子轨道的能量 ε_i、系数矩阵 $\boldsymbol{C}$ 以及总能量 E；

⑦ 用 N 个占有轨道组成新的 $P_{\lambda\sigma}$；

⑧ 重复步骤⑤～⑦，直至算出的能量和分子轨道与输入的一致，即达到自洽为止。

由 Hartree-Fock-Roothaan 方程解得分子的能量和波函数。这种算法从第一原理（Schrödinger 方程）出发，不借助任何实验数据，只要给出分子构型即可得到分子的全部性质，我们称这种计算为从头计算方法（*ab initio*）。

10.2 电子相关和后 HF 方法

HF-SCF 方法以 Schrödinger 方程（即所谓第一原理）出发，没有引入任何实验参数；只是用变分法解方程，求解出该原子-分子体系的能量和波函数，所以称从头计算方法。但从头计算并非不做任何近似，从原则上来说，至少做了如下几个近似处理：

① 非相对论近似。在哈密顿算符中未考虑相对论效应。

② Born-Oppenheimer 近似。即假定核运动坐标与电子运动坐标可以分离变量，把 Schrödinger 方程分离为核运动方程与电子运动方程。

以上两条近似对一般分子体系的计算引起的误差都比较小，特别是对前三个周期的元素组成的体系，对于一般化学反应与化学性质的研究无大的影响；但对于含有重元素分子参与的反应，误差较大，需要做相对论修正。

③ 单组态近似。体系的波函数只用 1 个 Slater 行列式表示，即 $\boldsymbol{\Psi}\approx\boldsymbol{\Phi}$，$\boldsymbol{\Phi}$ 为由单电子波函数（对分子而言是分子轨道）组成的行列式。

④ 单电子近似（独立子模型）。假定了电子在由核及其他电子形成的平均势场中独立地运动。这种模型考虑电子之间的平均相互作用，但没有考虑电子之间的瞬时相关作用，允许两个自旋反平行的电子在某一瞬间在空间的同一点上出现，而实际上由于 Coulomb 排斥，这是不可能的，即在平均势场中独立运动的两个自旋反平行的电子有可能在某一瞬间在空间的同一点出现，所以电子实际上并不能“独立”地运动，当一个电子处于空间某一点时，该点近邻是“禁止”其他电子进入的，即每个电子在自己的周围建立起一个 Coulomb 穴，降低其他电子出现的概率。电子之间的这种相互制约作用称为电子运动的瞬时相关性或电子的动态相关效应。所以单电子近似对电子相关作用考虑不够。

⑤ 基组近似。对分子体系而言，由于把分子轨道展开为一组已知基函数的线性组合，这些基函数一般不是完备集合，这就造成了基组近似。

1959 年，Lowdin 提出了相关能（correlation energy）的概念，定义为精确非相对论方程的本征解与 HF 极限之差。

对一般的分子体系，电子相关能是总能量的 0.3%～1%，因此独立子模型（Hartree-Fock 方法）就其总能量的相对误差来看是一种相当好的近似。然而化学和物理过程涉及的常是相对能量，相关能的数值与一般化学过程的反应热与活化能处在相同的能量级，甚至大一个数量级。因此相关能偏差是一个严重的问题，除非所考虑的化学过程的始态与终态的电子相关能几乎相等，大部分可以相互抵消，否则 Hartree-Fock 方法计算得到的能量将是不可靠的。因此解决相关能问题在量子化学研究中占有重要地位，特别是涉及电子激发、反应途径和分子解离等重要过程，必须要考虑此问题，于是就产生了计算电子相关的各种方法，即所谓的各种 Post-HF 方法。

10.2.1 组态相互作用

组态相互作用（configuration interaction，CI）又称为组态混合（configuration mixing）或组态叠加（superposition of configuration），是最早用来计算电子相关能的方法之一。

用 HF-SCF 方法计算，由 Roothann 方程 $\boldsymbol{FC}=\boldsymbol{SC}\varepsilon$ 可求得分子轨道（空间轨道）ϕ_i，

$$\phi_i=\sum_{\mu}^{m}c_{\mu i}\chi_{\mu} \tag{10.14}$$

m 为基函数的个数，从 Roothann 方程可解得 m 个分子轨道。对 N 个原子的闭壳层体系，$N/2$ 个占据轨道，其余的为未占据的虚轨道（virtual orbital）。由占据轨道可以组成基组态的行列式：

$$\boldsymbol{\Phi}_{\mathrm{SCF}}=|\phi_1(1)\bar{\phi}_1(2)\cdots\phi_i(2i-1)\bar{\phi}_i(2i)\cdots\phi_{\frac{N}{2}}(N-1)\bar{\phi}_{\frac{N}{2}}(N)| \tag{10.15}$$

把 $\boldsymbol{\Phi}_{\mathrm{SCF}}$ 中某一个轨道（如为 i 轨道）上一个电子跃迁到一个虚轨道 a 上，就可以形成一个激发组态的行列式：

$$\boldsymbol{\Phi}_a=|\phi_1(1)\bar{\phi}_1(2)\cdots\phi_i(2i-1)\bar{\phi}_a(2i)\cdots\phi_{\frac{N}{2}}(N-1)\bar{\phi}_{\frac{N}{2}}(N)| \tag{10.16}$$

这是激发一个电子的组态，称单激发组态；也可以把两个电子激发，形成双激发组态；类似地可以形成三激发组态、四激发组态等。体系的严格的波函数可以向这些行列式波函数展开，即：

$$\boldsymbol{\Psi}=a_0\boldsymbol{\Phi}_{\mathrm{SCF}}+\sum_{\mathrm{S}}a_{\mathrm{S}}\boldsymbol{\Phi}_{\mathrm{S}}+\sum_{\mathrm{D}}a_{\mathrm{D}}\boldsymbol{\Phi}_{\mathrm{D}}+\sum_{\mathrm{T}}a_{\mathrm{T}}\boldsymbol{\Phi}_{\mathrm{T}}+\sum_{\mathrm{Q}}a_{\mathrm{Q}}\boldsymbol{\Phi}_{\mathrm{Q}}+\cdots \tag{10.17}$$

式中，S、D、T、Q 分别表示单重、双重、三重及四重激发。从组态相互作用的观点来看，Hartree-Fock 波函数的局限性在于它仅仅取了精确波函数近似展开式中的首项，而完全的展开应是有无限项的。

如果分子轨道是正交的，$\boldsymbol{S}$ 矩阵为单位矩阵即 $\langle\Phi_i\mid\Phi_j\rangle=\delta_{ij}$，$\boldsymbol{H}$ 矩阵元 $H_{ij}=\langle\Phi_i|\hat{\boldsymbol{H}}|\Phi_j\rangle$ 亦可求出。根据线性变分法，可求得方程（因为 $S_{ij}=\delta_{ij}$）$\boldsymbol{HA}=\boldsymbol{AE}$，其中 $H_{ij}=\langle\Phi_i|\hat{\boldsymbol{H}}|\Phi_j\rangle$，$\boldsymbol{E}$ 为对角矩阵，$\boldsymbol{E}=\begin{pmatrix}E_1 & 0 & \cdots & 0\\ 0 & E_2 & \ddots & \vdots\\ \vdots & \ddots & \ddots & 0\\ 0 & \cdots & 0 & \ddots\end{pmatrix}$。

其中能量最低的 E_1 对应于体系的基态，其他依次为各级激发态。$\boldsymbol{A}$ 为系数矩阵，对应每一个 E_i，有 $\boldsymbol{A}$ 矩阵中的第 i 列，即是这个态的波函数 $\boldsymbol{\Psi}$ 展开式中的展开系数，这就是 CI。

根据激发方式的不同，CI 模型有很多种，其中完全 CI 模型考虑了所有可能的激发态，其计算结果很精确，但是计算量非常大，仅适用于非常小的体系。这样就不得不考虑不做完

全的CI，而是作截断的CI，即不把所有的激发都考虑在内。一般地说，内层电子在反应中所起作用较小，所以在截断的CI中，一般不把内层电子激发，这就是所谓冻结原子实(frozen-core，FC)。CI-S表示只考虑单激发的CI，CI-SD表示考虑单、双激发的CI，CI-SDT表示单、双、三重激发的CI，CI-SDTQ则表示考虑到四重激发的CI。通常计算中发现双重激发最为重要，对相关能的校正起最大的作用。单激发对能量的校正远远小于双激发，但是单重激发计算对分子性质的计算也很重要，因为许多分子的性质与单重激发有关。

10.2.2 多体微扰方法

电子相关能与体系总能量相比是个小量，其中又只有双重激发组态占主要贡献，因此用微扰方法计算相关能是一可行方法。多体微扰方法（many-body perturbation theory，MB-PT）是研究多个核与多个电子组成的体系的微扰方法，其中使用最多的是Møller-Plesset方法（MP方法，1934），实际用来研究原子-分子体系是在1975年开始的。

对于未微扰体系的哈密顿算符，取单电子Fock算符之和，即：

$$\hat{H}^{(0)}=\sum_{i=1}^{N}\hat{f}(i) \tag{10.18}$$

基态HF波函数$\boldsymbol{\Phi}_0$是Slater行列式$|\Psi_1\Psi_2\cdots\Psi_N|$。这是由$N$个单电子波函数的乘积经反对称化而得到的，共计有$N!$项，每一项都是$H^{(0)}$的本征函数，所以$\boldsymbol{\Phi}_0$也是$H^{(0)}$的本征函数：

$$\hat{H}^{(0)}\boldsymbol{\Phi}_0=\left(\sum_{m=1}^{N}\varepsilon_m\right)\boldsymbol{\Phi}_0 \tag{10.19}$$

所以$\boldsymbol{\Phi}_0$是体系的一个零级近似波函数。在所有$\hat{f}(m)$的本征函数Ψ_m中任意取出N个，组成的行列式均是$\hat{H}^{(0)}$的本征函数，也都是体系的零级近似波函数。这就是说，把$\boldsymbol{\Phi}_0$、单、双、三、四等各重激发的行列式看作体系的零级近似波函数。

体系的微扰算符$\hat{H}'$为体系的$\hat{H}$与$\hat{H}^{(0)}$之差，即体系的电子排斥能之和与HF排斥能之差：

$$\hat{H}'=\hat{H}-\hat{H}^{(0)}=\sum_{l}\sum_{m\neq l}\frac{1}{r_{lm}}-\sum_{m=1}^{N}\sum_{j=1}^{N}[\hat{J}_j(m)-\hat{K}_j(m)] \tag{10.20}$$

体系的基态能量一级近似修正为$E_0^{(1)}\langle\boldsymbol{\Phi}_0|\hat{H}'|\boldsymbol{\Phi}_0\rangle$，体系总的一级近似能量为：

$$E_0^{(0)}+E_0^{(1)}=\langle\boldsymbol{\Phi}_0|\hat{H}^{(0)}|\boldsymbol{\Phi}_0\rangle+\langle\boldsymbol{\Phi}_0|\hat{H}'|\boldsymbol{\Phi}_0\rangle=\langle\boldsymbol{\Phi}_0|\hat{H}^{(0)}+\hat{H}'|\boldsymbol{\Phi}_0\rangle=\langle\boldsymbol{\Phi}_0|\hat{H}|\boldsymbol{\Phi}_0\rangle \tag{10.21}$$

这就是以$\boldsymbol{\Phi}_0$为变分函数求得的能量值，也就是用HF方法求得的总能量E_{HF}。

体系的二级近似修正为$E_0^{(2)}=\sum\limits_{p\neq0}\dfrac{|\langle\boldsymbol{\Phi}_p^{(0)}|\hat{H}'|\boldsymbol{\Phi}_0\rangle|^2}{E_0^{(0)}-E_p^{(0)}}$，$\boldsymbol{\Phi}_p^{(0)}$是由$N$个分子轨道$\Psi_i$组成的除$\boldsymbol{\Phi}_0$之外的Slater行列式，即由$\boldsymbol{\Phi}_0$产生的激发组态行列式。设以$i$、$j$、$k$、$l$表示在$\boldsymbol{\Phi}_0$中的占有轨道，$a$、$b$、$c$、$d$表示虚轨道，$\boldsymbol{\Phi}_i^a$表示由$i$轨道激发到$a$轨道的单激发行列式，$\boldsymbol{\Phi}_{ij}^{ab}$表示$i\to a$，$j\to b$的双激发行列式。

根据Brillouin定理$\langle\boldsymbol{\Phi}_i^a|\hat{H}|\boldsymbol{\Phi}_0\rangle=0$，又由于$\langle\boldsymbol{\Phi}_i^a|\hat{H}^{(0)}|\boldsymbol{\Phi}_0\rangle$也等于零[因为$\boldsymbol{\Phi}_i^a$与

$\boldsymbol{\Phi}_0$ 都是 $\hat{H}^{(0)}$ 的本征函数(其本征值不同)]，所以 $\langle \boldsymbol{\Phi}_i^a \mid \hat{H} \mid \boldsymbol{\Phi}_0 \rangle = E_0^{(0)} \langle \boldsymbol{\Phi}_i^a \mid \boldsymbol{\Phi}_0 \rangle = 0$，即 $\langle \boldsymbol{\Phi}_i^a \mid \hat{H}' \mid \boldsymbol{\Phi} \rangle = 0$。而如果 $\boldsymbol{\Phi}_p^{(0)}$ 与 $\boldsymbol{\Phi}_0$ 是差三个或三个以上的单电子轨道，$\langle \boldsymbol{\Phi}_p^{(0)} \mid \hat{H}' \mid \boldsymbol{\Phi}_0 \rangle$ 也为零，所以在 $E_0^{(2)} = \sum_{p \neq 0} \frac{|\langle \boldsymbol{\Phi}_p^{(0)} \mid \hat{H}' \mid \boldsymbol{\Phi}_0 \rangle|^2}{E_0^{(0)} - E_p^{(0)}}$ 的矩阵元 $\langle \boldsymbol{\Phi}_p^{(0)} \mid \hat{H}' \mid \boldsymbol{\Phi}_0 \rangle$ 中，$\boldsymbol{\Phi}_p^{(0)}$ 只取双激发的行列式 $\boldsymbol{\Phi}_{ij}^{ab}$。

可以推导出二级微扰的校正值为：

$$E_0^{(2)} = \sum_{p \neq 0} \frac{|\langle \boldsymbol{\Phi}_p^{(0)} \mid H' \mid \boldsymbol{\Phi}_0 \rangle|^2}{E_0^{(0)} - E_p^{(0)}} = \sum_{b=a+1}^{\infty} \sum_{a=N+1}^{\infty} \sum_{i=j+1}^{N} \sum_{j=1}^{N-1} \frac{\left| \left\langle ab \left| \frac{1}{r_{12}} \right| ij \right\rangle - \left\langle ab \left| \frac{1}{r_{12}} \right| ji \right\rangle \right|^2}{\varepsilon_i - \varepsilon_j - \varepsilon_a - \varepsilon_b} \tag{10.22}$$

取能量的二级近似，$E = E_0^{(0)} + E_0^{(1)} + E_0^{(2)} = E_{\mathrm{HF}} + E_0^{(2)}$，这个能量值就是 MP2 能量。

从一级近似波函数可以得到二级近似能量，因为一级近似波函数只包含二重激发的行列式，所以二级近似能量也只对二重激发求和。而求 MP4 能量则需包含单、双、三、四重激发，与 CI 计算一样，内层电子的激发往往是不重要的，所以做 MP2、MP3、MP4 计算时，一般的都用冻结核近似，即不考虑内层电子激发的行列式。

在进行 MP 微扰计算时，首先要选择基函数，做 HF-SCF 计算，以得到 $\boldsymbol{\Phi}_0$、E_{HF} 以及所有的分子轨道。当人们用完全集合去展开分子轨道时，才可以得到真正的 HF 能量 E_{HF} 及全部虚轨道。做 MP 计算也有基组近似。与 CI 计算一样，小基组的微扰方法由于其基组误差太大，从而被认为是没有多少意义的，一般至少用中等尺寸的基组，例如 6-31$G(d)$ 基组，才能得到相对较为合理的结果。

MP3 的计算工作量比 MP2 大得多，但对分子的性质计算无很大的改善，所以一般不单独做 MP3 计算。目前做得多的是 MP2 与 MP4。MP5 以上的计算非常费时，一般很少有人去做。做 MP4 时有时不做三重激发，称为 MP4-SDQ，可节约时间，精度下降并不多。

与 CI 相比，MP 计算的工作量比 CI 少得多。如对 CH_3NH_2 做单点计算，使用 6-31G(d) 基组，取 HF-SCF 所用机时为标准，定义为 1，则 CI-SD 计算所用机时则为 17，MP2 只有 1.5，MP4-SDQ 为 5.8。也有人计算戊烷，MP4/6-31G(d) 所用机时为 MP2/6-31G(d) 的 17 倍。

MP 微扰计算具有大小一致性。应当注意，它并不是基于变分原理，从而其能量值有可能比真值还要低，当然不会低太多，但这是 MP 微扰方法的缺点。由于它具有大小一致性，这个优点更重要。

MP2 计算可以得到解析的能量梯度，从而易于优化构型和计算振动频率。MP 微扰计算的局限性是对远离平衡构型的分子计算精度较差，不像对平衡构型那样有效，相关能的校正较少，而计算时间加长。另外，它也不适宜进行激发态的计算。

10.3 密度泛函理论

上述计算方法的核心问题都是求解电子运动的 Schrödinger 方程，对于 N 电子分子体系，其电子波函数依赖于 $3N$ 个空间变量和 N 个自旋变量，但是体系的能量仅包含单电子及双电子作用项。即分子的能量可写为仅含 6 个空间坐标的积分，其 Fock 算符为：

$$f_i=-\frac{1}{2}\nabla_i^2-\sum_{\alpha}\frac{Z_\alpha}{r_{i\alpha}}+\sum_{j=1}^{N}[\hat{J}_j(i)-\hat{K}_j(i)] \tag{10.23}$$

它只与 x_i、y_i、z_i、x_j、y_j、z_j 有关。这就是说，多电子分子的波函数中包含有太多的信息，我们有可能找到一种比波函数有较少变量的函数用来计算体系的能量及体系的其他性质。

1964 年，Hohenberg 和 Kohn 证明了如下的定理：对非简并基态的分子，其能量、波函数及其他电子的性质可由其电子概率密度 $\rho_0(\vec{r})$ 唯一地确定，其中下标 0 表示基态，体系的基态能量可表示为 $E_0=E_0[\rho_0]$，方括号表示泛函关系。所谓密度泛函理论（density functional theory，DFT）就是从 ρ_0 出发计算体系的 E_0 及其他性质。1965 年，Kohn 及 Sham 给出了由电子密度构造能量的方法，即 Kohn-Sham（KS）方程：

$$E_\nu[\rho]=-\frac{1}{2}\sum_i\langle\theta_i^{KS}|\nabla_i^2|\theta_i^{KS}\rangle-\sum_\alpha Z_\alpha\int\frac{\sum_i|\theta_i^{KS}|^2}{r_{i\alpha}}d\vec{r}+\frac{1}{2}\iint\frac{\sum_i|\theta_i^{KS}(1)|^2\rho(\vec{r}_2)}{r_{12}}d\vec{r}_1d\vec{r}_2+E_{XC}[\rho] \tag{10.24}$$

其中等式右边第一项为电子的动能，第二项为核与电子的吸引势，第三项为电荷的库仑相互作用，第四项 $E_{XC}[\rho]$ 为交换-相关能。能量公式中 ρ 为电子密度，$\rho=\sum_{i=1}^{N}|\theta_i^{KS}|^2$，$\theta_i^{KS}$ 称为 KS 轨道，通过求解 KS 方程得到。其中，θ_i^{KS} 对应的 KS 方程为：

$$\left[-\frac{1}{2}\nabla_i^2-\sum_\alpha\frac{Z_\alpha}{r_{1\alpha}}+\int\frac{\rho(\vec{r}_2)}{r_{12}}dr_{12}+V_{XC}\right]\theta_i^{KS}(1)=\varepsilon_i^{KS}\theta_i^{KS} \tag{10.25}$$

$V_{XC}=\dfrac{\delta E_{XC}[\rho]}{\delta\rho}$称为交换相关势，是 E_{XC}（交换-相关能）对 ρ 的函数导数。

在实际应用 DFT 计算时，通常先将分子的各个原子的电子密度值叠加起来，作为分子的电子密度 ρ 的初始值，然后由 ρ 求得 $V_{XC}(\vec{r})$。把 $V_{XC}(\vec{r})$ 用于 KS 方程中，从中解出初始的 KS 轨道 θ_i^{KS}。在解 KS 方程时，与解 HF 方程一样，先把 KS 轨道向某一组基函数做展开，即令 $\theta_i^{KS}=\sum_{r=1}^{b}C_{ri}\chi_r$，得到的 KS 方程与 Roothann 方程相类似的形式，只是把 Fock 矩阵元 $F_{\mu,\nu}=\langle\chi_r|F|\chi_s\rangle$ 改写为 Kohn-Sham 矩阵元 $h_{rs}^{KS}=\langle\chi_r|h^{KS}|\chi_s\rangle$，其方程为：

$$\sum_{s=1}^{b}C_{si}(h_{rs}^{KS}-\varepsilon_i^{KS}S_{rs})=0\ (r=1,2,\cdots,b) \tag{10.26}$$

其解法与 HF 方程类似。由方程解得的系数 $C_{si}(s=1,2,\cdots,b)$ 解得 KS 轨道 θ_i^{KS}，再得到电子密度 $\rho=\sum_{i=1}^{occ}n_i|\theta_i^{KS}|^2$，其中 n_i 为占据轨道，进而得到改进的 V_{XC}，再产生新的 KS 方程得到新的 θ_i^{KS}，直至 θ_i^{KS} 及 V_{XC} 自洽为止。最后得到体系的基态能量、偶极矩以及分子的其他性质。

DFT 计算产生误差的主要原因有两个：一是基组效应，这可以用扩大基组来改善计算结果；二是方法中引入的 E_{XC}，因于 E_{XC} 是一个近似的函数，因此计算中的 V_{XC} 也是近似的。改进的办法就只能是使用更好的 E_{XC}。这样，就得到了许多种不同的交换相关泛函。

(1) 局域密度近似

Hohenberg 及 Kohn 证明，若 ρ 随 $\vec{r}$ 变化很慢，则可做局域密度近似（local density appro ximation，LDA）。在 LDA 下，$E_{XC}[\rho]$ 与均匀电子气中每一个电子的交换能与相关能之和 $\varepsilon_{XC}[\rho]$ 有关，写为 $E_{XC}^{\mathrm{LDA}}[\rho]$。局域自旋密度近似（local spin density approximation，LSDA）则是把自旋不同的电子处理为占有不同的空间 Kohn-Sham 轨道。

(2) 梯度校正

在 LSDA（LDA）中，决定 E_{XC} 的模型为均匀电子气，其中 ρ 为常数，这只能适合于 ρ 随坐标变化很小，即 $\frac{\partial\rho}{\partial r}$ 很小的情况。梯度校正方法的目的就是在定义 E_{XC} 的积分中包含了表征电子密度梯度的函数 $E_{XC}^{\mathrm{GGA}}[\rho^{\alpha}, \rho^{\beta}] = \int f[\rho^{\alpha}(\vec{r}), \rho^{\beta}(\vec{r}), \nabla\rho^{\alpha}(\vec{r}), \nabla\rho^{\beta}(\vec{r})]\mathrm{d}\vec{r}$，函数 f 中包含了 ρ 及其梯度，因而称这种方法得到的 E_{XC} 为广义梯度近似（generalized gradient approximation，GGA）泛函，或者称梯度校正（gradient corrected）泛函。

实际上，人们把 E_{XC}^{GGA} 写为交换泛函及相关泛函之和：$E_{XC}^{\mathrm{GGA}} = E_{X}^{\mathrm{GGA}} + E_{C}^{\mathrm{GGA}}$。通常，梯度校正的交换泛函及相关泛函都带有若干经验参数。这些参数是在某些极限情况下以 E_X、E_C 理论上的要求作为判据而得到的。这样，不同参数化方法就得到了许多种不同的近似。

现在较为常用的梯度校正交换泛函 E_{X}^{GGA} 有：PW86、PW91、B88。

常用的梯度校正相关泛函 E_{C}^{GGA} 有：Lee、Yang、Parr 提出的泛函 LYP；Perdew 提出的泛函 P86；Perdew 和 Wang 提出的泛函 PW91；Becke 提出的泛函 B96。

每一种 E_{X}^{GGA} 都可以与一种 E_{C}^{GGA} 相结合，构成一种交换相关泛函，组合某一基组构成一种理论计算水平，如 BLYP/6-31G * 是指使用 Becke1988 年的交换泛函 E_{X}^{GGA} 和 LYP 的相关泛函 E_{C}^{GGA}，而将 Kohn-Sham 轨道 θ_{i}^{KS} 向 6-31G * 基组展开。

(3) 混合（杂化）泛函

所谓混合（杂化）泛函就是把若干种不同的泛函混合起来的泛函。如现在应用较多的 B3LYP 杂化泛函：

$$E_{XS}^{\mathrm{B3LYP}} = (1-a_0-a_X)E_{X}^{\mathrm{LSDA}} + a_0 E_{X}^{\mathrm{HF}} + a_X E_{X}^{\mathrm{B88}} + (1-a_C)E_{C}^{\mathrm{vwn}} + a_C E_{C}^{\mathrm{LYP}} \quad (10.27)$$

式中，a_0、a_X、a_C 是参数，分别等于 0.2、0.72、0.81。它们通过拟合分子的原子化能的实验值而得到。B3LYP 中的 3 就是指这 3 个参数。

自 20 世纪 90 年代下半叶以来，各种杂化泛函很多，其优点都是可以得到较精确的原子化能、平衡构型、振动频率和偶极矩等数据。

10.4 基函数（基组）的选择

分子轨道 ϕ_i 是 HF 方程 $\hat{F}_i\phi_i = \varepsilon_i\phi_i$ 的解，但实际上这个 HF 方程无法解得可以真正使用的分子轨道，因而我们把分子轨道向一组基函数（basis function）展开，得到了 Roothaan 方程。如果基函数是完全集合，则 Roothaan 方程与 HF 方程式等价，但是实际上不可能这样去做，我们只能将分子轨道向有限的基函数做展开。这样 Roothaan 方程就只能是 HF 方程的近似，而近似的好坏取决于选择的基函数。选择基函数（有时也称基组，basis set）的原则是兼顾计算的精度和效率。

10.4.1 LCAO

从物理意义上来讲，最自然的选择是把分子轨道写为原子轨道的线性组合，即把组成分子的各个原子的原子轨道选为基函数，这类基组统称为 LCAO 基组，包括：

① 最小基。选取每一个原子的内层轨道及价轨道为基函数。以 H_2O 为例：

原子	各原子的电子所占的原子轨道
O	1s，2s，$2p_x$，$2p_y$，$2p_z$
H^1	1s
H^2	1s

两个 H 原子的 1s 轨道是不同的，因为它们函数变量即电子到两个氢原子核的距离是不同的，也就是说，它们的轨道中心不同。

② 扩展基。在最小基的基础上加上外层轨道。以 H_2O 为例，H_2O 在最小基的基础上，增加 O 的 3s、3p、3d 轨道和 H^1 和 H^2 的 2s、2p 轨道等。一般地说，对于一般中性分子，扩展比价轨道的角量子数大 1 的轨道是最有效的。这样的函数称为极化函数（polarization function）。对 O 来说，最有效的扩展是 3d，对 H 来说，最有效的扩展基是 2p 轨道。对于含有负离子或包含孤对电子的体系，其体积相对较大，通常需要将比价轨道主量子数大的 s、p 轨道扩展进来，这样的函数叫弥散函数（diffuse function）。

极化函数一般用“*”表示，一个“*”表示仅对重原子加极化函数，两个“**”表示对所有原子都加极化函数。弥散函数一般用“+”来表示，一个“+”表示仅对重原子加弥撒函数，两个“++”表示对所有原子都加弥散函数。

10.4.2 STO (Slater type orbital)

基函数集合 $\{\chi_\mu\}$ 选为原子轨道并不意味着选一个真正准确的原子轨道。一方面，这样做会很复杂；另一方面，实际上由于在分子中的环境与在孤立原子中不同，选准确的原子轨道可能并不好。一个可能的选择是用 Slater type orbital：$\chi_A = N r_A^{n-1} e^{-\zeta r_A} Y_{lm}(\theta_A, \varphi_A)$，其中 A 为原子中心的标号，r_A、θ_A、φ_A 为以 A 为中心的球坐标系中电子的坐标，n、l、m 为量子数，N 为归一化系数，ζ 为可以优化的轨道指数，它随 n，l 不同而异，即 $\zeta=\zeta(n,l)$。

STO 函数的优点是与“真正的”原子轨道较为接近，而又较为简单。其缺点是无法对多中心积分（三中心、四中心）严格求解，这样就难以在多原子分子中使用。

10.4.3 双 ζ 及三 ζ 基

Clementi 发现，若对一个原子轨道用 2 个不同 ζ 的函数表示，可以使计算精度大为改善。

例如，对 C 原子，如果取最小基，一个轨道用一个函数表示，轨道（括号内为轨道指数）如下：

1s(ζ=5.6727)　2s(ζ=1.6083)　$2p_x$(ζ=1.2107)
$2p_y$(ζ=1.2107)　$2p_z$(ζ=1.2107)

如果每一个轨道用两个函数表示，则有：

1s(ζ=7.4871)　1s′(ζ=5.1117)　2s(ζ=1.8366)　2s′(ζ=1.1651)

$2p_x$(ζ=2.7238)　$2p'_x$(ζ=1.2549)　$2p_y$(ζ=2.7238)　$2p'_y$(ζ=1.2549)

$2p_z$(ζ=2.7238)　$2p'_z$(ζ=1.2549)

这样的基称为双 ζ 基。同样，一个原子轨道也可以用三个不同 ζ 的函数表示，这样的基称三 ζ 基。

10.4.4 GTO (Gaussian type orbital)

在数学上，高斯函数是指形如 e^{ar^2} 一类的函数，在这里我们使用的高斯函数为 $\chi(A,\zeta,l,m,n)=Nx_A^l y_A^m z_A^n e^{-\zeta r_A^2}$，其中 A 为中心原子标号，x_A、y_A、z_A 为直角坐标，$r_A=\sqrt{x_A^2+y_A^2+z_A^2}$，$\zeta$ 为可以优化的轨道指数，l、m、n 为非负整数。不同的数值组合代表不同类型的轨道：

$l+m+n=0$（即 l，m，$n=0$）　对应于 s 轨道

$l+m+n=1$　对应于 p 轨道

$l+m+n=2$　对应于 d 轨道

注意：这里的 d 轨道有 x^2、y^2、z^2、xy、yz、xz 共 6 个。它与 $Y_{l,m}$ 中 $l=2$，$m=-2$、-1、0、1、2 共 5 个 d 轨道不是一个概念，只是称它为 d 轨道而已。但也可以组合为 $Y_{l,m}$ 的 5 个 d 轨道 d_{xy}、d_{yz}、d_{xz}、$d_{x^2-y^2}$、d_{z^2}。

高斯函数无主量子数，各层轨道的不同只是反映在 ζ 大小的不同罢了。高斯函数有如下性质：$\chi(A,\zeta_1,l_1,m_1,n_1)\chi(B,\zeta_2,l_2,m_2,n_2)=\sum\limits_{lmn}C_{lmn}\chi(C,\zeta,l,m,n)$。即 2 个不同中心的高斯函数的乘积可化为第 3 个中心高斯函数的线性组合。这样，任何多中心积分都可化为单中心积分。高斯函数的缺点是它与原子轨道形状相差太大，$e^{-\zeta r^2}$ 由于指数上是 $-\zeta r^2$，使原子轨道收缩太快，从而在把分子轨道向原子轨道展开时需要更多的项，即要取更多的高斯函数为基。由于使用高斯函数能解决多中心积分的问题，现在实际计算时大都采用以高斯函数为基函数。因为从理论上说，我们在做分子轨道展开时（$\phi_i=\sum\limits_{\mu}c_{\mu i}\chi_u$），并不需要 χ_μ 是原子轨道，只是要求 $\{\chi_\mu\}$ 是一组已知函数的集合。

10.4.5 简缩的 Gaussian 基组

对分子的计算，用高斯函数要求使用较多的基函数，会引起矩阵维数的增大，如用 STO 基，则矩阵的维数可减少，可事先把若干个高斯函数先组合为一个函数，再以这个函数为基，即先令 $\chi_\mu=\sum\limits_{p=1}^{k}d_{\mu p}G_p$，其中 G_p 为 Guaussian 函数，$d_{\mu p}$ 为展开系数，而 $\phi_i=\sum\limits_{\mu}^{m}c_{\mu i}\chi_\mu=\sum\limits_{\mu}c_{\mu i}\sum\limits_{p}d_{\mu p}G_p$。由于在变分的过程中，系数 $d_{\mu p}$ 不变，所以矩阵仍是 m 维。此即简缩的 Gaussian 基组。

简缩的 Gaussian 基组中用的最多的是 Pople 等的 STO-kG 基组，其中 k 为一个正整数如 3、4 等。它事先把 k 个高斯函数拟合成一个 STO。如 STO-3G，是用 3 个高斯函数拟合成一个 STO；STO-6G，是用 6 个高斯函数拟合成一个 STO。

另外的一种简缩的高斯函数基组并不是直接拟合成 STO，如 (9s,5p/4s)//(3s,2p/2s) 是指每一个非 H 原子用 9 个 s 型高斯函数，5 个 p 型高斯函数，把 9 个 s 型高斯函数分成 3 组，简缩成 3 个 s 型轨道，5 个 p 型高斯函数简缩成 2 组 p 型轨道；对每一个 H 原子的 4 个 s 型高斯函数简缩成 2 组 s 型轨道。Dunning 基组就是这一类型。

10.4.6 分裂价基

由于价轨道在分子中形变较大，而内层轨道形变较小，因而可以把价轨道展开为双 ζ 基甚至三 ζ 基，而内层轨道则用单 ζ 基。这样，我们可以用 2 组不同的 STO-kG 基组来描述价轨道，而内层只用一组 STO-kG。由于内层轨道更接近孤立的原子轨道，所以展开内层轨道时，k 值要比较大，例如为 STO-6G。这种把价轨道展开为双 ζ 基甚至三 ζ 基，而内层轨道则用单 ζ 基的基组成为分裂价基。

例如，3-21G 是把内层轨道用 STO-3G 展开，价轨道则用双 ζ 基，一组用 STO-2G，另一组用 STO-1G，这是一组很小的基。6-31G 则是对内层轨道用单 ζ 基，STO-6G；价轨道则用双 ζ 基，一组用 STO-3G，另一组用 STO-1G。

以 CH_3OH 用 6-31G 基为例说明基函数的数量：

C 和 O：内层 1s 轨道，单 ζ 基，STO-6G，2 个基函数，12 个初始的高斯函数；

价层 2s、2p 轨道，双 ζ 基，STO-3G 及 STO-1G，16 个基函数，32 个初始的 GF；

4H：1s，双 ζ 基，STO-3G 及 STO-1G，8 个基函数，16 个初始的高斯函数。

共有 26 个基函数（C 和 O 均为 1s、2s、2s$'$、$2p_x$、$2p'_x$、$2p_y$、$2p'_y$、$2p_z$、$2p'_z$ 各 9 个基，每一个 H 用 1s、1s$'$2 个基），共用了 60 个初始的高斯函数。

又如，6-311G，内层轨道用 STO-6G，价层用三 ζ 基，一组用 STO-3G，另两组均用 STO-1G。

在每一种基组上，还可以增加极化函数及弥散函数。如 6-31G 加上极化函数，则称为 6-31G(d) 或 6-31G*。如上面的 CH_3OH 分子用 6-31G* 基组则基函数增加到 38 个，初始高斯函数为 72 个。如果要加上氢的极化函数 $2p$，则为 6-31G(d,p) 或 6-31G**。有时，还可加上外层的 s 及 p 轨道即加上弥散函数，可以在“G”前加“+”。如 6-31+G(d,p) 再加上氢的 2s 则为 6-31++G(d,p)。对于负离子等体系加上弥散函数能使计算结果更好。

更大的基组也可以用更多的极化函数即用角动量更高的基，如 6-311+G($2df,2pd$) 就是在 6-311+G 的基础上，对非氢原子再加上双 ζ 基的 d 函数，每组 5 个，共 2 组，及一组 f 函数（7 个），氢原子则加上 2 组 p 轨道，1 组 d 轨道。

随着基组的增大，基组误差越来越小，Roothaan 方程就越接近于 HF 方程。我们有时说越来越接近 HF 极限。基组越大，所耗机时越多。

10.5 半经验分子轨道方法

在 HF 方法中，解 Roothaan 方程 $\boldsymbol{FC}=\boldsymbol{SC}\varepsilon$，其中

$$F_{\mu,\nu}=h_{\mu,\nu}+\sum_{\lambda\sigma}P_{\lambda\sigma}\left[\langle\mu\nu|\lambda\sigma\rangle-\frac{1}{2}\langle\mu\sigma|\lambda\nu\rangle\right] \tag{10.28}$$

需要求解许多双电子排斥积分 $\langle\mu\nu|\lambda\sigma\rangle$，积分的个数接近于 m^4 个，m 为基函数的个

数，Fock 矩阵的维数为 m。当体系很大时，m 也必然很大，这样给计算带来很大困难，为此发展出一些半经验的计算方法（semiempirical method）。

最重要的一类半经验方法是在不同程度上忽略微分重叠。在双电子排斥积分 $\langle\mu\nu|\lambda\sigma\rangle$ 中，4 个函数 χ_μ、χ_ν、χ_λ、χ_σ 可能不属于一个中心。计算实践证明，当 $\mu\neq\nu$ 或者 $\lambda\neq\sigma$ 时，积分数值较小，往往可以忽略。忽略这样的积分就是忽略微分重叠（differential overlap，DO）。如果设 $\langle\mu\nu|\lambda\sigma\rangle=\langle\mu\mu\mid\lambda\lambda\rangle\delta_{\mu\nu}\delta_{\lambda\sigma}$，则称零微分重叠（ZDO）。

10.5.1 全略微分重叠方法（CNDO）

Pople 等人在 1965 年提出了全略微分重叠（completed neglet of differential overlap，CNDO）的半经验方法，其主要近似有：

① 价电子近似

$$\hat{H}=\sum_{i=1}^{N_\nu}H_{\text{core}}(i)+\sum_{ij,i<j}^{N_\nu}\frac{1}{r_{ij}} \tag{10.29}$$

由此可得 Fock 矩阵元：

$F_{\mu,\nu}=h_{\mu,\nu}^{\text{core}}+\sum_{\lambda\sigma}^{m_\nu}P_{\lambda\sigma}[\langle\mu\nu|\lambda\sigma\rangle-\frac{1}{2}\langle\mu\sigma|\lambda\nu\rangle]$，其中 m_ν 为价基的个数。

② 零微分重叠（ZDO）。即 $\langle\chi_\mu^{A}\chi_\nu^{B}\mid\chi_\lambda^{C}\chi_\sigma^{D}\rangle=\langle\chi_\mu^{A}\chi_\mu^{A}\mid\chi_\lambda^{C}\chi_\lambda^{C}\rangle\delta_{AB}\delta_{CD}\delta_{\mu\nu}\delta_{\lambda\sigma}$（全部忽略微分重叠），这样

$$F_{\mu,\nu}=h_{\mu,\nu}^{\text{core}}+\sum_{\lambda\sigma}^{m_\nu}P_{\lambda\sigma}\left[\langle\mu\mu\mid\lambda\lambda\rangle\delta_{\mu\nu}\delta_{\lambda\sigma}-\frac{1}{2}\langle\mu\mu\mid\lambda\lambda\rangle\delta_{\mu\sigma}\delta_{\lambda\nu}\right] \tag{10.30}$$

当 $\mu=\nu$ 时，即对角元为：

$$F_{\mu\mu}=h_{\mu\mu}^{\text{core}}+\sum_{\lambda}^{m_\nu}\left[P_{\lambda\lambda}\langle\mu\mu\mid\lambda\lambda\rangle-\frac{1}{2}P_{\mu\mu}\langle\mu\mu\mid\mu\mu\rangle\right] \tag{10.31}$$

当 $\mu\neq\nu$ 时，即非对角元为：

$$F_{\mu,\nu}=h_{\mu,\nu}^{\text{core}}-\frac{1}{2}P_{\mu\nu}\langle\mu\mu|vv\rangle \tag{10.32}$$

③ 对单电子哈密顿积分 $h_{\mu,\nu}^{\text{core}}$ 进行参数化处理，这些参数包括轨道电离能，轨道电子亲和能等。在不同 CNDO 的版本中，这些参数化处理的方式略有不同。

④ 对于重叠积分 $S_{\mu\nu}$ 及剩余需要计算的双电子排斥积分都只用 s 型的 STO 计算。

由于近似忽略的东西太多，目前已很少单独使用，在进行了从头计算做初始猜测时，往往还用到它。

10.5.2 间略微分重叠方法（INDO）

Pople 等人又提出间略微分重叠（intermediate neglect of differential overlap，INDO）方法，正像它们名称所表示的，对于被 CNDO 方法全部忽略的微分重叠，在 INDO 中并未全部忽略掉，而是保留了双电子单中心积分的微分重叠，如 $\langle s^{A}p_x^{A}\mid s^{A}p_x^{A}\rangle$、$\langle p_x^{A}p_y^{A}\mid p_x^{A}p_y^{A}\rangle$ 等。其余的近似与 CNDO 基本一致。

10.5.3 忽略双原子微分重叠方法（NDDO）

Pople 等人也提出了近似级别更高的忽略双原子微分重叠（neglect of diatomic differential overlap，NDDO）方法。这个方法只对双原子的双电子排斥积分采用 ZDO 近似，即：

$$\langle \kappa_{\mu}^{A}\kappa_{\nu}^{B} | \kappa_{\lambda}^{C}\kappa_{\sigma}^{D} \rangle = \langle \kappa_{\mu}^{A}\kappa_{\nu}^{A} | \kappa_{\lambda}^{C}\kappa_{\sigma}^{C} \rangle \delta_{AB}\delta_{CD} \tag{10.33}$$

这样，μ、ν 必属一个中心，λ、σ 必属一个中心，以及电子 1 的积分必是同一原子的两个轨道，而电子 2 则属于一个原子的两个轨道，否则积分被忽略。这样 NDDO 仍保留了许多双中心积分。

以上三个方法的共同之处是都用价电子近似，单电子哈密顿积分均用类似的经验参数，都忽略了许多双电子排斥积分，而三个方法忽略的积分重叠数量不同，因而 NDDO 级别最高，INDO 次之，CNDO 又次之。

随着计算机技术的发展，许多低水平的半经验方法已很少单独使用。像 INDO 与 CNDO 都被认为是过时的方法。NDDO 则有不少改进的版本，至今仍被广泛使用，其中 Dewar 所做的改进最为著名，其目的是要给出较精确的结合能而且可用于大分子的运算，他在 1975 年提出了 MINDO/3（modified INDO，第 3 个版本）方法，可以计算由 C、H、O、N、B、F、Cl、Si、P、S 组成的分子。1977 年，将 NDDO 改进为 MNDO（modified neglect of diatomic overlap），可以对 H、Li、Be、B、C、N、O、F、Al、Si、Ge、Sn、Pb、P、S、Cl、Br、I、Zn、Hg 等进行参数化计算。在 1985 年，Dewar 又提出了 AM1（Austin model 1）方法，对 MNDO 进行了若干改进。1989 年，Stewart 对 AM1 又做了修改，提出了 PM3 方法（parametric method 3，他们认为 method 1 是 MNDO，method 2 是 AM1）。目前使用较为广泛的半经验方法是 AM1 和 PM3，可以计算大分子，基于半经验方法的流行软件有很多，比如 MOPAC 和 AMPAC 等。

在半经验方法发展过程中 Dewar 课题组做出了突出贡献。另外的课题组如 Jug 和 Zerner 等分别编写了 SINDO1 和 ZINDO 程序并进行了大规模的应用推广，ZINDO 程序主要用于研究包含过渡金属、稀土元素的体系，通常能够预测较为可靠的光谱信息。

参 考 文 献

[1] Ira N Levine. 量子化学. 宁世光，译. 北京：人民教育出版社，1980.
[2] 徐光宪，黎乐民. 量子化学基本原理和从头计算法. 北京：科学出版社，2007.
[3] 王宝山，侯华. 分子模拟实验. 北京：高等教育出版社，2010.
[4] 刘成卜. 量子化学. 北京：科学出版社，2020.

第二篇

分子模拟实验

第 11 章 分子模型的创建与优化

实验目的

分子模拟的第一步通常是建模，即创建所要研究的分子体系的三维空间模型。与我们通常所描绘的 2D 分子结构图不同的是，分子模拟需要的是 3D 的结构，即每一个原子都需要有明确的三维空间坐标（x，y，z）。熟练掌握分子模型的构建，也是进行分子模拟的基础。

事实上，理论模拟计算就是在计算机上做实验，通过重构实验过程，解决化学问题；那么构建的初始模型是否合理，对实验结果有着重要的影响，当实验数据不足时，如何创建更加符合实际的分子模型则显得至关重要。因此，本实验将重点介绍 Materials Studio 软件中创建分子模型的几种方法及分子模型的调整、优化、更改显示模式等。

实验要求

① 熟悉 Materials Studio 软件中各项功能的含义和基本操作。

② 掌握三维分子结构的创建方法。

③ 掌握三维分子结构的调整和优化技巧。

④ 了解复杂分子结构和模型的创建和显示。

11.1 分子模型的绘制

分子结构的绘制主要用到 Visualizer 模块中的 Sketch 工具条，我们以石油工业中常用的阴离子型表面活性剂十二烷基苯磺酸钠（sodium dodecyl benzene sulfonate，SDBS，R_{12}-Ph-SO_3Na，图 11.1）为例进行说明。其分子结构中同时含有亲水基和亲油基，在油水界面容易聚集，并能显著降低油水界面张力，进而提高原油采收率。Sketch 工具条见图 11.2。

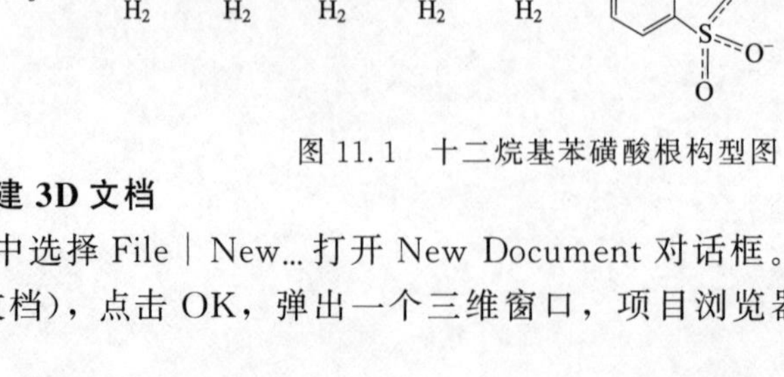

图 11.1 十二烷基苯磺酸根构型图

(1) 创建 3D 文档

从菜单中选择 File | New... 打开 New Document 对话框。选择 3D Atomistic Document（三维原子文档），点击 OK，弹出一个三维窗口，项目浏览器中则显示建立了名为 3D At-

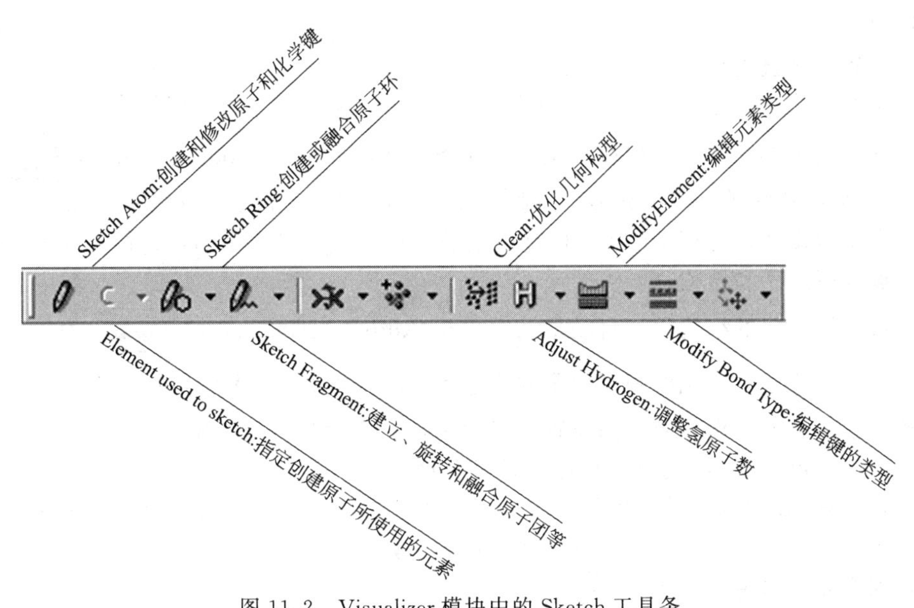

图 11.2　Visualizer 模块中的 Sketch 工具条

omistic Document. xsd 的文件。在该文件名上右击鼠标，选择 Rename 可以对其重命名，例如 SDBS. xsd。

（2）画环和原子链

在 Sketch 工具条上单击 Sketch Ring 按钮，鼠标移到三维窗口。此时鼠标变为铅笔形状提示处于 Sketch 模式。鼠标旁的数字表示将要画的环所包括的原子数目（可通过按主键盘上的 3～8 的数字键改变）。确保这个数字为 6，三维窗口中单击，画出了一个 6 个 C 原子的环。

现在单击 Sketch 工具条 Sketch Atom 按钮（通用原子添加工具，可加入任何元素，默认加入 C 原子）。如下在环上加入 12 个 C 原子：在环上移动鼠标，当一个原子变为绿色时单击，键的一端就在这个原子上，移动鼠标再单击就加入了一个 C 原子，再移动，并单击，依次重复直至在环上加入 12 个 C 原子，双击结束（或在画完最后一个原子后按 Esc 键，结束添加原子）。注意，新加入的原子的化学键已经自动加上。

注意：如果在该过程中有任何失误，可以按 Undo 按钮取消错误操作，快捷键是 Ctrl+Z。

（3）编辑元素类型

我们在六元环上碳链的对位同样添加一个 C 原子。单击链末端的 C 原子，选定它，选定的对象以黄色显示。按 Modify Element 按钮旁的箭头，显示元素列表，选择 sulfur（硫），选定的原子就变为了硫原子。单击三维窗口中的空白区域，取消选择，就可以看到这种变化了。

（4）添加氧原子

按 Sketch Atom 按钮旁的向下按钮，显示可选元素，选择 oxygen（氧），在硫原子上移动鼠标，当变为蓝色显示时单击，这个原子就有了一个化学键，移动鼠标并双击，加入 O 原子。依次加入三个氧原子后，在 3D 窗口工具条上按选择按钮，返回选择模式以退出 Sketch 模式。

(5) 编辑化学键类型

在三维窗口中在 S 和 O 原子中间单击选定 S—O 键。选定的键以黄色显示。按下 Ctrl 键，单击其他两个相同的键。现在选定了三个 S—O 键。单击 Modify Bond 按钮旁的向下按钮，显示键类型的下拉列表，选择 Partial Double Bond 部分双键。单击空白区域取消选定。类似地操作六元环上的 C—C 键，变成苯环（也可以在添加环时按住 Alt 键单击）。

(6) 调整氢原子和结构

程序可以给画出的结构骨架自动加氢。单击 Adjust Hydrogen 按钮，自动给模型加入数目正确的氢原子（首先要确定原子的不饱和状况或键级）。然后单击 Clean 按钮，调整结构的显示，它调整模型原子的位置，以便键长、键角和二面角显示得更为合理。按住鼠标右键并拖动，可以观察分子的 3D 结构是否合理。

注意：Clean 做出的调整仅仅是基于分子力学基础上的，如果要获得更加准确的优化构型还需采用从头算或密度泛函方法进行量子化学计算。

(7) 改变显示风格

到此我们已经完成了分子结构模型的创建，但是 MS 默认是以线型模型显示，对于论文投稿或者学术报告来说，还需要准备高质量清晰的分子结构图。在空白区域单击右键，选择 Display Style，弹出对话框中可以改变显示方式为棍型、球棒模型、CPK 模型（空间填充模型）等，并可以改变相应的球、棍的半径大小，如图 11.3 所示。类似地在空白区域单击右键，选择 Display Option，则可以改变整个文档显示的风格，包括背景色等，如图 11.4 所示。

调整好之后，可以 bitmap 的方式输出显示在 3D Atomistic document 的图像，从菜单中选择 File | Export。从下拉菜单中点击保存类型 *.bmp 存储。

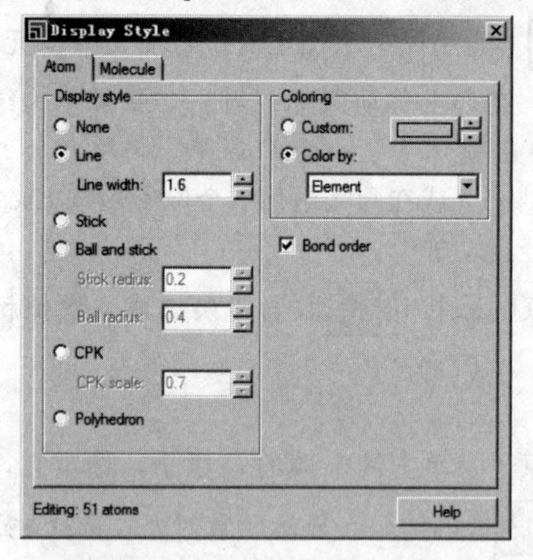

图 11.3 更改显示模式对话框

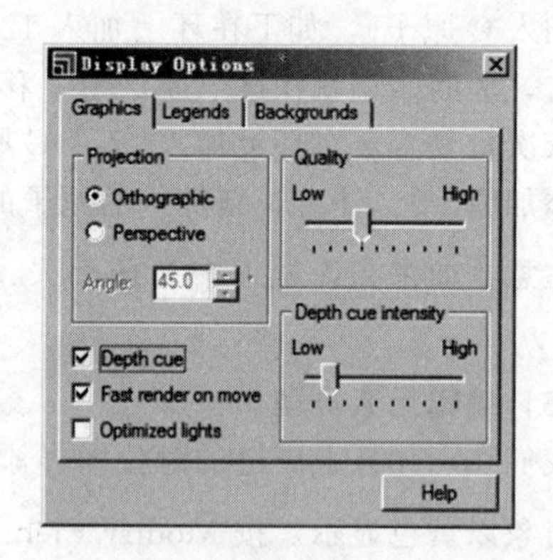

图 11.4 更改显示背景对话框

11.2 分子构型优化

以上我们得到了十二烷基苯磺酸根的三维分子模型，通常还要进行更进一步的构型优化，构型优化就是在势能面上寻找能量极小值的过程。在已经调整好的分子构型基础上，采用从头算方法或密度泛函方法，可以对分子的几何构型进行最优化计算。我们继续以SDBS为例说明。

(1) 创建DMol3任务

我们将调用DMol3模块进行优化，从菜单栏里选择Module | DMol3 | Calculation，弹出如图11.5所示的对话框。首先，选择计算任务：从Task下拉列表中选择Geometry Optimization；Functional设置为GGA/PBE；电荷设置为－1；当把计算任务改为Geometry Optimization的时候，More...按钮被激活，可以进行更多与此任务相关的设置。例如，可以通过改变Quality来设置收敛水平（Convergence tolerance），默认的设置是Medium，包括以下内容：能量变化小于2.0e-5Ha，最大力小于0.004Ha/Å，以及最大位移小于0.005Å的设置，优化过程中任意两个值达到收敛即结束计算。

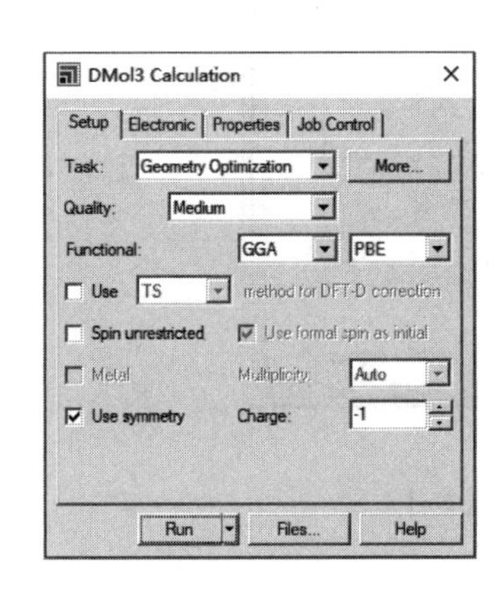

图11.5　DMol3计算模块设置对话框

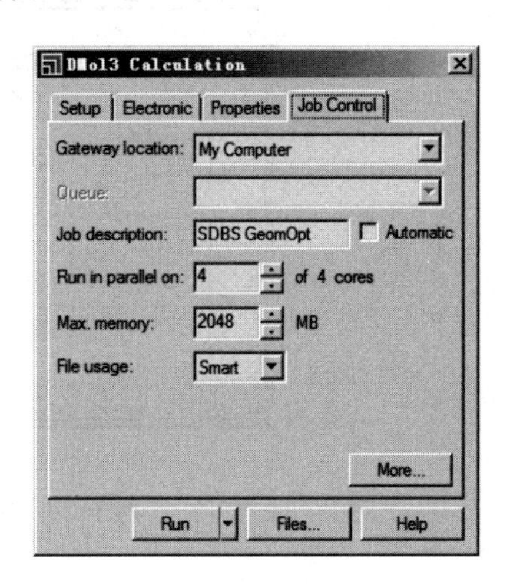

图11.6　DMol3模块任务提交标签页

(2) 工作设置和提交

设置完成后我们就可以使用Job Control标签页上的命令来提交给DMol3计算，如图11.6所示。这里，我们可以选择把计算任务提交到网内的任何一台机器上，并设置不同的选项，包括计算任务描述、计算是否使用多个处理器运行和使用的处理器的数目等等。可以点击More...按钮来对计算任务进行更多选择，包括实时更新设置和控制计算结束时的任务等等。这里我们使用本机计算，Gateway location选择本机，采用多核并行计算以提高计算效率。

点击Run按钮。任务管理器开始工作，包括了计算状态等信息，并产生一个名为Status.txt的文件，里面含有DMol3的运行状态。这个文件在计算任务结束以前会隔一段时间自动更新。不久之后，两个名为SDBS Energy.xcd和SDBS Convergence.xcd的图表文件显示出来，它们分别对应于计算的优化和收敛状态，如图11.7所示。这对于可视化监视计算进程非常有用。

(3) 查看优化结果

计算结束时，结果自动返回到项目管理器的SDBS DMol3 GeomOpt文件夹内。其中SDBS.xsd文件包含了优化后的结构，应如图11.8所示；SDBS.xtd文件则是一个包含了几何优化过程的轨迹文件。

我们可以用Animation工具栏里的控制工具来浏览几何优化的过程，如图11.9所示。

如果 Animation toolbar 不是可见的，可以从菜单栏的 View | Toolbars | Animation 选中。在 Animation toolbar 上，点击 Play 按钮来演示优化进程。结束演示时，点击 Stop 按钮终止演示。

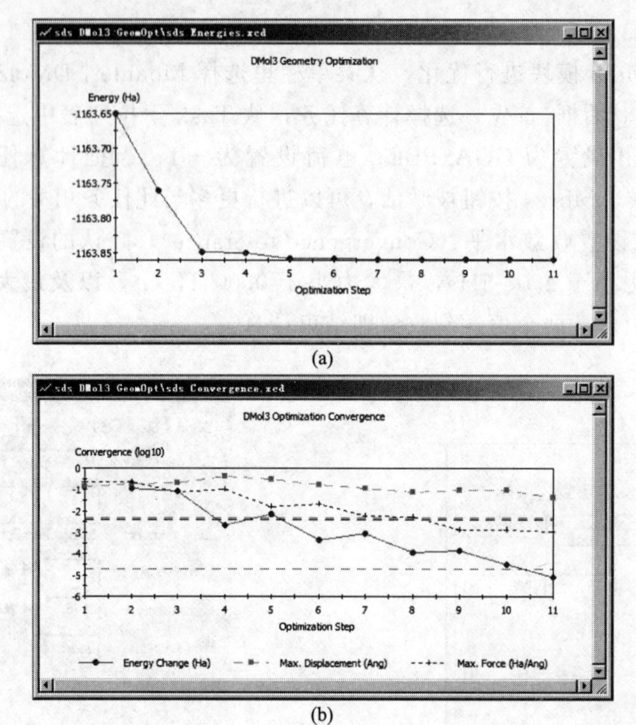

(a)

(b)

图 11.7　能量变化及收敛进度文件

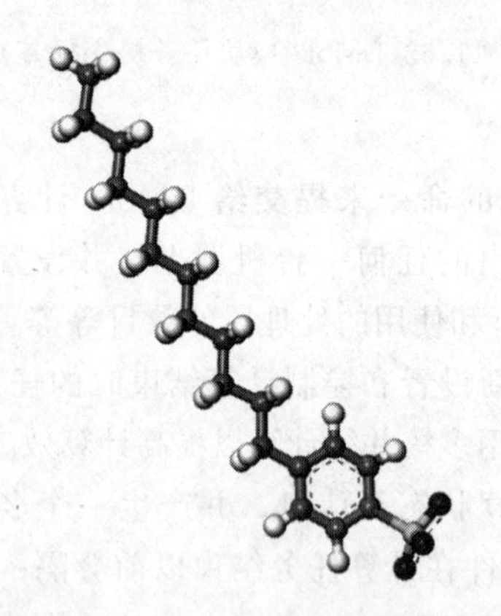

图 11.8　优化后的 SDBS 分子

图 11.9　Animation toolbar 动画演示工具条

11.3　复杂分子结构的创建

Materials Studio 中除了能构建普通的分子，还能构建聚合物、晶体结构等复杂分子结构，以及更为复杂的模型结构，例如溶液模型、界面模型、合金模型等。这里我们以聚合物和晶体为例简单介绍复杂分子模型的构建方法。

11.3.1 聚合物模型的构建

我们以三次采油中常用的水解度为25%的部分水解聚丙烯酰胺（HPAM，如图11.10所示）为例介绍高分子链的构建。HPAM是一种线形水溶性聚合物，能有效提高水相黏度，改善流速比，进而扩大波及系数，提高原油采收率。

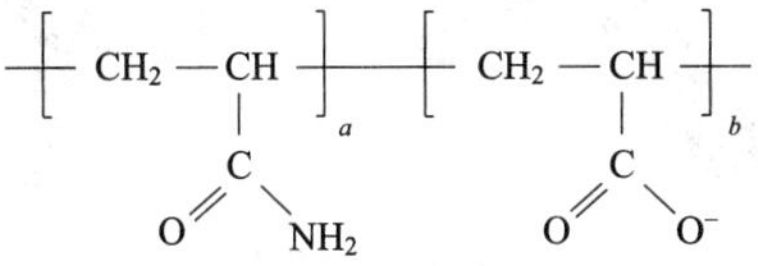

$$\left[CH_2-\underset{\underset{O\!=\!C-NH_2}{|}}{CH} \right]_a \left[CH_2-\underset{\underset{O\!=\!C-O^-}{|}}{CH} \right]_b$$

图11.10 部分水解聚丙烯酰胺的分子结构（$a=3b$）

(1) 构建重复单元

按照本章11.1介绍的方法分别构建两个重复单元（注意：不是单体），并重命名为acrylate.xsd和acrylamide.xsd。

(2) 确定首尾原子

点击选择按钮进入选择模式，然后再选择Build | Build Polymers | Repeat Unit之后，弹出如图11.11所示Repeat Unit对话框，在acrylamide.xsd文件中选择要标记的头原子（图11.11），然后点击对话框中Head Atom键，这样就选定了头原子，同理，按照以上操作选定尾原子。选定后会分别有一个蓝色和红色的笼子索套住该原子，如图11.12所示。然后对acrylate.xsd文件进行同样的操作。

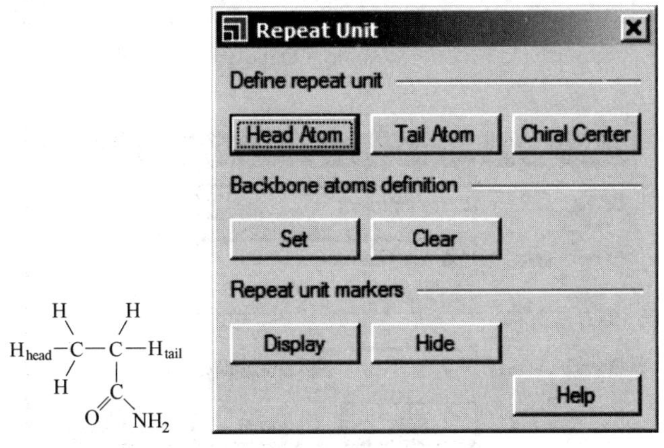

图11.11 确定首尾原子对话框

(3) 指定重复单元

选择Build | Build Polymers | Random Copolymer，弹出Random Copolymer对话框，见图11.13。在空白栏中单击，弹出Add Repeat Unit对话框（图11.14），依次选定acrylate.xsd和acrylamide.xsd两个重复单元文件。链长设置为100，并勾选Force concentrations项（通常在无限长的聚合物链上，单体比率才会比较精确，Force concentrations可以控制单体比率为常数）。控制聚合物链的生长通常有两种方法：一种是概率法，即给出两种重复单元分别在链上结合的概率；另一种是反应比率，即分别输入单体的浓度和

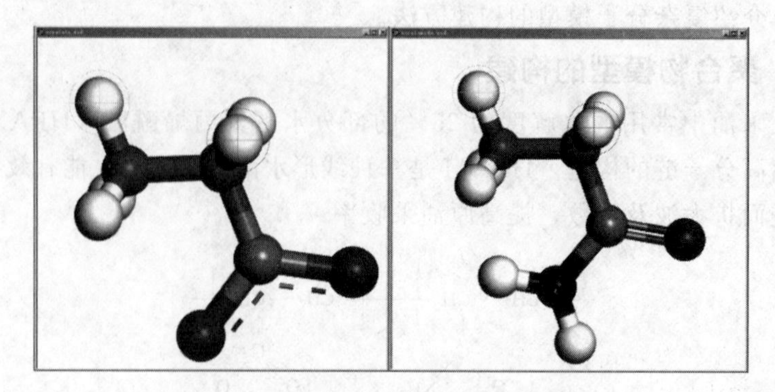

图 11.12　重复单元的头原子和尾原子

反应速率常数。这里我们以概率法为例，即 Propagate using 选择 Probabilities。

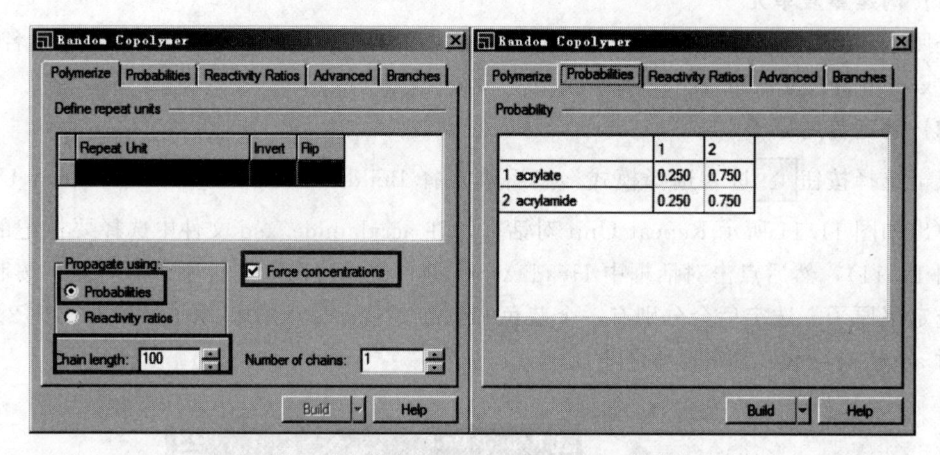

图 11.13　构建 Random Copolymer 对话框

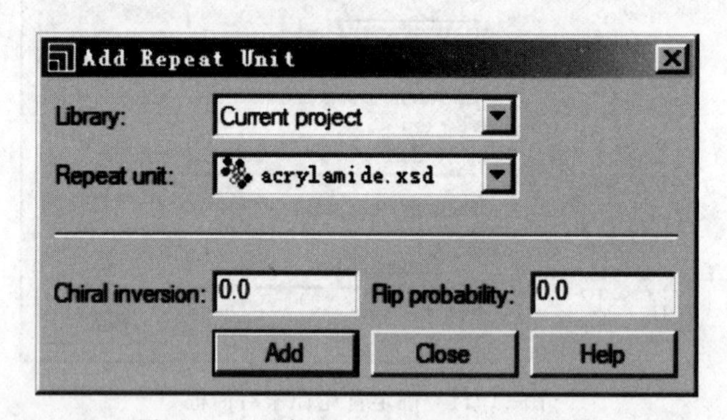

图 11.14　添加 Add Repeat Unit 对话框

(4) 确定重复单元的比例

Random copolymer 对话框的 Probabilities 标签页（图 11.13）中主要包含了一个概率矩阵，其中第一行所表达的意思即 acrylate 单体有 25%的概率结合在一个以 acrylate 终止的聚合物链上，有 75%的概率结合在以 acrylamide 终止的聚合物链上；第二行则类似地规定了 acrylamide 在不同重复单元终止的聚合物链上结合的概率。注意：每一行的概率之和应为 1.0。

点击 Build 即可构建出聚合度为 100，水解度为 25% 的部分水解聚丙烯酰胺，如图 11.15 所示。

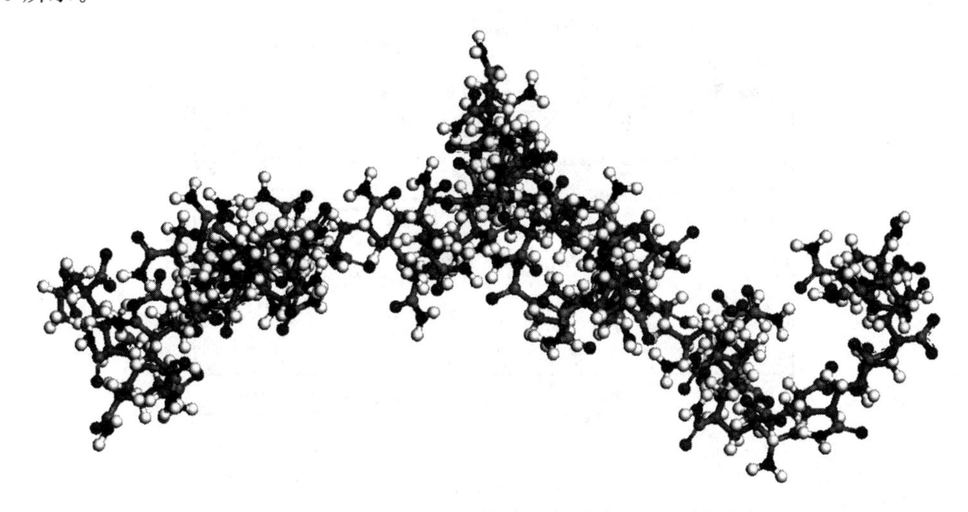

图 11.15 Build Polymer 构建的部分水解聚丙烯酰胺

11.3.2 晶体结构的构建

对于晶体结构的构建，最直接的方式是通过晶体的空间群、晶胞参数、原子坐标直接构建。

(1) 构建晶格

以 NaCl 晶体为例，首先新建 3D 原子文档，通过 Build | Crystal | Build Crystal，打开构建晶体对话框，分别在 Space Group 和 Lattice Parameters 标签页设置好晶体的空间群（225 FM-3M）和晶胞参数（晶格常数 $a=5.62Å$），如图 11.16 所示。

(2) 添加原子

通过 Build | Build Atoms，打开添加原子对话框，依次输入 Na 原子的分数坐标（0,0,0）和 Cl 原子的分数坐标（0.5,0,0），并单击 Add 即可添加相应原子，如图 11.17 所示。由于空间群的对称性，其他位置原子会自动显示出来，如图 11.18 所示。

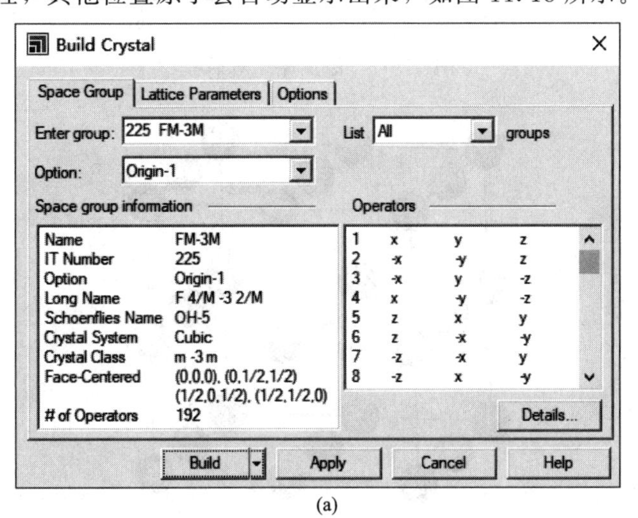

(a)

图 11.16

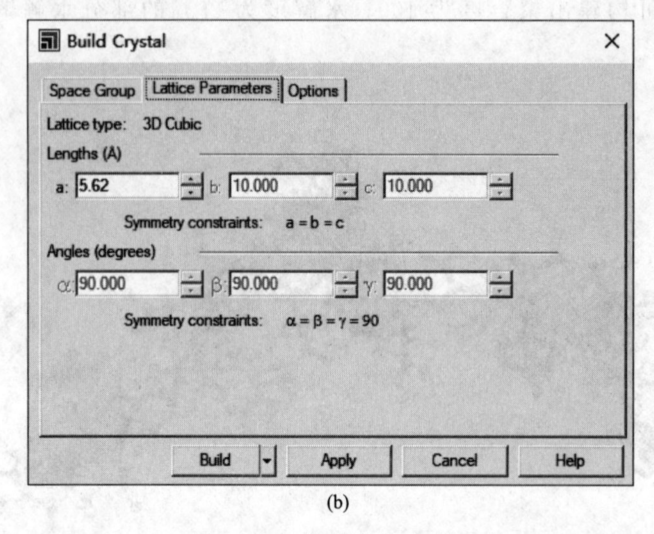

(b)

图 11.16　构建晶体对话框

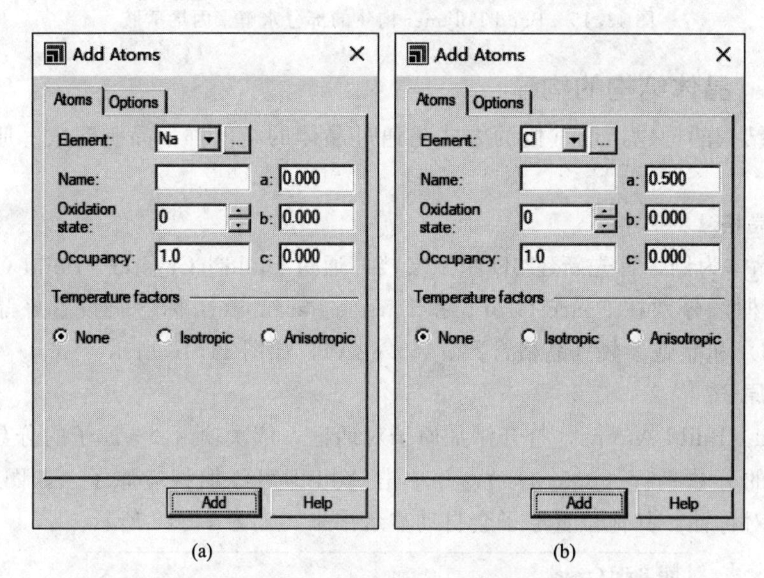

(a)　　　　　　　　　　　　　　(b)

图 11.17　添加原子对话框

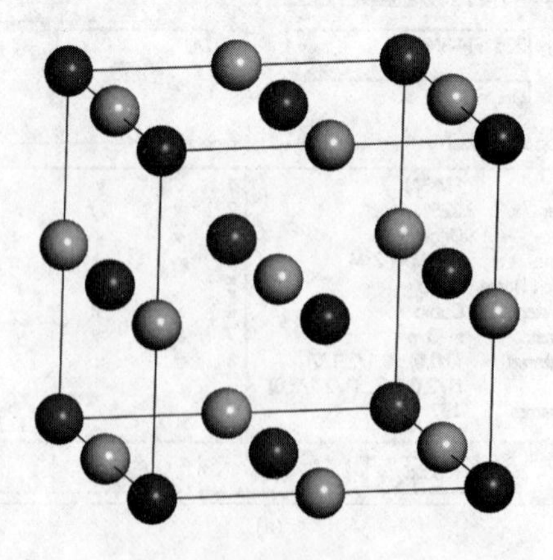

图 11.18　手动构建的 NaCl 晶体结构

虽然这种构建晶体的方式较为直观，但仅对简单晶体结构较为适用，对于原子较多的晶体结构或分子晶体这种直接构建的方式较为烦琐，且容易出现疏漏。更为便捷的方式是从 Materials Studio 本身自带的晶体结构库或各大晶体结构数据库中直接导入，例如读者可以从 File | Import | Structures 文件夹中检索自带的晶体结构并导入，或从无机晶体结构数据库（ICSD，The Inorganic Crystal Structure Database）、剑桥晶体数据库（CCDC，The Cambridge Crystallographic Data Centre）、Materials Project（https：//materialsproject. org/）或相关文章的支撑信息（supporting information）中直接下载晶体结构的 cif 文件并导入。

11.4 自组装单层膜的构建与优化

自组装单层膜（self-assembled monolayers，SAMs）是通过化学吸附的方式在纳米尺度上对材料表面进行操控和改性的一种方式，是近年来的研究热点。例如通过烷基硫醇和金的反应在金表面覆盖一层烷烃膜，将原来的亲水表面变成疏水表面，或在烷基末端通过连接不同的官能团赋予表面更多的化学特性。在此我们利用 Materials Studio 多个模块构建 Si(111) 单分子膜，并进行能量最小化，最终获得致密有序有一定倾斜角度的单层膜（该项工作参考文献 *New J Chem*，2003，27，626-633）。

(1) 构建烷基链终止的 Si(111)（1×1）格子

从 File | Import | Structures | Semiconductors 文件夹中打开 Si. msi，在 Project 中会自动出现名字为 Si. xsd 的单晶硅晶胞。通过 Build | Surface | Rec leave Surface 产生二维格子，然后点击 Build | Crystal | Build Vacuum Slab Crystal 构建 Si(111)（1×1)晶体格子（图 11. 19)。

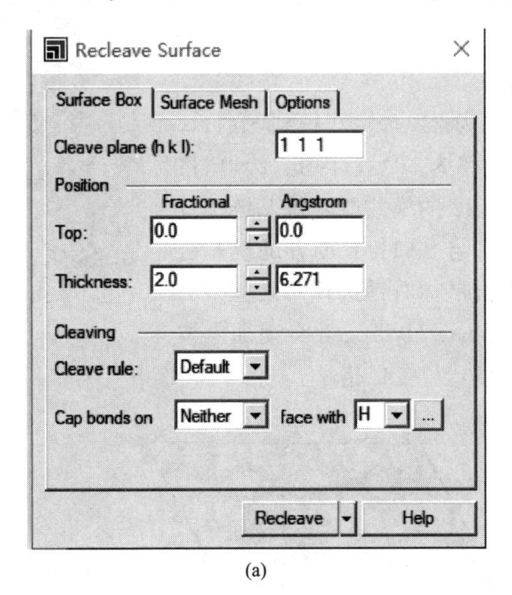

(a)

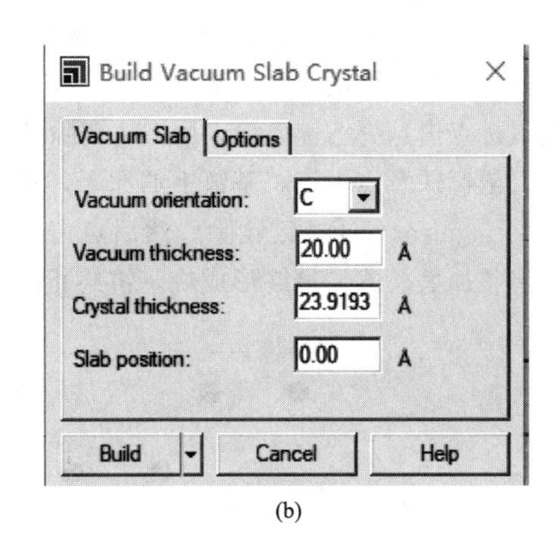

(b)

图 11. 19 构建 Si(111)（1×1)晶体格子对话框

点击工具条中 Recenter View ⊕ ▾，选择 View cross，此时生成的 Si(111)（1×1)晶体格子边框重叠。按住鼠标左键，滑动鼠标选定所有 Si 原子。点击 3D Movement 对话框，选择

Distance 为 0.5，点击上或下箭头（图 11.20），移动 Si 原子至晶体格子的另一端，备用。

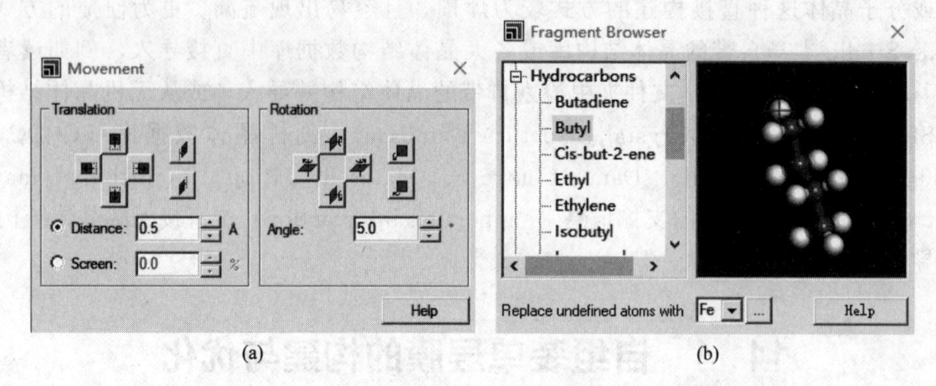

图 11.20 Movement 和 Fragment Browser 对话框

新建 3D Atomistic Document，选择 Fragment Brower 进入画原子团模式，点击 Butyl 构建含 12 个碳原子的烷烃。按住鼠标右键滑动选择 $C_{12}H_{26}$ 烷基链，并复制备用。

重新激活含 Si(111)（1×1）晶体格子的 3D Atomistic Document，点击鼠标右键把烷烃分子粘贴到晶体格子中。选择烷烃链以后，点击 Recenter View，3D Movement 对话框，Rotation 选择 5.0，点击 Rotation 按钮，调整合适位置在晶胞边框内（图 11.20）；再点击 Translation 按钮，移动烷基链，靠近单晶硅最上一个硅原子。连接最上硅原子和碳原子，形成单晶硅模式，点击 Auto-update Hydrogen 自动加氢按钮，调整烷基链加氢模式。最终形成烷基链终止的 Si(111)（1×1）格子。

构建的烷基链终止的 Si(111)（1×1）格子，如图 11.21 所示。

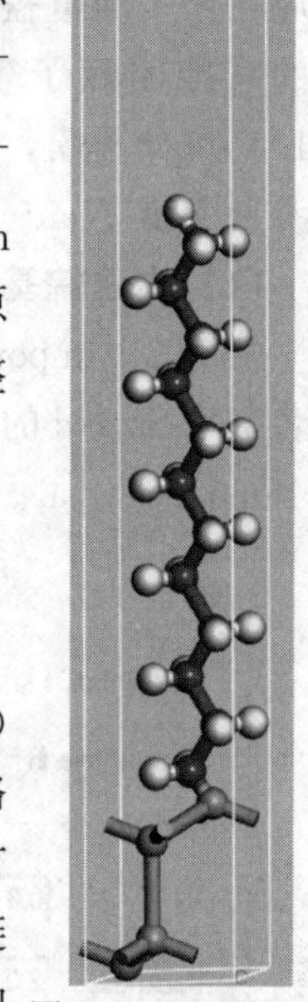

图 11.21 Si(111)（1×1）格子

(2) 构建烷基链终止的 Si(111)（2×4）格子

选择 Build | Symmetry | Supercell，修改数字为 2×4×1，得到 Si(111)(2×4)格子。实验上氢终止 Si(111) 表面的取代率为 50%，因此(2×4)格子中含有 8 个烷基链，需要删除 4 个。按照图 11.22 的模式删除烷基链。首先用鼠标点击选择 Si—C 键，用 Del 删除此键；将与 Si(111) 断开的烷基链选定（鼠标任意点击该烷基链上的原子，然后点击鼠标右键选择对话框中的 Select Fragment)，Del 键删除。然后点击 Auto-update Hydrogen 自动加氢按钮，调整加氢模式。最终形成烷基链终止的 Si(111)（2×4)格子。

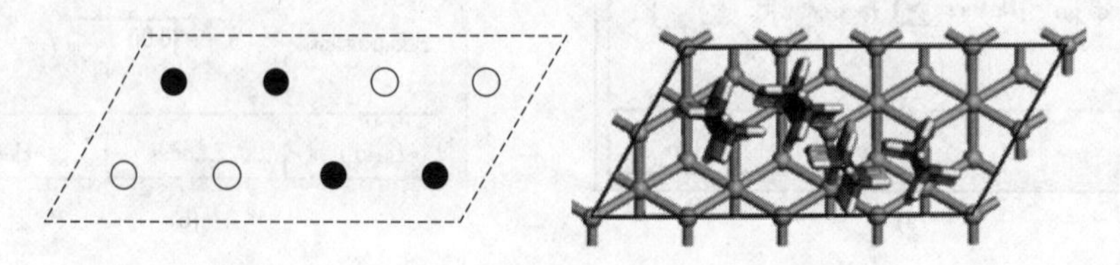

图 11.22 烷基链终止的 Si(111)（2×4）格子（实点代表烷基链，空点代表 H 原子）

(3) 单层膜的能量最小化

选择 Build | Symmetry | Supercell，修改数字为 4×2×1，最终得到 Si(111)（8×8）格

子。滑动鼠标，选择最下面两层硅原子及连接的 H 原子，点击 Modify | Constraints，选择 Fix Cartesian position。

选择 Module | Forcite 模块，选择 Geometry Optimization 进行能量最小化（参数设置如图 11.23 所示），最终得到 Si(111) 表面自组装单层膜（图 11.24）。

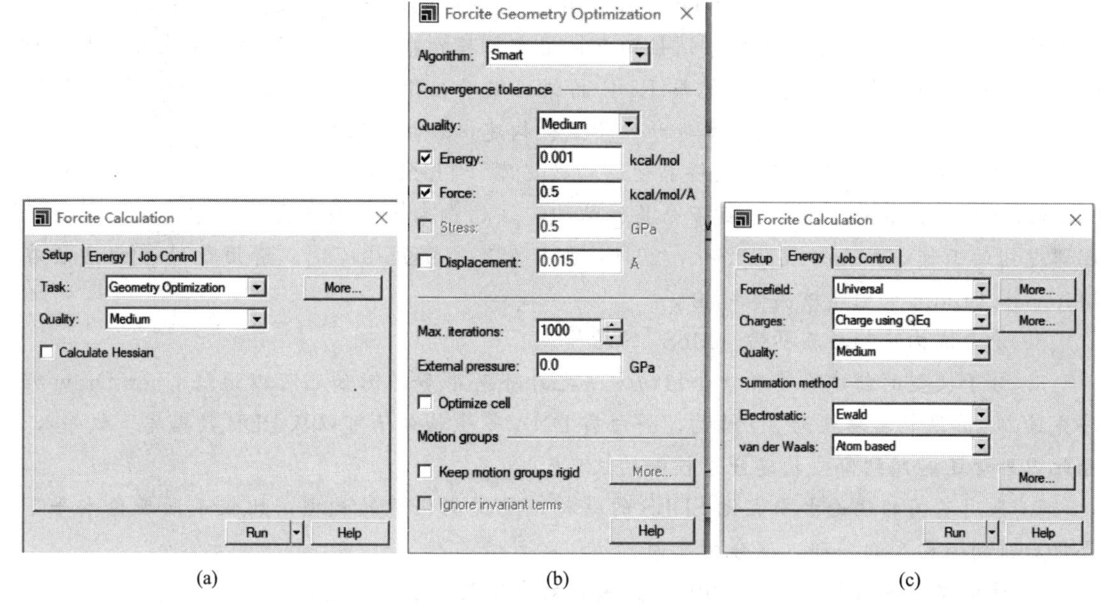

图 11.23　Forcite 模块对话框参数选择

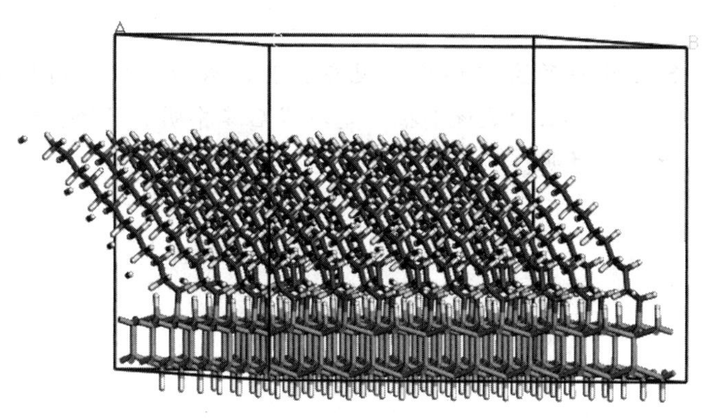

图 11.24　Si(111) 表面自组装单层膜

思考题

1. 创建以下结构的三维分子模型，并采用不同的显示方式显示：

(1)　　(2)

(3)　　(4)

(5) Cl—Zr—Cl (6) 二茂铁

2. 以 acrylate. xsd 和 acrylamide. xsd 为重复单元，试构建均聚物及嵌段共聚物。

3. 磷酸二氢钾（KH_2PO_4，KDP）晶体具有优异的光学性能以及能够生长成大尺寸晶体等诸多优点，是目前唯一可用于惯性约束核聚变工程的非线形晶体材料。山东大学晶体材料国家重点实验室生长的大尺寸优质 KDP 晶体已成功应用于我国“神光”工程系列装置，请查阅文献，根据空间群、晶胞参数和原子坐标构建出该晶体结构。

4. 2019 年 6 月 6 日，英国剑桥晶体结构数据库（The Cambridge Crystallographic Data Centre，CCDC）收录了其第一百万个晶体结构，该结构来自于山东大学化学与化工学院王瑶课题组的工作［*J Am Chem Soc*，2019，141（23）：9175-9179］，请用最简单的方法在 Materials Studio 中构建该晶体结构。

5. 请尝试构建单层石墨烯、MoS_2 的结构。

6. 分子模型的创建除了本章介绍的方法之外还有很多，例如还可以通过 ChemDraw 程序先绘制 2D 结构再转换为 3D 结构，蛋白质 DNA 等生物分子可以从 PDB 数据库下载导入，除此以外你还能想到哪些构建分子模型的技巧？

7. 采用不同的理论水平优化 SDBS 的结构，观察优化后的构型，比较不同理论水平下优化后得到的构型的差别，试分析原因。

8. 试构建烷基硫醇在 Au(111) 表面覆盖的自组装单层膜结构。

9. 3D 打印技术是一种新兴成型加工技术，试探索将你构建的三维分子模型通过 3D 打印机打印出来。

10. 烷基结构对 S_N2 反应的主要影响体现在其空间效应上，在卤代烷的 S_N2 反应中，溴甲烷反应速率最快，当甲基上的氢逐渐被甲基取代后速率明显下降，请绘制其空间结构并采用空间填充模型显示进行说明。

第 12 章 分子性质的计算和分析

实验目的

通过求解薛定谔方程，可以得到体系的波函数和能量，波函数涵盖了体系的各个物理量的信息。通过波函数分析可以获得分子相关的电性质、成键性质、分子间相互作用及化学活性，分子轨道的形状和组成等。学会分子的性质计算和分析，并解释相关的实验现象，是模拟计算的基本功。

实验要求

① 理解分子性质计算的原理，以及分子轨道、电子密度、静电势、电荷分布、分子表面的概念。

② 掌握分子性质的计算和分析方法，并能解决计算过程中的常见问题。

③ 培养计算化学思维，能够从微观尺度理解宏观现象。

12.1 分子轨道等值面图

我们以三次采油中现场应用的磺基甜菜碱两性表面活性剂为例，说明 Materials Studio 中如何计算分子轨道、电荷密度、静电势、电荷分布以及分子表面等。磺基甜菜碱是典型的两性表面活性剂，也就是同一分子结构中同时存在被桥链（碳氢链等）连接的一个或多个正负电荷中心（或偶极中心）。这种表面活性剂对水硬度不敏感，即使在电解质或海水中也有优异的去污能力和起泡性能。

① 首先采用第 11 章中的方法画出 3-(*N*-十二烷基-*N*,*N*-二甲基)-2-丙基磺基甜菜碱（DHSB）的分子结构（如图 12.1 所示），并使构型合理化，重命名为 DHSB. xsd。然后采用 DMol3 模块在 PBE/DNP 水平下进行几何优化，具体设置如图 12.2 所示，最后在 Job Control 标签页提交计算。

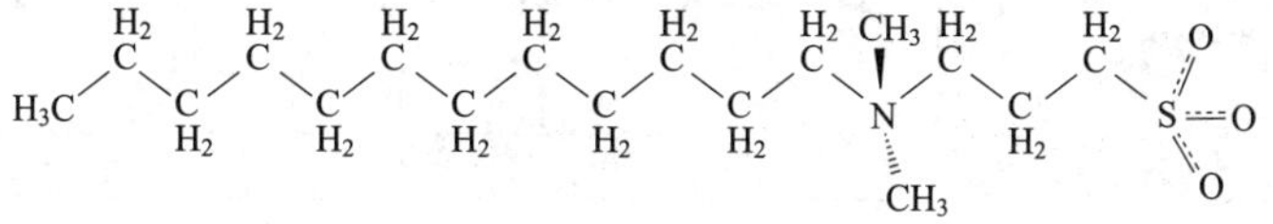

图 12.1 磺基甜菜碱（DHSB）的结构式

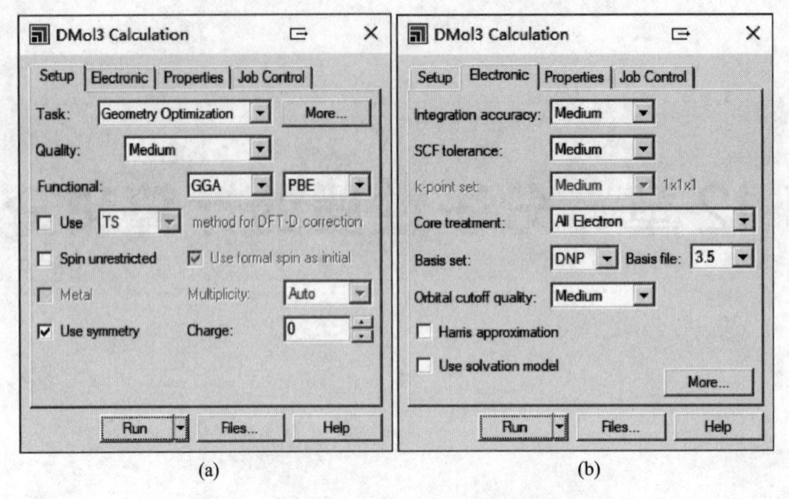

图 12.2　DMol3 计算对话框构型优化设置

② 计算结束后，自动返回到 DHSB DMol3 GeomOpt 文件夹，其中 DHSB. xsd 即是优化后的结构。在该结构基础上我们在更高理论水平 M06-2X/DNP 上进行能量计算和性质分析。在 DMol3 Calculation 对话框中将计算任务设置为 Energy 即单点计算，在 Properties 标签页中勾选我们需要计算的性质，包括 Electron density（电子密度）、Electrostatics（静电势）、Orbitals（分子轨道）、Population analysis（布居分析）等，相关设置如图 12.3 所示。计算结束后返回到 DHSB DMol3 Energy 文件夹，其中 DHSB. outmol 是主要的结果文件，双击打开，自下往上依次含有轨道信息、密立根电荷布居、总的布居等。同时我们还可以采用 DMol3 模块的 Analysis 工具对结果进行更加直观的分析。从菜单栏里选择 Module | DMol3| Analysis，弹出如图 12.4(a) 所示对话框，选择 Orbitals，确保 Results file 栏里显

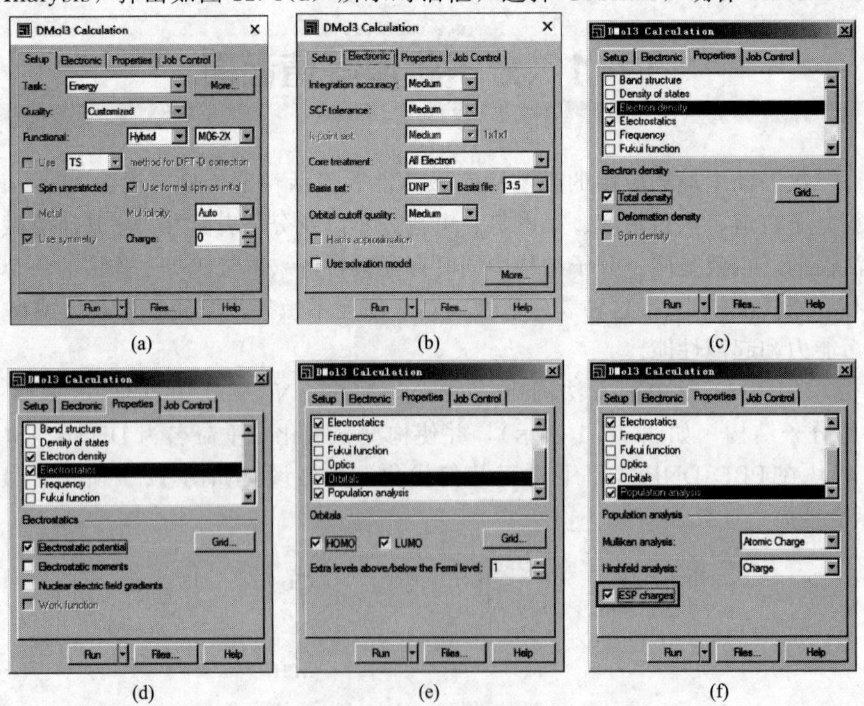

图 12.3　DMol3 Calculation 对话框中计算的分子性质

示的是 dhsb. outmol，Filter 选择 Avaliable，我们重点关注 HOMO 和 LUMO 轨道。选中 LUMO 轨道，激活 DHSB. xsd 文件，点击 Import 按钮，此时 LUMO 轨道呈现在分子上，类似地也可以显示 HOMO 轨道。各轨道应如图 12.4(b) 所示。其中 Eigenvalue 一列代表的是各轨道的能量本征值，单位为 Hartree。

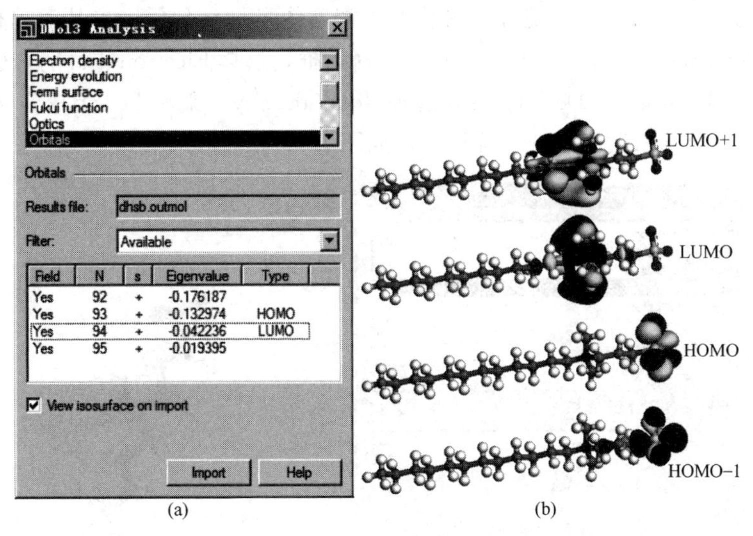

图 12.4　DMol3 模块分子轨道分析对话框 (a) 和磺基甜菜碱分子的 HOMO、LUMO 轨道 (b)

由图中可以看出，磺基甜菜碱分子的 HOMO 全部位于磺酸根官能团，LUMO 更多集中在正电荷中心，这也意味着表面活性剂的活性更多地集中在磺酸根官能团和正电荷中心。

③ 选择显示方式。为了更好地从各个角度观察分子轨道的形状和组成，Visilizer 模块提供了多种等值面显示方式。在空白区域单击鼠标右键，调出 Display Style 对话框，如图 12.5 所示，在 Isosurface 标签页可以更改分子轨道的显示方式等。例如以电子云点、实心球、透明球等方式显示；同时也可以更改分子轨道等值面值，选择不同的等值面值可以改变分子轨道图的大小。最后可以将分子轨道和分子构型以 bmp 格式图片文件一起输出。在进行下一步之前，选中所有的分子轨道，按 Delete 键删除。

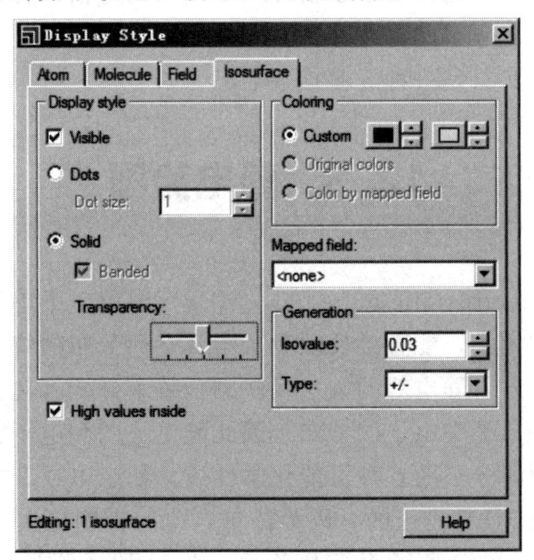

图 12.5　Display Style 对话框的 Isosurface 标签页

12.2 总电子密度图

采用类似的方法，我们可以把分子的总电子密度图显示在分子上，从菜单栏里选择 Module | DMol3 | Analysis，弹出如图 12.6(a) 所示对话框，选择 Electron density，确保 Results file 栏里显示的是 dhsb. outmol，Density field 选择 Total density，激活 DHSB. xsd 文件，点击 Import 按钮，此时总电子密度图呈现在分子上，如图 12.6(b) 所示。

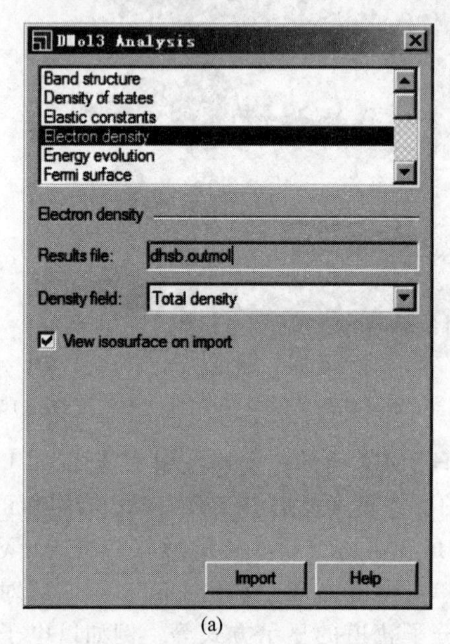

(a)

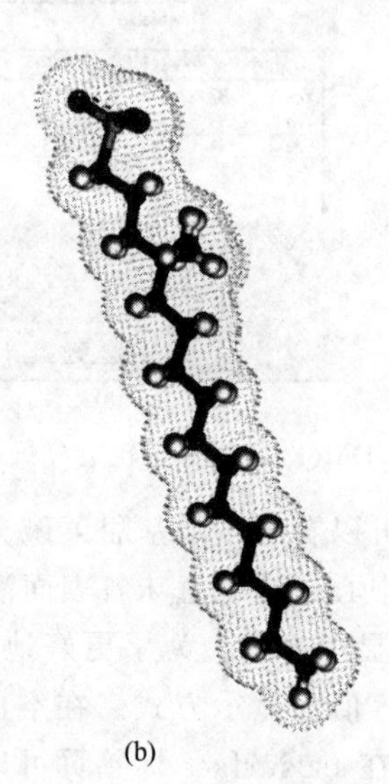
(b)

图 12.6 DMol3 分析工具对话框 (a) 及磺基甜菜碱分子的总电子密度图 (b)

同样我们可以改变等值面的显示方式、透明度以及默认等值面值的大小等，等值面值越小，所包括的空间范围越大。通常将电子密度为 0.001 的等值面称作分子的范德华表面。电子密度图的大小可以反映出分子的尺寸，当然，在量子力学范畴，电子密度遍布整个空间，因此所谓的分子大小，其实只是一种经验描述而已。

12.3 静电势图

静电势 (molecular electrostatic potential，MEP) 即用一个单位的“正电荷”探测分子周围的静电相互作用势的大小，能直接反映分子本身电荷分布的特征。注意，静电势和电子密度是两个完全不同的概念，静电势的大小反映的是整个分子（包括原子核和电子）的电荷分布，而电子密度仅仅是分子中电子的分布。因此静电势图和电子密度图完全不同。

通过静电势图可以预测分子的各种可能化学性质，如亲电或亲核反应的作用部位等。一般来说，在分子内部区域 MEP 是正的，因为核正电荷的影响更大，而在分子外部则有正有负。例如，对 H_2O 分子，在 O 原子附近是负的，在 H 原子附近则是正的。又如，甲酰胺 $HCONH_2$ 的外部，在 O 原子附近是负的，其他原子附近则是正的。当两个分子接近时，

MEP 对接近的方式起到关键的作用，亲电试剂总是攻击最负的部位。对 MEP 分析也可给出酶-底物，药物-受体的相互作用部位。在分析分子间相互作用时，MEP 可以起到重要的作用。

用本章第二节介绍的方法，可以类似地把静电势图描绘在分子上，这里不再赘述。以上可以看出，所有这些分子性质都可以单独显示出来，我们这里采用一种更有意义的方法，即将两种性质结合起来，反应一种性质在电子密度或分子轨道上的贡献。为了描述这种四维图的概念，被反映的性质用颜色来标记，不同的颜色表示不同的数值或数值范围，这种方法称为映射（mapping）。其中最常用的映射就是分子的静电性质。

图 12.7 表示将分子的静电势映射到总电子密度面上，也可以理解成计算等电子密度面上每一点的静电势，并用区域 1（蓝色区域）、区域 2（红色区域）表示出来。在第二节得到的电子密度图的基础上，菜单栏里打开 Module | DMol3 | Analysis；性质选择 Potentials；确定 View isosurface on import 选项没有被勾选；点击 Import 按钮，如图 12.8(a) 所示。当数据输入完成，关闭对话栏。右击鼠标，选择 Display Style；换到 Isosurface 标签，点击与 Mapped field 区域相关的选项箭头并选中 DMol3 electrostatic potential，如图 12.8(b) 所示。此时静电势被描绘在电子等密度面上。我们可以使用 Color Map 工具改变图案的颜色方案等。右击鼠标，选择 Color Maps。改变 Spectrum 为 Blue-White-Red。点击 From 旁的右箭头，选择 Mapped Minimum。点击 To 旁边的右箭头，选择 Mapped Maximum。等密度面上的蓝色区域，即区域 1 表示负电

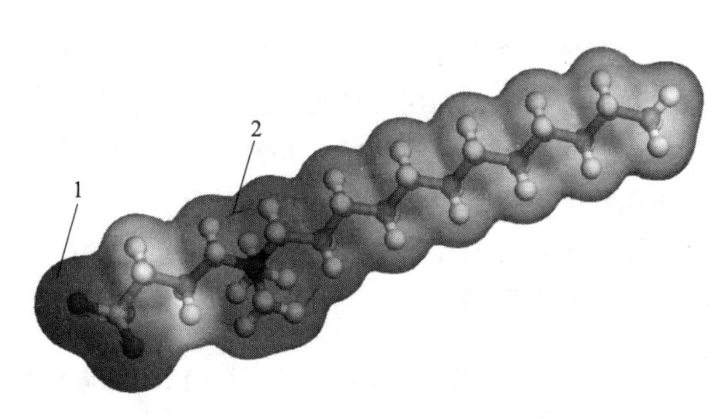

图 12.7　静电势在电子密度图表面的映射图

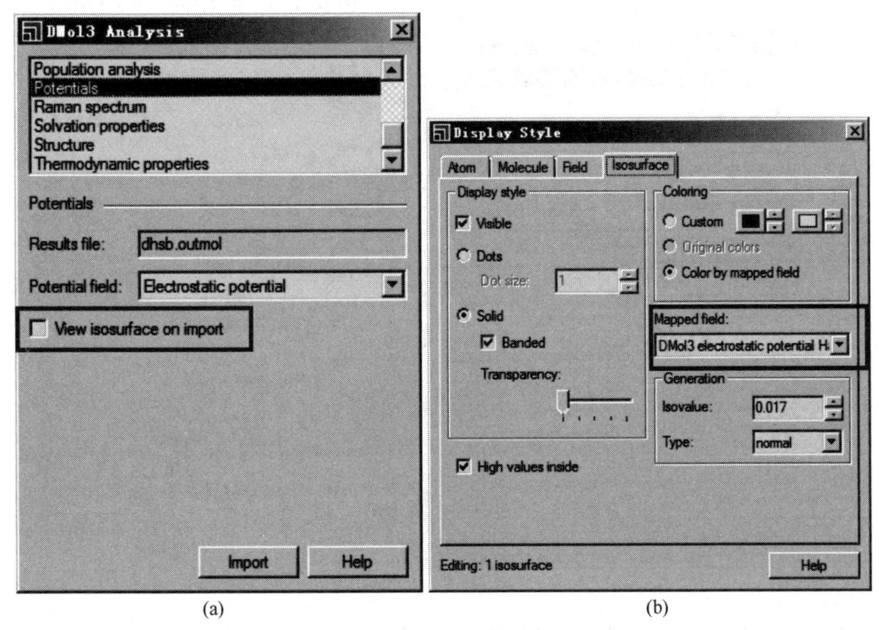

图 12.8　静电势映射图设置对话框

性，红色区域，即区域 2 表示正电性。从图 12.7 中可以看出，区域 1 最深的部分在磺酸基的极性头上，因而容易与溶液中的钙镁离子结合，而区域 2 最深的在氨基附近，易与负电荷基团结合。

类似的方法，我们亦可以将分子轨道的数据映射到总电子密度图上，也可以理解成把等电子密度图上每一点相应的分子轨道数据图用颜色表示出来。

12.4 电荷分布图

通过对分子静电势的拟合，可以得到原子上的电荷，在许多化学问题中，我们都需要获得原子上的电荷，例如用经典力学的力场方法拟合分子的势能就需要原子电荷。把分子中的电荷分到各原子上去是人为的，并没有客观的标准，从而并没有一个最“准确”的方法。我们以采用静电势得到原子电荷的方法为例。

其原理是：首先计算出分子内外若干点处的静电势 $\phi(x,y,z)$，然后假设各原子有电荷（如 α 核上有电荷 Q_α），由这些电荷产生静电势 $\phi'(x,y,z)$，即用最小二乘法拟 $\phi'=\sum_\alpha \frac{Q_\alpha}{r_\alpha}$。$r_\alpha$ 为被拟合点 (x,y,z) 与 α 核的距离，使 $\phi'(x,y,z)$ 与 $\phi(x,y,z)$ 差值最小，就可得到各原子上的电荷 Q_α。这样得到的电荷称为分子的静电势电荷（electrostatic potential charge，ESP）。

从菜单栏里打开 Module | DMol3 | Analysis；性质选择 Population analysis；确保 Results file 栏里显示的是 dhsb. outmol，如图 12.9(a) 所示，点击 Assign 按钮，将 ESP 电荷分配到分子结构中。此时，DHSB. xsd 文件中的甜菜碱分子已经被赋予了电荷，我们采用 Display Style 工具将其显示出来。从 View 菜单栏中分别调出 Display Style 对话框，如图 12.10(a) 所示；以及 Label 对话框，如图 12.10(b) 所示。在 Display Style 对话框 Coloring

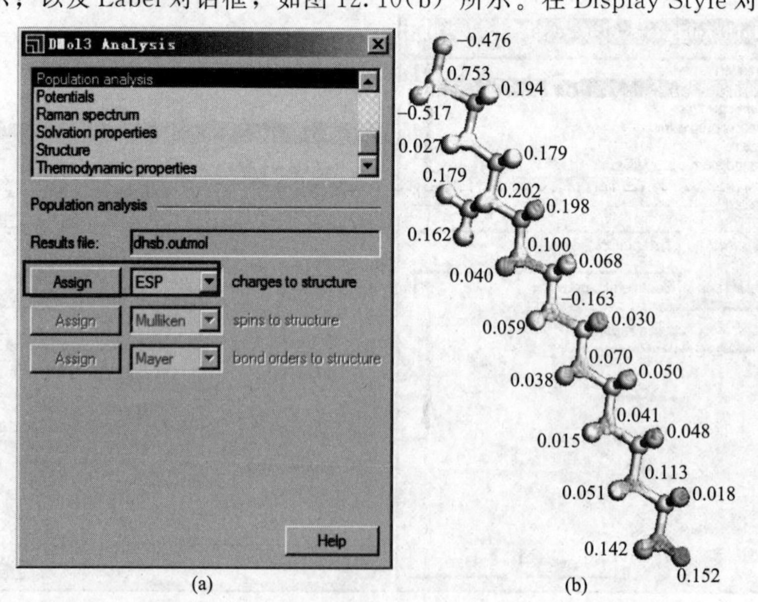

图 12.9 DMol3 分析工具对话框（a）及磺基甜菜碱分子电荷分布图（b）

面板中，Color by 选项选择 Charge；在 Label 对话框 Properties 栏同样选择 Charge，可以将每个原子所带的电荷显示在其旁边，如图 12.9(b) 所示。

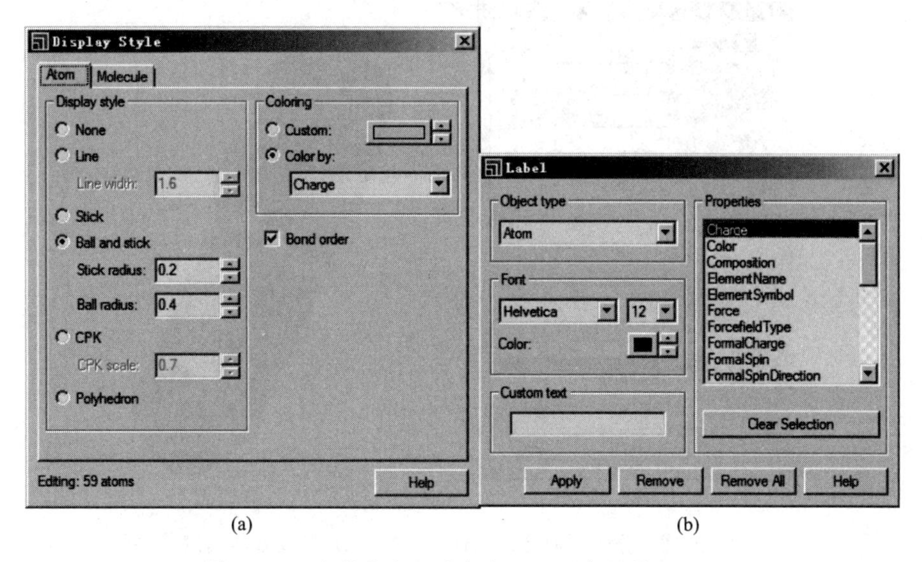

图 12.10　电荷分布显示方式（a）及标签设置（b）

12.5　分子表面

分子表面通常有多种表示，包括范德华表面、Connolly 表面、溶剂可接触面等。以图 12.11 为例，区域 1 是每个原子的范德华球（以原子核为中心，半径为范德华半径的球体，一般取电子密度为 0.001 的等值面）的叠加，这片区域就是分子的范德华体积，其表面也就被称作范德华表面。图中球 2 代表作为探针的溶剂分子（显然溶剂实际形状并不是球形，所以这个球 2 的半径是“等效”的，在计算程序中通常是可调参数），让这个球 2 紧贴着分子范德华表面在各处滚一遍，就产生了诸如图中 3 的轨迹，对应的表面叫作 Connolly 表面。图中 4 是球 2 滚动时球中心经过的表面，这个表面叫溶剂可接触表面（其表面积就是所谓的 SAS，solvent accessible surface），更具体的概念请参考第 1 章。

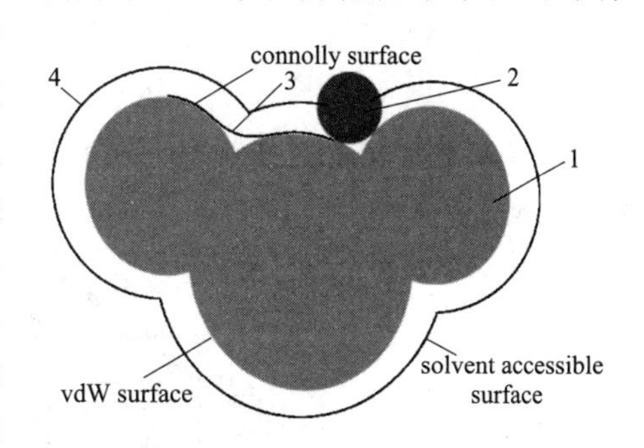

图 12.11　几种分子表面示意图

通常溶剂可接触表面对于研究生物大分子比较有用，它不但可以反映分子溶剂化后的大小和形状，还可以分析大分子的亲水性、疏水性部位等，在有些软件中还可以根据表面电荷、亲疏水性、元素官能团等进行配色。对于本例中的表面活性剂分子，通过计算其分子表面可以估算其在临界胶束浓度下在气液界面铺展时的单分子占据面积。

点击菜单栏 Tools | Atom Volumes & Surfaces，弹出如图 12.12(a) 所示对话框，计算 Connolly 表面和溶剂可接触面，如图设置后点击 Create，即可显示在分子上，如图 12.12(b)

所示。我们同样可以在 Display style 对话框的 Isosurface 标签页改变分子表面的显示方式等。

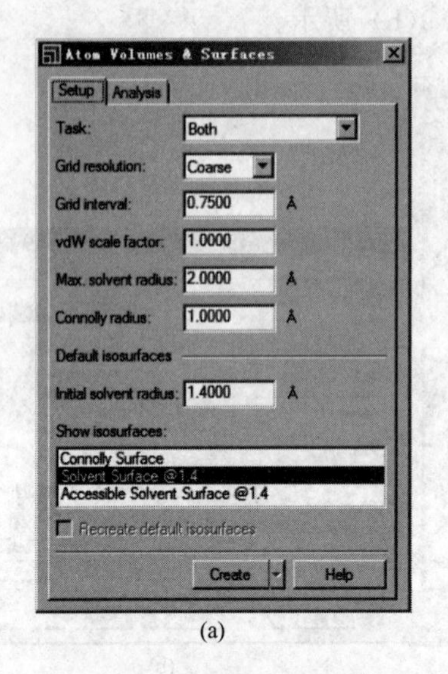

(a)

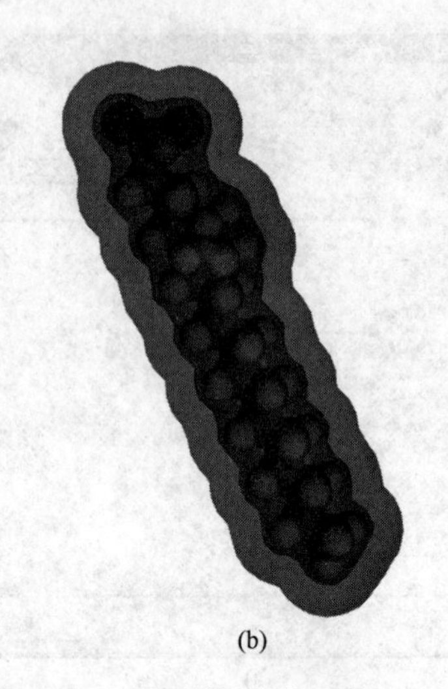
(b)

图 12.12 分子表面及体积计算工具（a）及磺基甜菜碱分子的范德华表面、Connolly 表面及溶剂可接触面（b）

思考题

1. 类比静电势的映射图，将磺基甜菜碱分子的前线分子轨道映射在总电子密度图上。

2. 通过计算推测两个苯分子可能存在哪些堆积方式。

3. 对以下两种分子进行结构优化，并分别计算其电子密度分布、静电势。

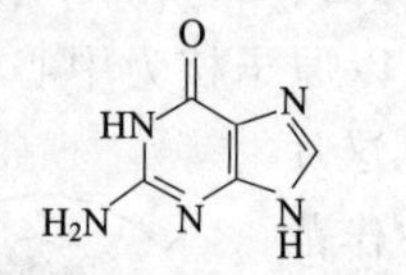

4. 将上题中两种分子的静电势映射在其电子密度图上，并分析两种分子间可能的结合方式，如下：

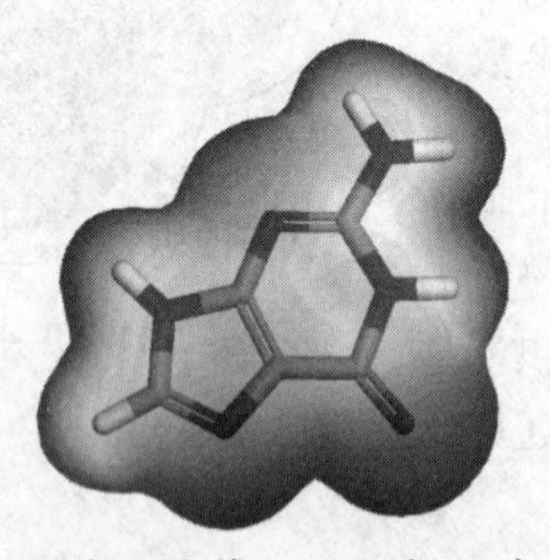

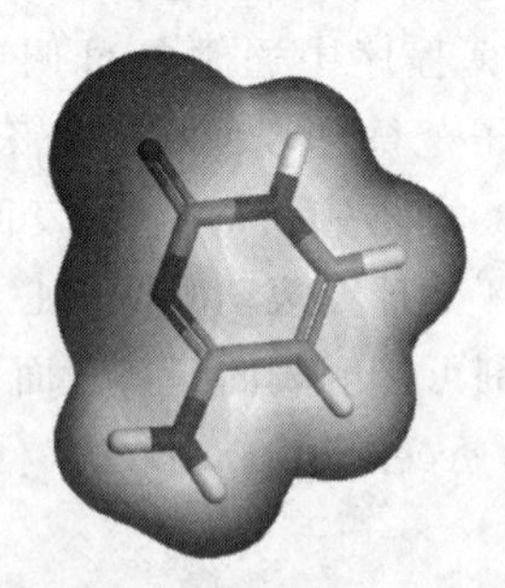

5. 请你结合 ESP 电荷的计算方法分析它有哪些优点和缺点。

6. 瑞德西韦（Remdesivir）是美国吉利德科学公司研发的一种抗病毒药物，在美国首例 COVID-19 确诊病例的诊疗过程中展现出较好的疗效而成为潜在筛选药物，请采用最简单的方法构建其三维结构，并计算其分子表面积。

第13章 势能面的构建

实验目的

求解体系的Schrödinger方程可以得到波函数和能量。根据波函数可以分析分子的轨道、电子密度、电荷等性质；而能量是体系哈密顿函数的本征值，其结果可以与实验数据进行定量的比较，例如反应的活化能、焓变等。体系所有可能的核构型下的能量则组成了一个势能面。对 N 个原子的非线形分子体系，这是一个 $3N-5$ 维空间中的一个超曲面，即能量是 $3N-6$ 个坐标变量的函数（对线形分子体系，能量是 $3N-5$ 个坐标的函数，势能面是 $3N-4$ 维空间中的超曲面）。势能面在量子化学，分子光谱和分子力学模拟中都占有十分重要的地位，建造性能优良的势能面是量子化学计算的目标，同时又是分子动力学计算的起点。

势能面的建造方法通常是先求解Schrödinger方程，得到不同核构型下的电子态能量，它们相当于势能面上的一个个单点，通常要计算几千乃至几万个单点，然后设计适当的解析函数，其中含有若干个参量，用该解析函数拟合计算得到的单点，用最小二乘法确定其中的参量，从而得到势能面的解析表达式。如此建造的势能面的质量取决于单点的计算精度、单点的布局、解析函数的形式是否合适等因素。当然，对于自由度比较大的体系，要获得完整的势能面，就目前的计算资源而言，还是不可能的任务。

本实验中，我们将简单介绍几种计算分子间相互作用的方法，并简要介绍简单势能面的建造。

实验要求

① 理解势能面及相关概念术语的物理意义。

② 掌握计算分子能量和分子间相互作用能的方法。

③ 掌握分子构象的分析方法。

④ 了解势能面的构造方法及意义，能够使用计算化学软件进行单点计算和扫描计算，并构建简单体系势能面。

⑤ 了解Morse势和LJ势的解析形式，能够使用数据处理软件和恰当的函数形式拟合势能曲线。

⑥ 能够编写简单代码简化计算操作流程。

⑦ 能够运用势能面的概念理解和解释相关化学问题。

13.1 键解离势能曲线的扫描

以氢分子的解离反应为例，在 B3LYP/TNP 理论水平下考察氢分子的解离行为，并采用 Morse 函数拟合势能曲线。

对于简单的断键过程，要获得能量随键长变化的曲线，最简单的方法就是固定每一个键长，做单点计算（single point energy calculation，SPE），这种方法通常称为扫描。而对于多原子分子而言，某一个键的断裂通常会导致分子其余部分的结构变化。在这种情况下，针对某一个键的扫描计算分为两类：一是刚性扫描，即只扫描要断裂的键的键长，其余部分的结构保持不变；二是优化扫描，即固定要断裂键的长度，优化其余部分的结构参数。当然，后者的计算量比较大，但可以获得更加平滑的扫描曲线。扫描也适用于键角、二面角的计算，或者也可以同时扫描多个化学键的变化以及键长与键角同时变化的情形。本例中，改变 H—H 间的距离，从 0.4～2.0Å，步长（stepsize）设置为 0.1Å，记录下每一个距离下的能量数值。

① 在 Materials Studio 的 Visualizer 模块中画出两个氢原子，并用键长键角工具标记出氢原子间的距离，如图 13.1 所示。在 Properties Explorer 性质管理器中，Filter 一栏选择 Distance，双击 Distance，在弹出的距离编辑对话框中可以手动编辑两个氢原子间的距离。

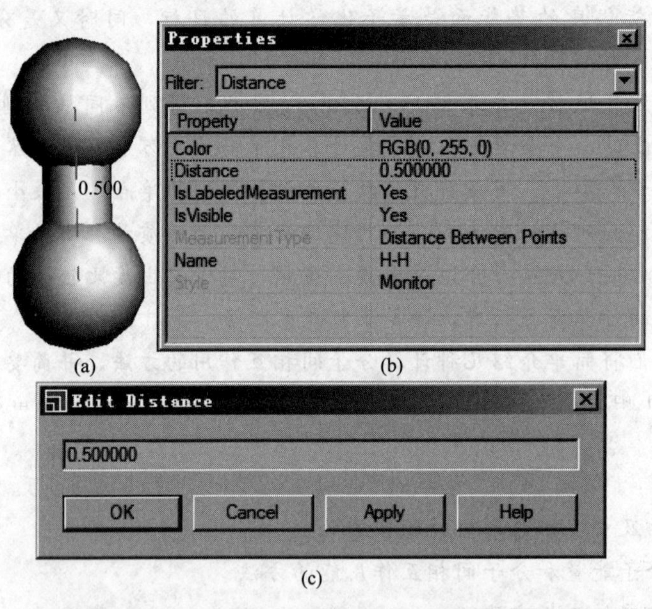

图 13.1　氢分子（a）及键长编辑对话框[(b)、(c)]

② 单击工具栏打开 DMol3 计算模块，弹出如图 13.2 所示对话框，在 B3LYP/TNP 理论水平下进行计算。在 Setup 标签页设置好计算任务类型、理论方法，在 Electronic 标签页设置基组，在 Job Control 标签页设置分配的核数和内存，单击 Run 计算。计算结果会返回到 *.outmol 文件中，在文件最后给出了计算得到的能量即 −1.074412Ha，如图 13.3 所示。注意能量的单位为 a.u. 或者 Hatree，需要乘以 627.51 换算成 kcal/mol。

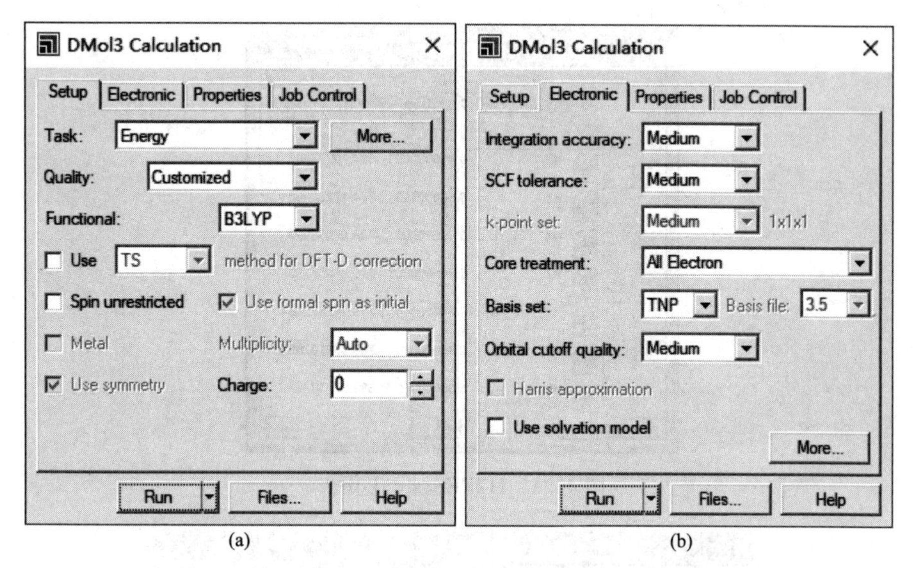

图 13.2 DMol3 计算模块设置

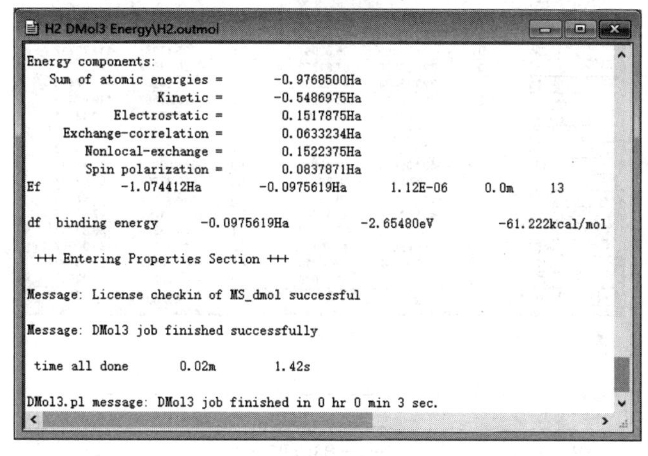

图 13.3 DMol3 计算能量结果文件

③ 调节 H—H 距离，采用同样的计算方法，能够得到一系列的能量数据。在计算时你也许会发现利用计算机完成一项任务时需要操作者进行较多的重复性工作，此时一定是没有采用正确的方式，显然可以通过编写程序或脚本的方式让计算机代替我们完成这项重复性的工作。Materials studio 支持 Perl 脚本，读者亦可以采用二维码中脚本自动进行扫描计算。

运行脚本

通过脚本运行按钮旁的下拉箭头设置并行核数，单击脚本运行按钮即可提交计算，计算完成后结果汇总到 H2PES. std 工作表，如图 13.4 所示。

采用 Origin 作图，即可得到 H_2 分子的解离曲线，如图 13.5 所示，图中采用两种不同的方法分别计算了氢分子解离反应的势能曲线。从图中可以看出，势能曲线存在一个能量最小点，对应于 H_2 分子的平衡构型和能量。虽然两种不同的理论水平上计算出来的能量相差较大，但其相对趋势和平衡结构都很接近。

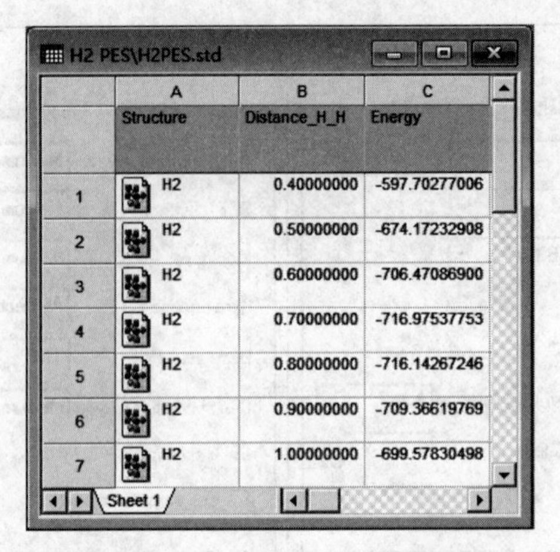

H2 PES\H2PES.std

	A	B	C
	Structure	Distance_H_H	Energy
1	H2	0.40000000	-597.70277006
2	H2	0.50000000	-674.17232908
3	H2	0.60000000	-706.47086900
4	H2	0.70000000	-716.97537753
5	H2	0.80000000	-716.14267246
6	H2	0.90000000	-709.36619769
7	H2	1.00000000	-699.57830498

Sheet 1

图 13.4　H2PES. std 工作表

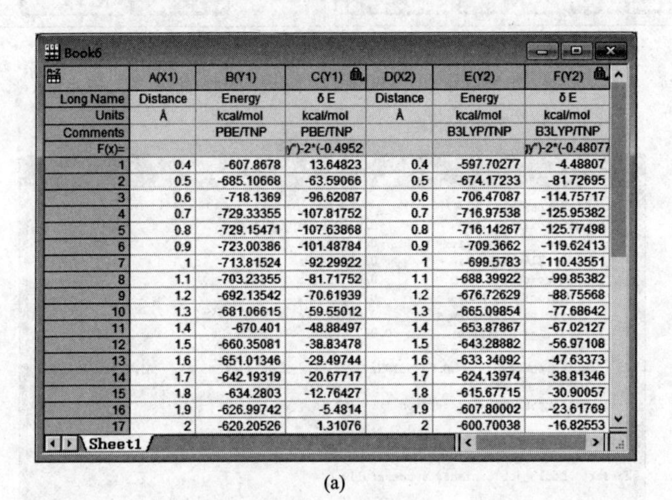

Book6

	A(X1)	B(Y1)	C(Y1)	D(X2)	E(Y2)	F(Y2)
Long Name	Distance	Energy	δ E	Distance	Energy	δ E
Units	Å	kcal/mol	kcal/mol	Å	kcal/mol	kcal/mol
Comments		PBE/TNP	PBE/TNP		B3LYP/TNP	B3LYP/TNP
F(x)=			y")-2*(-0.4952			y")-2*(-0.48077
1	0.4	-607.8678	13.64823	0.4	-597.70277	-4.48807
2	0.5	-685.10668	-63.59066	0.5	-674.17233	-81.72695
3	0.6	-718.1369	-96.62087	0.6	-706.47087	-114.75717
4	0.7	-729.33355	-107.81752	0.7	-716.97538	-125.95382
5	0.8	-729.15471	-107.63868	0.8	-716.14267	-125.77498
6	0.9	-723.00386	-101.48784	0.9	-709.3662	-119.62413
7	1	-713.81524	-92.29922	1	-699.5783	-110.43551
8	1.1	-703.23355	-81.71752	1.1	-688.39922	-99.85382
9	1.2	-692.13542	-70.61939	1.2	-676.72629	-88.75568
10	1.3	-681.06615	-59.55012	1.3	-665.09854	-77.68642
11	1.4	-670.401	-48.88497	1.4	-653.87867	-67.02127
12	1.5	-660.35081	-38.83478	1.5	-643.28882	-56.97108
13	1.6	-651.01346	-29.49744	1.6	-633.34092	-47.63373
14	1.7	-642.19319	-20.67717	1.7	-624.13974	-38.81346
15	1.8	-634.2803	-12.76427	1.8	-615.67715	-30.90057
16	1.9	-626.99742	-5.4814	1.9	-607.80002	-23.61769
17	2	-620.20526	1.31076	2	-600.70038	-16.82553

Sheet1

(a)

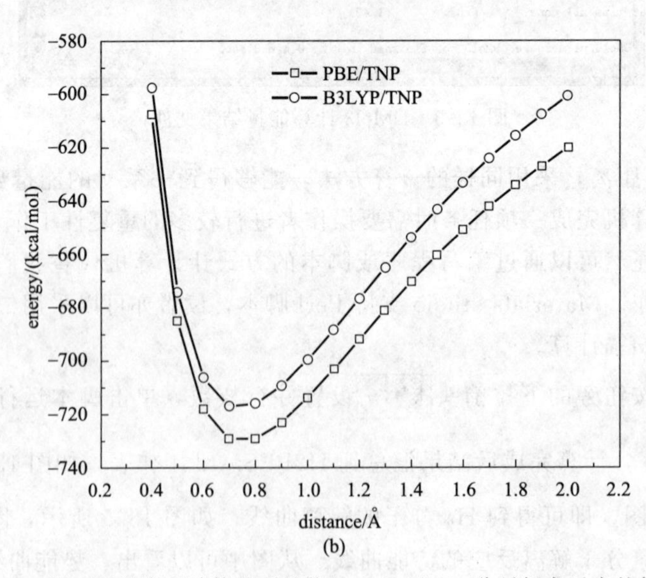

(b)

图 13.5　H—H 键不同长度下计算得到的能量（a）及 H_2 分子解离反应的势能曲线（b）

④ 为了估算氢气分子的键能，需要采用公式 $\Delta E = E(H_2) - 2E(H)$ 计算相对能量。因此，需要在同样的理论水平和基组上计算单个氢原子的能量。这里我们直接给出在 B3LYP/TNP 理论水平下计算得到的 H 原子的能量 −0.480773Hatree。

⑤ 最终我们所得到的计算结果实际上是类似图 13.5（a）的一张数表，它给出核间距 R 取不同值时相应的能量，即一个个单点值。这样的数表不便于应用，我们希望用一个解析函数拟合这些单点从而得到一条光滑的势能曲线，这样的解析函数称为势函数。最简单的势函数是谐振势，其表达式为

$$U(R) = \frac{1}{2}k(R - R_0)^2$$

式中，R 和 R_0 分别为即时键长和平衡键长；k 为力常数。

Morse 提出一种更精确的双原子势函数，称为 Morse 势，其形式为

$$U(R) = D\left[e^{-2\alpha(R-R_0)} - 2e^{-\alpha(R-R_0)}\right]$$

式中包含三个参数，即 D、α 和 R_0，其中 D 代表分子的平衡解离能，α 为势参数，R_0 为分子的平衡键长。

在 Origin 中通过自定义函数拟合的方法（图 13.6）可以拟合得到三个参数（图 13.7）。从中可知氢分子的键能为 129kcal/mol，键长为 0.75Å，与实验较为吻合。

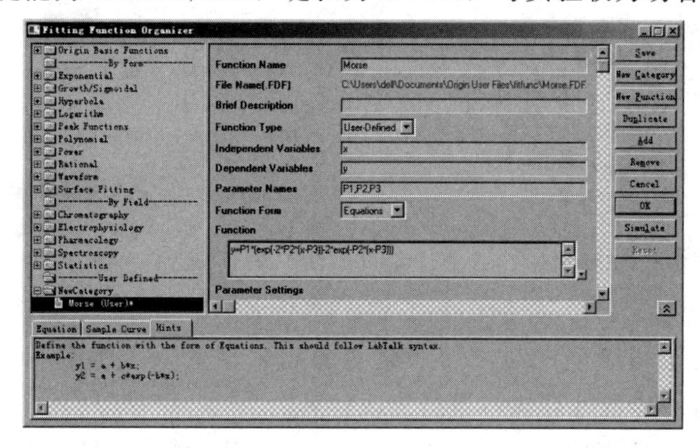

图 13.6　Origin 中自定义 Morse 函数设置对话框

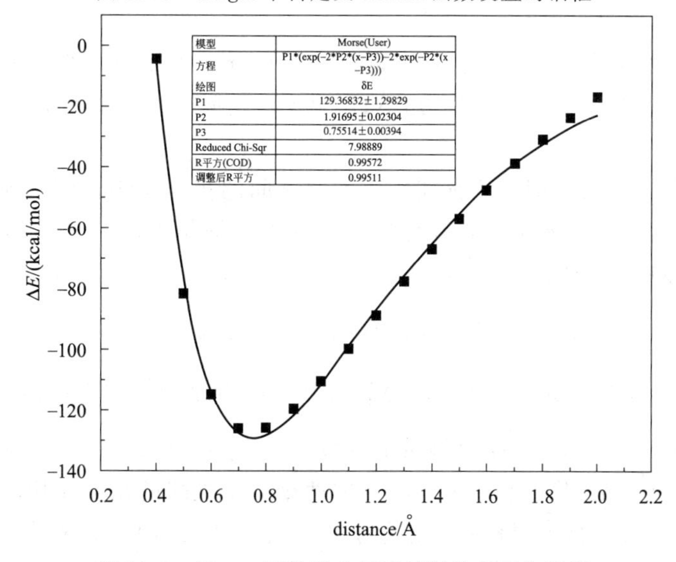

图 13.7　Morse 函数拟合氢原子间的相互作用能

13.2 分子间相互作用势能曲线的扫描

分子间弱相互作用一直是化学领域特别关注的问题，就目前量子化学计算的精度来讲，准确预测两个分子之间的长程弱相互作用仍然十分困难。主要原因就是很多计算方法在长程距离处就失效了；同时，模拟长程相互作用还需要非常大的基组，即包含多重极化和弥散项函数，造成计算量增加。另外，弱相互作用力的大小基本在几千卡每摩尔范围内，比化学键弱得多，而量子化学计算能量的误差也就在几千卡每摩尔的范围内，因此计算结果的可靠性很难保证。

我们以 HCl 分子和 Cl_2 分子沿 NH_3 的三次对称轴向其靠近为例（如图 13.8 所示），扫描研究氢键和卤键两种分子间相互作用的势能曲线。

① 以 NH_3 和 Cl_2 分子为例，在 Visualizer 模块中分别画出 NH_3 和 Cl_2 分子，采用 DMol3 模块分别在 B3LYP/TNP 水平下优化构型，并得到分子的能量。

② 将优化后的 NH_3 和 Cl_2 分子复制到同一个 3D 原子文档，并用 Centroid 工具标记出 NH_3 分子中三个氢原子的质心；用工具栏角度工具标记出 Centroid—N—Cl 和 N—Cl—Cl 键角，并分别调整为 180°，此时 Cl_2 分子将恰好处于 NH_3 的三次对称轴上。

③ 用工具栏距离工具标记出 N—Cl 间的距离，由 1.0Å 至 4.8Å，步长为 0.2Å，分别在 B3LYP/TNP 水平下计算体系总能量，参数设置同图 13.2。读者可自行根据氢分子解离势能曲线计算中的计算脚本进行修改计算。

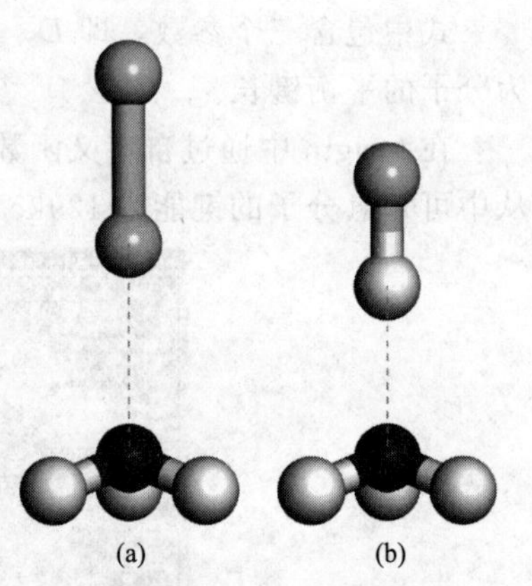

图 13.8 Cl_2（a）和 HCl（b）分子靠近 NH_3 的分子构型

④ 采用公式 $\Delta E=E(NH_3-Cl_2)-E(NH_3)-E(Cl_2)$ 计算 NH_3 分子与 Cl_2 分子间的相互作用能。

⑤ 将计算得到的不同距离下的相对能量数据在 Origin 中作图，即可得到如图 13.9（b）所示的相互作用能曲线。从图中可以看出 NH_3 和 Cl_2 之间卤键的平衡键长约为 2.6Å，结合能约为 9.35kcal/mol。

⑥ 谐振势和 Morse 势一般用于描述两成键原子间的相互作用，属于强相互作用势。而非成键两原子间的相互作用属于弱相互作用，又称范德华作用，一般用 Lenard-Jones（LJ）势（又称为 12-6 势）来描述：

$$U_{nb}=4\varepsilon\left[\left(\frac{\sigma}{R}\right)^{12}-\left(\frac{\sigma}{R}\right)^{6}\right]$$

式中，R 为原子对间的距离；ε 和 σ 为势能参数，因原子的种类而异。σ 与原子间的平衡距离 R_0 有关（$R_0=2^{\frac{1}{6}}\sigma$），ε 反映势阱的深度。LJ 势能中，第一项为排斥能，第二项为吸引能，当 R 很大时，LJ 势能趋于零。在研究两个分子之间的相互作用时，有时为了简化模型，可以将每一个分子整体看作一个超原子，这时也可以用 LJ 势来描述两个分子之间的

Book3

	A(X1)	B(Y1)	C(Y1)	D(X2)	E(Y2)	F(Y2)
Long Name	Distance	Energy	delta E	Distance	Energy	delta E
Units	Ang	Ha	kcal/mol	Ang	Ha	kcal/mol
Comments			HBond			XBond
1	1	-336399.3	45.48394	1.6	-634790.2	62.25058
2	1.2	-336434.9	9.88394	1.8	-634827.9	24.55058
3	1.4	-336450.1	-5.31606	2	-634847.8	4.65058
4	1.6	-336455.9	-11.11606	2.2	-634857.5	-5.04942
5	1.8	-336457.6	-12.81606	2.4	-634861.1	-8.64942
6	2	-336457.3	-12.51606	2.6	-634861.8	-9.34942
7	2.2	-336456.2	-11.41606	2.8	-634861.2	-8.74942
8	2.4	-336454.8	-10.01606	3	-634860.2	-7.74942
9	2.6	-336453.4	-8.61606	3.2	-634859.2	-6.74942
10	2.8	-336452.2	-7.41606	3.4	-634858.1	-5.64942
11	3	-336451.1	-6.31606	3.6	-634857.2	-4.74942
12	3.2	-336450.2	-5.41606	3.8	-634856.4	-3.94942
13	3.4	-336449.5	-4.71606	4	-634855.9	-3.44942
14	3.6	-336448.9	-4.11606	4.2	-634855.5	-3.04942
15	3.8	-336448.5	-3.71606	4.4	-634855.2	-2.74942
16	4	-336448.1	-3.31606	4.6	-634854.9	-2.44942
17	4.2	-336447.9	-3.11606	4.8	-634854.8	-2.34942
18	4.4	-336447.7	-2.91606			
19	4.6	-336447.5	-2.71606			
20	4.8	-336447.4	-2.61606			
21						

Sheet1

(a)

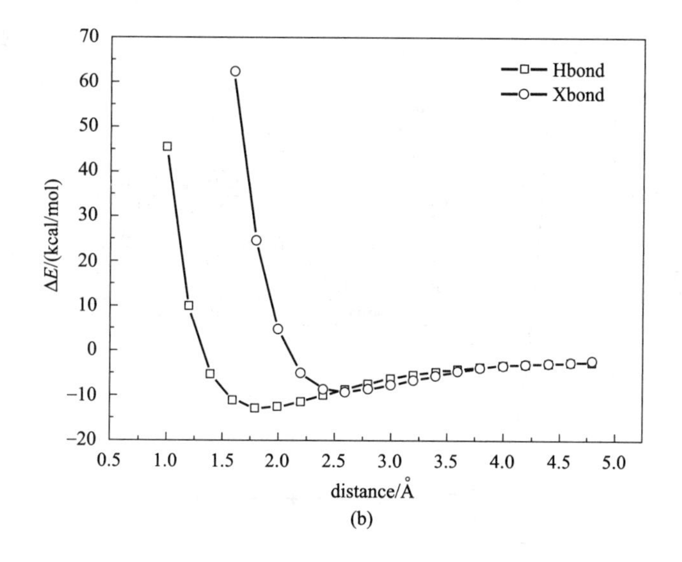

(b)

图 13.9　Cl_2 及 HCl 分子靠近 NH_3 时的数据表（a）和相互作用能曲线（b）

相互作用。在实际计算中为了方便，往往采用 $U_{nb}=\dfrac{A}{R^{12}}-\dfrac{B}{R^{6}}$ 的形式。

在 Origin 中采用图 13.10 所示的方法对数据进行非线性拟合得到图 13.11。图中曲线仅在短程范围拟合较好，在长距离处拟合结果并不好。由此可以看出解析式虽然便于应用，但也存在着缺陷，一般很难在势能面的各个部位都很准确地拟合计算结果。（在拟合过程中，由于扫描的间隔较大，往往没有数据恰好落在势能曲线最低点的位置，我们可以引入另外的参数 C，即写成 $U_{nb}=\dfrac{A}{R^{12}}-\dfrac{B}{R^{6}}+C$ 的形式，通过上下平移曲线来获得更好的拟合效果。）

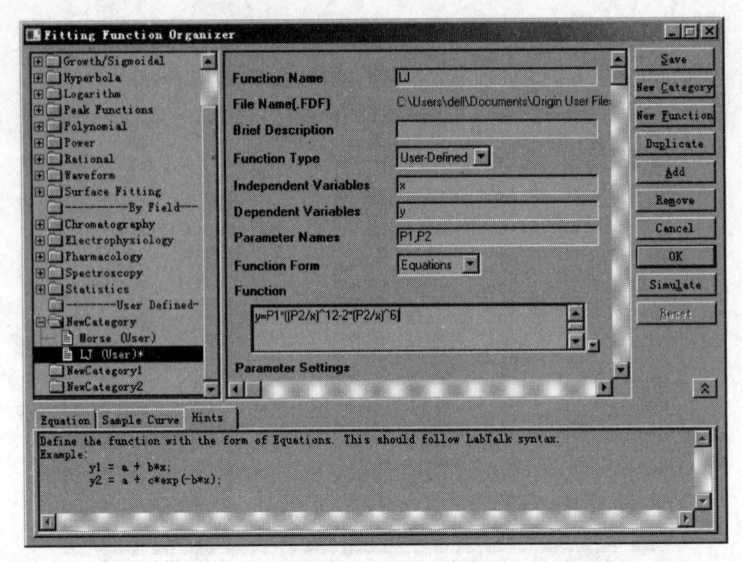

图 13.10　Origin 中自定义 LJ 函数设置对话框

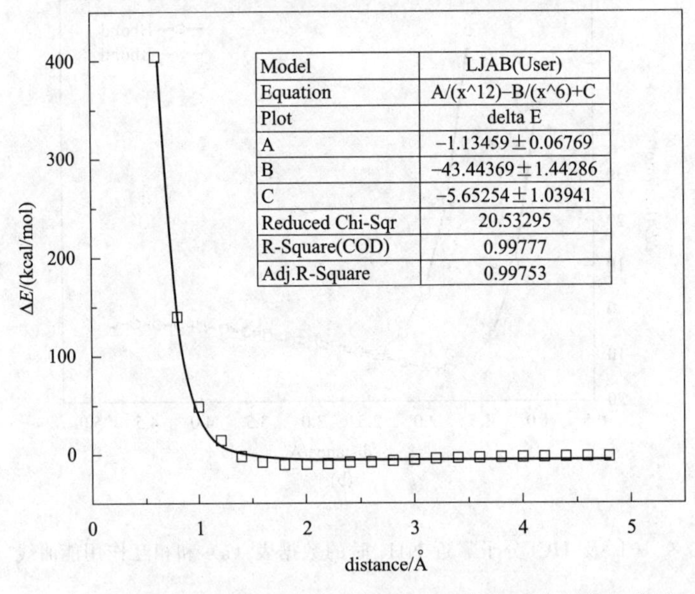

图 13.11　LJ 函数拟合 HCl 分子与 NH_3 间的相互作用势能曲线

13.3　分子的构象搜索

构象搜索是分子模拟的一个重要研究领域，对柔性分子而言绕着单键的键轴每旋转一个角度就产生一个构象（实际计算中通常用二面角来表示转动轴及两端被转动的基团）。寻找分子的各种可能的构象即为构象搜索。通过构象搜索可以知道哪个构象能量最低，各种构象之间能量差是多少，进一步还可根据 Boltzmann 分布估算特定温度下不同构象出现的比例。

构象搜索根据其计算方法可以分为系统搜索法、随机搜索法、分子动力学方法、基因算法等。本例我们通过 Materials Studio 的 Conformers 模块，以正戊烷分子为例，采用系统格点搜索法，扫描其骨架上的一个二面角，根据输出的能量变化曲线，可以确定分子构象及内转动势垒。

(1) 建立分子 3D 模型

新建 3D Atomistic document 文件，用 Sketch Atom 工具构建正戊烷分子 3D 模型，并重命名为 pentane. xsd。

(2) 构象搜索

从菜单栏选择 Module | Conformers | Calculation，或者直接在工具栏单击，弹出如图 13. 12 所示对话框。点击 Torsions 按钮，弹出 Conformers Torsions 对话框，单击 Find，如图 13. 13 所示。其中列出了分子中所有可能的二面角转动。在最左边一列中勾选想要研究的二面角，以 C-C-C-C(1) 为例，将扫描步数 Steps 改为 180，即每 2°扫描计算一次能量。

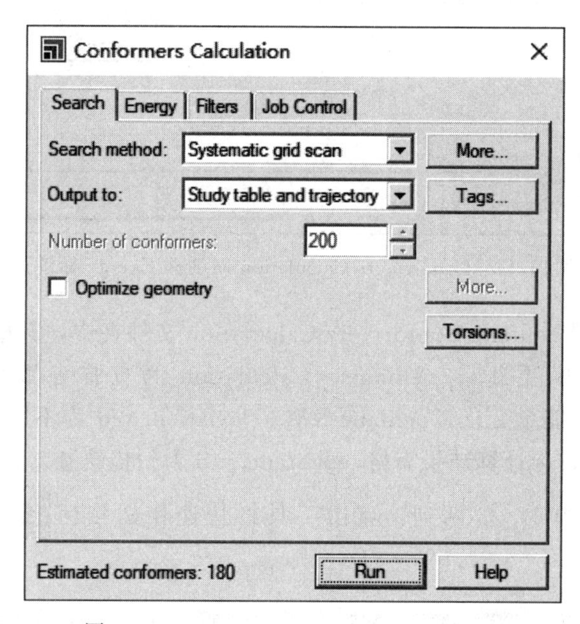

图 13. 12 Conformers Calculation 对话框

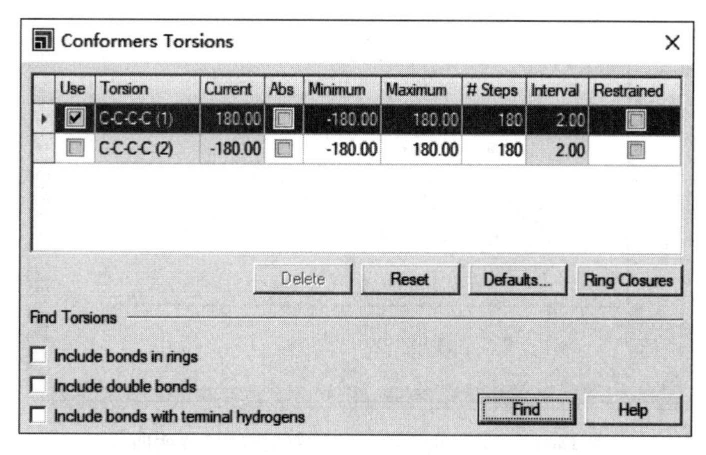

图 13. 13 Conformers Torsions 对话框

设置完成后关掉 Conformers Torsions 对话框，在 Conformers Calculation 对话框中切换到 Energy 标签页，力场选择 COMPASS，如图 13.14 所示。在 Job Control 标签页，单击 Run 按钮进行计算。

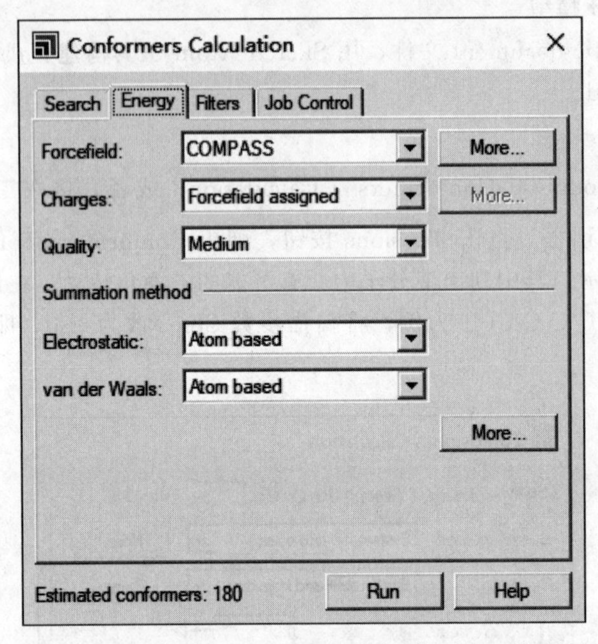

图 13.14 Conformers Calculation 对话框 Energy 标签页

计算结果会返回到 pentane Conformers Calculation 文件夹中，其中，pentane. xsd 为结构文件（并随扫描不断更新），pentane - Calculation 为扫描参数设置，pentane Energies. xcd 为不同构象的能量变化，pentane RMS Deviation. xcd 为不同构象与初始构象的均方根偏差，pentane. std 为计算结果表格，pentane. xtd 为扫描轨迹。计算结束后，点击打开 pentane. std 文件，选中 B、C 两列，点击工具栏快速作图按钮 作图，如图 13.15 所示。

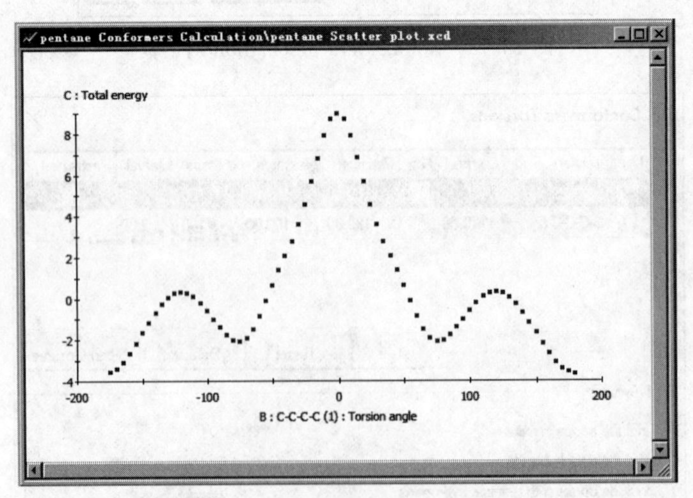

图 13.15 戊烷分子绕 C—C 键的内转动势能曲线

在 pentane Scatter plot. xcd 文件中可以双击选择坐标点，该点对应的构象在 pentane. std 文件中被激活，双击打开对应的构型文件可进一步地观察分子构象，也可以单击右键，选择 Extract To Collection，导出 xsd 文件，进行更深入的研究。

从图 13.15 中可以看出，绕 C—C 键的转动得到近乎对称的势能曲线，有三种分子构象，分别位于−75°、75°、180°位置处，内转动势垒分别位于−120°、0°、120°处，其中最大的势垒高度为 11kcal/mol。

在分子力场中描述二面角的扭转通常采用三角函数的形式，其中最简单的形式如下：

$$E_{\mathrm{T}}=\sum_{n=0}^{N}\frac{V_n}{2}[1+\cos(n\omega-\gamma)]$$

其中，V_n 为势垒高度，描述二面角旋转的难易程度；N 为多重度（multiplicity）即二面角由 0°旋转到 360°过程中极小点的个数；γ 为相因子（phase factor），用来调节三角函数的相位；ω 即扭转角。亦有力场采用稍复杂的傅里叶级数形式，即

$$E_{\mathrm{T}}=\sum_{n=0}^{N}\frac{F_n}{2}[1+(-1)^n\cos(n\omega)]$$

本例中戊烷分子的一个骨架二面角旋转一周有三个极小点，显然在 Origin 中我们可以使用 A(1+cos(x))+B(1−cos(2x))+C(1+cos(3x))的函数形式对其拟合，将角度转换为弧度，并将曲线向上平移至最小值为 0，如图 13.16 所示。

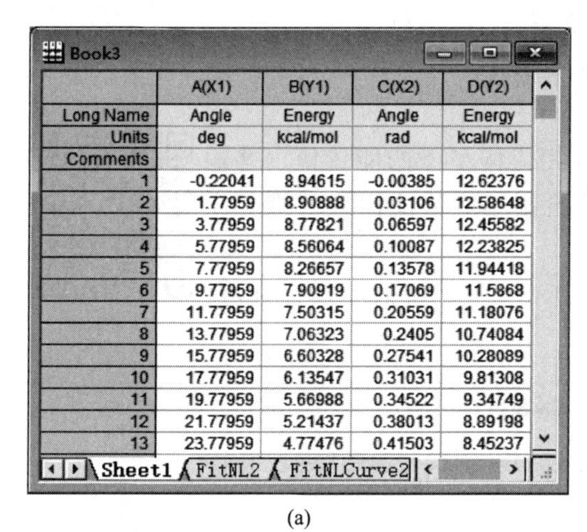
Book3

	A(X1)	B(Y1)	C(X2)	D(Y2)
Long Name	Angle	Energy	Angle	Energy
Units	deg	kcal/mol	rad	kcal/mol
Comments				
1	-0.22041	8.94615	-0.00385	12.62376
2	1.77959	8.90888	0.03106	12.58648
3	3.77959	8.77821	0.06597	12.45582
4	5.77959	8.56064	0.10087	12.23825
5	7.77959	8.26657	0.13578	11.94418
6	9.77959	7.90919	0.17069	11.5868
7	11.77959	7.50315	0.20559	11.18076
8	13.77959	7.06323	0.2405	10.74084
9	15.77959	6.60328	0.27541	10.28089
10	17.77959	6.13547	0.31031	9.81308
11	19.77959	5.66988	0.34522	9.34749
12	21.77959	5.21437	0.38013	8.89198
13	23.77959	4.77476	0.41503	8.45237

Sheet1 FitNL2 FitNLCurve2

(a)

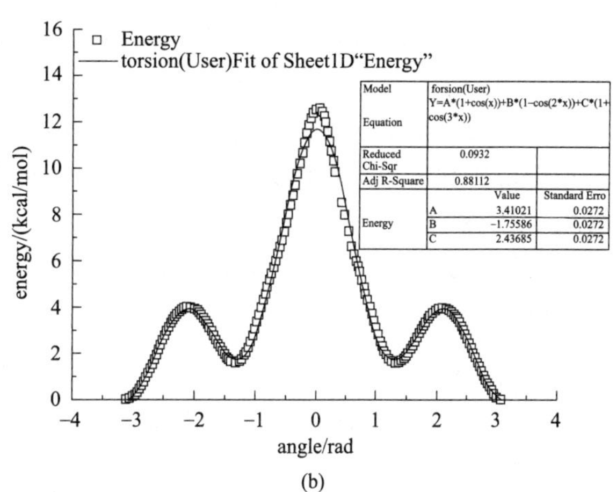

(b)

图 13.16　对戊烷二面角转动的拟合

13.4　化学反应的势能曲线

在化学反应过程中，分子构型会发生一定的变化，而与反应过程中分子各种构型所对应的点将在势能面上描绘出一条曲线，这条曲线就是化学反应所经历的途径，简称反应途径。根据能量最低原理，反应途径是沿势能面连结始态和终态的诸途径中，所经过的诸点势能最低的一条途径。反应途径对于研究化学反应来说至关重要。在确定反应途径的同时，可以获得在反应途径上反应体系的能量、几何构型、电子结构等数据，进而可以讨论反应过程中各基团间轨道相互作用的性质以及各种化学键的改组情形。有了反应途径，可以得到反应的势

垒，进而计算反应活化能、反应热等。以上分析对于描述反应的动态行为、判断反应机理都是至关重要的。

这里我们以 H3 反应（氢交换反应，H_2+H ══ $H+H_2$）为例，简要介绍如何构建化学反应的势能面。三个氢原子分别记为 H_A、H_B、H_C，势能面可以表示为三个内坐标的函数。三个内坐标可选择三个核间距 R_{AB}、R_{BC} 和 R_{CA}，于是可以写成 $E=f$（R_{AB}，R_{BC}，R_{CA}）的形式。也可选择两个核间距例如 R_{AB}、R_{BC} 以及它们之间的夹角 γ，这时 $E=f$（R_{AB}，R_{BC}，γ），如图 13.17 所示，通常我们采用后者。从几何上看，势能面 E（R_{AB}，R_{BC}，γ）是四维空间中的曲面。为了能够在平面上表示，通常在固定 γ 角下，绘制势能随原子核间距离 R_{AB}、R_{BC} 变化的等值线图，此时势能函数简化为 $E=f$（R_{AB}，R_{BC}）。

我们以共线反应为例，具体计算步骤如下：

① 画出三个氢原子 H_A、H_B、H_C，在性质浏览器中将其坐标分别改成（−0.7，0，0）、（0，0，0）、（0.7，0，0）。

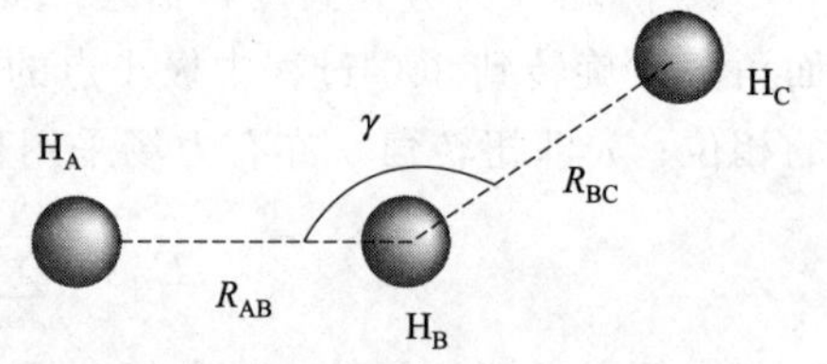

图 13.17　H3 反应体系的内坐标

② 首先固定 H_A、H_B，改变 H_C 坐标以改变 H_B、H_C 的距离，R_{BC} 由 0.7Å 扫描至 1.2Å，每次增加 0.5Å；然后类似地固定 H_B、H_C，改变 H_A、H_B 的距离，R_{AB} 由 0.7Å 扫描至 1.2Å，每次增加 0.05Å。考虑到势能面的对称性，重复的点可以略过，这样总共需计算(11×10)/2=55 个结构的能量。

③ 调用 DMol3 模块，在设置好的构型上，采用 B3LYP/TNP 理论水平计算，具体设置如图 13.18 所示。

④ 计算完成后，从结果文件 * outmol 中提取相应构型下的能量值，并输入 Origin 工作表中，转换成矩阵形式后，插值并绘制三维势能面或二维等高线图（图 13.19）。

读者也可以参照氢分子键长势能曲线的扫描脚本（见二维码）稍加修改，自动扫描。

运行脚本

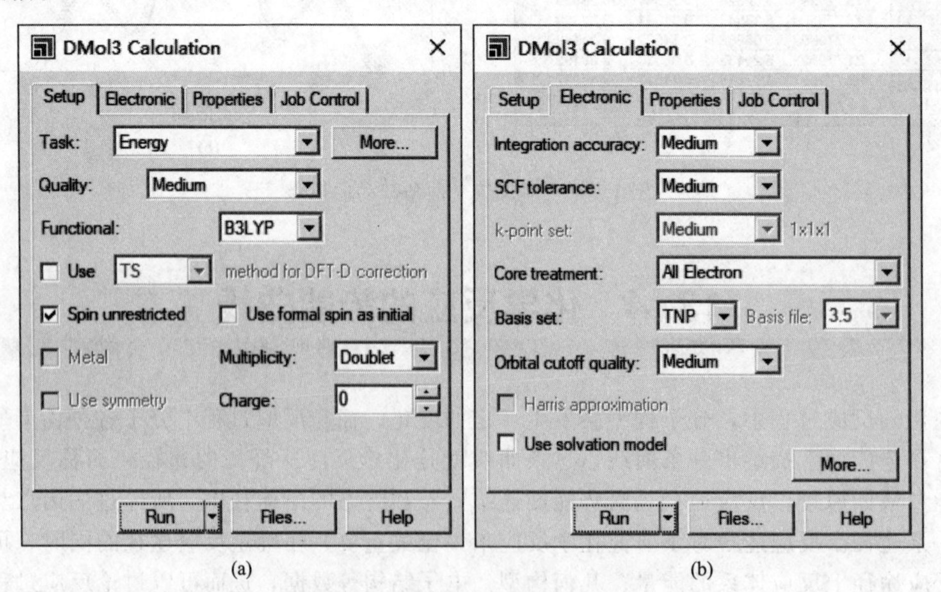

图 13.18　DMol3 计算模块对话框

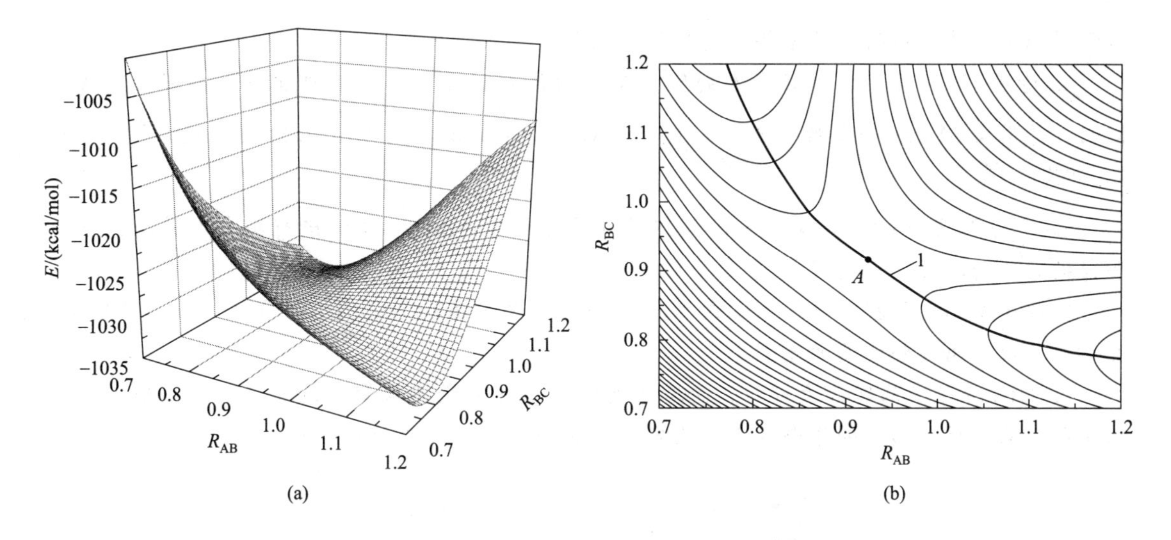

图 13.19　H_3 体系三维势能面（a）和势能面二维等高线图（b）

从图 13.19 中可以看出整个势能面以 $R_{AB}=R_{BC}$ 直线为对称。从该图上不难找到反应途径，即图中位于谷底的红色曲线 1。在反应路径上，核间距 R_{AB} 逐渐被拉长，R_{BC} 缩短，能量上升。到了 A 点，原子核间距 R_{AB} 和 R_{BC} 相等。此后 R_{BC} 继续减小而 R_{AB} 继续增大。A 点显然对应于反应的过渡态。在反应途径上它是能量的最高点，但是与其他途径上的邻近点相比，又是势能的最低点，因此，它是势能面上的鞍点。过渡态的能量与孤立氢分子和氢原子的能量之和的差值就是活化能。

注意事项：

① 单位转换问题，量子化学计算的能量结果通常是以 Hatree 或 a. u. 为单位，需要转换为 kcal/mol，在计算相对能量时应注意能量数值的单位。

② 拟合中的问题，在进行自定义函数拟合过程中需要手动输入 Morse 势或 LJ 势函数的公式，此处容易输入错误，如漏掉乘号 *，误用括号（、【或｛，初始参数不合理等，这些情况都会导致拟合失败。

③ 脚本的运行，在对氢键卤键进行扫描计算时需要在氢分子断裂势能曲线扫描的基础上修改部分变量名称，包括 filename、distanceName 等，应仔细检查。

思考题

1. 作出 H_2 分子解离的势能曲线，并采用 Morse 函数拟合，确定其平衡键长及键能。

2. 邓从豪院士是我国最早在分子反应动力学领域开展研究的科学家之一。20 世纪 50 年代，邓从豪等经过反复研究，提出了可从薛定谔方程严格求解的势函数（文献中称其为“邓势”）：$U(R)=D\left(1-\frac{b}{e^{\alpha R}-1}\right)^2$，$b=e^{\alpha R}-1$。请分析该势能形式与 Morse 相比有何优点。

3. 对于双原子分子体系我们可以通过解离势能曲线的拐点的位置（即曲线的二阶导数为零的点）判断是否成键。请根据你计算出的势能曲线，判断两个氢原子的距离小于多少的时候我们可以认为它们之间成键。

4. 与谐振势相比，Morse 势能在较大范围内较好地描述成键相互作用，但是在分子动力学模拟中仍然使用的是谐振势，请分析其原因。

5. 请对 H_2 分子的三重激发态的解离势能曲线做扫描计算，比较其与基态解离曲线的区别，并用反 Morse 势函数拟合。（注：反 Morse 势函数形式为 $U(R)=D[e^{-2\alpha(R-R_0)}+2e^{-\alpha(R-R_0)}]$。）

6. 请对 $NH_3\cdots Cl_2$ 和 $NH_3\cdots HCl$ 相互作用的势能曲线用 LJ 势进行拟合，并给出氢键和卤键的势阱深度和平衡键长。

修改脚本同时扫描 $NH_3\cdots Cl_2$ 或 $NH_3\cdots HCl$ 间的距离和 N—Cl—Cl 或 N—Cl—H 键角，并对比氢键和卤键势能面的差别。

7. HCl 分子沿苯环六次对称轴向其靠近时有两种可能的取向，请你通过扫描确定 HCl 以哪种构象接近时形成的络合物更加稳定，并从静电势的角度加以解释。

8. 对正戊烷分子的一个二面角进行构象搜索，得到其绕 C—C 键轴转动的势能曲线，并对其拟合。

9. 请你对上题中正戊烷分子的二面角为 50°、100°、150°的三种初始构型进行几何优化，计算采用 Forcite 模块 COMPASS 力场，并比较最终得到的构型和能量的差异，试解释原因。

10. 请你在戊烷分子二面角转动势能曲线上找出三个能量极小点的结构，并根据玻尔兹曼分布估算在 0K、300K、1000K 温度下不同构象出现的比例。

11. 在分子力场中，通常用谐振势来描述键长的伸缩和键角的弯曲，请思考为什么不用谐振势而用三角函数的形式描述二面角的扭转呢？

12. 对戊烷分子的两个二面角同时进行构象搜索，得到其绕 C—C 键轴转动的势能面。

13. 请同时扫描 *N*-acetyl-*N'*-methyl-L-alanylamide 二肽分子的两个二面角，作出其势能面，找出能量最低的构象，并分析该构象能量最低的原因。

14. 系统格点扫描方法进行构象搜索原理简单易于理解，能够确保找到能量最低的构象，请思考它有哪些缺点。

15. H3 反应体系中，改变 γ 值分别为 150°、120°、90°，并扫描反应势能面，分别找出其对应的过渡态，并计算反应能垒，比较得出哪种 H 原子的进攻方式最有利。

γ/(°)	$R_{AB}(R_{BC})$/ Å	E_b/(kcal/mol)
180		
150		
120		
90		

16. H3反应体系中，改变γ值为60°，并扫描反应势能面，与前面几种势能面对比有何不同，试解释原因。

第 14 章　化学反应模拟

实验目的

化学反应是化学研究的核心，也是分子模拟领域的几大难题之一。与计算化合物的物理性质不同，研究化学反应需要知道从反应物到生成物的整个反应途径上的所有信息。即使看似简单的化学反应，其微观机理也可能十分复杂。而对于更加复杂的化学反应，如溶液中的反应、表面催化反应等，其模拟计算则更加困难。

通常计算化学家会采用简化模型，将复杂反应分解成一系列的步骤，缩小计算范围，逐一攻破。例如，对于溶液中的化学反应，通常先忽略溶剂，研究气相中的双分子反应，再考虑溶剂化模型，最后才考虑研究整个溶液体系。本章我们以简单的例子对化学反应的模拟进行简要介绍，包括热力学参数的计算、过渡态的搜索等。

实验要求

① 掌握分子热力学参数的计算方法。

② 掌握化学反应途径（过渡态搜索）的计算方法。

14.1　计算化学反应的自由能

量子化学计算得到的分子的结构、能量等数据，相应于分子处于热力学零度、气相条件下的结果。如果要与实验测量结果相比较，则需要根据统计热力学原理，利用量子化学计算得到的分子的结构、振动频率、能量等参数，计算宏观的可观测量。

热力学是化学反应所关心的首要问题，它可以用来判断化学反应的可能性和方向性，判断化学平衡，还可以模拟外界温度、压力对化学反应的影响等。本实验中我们以 1-丁烯异构化为环丁烷的反应为例，简要说明如何利用 DMol3 计算一个简单反应的自由能：

$$\text{1-丁烯(g)} \longrightarrow \text{环丁烷(g)}$$

两种碳氢化合物的燃烧热和熵均已通过实验测得，相减得到焓变和熵变：$\Delta H_{298.15\text{K}}=6.40\text{kcal/mol}$，$\Delta S_{298.15\text{K}}=9.61\text{kcal/mol}$。进而根据公式 $\Delta G=\Delta H-T\Delta S$ 求得该反应的自由能变化 $\Delta G_{298.15\text{K}}=9.96\text{kcal/mol}$。

由第一原理计算焓或自由能，要利用下面的热力学循环关系：

$$\begin{array}{ccc} T_1 & \xrightarrow{\Delta H_{\text{rxn}}^{T_1}} & \\ \int_{T_1}^{T_0} C_p(\text{反应物})\text{d}T \downarrow & & \uparrow \int_{T_0}^{T_1} C_p(\text{产物})\text{d}T \\ T_0 & \xrightarrow[\Delta H_{\text{rxn}}^{T_0}]{} & \end{array}$$

已知 T_0 温度下的焓和两个温度间产物和反应物的比热容的情况下，T_1 温度时的焓可以通过如下方程求得：

$$\Delta H_{\text{rxn}}^{T_1}=\int_{T_1}^{T_0}\sum_{\text{反应物}}C_p\,\mathrm{d}T+\Delta H_{\text{rxn}}^{T_0}+\int_{T_0}^{T_1}\sum_{\text{产物}}C_p\,\mathrm{d}T$$

DMol3 的构型优化结果中给出总的电子和离子能 E_{tot}，我们知道焓变通过公式 $\Delta H=\Delta U-P\Delta V$ 得到。其中，体系的内能包括电子能、振动能、平动能、转动能，ΔU 通过公式 $\Delta U=\Delta E_{\text{tot}}+\Delta E_{\text{vib}}+\Delta E_{\text{trans}}+\Delta E_{\text{rot}}$ 得到；熵变通过公式 $\Delta S=\Delta S_{\text{vib}}+\Delta S_{\text{trans}}+\Delta S_{\text{rot}}$ 得到。一旦基态构型确定，DMol3 就可以计算上述组分。其中 $3N-6(5)$ 自由度的振动频率可由统计热力学得到。

具体步骤如下：

① 绘制计算的构型。首先需要构建反应物和产物的 3D 模型，按照第 11 章中的方法，应得到图 14.1 所示结构，并分别重命名为 1-butene. xsd 和 cyclobutane. xsd。

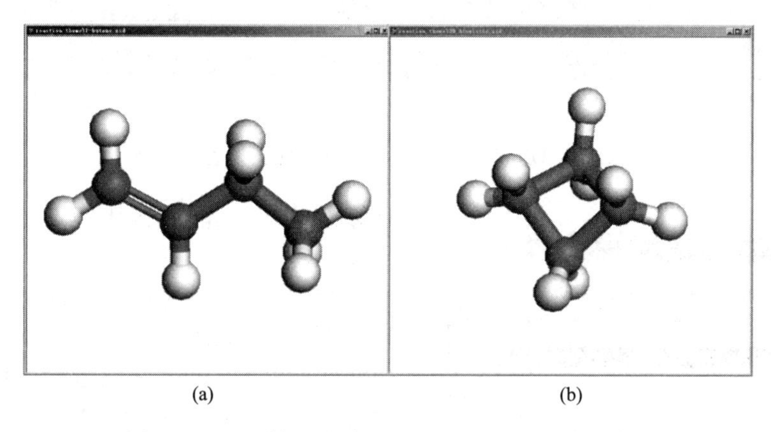

图 14.1　1-丁烯（a）与环丁烷（b）的 3D 分子模型

② 优化构型并进行振动分析计算。在进行振动分析前，必须先对两个分子进行构型优化。利用 DMol3 得到它们的最优化构型。激活 1-butene. xsd 文件，从模块工具栏中选择，或者在菜单栏中选择 Modules | DMol3 | Calculation。弹出如图 14.2 所示 DMol3 操作对话框。

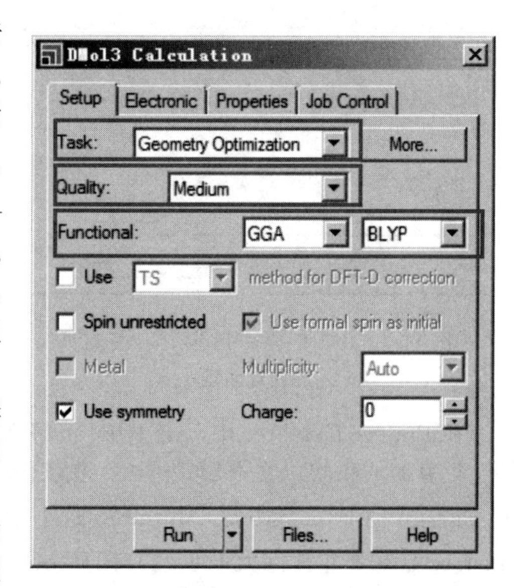

图 14.2　DMol3 模块几何优化设置对话框

在 Task 中选择 Geometry Optimization，Quality 选择 Medium，在 Functional 中将基组和泛函数分别设置为 GGA 和 BLYP。

在 Electronic 标签页中，点 More...，选择使用 Use smearing，其默认值为 0.005，如图 14.3 所示。关闭对话框。

选择分析模块 DMol3 Calculation 中的 Properties，选择频率，如图 14.4 所示。构型最优化结束后，即进行振动分析，其结果可以用来估算定温下的 H、S、G 和 C_p。

最后选择 Job Control，按 More...确保输出文件中的各项都已被选择。关闭对话框，点击 Run。计算过程以图表和文本的形式给出，计算结束后，可在项目管理器中查看。1-丁烯

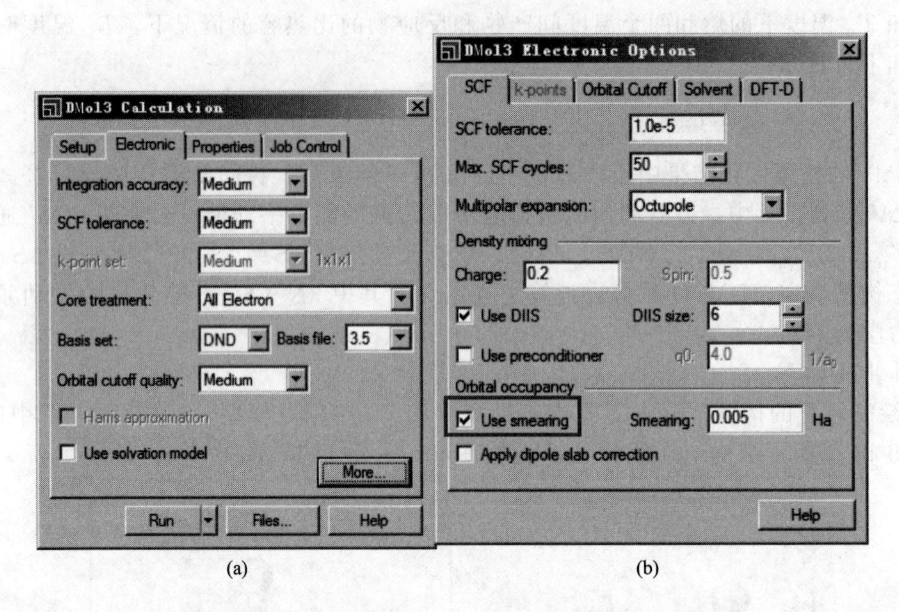

图 14.3　DMol3 模块 Electronic 标签页设置对话框

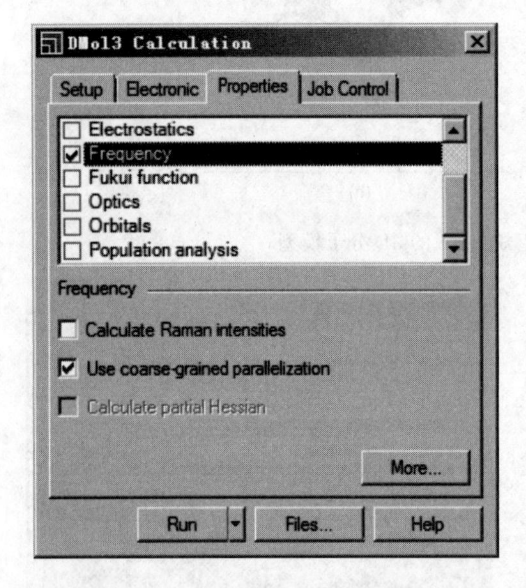

图 14.4　DMol3 模块 Properties 标签页设置对话框

计算结束后，继续利用设定的参数优化环丁烷。

③ 从 DMol3 的输出文件的结果中，计算定温下的自由能。1-butene DMol3 GeomOpt 的文件夹中 1-butene. xsd 显示 1-butene 的最优化构型。DMol3 计算得到的热力学数据则包含在 1-butene. outmol 文件中。在计算异构化反应的自由能之前，我们首先来查看得到的热力学数据。

在 Project Explorer 中双击 1-butene DMol3 GeomOpt 文件夹中的 1-butene. xsd。选择 DMol3 的分析模块 Modules | DMol3 | Analysis，在 DMol3 Analysis 对话框中选择 Thermodynamic properties。打开结果文件 1-butene. outmol 然后按 View。结果将以图表的形式显示，接下来用 DMol3 结果文件中校正的数据计算自由能。

在 Project Explorer 中双击 1-butene DMol3 GeomOpt 文件夹中的 1-butene. outmol 文件。计算的结果将以文本形式给出。按 CRTL-F 寻找 Entering Properties Section，记下 Total Energy 的值（DMol3 .outmol 文件中 1-butene 的总能量是以 Hartree 为单位的，Hartree 是一个非常巨大的单位，因此 outmol 文件中给出的有效数字要全部记下）。如图 14.5 所示。

在 DMol3 .outmol 文件的末尾，我们可以找到定温校正的热力学参数（熵、比热容、焓和自由能），以 25K 为步长从 25K 到 1000K 进行计算的。所有这些参数都包含零点振动

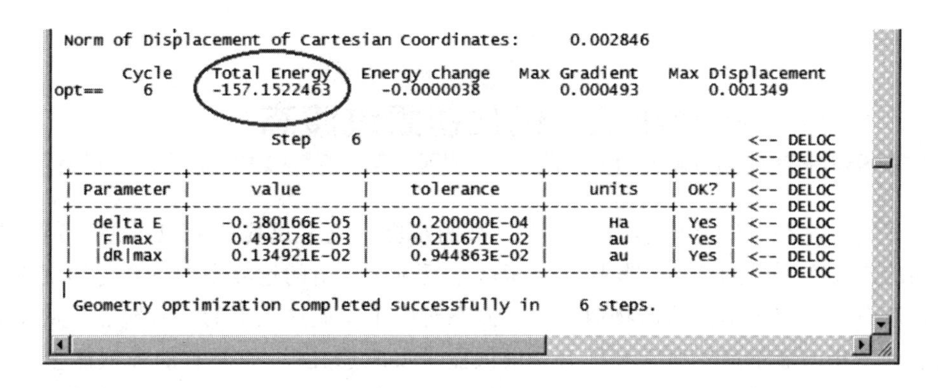

图 14.5　1-butene. outmol 结果文件

能（ZPVE），如图 14.6 所示。

1-butene DMol3 GeomOpt\1-butene.outmol

	T (K)	Entropy S	Heat_Capacity (cal/mol.K) Cp	Enthalpy H (kcal/mol)	Free_Energy G (ZPVE is included)
1	25.00	42.470	7.960	65.922	64.860
2	50.00	48.076	8.373	66.125	63.721
3	75.00	51.622	9.199	66.344	62.472
4	100.00	54.388	10.072	66.585	61.146
5	125.00	56.729	10.937	66.847	59.756
6	150.00	58.800	11.823	67.132	58.312
7	175.00	60.693	12.770	67.439	56.818
8	200.00	62.465	13.808	67.771	55.278
9	225.00	64.156	14.947	68.130	53.695
10	250.00	65.794	16.182	68.519	52.071
11	275.00	67.397	17.495	68.940	50.406
12	298.15	68.861	18.763	69.360	48.829

图 14.6　1-butene. outmol 结果文件

在表 14.1 中第三行记下 1-丁烯在 298.15 K 的自由能，以 kcal/mol 为单位。计算得到的 298.15K 下的 G_{total} 值大约为＋49kcal/mol。现在将 G_{total} 从 kcal/mol 转化为 Hartree（1Hartree＝627.51kcal/mol）。在上面第四行记下 1-丁烯 在 298.15K 的自由能，以 Hartree 为单位。在第二行和第四行写下 1-丁烯的数据，相加并在第五行写下结果。

重复上述步骤计算环丁烷。

利用以下公式计算自由能：

$$\Delta G_{反应}^{298.15K}=[E_{Tcorr}^{298.15}(环丁烷)-E_{Tcorr}^{298.15}(1\text{-}丁烯)]\times 627.51$$

自由能计算的结果应该是＋10.75kcal/mol，非常接近实验值。自由能为正则代表该反应在室温下不会自发进行。

表 14.1　能量记录

项目	1-butene	cyclobutane
E_{total}/Hartree		
$G_{total}^{298.15K}$/(kcal/mol)		
G_{total}/Hartree		
$E_{Tcorr}^{298.15K}$/Hartree		

14.2 优化搜索过渡态

优化搜索过渡态是研究化学反应最为关键的步骤。化学反应之所以千差万别，有快有慢，不同的产物有不同的产率，其控制因素就是反应所经由的过渡态。一个化学反应可以存在很多过渡态，对应于不同的产物通道。过渡态对应于反应途径上的一阶鞍点。从反应物经过过渡态到产物的能量途径通常被称为“最低能量反应途径”，而所有的最低能量反应途径则组成了该化学反应的微观机理。化学反应机理的研究一直是理论计算化学的重点和难点。

反应过渡态的优化是一项非常烦琐的任务，需要经验、技巧和化学直觉。虽然目前很多程序能自动搜索过渡态，但其有效性和完整性都没有很好的保证。通常还是采用猜测、尝试的方法，根据化学知识寻找过渡态。本实验中，我们使用 DMol3 中的 LST 和 QST 工具，搜索 H 从乙烯醇转移到乙醛反应（$CH_2=CHOH \longrightarrow CH_3CHO$）的过渡态结构。

(1) 建立反应物和产物模型

首先在两个 3D 窗口中分别建立反应物和产物的 3D 模型。打开新的 3D 模型文件画出乙烯醇的结构，点击，选择 3D Atomistic Document；点击工具栏，画出三个相连的碳，并按 Esc 键终止；按住 Shift 键，选择第三个碳原子，点击，并选择氧，被选择的碳原子变为氧原子；按住 Shift 键，在空白处双击以取消选择；按住 Shift 键，点击碳碳键，点击并选择双键，然后按住 Shift 键在空白处双击以取消选择；最后点击加氢，点击使结构合理化，其结构如图 14.7(a) 所示。在任务栏右键单击 3D Atomistic Document. xsd 选择重命名为 reactant. xsd。

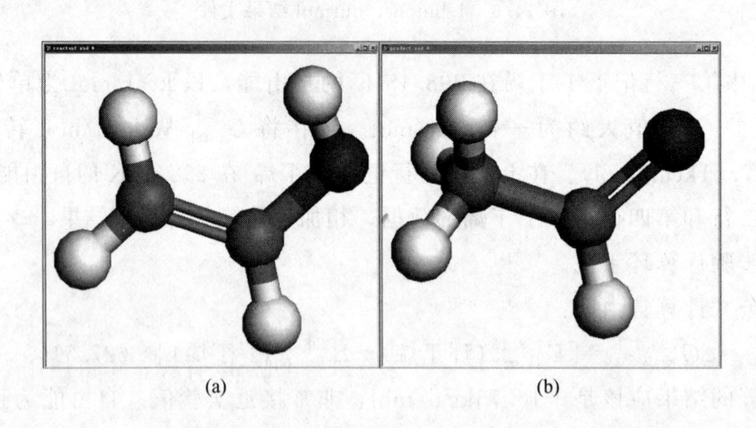

图 14.7 乙烯醇 (a) 及乙醛 (b) 的 3D 分子模型

在选择模式下，双击该乙烯醇中的任一原子，可选中所有原子并都被高亮为黄色；点击 Ctrl+C，将其复制到剪贴板；利用 New 新建一个 3D Atomistic Document，按下 Ctrl+V，该结构被粘贴在新文件中；然后改变键的结构并重新安排原子以得到产物结构。在新的文件中点击 O—H 键，按下 Delete 键；点击 Sketch Atom 并点击单独的 H 原子然后是亚甲基的碳原子，使其键连；单击 C—O 使其由单键变为双键，连续双击 C—C 键，C—C 键就会由双键变为三键，然后又变成单键；最后点击 Clean ，结构如图 14.7 (b) 所示。将该文件重命名为 product. xsd。

(2) 反应物与产物原子配对

对 DMol3 执行过渡态搜索来说，反应物和产物的所有原子都必须一一配对。这可以通过工具栏里的反应预览（Reaction Preview）功能实现。首先，并列地放置反应物和产物的结构：从菜单条中选择 Window | Tile Vertically。然后再准备对反应物和产物结构中的原子进行配对：从菜单条中选择 Tools | Reaction Preview。反应预览（Reaction Preview）对话框显示如图 14.8 所示。

分别从 Reactant 和 Product 下拉树形图中选择 reactant. xsd 和 product. xsd。按下 Match... 按钮。此时寻找等价原子（Find Equivalent Atoms）对话框弹出，见图 14.9，其中仅一个原子匹配成功，而仍有六个原子未匹配。双击反应物一栏（reactant column）中的 2×C。此时产物栏里的对应的文件夹同时打开。反应物一栏包含了 1：C 和 2：C，它们应该直接和产物栏里的对应物相匹配。

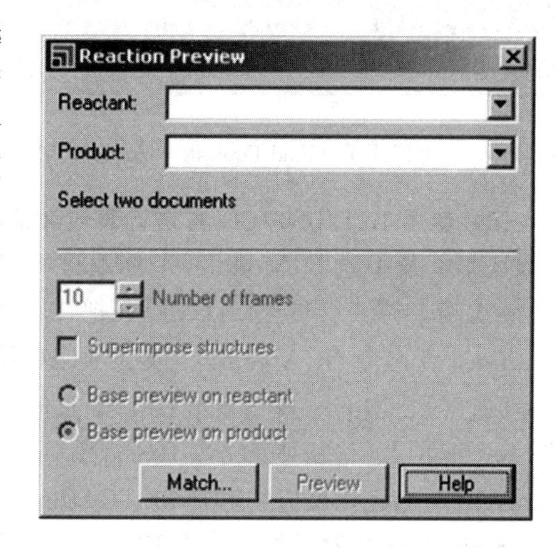

图 14.8 反映预览（Reaction Preview）对话框

把优化后的 reactant. xsd 和 product. xsd 两个 3D 文件打开，点击反应物框里的 1：C；点击产物框里的 1：C。两个对话框里的碳原子被选上，并且两个 3D 文件里的碳原子是一致的。点击 Auto Find。寻找等价原子算法会匹配所有剩下的重原子（若仍有原子没有匹配，重复上面的手动匹配步骤）。采用同样的方法分别选中反应物和生成物中的未配对 H 原子，点击 Set Match。重复这个过程来匹配剩下的没有配对的 H 原子。

匹配完成后可以预览一下反应物和产物之间已配对的原子。点击反应物或者产物列表里的任意一个原子，查看其配对是否正确。关闭 Find Equivalent Atoms 对话框。

运用 DMol3 来执行过渡态搜索功能，首先需要在反应物和产物之间创建一条通道，这也是 DMol3 计算时所必需的输入条件。在反应预览对话框中，把帧数提高到 100。勾选上 Superimpose structures，点击 Preview，将生成一个名为 reactant-product. xtd 的新的 3D Atomistic Trajectory 文件；我们可以对这个文件进行 DMol3 计算；可以使用动画（Animation）工具条 来播放轨迹文件（动画用 Bounce 模式观看效果最佳）。

打开化学键工具，重新计算化学键：点击 Build | Bonds 并勾选上化学键计算对话框（图 14.10）上的 Monitor bonding，按下动画工具条上的 Play 按钮 ，查看化学键在轨迹中的变化情况，结束后按 Stop 按钮 复位。

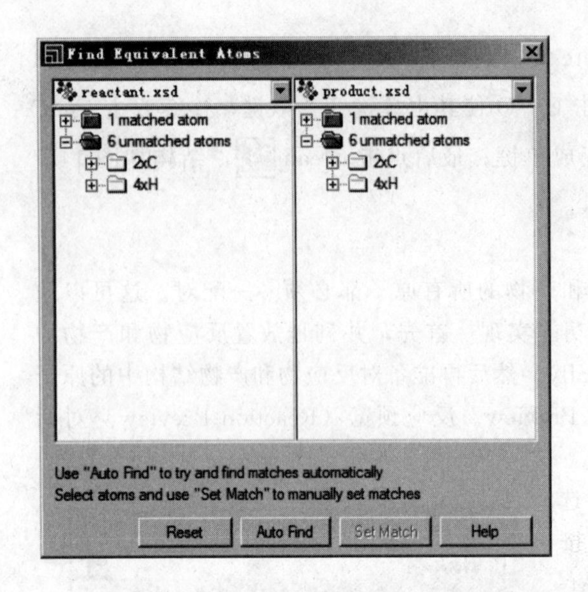

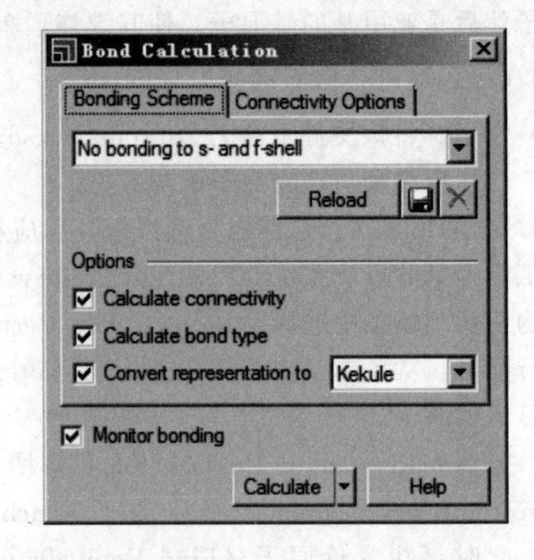

图 14.9　寻找等价原子（Find Equivalent Atoms）对话框　图 14.10　计算化学键（Bond Calculation）工具栏

(3) 使用 LST/QST/CG 方法计算过渡态

从菜单条中选择 Modules | DMol3 | Calculation，弹出 DMol3 计算对话框。在设置（Setup）标签栏里［图 14.11(a)］，把 Task 由几何优化改为 TS Search。确定计算精度为 Medium，泛函为 GGA 和 BP。改变了计算任务需要对更多参数进行设置，可以通过 More... 来完成。点击 More... 按钮显示 DMol3 过渡态搜索（DMol3 Transition State Search）对话框［图 14.11(b)］。确认搜索方案（Search protocol）设置为 Complete LST/QST，精度为 Medium，并勾选优化反应物和产物（Optimize reactants and products）。关闭 DMol3 Transition State Search 对话框。点击 Electronic 标签［图 14.11(c)］，检查 SCF tolerance 是否为 Medium。按下 More... 按钮，弹出 DMol3 的 Electronic Options 选项对话框［图 14.11(d)］。在 SCF 标签栏里，勾选上 Use smearing 选项。关闭 DMol3 Electronic Options 选项对话框。点击 Properties 标签页，勾选上 Frequency，计算频率（Frequency）相关的性质。点击 Run 开始计算。

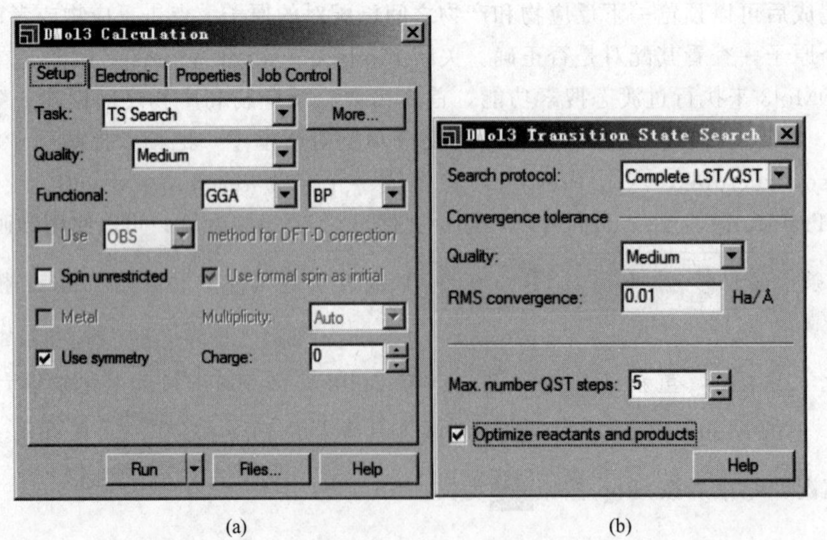

(a)　(b)

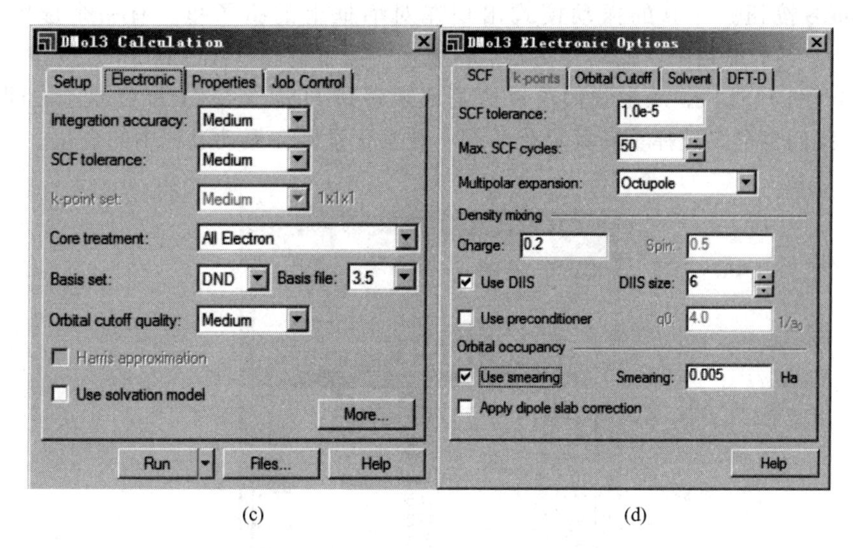

(c)　　　　　　　　　　(d)

图 14.11　过渡态计算设置对话框

在计算期间，数个不同的文件和一个 LST/QST 图显示在工作区。它们报告了计算状态，其中 LST/QST 图显示了过渡态搜索的进程。当 LST/QST 计算完成，打开 reactant-product. xsd 文件就可以看到过渡态。reactant-product. outmol 文件里则罗列了计算的文本结果，按下 Ctrl + F，搜索能量势垒（Energy of barrier），如图 14.12 所示，可以看出反应能量大约为－14kcal/mol，能量势垒大约为 52kcal/mol。

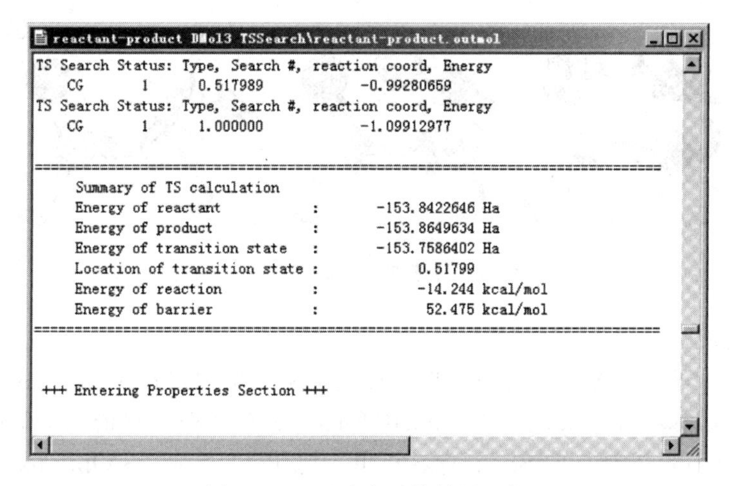

图 14.12　过渡态计算结果文件

通过计算得到过渡态构型之后，还需对其进行进一步的验证：首先要看过渡态的结构是否合理，当然这需要一定的化学知识和化学直觉，一般过渡态结构应该介于反应物和产物之间，通常键长会拉长 20%～30%；其次要对每一个过渡态进行频率分析，真正的过渡态有且只有一个虚频（负值），并且虚频的振动模式是沿着反应物和产物的方向，化学反应的虚频一般应大于 $100cm^{-1}$，较小的虚频一般是分子构象的变化。我们可以用自带的振动分析工具将其振动方式显示出来。双击工作浏览器内的 reactant-product. xsd。从菜单里选择 Tools | Vibrational Analysis，显示振动分析（Vibrational Analysis）对话框（图 14.13），

按下 Calculate 按钮。计算的振动模式出现在对话框上的格子里。有一个虚频率大约是 $-1979cm^{-1}$。点击虚频率，使其变亮，点击鼠标，按下动画（Animation）按钮，即可显示该振动模式（图 14.14）。从中我们可以清楚地观察到 H 原子在 O 和 C 原子之间传递的过程。同样，我们也可以选择重新计算化学键，观察化学键在振动过程中的变化。

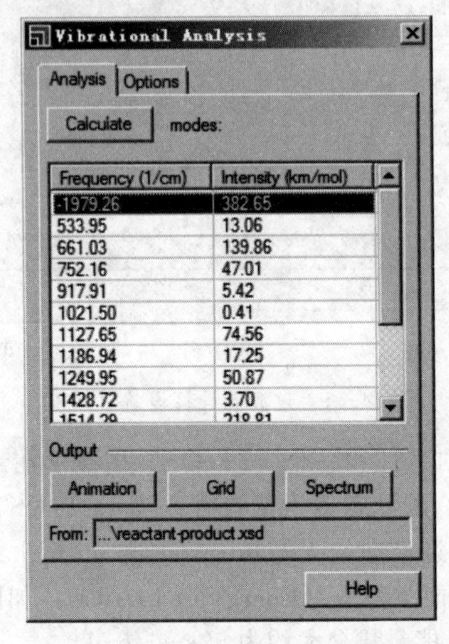

图 14.13　振动频率分析对话框

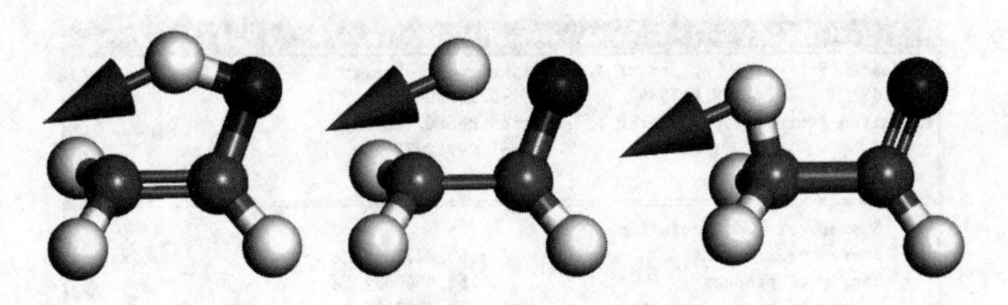

图 14.14　过渡态对应虚频的振动方式

(4) 优化过渡态

我们将搜索到的过渡态进行更进一步的优化。从菜单中选择 File | Save Project，然后选择 Window | Close All。关闭 Vibrational Analysis 对话框。双击 reactant-product. xsd，在 DMol3 Calculation 对话框的 Setup 标签栏里，把 Task 换成 TS Optimization。其他的设置不变，点击 Run。启动过渡态优化任务。

由于非常接近优化后的过渡态，计算任务在比较短的时间内就结束了。检查 TS 优化的 . outmol 文件，搜寻最后的总能量，并与 LST/QST/CG 优化后的过渡态能量进行对比。

思考题

1. 参考下图画出乙烯醇与乙醛异构化的反应示意图。

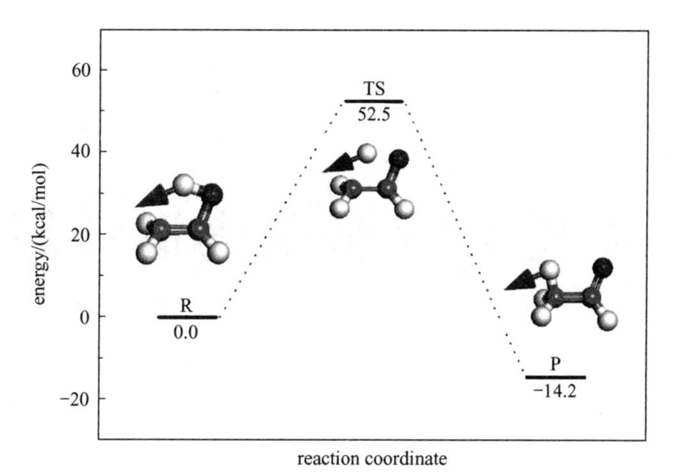

2. 参考下图画出过渡态的振动模式和相应的红外振动谱图。

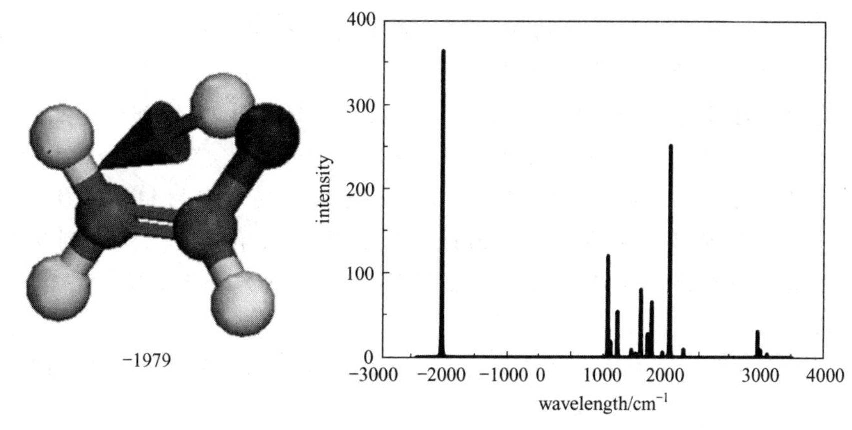

3. 试计算 1-丁烯异构化反应的过渡态及乙醇转化为乙醛反应的反应热。

4. 请优化并计算苯甲酸和萘的单点能，忽略零点振动能估算其燃烧热。（注：理想气体不同温度下等压热容相同，对于线形分子 $C_p=3.5R$，非线形分子 $C_p=4R$。）

5. 通过振动分析计算苯甲酸和萘的燃烧热，与上题中的估算值和物理化学实验中采用氧弹式量热计测量的实验值或文献值对比，并分析可能的误差原因。

6. 请选一种你最喜欢的零食，根据其配料表计算每 100g 零食的热量，并估算需要跑步多少公里才能消耗掉该热量。（注：糖类以葡萄糖，脂肪以三硬脂酸甘油酯，蛋白质以任一氨基酸代表，其中糖类和脂肪最终氧化产物为二氧化碳和水，蛋白质最终氧化产物为二氧化碳、水和尿素，成年人每跑步 1km 消耗约 62kcal 能量）

第15章 分子光谱计算

实验目的

分子光谱作为联系物质微观结构和宏观性质的重要桥梁，已经成为表征化合物结构的必要手段，成为化学研究的重要内容之一。原则上讲，实验上观察到的光谱是大量分子在特定环境和特定激发条件下的统计表现，无法或者很难从理论角度去模拟实验光谱。但是，任何一种光谱都有其深刻的理论依据。例如红外光谱，其实是分子振动模式、振动频率、振动强度的具体反映；紫外可见光谱则与电子激发态密切相关，激发态的性质、能级、跃迁强度等都可以反映为光谱。因此，虽然量子化学计算无法得到实际的光谱，但可以得到更本质的东西，也可以与实验光谱的某些特征峰进行比较；同时，还有利于光谱峰的指认或解谱。

本实验以常见的几种简单的小分子为例，对光谱计算的过程做出简单的介绍。

实验要求

① 掌握常见光谱图的计算方法。

② 了解光谱图的分析方法。

③ 了解理论光谱图的价值和意义。

15.1 红外和拉曼光谱

红外光谱是分子振动的反映，其振动频率对应于红外光谱中的一个谱峰，振子强度（由振动引起的分子偶极矩的变化）对应于谱峰的高度，谱峰宽度则是由热效应等引起的展宽，与分子本身振动性质关系不大。拉曼光谱也是分子振动频率的表现，与红外光谱的区别是红外光谱反映了分子振动的偶极大小，而拉曼光谱反应的是分子振动引起的偶极变化率。

要计算得到分子的红外光谱图，首先要对其进行振动频率分析。在具体计算过程中，要注意以下原则：①必须采用优化后的构型计算；②频率计算与结构优化必须在同一理论水平上进行。以下我们以简单的分子氨基甲酰基烯酮（carbamoyl ketene）为例，介绍红外和拉曼光谱的计算方法。

（1）建立分子 3D 模型

按照第11章中介绍的方法，新建 3D Atomistic document 文件，重命名为 carbamoyl

ketene. xsd，用 sketch atom 工具构建其 3D 模型，如图 15.1 所示。

（2）几何构型优化

采用第 11 章中的方法，调用 DMol3 模块进行几何优化：从菜单栏里选择 Module | DMol3 | Calculation，弹出如图 15.2(a) 所示对话框。首先，选择计算任务：在 DMol3 计算对话框中 Setup 的标签页中，从 Task 下拉列表中选择 Geometry Optimization；Functional 设置为 GGA 和 BLYP；单击 More...按钮，弹出如图 15.2(b) 所示的 DMol3 几何优化对话框，这里可以通过改变 Quality 的水平来设置收敛偏差（Convergence tolerance），默认的设置是 Medium。在 DMol3 计算对话框

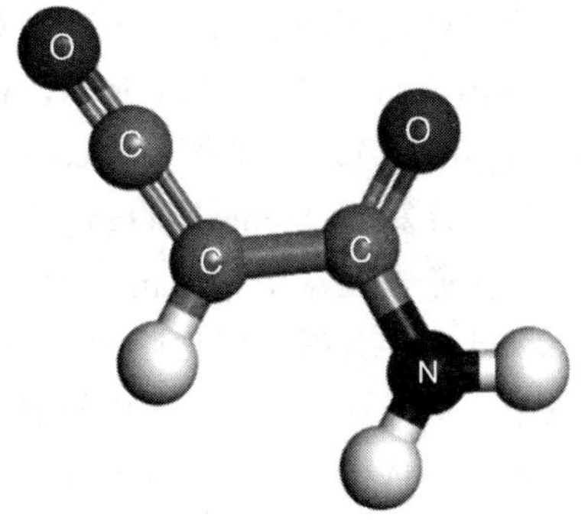

图 15.1　carbamoyl ketene 分子 3D 模型

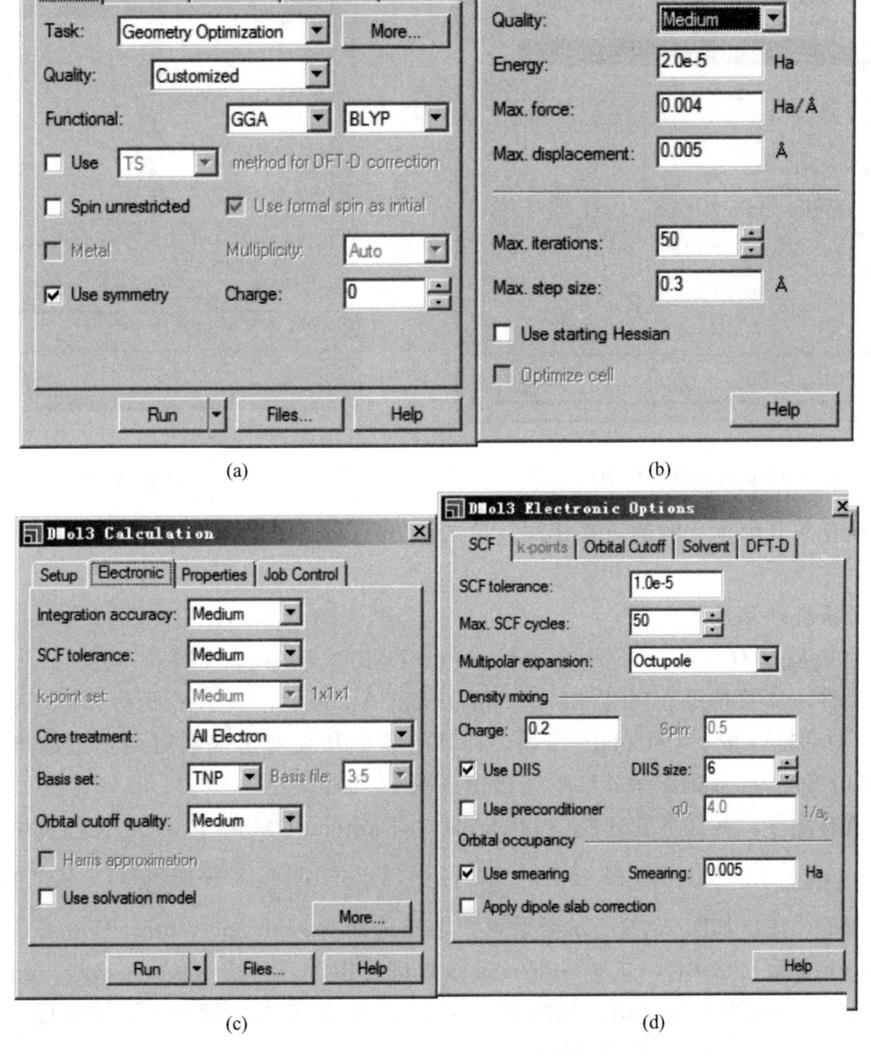

图 15.2　DMol3 模块构型优化设置对话框

中，选择 Electronic 标签页，设置基组 Basis set 为 TNP［图 15.2(c)］，点击 More... 按钮，弹出的 DMol3 Electronic Options 对话框中，勾选 Use smearing［图 15.2(d)］。最后切换到 Job Control 标签页，点击 Run，提交计算。优化完成后的结构保存在 carbamoyl ketene DMol3 GeomOpt 文件夹下的 carbamoyl ketene. xsd 文件中。

(3) 计算 carbamoyl ketene 的红外和拉曼光谱

在任务管理器中，双击 carbamoyl ketene DMol3 GeomOpt 文件夹下的 carbamoyl ketene. xsd 文件，确定优化后的结构是合理的。调出 DMol3 Calculation 对话框，在 Setup 标签页中，从 Task 下拉菜单中选择 Energy。选择 DMol3 Calculation 对话框中的 Properties 标签页，勾选 Frequency 和 Calculate Raman intensities，如图 15.3 所示。

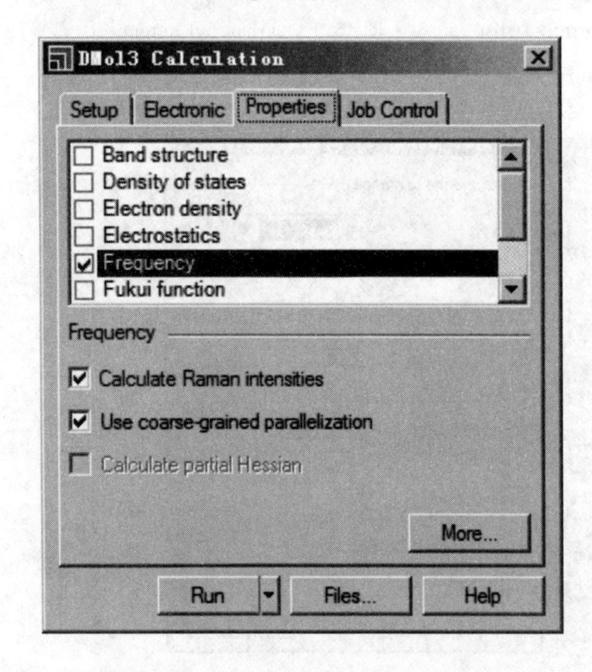

图 15.3　DMol3 计算频率性质对话框

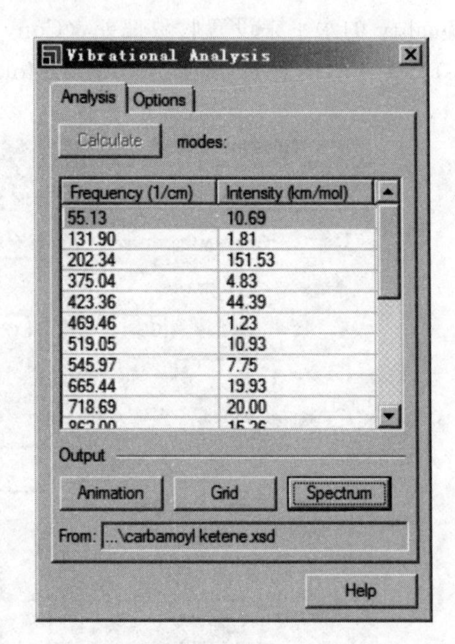

图 15.4　Vibrational Analysis 对话框

其他设置与几何优化时的设置相同，单击 DMol3 Calculation 对话框中的 Run 按钮，开始计算。

(4) 分析红外和拉曼光谱

计算完成后，双击打开 carbamoyl ketene DMol3 Energy 文件夹下的 carbamoyl ketene. xsd 文件，从菜单里选择 Tools | Vibrational Analysis，显示了振动分析（Vibrational Analysis）对话框，按下 Calculate 按钮。计算的频率及强度出现在对话框上的格子里（图 15.4）。单击 Spectrum 则显示其红外光谱图（图 15.5）。

关闭所有文件，在任务管理器中的 carbamoyl ketene DMol3 Energy 文件夹中，双击打开 carbamoyl ketene. xsd。在 Modules 工具栏中，点击 DMol3 按钮，从下拉菜单中，选择 Analysis，弹出如图 15.6 所示对话框，性质选择 Raman spectrum，Function 一栏设置为 Intensity，温度 298.0K，并用 Gaussian 函数进行拟合，勾选 Reverse wavenumber axis，最后点击 View 显示其拉曼光谱，如图 15.7 所示。图 15.8 为文献中采用更高理论水平计算得到的 carbamoyl ketene 红外和拉曼光谱图。

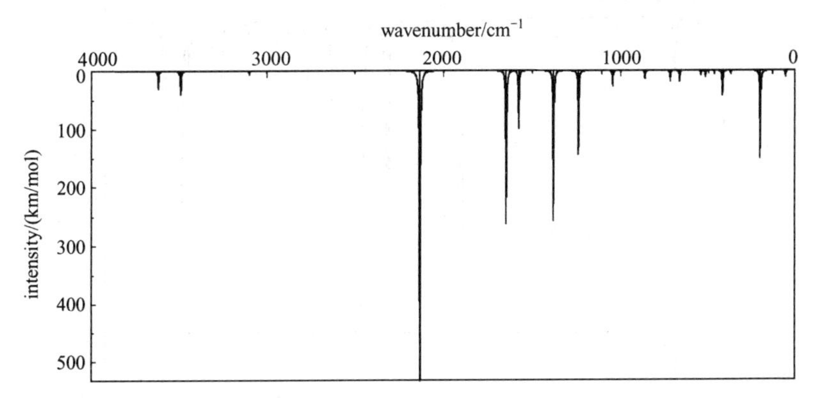

图 15.5 计算得到的 carbamoyl ketene 红外光谱图

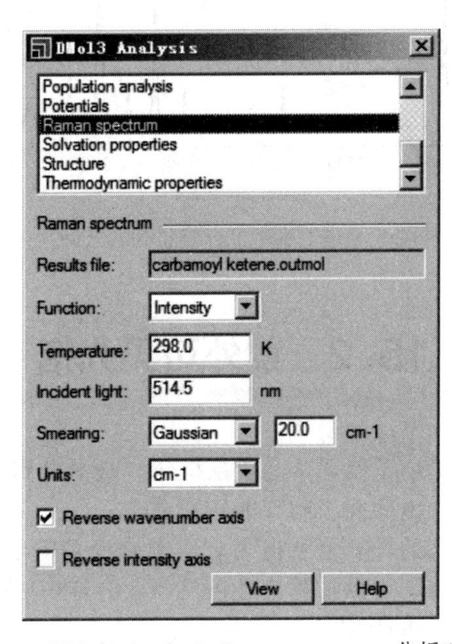

图 15.6 DMol3 Analysis-Raman spectrum 分析对话框

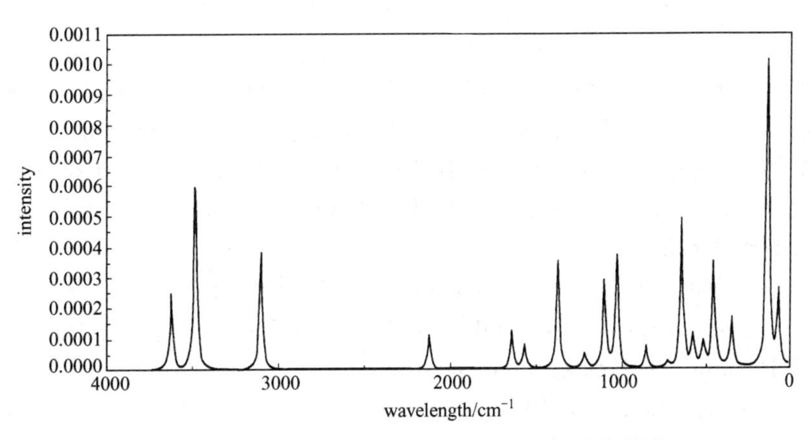

图 15.7 计算得到的 carbamoyl ketene 拉曼光谱图

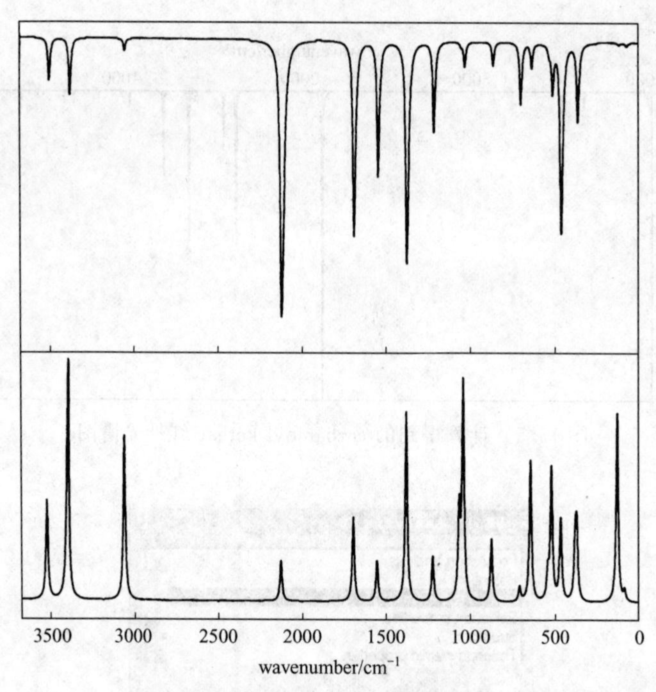

图 15.8　在 MP2/6-311G * * 理论水平上计算得到的红外（上）及拉曼光谱（下）

15.2　紫外可见光谱

紫外可见光谱是分子中的电子（通常是价层电子）被激发到高激发态时，在不同的电子能级之间跃迁所形成的吸收（由低能级到高能级）或荧光（从高能级到低能级）光谱。由于电子激发态的计算比电子基态的计算复杂得多，本实验只采用半经验方法说明其一般步骤。从计算得到的电子激发态能级，可以估算紫外可见吸收光谱中吸收峰的位置，关于谱峰强度的计算则更加复杂，本实验不再涉及。

在激发价层电子时，存在两种不同的激发状态。一是垂直激发，指电子的激发过程非常快，分子构型来不及发生相应的变化，也就是说，垂直激发中激发态的构型与基态相同。同一结构下的电子激发态与电子基态的能量差称为“垂直激发能”。它的计算是最简单的，而且其数值和实验最大吸收峰近似对应，对于指认光谱、预测光谱很有用。二是绝热激发，电子的激发过程不是很快，分子有足够长的时间调整其构型，与基态分子相比，其构型发生了变化。优化后的激发态构型与基态构型的能量差称为“绝热激发能”。计算绝热激发能需要做激发态优化，因此比较费时。这里我们计算的光谱对应于垂直激发。

(1) 建立分子 3D 模型

首先建立一个新的 3D Atomistic document：从菜单栏中选择 File | New...，在新文件对话框中选择 3D Atomistic，然后点击 OK。在项目管理器中，右键单击 3D Atomistic. xsd，从菜单中选择 Rename，重新命名为 cinnamat. xsd。

建立肉桂酸酯（cinnamate）结构首先从芳香环开始：点击结构工具条中的环结构右边的箭头，在下拉菜单中选择 6 Member；在 cinnamat. xsd 文件中，按住 Alt 键单击鼠标左键，此时文件中出现一个 6 原子的芳香环。

然后添加一个甲氧取代基：单击 Sketch Atom 按钮，将指针放在苯环的一个碳原子上；当原子显示亮蓝色时，单击并将指针移出碳原子，再次单击创建了一个与之键连的碳原子，再次单击创建另一个碳原子，按下 Esc 键终止。在工具条中，按下 Selection 键，选择刚画的第一个碳原子；在菜单栏中，选择 Modify | Modify Element | Oxygen。

类似地使用相同的工具画第二个更长的侧链。

当肉桂酸酯的结构基本完成时，按下 Adjust Hydrogen 键，加上氢原子；然后按下 Clean 键结构合理化。其结构应如图 15.9 所示。

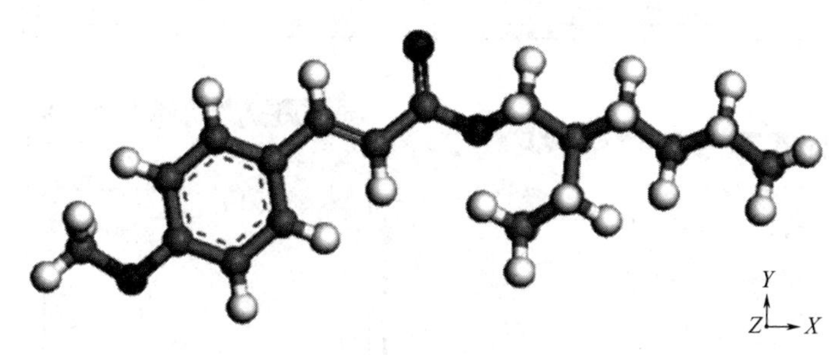

图 15.9　肉桂酸酯 3D 分子结构

(2) 几何构型优化

这里我们采用半经验的 VAMP 模块优化肉桂酸酯的结构。VAMP 是一个半经验分子轨道的程序，计算效率稳定且快速，绝大多数的计算可以在个人计算机上交互运行。VAMP 与一般的结构优化方法相比较，其性能提高了许多，可以优化一些较难优化的体系。在 Modules 工具栏中，单击 VAMP 按钮，从下拉菜单中选择 Calculation，弹出 VAMP 计算对话框，如图 15.10 所示。

首先，选择计算任务以及半经验近似的哈密顿函数：在 VAMP 计算对话框中的 Setup 的标签页中，从 Task 下拉菜单中，选择 Geometry Optimization；点击 More... 按钮，弹出 VAMP Geometry Optimization 对话框，从 Quality 下拉菜单中，选择 Fine，并关闭。

在 VAMP 计算对话框中，选择 Electronic 标签页，从 SCF quality 下拉列表中，选择 Fine。点击 More... 按钮，弹出 VAMP Electronic Options 对话框，在 Max. SCF cycles 下拉列表中，选择 500，并关闭 VAMP Geometry Optimization 对话框。

从 VAMP Calculation 对话框中，选择 Job Control。点击 More... 按钮，打开 VAMP Job Control Options 对话框，确保勾选了 Update structure、Update charts 以及 Update textual results。关闭 Job Control Options 对话框，在 VAMP Calculation 对话框中点击 Run 按钮。

计算任务提交后，在项目管理器中，创建了一个名为 cinnamate VAMP GeomOpt 的新文件夹。随着任务的进行，更新的数据出现在图表、文本文件中。当任务完成时，在该文件夹中找到 cinnamate. xsd，即经过优化的肉桂酸酯分子，输出的文本文件保存在 cinnamate. out 文件中。

(3) 计算肉桂酸酯的 UV 光谱

在任务管理器中，双击 cinnamate VAMP GeomOpt 文件夹中的 cinnamate. xsd，确定肉桂酸酯的结构是合理的。调出 VAMP Calculation 对话框，在 Setup 标签页中，从 Task 下拉菜单中选择 Energy。

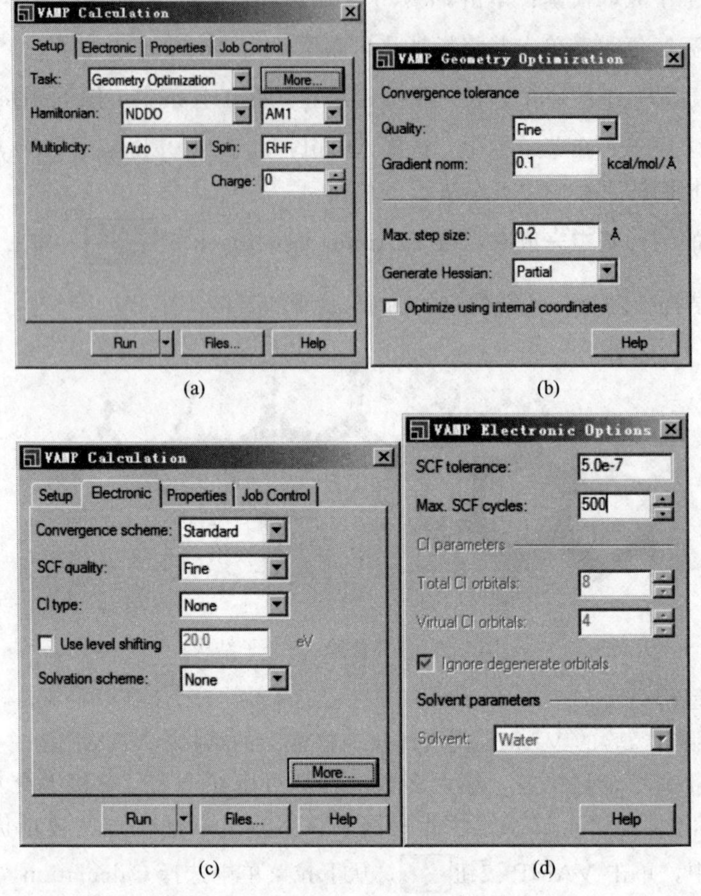

图 15.10 VAMP 几何优化设置对话框

在 Electronic 标签页中，从 CI type 下拉菜单中选择 Full。点击 More... 按钮，打开 VAMP Electronic Options 对话框中，设定 Total CI orbitals 为 6。勾选 Ignore degenerate orbitals 栏，并关闭 VAMP Electronic Options 对话框。

选择 VAMP Calculation 对话框中的 Properties 栏，勾选 UV-Vis。

单击 VAMP Calculation 对话框中的 Run 按钮，开始计算。

见图 15.11。

(4) 分析 UV 光谱

计算后的输出数据写在 cinnamate VAMP Energy 文件夹中的 cinnamate. out 文件中。

在 Modules 工具栏中，点击 VAMP 按钮，从下拉菜单中选择 Analysis。在浏览器中的 cinnamate VAMP Energy 文件夹中，双击 cinnamate. xsd。

选择 VAMP Analysis 对话框中的 Electronic levels，单击 spectrum 左面的 View 按钮（见图 15.12），将看到如图 15.13 所示的曲线（得到的结果可能与下面显示的有细微的差距，因为初始模型的结构存在微小的不同）。

图 15.13 中显示的是由 VAMP 计算的吸收频率和吸收强度（非零）。短线 2 表示所有计算的跃迁，包括禁阻跃迁。平滑曲线 1 则是基于计算的频率和强度通过 Gaussian 或 Lorentzian 函数拟合后的光谱。

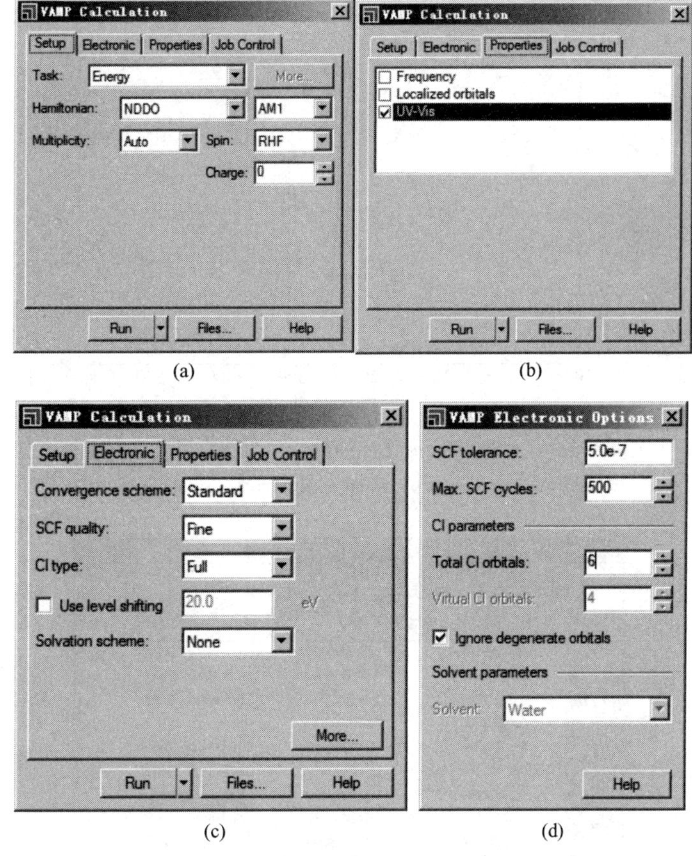

图 15.11　VAMP 计算紫外光谱对话框

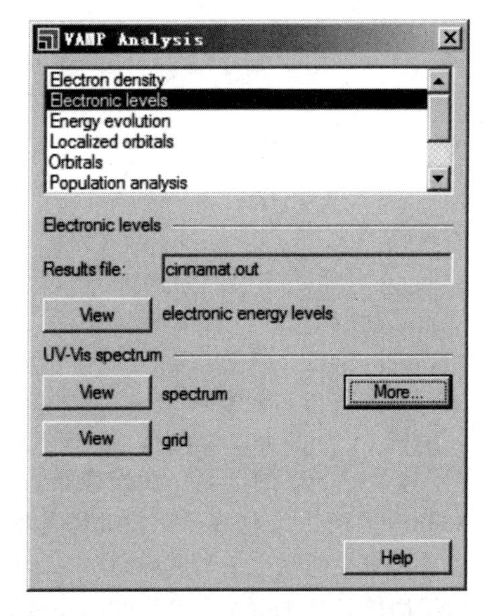

图 15.12　VAMP 分析紫外光谱对话框

在项目管理器中的 cinnamate VAMP Energy 文件夹中双击 cinnamate. xsd。在 VAMP Analysis 对话框中选择 Electronic levels，点击 electronic energy levels 左边的 View 按钮，

可以看到如图 15.14 所示的表格。

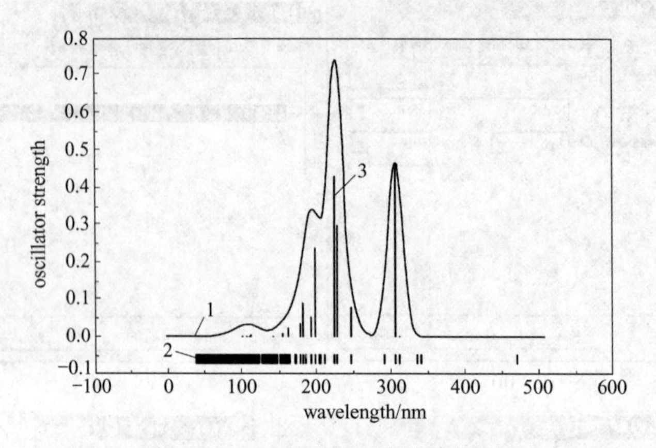

图 15.13　肉桂酸酯分子紫外光谱图

1—smoothed spectrum；2—mode positions；3—mode intensities

cinnamate ¥AMP GeomOpt\cinnamate ¥AMP Energy\cinnamate - Elec...

	A	B	C	D
	Level Energy (eV)	Excitation wavelength (nm)	Oscillator Strength	Multiplicity
1	-0.51949100	0.00000000	Ground State	Singlet
2	2.76842200	447.83627000	Forbidden	Triplet
3	3.66877800	337.93270600	Forbidden	Triplet
4	3.78637300	327.43740200	Forbidden	Triplet
5	4.06711200	304.83547100	0.10035000	Singlet
6	4.11439500	301.33225700	0.36483100	Singlet
7	4.22530500	293.42258200	Forbidden	Triplet
8	4.67912200	264.96422700	Forbidden	Triplet
9	5.16112700	240.21882900	0.18936300	Singlet
10	5.52301300	224.47890900	0.34157900	Singlet

Sheet 1

图 15.14　计算得到的电子能级

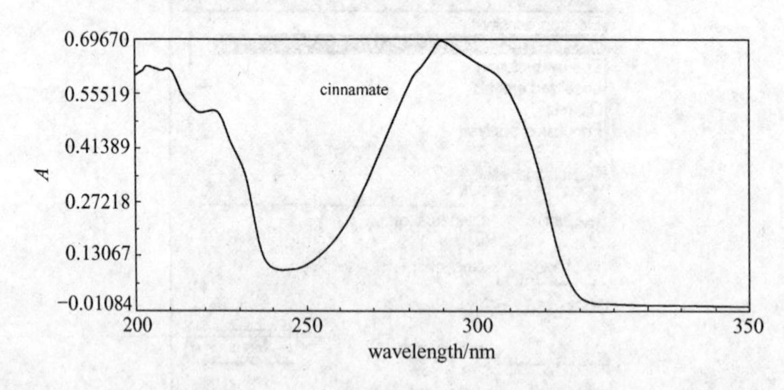

图 15.15　肉桂酸酯分子实验光谱图

图 15.14、图 15.15 提供了每个电子态的能量、激发波长、自旋多重度以及振动强度。谱图包含了大约在 210nm、300nm 的两个吸收峰。比较此图与实验获得的谱图，从图中可以看出，我们通过半经验方法计算出来的峰位值与实际峰位基本吻合（误差在 20nm 以内）。实质上谱图中的峰位与体系的结构以及溶剂效应等密切相关，若使用 DMol3 模块中的从头算方法，并且设置 COSMO 或 SCRF 溶剂模型，可以得到与实验符合更好的谱图，但相应的计算量大大增加，这里我们仅以此为例，简要说明紫外光谱的计算方法。

15.3 X射线衍射光谱

X射线衍射也是一种重要的无损分析工具。在物质结构中，原子和分子的距离正好落在X射线的波长范围内，所以物质，尤其是晶体对X射线的散射和衍射能够传递非常丰富的微观结构信息。物质的每种晶体结构都存在独特的X射线衍射图，且不会因与其他物质混合在一起而发生变化，此即X射线衍射法进行物相分析的依据。在MS中我们可以用Reflex模块来模拟并分析X射线、电子、中子衍射图像，还可以用来比较实验数据和模拟数据，以下我们以靛蓝分子的两种晶体结构为例进行说明。

(1) 输入晶体结构

我们可以将准备好的晶体结构直接导入Materials Studio中，如*.cif和*.pdb文件等。程序中已经准备了两个不同的靛蓝染料的结构输入文件。这种染料是蓝色牛仔裤的主要颜料色成分。在工具条上，点击Import按钮，查找文件Examples \ Reflex \ Structures \ indigo _ a. xsd。一个包含着六个分子的晶胞结构的三维视图显示了出来。

(2) 粉末衍射工具

点击Reflex按钮，选择Powder Diffraction这个选项，或者在菜单上选择Modules | Reflex。这时候就显示了Reflex Powder Diffraction（粉末衍射的对话框）。如图15.16所示。

Reflex Powder Diffraction对话框中主要包含8个标签页，其主要功能如下：

① Diffractometer（衍射计）。调整基本的扫描设置，例如2θ角的范围和线性变化。

② Radiation（放射源）。选择不同的射线，包括X射线、电子、中子。

③ Profiles（剖面）。在粉末图形中设置峰形函数和加宽显示衍射图。

④ Sample（采样）。设置采样量。

⑤ Temperature Factors（温度因素）。校正原子热运动对衍射图的影响。

⑥ Asymmetry（不对称性）。通过更改对称性，来改变峰形。

⑦ Experimental Data（实验数据）。加入实验数据作为对比。

⑧ Display（显示）。设置图表数据显示方式。

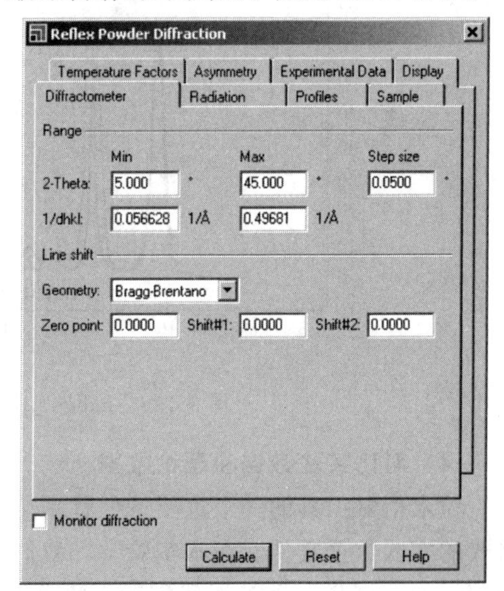

图15.16　Reflex Powder Diffraction对话框

在粉末衍射对话框（Powder Diffraction）中点击Calculate按钮。建立一个名为indigo _ a. xcd的图表文件，如图15.17所示。

(3) 比较两种相似的结构

将另一种靛蓝的同分异构体导入MS。在菜单上点击File | Import，打开indigo _ b. msi文件。现在有两个3D模型文件和一个图表文件处于打开状态。下一步，将两个衍射数据导

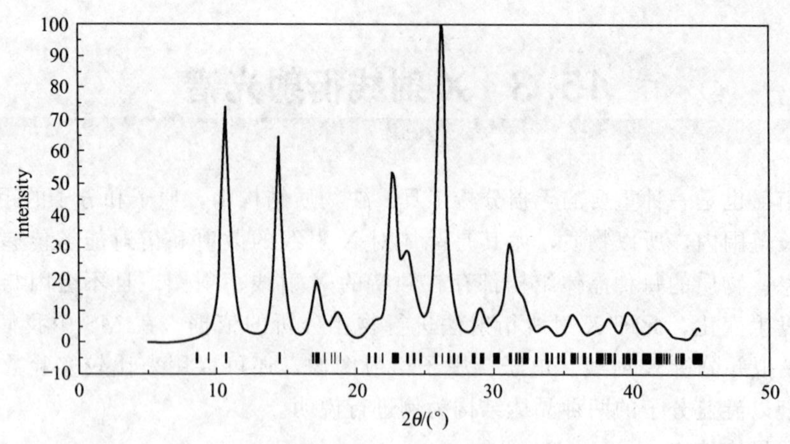

图 15.17　indigo _ a 的粉末衍射图

入一个图表文件中，这样便于进行比较。将 Reflex Powder Diffraction 对话框切换到 Display 标签页，默认的 Chart view 选项为 Replace，但是想进行比较的话，需设置为添加在一起。从 Chart view 的下拉菜单中选择 Add。

现在可以来计算 indigo _ b 的衍射谱。激活 indigo _ b 窗口，按下 Calculate 按钮。在图 15.18 中出现了第二条曲线。其中曲线 1 是 indigo _ a 的数据，曲线 2 是 indigo _ b 的数据。

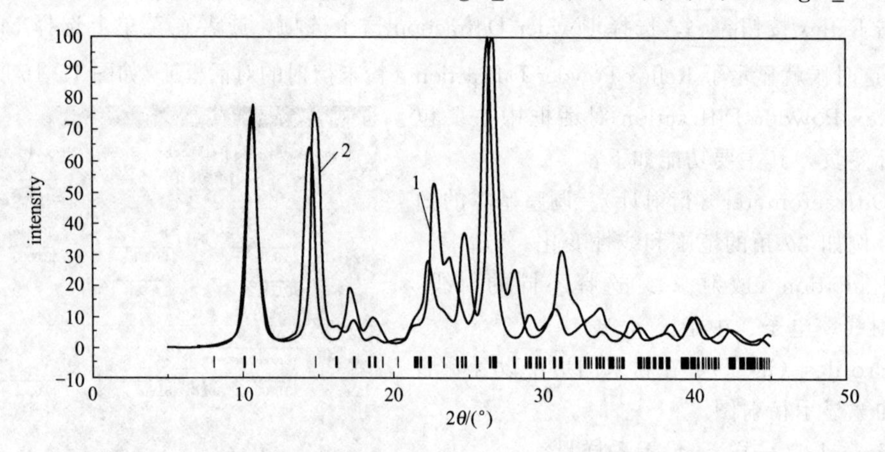

图 15.18　indigo _ a 与 indigo _ b 的粉末衍射对比图

(4) 对比实验数据和理论数据

粉末衍射工具的一个重要特色就是能将实验数据与理论数据相比较。MS 认可很多不同格式的实验数据文件。在本实验中，我们使用 3cam 格式的数据文件。这种格式是由剑桥大学制定的。打开一个 X 射线衍射实验数据文件。点击“输入”（Import）按钮，在“文件格式”（Files of type）的下拉菜单中选择“通用图表文件”格式（Common Chart Files）。在文件浏览器中选择上一层文件夹，点击 Experimental Data | Indigo1. 3cam。图形如图 15.19 所示。

从 Powder Diffraction 对话框中选择 Experimental Data 标签页。点击 Indigo _ 1. xcd，按下 View 按钮。调整设置使其在下一个图表中显示实验数据。选择 Display 并选上 Display Experimental Data，现在 Display difference plot 选项被激活，选择 Display simulation/experiment difference，chart view 改回 Replace。因为实验数据是由 X 射线得到的，所以要确

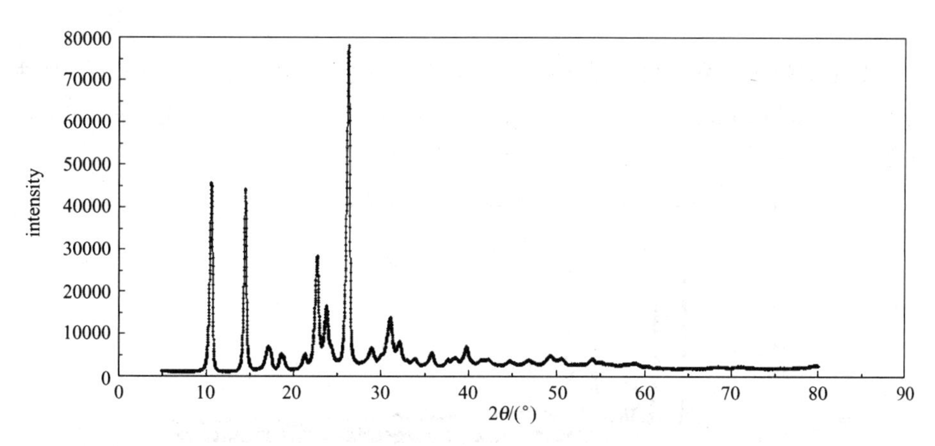

图 15.19　实验得到的粉末衍射图

保模拟的数据也是基于 X 射线的。切换到 Radiation 标签页，确保 Type 为 X-ray。在显示曲线前，首先要选择所需计算的结构，从 Project Explorer 中双击 indigo _ b。现在生成 indigo_b 结构的衍射谱，并将它与实验值进行比较。点击 Calculate 按钮。

图 15.20 中曲线 1 为实验值，曲线 2 为模拟值，曲线 3 为两者的差值。从图中可以看到实验值和模拟值吻合得不是很好。同时，实验值的角度范围最大值为 80.170°，而模拟值为 45°。我们可以通过 Diffractometer 标签页来调整模拟数据。切换到 Diffractometer 标签页，将 2-Theta Max 值从 45°改为 80°。重新计算一遍。从 Project Explorer 中选择 indigo _ b，点击 Calculate 按钮。

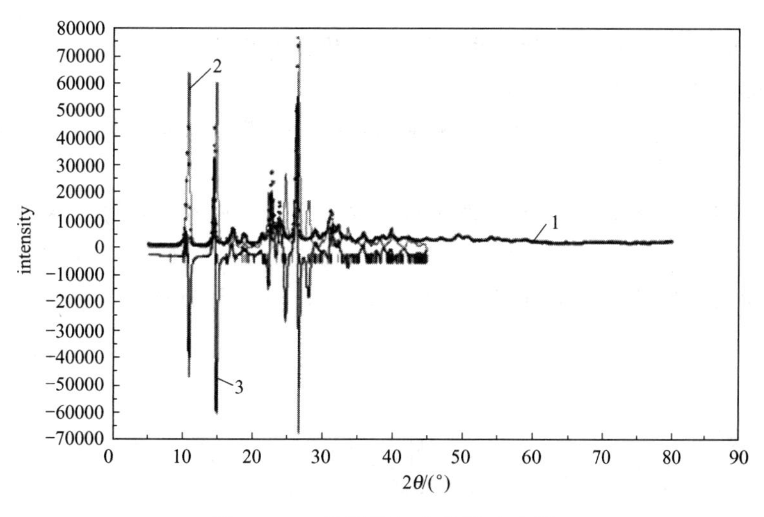

图 15.20　计算值与实验值对比图

现在比较实验值和 indigo _ a 的模拟值。从 Project Explorer 中双击 indigo _ a，点击 Calculate 按钮。新的模拟衍射谱与实验值符合较好。这表明此即为实验上所确定的结构。

接下来我们可以通过改变样品的微晶大小或实验解析度来进一步提高吻合度。

首先改变微晶大小。选择 Sample 标签页。在 Crystallite size 中，选择 Use in broadening calculation，将 L_a、L_b和 L_c 值从 500 改为 300。这里的微晶大小是粉末中晶体的平均大小。通常地，粉末中有不同大小的微晶，这些将会影响到实验值中峰的宽度。要使实验值和模拟值吻合得更好，可以调整模拟的微晶的大小。确保 indigo _ a 为激活窗口，点击 Calculate 按钮。

接下来改变实验解析度。可以从 Profiles 标签页中进行调整。选择 Profiles 对话框。将 W 值改为 0.24。激活 indigo _ a，点击 Calculate 按钮。模拟值的峰变宽了一些并且与实验值吻合得更好了（见图 15.21）。

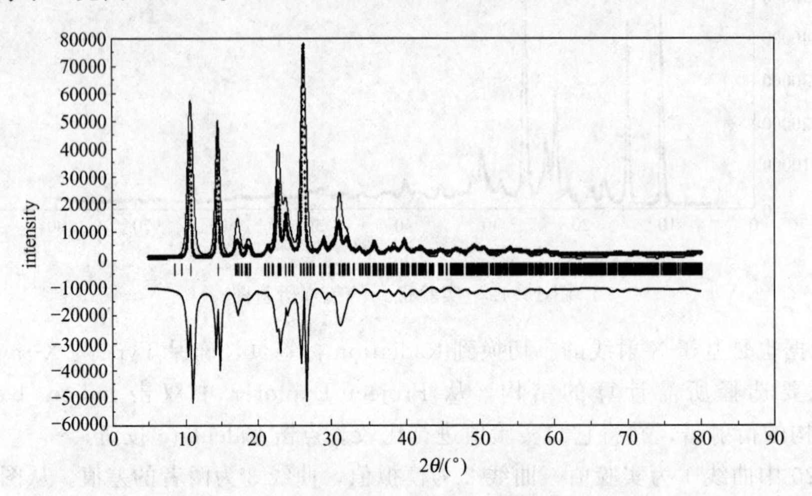

图 15.21　调整后的计算值与实验值对比图

思考题

1. 将计算到的振动频率与实验值进行对比，是偏高还是偏低？并分析为什么会存在这种偏离。

2. 第 13 章中 HCl…NH_3 二聚体中 H—Cl 键的伸缩振动频率与孤立 HCl 分子中 H—Cl 键的伸缩振动频率比较有何差异，并解释原因。

3. 根据计算出的肉桂酸酯的紫外光谱推测该物质呈什么颜色，并说明为何其可作为防晒剂。

4. 花菁是一类重要的染料分子，其结构如下所示，中间碳链长度不同会呈现出不同的颜色，请通过计算说明 $n=1$、$n=2$ 时花菁分子的颜色（R=CH_3）。在此基础上根据结构化学中所学的一维无限深势阱模型推测 $n=3$ 和 $n=4$ 时该染料的颜色，并通过计算或查阅文献进行验证。

R=H,CH_3,CH_3CH_2,环,等

5. 计算直链共轭多烯 $H\!-\!(CH{=}CH)_a\!-\!H$ 的电子吸收光谱随链长的变化规律（$a=1$ 至 $a=8$），并结合一维无限深势阱模型进行解释。

6. 通常色素分子都是较长的共轭分子，漂白剂一般具有较强的氧化或还原能力，能够破坏共轭分子中的双键，结合以上两题的计算说明漂白剂的漂白原理。

第16章 均相体系的分子动力学模拟

实验目的

在之前的实验中我们多是采用量子化学方法对分子或团簇的结构和性质进行研究，例如通过计算分子的几何和电子结构来预测分子的热力学性质、光谱、反应性等，缺少对体相结构和性质的研究。量子化学计算固然有其优点，但只能对少量分子进行静态性质的研究。若要研究体相的性质，显然需要处理大量分子的聚集体，此时我们只能采用经典力学方式处理，尽管这种方法不能研究电子相关性质，但其原理简单，计算高效，因而可以对大量分子聚集体的动态行为进行研究。分子动力学方法的原理是通过求解粒子运动的牛顿运动方程来预测粒子未来的运动轨迹。粒子间的相互作用通过经验的势函数来描述，根据统计力学遍历性假设，在时间足够长的情况下，体系能够遍历所有的微观状态。通过对粒子运动轨迹进行时间平均，即可得到体系的一系列物理化学性质。

分子动力学模拟主要研究体系中所有粒子的运动状态随时间的演变，在一定的统计力学系综下通过对相空间进行系综平均（时间平均），获得体系的物理性质和化学性质。从理论上讲，分子动力学模拟才应该算是真正的“计算机实验”。分子动力学模拟的基本流程包括如下的步骤：

① 为所研究问题建立合适的“模型体系”（modeling）。

② 确立模型体系的初始状态，包括粒子的坐标参数、速度分布、环境状态等（initialization）。

③ 为模型体系赋予力场参数（force field）。

④ 求解牛顿运动方程，直到体系处于平衡状态（equilibrium）。

⑤ 从平衡态出发，继续求解运动方程，记录粒子的运动轨迹（production）。

⑥ 对轨迹进行统计分析（analyze）。

本章我们将以丙氨酸二肽模型分子和最简单也最重要的水分子为例，简单介绍分子动力学模拟的基本原理和步骤，借助分子动力学模拟方法理解温度、溶剂等对分子构象的影响，探讨大量分子聚集体的行为是如何影响体相性质的。

实验要求

① 能够区分比较量子化学计算与分子动力学模拟的区别、优势、适用范围。

② 了解分子动力学的基本原理及优势。

③ 掌握分子动力模拟的一般步骤，并能够进行单分子、溶液等的分子动力学模拟计算。

④ 掌握并运用一些简单的分子动力学模拟结果分析方法。

16.1 分子及团簇——丙氨酸二肽体系

(1) 构建丙氨酸二肽分子模型

乙酰基和甲氨基封端的丙氨酸二肽（*N*-acetyl-*N*′-methyl-L-alanylamide，NANMA）是一个常用来研究蛋白质中氨基酸的构象行为的典型模型分子，其分子结构如图 16.1 所示。首先采用 Visualizer 模块，构建其三维结构。完成后可将文件名重命名为 NANMA. xsd（在文件名上单击右键选择 rename 进行重命名）。

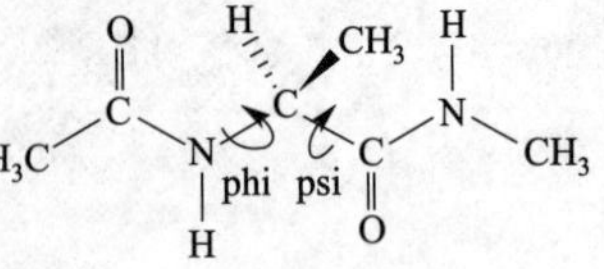

图 16.1 丙氨酸二肽模型结构式

(2) 分子动力学计算

通常在运行分子动力学计算之前需要对初始模型进行能量极小化（minimization），即几何优化（geometry optimization），以防止人为构建的原子模型间有不合理的接触。在上一步构建分子模型时，已采用 Visualizer 模块的 Clean 功能进行了初步的构型优化，故可以直接进行分子动力学的模拟。

分子动力学计算的流程可以概括为：①根据麦克斯韦分布给初始构型随机分配速度；②根据力场参数和原子坐标计算各原子的受力；③根据牛顿运动方程更新下一步原子的位置和速度；④应用控温控压算法调节体系的温度、压力；⑤记录轨迹等信息；⑥循环②～⑤直至达到预定的模拟时间。

具体操作如下：打开 Forcite Calculation 模块，在 Setup 标签页将任务设置为 Dynamics 即动力学计算，再点击右侧 More... 按钮设置具体模拟参数，如图 16.2 所示；在 *NVT* 系综下计算（粒子数、温度、体积恒定），随机分配初速度，温度 300K，动力学计算积分步长 1fs，总共模拟 10ns，每间隔 10000 步记录一次轨迹信息，其中控温算法选择 Berendsen 方法。

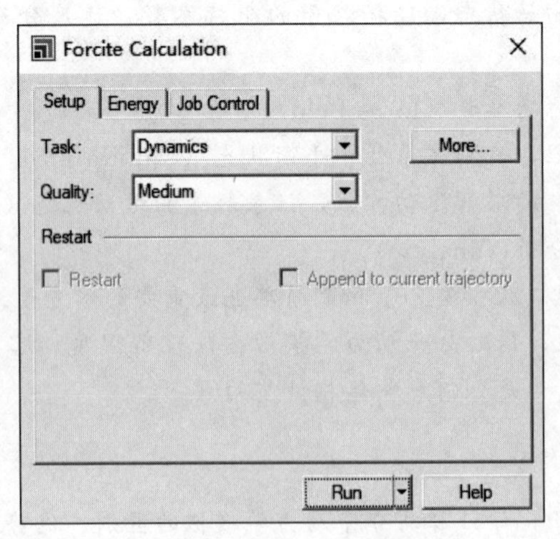

(a)

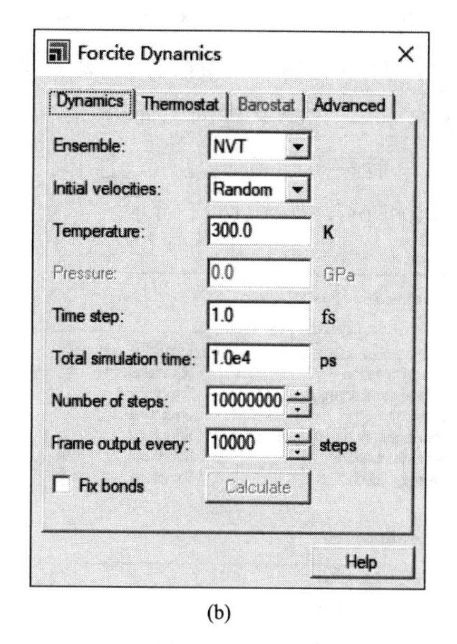

(b)

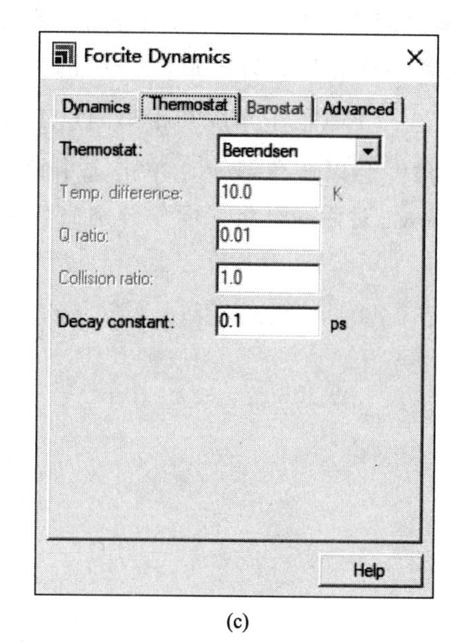

(c)

图 16.2　分子动力学计算 Setup 标签页基本模拟参数设置

在 Energy 标签页将力场设置为 COMPASS（该力场由上海交通大学孙淮等人于 20 世纪 90 年代开发，普适性较强），对非键相互作用（包括静电相互作用和范德华相互作用）的加和方式均采用 Atom based 加和法。Job Control 标签页可以设置并行计算的核数和任务描述，应采用尽可能多的 CPU 核数并行以加速计算，如图 16.3 所示。将构型文件 NANMA. xsd 窗口激活，点击 Run 即可提交计算，计算进程会在下方任务栏显示。

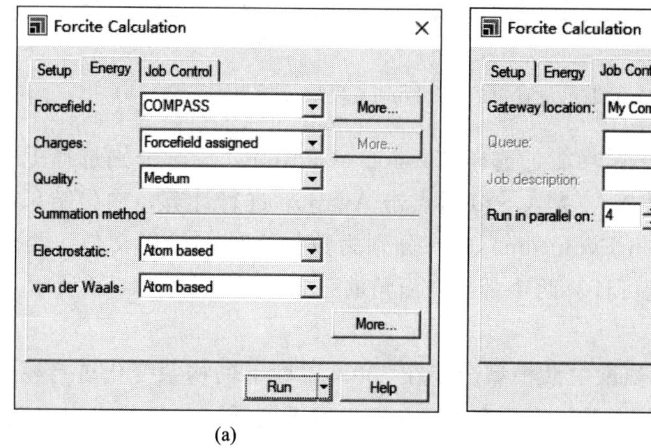

(a)

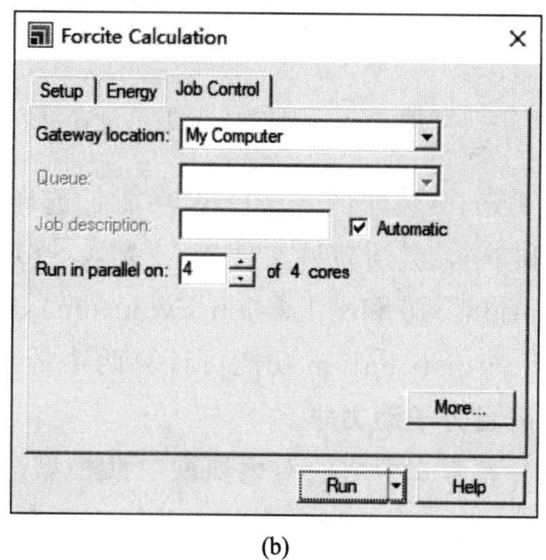

(b)

图 16.3　分子动力学计算 Energy（a）和 Job Control（b）标签页基本模拟参数设置

(3) 性质分析

① 动力学轨迹的可视化分析　动力学计算完成后会生成一条记录原子每一步坐标、速度和受力信息的轨迹文件 NANMA. xtd，通过 Animation 工具栏可以对体系在动力学计算过程中的变化进行可视化分析，调整好视角之后亦可以导出为视频文件（File-Export- * . avi）。

② 骨架二面角随时间的变化和分布　在获得轨迹的基础上，我们可以对体系中感兴趣的量进行定量统计分析。以二肽分子中的骨架二面角 phi 和 psi 随时间的变化和分布为例（图 16.1）：选择工具栏中角度和距离测量工具，标记出感兴趣的二面角 phi 和 psi，此时该二面角的角度会以蓝色显示，单击选中该二面角后呈黄色高亮显示，打开工具栏 Edit|Edit Sets|New... 对话框，将二面角分别命名为 phi 和 psi，如图 16.4 所示。

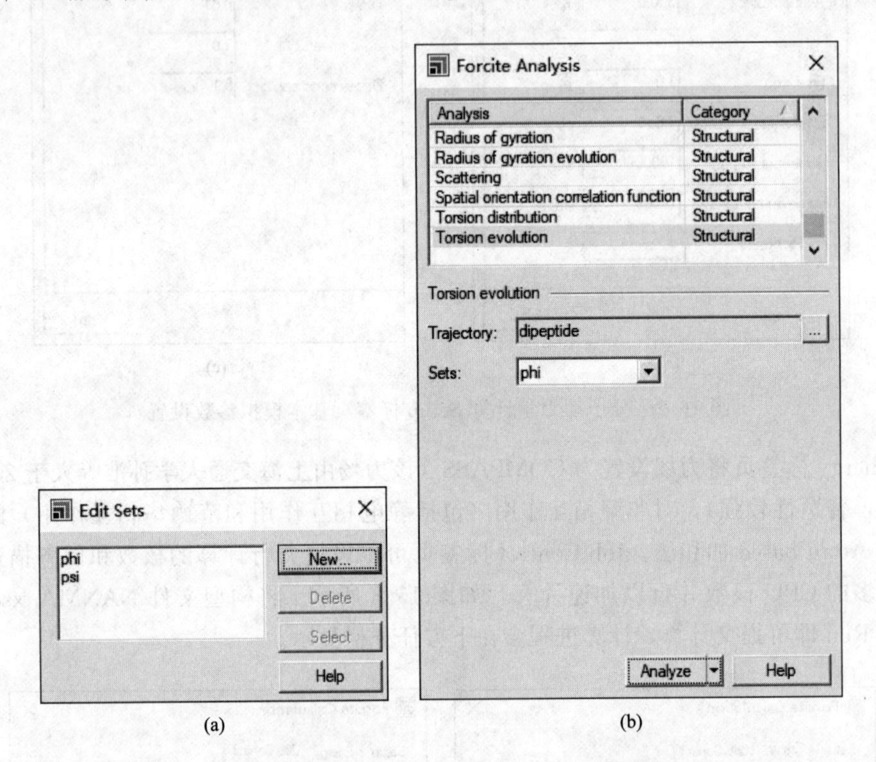

图 16.4　Edit Sets 编组设置（a）及 Forcite 模块分析界面设置（b）

采用 Forcite 模块的 Analysis 功能，选择 Torsion evolution，Sets 分别选择上一步中定义的 phi 和 psi，激活轨迹文件 NANMA. xtd 后点击 Analyze 进行计算，输出结果为 * Torsion Evolution. xtd 和 * Torsion Evolution. xcd，分别为数据文件和绘图文件。类似的方法选择 Torsion distribution 功能可计算两个骨架二面角的分布，结果如图 16.5 所示。

(4) 高温分子动力学

读者可参考文中方法对丙氨酸二肽模型分子在 500K 温度下的构象变化进行模拟，统计骨架二面角 phi 和 psi 随时间的变化，考察其与 300K 温度下的异同。显然可以发现在 500K 温度下，分子的构象变化得更为剧烈，两个二面角的分布也更加宽泛。这也说明升高模拟温度可以帮助分子跨越一些常温条件下难以跨越的势垒，更加充分地对势能面进行采样。

注：分子力学方法采用谐振式描述原子间的成键相互作用，不必担心高温引起原子间化学键的断裂。高温情况下，分子运动较为剧烈，为了确保分子动力学的稳定，步长建议不超过 1fs。

(5) 淬火动力学

通过对两个温度下进行模拟，读者可以发现在低温时分子倾向于在极小点附近振动，在高温时分子则能轻易地跨越势能面上的势垒。因此我们可以通过高温分子动力学结合能量极小化的办法找到势能面上的一批极小点结构（local minimum），在分子动力学中这种方法称

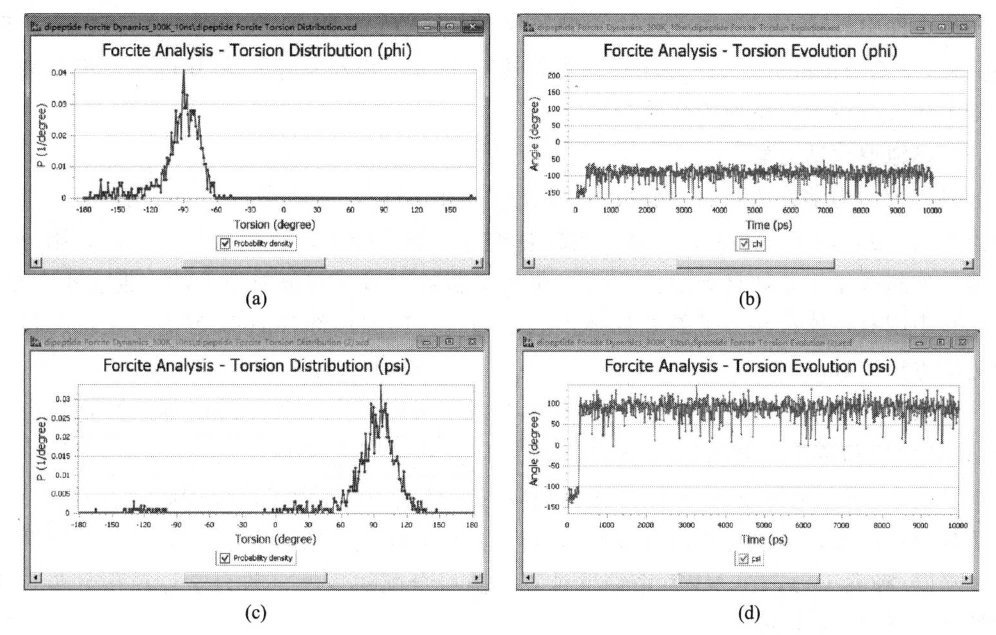

图 16.5　骨架二面角 phi 和 psi 分布及随时间变化图

为淬火（quench）。

具体操作如下（图 16.6）：打开 Forcite Calculation 模块，在 Setup 标签页将任务设置为 Quench 即淬火，再点击右侧 More... 按钮设置具体淬火参数：每 10000 步淬火一次，在 *NVT* 系综下计算，随机分配初速度，模拟温度 500K，动力学计算积分步长 1fs，共模拟 1ns，控温算法选择 Berendsen 方法。

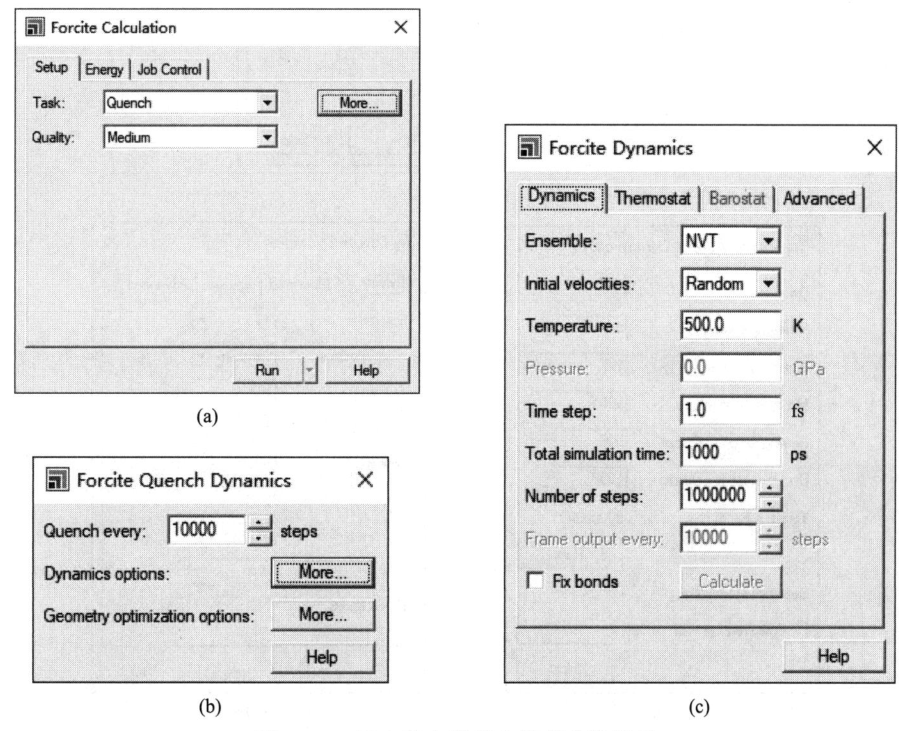

图 16.6　淬火动力学基本模拟参数设置

结果文件中，*.xtd 文件为动力学轨迹文件，* Quench.xtd 文件为经能量极小化后的轨迹文件，* Quench.std 文件为淬火动力学得到的分子极小点结构和其他信息汇总表。在此基础上读者可进行一系列的性质分析。

(6) 模拟退火动力学

通过淬火动力学方法我们能够找到一批极小点的结构，但是我们更关心的是分子的全局最小点结构（global minimum)，显然在高温动力学的基础上，我们缓慢地降温，则分子极有可能收敛到该结构，如果周期性地循环升温-降温则可以找到势能面上的一批极小点结构，这批结构中则有可能存在分子的全局最小点结构。这种周期性升温-降温的方法称作模拟退火动力学方法（anneal)。

具体操作如下（图 16.7)：打开 Forcite Calculation 模块，在 Setup 标签页将任务设置为 Anneal 即模拟周期性退火，再点击右侧 More... 按钮设置具体退火参数，共进行 5 次退火，初始温度 1K，最高温度 500K，升温或降温阶梯数 500（为了确保能收敛到极小点，降温过程应尽可能慢，升温过程可以较快)，每个温度阶梯模拟的动力学步数 1000 步（相当于每 1ps 升温/降温 1K)，在 *NVT* 系综下计算，随机分配初速度，动力学计算积分步长 1fs，控温算法选择 Berendsen 方法。

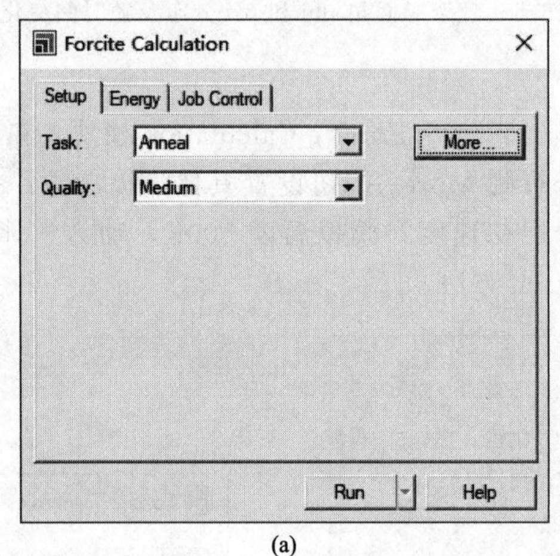

(a)

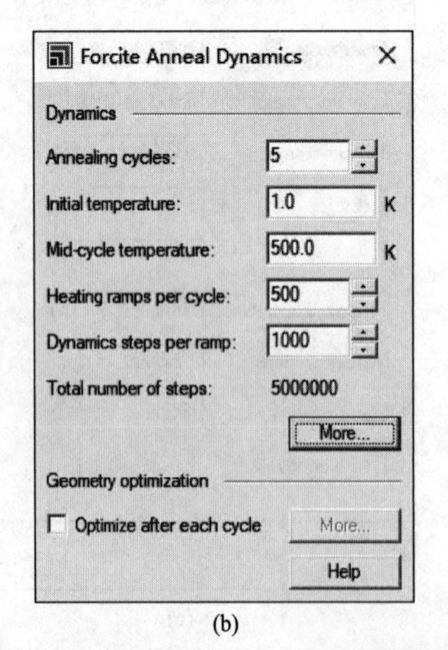

(b)

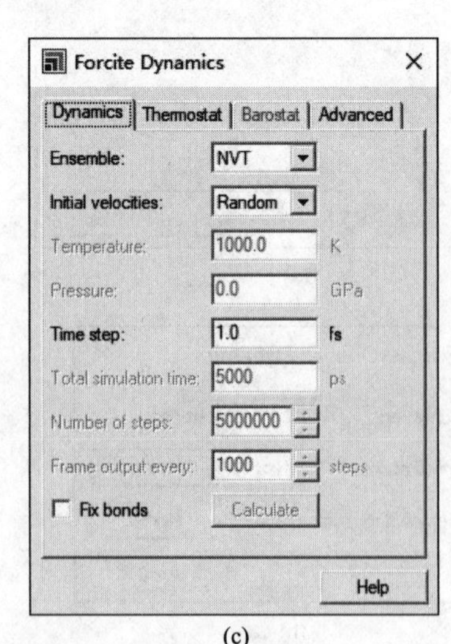

(c)

图 16.7　周期性模拟退火基本模拟参数设置

其中，* Anneal. xtd 文件为 5 轮退火得到的分子结构组成的轨迹，* Anneal. std 为 5 轮退火得到的分子结构和其他信息汇总表。由于分子力学相对较为粗糙，为了得到精确的极小点结构，读者可以以模拟退火得到的结构为初始构型，采用量子化学方法进行进一步的几何优化，并计算能量。

(7) 团簇结构的分子动力学模拟

采用类似的方法，读者可对丙氨酸二肽模型分子形成的二聚体、多聚体或与水分子形成的团簇结构进行分子动力学模拟，并考察其组装结构。

注：原子数增多后需要计算的原子对间的相互作用的数目也会增加，导致计算量增加，达到同样的模拟时间的目标下，为了节约耗时，我们可以在 Setup 标签页将模拟步长设置为 2fs，同时勾选上 Fix bonds，这样在动力学计算过程中程序会约束住与 H 原子相连的键的振动，可以使用较大的时间步长，如图 16.8 所示。

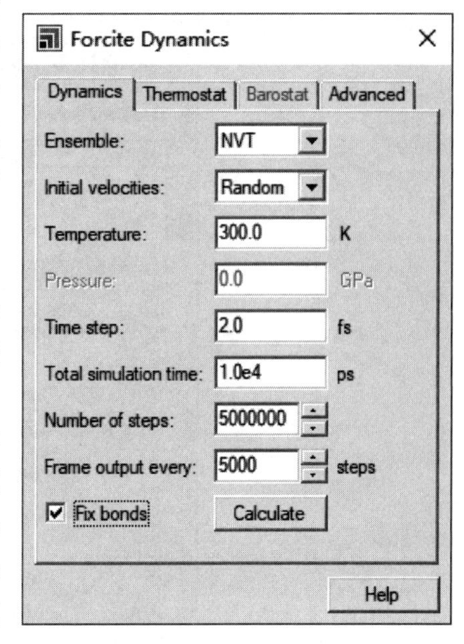

图 16.8　约束键长增大模拟步长设置

16.2　均相体系——液态水

(1) 构建水的单分子结构

采用 Visualizer 模块，构建水分子的结构。完成后可将文件名重命名为 water. xsd（在文件名上右键选择 rename 进行重命名）。

(2) 构建水溶液模拟格子

分子动力学模拟过程中通常采用周期性边界条件，即通过把模拟格子无限平移扩展来代表真实的体相环境，这样就可以用较小的模拟格子来研究体相的行为，本例中我们可用几百个水分子来代表一个体相水环境。

模拟格子的构建采用 Amorphous Cell Construction 模块中的 Construct 功能（图 16.9），在 Constituent molecules 对话框中添加 530 个水分子（将水分子的结构文件 * . xsd 激活，点击 Add 添加分子并单击两次以修改分子数目），将 Density 设置为 $1g/cm^3$。点击 Construct 生成一个 $25Å^3$ 水分子随机分布的模拟格子。

(3) 能量极小化

初始构建的模拟格子中水分子随机分布，分子间可能会有不合理的接触，如果直接进行分子动力学模拟，在一个动力学步长之内，距离太近的原子受力太大，会以较大的速度排斥开，进而造成体系不稳定，因此通常在进行分子动力学模拟之前需要先进行能量极小化。

打开 Forcite 计算模块，在 Setup 标签页将任务设置为 Geometry Optimization 即能量极小化，在 Energy 标签页将力场设置为 COMPASS 力场，修改非键相互作用的加和方式，静电相互作用采用 Ewald 加和法（静电相互作用衰减较慢，需要考虑粒子与模拟格子内其他粒子以及无穷远处的镜像粒子间的静电相互作用，Ewald 方法是一种特殊的数学处理方法），范德华相

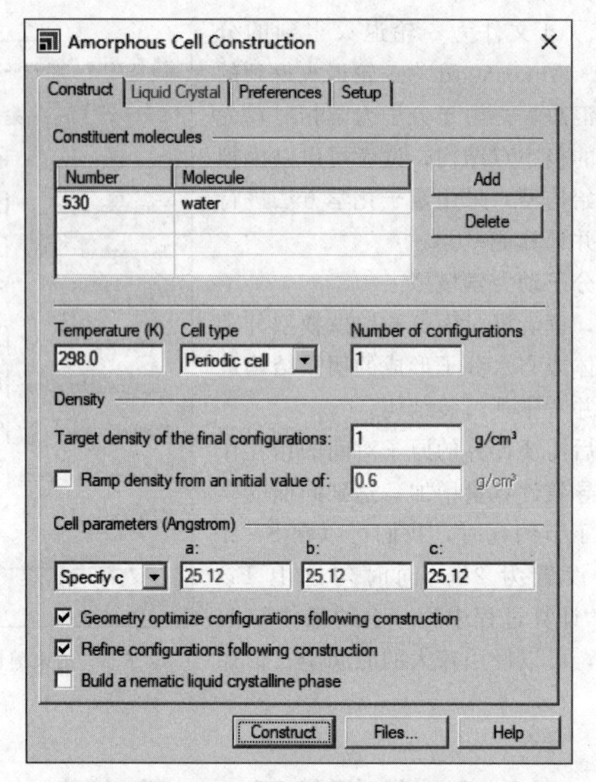

图 16.9　格子构建模块及参数设置

互作用采用 Atom based 加和法，Job Control 标签页可以设置并行计算的核数和任务命名，将上一步生成的构型文件 *.xtd 窗口激活，点击 Run 进行能量极小化（图 16.10）。

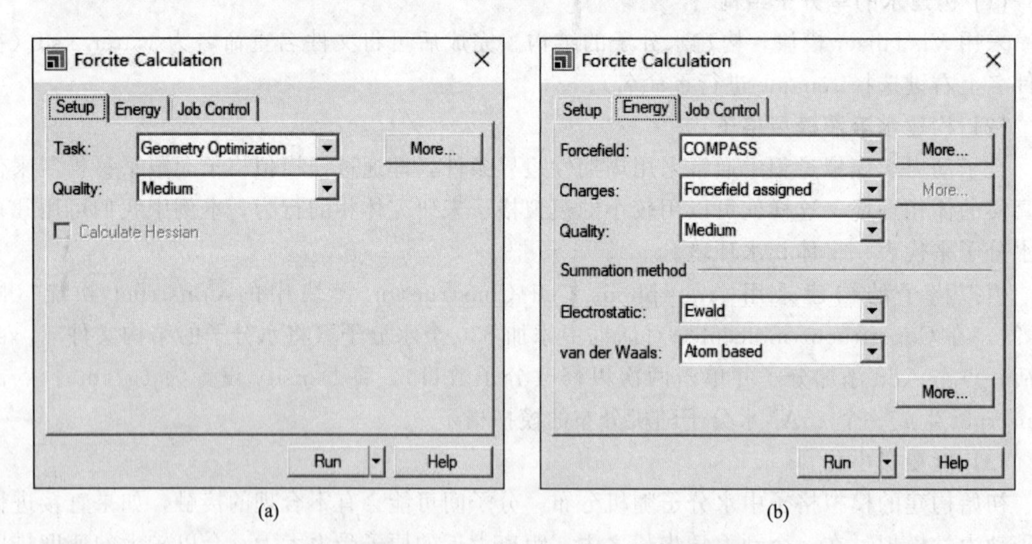

图 16.10　Forcite 模块能量极小化参数设置

(4) 分子动力学计算

激活能量极小化之后的构型文件，然后打开 Forcite Calculation 模块，在 Setup 标签页将任务设置为 Dynamics 即动力学计算，在点击右侧 More... 按钮设置具体模拟参数（图 16.11）。在 *NPT* 系综下计算（粒子数、温度、压力恒定），随机分配初速度，温度 300K，压力 1.01e-4GPa，动力学计算积分步长 1fs，总共模拟 300ps，每间隔 1000 步记录一次轨迹信息，其中控温控压算法均选择 Berendsen 方法，其他设置与能量极小化过程一致，点击 Run 即可提交计算，计算进程会在下方任务栏显示。

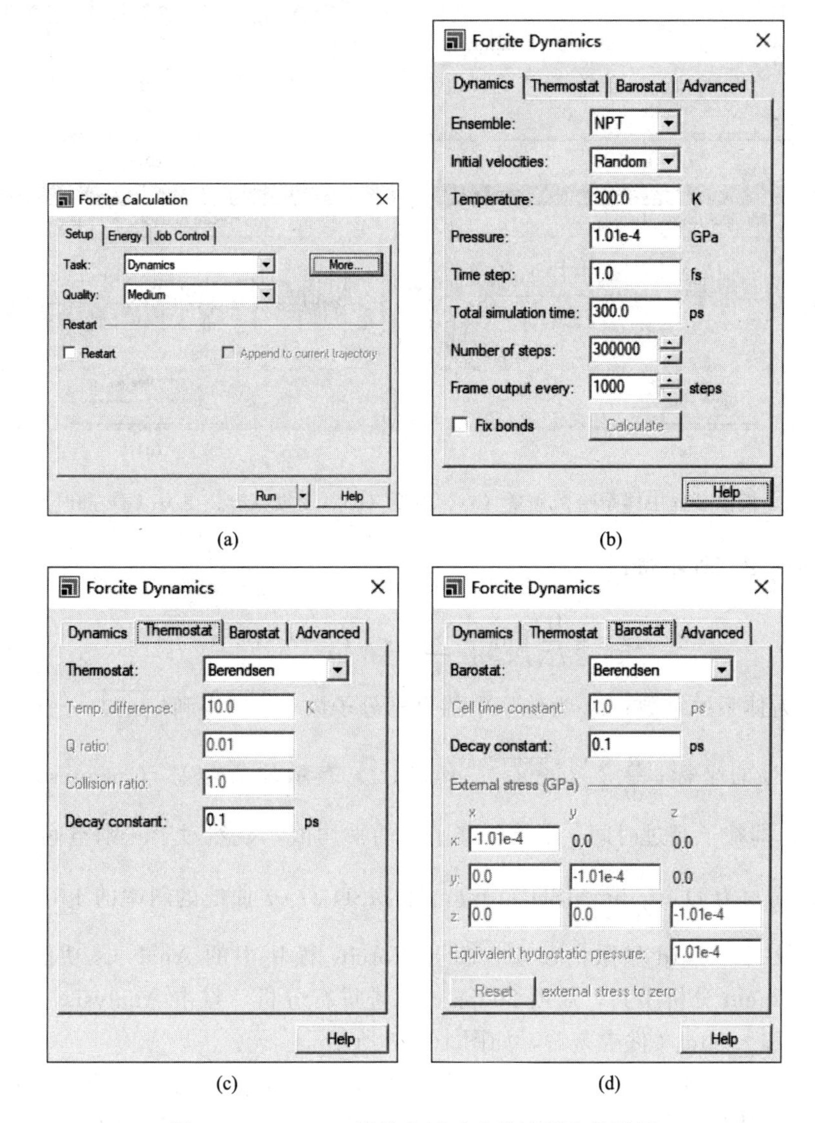

图 16.11　Forcite 模块分子动力学计算参数设置

(5) 结果分析

① 确认体系是否达到平衡状态　动力学计算完成后会生成一条记录原子坐标和速度信息的轨迹文件 *.xtd，通过 Animation 工具栏可以对体系在动力学计算过程中的变化进行可视化分析。首先通过 Forcite 模块中分析功能计算体系的温度、压力、密度、能量等信息，确认体系已经达到平衡状态，达到平衡后接下来的性质分析才有意义。将轨迹文件 *.xtd 激活后，分别选择 Hamiltonian、Temperature、Pressure、Density 并单击 Analyze 进行分析，如图 16.12 所示，说明体系达到平衡状态。

② 动力学性质——水分子的扩散系数　扩散系数可以反映体系中粒子的可运动性，其

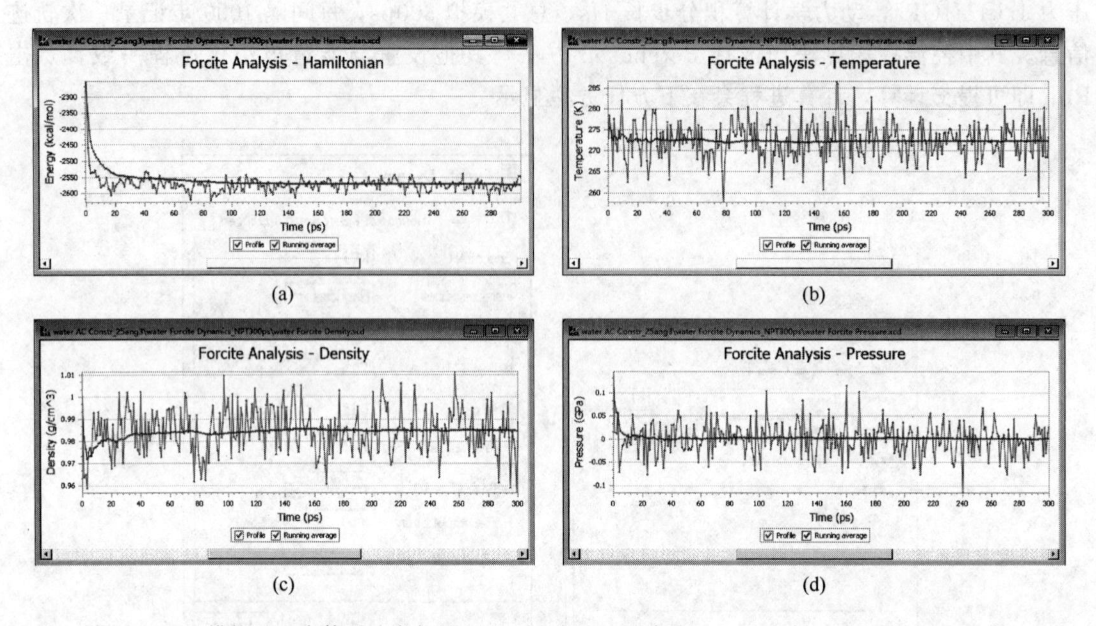

图 16.12　模拟过程中体系哈密顿量（a）、温度（b）、密度（c）、压力（d）随时间的变化

可以通过爱因斯坦方程求得：

$$D=\frac{1}{2dN}\lim_{t\to\infty}\frac{\mathrm{d}}{\mathrm{d}t}\sum_{i=1}^{N}\langle[\overrightarrow{r_i(t)}-\overrightarrow{r_i(0)}]^2\rangle$$

式中，d 为体系的维数；N 为体系中的目标分子数；$\overrightarrow{r_i(t)}$ 和 $\overrightarrow{r_i(0)}$ 分别为第 i 个粒子在时刻 t 和 0 时的坐标；$\frac{d}{\mathrm{d}t}\sum_{i=1}^{N}\langle[\overrightarrow{r_i(t)}-\overrightarrow{r_i(0)}]^2\rangle$ 表示均方位移（mean square displacement，MSD），即粒子经过时间 t 平均位移平方的平均值，显然对于三维空间中的体系爱因斯坦方程可以简写为 $D=\frac{1}{6}\lim_{t\to\infty}\mathrm{MSD}(t)/t$，即 MSD (t)-t 曲线的斜率的 1/6。

保持轨迹文件 *.xtd 呈激活状态，打开 Forcite 模块中的 Analysis 功能，选择 Mean square displacement 分析工具，对后 200ps 的轨迹进行分析，点击 Analysis，计算结果可在生成的 *.xcd 和 *.std 文件中查看，如图 16.13 所示。

③ 结构性质——径向分布函数　径向分布函数（radial distribution function，RDF）可以考察中心粒子周围其他粒子的分布情况，若考察粒子 A 周围粒子 B 的分布情况，则 $g_{\text{A-B}}(r)$ 表示距离粒子 A 周围 r 距离处的 $r\sim r+\mathrm{d}r$ 壳层内粒子 B 的密度与整体密度的比值。实验上通常用 X 射线衍射或中子衍射实验测定。

我们分别考察水体系中 O—O 和 O—H 间的径向分布函数。根据径向分布函数的概念，其计算过程需要明确哪些是中心粒子 A，哪些是周围粒子 B，保持轨迹文件 *.xtd 呈激活状态，按住 Alt 键双击 O 原子，此时体系中所有的氧原子均被选中并黄色高亮显示，打开工具栏 Edit | Edit Sets 对话框，将所有的 O 原子新定义为一个组，类似地对氢原子进行同样操作。

采用 Forcite 模块的 Analysis 功能，如图 16.14 所示，Analysis 中选择 Radial distribution function，Sets 分别选择上一步中定义的 OW 和 HW，表示中心原子为 OW，周围原子

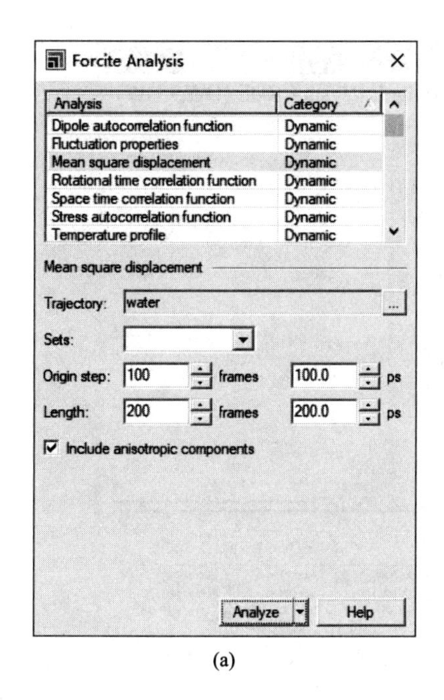

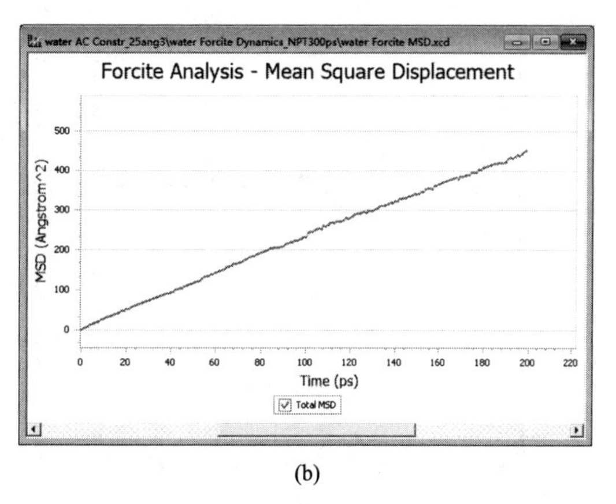

(a) (b)

图 16.13 Forcite分析均方位移设置（a）及计算得到的水分子的均方根位移-时间变化曲线（b）

为 HW，点击 Analyze 计算，输出结果为 * Forcite RDF. xcd 和 * Forcite RDF. xtd。同样的方法可计算水溶液中的 OW-OW 径向分布函数。如图 16.15 所示。

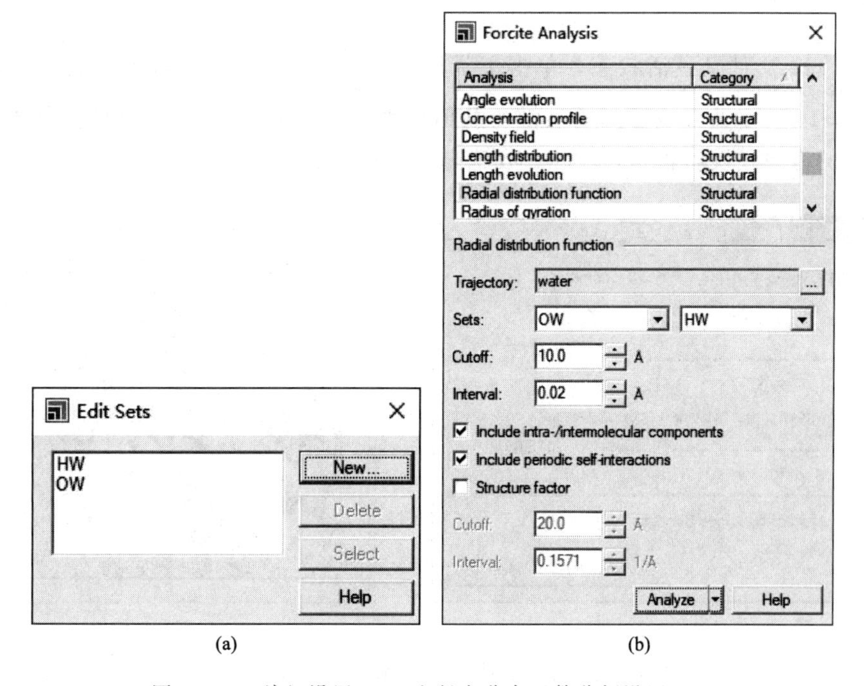

(a) (b)

图 16.14 编组设置（a）和径向分布函数分析设置（b）

④ 氢键的性质　氢键是最重要的一种分子间弱相互作用，具有方向性和饱和性，在分子动力学分析中常常采用几何标准判断两个分子间是否形成了氢键，例如，通常将供体

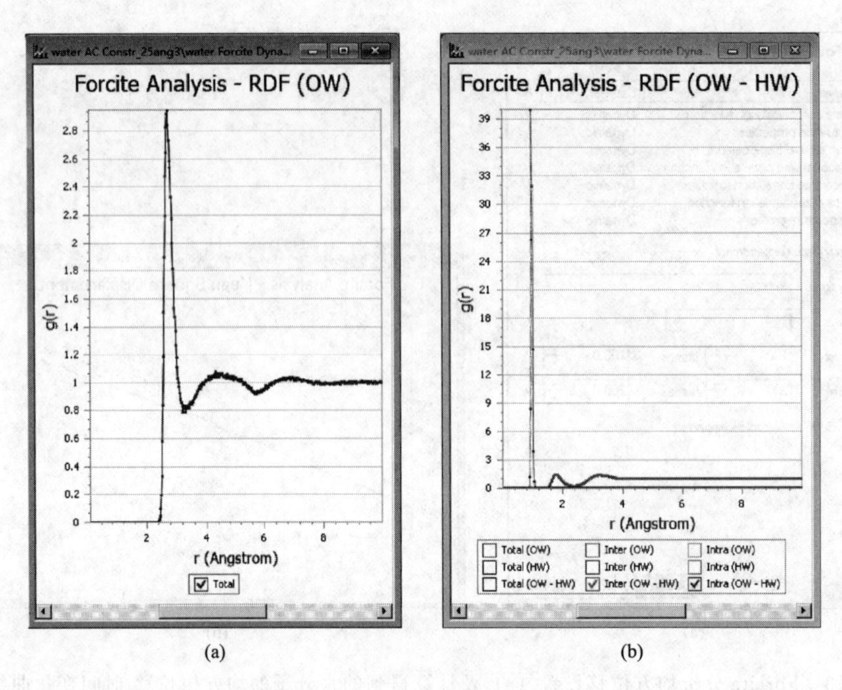

图 16.15　水分子 OW-OW（a）和 OW-HW（b）的径向分布函数

（D，donnor）和受体（A，acceptor）间距离小于 3.5Å，H—D…A 夹角小于 30°作为衡量两个分子间是否存在氢键的标准；或者氢与受体间距离小于 2.5Å，D—H…A 夹角大于 120°。

保持 *.xtd 文件呈激活状态，单击工具栏图标中的下拉箭头，打开氢键计算工具，如图 16.16 所示，并设置判断氢键的几何标准，点击 Calculate 即可计算分子与周围其他分子形成的氢键情况，模拟格子中的所有氢键会被蓝色高亮虚线标出。

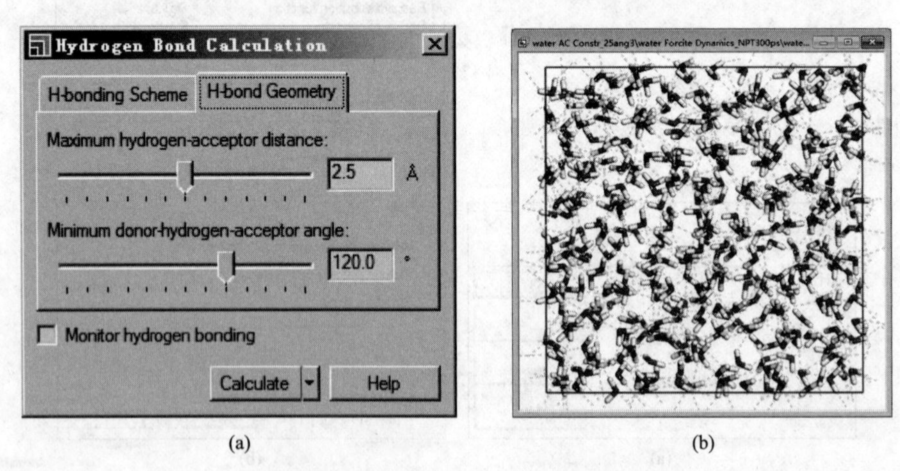

图 16.16　氢键分析工具（a）及水分子间形成的氢键（b）

通过以下脚本可以进一步对体系中形成的氢键进行定量分析，包括氢键数目、氢键长度、氢键角度等。

```
1.  #!perl
2.  use strict;
3.  use warnings;
4.  use MaterialsScript qw(:all);
5.
6.  #Initialize variables for the stats calculations
7.  my $row = 0;
8.  #Get all the HBonds in the UnitCell
9.  my $hbonds = $Documents{"water.xtd"}->UnitCell->HydrogenBonds;
10. #Create a new Study Table for the results
11. my $statsDoc = Documents->New("HBondStats.std");
12. foreach my $hbond (@$hbonds) {
13.     #Output the bond length and angle for each HBond
14.     $statsDoc->Cell($row, 0) = "HBond $row";
15.     $statsDoc->Cell($row, 1) = $hbond->Length;
16.     $statsDoc->Cell($row, 2) = $hbond->HBondAngle;
17.     ++$row;
18. }
```

思考题

1. 请分别描述 300K 和 500K 温度下丙氨酸二肽模型分子轨迹的特点。

2. 请根据分子动力学模拟的结果，以 phi 和 psi 为 x、y 坐标，分别绘制出 300K 和 500K 温度下丙氨酸二肽模型分子的势能面，并对比二者的区别。（注：能量可由 Forcite 分析模块 Potential energy componets 获得。）

3. 请基于分子力学，利用系统格点搜索法（Conformers 模块）对丙氨酸二肽模型分子的两个骨架二面角同时做构象搜索，并绘制出势能面，与上一题中的势能面相比有何不同，并推测原因。

4. 请编写 Perl 脚本，采用量子化学半经验方法（VAMP 模块）对两个骨架二面角做势能面扫描，并与分子力学方法得到的势能面比较。

5. 请采用量子化学方法对周期性退火得到的极小点结构做几何优化，并计算能量，并分析分子为何倾向于采用该构象。

6. G. N. Ramachandran 发现氨基酸的骨架二面角只能取某些有限的范围，后人对大量蛋白质分析并绘制了标准的拉氏图（Ramachandran plot，如下图所示），请将丙氨酸二肽模型分子与标准拉氏图对比，分析其可能的二级结构。

7. 将丙氨酸二肽模型中心 C 原子上相连的甲基替换为 H，结果会有何不同。

8. 请构建丙氨酸二肽模型分子与水分子的团簇结构，并进行分子动力学模拟，考察在有水分子存在的条件下势能面有何不同。

9. 分子动力学计算中通常积分步长应小于体系中振动频率最快的键的十分之一，请通

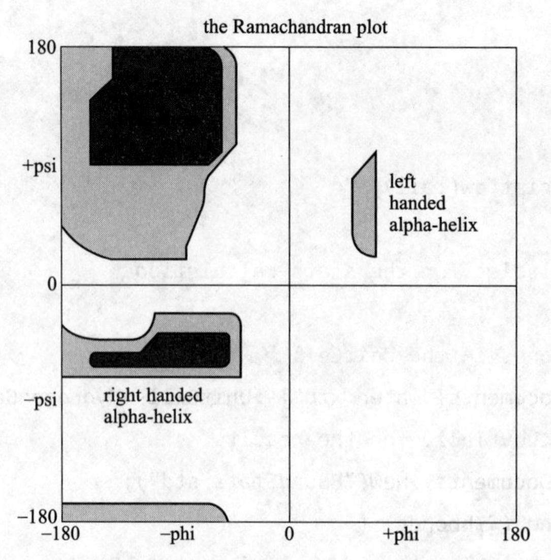

过计算说明为什么积分步长通常不超过1fs。

10. 请比较并总结量子化学计算与分子动力学模拟的区别、优势及适用范围。

11. 做出水分子的均方位移MSD随时间 t 变化的曲线，在Origin中拟合并求出相应的扩散系数。

12. 请根据Stokes-Einstein关系式 $\eta=\frac{k_B T}{6\pi D r}$ 计算纯水溶液的黏度值（其中水分子的半径 r 取0.3nm），并与实验值进行对比，并试指出与实验值有差异的原因。

13. 请指认径向分布函数各个峰的物理意义，并思考为什么在定义氢键的几何判断标准时选择将供体（D，donnor）和受体（A，acceptor）间距离小于3.5Å。

14. 通常用径向分布函数的第一个峰代表中心原子的第一水化层，请根据公式 $n_{O-OW}=\frac{N_{OW}}{V}\int_0^{R_{min}} 4\pi r^2 g_{O-OW}(r)\mathrm{d}r$ 计算中心原子第一水化层内水分子的数目。其中，N_{OW} 为模拟格子中的水分子数；V 为模拟格子体积；R_{min} 为径向分布函数第一波谷的位置。

15. 请分别对1atm条件下100K和500K的水进行分子动力学模拟，并分析其扩散系数、径向分布函数和氢键性质。分析它们有何异同，并与实验值对照，说明哪些相差较大，推测相差较大的原因。注：1atm、100K条件下冰的初始结构可以参考J. A. Hayward和J. R. Reimers在 *J. Chem. Phys.*，106，1518（1997）一文中给出的冰的结构。

16. 请编写脚本统计液态水溶液模拟轨迹中每一帧所形成的氢键数目。

17. 植物油一般呈液态，动物油一般呈固态。以下是两种代表性植物油和动物油的分子结构，请在350K、*NPT* 系综下分别对硬脂酸甘油酯、油酸甘油酯进行模拟，观察平衡后的聚集结构，计算分子间相互作用能，对比说明原因。

$$\begin{array}{l} CH_2O-\overset{\overset{\large O}{\|}}{C}-CH_2(CH_2)_{15}CH_3 \\ | \\ CHO-\overset{\overset{\large O}{\|}}{C}-CH_2(CH_2)_{15}CH_3 \\ | \\ CH_2O-\underset{\underset{\large O}{\|}}{C}-CH_2(CH_2)_{15}CH_3 \end{array}$$

硬脂酸甘油酯

$$\begin{array}{l} CH_2O-\overset{\overset{\large O}{\|}}{C}-CH_2(CH_2)_6CH=CH(CH_2)_7CH_3 \\ | \\ CHO-\overset{\overset{\large O}{\|}}{C}-CH_2(CH_2)_6CH=CH(CH_2)_7CH_3 \\ | \\ CH_2O-\underset{\underset{\large O}{\|}}{C}-CH_2(CH_2)_6CH=CH(CH_2)_7CH_3 \end{array}$$

油酸甘油酯（反式双键）

第17章 多相体系的分子动力学模拟

实验目的

实际模拟中遇到的体系除了可以抽象为单分子和均相体系的模拟外，更多的是多相体系，尤其是对界面的模拟。本章我们以水-真空体系、石墨烯和自组装膜表面的水滴以及有机分子在衬底表面的真空气相沉积为例介绍几种常见的界面模型体系的模拟方法。

实验要求

① 掌握几种构建界面模型的方法。

② 了解界面体系常用的分析方法。

17.1 气液界面——水/气体系

(1) 气液界面的构建

首先采用 Visualizer 模块，构建出水分子的结构，并将分子名重命名为 Water。然后采用 Amorphous Cell 模块中的 Construction 功能构建一个包含600个水分子且高度为25Å的格子，具体参数设置如图17.1所示。

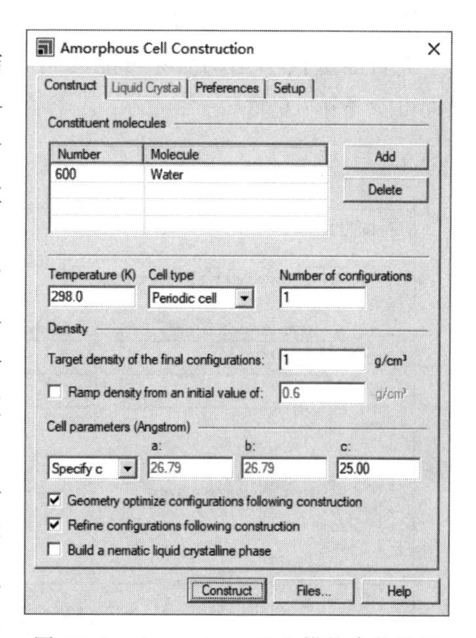

图17.1 Amorphous Cell 模块参数设置

在此基础上，在模拟格子 z 方向上下各添加25Å厚的真空层。（注：一般研究界面问题通常将界面垂直于 z 方向以利于后期分析，同时因为气体分子密度较小，气相一般用真空来表示。）从菜单栏依次打开 Build | Symmetry | Unbuild Crystal，先取消模拟格子，再依次点击 Build | Crystal | Build Crystal 打开 Build Crystal 工具 Lattice Parameters 标签页，将 c 设置为75Å，如图17.2所示，重新构建包含真空层的大格子。选中所有水分子，采用移动工具将所有水分子延 z 方向上移25 Å，最终得到如图17.3所示的气液界面。

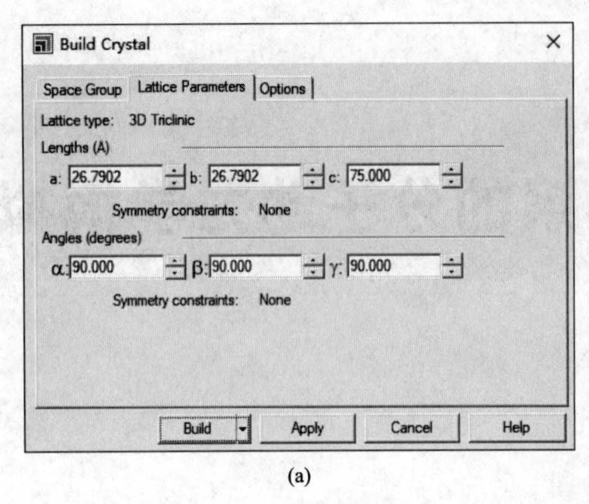

(a)

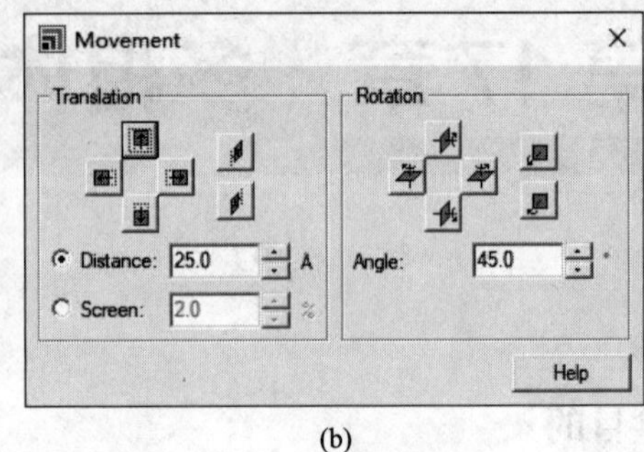

(b)

图 17.2 重新构建包含真空层厚度的模拟格子并将水分子移动至格子中央

类似地，读者也可以采用 Build Layers 功能构建气液界面，从菜单栏依次打开 Build | Build Layers，导入要添加真空层的 Water. xtd 为 Layer 1，在 Layer Details 标签页设置真空层厚度为 50Å，如图 17.4 所示。此时会在 Water. xtd 的 z 方向添加一个厚度 50Å 的真空层，然后用菜单栏的 Movement 工具，将水层沿 z 轴向上移动约 25Å，将水层置于格子中央。

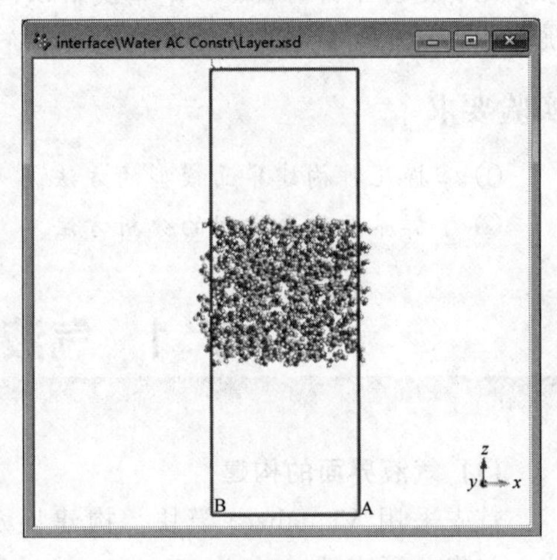

图 17.3 水/真空气液界面模型

(2) 能量极小化

进行分子动力学之前需要对水/真空气液界面模型进行能量极小化，消除可能的构象重叠，具体设置可参考第 16 章。

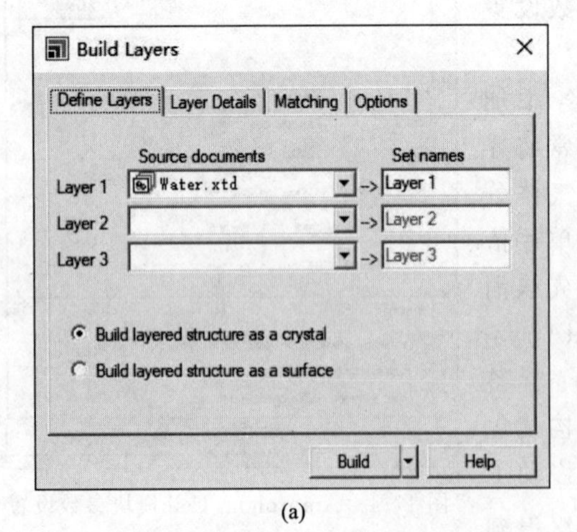

(a)

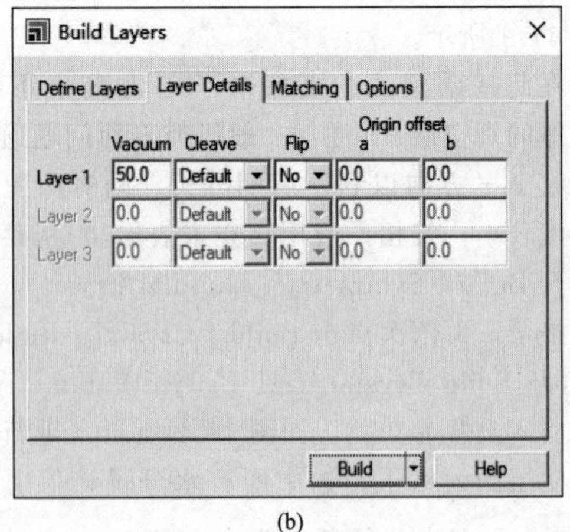

(b)

图 17.4 Build Layers 工具栏设置

(3) 分子动力学计算

对于进行完能量极小化后的结构，可以进行分子动力学模拟。在 *NVT* 系综下计算，随机分配初速度，温度 298K，通过固定键长采用 2fs 积分步长，总共模拟 1000ps，每间隔 500 步记录一次轨迹信息，其中控温算法采用 Berendsen 方法。采用 COMPASS 力场，对于静电相互作用的加和采用 PPPM 方法，范德华相互作用加和采用 Atom based 方法。具体设置可参考第 16 章。

(4) 结果分析

① 界面张力

表面张力可以通过如下公式进行计算：

$$\gamma=\frac{1}{2}L_Z[P_{zz}-\frac{1}{2}(P_{xx}+P_{yy})]$$

其中，L_Z 是格子 z 方向的长度；P_{zz}、P_{xx}、P_{yy} 则分别是压力在各方向上的分量。目前 Forcite 模块分析功能不会直接给出各个分量，读者可以使用下面的脚本计算。通过 File 菜单，新建 Perl Script 文件，输入脚本（可参见二维码中文件），然后依次打开 Tools｜Scripting｜Debug 即可运行，脚本运行结束后即在下方给出轨迹中每一帧的压力分量，取平均后即可代入公式计算。（常温下水的表面张力约为 71.18mN/m）。

运行脚本

② 密度分布

界面的结构可以通过平均密度分布来表征，通过 Forcite 模块分析功能中的 Concentration profile 可以计算体系中不同原子沿界面垂直方向的分布。例如选择平衡后的轨迹，对水中氧原子在 z 方向（0 0 1）的分布进行计算，具体设置如图 17.5 所示，可得到图 17.6 所示的密度分布曲线。通常定义溶剂密度从 10%升到 90%的范围为界面层，通过密度分布曲线可以很方便地估算界面厚度。

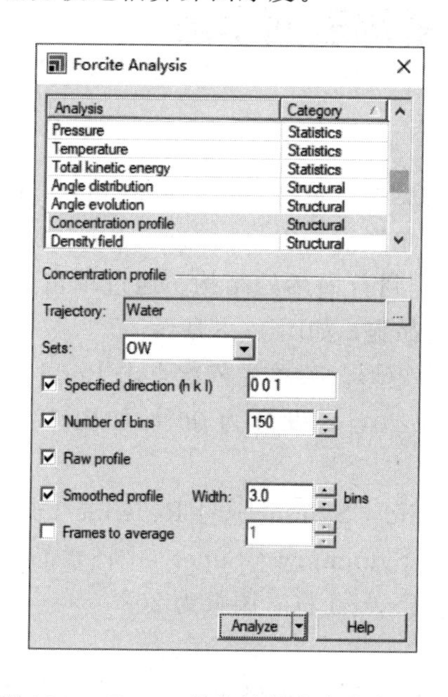

图 17.5　Forcite 模块计算密度分布设置

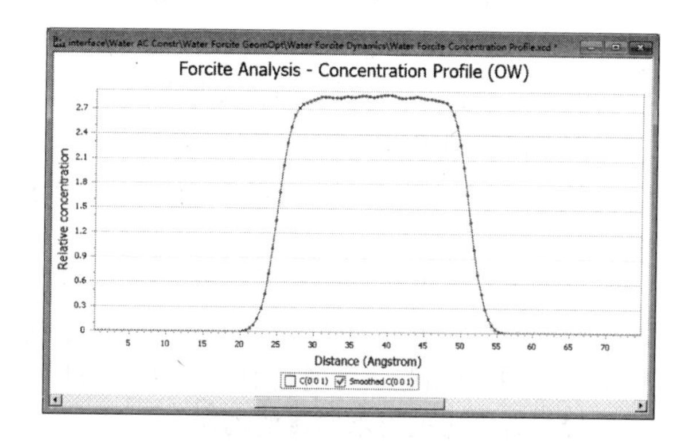

图 17.6　水中氧原子沿界面垂直方向的密度分布

③ 界面分子排布

运行脚本

界面的组成与结构往往是研究界面问题最为关注的方面。界面处的分子排布往往与体相不同，我们可以通过二维码中脚本计算不同位置处水分子的偶极方向与 z 轴正方向（0 0 1）间的夹角。运行完成后脚本会输出名为 theta.std 的表格，包括两列，即位置与平均角度，在 Origin 中作图即可得到图 17.7。从中可以看出，在界面附近水分子的偶极方向总是倾向于朝向真空区域，即氢在外氧在内的排布状态。

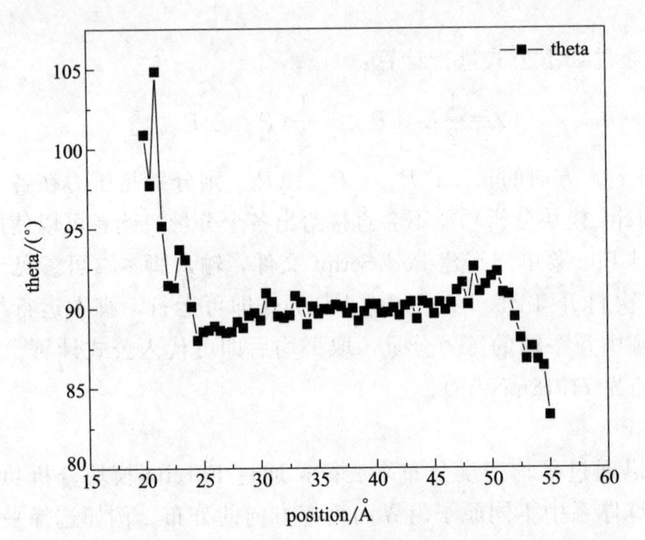

图 17.7　不同位置水分子偶极方向与 z 轴正方向间的夹角

17.2　固液界面——石墨烯表面水层

(1) 石墨烯的构建

首先从 Materials Studio 自带的结构库中导入石墨的结构：依次点击菜单栏 File | Import，选择 Structures \ ceramics \ graphite. msi 导入。然后从菜单栏点击 Build | Symmetry | Make P1 只保留晶体结构的平移对称性，然后删除一层，进而得到石墨烯的结构。通过单击 Build | Symmetry | Supercell，可以将素晶胞扩大为 20×18 的超晶胞，如图 17.8 所示。

为了模拟和观察结构方便，我们将菱形晶胞调整为矩形。菜单栏依次点击 Build | Crystal | Rebuild Crystal，将 a 设置为 42.608，c 设置为 20，γ 设置为 90°，如图 17.9（a）所示。

或者读者也可在获得石墨烯素晶胞之后，通过 Build | Symmetry | Redefine Lattice 将素晶胞先调整为矩形［图 17.9（b）］，再通过 Build | Symmetry | Supercell 将素晶胞扩大为 10×18 的超晶胞，再通过 Build | Crystal | Rebuild Crystal 将 c 调整为 20。

(2) 石墨烯表面水团簇的构建

接下来使用 Amorphous 模块的 Calculation 中 Packing 功能将格子内填充满水分子，再使用 Edit | Atom Selection 工具筛选出水层中心半径为 0.7nm 的水球，并删除其余的水分子（注意使用 Select Fragment 工具使分子保持完整），如图 17.10 所示。为了防止周期性结

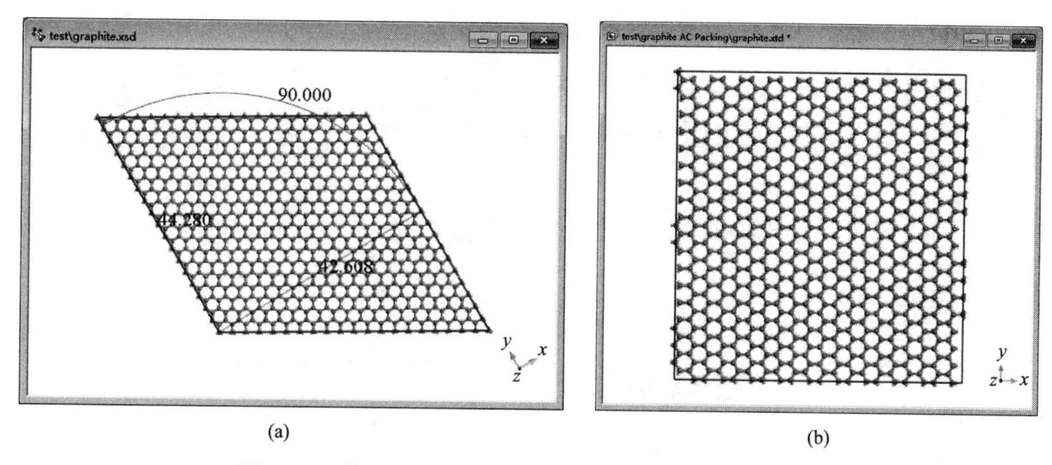

图 17.8　菱形石墨烯晶胞（a）和调整后的矩形晶胞（b）

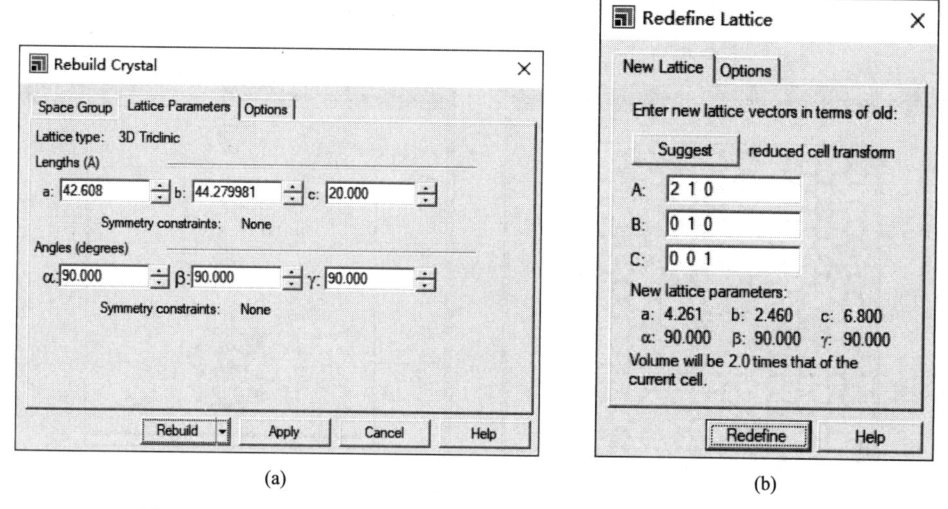

图 17.9　Rebuild Crystal（a）和 Redefine Lattice（b）对话框设置

构对水分子产生影响，再用 Build | Crystal | Rebuild Crystal 将格子 z 方向调整为 40，最终得到如图 17.11 所示的结构。

（3）能量极小化

为了便于后续分析和节省计算量，在动力学计算之前我们先将石墨烯固定：选择石墨烯上的任意一个原子，单击右键，选择 Select Fragment，此时整个石墨烯片都被选中，并被黄色高亮显示。然后单击菜单栏 Modify | Constrains，弹出的 Edit Constrains 对话框 Atom 标签页中勾选 Fix Cartesian position 并关闭对话框。在 Display Style 对话框中选择 Color by Constrain 可以检查原子的固定情况，其中所有被固定的原子用红色显示，未固定原子采用灰色显示。

接下来进行能量极小化以消除可能的构象重叠，具体设置可参考第 16 章。

（4）分子动力学计算

对于进行完能量极小化后的结构，可以进行分子动力学模拟。在 *NVT* 系综下计算，随机分配初速度，温度 298K，通过固定键长采用 2fs 积分步长，总共模拟 500ps，每间隔 500

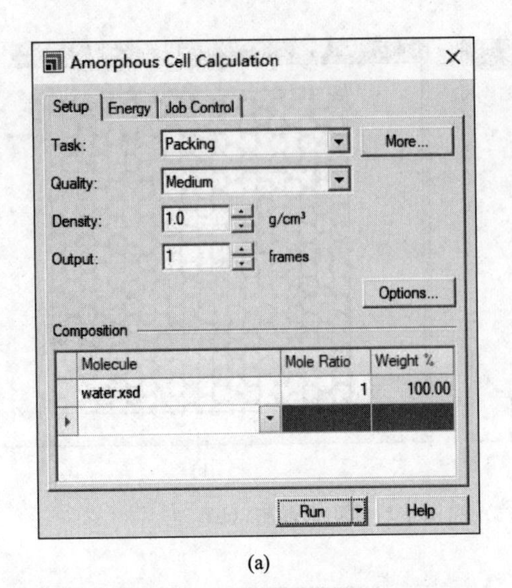

(a)

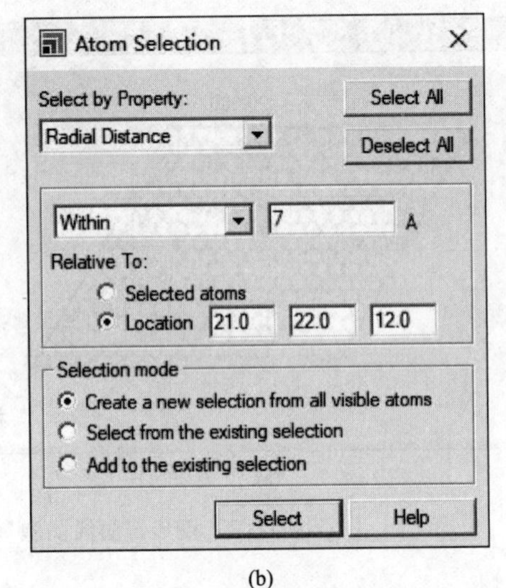

(b)

图 17.10 Amorphous 模块对话框设置

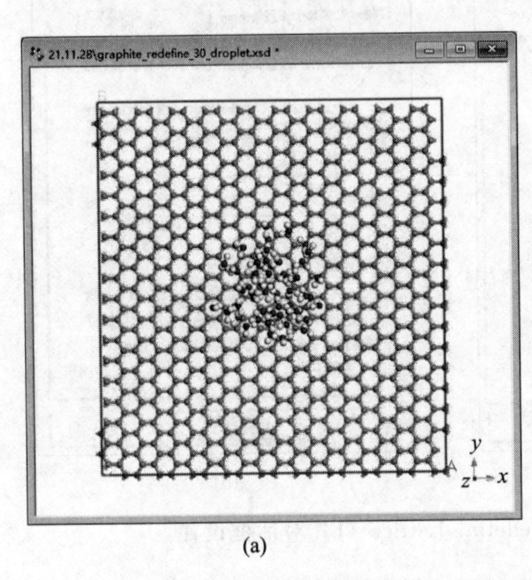

(a)

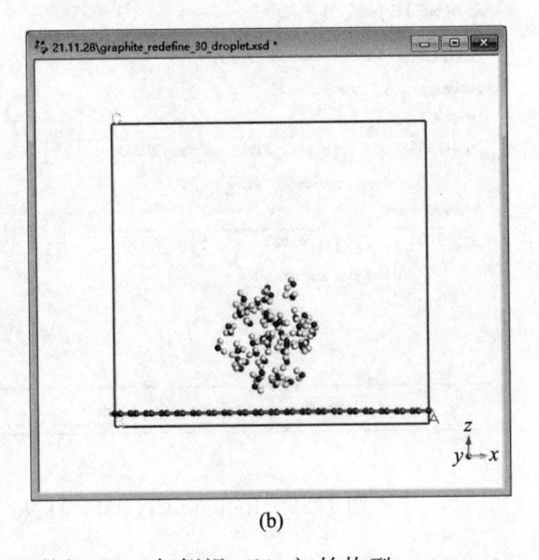

(b)

图 17.11 水分子团簇在石墨烯表面的俯视（a）与侧视（b）初始构型

步记录一次轨迹信息，其中控温算法采用 Velocity Scale 方法。采用 COMPASS 力场，对于静电相互作用的加和采用 PPPM 方法，范德华相互作用加和采用 Atom based 方法。具体设置可参考第 16 章。

(5) 结果分析

① 水滴在石墨烯表面的接触角

采用二维码中 Perl 脚本，读者可近似地计算水在石墨烯表面的接触角。（注：需修改轨迹文件名、水和石墨烯的组名。）

运行脚本

② 界面对溶液结构的影响

通过上一小节介绍的方法，读者可自行对石墨烯界面附近水分子的密度分布（如图 17.12 所示）、水分子的偶极方向、不同距离处的氢键情况等性质进行分析，以考察石墨烯界面对体相性质的影响。

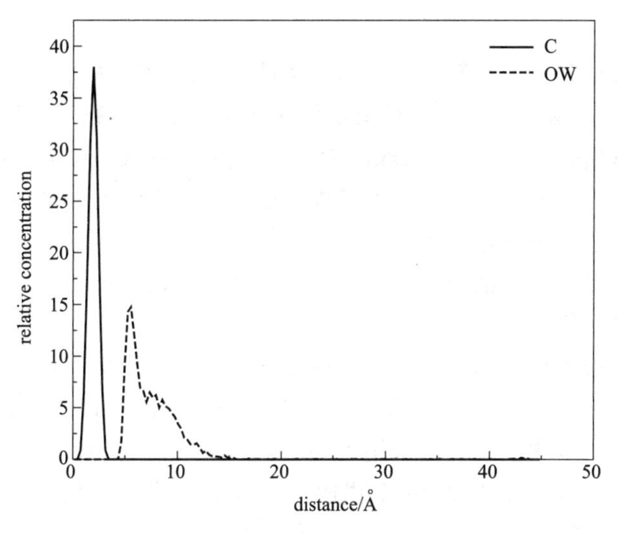

图 17.12 z 方向上石墨烯中 C 原子和水中 O 原子的密度分布

17.3 固液界面——自组装单层膜表面水层

SAM（自组装单层）技术在表面科学和材料领域引起了极大的关注，因为它们可用于定制表面特性，如润湿、微图案化、润滑、腐蚀和生物相容性，这些特性激发了仿生材料的设计。在此例中我们研究了不同疏水性（—CH_3 封端）以及亲水性（—COOH 封端）表面 SAM 的微观润湿特性。（该项工作参考文献 *Langmuir*，2011，27，14，8611-8620。）

(1) 自组装单层膜的构建

① 参考 11.4 节构建出不同封端的两种自组装膜，取代率选取为 50%，不同的是，在此例中真空层设置为 50Å，最终得到不同亲水性的两种 Si(111)（8×8）格子。然后进行能量最小化，最终得到 Si(111) 表面自组装单层膜。

② 参考 17.2 节构建出半径为 0.7nm 的水球，然后将其放置在上一步得到的自组装膜之上，最终得到如图 17.13 所示的结构。

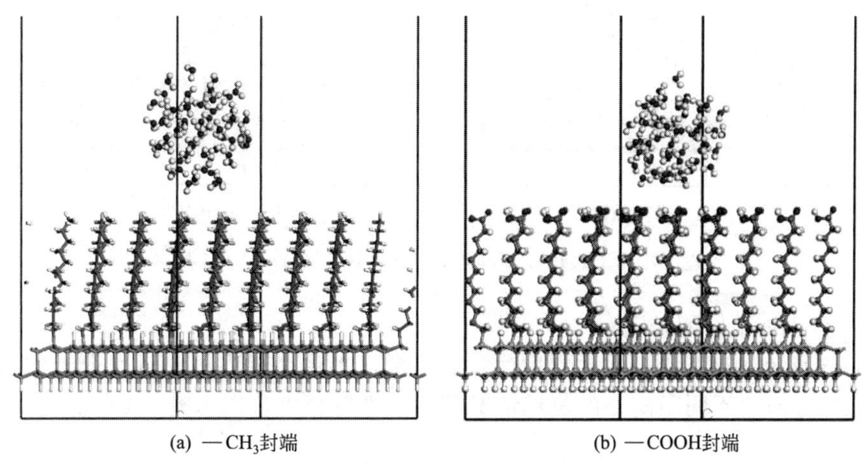

(a) —CH_3封端　　(b) —COOH封端

图 17.13 水球在不同终止的 SAM 表面的初始构型

(2) 能量极小化

为了便于后续分析和节省计算量，在动力学计算之前我们先将最下面两层硅原子及连接的 H 原子固定住：滑动鼠标，选择将要固定住的硅原子以及氢原子，然后单击菜单栏 Modify | Constrains，弹出的 Edit Constrains 对话框选择 Fix Cartesian position。在 Display Style 对话框中选择 Color by Constrain 可以检查原子的固定情况，其中所有被固定的原子用红色显示，未固定原子采用灰色显示。

接下来进行能量极小化以消除可能的构象重叠，具体设置可参考第 16 章。

(3) 分子动力学计算

对于进行完能量极小化后的结构，可以进行分子动力学模拟。在 *NVT* 系综下计算，随机分配初速度，温度 298K，通过固定键长采用 2fs 积分步长，总共模拟 500ps，每间隔 500 步记录一次轨迹信息，其中控温算法采用 Velocity Scale 方法。采用 COMPASS 力场，对于静电相互作用（Electrostatic）的加和采用 PPPM 方法，范德华相互作用（van der Waals）加和采用 Atom based 方法。具体设置可参考第 16 章。

(4) 结果分析

① 水滴在不同自组装单层膜表面的接触角

参考上节中计算接触角的脚本，读者可以计算出水滴在不同亲水性自组装单层膜表面的接触角大小。（注：需修改轨迹文件名、水和单层膜的组名。）

② 水滴在不同自组装单层膜表面的最终润湿形态

图 17.14 显示了水球在疏水表面（—CH_3 封端）和亲水表面（—COOH 封端）的自组装膜上形成的不同形状。从图中我们可以看出水球在疏水性头基的自组装表面，随模拟时间的变化呈现出明显的堆积，而水球在亲水头基自组装膜表面，随模拟时间的变化逐渐在表面铺展开来。这说明两种表面的润湿性不同。

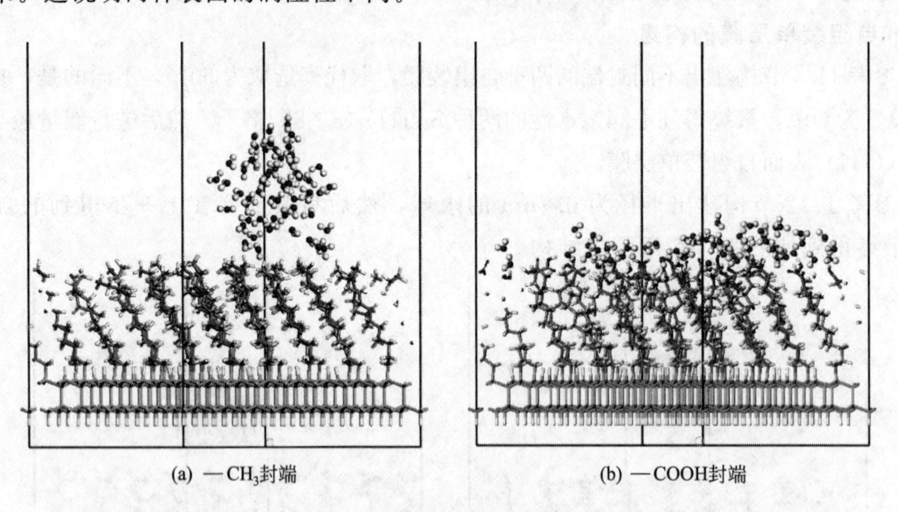
(a) —CH_3封端　　(b) —COOH封端

图 17.14　水球在不同终止的 SAM 表面的润湿形态

③ 界面对水球结构的影响

通过上一节介绍的方法，读者可自行对不同亲疏水自组装界面附近水分子的密度分布、水分子的偶极方向、不同距离处的氢键情况等性质进行分析，以考察 SAM 界面对体相性质的影响。

17.4 固气界面——金属表面的自组装膜

苏州大学迟力峰院士团队在研究表面手性合成时报道了 4,4'-二羟基联苯分子（DHBP）在 Ag(100) 表面上通过分子间氢键自组装成具有 4 重对称性的大规模二维网络结构（*J. Am. Chem. Soc.*，2019，141，1，168-174）。实验过程为了保持衬底的洁净度，通常在超高真空条件下（ultrahigh vacuum，UHV）进行以减少气体分子对衬底的碰撞概率，在一定温度下将 DHBP 分子蒸到衬底表面。我们以该实验为例，对 DHBP 分子在 Ag(100) 表面的组装机理进行模拟研究。

(1) 构建 DHBP 分子在 Ag (100) 表面预吸附模型

① 从菜单栏中点击 File | Import，弹出的 Import Document 对话框中选择 Structures | metals | pure-metals 文件夹内的 Ag. msi，即 Ag 的晶体结构；从菜单栏中点击 Build | Surfaces | Cleave Surface，按照图 17.15 所示设置切出三层原子厚度的 Ag (100) 表面。

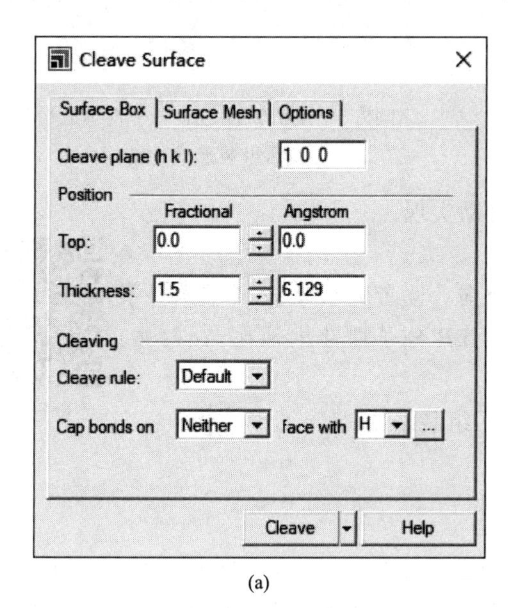

(a)

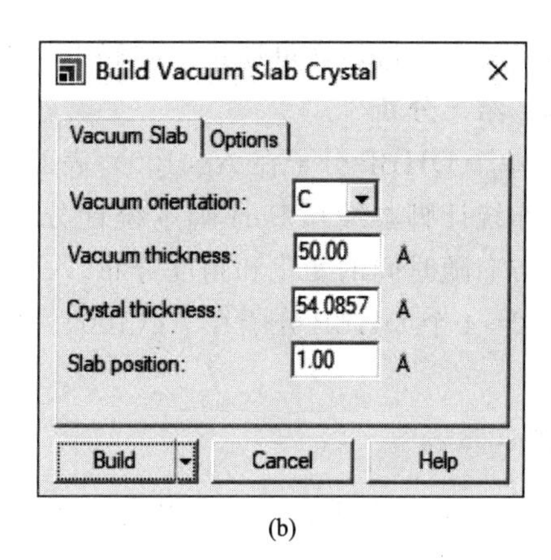

(b)

图 17.15 晶体切面 (a) 及构建真空层对话框 (b)

② 从菜单栏中点击 Build | Symmetry | Supercell，弹出构建超晶胞的对话框，将 U、V 均设置为 15，即在两个方向上均扩大 15 倍。

③ 构建真空层，从菜单栏中点击 Build | Crystal | Build Vacuum Slab Crystal，参照图 17.15 设置构建 5nm 厚的真空层。

④ 新建 3D 原子文档，绘制 DHBP 分子的 3D 分子模型，将 DHBP 分子复制到构建好的 Ag (100) 表面，调整位置，在距离表面合适的高度形成预吸附模型，如图 17.16 所示。

(2) 能量极小化与分子动力学计算

采用上一节介绍的方法将最底层 Ag 原子固定，进行能量极小化和分子动力学计算（亦可不固定）。

(3) 不断沉积DHBP分子

在上一步分子动力学计算完成之后，在得到的吸附模型基础上再添加一个DHBP分子形成预吸附构象，并进行分子动力学计算，控制沉积速度1个/ns，循环此步骤，观察最终形成的组装结构（图17.7）。

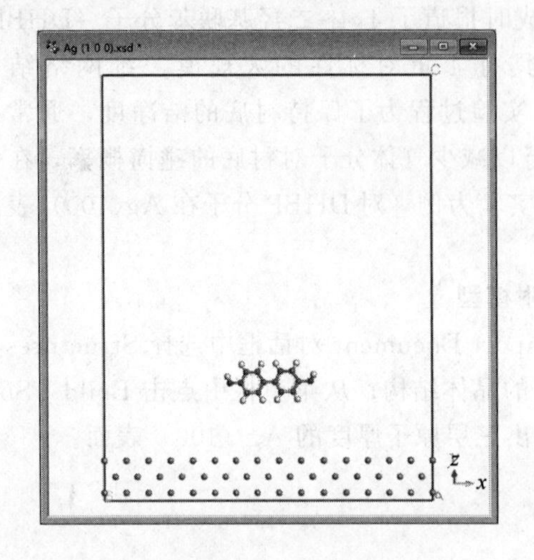

图17.16 DHBP分子在Ag（100）表面形成的预吸附模型

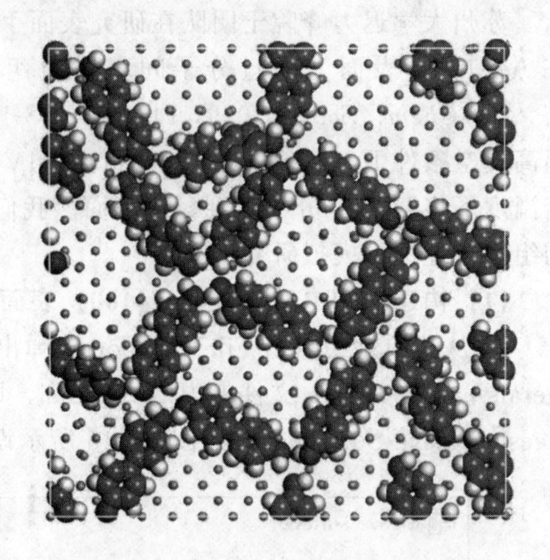

图17.17 20个DHBP分子在Ag（100）表面组装形成的结构

读者可手动进行亦可通过二维码中脚本自动实现。

(4) 结果分析

① 单个DHBP分子在Ag(100)表面的取向。读者可参考17.1节水分子偶极分布统计脚本编写Perl脚本统计分析DHBP分子惯性主轴在Ag(100)表面的方向随时间的变化和角度分布。

运行脚本

② 2～4个DHBP分子在Ag(100)表面的组装结构。

思考题

1. 请思考是否还有其他的构建气液界面模型的方法？（提示：除了书中给出的自下而上的方法，亦可以使用自上而下的方法，首先构建全充满水分子的大格子，然后删除上下两部分的水分子。）

2. 请计算纯水体系的界面张力，并与实验值比较。

3. 根据密度分布计算纯水体系的界面厚度。

4. 采用类似的方法，读者可自行构建含有20个丁醇分子和500个水分子的高度为2.5 nm的矩形模拟格子，进行分子动力学计算。观察丁醇分子的分布，及界面厚度的变化。类似地，读者可研究加入丁醇后，丁醇中的羟基及尾链上的C原子的分布。

5. 与水/真空体系相比，加入丁醇后界面厚度有何变化？请分析原因。

6. 计算加入丁醇后体系的表面张力，与纯水体系相比有何变化，并与实验值对比。[提示：注意单位换算，Material Studio中默认单位是angstrom（Å），GPa。]

7. 请借助以下脚本分析第6题中丁醇是垂直分布，还是趴在水面上。请对比不同丁醇浓度条件下，丁醇分子在界面上排列的差异。

```
1.  #!perl
2.  use strict;
3.  use Getopt::Long;
4.  use MaterialsScript qw(:all);
5.  use Math::Trig;
6.  my $doc = $Documents{"butanol.xtd"};
7.  my $numFrames = $doc->Trajectory->NumFrames;
8.  for (my $counter = 500; $counter <= $numFrames; ++$counter)  {
9.  $doc->Trajectory->CurrentFrame = $counter;
10. for(my $i=1; $i<20; $i++)  {
11. my $molecules = $doc->AsymmetricUnit->Molecules("butanol\$AC$i");
12. my $atoms1 = $molecules->Atoms("C1");
13. my $atoms4 = $molecules->Atoms("C4");
14. my $theta = (180/pi)*acos(abs(($atoms4->Z-$atoms1->Z)/sqrt(($atoms4->X-
    $atoms1->X)**2+($atoms4->Y-$atoms1->Y)**2+($atoms4->Z-$atoms1->Z)**2)));
15. print "$theta\n";
16. } }
```

8. 通过以下脚本生成随机氧化的石墨烯结构，并研究水分子在其表面的铺展，与石墨烯表面对比有何差别。

```
1.  #!perl
2.  use strict;
3.  use Getopt::Long;
4.  use MaterialsScript qw(:all);
5.  use List::Util qw(shuffle);
6.  my $graphite = $Documents {"graphite.xsd"};
7.  my $carbonatoms = $graphite->UnitCell->Atoms;
8.  my @shuffle = shuffle (@$carbonatoms);
9.  for (my $i=1;$i<=10;$i++){
10. my $oxygenatom=shift(@shuffle);
11. my $oxygenatomX = $oxygenatom->X;
12. my $oxygenatomY = $oxygenatom->Y;
13. my $oxygenatomZ = $oxygenatom->Z+1.5;
14. my $atom = $graphite->CreateAtom ("O", Point(X => $oxygenatomX, Y => $oxygen
    atomY, Z => $oxygenatomZ));
15. $graphite->CreateBond ($oxygenatom, $atom, "Single");}
```

9. 请对比分析石墨烯和氧化石墨烯界面对水分子的性质有哪些影响，例如氢键数目、扩散系数、密度分布、界面附近水分子的排布状态等。

10. 请与石墨烯表面水接触角的实验值对比，并查阅文献对比不同接触角计算方法的优缺点。

11. 改变不同衬底，如 Cu（100）和 Au（100）表面，计算并分析 DHBP 在不同衬底表面的组装结构差异。

12. 改变 DHBP 分子的沉积速度，考察沉积速度对组装形貌的影响。

13. 人为调整 DHBP 与衬底间的范德华相互作用和静电相互作用大小，观察组装形貌，并分析哪种非键相互作用形式对 DHBP 的组装起主要作用。

第 18 章 固体材料表面吸附行为的 Monte Carlo 模拟

实验目的

能源一直是世界各国的战略聚焦点，页岩气作为新兴的非常规天然气，正在改变世界能源结构与政治格局。我国目前已探明的页岩气储量位居世界第一，但是在开采过程中面临着诸多挑战，这还需要化学等相关专业的研究人员进行深入的研究。硅酸盐在地壳中分布极广，是构成多数岩石的主要成分，化学上常用二氧化硅和氧化物的形式表示其组成。研究二氧化硅与气体的吸附作用对页岩气开采有一定理论指导作用。本实验采用 Monte Carlo 方法研究不同气体分子在二氧化硅纳米孔内的吸附行为，并以之为例简要介绍 Sorption 模块运行 Monte Carlo 模拟的一般步骤及方法。

实验要求

① 掌握构建二氧化硅纳米孔的建模方法。

② 了解 Monte Carlo 方法的基本原理。

③ 理解材料的微观结构与宏观吸附行为之间的联系。

18.1 吸附等温线

(1) 模型构建

首先我们需要构建 Monte Carlo 模拟所需要的分子模型。

① 构建 SiO_2 纳米孔。从菜单栏中点击 File|Import，在弹出的 Import Document 对话框中选择 Structures/metal-oxides 文件夹内的 SiO2 _ quartz. msi，即 SiO_2 的晶体结构；然后从菜单栏中点击 Build|Symmetry|Supercell，弹出构建超晶胞的对话框（图 18.1），将 A、B、C 分别设置为 9、9、4，即在 A、B、C 三个方向上分别扩大 9、9、4 倍。按住鼠标左键

图 18.1 构建超晶胞对话框

选中超晶胞中间的一列 Si 原子，点击菜单栏 Edit|Atom Selection，弹出选择原子对话框（图 18.2），性质一栏选择 Radial Distance，Within 10Å，点击 Select，这样就选中了超晶胞中心半径为 10Å 的圆柱体内所有原子；然后在 Atom Selection 对话框中，将性质改为 Element Is Si，并将 Selection mode 设置为 Select from the existing selection，点击 Select，这样从刚才选中的所有原子中挑选出了所有的 Si 原子，按 Delete 键以删除；然后删除所有的未键连的 O 原子，最后点击 [H] 按钮加氢，这样就形成了如图 18.3 所示的表面完全羟基化的 SiO_2 纳米孔。

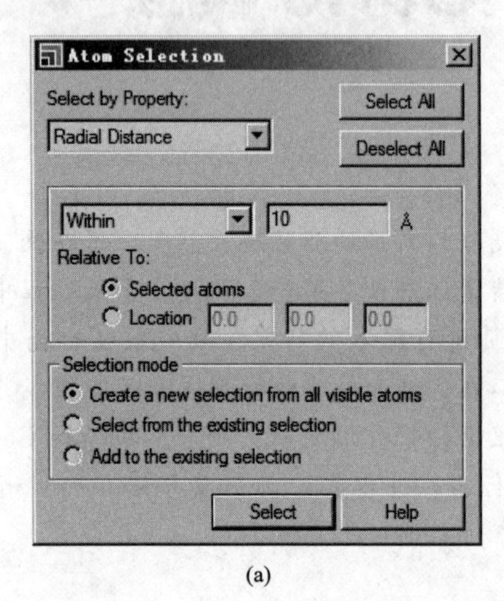

(a)

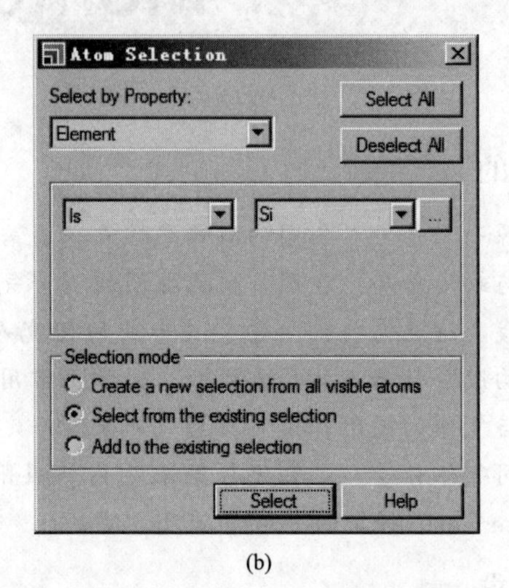

(b)

图 18.2 选择原子对话框

② 采用第 11 章中介绍的方法，绘制并优化 CH_4 和 CO_2 分子的 3D 分子模型，并将 xsd 文件分别重命名为 methane. xsd 和 carbon dioxide. xsd。

（2）设置参数并提交计算

在工具栏点击 Sorption 按钮，选择 Calculation，弹出 Sorption Calculation 对话框（图 18.4）。在 Set up 标签页中 Task 一栏选择 Adsorption isotherm，方法设置为 Metropolis，Quality 为 Medium。在 Sorbates 部分，点击 Molecule 选择 methane. xsd。然后设置最高和最低的逸度（fugacities），计算将会在这个设定范围内以一定间隔来采点。本实验中我们用了一个低的 fugacity 为 500kPa 和一个高的 fugacity 为 20000kPa。点击吸附物格子的 Start 空白栏键入 500kPa 并在其后的 End 空白栏中键入 20000kPa。点击 Task 一栏右边的 More... 按钮，弹出 Sorption Isotherm 对话框（图 18.5）。设置 Fugacity steps 为 9，并选上 Logarithmic，温度保证为 323K，关闭对话框。

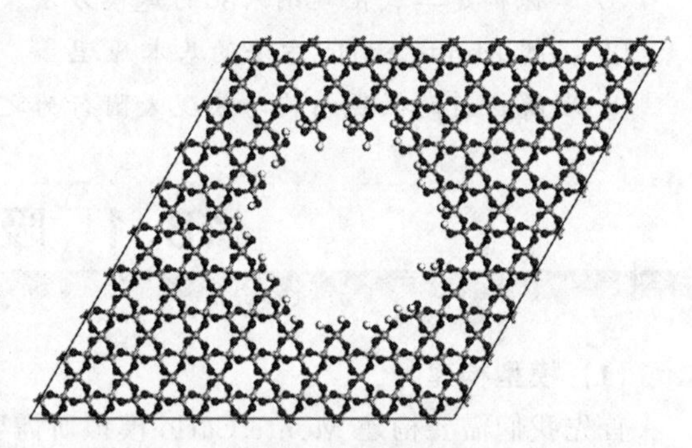

图 18.3 表面完全羟基化的 SiO_2 纳米孔

在 Sorption Calculation 对话框的 Energy 标签页中选择 COMPASS 力场，设置 Charges 为 Forcefield assigned，设置 Quality 为 Medium，确保 Electrostatic 为 Ewald 加和方法，而 van der Waals 为 Atom based 加和法（图 18.6）。

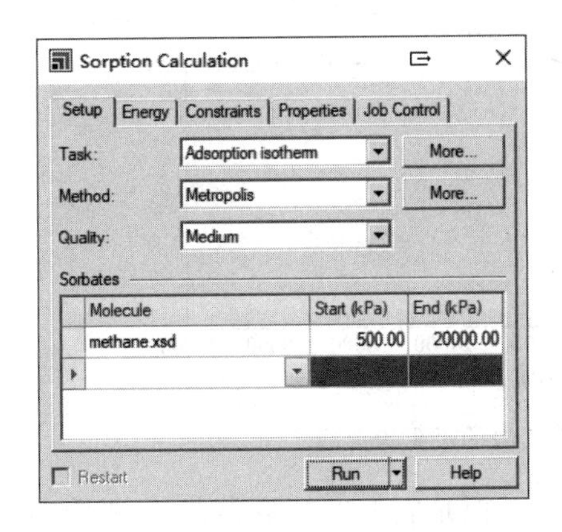

图 18.4 Sorption 计算模块对话框

图 18.5 吸附等温线设置对话框

在 Sorption Calculation 对话框的 Properties 标签页中，确保选上了 Energy distribution、Density field 和 Energy field。设置 Sample interval 为 50，设置 Grid resolution 为 Medium，Grid interval 会自动变为 0.4Å（图 18.7）。

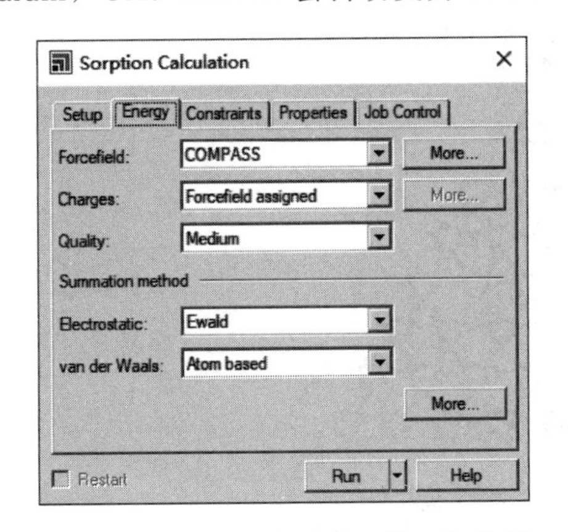

图 18.6 Sorption 模块能量设置标签页

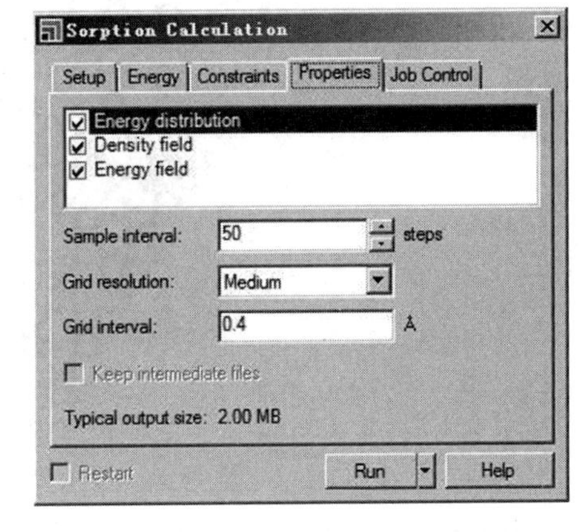

图 18.7 Sorption 模块计算性质标签页

最后在 Job Control 标签页的 Gateway location 中选择适当的路径，点击 Run 按钮开始计算。计算过程将会生成一个名为 SiO2 _ quartz Sorption Isotherm 的新的文件夹。Sorption 将会在 500～20000kPa 范围内执行 10 个不同的 fugacity 值的固定压力的计算。其中 SiO2 _ quartz Etotal. xcd 显示了每一步 MC 模拟的能量值，总能量和其组分的值均会被显现出来。SiO2 _ quartz Energy. xcd 显示了能量分布图。SiO2 _ quartz Loading. xcd 显示了瞬时载荷和平均载荷（每单位元胞内的分子数）。当设置了足够的 MC 步数时，上述每一个曲线图均会收敛于某一个最终值。当每一步的步数执行完后，程序将会自动进行下一个 fugacity 计算。输出文件 SiO2 _ quartz. txt，SiO2 _ quartz. std 和 SiO2 _ quartz Isotherm. xcd 包括了吸附模拟的最终结果。

(3) 结果分析

① 吸附等温线。双击打开 SiO2 _ quartz Sorption Isotherm 文件夹中的 SiO2 _ quartz Isotherm. xcd，如图 18.8 所示。(本例中吸附等温线并不平滑，主要是因为采用 Medium 设置，若采用 Fine 设置，将会产生一个更加平滑和实际的等温线。同时由于 MC 计算结果的

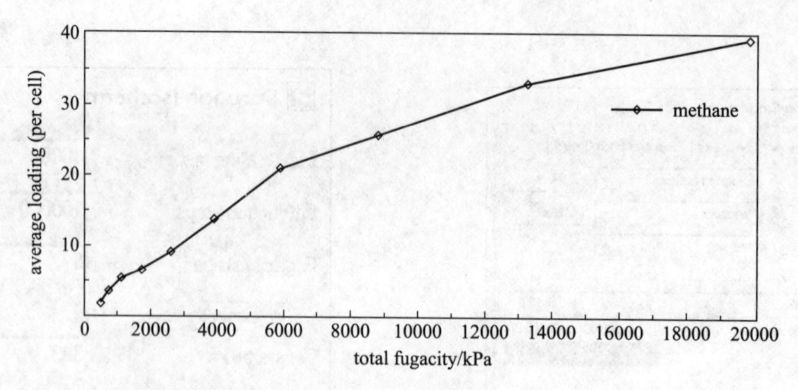

图 18.8　CH_4 分子在 SiO_2 纳米孔内的吸附等温线

偶然性，计算结果有可能与图中的结果不是非常一致，但是它们的精度类似。）吸附等温线显示了分子在每单位元胞、每个 fugacity 的吸附情况。通常曲线最终会达到平衡载荷，然后没有分子再吸附在上面，达到饱和吸附。

② 密度和能量分布。双击 SiO2 _ quartz. std。吸附等温线上每一个间隔的总能量、fugacity 和能量组分在 study table 文件中均可以看到。双击第三行中的结构 SiO2 _ quartz _ structure _ 3，显示的细节将会与图 18.9 类似。

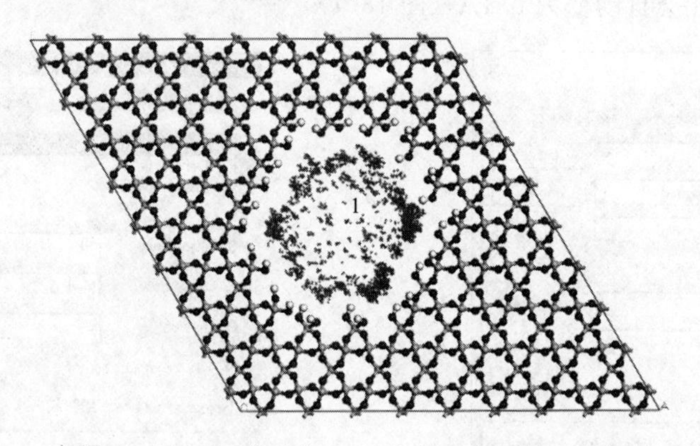

图 18.9　CH_4 分子在 SiO_2 纳米孔中的密度分布

中间的区域 1 为 CH_4 分子在 SiO_2 纳米孔中的密度分布。我们通过改变 volumetric 来获得更好的显示效果。选择 View | Toolbars | Volume Visualization，打开 Volume Visualization 工具栏。在显示细节中存在两个细节，一个 Density field 和一个 Energy field，先选择密度场：点击 Volume Visualization 工具栏中的 Volumetric Selection 按钮，打开 Volumetric Selection 对话框，确定选择了 methane-Density。然后右击 SiO2 _ quartz _ structure _ 3 打开 Display Style 对话框。在 Field 标签页中 Coloring 部分选择 Color by field values。这个 field changes 将会从同一个红色转变为一系列代表不同密度值的颜色（选择 Volume Visualization 工具栏中 Color Maps 按钮，可以更改配色方案等）。

接下来我们将能量分布映射到密度分布上去，获得一个结合能量和密度分布信息的显示方式。选择 Display Style 对话框中 Field 栏中的 Display Style 为 Empty。点击 Volume Visualization 工具栏中的 Create Isosurfaces 按钮，打开 Choose Fields To Isosurface 对话框，选择 methane-Density of SiO2 _ quartz，然后点击 OK 产生一个等密度面（图 18.10）。这个 Isosurface 出现后，点击一次选中它。在 Display Style 对话框的 Isosurface 栏中，在 Mapped field 中选择 methane-Potential of SiO2 _ quartz，改变 Isovalue 为合适的值，则创建了一个连续密度表面并通过势能给其上色，我们可以用这种方法寻找在多孔体系中最合适的吸附位置。

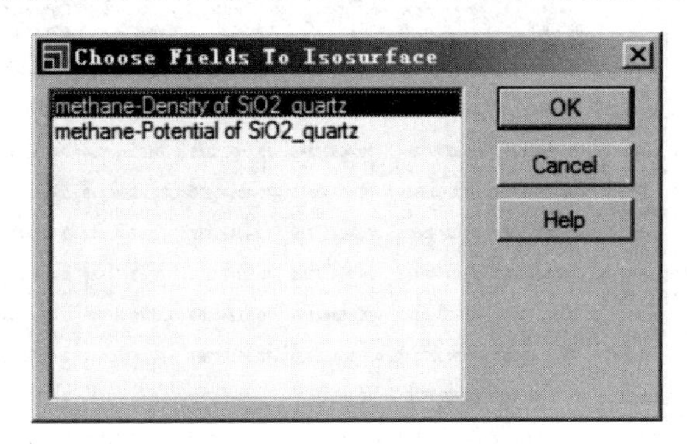

图 18.10　等值面绘制对话框

18.2　吸附构型

第一部分的计算中我们得到了 CH_4 分子在不同压力下的吸附密度分布，但并未得到其平衡吸附构型。而 Sorption 同样可以计算 CH_4 分子在一定压力下的平衡吸附构型。在 Sorption Calculation 对话框 Setup 标签页中将 Task 改为 Fixed pressure，并点击右侧 More...按钮，弹出的对话框中勾选 Return lowest energy frames 并关闭。在吸附物格子中，将 CH_4 分子 Fugacity 一栏设置为 6000kPa。其他设置保持默认，点击 Run 对 CH_4 分子在 6MPa 下的吸附构型进行计算。如图 18.11 所示。

计算完成后，结果返回到 * Sorption Fixed Pressure 文件夹中，其中 * Low energy. std 即为能量最低的 10 帧吸附构象，如图 18.12 所示。在该文件 Structure 一栏中能量最低的结构文件上单击右键，选择 Extract To Collection，在弹出的 * Low energy. xod 文件中单击右键，选择 Extract To Atomistic Documents，另存为 xsd 文件，即为能量最低的吸附构型，如图 18.13 所示。

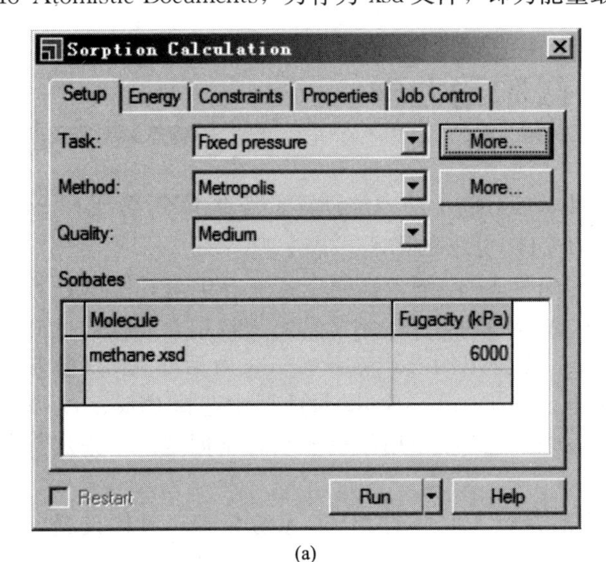

(a)

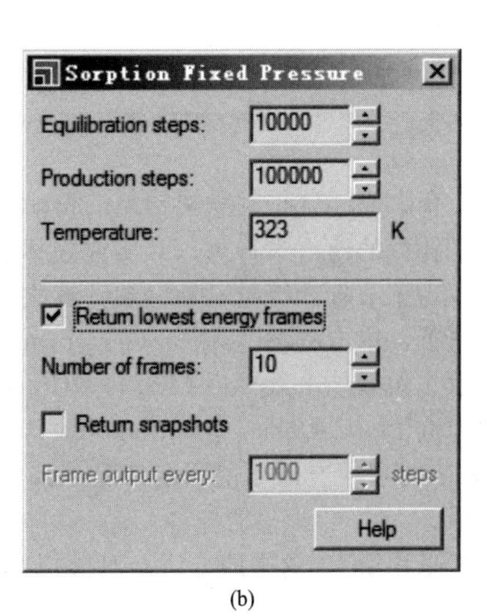

(b)

图 18.11　Sorption 计算模块设置

SiO2_quartz (2) Sorption Isotherm\Input\SiO2_quartz (2) Sorption Fixed Pressure\SiO2_

	A	B	C	D	E	F	G	H
	Structure	Grand potential	Total energy	Interaction energy	Non-bond energy	van der Waals energy	Electrostatic energy	Intramolecular energy
1	SiO2_quartz (2) Low energy - 1	-70.41563550	-54.03635508	-70.41563550	-70.41563550	-70.83434376	0.41870826	16.37928041
2	SiO2_quartz (2) Low energy - 2	-70.40936284	-54.03008242	-70.40936284	-70.40936284	-70.83321069	0.42384785	16.37928041
3	SiO2_quartz (2) Low energy - 3	-70.40923245	-54.02995204	-70.40923245	-70.40923245	-70.83312654	0.42389409	16.37928041
4	SiO2_quartz (2) Low energy - 4	-70.40543960	-54.02615919	-70.40543960	-70.40543960	-70.83640410	0.43096450	16.37928041
5	SiO2_quartz (2) Low energy - 5	-70.40413739	-54.02485698	-70.40413739	-70.40413739	-70.83548117	0.43134378	16.37928041
6	SiO2_quartz (2) Low energy - 6	-70.39477209	-54.01549168	-70.39477209	-70.39477209	-70.82174959	0.42697750	16.37928041
7	SiO2_quartz (2) Low energy - 7	-70.35244169	-53.97316127	-70.35244169	-70.35244169	-70.78331613	0.43087445	16.37928041
8	SiO2_quartz (2) Low energy - 8	-70.35155283	-53.97227241	-70.35155283	-70.35155283	-70.78359241	0.43203958	16.37928041
9	SiO2_quartz (2) Low energy - 9	-70.10655773	-53.72727731	-70.10655773	-70.10655773	-70.48928178	0.38272405	16.37928041
10	SiO2_quartz (2) Low energy - 10	-69.90526613	-53.52598571	-69.90526613	-69.90526613	-70.29118189	0.38591576	16.37928041

Sheet 1

图 18.12　MC 计算得到的 10 帧能量最低的吸附构型

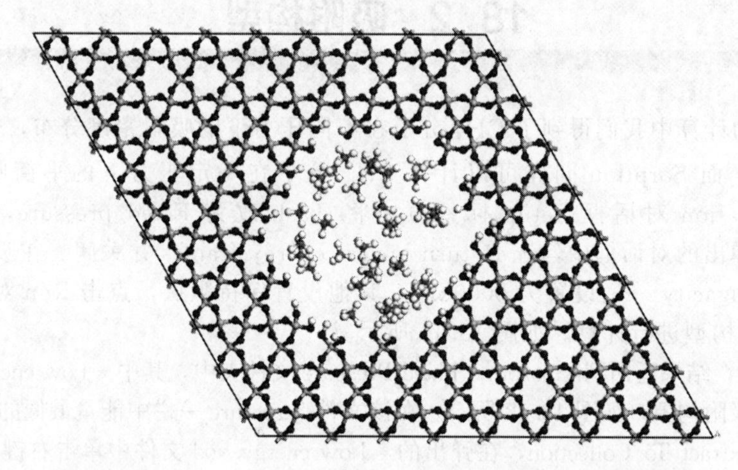

图 18.13　从 * Low energy. std 文件中导出的能量最低吸附构型

18.3　吸附动力学

在上一部分得到吸附构型的基础上，可以进行分子动力学计算，考察 CH_4 分子在 SiO_2 纳米孔内的动力学行为，并研究固体表面对 CH_4 分子的影响。

为了节省计算量，动力学计算之前我们先将 SiO_2 纳米孔固定：选择纳米孔上的任意一个原子，单击右键，选择 Select Fragment，此时整个 SiO_2 纳米孔都被选中，并被黄色高亮显示。然后单击菜单栏 Modify | Constrains，在弹出的 Edit Constrains 对话框 Atom 标签页中勾选 Fix Cartesian position 并关闭对话框。在 Display Style 对话框中选择 Color by Constrain 可以检查原子的固定情况，其中所有被固定的原子用红色显示，未固定原子采用灰色显示。

采用第 17 章中的方法，对模拟体系先后进行 100ps 的 *NVT* 系综模拟，具体设置参考图 18.14。

计算完成后，结果返回到 Disco Dynamics 文件夹，我们着重考察 SiO_2 表面对 CH_4 扩

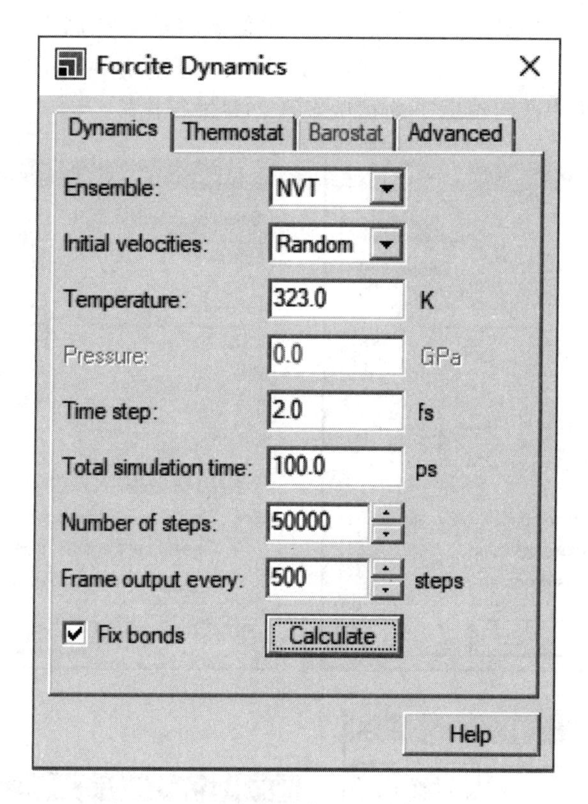

图 18.14 动力学计算对话框参数设置

散行为的影响。从图 18.9 中 CH_4 在 SiO_2 纳米孔内的密度分布可以看出，SiO_2 纳米孔表面有一层紧密吸附的分子层，通过二维码中脚本可定量计算在不同径向距离处 CH_4 分子的数密度。数密度分布曲线如图 18.15 所示。

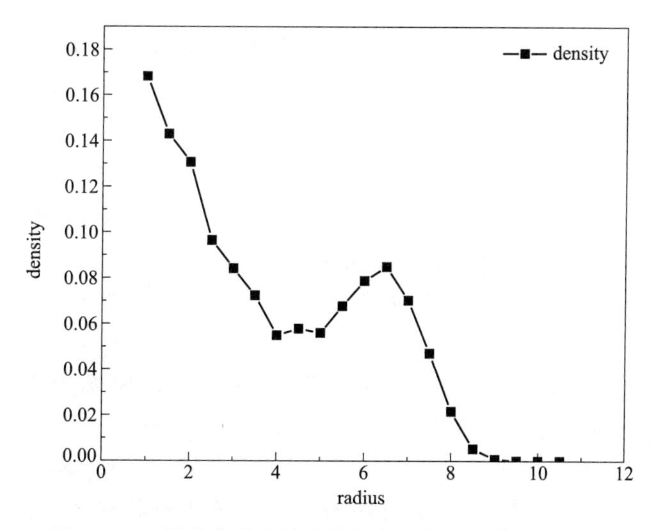

运行脚本

图 18.15 甲烷分子在纳米孔径向方向上的数密度分布

因此我们将 CH_4 分成两部分研究，分别为紧密束缚层和自由扩散层。双击打开轨迹文件，选中整个 SiO_2 纳米孔，并从菜单栏点击 Edit | Atom Selection 打开 Atom Selection 对话框，选择纳米孔周围 4Å 范围内的 C 原子［参考图 18.16(a)、(b)］，定义为一个新的原子

组，并命名为 bound［参考图 18.16(c)、(d)］；类似地将纳米孔周围 4Å 范围外的 C 原子定义为一个新的原子组，并命名为 free。然后通过 Forcite 模块的 Analysis 中的 Mean Square Displacement 工具分别计算两组原子的扩散系数，并进行比较。

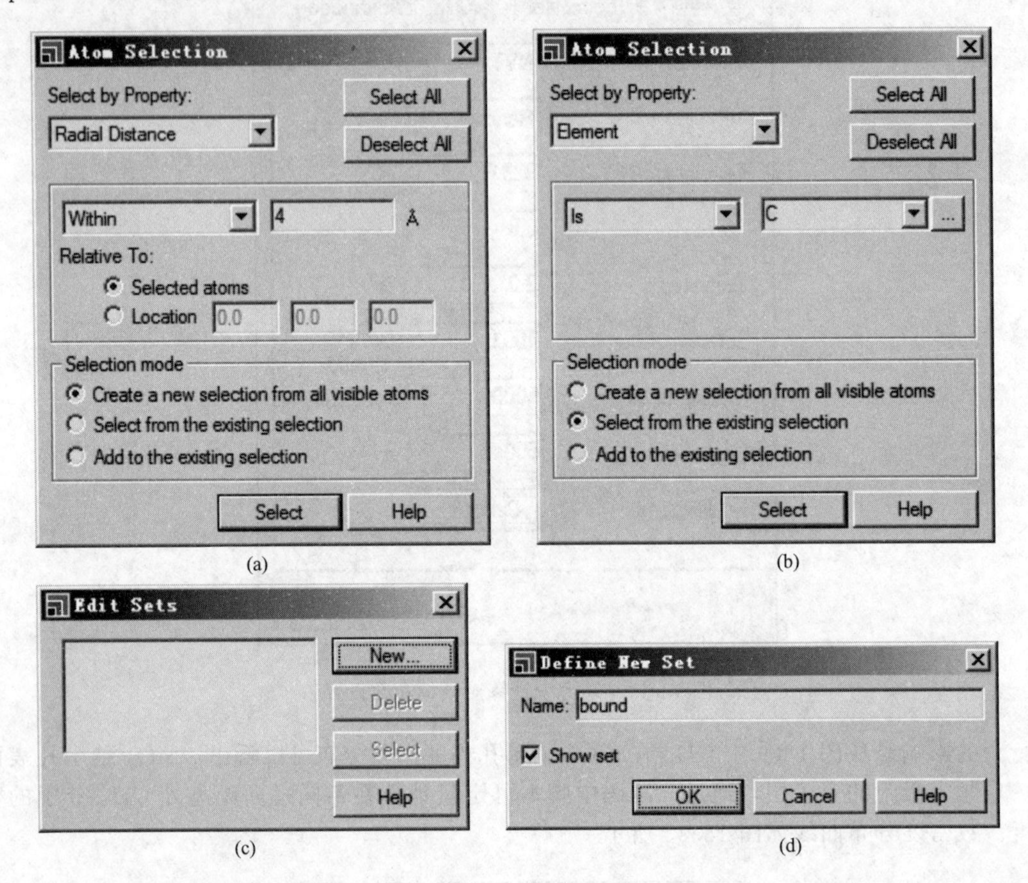

图 18.16　选择原子［(a)、(b)］及定义原子组［(c)、(d)］对话框设置

思考题

1. 试计算 CO_2 分子在 323K 下的吸附等温线，并与 CH_4 对比。

2. 采用 Langmuir 吸附等温式 $V=V_m ap/(1+ap)$ 分别对 CH_4 和 CO_2 的吸附等温线进行拟合，比较 SiO_2 纳米孔对两种物质的吸附平衡常数 a。

3. 计算 CH_4 和 CO_2 分子在纳米孔内径向密度分布，并解释为何在半径较小的位置附近密度较高？

4. 如果在第一步构建 SiO_2 纳米孔时将 SiO_2 表面裸露的 Si 原子全部用 CH_3 而非 OH 终止，CH_4 和 CO_2 的吸附等温线会有何不同，并通过计算验证。

5. 试从结构和动力学性质两方面分析 SiO_2 纳米管表面对 CH_4 或 CO_2 分子的影响。

6. 请根据蒙特卡罗方法的思想，设计一种计算分子体积的程序算法，用自然语言描述即可。

第 19 章 粗粒化及介观模拟

实验目的

人们总是希望在有限的计算资源下计算更大的体系或模拟更长的时间，由于分子动力学计算中大部分时间都消耗在了计算原子对间的非键相互作用上，因此发展出了临近列表、截断等方法节约非键相互作用的耗时。但除此以外，对于一些溶液体系，大部分时间仍然被浪费在了对于结果影响不大或我们不太关心的溶剂分子上，如对生物大分子、聚合物的模拟等。因此，为了模拟一些原子数较多但同时精度要求不高的体系，发展出了粗粒化方法和介观模拟方法，本章将分别采用两种方法对不同体系进行模拟。

实验要求

① 掌握全原子模型粗粒化的基本方法。

② 掌握双层膜构型的搭建方法。

③ 了解介观模拟的基本原理和操作。

④ 掌握几种动力学计算结果的分析方法。

19.1 生物膜的粗粒化模拟

随着计算水平的迅猛发展，分子模拟逐渐延伸到生命科学领域，其中最重要的是生物大分子的模拟，包括蛋白质、DNA、生物膜等。生物体系通常包含成千上万个原子，目前还不能用量子化学从头算方法计算，全原子分子动力学处理起来通常也较为困难，而且消耗过多的计算资源。近年来发展起来的粗粒化方法在时间和空间尺度上均超出了全原子模型，是目前一种强有力的工具。粗粒模型与实验数据或者全原子模型相比较，忽略了原子层面上的信息，但得到的信息和数据与全原子模型相比非常一致，而其运算速度却快了 5～10 倍。本节我们采用 2007 年出现的 Martini 粗粒力场对生物膜体系进行建模并进行粗粒化分子动力学模拟，同时简要介绍与生物体系相关的基本模拟方法。

(1) 磷脂分子的粗粒化

生物膜的主要成分包括磷脂、糖、蛋白质等，其中磷脂双分子层构成了生物膜的基本骨架。磷脂分子主要包括磷酸酯、甘油、脂肪酸链三部分，其种类繁多，且在不同的生物膜中分布不同。这里我们以 DPPC（dipalmitoylphosphatidylcholine）为例进行介绍。其结构式如图 19.1 所示。

图 19.1 DPPC 分子结构式

首先在 MS 中画出其原子结构，仅画出骨架原子即可，并重命名为 DPPC. xsd。按照图 19.3（a）中的方法将原子结构映射为粗粒结构：其中胆碱磷酸基团划分为两个粗粒，分别是胆碱粗粒 NC4 和磷酸粗粒 PO4，中间的甘油酯划分为两个粗粒 GLYC，每条脂肪链各划分为四个粗粒 C。具体操作如下：单击菜单栏 Build | Build Mesostructure | Coarse Grain，弹出图 19.2（a）所示对话框，点击 More... 弹出划分粗粒对话框［图 19.2（b）］，在三维原子文档中选择划归为同一粗粒的原子后点击 Create，即可创建一个粗粒。待所有原子均划分完成之后单击 Build，即可创建 DPPC 分子的粗粒化模型 DPPC CG. xsd，如图 19.3（b）所示。

读者可采用类似的方法构建水分子粗粒，但对于这种拓扑结构简单的粗粒我们亦可以直接构建。从菜单栏单击 Build | Build Mesostructure | Bead Types 打开添加 Bead Types 对话框，添加水分子的粗粒类型 W［图 19.2（d）］，并将体系中所有的粗粒质量和半径均设为 72g/mol 和 2.35Å［图 19.2（c）］。再从菜单栏单击 Build | Build Mesomolecule，在对话框中根据输入拓扑结构并点击 Build 创建粗粒模型。

(a)

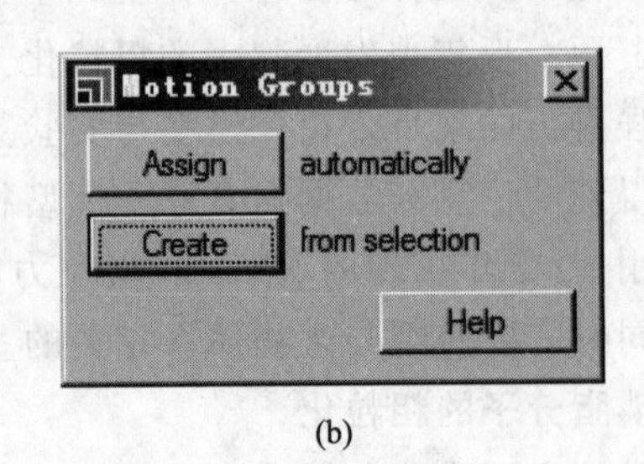

(b)

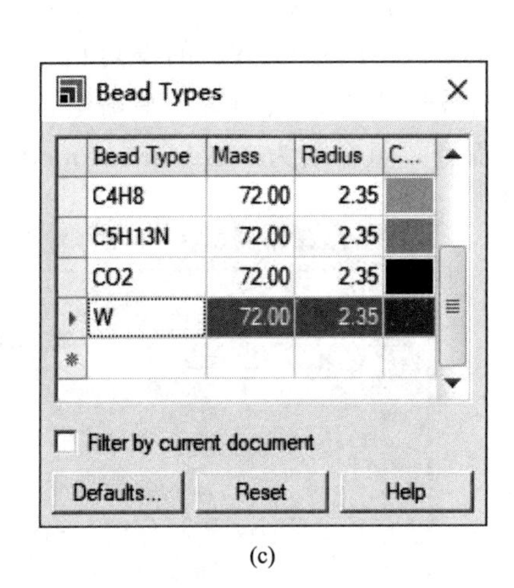

(c)

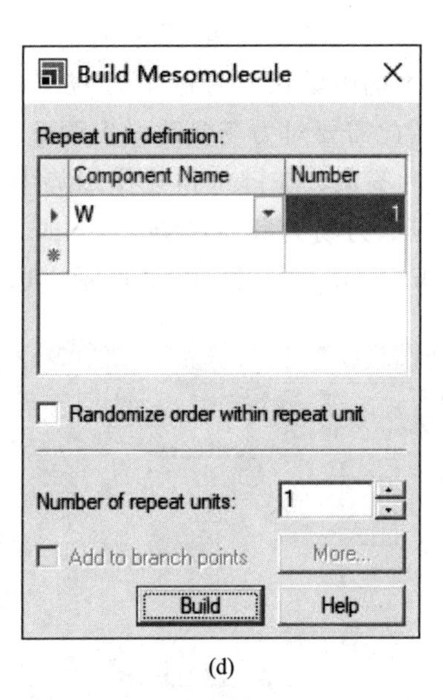

(d)

图 19.2　划分粗粒及创建粗粒分子模型对话框

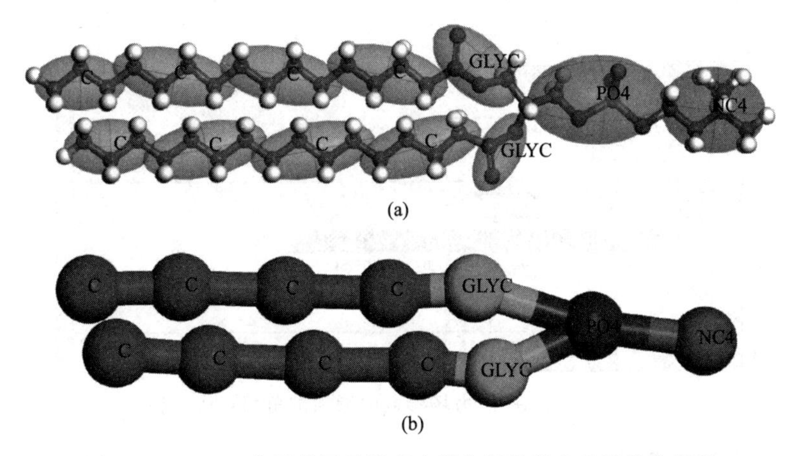

图 19.3　DPPC 分子的原子模型映射方案及相应的粗粒化模型

（2）分配力场参数

将原子模型转化为粗粒模型后，程序无法自动分配力场参数，需要手动对每个粗粒粒子分配力场类型。这里我们采用 MS 中内建的 Martini 力场，并在其基础上稍做修改。Martini 力场中主要考虑 4 种相互作用类型，即 P（Polar）、N（Nonpolar）、C（Apolar）和 Q（Charged）。每种粗粒类型还会细分为 4～5 种新的类型，使之能够更精确地代表一定原子结构所表现的化学性质，这样在 Martini 力场中共计 18 种粗粒类型。在同一大类型中或者通过氢键结合能力区分（d=donor，a=acceptor，da=both，0=none），或者通过 1～5 的数值表示极化程度（1，low polarity；5，high polarity）。单击菜单栏 Modules|Mesocite|Forcefield Manager 打开力场管理工具对话框，将 MS Martini 力场导入本项目中，如图 19.4 所示。

在性质浏览器中，依次给所有的粗粒粒子分配力场类型及力场电荷，如图 19.5 所示。其中，胆碱粗粒 NC4 力场类型为 Q0，电荷为 1.0；磷酸粗粒 PO4 力场类型为 Qa，电荷为 −1.0；甘油酯粗粒 GLYC 力场类型 Na，电荷为 0；碳链粗粒 C 力场类型 C1，电荷为 0；水分子粗粒 W 力场类型 P4，电荷为 0。

Martini 力场中默认所有键角为 180°，显然对于 DPPC 中的 GLYC- PO4-GLYC 键角是不合适的，因此需要对力场参数做出调整。双击打开力场参数文件 MS Martini. off，切换到 Interactions 标签页，在键角相互作用势中增加 GLYC- PO4-GLYC 的键角相互作用势，三个粗粒所对应的力场类型为：Na-Qa-Na，势能函数形式为余弦函数，平衡键角为 120°，键参数为 10. 8kcal/mol，如图 19. 6 所示。退出并保存，重命名为 MS Martini modified. off。

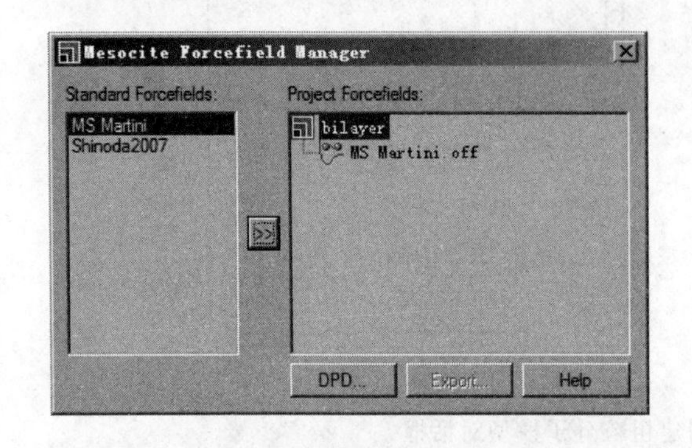

图 19.4　Mesocite 模块粗粒力场管理对话框

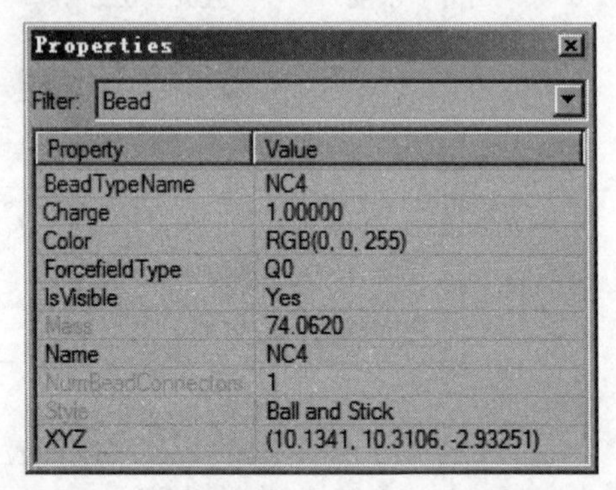

图 19.5　性质浏览器中分配力场类型及电荷

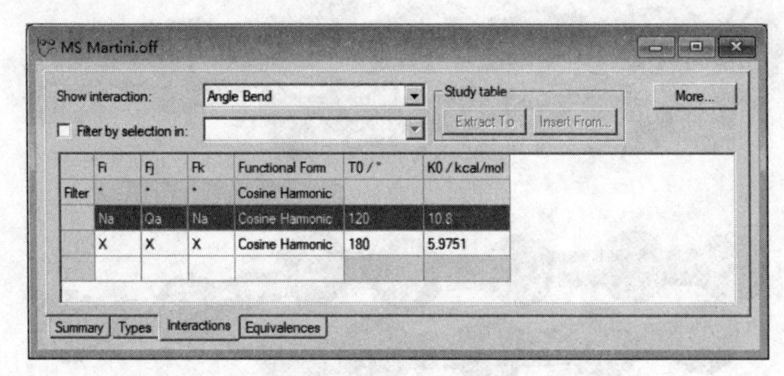

图 19.6　Martini 力场参数中增加键角相互作用势

(3) 构建磷脂双分子层

接下来我们采用介观建模工具构建磷脂双分子层结构。我们需要构建一个尺寸为 64Å×64Å×100Å 的模拟格子，其中格子中央为磷脂双分子层结构，厚度为 44Å，其余部分填充水分子。

首先构建模型的模板文件。菜单栏单击 Build|Build Mesostructure|Mesostructure Template，弹出构建介观结构模板对话框，如图 19.7（a）所示，分别输入 x、y、z 方向长度，Filler 一栏为 solvent，单击 Build；接下来在 z 方向格子中央添加 Slab 模板，厚度为 44Å，Filler 一栏为 lipid，单击 Add，如图 19.7（b）所示，所得模板文件如图 19.9（a）所示。模板构建完成之后，接下来填充相应的分子。菜单栏单击 Build|Build Mesostructure|Mesostructure，在 Build Mesostructure 对话框中分别设置 solvent 和 lipid 对应的结构文件，如图 19.8（a）所示。在 Options 标签页，取消勾选 Randomize conformations，并单击 More...，在弹出的对话框中分别确定 DPPC 的头尾原子，以便确定 DPPC 分子在双分子膜中的朝向，如图 19.8（b）所示。最后点击 Build，即可构建出厚度为 44Å 的磷脂双分子层结构，如图 19.9（b）所示。

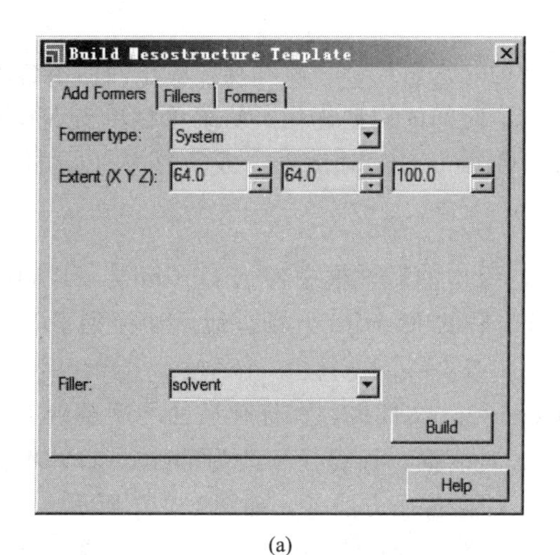

(a)

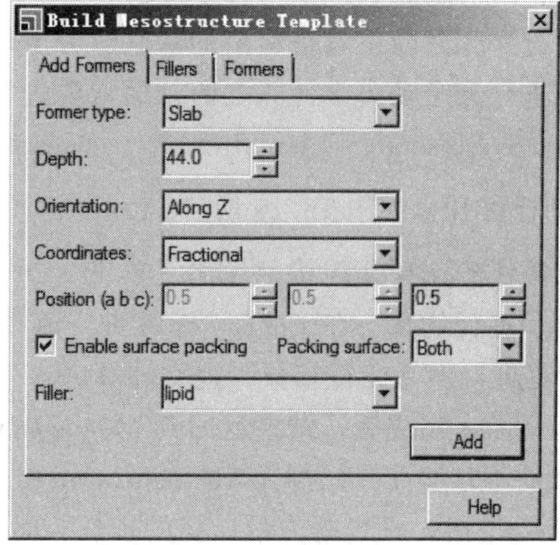

(b)

图 19.7　构建介观结构模板对话框

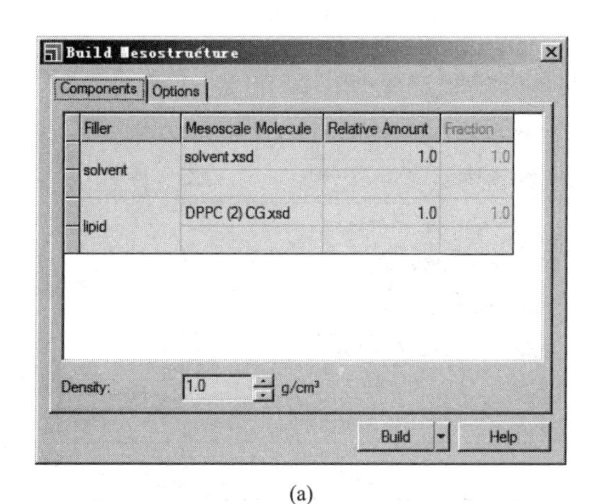

(a)

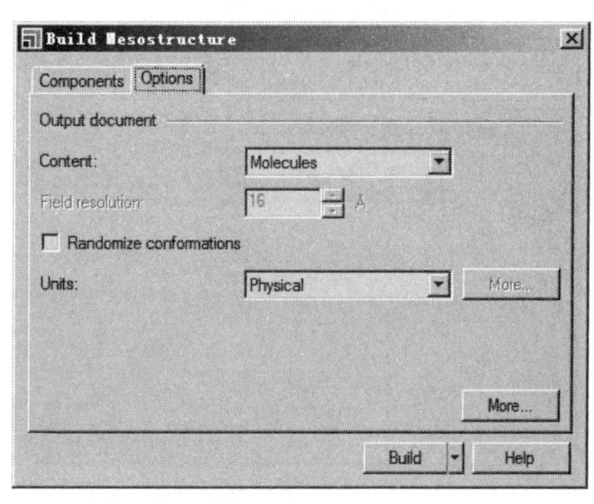

(b)

图 19.8　构建介观结构对话框

(a)

(b)

图 19.9　介观建模工具构建出的模板（a）及双分子层结构（b）

(4) 几何优化及分子动力学计算

通过介观建模工具搭建出的磷脂双分子层结构非常粗糙，一般都存在粒子间的不合理堆积，在进行分子动力学计算之前，通常要进行一定时间的构型优化。从菜单栏单击 Modules | Mesocite | Mesocite Calculation 打开 Mesocite Calculation 对话框，或直接从工具栏点击图标打开，如图 19.10 所示。

计算任务选择几何构型优化，单击 More...，弹出的对话框中勾选 Optimize cell 同时对模拟格子进行优化。在 Energy 标签页，选择修改后的 Martini 力场。最后切换到 Job Control 标签页，设置并行核数并提交计算。

构型优化完成后，结果返回到 Mesocite GeomOpt 文件夹，在优化后的构型基础上即可进行分子动力学计算。打开 Mesocite Calculation 对话框，计算任务改为 Dynamics，单击右侧 More... 按钮，设置动力学计算的步长、时间、控温控压方法等，如图 19.11 所示。在 Energy 标签页，选择修改后的 Martini 力场。最后切换到 Job Control 标签页，设置并行核数并提交计算。

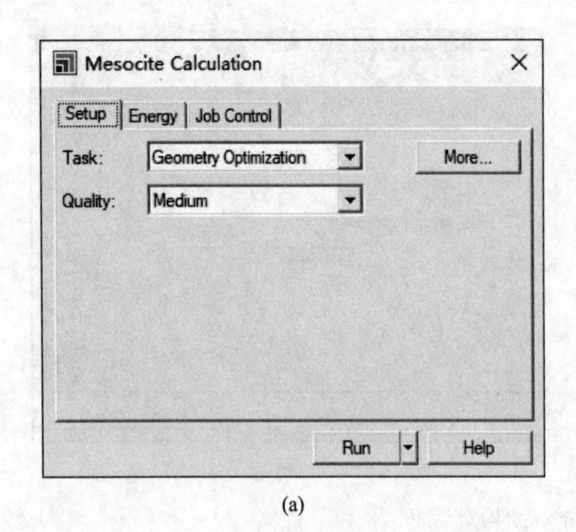

(a)

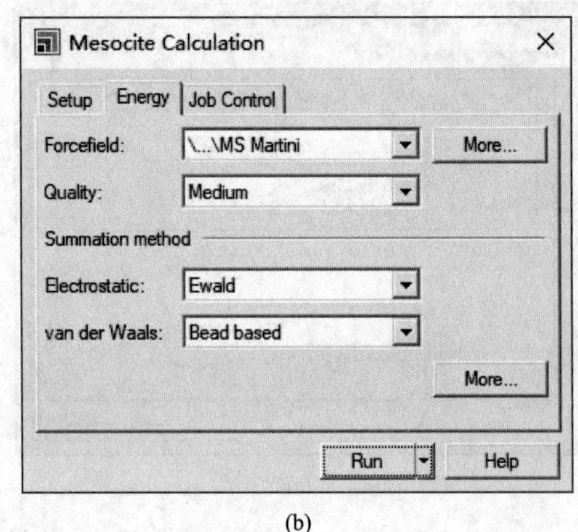

(b)

图 19.10 Mesocite Calculation 对话框几何优化设置

(5) 动力学结果分析

动力学计算完成后，结果返回到 Mesocite Dynamics 文件夹，其中 *. xtd 文件是体系的结构随时间变化的运动轨迹，通过 Animation 工具栏可以观察其动力学过程。这里我们通过 Mesocite 的分析工具对磷脂分子的单分子占据面积、磷脂双分子层的厚度，及其在不同方向上的扩散行为进行简单的分析。

① 磷脂单分子占据面积。我们对平衡后的构象计算磷脂分子的单分子占据面积，从性质浏览器中可以查看模拟格子在 x、y 方向上的尺寸以及磷脂分子的数目，这里我们近似认为两层膜上的磷脂分子数目相同。如图 19.12 所示，本例中 $S=$ (68.2×69.1) /80=58.9Å^2。

② 磷脂双分子层的厚度。通过计算胆碱粗粒（NC4）在 z 方向上的密度分布可以近似地估算磷脂双分子层的厚度。首先将所有的 NC4 粗粒编入粗粒组。按住 Alt 键双击任一 NC4 粗粒，此时所有的名为 NC4 的粗粒均被选中，呈黄色高亮显示，然后单击菜单栏 Edit | Edit Sets，在弹出的 Edit Sets 对话框中单击 New，将该粗粒组命名为 All _ NC4（图 19.13)。接下来打开 Mesocite Analysis 对话框，性质选择 Concentration profile，取平衡后

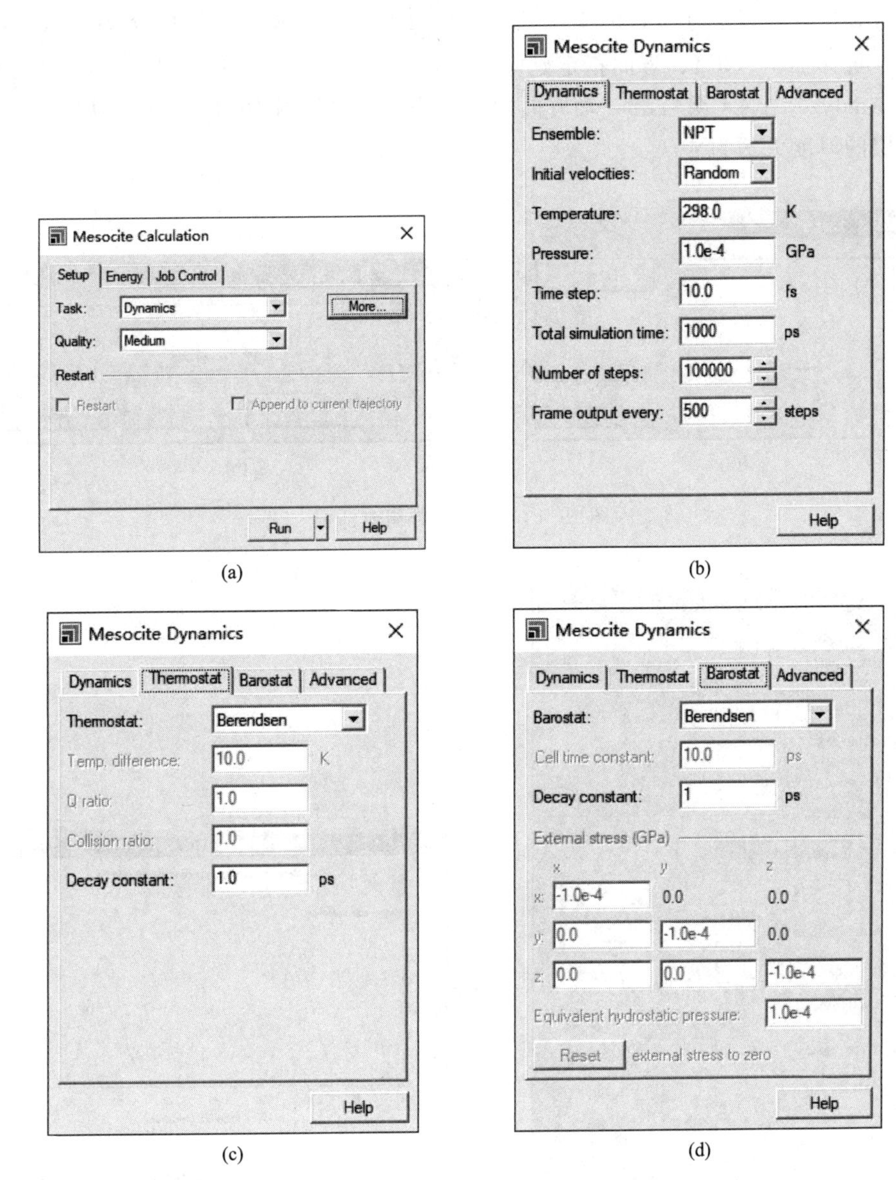

图 19.11　Mesocite Calculation 对话框动力学计算设置

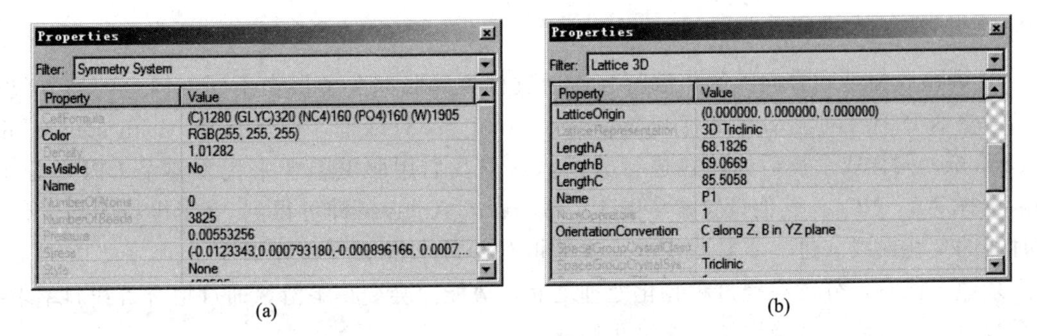

图 19.12　性质浏览器中查看分子数和格子大小

的轨迹进行分析，即点开 Trajectory 一栏后面 ... 按钮，输入平衡后的轨迹帧数，如“50-100”；Sets 选择 All_NC4；方向指定延 z 轴方向，即（0 0 1），其他设置如图 19.14 所示，最后点击 Analyze，NC4 粗粒沿 z 轴方向的密度分布曲线如图 19.15 所示，从中可以看出磷脂双分子层的厚度大约为 40Å。

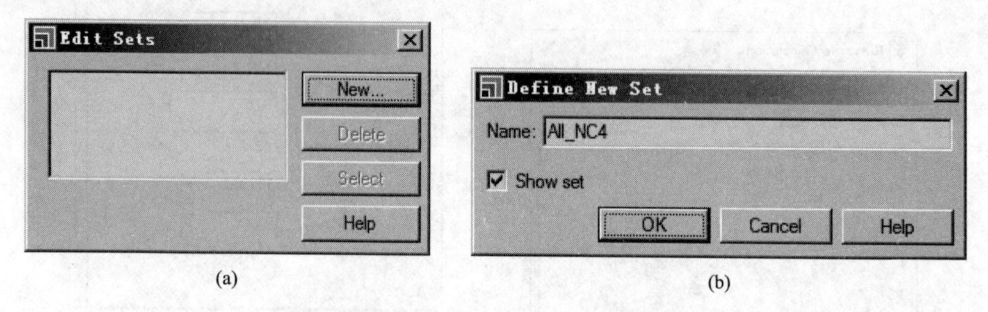

图 19.13　定义粗粒组对话框

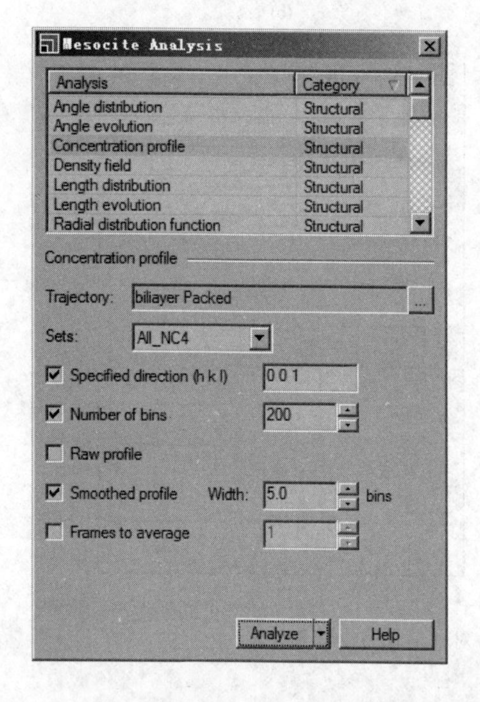

图 19.14　Mesocite 分析 Concentration profile 的设置

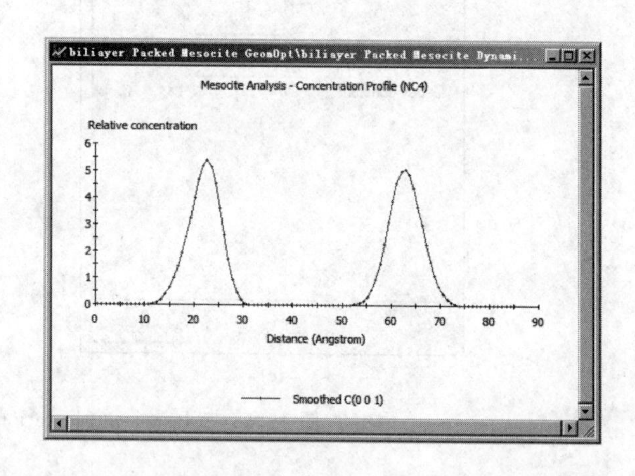

图 19.15　胆碱粗粒在 z 方向的密度分布图

③ 磷脂膜在不同方向上的扩散行为。通过计算磷脂双分子层在不同方向上的均方位移可以考察双分子层的流动性。打开 Mesocite Analysis 对话框，性质选择 Mean square displacement，同样取平衡后的轨迹进行分析，这里我们用胆碱粗粒来代表整个 DPPC 分子，Sets 选择 All_NC4，其他设置参考图 19.16，点击 Analyze 即可得到 NC4 粗粒的均方位移随时间的变化曲线。进一步对曲线进行线性拟合即可求得 DPPC 分别在 x、y、z 方向上的扩散系数。注意，分子在经过粗粒化处理之后，势能面会变得平滑，通过拟合直线斜率求扩散系数时通常要除以转换因子，这里我们取 4。

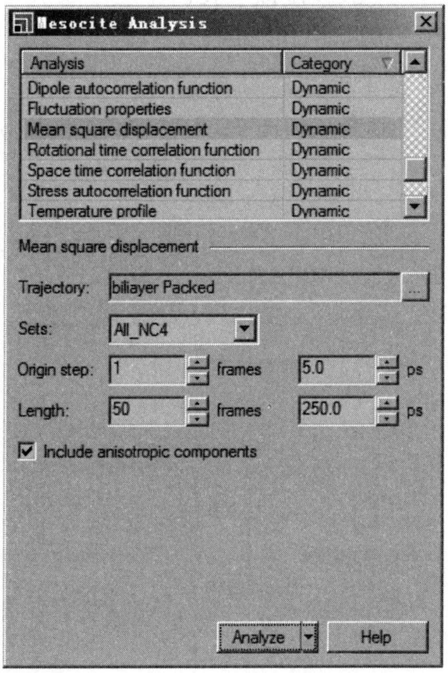

图 19.16　Mesocite 分析均方位移的设置

19.2　DPD 方法模拟表面活性剂在溶液中的聚集行为

在一定浓度下，表面活性剂在溶液中能够自发聚集形成胶束，并具有与液体相似的内核。通常，当表面活性剂的浓度增加到大于 10 倍的临界胶束浓度（CMC）时，形成的胶束呈棒状或虫状（wormlike），虫状胶束具有一定的柔韧性。随着浓度的继续增大，棒状胶束变成六角状相，最终形成层状结构。表面活性剂的这些聚集状态赋予体系许多独特的性质和重要的工业应用，因而引起实验和理论化学家的兴趣。但表面活性剂溶液体系通常涉及较多的原子，而且很多行为通常在较大的时间尺度上发生，为了能够深入地研究其性质，通常采用介观模拟的方法。介观模拟方法既允许在较大的时间步长和空间尺度下进行模拟，又可把快速的分子动力学与宏观性质的热力学弛豫连接起来，可以研究实验上难以观测到的动力学行为。

(1) 模型构建

我们首先定义模拟体系的粗粒（或者是珠子）：表面活性剂分子 SAA 的拓扑结构可以用 H1T1 表示，水分子 Water 以 W1 表示，也就是说在此体系中包含两种分子 SAA 和 Water，其中前者的结构中包括两种类型的珠子，H 和 T 各一个，而后者只包括一个珠子 W。其中，W、H、T 分别代表水、表面活性剂的头基和尾基。从工具栏打开 Build|Build Mesostructure|Bead Types 对话框添

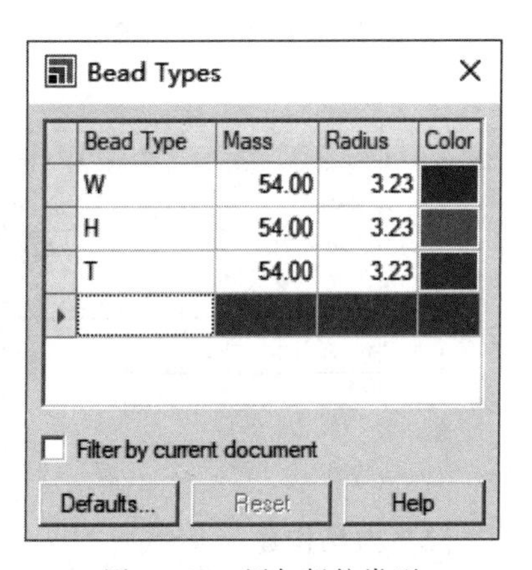

图 19.17　添加粗粒类型

加三种类型的珠子，如图 19.17 所示。模拟中我们将三个水分子用一个珠子来表示，并认为体系中所有珠子的质量和半径均相同。

然后根据表面活性剂和水分子的拓扑结构构建介观模型，从工具栏打开 Build|Build Mesostructure|Mesomolecule 对话框，如图 19.18 所示，点击 Build 即可生成水分子和表面活性剂分子的介观模型。

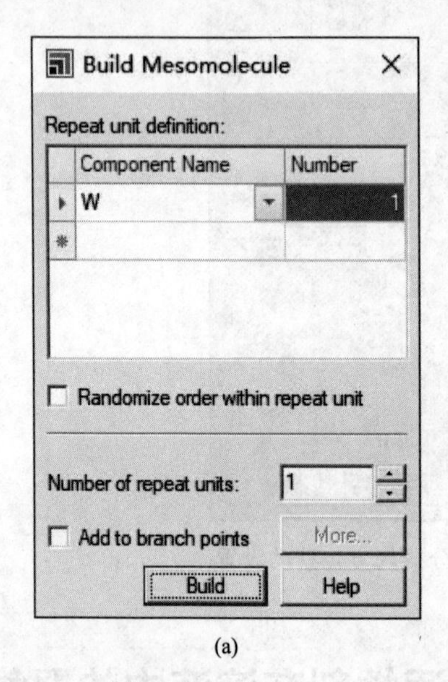

(a)

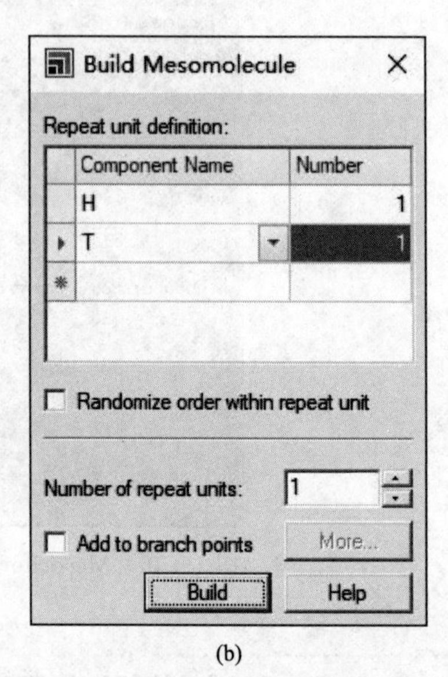

(b)

图 19.18 构建水（a）和表面活性剂（b）的介观分子模型

下一步是设定研究体系，包括格子大小、体系浓度等，通过 Build|Build Mesostructure|Mesostructure Template 构建大小为 100×100×100 的立方格子，然后通过 Build|Build Mesostructure|Mesostructure 填充一定比例的表面活性剂和水，点击 Build 生成模拟的初始构型，如图 19.19 所示。

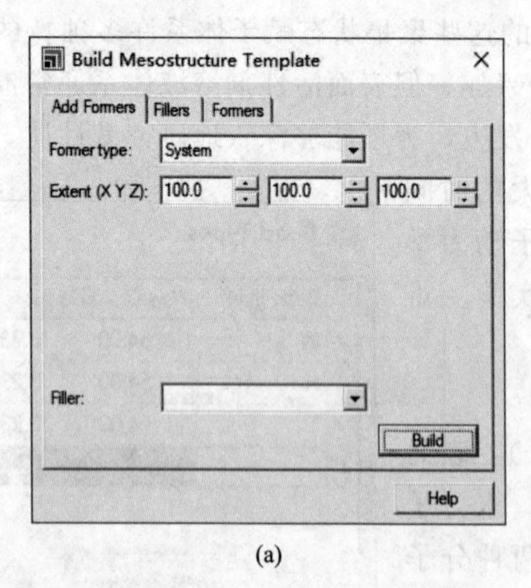

(a)

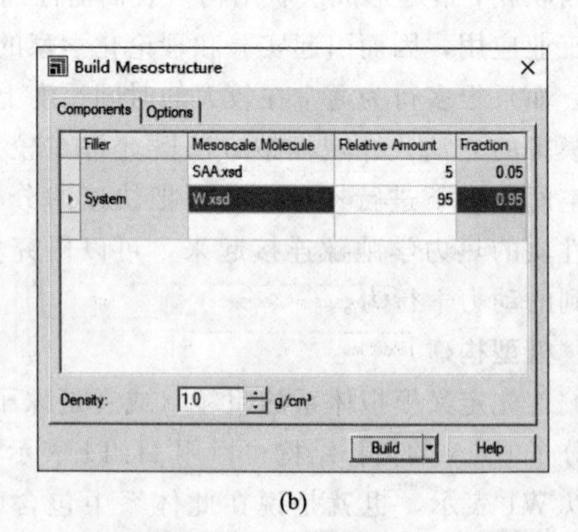

(b)

图 19.19 构建模拟体系

（2）力场构建

构建完初始模型之后，DPD 模拟中最重要的是相互作用参数，表面活性剂的头和尾与水分子之间的相互作用有所不同，因而相互作用参数也不同。根据文献，如果粒子的密度

$\rho=3$（DPD 单位），水分子之间的相互作用参数设定为 $a_{ww}=25kT$，而表面活性剂的头和尾与水分子之间的相互作用参数为 a_{ij}，并通过 $\chi_{ij}=0.306(a_{ij}-25)$ 可转化为 Flory-Huggins 参数。从工具栏 Modules|Mesocite|Forcefield Manager 力场管理工具中单击 DPD 打开创建 DPD 力场对话框，点击 Type 自动创建包含体系所有粗粒的相互作用矩阵，具体设置详见图 19.20。其中 Repulsions 为 DPD 主要的相互作用参数，Repulsions 矩阵定义了在 Species 上的各种粗粒间的互相作用，其值越大，表示排斥力越大。弹性常数（Spring constant）表示珠子之间的柔性程度，程序中默认的数值为 4.0。确保长度为 6.46Å 和质量为 54amu（$1amu=1.66\times10^{-24}g$），最后点击 Create 创建 DPD 力场。

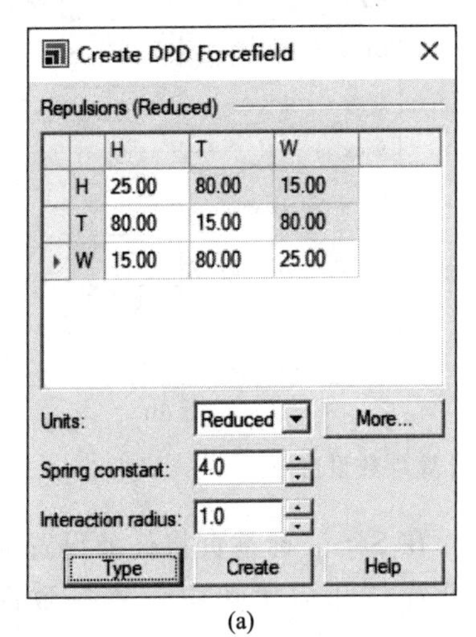

(a)

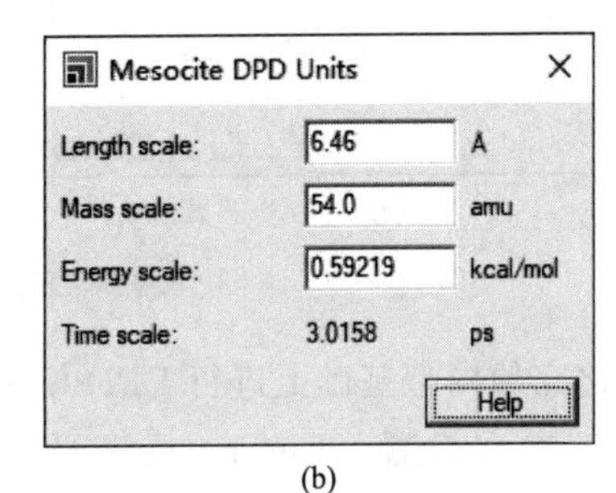

(b)

图 19.20　DPD 力场参数设置

(3) 几何优化与 DPD 计算

通过 Modules|Mesocite|Calculation 打开模拟参数设置对话框，确保 Energy 标签页力场为上一步生成的力场文件，同时将非键相互作用的截断距离设置为 6.46，如图 19.21（a）、（b）所示。在 Setup 标签页将任务设置为 Geometry Optimization 进行几何优化。

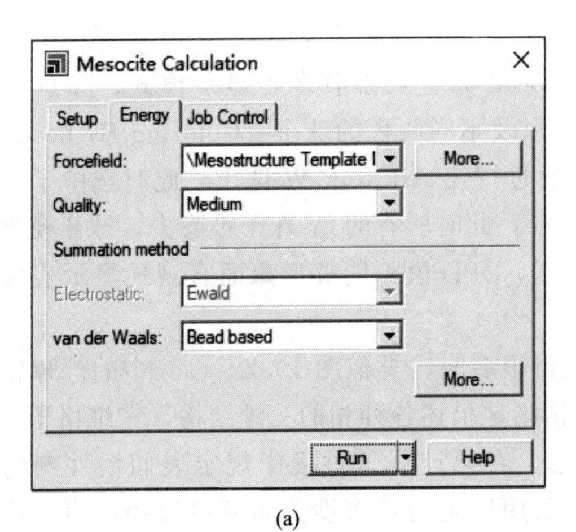

(a)

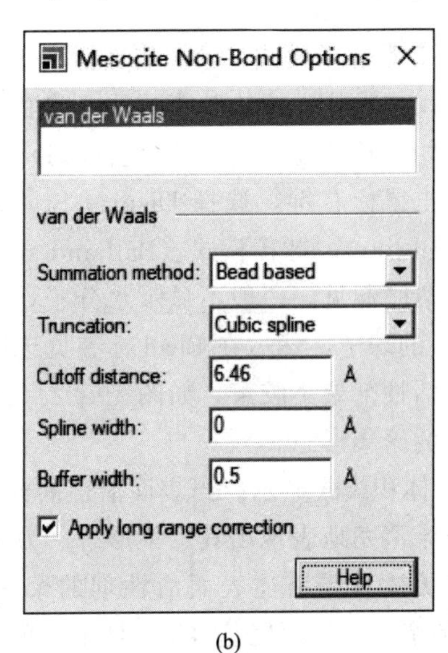

(b)

图 19.21

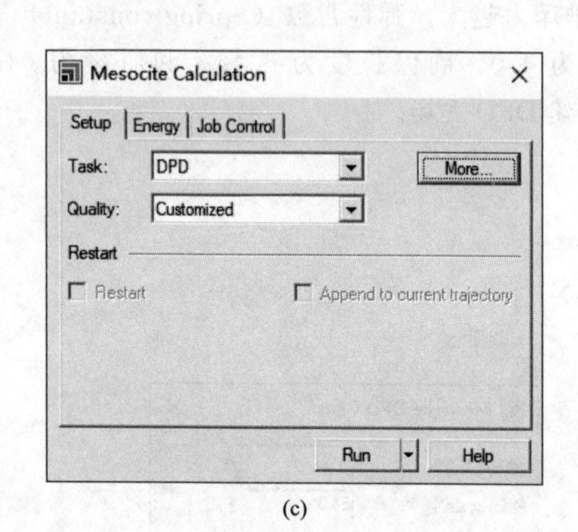

(c)

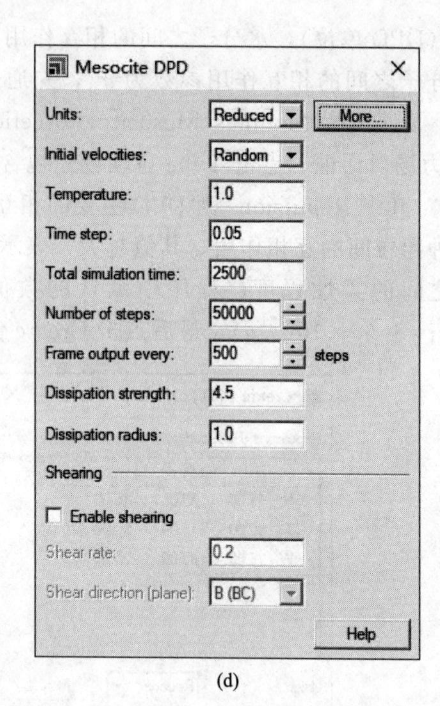

(d)

图 19.21 DPD 计算参数设置

然后在优化完的构型基础上进行 DPD 模拟，在 Setup 标签页将任务设置为 DPD，点击 More... 进行详细参数设置，Energy 标签页的设置与几何优化中设置一致即可，详见图 19.21 (c)、(d)。

(4) 模拟结果分析

模拟结束后，所有结果都会保存在 * Mesocite DPD 文件夹内。其中 * . xtd 是模拟过程的轨迹文件，可以通过 Animation 工具查看表面活性剂的聚集过程。Temperature. xcd 和 Energies. xcd 分别显示了模拟过程中的瞬时温度和能量，可以用来判断模拟是否达到平衡。

① 图形显示

a. 介观分子模式显示。表面活性剂分子的双亲性质使其能够在水溶液中形成不同的聚集形态，如球状、棒状胶束或更复杂的聚集形态：立方相（包含胶束或反胶束的立方状）、六角状相（长圆柱形胶束的紧密排列）和层状相（包含表面活性剂分子的片状结构）。

点击鼠标右键，选择 Display Style，在 Bead 标签页中有多种显示模式，如点线模式 (Dot and line)、球棒模式（Ball and stick)，以及不同颜色的珠子（Coloring By bead type）等。为清晰起见，一般不显示水分子，可以通过按住 Alt 双击 W 珠子，此时选中了所有类型为 W 的珠子，然后在 Bead 标签页选择 None，此时所有的 W 珠子被隐去。球棒模型表示的表面活性剂聚集胶束，如图 19.22 (a) 所示，DPD 模拟能够形象而直观地显示表面活性剂分子的聚集形态。

b. 体积模式显示。当表面活性剂分子数目很多时，类似图 19.22 (a) 中的球棒输出方式将很难清楚地表现出其聚集形态。为了更清晰地描述各种相的三维结构，三维格子中的等密度图更能具体描述表面活性剂的聚集形态。在设计分子过程中规定表面活性剂的头基 (H) 是亲水的，而尾基 (T) 是亲油的。所以用尾基的等密度分布就可以描绘表面活性剂分子在溶液中的聚集形态和变化过程。

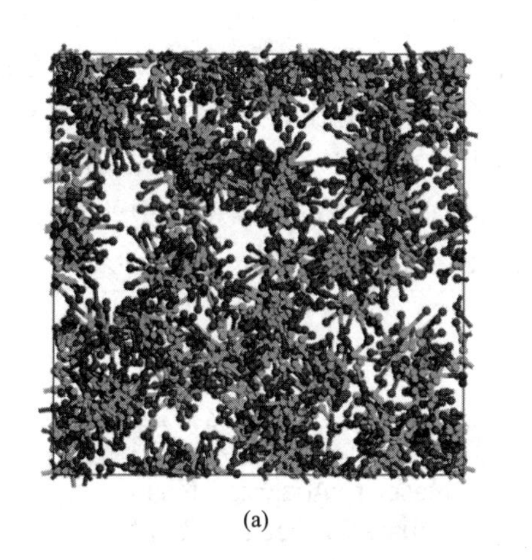

(a)

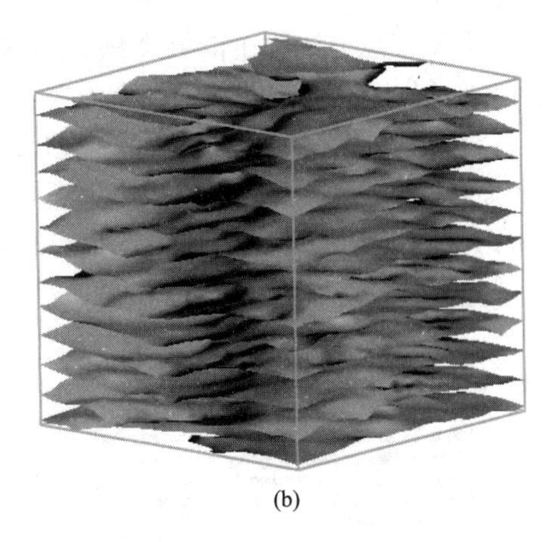

(b)

图 19.22　表面活性剂溶液聚集体系介观分子模式（a）和体积显示模式（b）

右击鼠标，从菜单中选择 Display Style，在 Bead 标签页显示方式选择 None，此时所有珠子和键不显示。然后在 Mesocite | Analysis 功能中，选择 Density field，创建体系的密度场，此时会同时显示 H、T、W 三种珠子的密度等值面图，单击工具栏 Volumetric Selection 图标，在弹出的对话框中仅保留 T 型珠子的等值面，如图 19.23 所示。

图 19.22（b）是以疏水尾基（珠子 T）密度场等值面显示的层状相，它们显示了表面活性剂在水溶液中的聚集形态，从而让我们能够清楚地看到表面活性剂分子在水溶液中的聚集行为。

Mesocite Analysis

Analysis	Category
Angle evolution	Structural
Concentration profile	Structural
Density field	Structural
Length distribution	Structural
Length evolution	Structural
Radial distribution function	Structural
Radius of gyration	Structural

Density field

Structure: Mesostructure Template Packed

Sets:

Bin width: 4.0 A

☑ Smoothed field

Width: 3.0 bins 12.0 A

☑ Create fields by: Bead Type

☑ Create isosurfaces

☐ Exclude analyzed objects in output

Analyze　Help

(a)

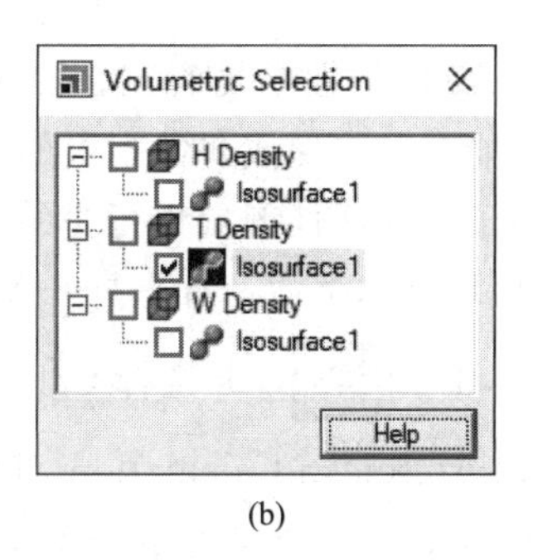

(b)

图 19.23　DPD 密度场计算及等值面设置对话框

② 扩散性质

DPD动力学模拟方法除了能够提供直观的图形结果以外，还能提供与普通的全原子分子动力学相同的分析方法。以扩散性质为例，水分子和表面活性剂分子在溶液中都有扩散行为，扩散系数的大小代表了它们在系统中的迁移能力。在DPD模拟中，可以通过扩散强弱来描述表面活性剂分子在溶液中的聚集形态。通过 Mesocite|Analysis 功能中的 Mean square displacement 来计算不同珠子的扩散系数，如图19.24所示。

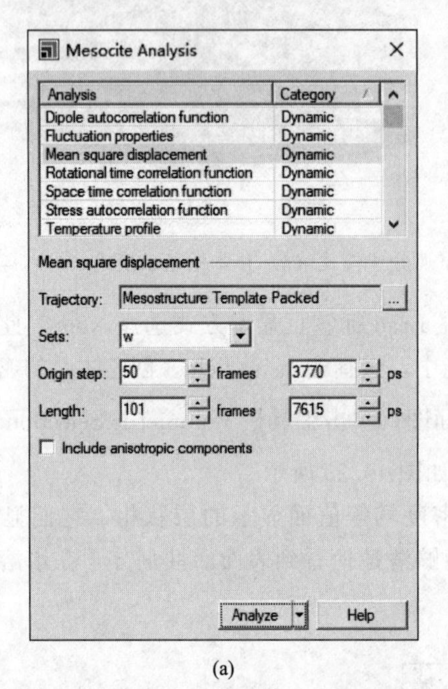

(a)

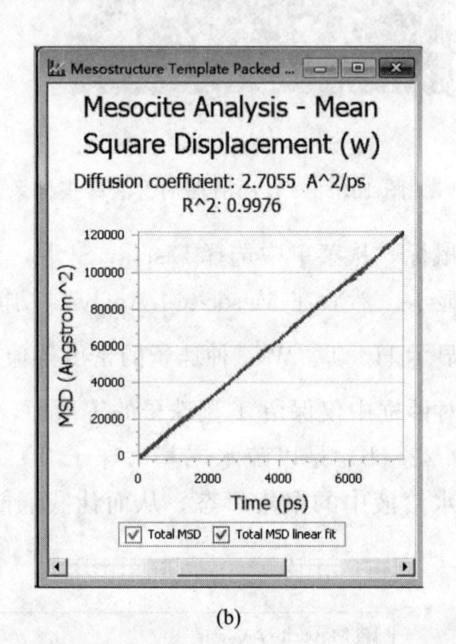

(b)

图19.24 DPD均方位移及扩散系数计算

19.3 MesoDyn方法模拟嵌段共聚物的相行为

由交替的聚氧乙烯（PEO）和聚氧丙烯（PPO）链段构成的双亲三嵌段共聚物聚 PEO-PPO-PEO（Pluronic）在选择性溶剂中具有丰富的相行为。其分子式可以表示成 $(EO)_n(PO)_m(EO)_n$，其中 n 和 m 分别代表 EO 和 PO 单元的数目。水对其来说是一种选择性溶剂，即水对于 PEO 嵌段是良溶剂，而对于 PPO 嵌段是不良溶剂。因此当这种双亲分子溶解在水中时，能自组装形成非常丰富的微观结构。利用 MesoDyn 模拟方法可以探讨不同环境因素对高分子表面活性剂聚集行为的影响。

与DPD模块基本类似，首先打开 MesoDyn Calculation 对话框设置计算参数。从工具栏选择 MesoDyn 工具 [icon]，并选择 Calculation，或者从 Modules 菜单中选择 MesoDyn|Calculation，弹出 MesoDyn Calculation 对话框，如图19.25（a）所示。

切换到 Species 标签页，该部分允许自定义介观分子类型和珠子类型。将分子名称、拓扑结构改成如图19.25（b）所示：首先定义珠子类型，A、B、W；然后设置介观分子的拓扑结构，其中 Triblock 三嵌段共聚物包括珠子 A 和珠子 B，其拓扑结构为 A 4 B 9 A 4，水分

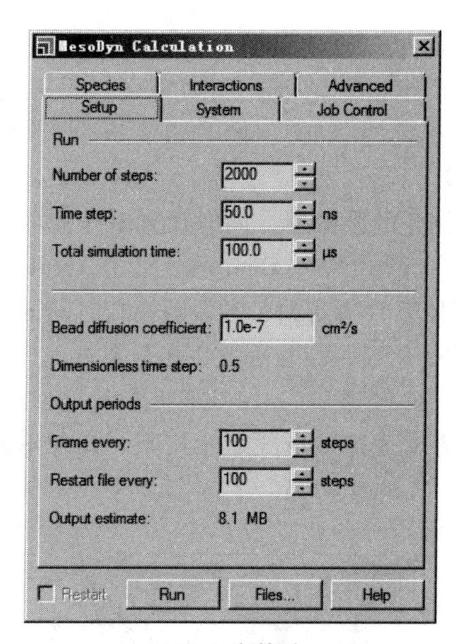

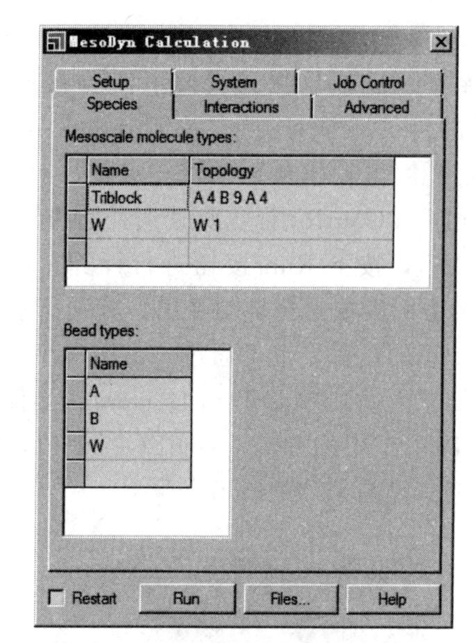

(a) Setup标签页　　(b) Species标签页

图 19.25　MesoDyn 模块对话框

子包含珠子 W，拓扑结构为 W 1。

切换到 Interactions 标签页，在这里定义珠子之间的相互作用。在 Repulsions 面板里将珠子间的相互作用设成如图 19.26（a）所示，其中非对角元大于零才会导致相分离过程的发生。相互作用矩阵是对称的，所以我们只需要设置下三角矩阵区域的参数。

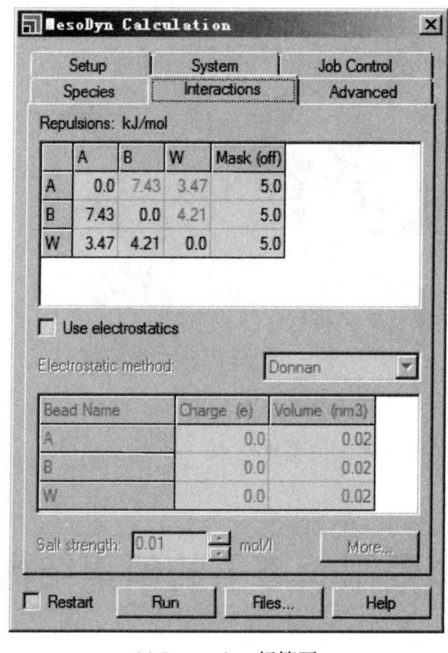

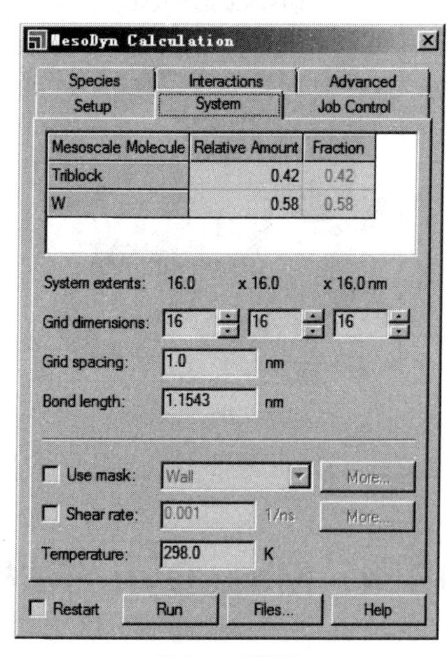

(a) Interactions标签页　　(b) System标签页

图 19.26　MesoDyn 模块对话框

切换到 System 标签页［图 19.26（b）］，在 System 面板里可以指定各介观分子的浓度、格子尺寸和其他外部变量。将 Triblock 和 Water 的分数分别设置为 0.42 和 0.58，格子大小为 16nm×16nm×16nm，其他设置按程序默认即可。

切换到 Setup 标签页，我们不需要太长的模拟过程，因此动力学可以设置为只进行 2000 个时间步长，即 100μs。将 Number of Steps 改为 2000，将 Frame every 改为 100 步（模拟将会产生 20 帧构象），如图 19.25（a）所示。

切换到 Job Control 标签页，选择运行计算任务的服务器，同时设置对作业的描述。一切设置妥当后，按下 Run 按钮进行计算。计算过程中 Free Energy. xcd 和 Order Parameters. xsd 两个图表视窗会自动弹出，分别显示了体系自由能和序参数随模拟时间的变化，可用来监控计算的过程，也可通过自由能和序参数变化来判断是否发生相分离过程。计算全部结束后，结果返回到 MesoDyn Dynamics 文件夹中，其中 *. mtd 文件是轨迹文件。

采用 19.2 节中的方法，将 PEO 或 PPO 用等密度面的形式显示出来，几种不同浓度下的聚集构型应如图 19.27 所示。

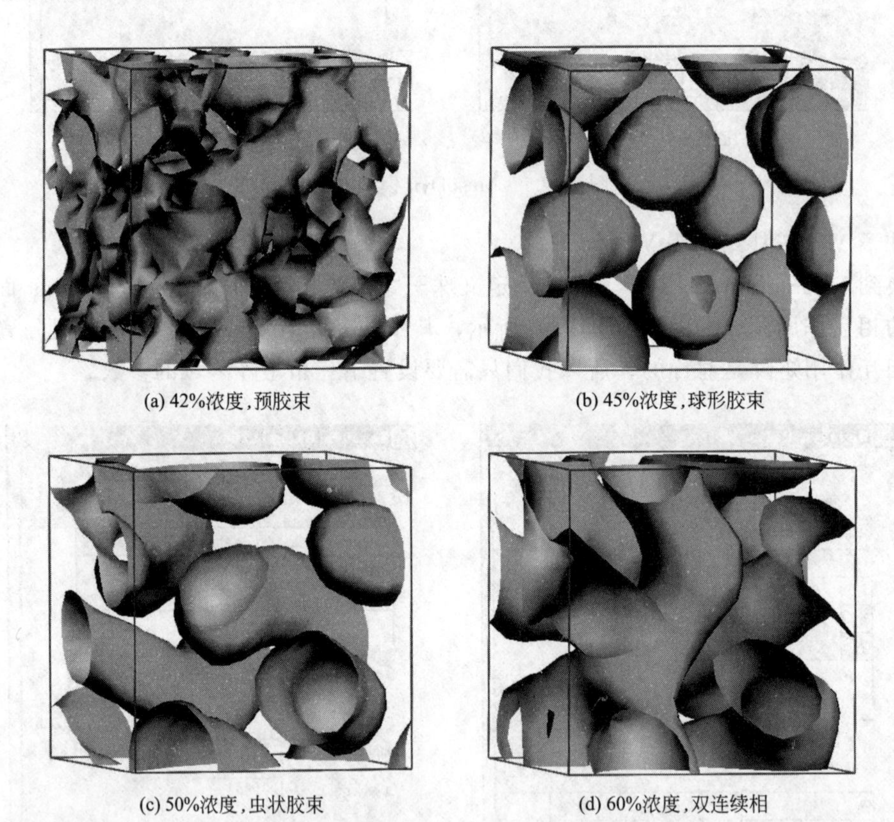

(a) 42%浓度，预胶束　(b) 45%浓度，球形胶束

(c) 50%浓度，虫状胶束　(d) 60%浓度，双连续相

图 19.27　室温下 PEO-PPO-PEO 体系的聚集结构

19.4　MesoDyn 方法模拟受限状态下的聚集结构

嵌段共聚物体系在受限状态下的自组装过程，受施限体的空间尺寸、界面吸引作用等方面的影响，表现出与本体溶液不同的相行为。在介观尺度下展示这些受限状态下的聚集结构，不仅有助于深入探讨嵌段共聚物形成不同相行为的本质，更为预测实验结果提供良好的理论指导作用。（该项工作参考文献 *Colloids and Surfaces A*，2011，14，212-218。）

(1) 体系设置

创建 Pluronic 文件夹，在文件下打开 MesoDyn Calculation 对话框，其中 Setup 标签页和 Species 标签页设置参考上一节图 19.25 所示，其中聚合物设置成 A 15 B 15。

在 Interactions 标签页，定义珠子之间的相互作用。在 Repulsions 面板里将珠子间（A、B 和 W）的相互作用设置成如图 19.26 所示。其中 A 与 mask 之间为吸引作用，参数为 0kJ/mol，B 和 W 与 mask 之间的为排斥作用，参数设为 10kJ/mol。

在 System 标签页，介观粒子的浓度设置为 0.85［如图 19.28（a）所示］。

(2) 构建约束模板

在 System 标签页中，选择 Use mask 对话框［如图 19.28（a）所示］，点击下面的 Files... 对话框，选择 Save Files［图 19.28（b）］。即可在 Pluronic 文件夹下形成运行文件，其中包括 *.mask 文件。

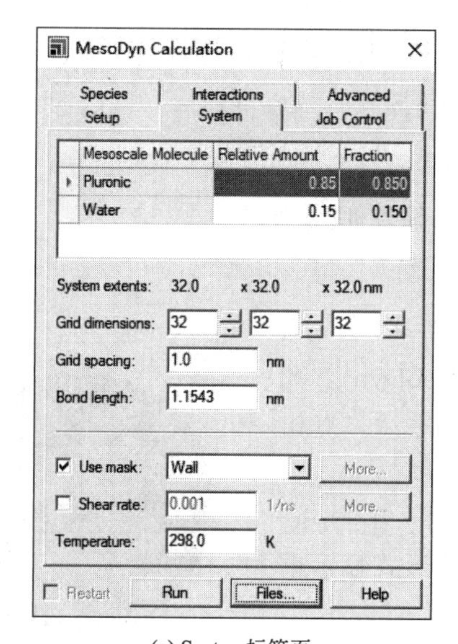

(a) System标签页

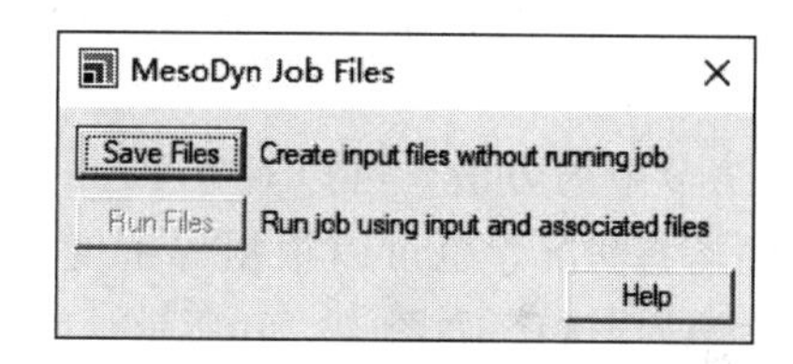

(b) Files标签页

图 19.28 MesoDyn 模块对话框

退出 MS，找寻文件路径进入 Pluronic 文件夹（此文件夹的储存位置），用记事本打开 *.mask.MesoDyn_ascii 文件，所列内容为数据 1 或 0。由于先期设置格子大小为 32×32×32 格子，在记事本中会有 32 个正方形数字矩阵，每个数字矩阵大小为 32×32。其中的 1 代表格子中可入粒子位置，0 表示非可入粒子位置。可以根据模拟需要，设置约束模板，即修改每个数字矩阵中不同位置处的 1、0（如图 19.29 所示）。

本实验选择球壳约束模板。由于 Materials Studio 中默认提供的模板有限，我们通过编写脚本来手动实现，即按照球形规则在 32 个正方形数字矩阵中，球壳内设置 1，球壳外设置为 0。读者可由二维码中 Perl 脚本自动生成半径为 6～15 的球壳数字矩阵，取代 MesoDyn 模块自动输出的数字矩阵，点击储存。（本模拟实验中其他约束模板可自行编辑，采用上述方式替换。）

运行脚本

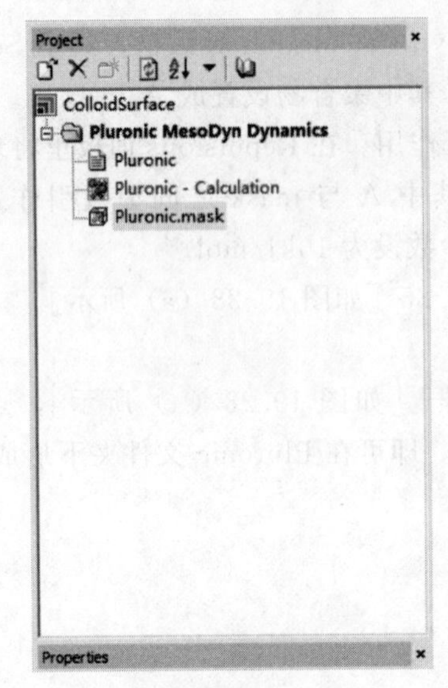

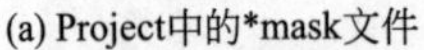
(a) Project中的*mask文件

(b) 记事本打开的*mask文件

图 19.29　mask 文件进入路径和显示方式

(3) 运行受限状态下的自组装行为

点击 Pluronic 文件夹，激活文字版输入文件 Pluronic，即后缀 *. MesoDyn _ par 文件（Input file for MesoDyn），此时 MesoDyn Job Files 对话框中的 Run Files 被激活，点击 Run Files 运行即可。

采用 19.3 节中的方法，可以观察 Free energy 和 Order Parameters 的运行状况，也可以根据等密度面的形式显示前段共聚物聚集结构形貌，如图 19.30 所示。

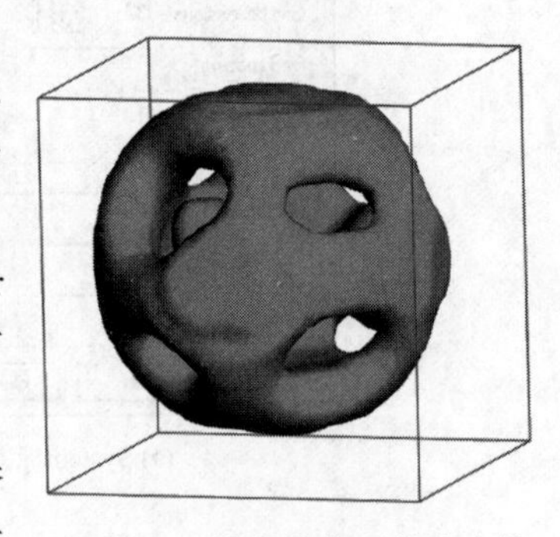

图 19.30　核壳结构下的聚合物聚集结构（$\Delta d=9$，$c=0.85$）

在本实验中，读者可设置不同浓度、修改与约束模板参数以表示模板的亲水亲油性质等。在不同浓度、相互作用参数下，嵌段共聚物会出现不同的聚集行为。

读者还可以根据自己的需要，自行设置约束模板，如碳纳米管形、螺旋形等，以讨论不同的聚合物在约束模板下的聚集行为，以期待与实验相结合。

思考题

1. 查阅文献，举例说明其他粗粒模型（粗粒力场），并比较之。
2. 试计算胆碱粗粒-水分子粗粒间的径向分布函数 RDF。
3. DPC 分子（dodecylphosphocholine）在溶液中能聚集成球形胶束，采用本章介绍的方法，将 DPC 分子转化为粗粒模型，并在 70Å×70Å×70Å 的立方格子中放置一个半径为 20Å 的球形胶束，进行粗粒化动力学模拟，并分析平衡后球形胶束的半径、聚集数。

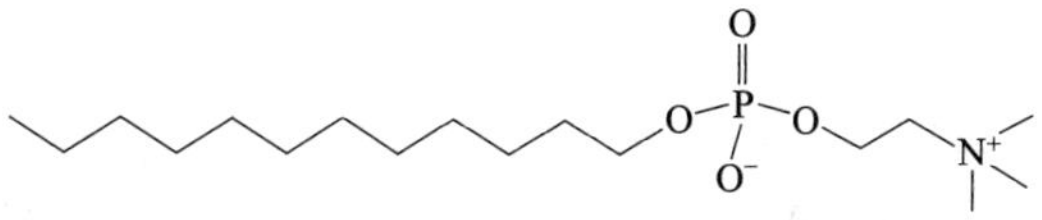

DPC分子结构式

4. DPD模拟中，以19.2节为例，改变表面活性剂浓度如5%、15%、90%，采用体积模式显示出其最终聚集构型，并说明其聚集形态。

5. DPD模拟中，以19.2节为例，计算5%、15%、90%浓度下水分子的扩散系数，并试着进行比较分析。

6. MesoDyn模拟中，计算不同浓度下PEO-PPO-PEO体系序参数随时间的变化(45%、50%、60%)，并解释原因。

7. MesoDyn模拟中，以19.4节为例，改变不同壳层厚度，探讨对Pluronic聚合物聚集结构的影响。

8. MesoDyn模拟中，以19.4节为例，模拟约束下纳米管内聚合物不同浓度下的聚集行为（需要自己设计模板）。

第 20 章 定量构效关系预测苯并咪唑类缓蚀剂的性质

实验目的

定量结构活性关系（QSAR）是应用广泛的药物设计方法，旨在通过合理的数理统计方法建立起一系列化合物的生理活性或某种性质（如药物的毒性、药效学性质、药物代谢动力学参数与生物利用度等）与其理化参数或者结构参数（包括二维分子结构参数、三维分子结构参数等）之间的定量关系。然后通过这些定量关系预测化合物的相应特性，指导设计者有目的地对生理活性物质进行结构改造，从而大大缩短高性能化合物的研发周期，节约研发成本。

定量结构性质关系（QSPR）方法是一种在材料的微观定量结构与某些性能之间构建函数关系的方法，是 QSAR 方法从药物设计向材料性质方面的延伸。通过构建 QSPR 关系模型可以对具有其他结构的材料性能进行预测，目前 QSPR 已成为材料基因组计划的主要实现途径之一。

本章利用 QSAR/QSPR 方法，从介绍苯并咪唑类化合物的分子结构出发，计算出不同描述符（包括分子拓扑参数、能量参数、结构性质参数等），利用遗传函数近似获取 QSPR 关系的方法，并应用该方法预测新型化合物的性质。

实验要求

① 了解 QSAR/QSPR 方法的基本原理和常用算法。

② 熟悉使用 QSAR/QSPR 方法处理大数据的基本流程。

③ 了解常见分子结构描述符的物理意义。

在油气开采及增产过程中，经常需要对油气井进行酸化及酸洗，但酸液对开采设备及传输管道的腐蚀异常严重。向环境介质中合理添加缓释剂是防止金属及其合金发生腐蚀的最有效方法。运用 QSPR 方法，围绕各种物理化学参量与缓释效率之间的定量关系，建立简单的二维定量构效关系（2D-QSPR）的回归模型，可实现缓蚀剂在分子层次上的合理定向设计，可对未知化合物进行预测、评价和筛选，大大减少实验工作量，缩短工作周期。

苯并咪唑类化合物是已知的一种针对碳钢在酸性环境中腐蚀的优良缓蚀剂，本章以苯并咪唑类缓蚀剂为研究对象，采用 QSPR 方法对其分子结构与缓释性能的定量关系进行研究，建立预测的 QSPR 模型，并根据 QSPR 模型设计新型高效缓蚀剂分子，为油气田新型缓释剂的研发提供思路。（本实验参考了《物理化学学报》，2013，29，1192-1200。）

选择的苯并咪唑类化合物的结构式如表 20.1 所示，其中选择训练集 10 个，测试集

2 个。

表 20.1 苯并咪唑类化合物的分子结构及性质

序号	N —R_1 N R_2		IE_{exp}/%
	R_1	R_2	
1	—	—	52.76
2	—Cl	—	45.06
3	—OH	—	58.19
4	—NH_2	—	76.93
5	—SH	—	58.13
6	—CH_2Cl	—	52.80
7	—CH_2OH	—	58.76
8	—CH_2NH_2	—	68.97
9	—C_6H_5N	—	68.95
10	—NH_2	—CH_3	62.23
11 *	—CH_2SH	—	53.99
12 *	—SCH_3	—CH_3	78.03

注：IE_{exp} 为缓释效率值；带 * 为测试集，其余为训练集。

(1) 构建和优化缓蚀剂分子

在 New Project 下构建 QSPR 文件夹。点击菜单栏 File|New…，在弹出的对话框中选择 3D Atomistic，点击鼠标右键修改名称为 C1。在 3D 绘图区，按照表 20.1 中分子结构构建 1 号（No. 1）分子。

选择 Modules|Forcite|Geometry Optimization 进行结构优化（图 20.1），优化方法选择 Smart 方法。在 Energy 对话框中选择 COMPASS 力场，进行 Medium 标准优化，得最终优化的 C1 分子。（注：可以选用 DMol3 方法进行优化，由于此处主要介绍 QSPR 方法，在分子优化和描述符选择上并未考虑耗时的量子化学方法，因此选取了分子力学优化。）

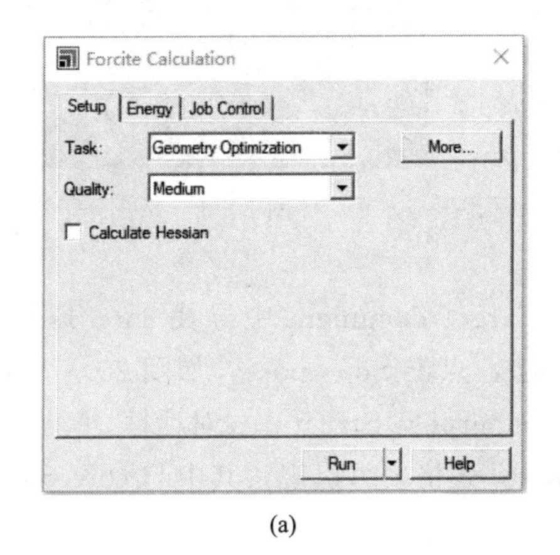

(a)

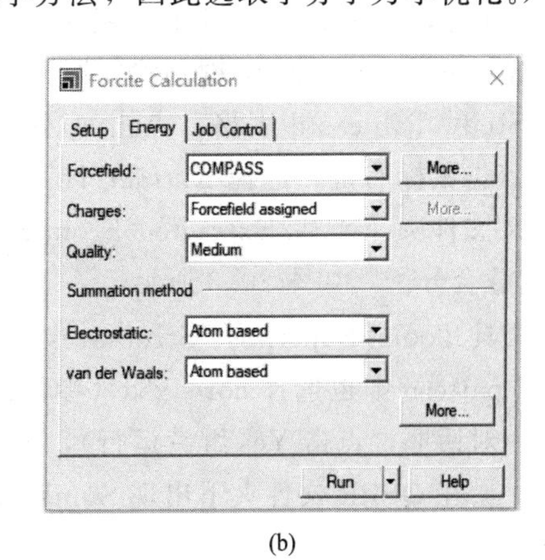

(b)

图 20.1 分子优化对话框

同样的操作方式，把表 20.1 中其余 11 个分子全部构建，并优化。这样最终产生了 12 个缓释剂分子。

选择 Window|Close All，关闭所有对话框。

(2) 输入分子及实验数据

点击菜单栏 File|New…，在弹出的对话框中选择 Study Table，在 3D 绘图区会产生矩阵表格 QSPR|Study Table。

在 QSPR 文件夹下，寻找优化后缓蚀剂分子 C1. xsd，点击鼠标右键选中 Insert Into，即在 Study Table 中输入了分子 C1，如图 20.2 所示。以此类推，依次将剩余 11 个分子，全部输入 Study Table 中，即在 Study Table 中占据 A 列。

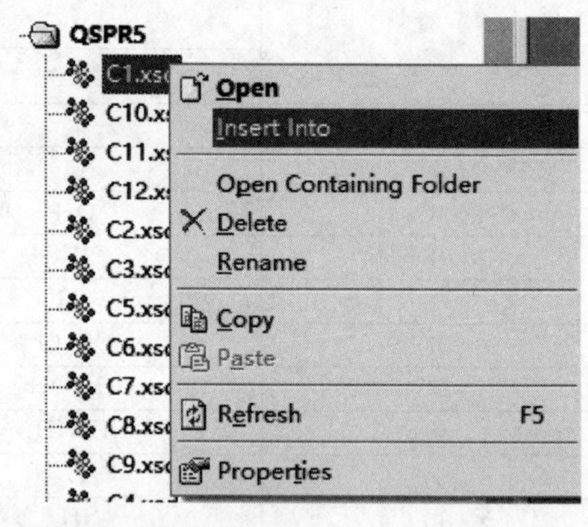

图 20.2 输入分子到 Study Table 的对话框

将表 20.1 中的实验数据——缓释效率值，手动全部输入 Study Table 中 B 列，与化合物一一对应。

在 Study Table. std 中点击鼠标选择列 B，点击 Statistics File|Initial Analysis|Univariate Analysis，可统计分析实验数据的平均值、偏差等。

(3) 重排分子

部分描述符，如偶极矩，依赖于分子的排列方向。为便于比较，需要所有的分子排列方向一致，这样计算的描述符才更有可比性。因为在上述缓释分子中有相同的分子核心（在药物分子设计中也一样），这样就可以沿某个坐标轴重新排列分子，让所有的分子都围绕分子核心排列。

在 Study Table. std 下，用鼠标双击结构 C1。按 Ctrl+C 复制此结构至一新构建的 3D Atomistic Document 中，按照 Ctrl+V 粘贴该分子，命名此分子为 core. xsd。

点击 Reset view ，然后双击 core. xds 中任何一个原子，点击 Align Onto View 。

按住 Alt 键，双击 core. xsd 中的氢原子，选择分子中的所有氢原子，按 Delete 键删除氢原子。

激活 Study Table. std 表格，点击 A 列题头，选择 A 列。点击鼠标右键，选择 Extract To Collection，会在 QSPR 文件夹下产生 Extracted From Study Table. xod 的叠合分子，如图 20.3 所示。

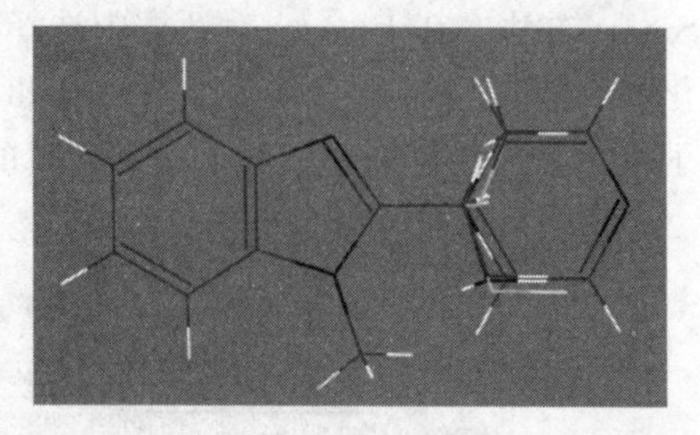

图 20.3 叠合分子

选择工具 Tools|Superpose Structures，在 Target document 中寻找 core. xsd，在 Options|Find pattern 中也选择 core. xsd（参数设置），点击 Superpose，如图 20.4 所示。（如果弹出另一对话框，点击 Yes 继续运行），关闭 Superpose Structures 对话框。

此时，会在 QSPR 文件夹下出现 Similarity. std 表格，可以观察其中与 core. xsd 分子的相似程度。

回到 Extracted From Study Table. xod 下，按 Alt 键双击分子叠合中的任一绿点，选择所用标记绿点，按 Delete 键删除。

接着点击右键，选择 Return to Study Table，在弹出的对话框中选择 Yes 按钮。

至此已经把原构建的所有分子都进行了新方向排列。

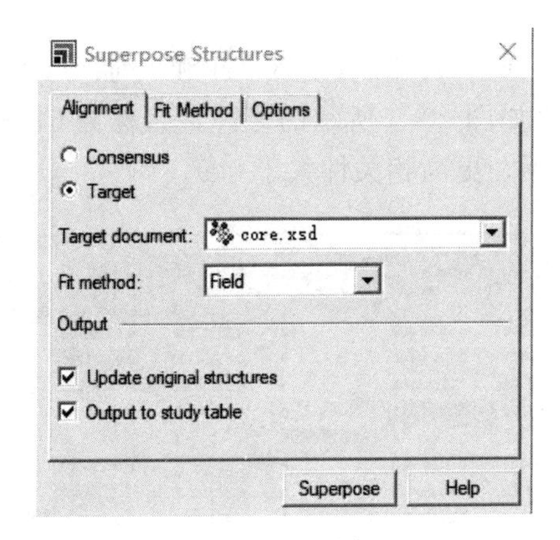

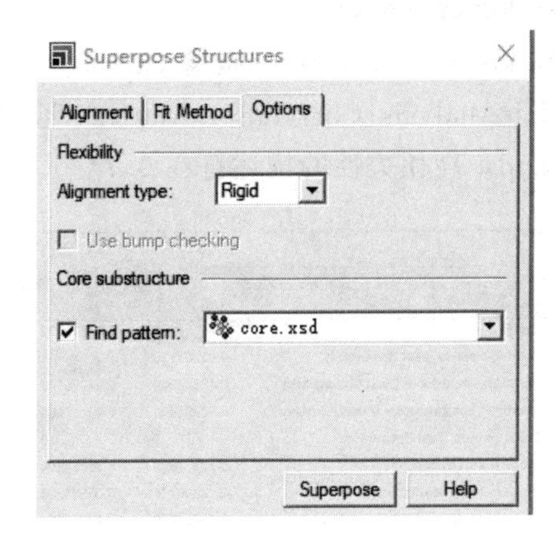

图 20.4　Superpose Structures 对话框

选择 Windows|Close All，在对话框中选择 Yes to All，退出。

(4) 计算分子描述符

描述符的选择有很多种，例如和分子反应性有关的垂直电离能、垂直电子亲和能，和分子结构有关的表面积、体积等，以及其他的诸如轨道能级、偶极矩等，可通过模块中 DMol3 方法计算，也可人为输入数据当作描述符。这里我们选择计算耗时短的分子性质当作描述符。

打开 Study Table.std，选择列 A。在 QSAR 模块中点击 Models 点击![icon]▼，会出现 Models 对话框。点击 Class 菜单，鼠标右键点击 Engine 菜单，选择 Fast Descriptors。

描述符选择如图 20.5 所示，选择至 Chrial centers 描述符，点击 Run。

需要说明的是，Fast Descriptors 能够计算单个分子的性质，与药物和化学性质有良好的相关性。但是这些描述符不能直接估计化学性质信息，如果更精确描述性质结构关系，还需要增加原子信息、电子信息等，这里我们不再详细叙述。

Models

Output	Category	Model	Class	Engine (Subset)
Rotatable bonds	Structural	Fast Descriptors	descriptor	Fast Descriptors
Hydrogen bond donor	Structural	Fast Descriptors	descriptor	Fast Descriptors
Hydrogen bond acceptor	Structural	Fast Descriptors	descriptor	Fast Descriptors
Chiral centers	Structural	Fast Descriptors	descriptor	Fast Descriptors
AlogP	Thermodynamic	Fast Descriptors	descriptor	Fast Descriptors
AlogP98	Thermodynamic	Fast Descriptors	descriptor	Fast Descriptors
Molecular refractivity	Thermodynamic	Fast Descriptors	descriptor	Fast Descriptors
Molecular flexibility	Topological	Fast Descriptors	descriptor	Fast Descriptors
Balaban indices	Topological	Fast Descriptors	descriptor	Fast Descriptors
Wiener index	Topological	Fast Descriptors	descriptor	Fast Descriptors
Zagreb index	Topological	Fast Descriptors	descriptor	Fast Descriptors
Kappa indices	Topological	Fast Descriptors	descriptor	Fast Descriptors
Subgraph counts	Topological	Fast Descriptors	descriptor	Fast Descriptors
Chi indices	Topological	Fast Descriptors	descriptor	Fast Descriptors
Valence modified chi indices	Topological	Fast Descriptors	descriptor	Fast Descriptors
Information content	Information	Fast Descriptors	descriptor	Fast Descriptors
E-state keys	E-state keys	Fast Descriptors	descriptor	Fast Descriptors
Solvent accessible area	Spatial	Jurs Descriptors	descriptor	Fast Descriptors
Partial charged areas	Spatial	Jurs Descriptors	descriptor	Fast Descriptors
Total charge weighted areas	Spatial	Jurs Descriptors	descriptor	Fast Descriptors
Atomic charge weighted areas	Spatial	Jurs Descriptors	descriptor	Fast Descriptors

Run　Run Later　Help

图 20.5　选择的描述符

（5）初始数据分析

在 Study Table. std 下，按着 Ctrl 键选择 B、C、D、E、F、G、H 和 I 列；点击 Statistics|Initial Analysis|Correlation Matrix，会产生如图 20.6 所示的矩阵，名称为 Correlation Matrix. xgd。高相关性的描述符在 0.7～0.9 范围，更高相关性大于 0.9。

	A	B	C	D	E	F	G	H	I
		Column B	C : Rotatable bonds (Fast Descriptors)	D : Hydrogen bond donor (Fast	E : Hydrogen bond acceptor (Fast	F : Chiral centers (Fast Descriptors)	G : AlogP (Fast Descriptors)	H : AlogP98 (Fast Descriptors)	I : Molecular refractivity (Fast Descriptors)
1	Column B	1	-0.02202730	0.15356900	-0.16295700	0	-0.33317000	-0.12616700	0.46654900
2	C : Rotatable bonds (Fast Descriptors)	-0.02202730	1	0.04756510	0.70014000	0	0.35861200	0.03581230	0.19471400
3	D : Hydrogen bond donor (Fast Descriptors)	0.15356900	0.04756510	1	-0.22645500	0	-0.67936500	-0.75876700	-0.44725000
4	E : Hydrogen bond acceptor (Fast Descriptors)	-0.16295700	0.70014000	-0.22645500	1	0	0.61541400	0.40996700	0.30176300
5	F : Chiral centers (Fast Descriptors)	0	0	0	0	1	0	0	0
6	G : AlogP (Fast Descriptors)	-0.33317000	0.35861200	-0.67936500	0.61541400	0	1	0.80235500	0.40440100
7	H : AlogP98 (Fast Descriptors)	-0.12616700	0.03581230	-0.75876700	0.40996700	0	0.80235500	1	0.55124300
8	I : Molecular refractivity (Fast Descriptors)	0.46654900	0.19471400	-0.44725000	0.30176300	0	0.40440100	0.55124300	1

图 20.6　选择部分列产生的数据相关矩阵

（6）构建结构性质模型

需要注意，在 QSPR 模型中有很多的描述符，应该学会如何使用更少的描述符，比如把两个描述符按比例作为一个描述符。遗传函数近似可以获得好的回归分析，其他方法如偏最小二乘法、遗传算法等也能执行描述符减少，但是难进行解释。

根据初始数据分析，在本案例中我们选择了 AlogP、AlogP98、Molecular refarctivity 等作为描述符。

打开 Study Table. std，选择列 B。选择 Statistics|Model Building|Genetic Function Approximation...，对话框设置如图 20.7 所示；并将 Parameters 对话框中的 Population 设定为 100，点击 OK 运行。会产生 Genetic Function Approximation. xgd 文件，从计算结果里可观察相关系数、*F* 检验等数值。

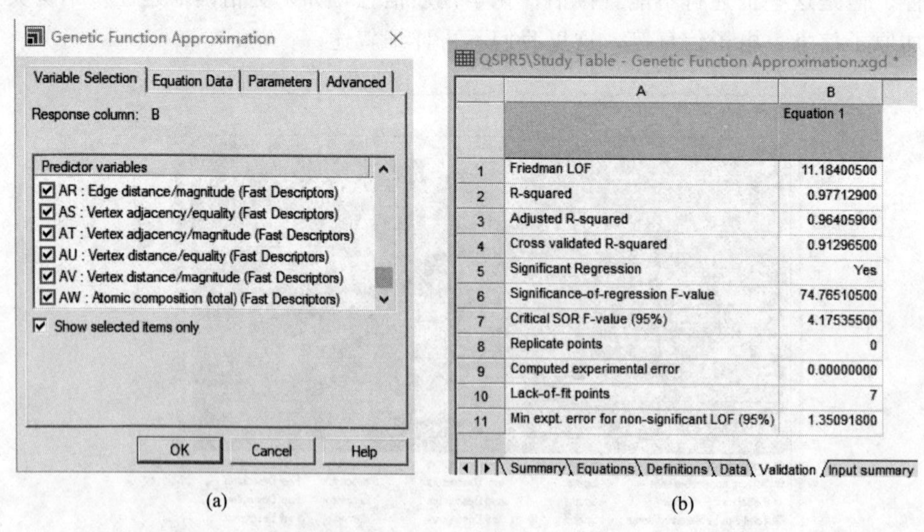

	A	B
		Equation 1
1	Friedman LOF	11.18400500
2	R-squared	0.97712900
3	Adjusted R-squared	0.96405900
4	Cross validated R-squared	0.91296500
5	Significant Regression	Yes
6	Significance-of-regression F-value	74.76510500
7	Critical SOR F-value (95%)	4.17535500
8	Replicate points	0
9	Computed experimental error	0.00000000
10	Lack-of-fit points	7
11	Min expt. error for non-significant LOF (95%)	1.35091800

图 20.7　遗传函数近似方法的对话框（a）及运算结果（b）

选择 Data 中的数据，可以做预测和实验数据的对比，比较 Equation 中的函数合理性。在本步骤中，还可以计算实验数据（B 列）与任意描述符（任意列）之间的函数关系，探讨与之的关系式。

这里还可以对预测数据进行离群点分析（Outlier Analysis），该分析能够表征实验数值与预测数值的差值是否在标准偏差范围内。打开 Genetic Function Approximation. xgd 文件，选择 Statistics | Apply Results...，从 Type of data to apply 对话框中选择 Equation1：prediction，点击 OK。此时在 Study Table. std 中会出现新的预测列。

在 Study Table. std 文件中，选择 B 列后，点击 Statistics | Model Building | Outlier Analysis 对话框，确保在 Prediction models 中选择 GFA equation1，点击 Plot，可得到 Outllier analysis. xcd 分析文件。以此数据文件判断预测数据是否属于离群点。

(7) 创建新化合物，验证模拟模型

将已经优化好的化合物 C11 和 C12，调入 Study Table. std 表格中。

激活 Study Table. std，在 3D 结构的 C11. xsd 页面下，点击右键选择 Insert Into，C11 化合物即被导入 Study Table. std 表格中。在 Study Table. std 表格中，右击 C11 行头，选择其中的 Calculate，即可计算出各种描述符，以及用 Equation1 计算的预测值。同样方法，处理 C12 分子。通过观察预测值即可以评价这两种化合物的缓释效率，从图 20.8 中可看出用遗传函数近似得到的函数方程可以预测未知化合物的性质。

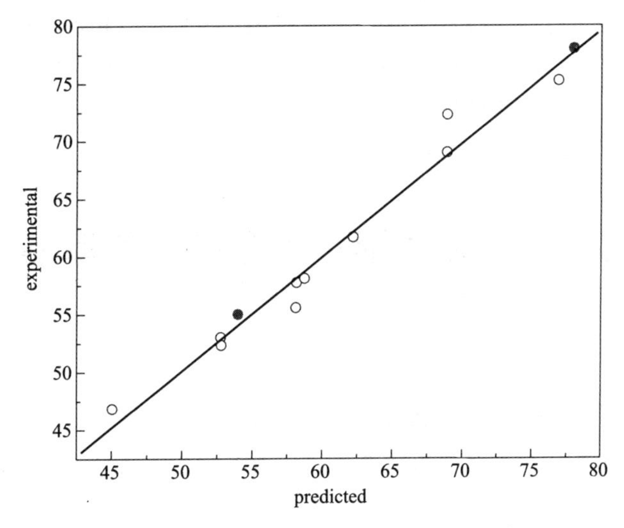

图 20.8　遗传函数近似方法的预测值与实验值的比较（其中实心点为化合物 11 和 12 验证结果，一并列出）

思考题

1. 在构建结构模型步骤中（本章操作步骤第六步），除了 Genetic Function Approximation 方法以外，Materials Studio 程序中（Statistics | Model Building | ...）还有 Multiple Linear Regression、Partial Least Square 和 Neural Network Analysis 方法，请选择上述三种方法重复实验过程中的第六、七步，并与之前得到的预测模型、预测结果进行比较。

2. 查阅药物设计文献（QSAR 或 3D-QSAR），总结常用到的描述符。

3. 寻找相关药物设计方面的文献。重复文献工作，获取相应的预测方程，并与文献进行比较。

4. 以案例形式，说明药物设计中 3D-QSAR 的研究思路。

5. 举例人工智能在 QSAR/QSPR 中的应用（参考综述性文献 *Chemometrics and Intelligent Laboratory Systems*，2015，149，177-204）。

第21章 聚集体系的分子动力学模拟

分子动力学模拟以求解牛顿运动方程为理论基础，不涉及化学键的形成和断裂，特别适用于研究分子的聚集行为。本章选择了三个典型的聚集体系的应用案例，涉及热力学熵的计算、表面活性剂胶束增溶、稠油油滴结构以及电场下的聚集行为。

与前几章模拟实验相比，本实验使用的是 Gromacs 软件。尽管读者也容易上手操作，但是总体来看该软件的运行和后续性质分析要比 Materials Studio 稍难一些。如果考虑增加软件中未带有的分析功能，Gromacs 会有良好的分析优势，这样也增加了对专业水平的要求。

相较于第 16 章和第 17 章使用 Materials Studio 软件的分子动力学模拟计算，本章可以认为是学习分子动力学模拟的提高篇。

21.1 表面活性剂分子的构型熵

实验目的

熵是状态函数，一个非常重要的热力学量，是体系混乱度的宏观表现。不同状态间的熵变可以描述表面活性剂体系不同聚集行为的变化。从微观粒子的运动定义熵，能够把熵和概率联系起来，基于这一理念，结合分子动力学模拟方法，可以计算表面活性剂的分子构型熵。

计算分子构型熵的核心思想是求解概率密度函数。分子构型熵主要与分子所处的环境或者所处的状态有关，如表面活性剂分子通过非共价相互作用形成胶束会导致构型熵的变化，因此，分子构型熵可以用来表征表面活性剂堆积的有序性，直接描述其不同的聚集状态。通过对处于不同聚集结构下的表面活性剂分子构型熵（或者说处于两个状态下表面活性剂分子）进行作差运算，即可得到不同自组装过程表面活性剂分子的熵变。利用分子动力学模拟计算分子构型熵的主要步骤有：

① 执行常规分子动力学模拟，平衡体系。

② 执行密集帧数输出的常规分子动力学模拟，充分采样不同分子构型。

③ 对采样的轨迹进行概率分析，进而计算分子构型熵。

本实验中，将以 Schlitter 等人提出的 SC 方法统计熵（参考文献：*Chem. Phys. Letters*，1993，215，617-621)，以十二烷基硫酸钠（SDS）的极稀溶液体系为例，简要介绍在 Gromacs 软件下表面活性剂分子构型熵的基本计算步骤，并且分析其收敛结果状况。需说明的是，该实验只是计算了一个状态下的 SDS 分子的构型熵，如果再增加一个状态（如胶束状态，或者气液界面聚集状态），即可以计算不同状态间的熵差，反映状态间的热力学变化。如胶束化过程的熵变，可以定义始态为水溶液中的表面活性剂分子，终态为胶束中的表面活性剂分子，两个状态下的差值即为胶束化过程中表面活性剂的熵变贡献。该研究思路可推广到生化体系，如蛋白质折叠等过程热力学数据的计算。

实验要求

① 了解 Linux 系统下用于执行分子动力学模拟的基本程序。

② 掌握表面活性剂极性溶液体系模型的构建方法和步骤，以及利用 Gromacs 软件包执行分子动力学模拟的一般步骤。

③ 了解计算分子构型熵的基本原理和步骤。

④ 探讨得到熵的收敛结果。

(1) 构建 SDS 的单分子结构和力场

SDS 分子的结构可以通过本书介绍的软件 Materials Studio 构建，也可以通过在线网站来产生分子结构和力场，这里我们介绍利用力场在线产生工具 Automated Topology Builder（ATB，http：//atb. uq. edu. au/index. py）来得到所需的结构文件和力场文件的方法。如图 21.1 所示，依次选择 Existing Molecules，在 Molid 里面输入十二烷基硫酸的 ID 号“458847”，点击 Search 可以得到 458847 号分子的分子信息，通过点击左侧的 458847 进入详细页面，如图 21.2 所示。

通过 ATB 可以产生两种力场：一个是全原子力场［GROMACS G54A7FF All-Atom（ITP file)］，另一个是联合原子力场［GROMACS G54A7FF United-Atom（ITP file)］。本实验采用全原子力场，在图 21.2 所示的页面中下载 GROMACS G54A7FF All-Atom（ITP file）和对应的坐标文件 All-Atom PDB（optimised geometry），可以得到 AZMJ _ GROMACS _ G54A7FF _ allatom. itp 和 AZMJ _ allatom _ optimised _ geometry. pdb，为了方便，修改文件名称分别为 SDS. itp 和 SDS. pdb。至此，我们得到了模拟所需的 SDS 分子结构坐标及其力场文件。

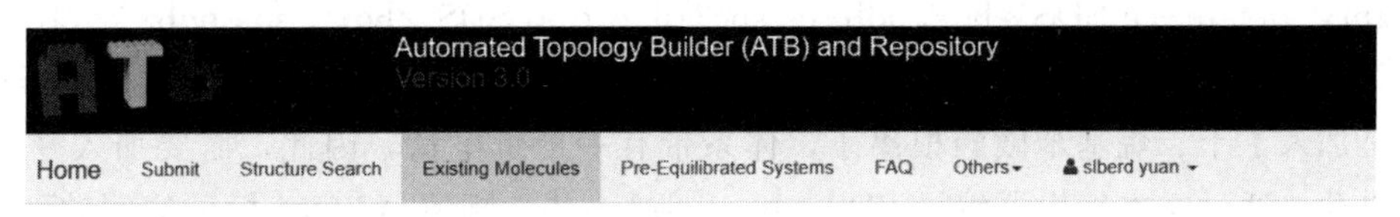

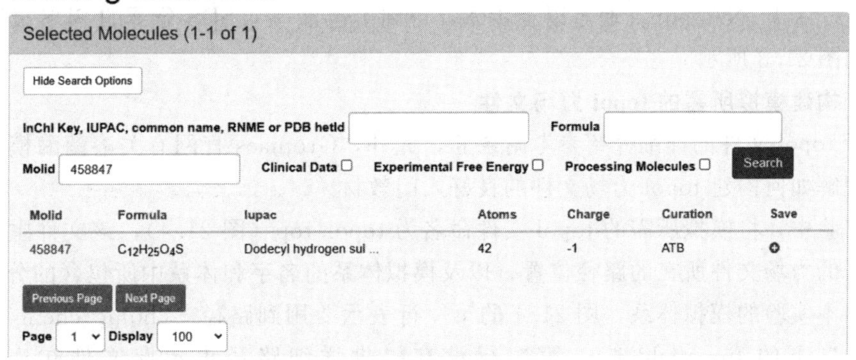

图 21.1　ATB 网站搜索 SDS 结构和力场示意图

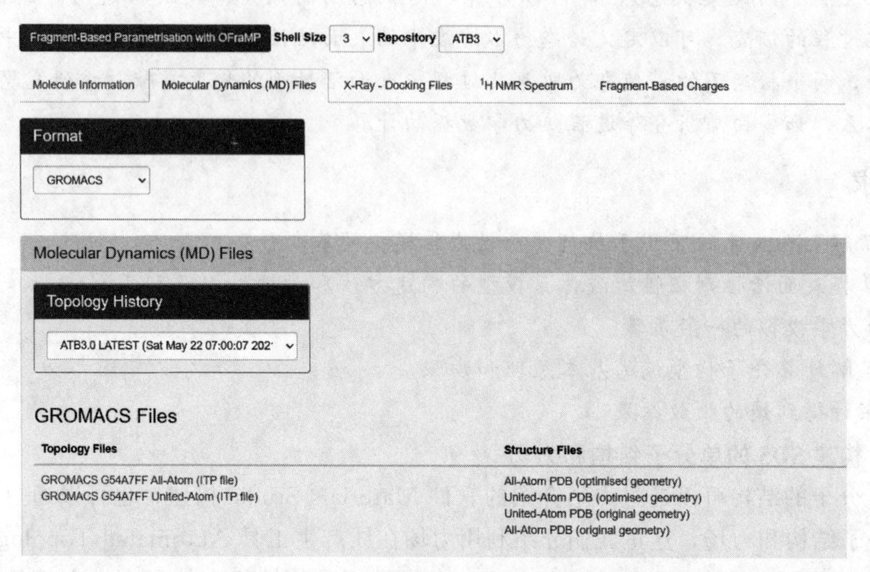

图 21.2 ATB 网站下载 Gromacs 格式力场和坐标文件示意图

(2) 构建 SDS 极稀溶液模型

利用上一步得到的分子结构坐标文件（SDS. pdb）和 Gromacs 内嵌的水分子坐标文件（spc216. gro）来构建 SDS 极稀溶液模型。本例是基于 Linux 命令行下的计算过程，所有的命令都是在装有 Gromacs 程序的 Linux 下命令行界面输入的。本例以及下例所使用 Gromacs 版本都为 2019.4 版。

首先给 SDS 加模拟盒子，执行命令：

≫gmx editconf -f SDS. pdb -bt cubic -box 8.0 8.0 8.0 -o SDS _ box. pdb

可以产生一个新的坐标文件 SDS _ box. pdb，其中包含盒子信息（8nm×8nm×8nm），然后通过命令：

≫gmx solvate -cp SDS _ box. pdb -cs spc216. gro -o SDS _ box _ sol. pdb

得到 SDS _ box _ sol. pdb，即得到包含水分子的 8nm×8nm×8nm 的水盒子。至此，盒子中只是加入了十二烷基苯磺酸根离子，体系带有一个负电荷，因此，需要加入一个 Na^+ 来平衡电荷。通过文本编辑器编辑 SDS _ box _ sol. pdb，删掉 ATOM 标记的倒数两行，并把删除后文件的 ATOM 的最后一行中的 OW 和 SOL 分别替换为 NA 和 NA^+，文件另存为 SDS _ box _ sol _ NA. pdb。通过以上步骤，得到了包含一个 SDS 分子的 SDS 极稀溶液初始模型，如图 21.3 所示。

(3) 构建模拟所需的 topol 力场文件

关于 topol 文件的详细介绍参考附录Ⅱ，此外，Gromacs 官网有关溶菌酶模拟的例子也是学习理解如何构建 topol 力场文件的良好入门教材。

本实验中，将模拟所需的 topol 文件命名为 topol. top（图 21.4），该文件主要是给程序提供所需的力场文件所在的路径位置，以及模拟体系的名字和体系中所包含的分子个数。比如，对于本实验的模拟体系，图 21.4 的第一行表示要用到路径“/home/chem/gromos54a7 _ atb. ff/”下的 forcefield. itp，第二行没有提供详细路径表示此文件在当前路径下，SDS. itp 也就是前文介绍的 ATB 上生成的 itp 文件。[system] 下给体系一个名字，[molecules] 提供体系所含分子的种类和个数。比如 AZMJ 行代表体系中含有一个 SDS 分子，SOL 行代表含有 16939 个水分子，以及 NA 代表含有一个钠离子。

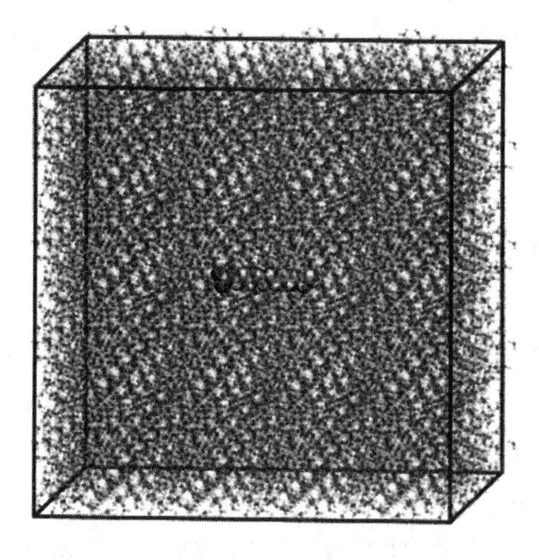

图 21.3 模拟体系初始模型示意图

```
#include"/home/chem/gromos54a7_atb.ff/forcefield.itp"
#include"SDS.itp"
#include"/home/chem/gromos54a7_atb.ff/ions.itp"
#include"/home/chem/gromos54a7_atb.ff/spc.itp"
[system]
; Name
SDS and water
[molecules]
; Compound       #mols
AZMJ        1
SOL         16939
NA          1
```

图 21.4 topol 文件示例

(4) 执行分子动力学模拟

要执行分子动力学模拟，除了需要前面得到的力场文件和坐标文件，还需要控制文件，在 Gromacs 软件中，此类文件以后缀“.mdp”来命名。这里不再介绍相关文件，详细介绍可以参考附录Ⅱ，或者溶菌酶模拟的例子。对应的 mdp 文件也可以从溶菌酶模拟的例子中下载。

本实验主要用到三个 mdp 文件：em.mdp，npt.mdp 和 nvt.mdp 控制文件，分别对应于能量最小化、*NPT* 系综模拟和 *NVT* 系综模拟。首先用 grompp 将结构、topol 和模拟控制参数组装到一个二进制输入文件（*.tpr）中，然后通过 Gromacs MD 程序，mdrun，运行能量最小化、*NPT* 系综模拟和 *NVT* 系综模拟。具体操作如下：

能量最小化过程：

```
≫gmx grompp -f em.mdp -c SDS_box_sol_NA.pdb -p topol.top -o mini.tpr -maxwarn 3
≫gmx mdrun -v -s mini.tpr
```

NPT 系综模拟过程：

```
≫gmx grompp -f npt.mdp -c confout.gro -p topol.top -o npt.tpr -maxwarn 3
≫gmx mdrun -v -s npt.tpr -deffnm npt
```

这一过程主要是使体系达到实验模拟的温度、压力下的合理密度。对于此例，跑 1ns 模拟足矣。

NVT 系综模拟过程：

```
≫gmx grompp -f nvt.mdp -c npt.gro -p topol.top -o nvt.tpr -maxwarn 3
≫gmx mdrun -v -s nvt.tpr -deffnm nvt
```

这一过程主要是平衡体系，以进行后续数据分析和收集。对于此例，我们需要跑 5ns 的 *NVT* 动力学模拟。

至此，完成了一个常规分子动力学模拟。

(5) 计算分子构型熵

通过上一步的分子动力学模拟，我们得到了体系的平衡动力学轨迹，下面通过对轨迹的处理来计算分子的构型熵。

由于我们关心的是 SDS 分子的构型熵，因此需要提取出来 SDS 的轨迹，在 Gromacs 里面是通过做索引来实现这一提取操作的。

```
≫gmx make_ndx -f nvt.gro
```

输入 q 退出，此时，当前文件夹中产生 index. ndx 文件。在得到索引文件 index. ndx 的基础上，可以通过轨迹处理命令 trjconv 提取出单个分子的轨迹。

```
≫gmx trjconv -n index.ndx -f nvt.xtc -o nvt_single.xtc
```

然后选择 SDS 分子的 group，可以导出只有 SDS 分子的轨迹文件 nvt _ single. xtc。需要注意的是在计算过程中，由于周期性边界条件的设定，在 Gromacs 的后续处理中会出现在周期性边界处分子断开的情况，因此，需要对单个分子的轨迹做进一步的处理。

```
≫gmx trjconv -s nvt.tpr -f nvt_single.xtc -pbc nojump -o nvt_single_nojump.xtc
```

同样选择 SDS 分子的 group，即得到整个分子连续的轨迹。对于 SC 方法求解熵，需要有一个参考构型，可以选择某一帧构型，也可以选择平均构型，选择某一帧的好处在于可以导出多帧构型进行多次采样。这里我们以第一帧的构型作为参考，可以通过如下命令获得第一帧构型。

```
≫gmx trjconv -f nvt_single_nojump.xtc -s nvt.tpr -dump 0 -o nvt_single_nojump_0.pdb -n index.ndx
```

需要注意的是，在用 trjconv 命令导出某一帧构型时，要采用已经处理过的包含完整分子的轨迹（nvt _ single _ nojump. xtc）。

对于 SC 方法求熵，第一步是要测试收敛时间，即要有足够长的时间轨迹，尽可能充分采样。这可以通过 bash 脚本来实现。这里给出一个简单的用来计算不同时间长度的熵值的脚本（convergence. sh）。运行脚本前需要先构建一个名为 ndxnum 的文件，里面的内容是 SDS 分子所在组的序号。

```
#! /bin/bash
NUM_STEPS=5000   # in ps
frame=0
xtcname=nvt_single_nojump
while [ ${frame} -lt ${NUM_STEPS} ]
do
let frame=$frame+100
gmx covar -f ${xtcname}.xtc -s nvt_single_nojump_0.pdb -e $frame -ref -nofit
<ndxnum
gmx anaeig -entropy -temp 298 > ${frame}.txt
grep 'Schlitter' ${frame}.txt | awk '{print $9}' >> entropy_SC_${xtcname}
rm ${frame}.txt
rm \#*
done
```

运行上面的脚本（./convergence. sh），可以得到文件 entropy _ SC _ nvt _ single _ nojump，对应 SC 方法求得的不同时间长度的熵的数值。通过 Origin 作图可以检查熵的收敛，如图 21.5 所示。从图中可以看出大约 5ns 的时间熵值达到收敛，由此，可以用 5ns 的数据来进行数据计算分析，可以得到 SDS 分子的构型熵大约为 1171J/(mol·K)。类似地，可以取另外一帧构型作为参考构型，计算分析构型熵，多取几帧构型计算熵，最终取平均值。

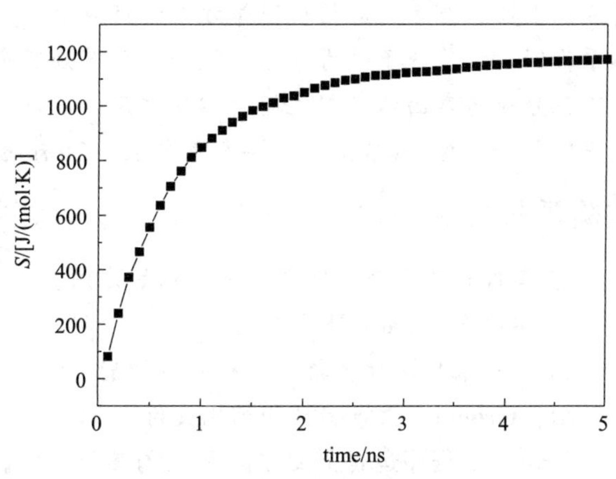

图 21.5　SDS 分子构型熵随时间的变化

本实验采用 SC 方法的另一个重要原因是 SC 方法可以进行熵的分解，总熵可以很好地分解成平动熵、转动熵和振动熵。要对熵进行分解，首先要对单个分子的轨迹进行处理，同样是通过 trjconv 来实现。通过以下两个命令，第一条命令得到 trans _ nojump _ single _ one. xtc，这是把分子的平动去掉的轨迹，第二条命令得到 rot _ trans _ nojump _ single _ one. xtc，这是把分子的平动和转动都去掉的轨迹。

```
≫gmx trjconv -s nvt_single_nojump_0.pdb -f nvt_single_nojump.xtc -o trans_nojump_single_one.xtc -fit translation
≫gmx trjconv -s nvt_single_nojump_0.pdb -f nvt_single_nojump.xtc -o rot_trans_nojump_single_one.xtc -fit rot+trans
```

在得到处理轨迹的基础上可以通过以下四条命令进行熵的计算。

```
≫gmx covar -f trans_nojump_single_one.xtc -s nvt_single_nojump_0.pdb -e 5000 -ref -nofit
≫gmx anaeig -entropy -temp 298 > entropy_SC_trans_nvt_single_nojump1.txt
≫gmx covar -f rot_trans_nojump_single_one.xtc -s nvt_single_nojump_0.pdb -e 5000 -ref -nofit
≫gmx anaeig -entropy -temp 298 > entropy_SC_trans_nvt_single_nojump2.txt
```

从文件 entropy _ SC _ trans _ nvt _ single _ nojump1. txt 中可以得出去掉平动之后的熵（该数值应从带有 Schlitter 的行读出）约为 1098J/(mol·K)，因此，分子的平动熵为 1171－1098＝73J/(mol·K)。从文件 entropy _ SC _ trans _ nvt _ single _ nojump2. txt 中可以得到去掉平动和转动之后的熵为 766J/(mol·K)，此熵也是分子的振动熵。转动熵则可以通过 1098－766＝332J/(mol·K) 来得到。通过以上分子动力学模拟和数据处理分析，计算得到表面活性剂极稀溶液中 SDS 分子构型熵及其熵的分解（即平动熵、转动熵和振动熵）。

21.2　胶束增溶

实验目的

表面活性剂在水溶液中形成胶束之后，疏水性物质能够增溶进入胶束的疏水区域。通过表面活性剂的增溶作用，可以显著提高不溶或微溶于水的有机化合物的溶解度。表面活性剂增溶在驱油、洗涤、药物输送等方面都有重要作用。本实验以十二烷基硫酸钠（SDS）胶束体系为例，使用分子动力学方法模拟多环芳烃芘分子增溶胶束疏水区域的过程，讨论微观尺度下芘分子与表面活性剂之间的相互作用，以及整个增溶过程的热力学数据，为相关领域研究提供科研思路。（本案例主要参考文献：*Langmuir*，2012，28，4931-4938。）

实验要求

① 掌握构建表面活性剂胶束结构的方法。

② 学习 Gromacs 程序的操作。

③ 掌握采样法计算增溶过程的自由能。

(1) Gromacs 力场参数和结构文件

Gromacs 程序运行需要结构和力场参数文件。力场形式的不同（如 amber、GROMOS、Charmm 等），力场参数文件的构建或者获取方式也有所不同。现有多种 Gromacs 拓扑文件产生工具可供选择，本实验中采用较为常用、性能可靠的 Automated Topology Builder 来获取所需的拓扑文件。

登录 ATB 网站（免费使用但需注册），在 Existing Molecules 栏目中以 SDS 的化学式 $C_{12}H_{25}NaO_4S$ 进行搜索，在搜索结果中点击 Molid 2219 进入该分子的信息页面。在 Molecular Dynamics（MD）Files 标签下，下载 GROMACS G54A7FF United-Atom（ITP file）和 United-Atom PDB（optimized geometry）两个文件，分别命名为 SDS. itp 和 SDS. pdb，其中前者为 SDS 力场参数，后者为 SDS 结构文件。同样的方法下载芘分子（Molid 为 7233，化学式为 $C_{16}H_{10}$）的相应文件，保存为 pyrene. itp 和 pyrene. pdb（具体操作可参考 20.1 节内容）。

(2) 构建表面活性剂胶束结构

在溶液中，表面活性剂可以由分散状态自发形成聚集结构，但是模拟这一过程需要额外更多的计算时间。为了节约计算时间，可以采用预组装胶束的方法。使用 Packmol 程序将 60 个 SDS 分子摆放成球形组装结构。Packmol 的输入文件 SDS60. inp 各行参数的注释为：

tolerance 2.0	要求原子间距最近距离不得小于 2.0Å
structure SDS. pdb	输入构型文件名称
number 60	分子个数
atoms 17	SDS 分子中即将放置于内圈的原子的序号（末端 CH_3）
inside sphere 0. 0. 0. 8.	17 号原子放置于球心坐标为原点，半径为 8Å 的球面内
end atoms	
atoms 2	SDS 分子中即将放置于外圈的原子的序号（S 原子）
outside sphere 0. 0. 0. 24.	2 号原子放置于球心坐标为原点，半径为 24Å 的球面外
end atoms	
end structure	
filetype pdb	输出文件类型
output SDS60. pdb	命名输出文件为 SDS60. pdb

运行 Packmol 程序，在命令端输入 packmol < SDS60. inp 。运行结束后，产生 SDS60. pdb 文件，使用视图软件 VMD 打开，预组装的胶束结构如图 21.6 所示。

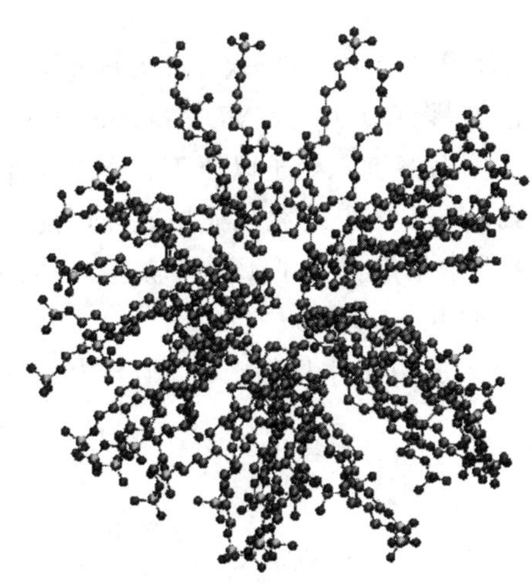

图 21.6　60 个 SDS 分子的胶束组装结构

(3) 构建模拟体系

本实验模拟胶束溶液增溶芘分子的过程，将上一步构建的胶束以及 1 个芘分子放置于尺寸为 6nm×6nm×6nm 的模拟盒子中，在装有 Gromacs 程序的 Linux 下命令行界面输入（可参考附录Ⅱ）：

≫gmx editconf -f SDS60. pdb -box 6 6 6 -o sdsbox. pdb

在预组装胶束周围随机摆放 1 个芘分子：

≫ gmx insert-molecules -f sdsbox. pdb -ci pyrene. pdb -nmol 1 -o box1. pdb

添加溶剂（水分子）：

≫gmx solvate -cp box1. pdb -cs spc216. gro -o boxw. pdb

程序运行结束，提示 Number of solvent molecules：6448，表示模拟盒子中加入了 6448 个水分子。

添加钠离子：

准备动力学计算参数文件和体系拓扑文件 em. mdp 和 system. top，前者 mdp 文件中参数设置详情请参考附录Ⅱ，后者在最后三行分别指定各组分的分子数，具体设置可以参考上节构型熵的模拟。

≫gmx grompp -f em. mdp -c boxw. pdb -p system. top -o ion. tpr -maxwarn 2

≫gmx genion -s ion. tpr -np 60 -pname NA -o boxion. pdb

提示“Select a group：，输入 5，［Group 5 (SOL) has 19344 elements”，将 SOL 组中的 60 个分子替换为 Na^+］。

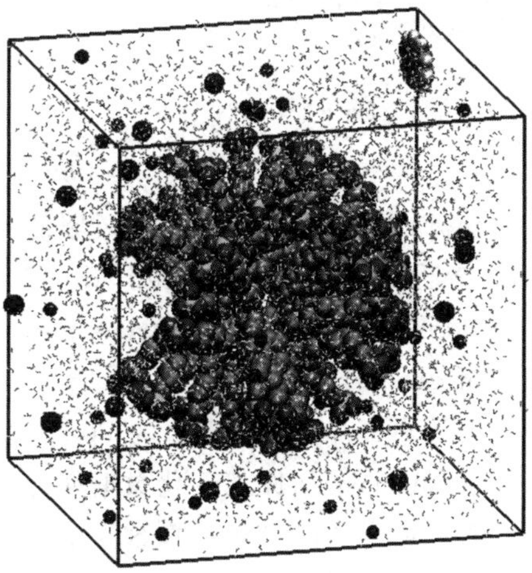

图 21.7　初始构型图

得到的模拟初始构型如图 21.7 所示。

(4) 能量最小化及分子动力学计算

模型构建完毕后通常要先进行能量最小化计算，来消除体系中可能存在的构象重叠，然后进行分子动力学模拟计算。本实验是在 *NPT* 系综下进行 10ns 的动力学模拟计算，模拟运算参数输入文件 npt. mdp 中各参数详情参考附录Ⅱ。

能量最小化：

≫gmx grompp -f em. mdp -c boxion. pdb -p system. top -o em. tpr -maxwarn 1

≫gmx mdrun -deffnm em

分子动力学计算：

≫gmx grompp -f npt. mdp -c em. gro -p system. top -o md. tpr -maxwarn 1

≫gmx mdrun -deffnm md

(5) 动力学结果分析

动力学模拟计算完成之后，运动轨迹储存在 md. trr 文件中，使用 VMD 软件载入轨迹文件 md. trr，可观察体系内各组分的运动状态。操作方法为：在步骤（3）中，VMD Graphical Representations 对话框中，双击第一行 Rep（Lines Name all)，隐藏溶剂水分子以便于观察胶束和芘分子；VMD Main 窗口 File | Load Data Into Molecule 载入 md. trr，待载入完毕，即可拖动 VMD Main 窗口滑块观察运动轨迹。本实验中计算输入文件中指定保存了 100 帧轨迹，VMD Main 窗口中显示有 101 帧，其中第 0 帧为步骤（3）中载入的 boxion. pdb 构象。

通过观察轨迹，可以看到芘分子自发地由水相增溶进入胶束疏水区域。图 21. 8 为选取的几帧构型。

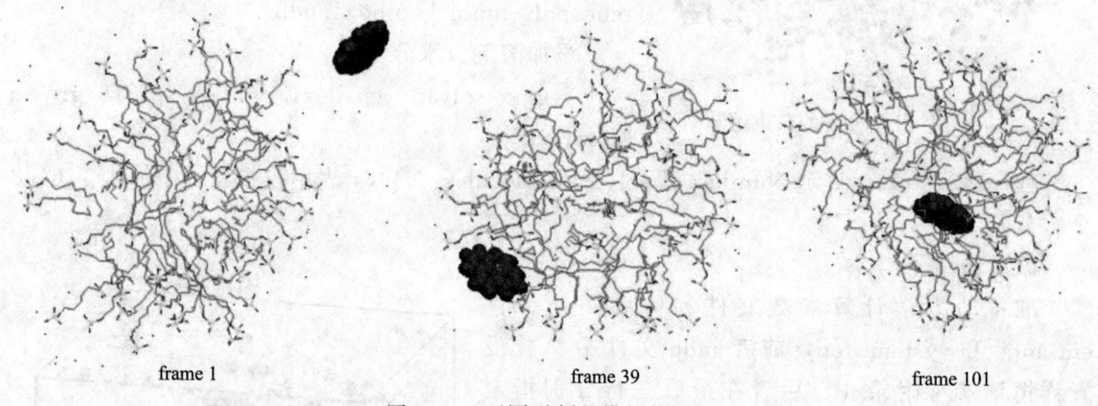

图 21. 8　不同时刻的模拟构型图

芘分子增溶进入胶束内核区域的过程可以使用二者之间的距离变化来表征，通过 Gromacs 分析工具 gmx distance 计算：

≫gmx distance -f md. trr -s md. tpr -pbc yes -oall dist. xvg -select ‘com of group 2 plus com of group 3’

上述命令中，group 2 为 60 个 SDS 分子，group 3 为芘分子，计算二者之间的质心（center of mass)，距离变化数据保存在 dist. xvg 文件中，使用 Origin 软件绘制曲线图。

胶束的半径以极性头基 S 原子到胶束质心的距离来表示，首先需要创建索引文件：

≫gmx make _ ndx -f md. gro

```
> a SA0

Found 60 atoms with name SA0

13 SA0                  :           60 atoms

> splitat 13

Splitatting group 13 'SA0' into atoms

>q
```

在索引文件中 60 个 S 原子依次编号为 group 14 到 group 73，计算第一个 S 原子到胶束质心的距离：

≫gmx distance -f md. trr -s md. tpr -pbc yes -oall distS14. xvg -select ‘com of group 2 plus com of group 14’ -n index. ndx

依次计算 60 个 S 原子到质心的距离并取平均值，并绘制随时间变化的曲线图（图 21.9）。通过胶束中各组分的径向密度分布来表征胶束的结构性质，如图 21.10 所示。

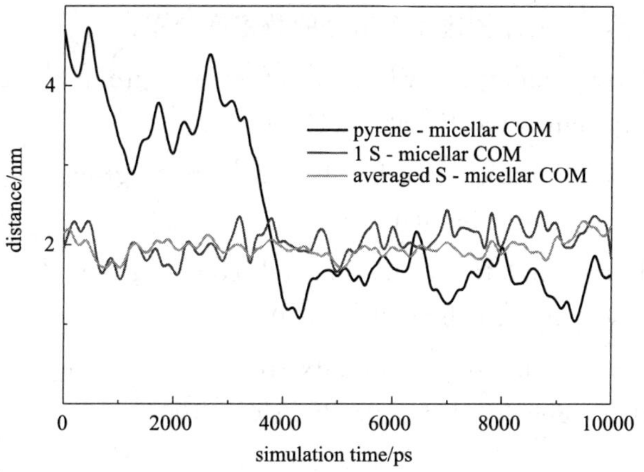

图 21.9　芘和 S 到胶束质心的距离随时间变化图

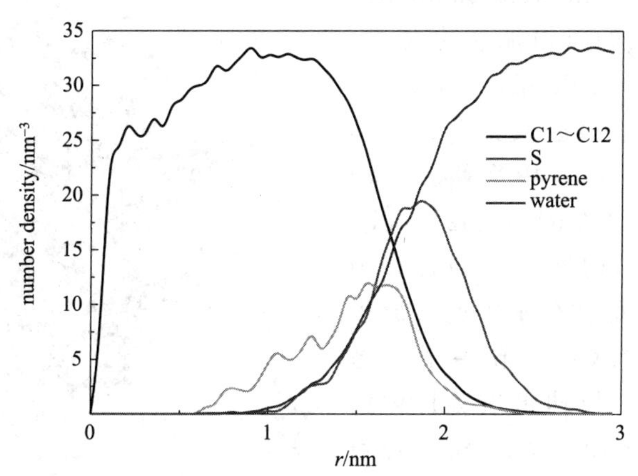

图 21.10　胶束中各组分相对于胶束质心的径向密度分布（其中 S 和 pyrene 的数据扩大 10 倍）

和上述 index. ndx 类似，首先在索引文件中定义需要计算密度分布的组分：

≫gmx make _ ndx -f md. gro -o rdf. ndx（>后依次输入：a SAO …）

```
> a SAO

Found 60 atoms with name SAO

 13 SAO                      :       60 atoms

> a OW

Found 6388 atoms with name OW

 14 OW                       :     6388 atoms

> a C* & r SDS

Found 736 atoms with name C*
Found 1020 atoms with residue name SDS
Merged teo groups with AND: 736 1020 -> 720

 15 C*_&_SDS                 :     720 atoms

>q
```

其中，60 个硫原子 SAO、水分子中的氧原子 OW、SDS 中疏水尾链上所有碳原子编号依次为 group 13、group 14 和 group 15。芘分子的编号仍然默认为 group3。

运行以下 4 条指令，分别计算这 4 个组分的数密度分布：

≫gmx rdf -f md. trr -s md. tpr -n rdf. ndx -ref 'com of group 2' -sel 'group 15' -o C. xvg -norm number _ density -bin 0. 05 -b 5000 -e 10000

≫gmx rdf -f md. trr -s md. tpr -n rdf. ndx -ref 'com of group 2' -sel 'group 14' -o water. xvg -norm number _ density -bin 0. 05 -b 5000 -e 10000

≫gmx rdf -f md. trr -s md. tpr -n rdf. ndx -ref 'com of group 2' -sel 'group 13' -o S. xvg -norm number _ density -bin 0. 05 -b 5000 -e 10000

≫gmx rdf -f md. trr -s md. tpr -n rdf. ndx -ref 'com of group 2' -sel 'group 3' -o pyrene. xvg -norm number _ density -bin 0. 05 -b 5000 -e 10000

(6) 自由能计算

通过伞状采样法（umbrella sampling）计算芘增溶进入胶束的自由能变化曲线。首先采用 steered molecular dynamics（SMD）方法获取芘增溶进入胶束的连续构型。采用上述步骤（5）中平衡分子动力学第 20 帧构型（第 2ns，conf20. pdb）作为 SMD 模拟的初始构型。SMD 计算中需指定一个拉伸组，即芘分子中所有原子所在的 group 3（ _ NKX），和一个参考组。在 SMD 计算中，拉伸组沿着拉伸组和参考组质心连线运动。选取 SDS 胶束中靠近质心的任意一个末端 C 原子作为参考组，如图 21. 11 所示。例如选中 C 原子的序号为 119。

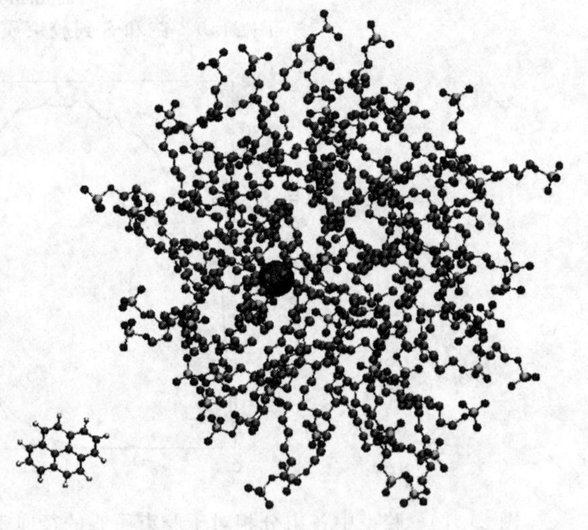
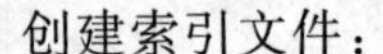

图 21. 11　拉伸模拟示意图

创建索引文件：

≫gmx make _ ndx -f conf20. pdb -o pull. ndx

在产生的 pull. ndx 最后添加：

[REF]

119

SMD 模拟运算参数输入文件 md _ pull. mdp，运行：

≫gmx grompp -f md _ pull. mdp -c conf20. pdb -p system. top -n pull. ndx -o pull. tpr -maxwarn 1

≫gmx mdrun -deffnm pull

计算芘和胶束中参考点的距离变化：

≫gmx distance -f pull. trr -s pull. tpr -n pull. ndx -oall dist. xvg -select 'com of group 3 plus com of group 13'

芘和胶束质心的距离变化如图 21. 12 所示。

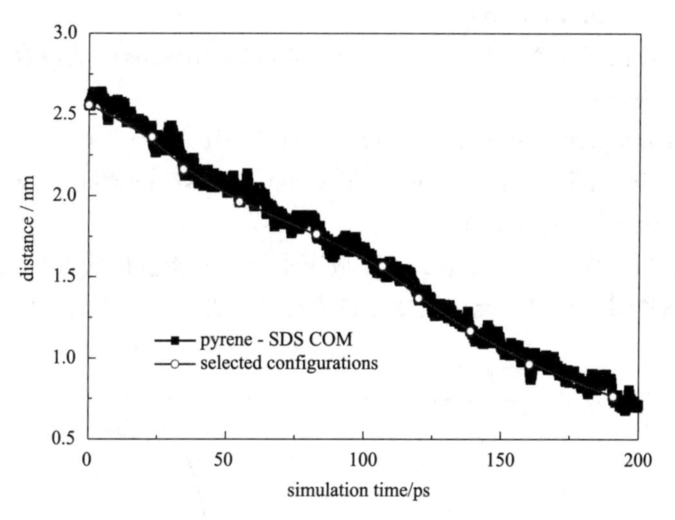

图 21.12　芘和胶束质心的距离变化

使用程序 seldist. exe 选取一系列构型作为采样窗口，距离间隔设置为 0. 2nm，如下所示，所选择的构型在 caught-output. txt 中：

frame	dist	d_dist
0	2.560	NA
115	2.362	0.198
173	2.163	0.199
274	1.962	0.201
414	1.764	0.198
534	1.566	0.198
600	1.369	0.197
695	1.168	0.201
802	0.964	0.204
954	0.766	0.198

导出所有轨迹：

≫gmx trjconv -s pull. tpr -f pull. trr -o conf. gro -sep

依次挑选出 conf0. gro，conf115. gro，…，conf802. gro，conf954. gro：

≫gmx grompp -f md _ umbrella. mdp -c conf115. gro -p system. top -n pull. ndx -o umbrella0. tpr -maxwarn 1

≫gmx grompp -f md _ umbrella. mdp -c conf115. gro -p system. top -n pull. ndx -o umbrella115. tpr -maxwarn 1

…

…

≫gmx grompp -f md _ umbrella. mdp -c conf954. gro -p system. top -n pull. ndx -o umbrella954. tpr -maxwarn 1

将产生的 tpr 文件依次进行 MD 运算：

≫gmx mdrun -deffnm umbrella0

…

```
≫gmx mdrun -deffnm umbrella954
```

计算完毕之后，创建两个文件 tpr-files. dat 和 pullx-files. dat. 其内容为指定计算的 tpr 文件和产生的 _ pullx. xvg 文件。

采用 WHAM 方法统计 potential of mean force（PMF）：

```
≫gmx wham -it tpr-files. dat -ix pullx-files. dat -o -hist -unit kCal -v -bins 50
```

将得到的 pmfintegrated. xvg 作图。

由 PMF 曲线（图 21. 13）可以看到芘在胶束中结合的能量最低点在 1. 5nm 左右，即增溶位点在胶束的栅栏层。从自由能曲线变化趋势可以看出，芘分子从水相增溶进入胶束是一个自发过程。

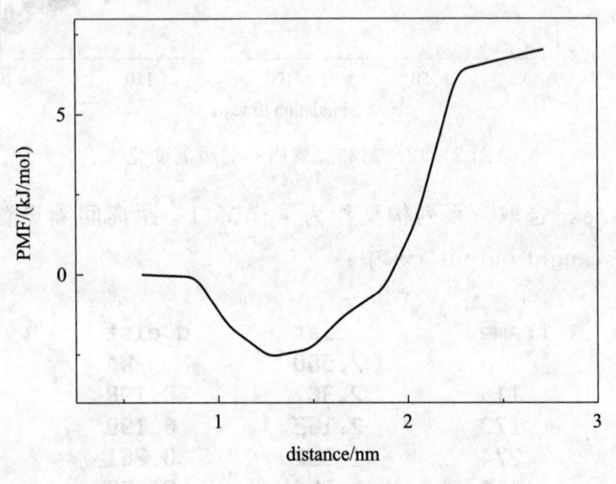

图 21. 13　芘增溶过程的 PMF

21. 3　电场下的乳化油滴

实验目的

随着世界经济对石油产品的持续依赖，非常规油气资源如超深水油、油砂、超重油等的开发力度进一步加大。与常规原油相比，重油的黏度高，开采难度更大。国内炼油厂也越来越多地依赖进口价格较低的劣质重油以维持生产规模与竞争力，但这类原油的特殊性质增加了石油炼制的难度。电脱盐是石油炼制的首道工序，由于含有胶质、沥青质等，原油在电脱盐罐中乳化程度高，原油乳化严重导致电脱盐罐中油水分离效果差、脱盐效率低，部分企业为保证脱盐后原油的品质，往往将脱盐罐中的乳化层大量排入废水。电脱盐废水通常与其他废水混合进行集中处理，常规工艺流程包括隔油、气浮、生化处理、过滤等。电脱盐废水中的胶质、沥青质及环烷酸进入生化系统，难以被生物降解，且生物毒性强，往往导致生化系统崩溃。

原油乳化一直是困扰生产企业的难题，不仅原油运输、储存、炼制成本增加，还严重影响石油炼制产品的质量。在众多工艺中，利用电场对乳化油滴破乳是一种较为高效的方式，本节主要对乳化油滴的构建及在电场下的破乳行为进行模拟。（本案例主要参考文献：高等学校化学学报，2021，7，2170-2177。)

实验要求

① 掌握构建乳化油滴模型的方法。

② 掌握 Gromacs 中电场模拟的方法。

(1) 构建原油各组分分子结构及拓扑文件

原油是一种由烷烃、环烷烃、芳香烃、烯烃等多种组分构成的复杂混合物，在实际模拟研究中为了方便起见往往采用模型分子来代替，如 Makoto Kunieda 等人提出的轻质原油模型（*J. Am. Chem. Soc.*，2010，132，18281-18286）包括 8 种烃类，其中摩尔比为：己烷：庚烷：辛烷：壬烷：环己烷：环庚烷：苯：甲苯＝144：132：156：180：96：156：60：156。Edo S. Boek 提出了两种沥青质分子模型（*Energy Fuels*，2009，23，3，1209-1219）；Olga Castellano 提出了六种胶质模型（*Energy Fuels*，2012，26，5，2711-2720）。相关分子模型如图 21.14 所示。

根据以上模型在 Materials Studio 中分别构建这些分子的结构，并由 ATB 网站生成相应的 itp 文件。(由于先前 ATB 网站上已经对这些分子进行了计算，读者亦可直接下载优化后的 pdb 和 itp 文件。)

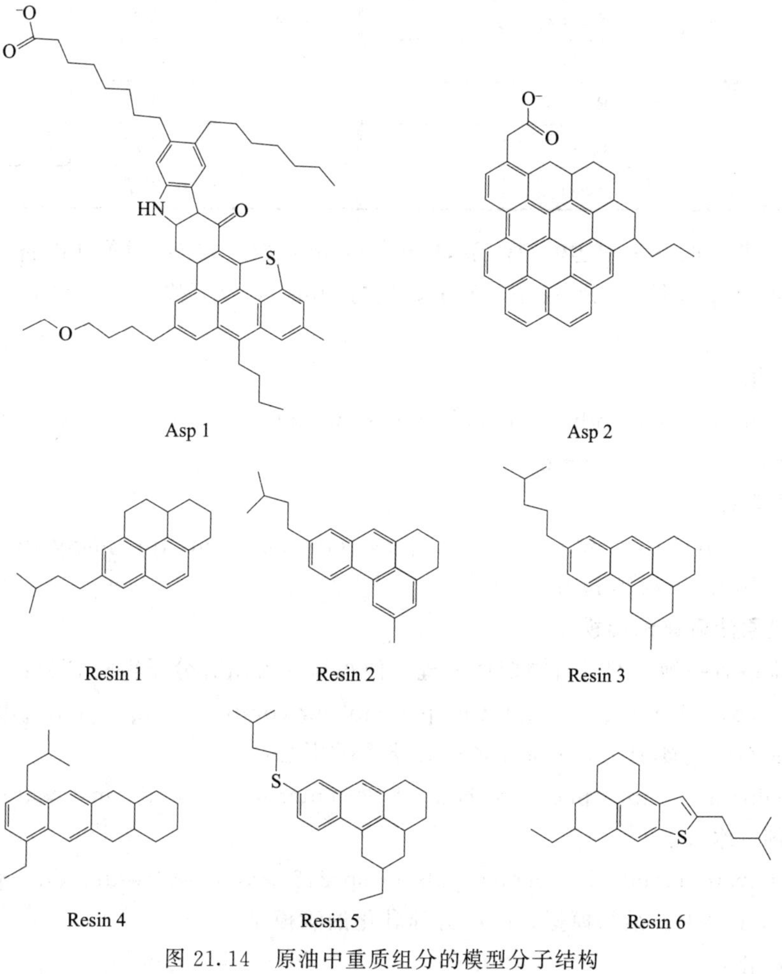

Asp 1　　Asp 2

Resin 1　　Resin 2　　Resin 3

Resin 4　　Resin 5　　Resin 6

图 21.14　原油中重质组分的模型分子结构

(2) 构建模拟格子

首先构建 10nm×10nm×10nm 的模拟格子，并依次填充表 21.1 中所示的原油各组分分子：

≫gmx insert-molecules -box 10 10 10 -ci Asp1. pdb -nmol 4 -o 1. pdb

≫gmx insert-molecules -f 1. pdb -ci Asp2. pdb -nmol 4 -o 2. pdb

…

≫gmx insert-molecules -f 16. pdb -ci toluene. pdb -nmol 35 -o 17. pdb

为中和沥青质分子所带的多余的负电荷，体系中还应加入 8 个钠离子：

≫gmx insert-molecules -f Na. pdb -ci Na. pdb -nmol 8 -o 18. pdb

注：需要多次构建不同大小的模拟格子时，为减少重复工作和避免差错，读者可将上述命令写入脚本中，通过脚本自动执行。

表 21.1　原油构成组分及分子数

原油组分			分子数	原油组分		分子数
重质组分	沥青质	Asp 1	4	轻质组分	苯	13
		Asp 2	4		环庚烷	35
	胶质	Resin 1	5		环己烷	22
		Resin 2	5		庚烷	29
		Resin 3	5		己烷	32
		Resin 4	5		壬烷	40
		Resin 5	5		辛烷	34
		Resin 6	5		甲苯	35

参考 21.1 节中的方法构建模拟体系的 system. top 文件，结合附录Ⅱ准备好模拟所需的 em. mdp、npt. mdp 文件。在此模型基础上，进行 10ns *NPT* 系综模拟，将原油密度压缩至平衡：

能量极小化：

≫gmx grompp -f em. mdp -c 18. pdb -p system. top -o em. tpr -maxwarn 1

≫gmx mdrun -v -deffnm em

分子动力学计算：

≫gmx grompp -f npt. mdp -c em. gro -p system. top -o md. tpr -maxwarn 1

≫gmx mdrun -v -deffnm md

(3) 构建原油乳化油滴模型

对上一步最后一帧构型进行周期性处理，使得原油各组分分子保持完整：

≫gmx trjconv -f npt. gro -s npt. tpr -pbc mol -ur compact -o npt _ pbc. pdb

将该原油团簇放置于 8nm×8nm×8nm 格子的中心：

≫gmx editconf -f npt _ pbc. pdb -box 8 8 8 -center 4 4 4 -o oil _ in _ center. pdb

添加溶剂（水分子）：

≫gmx solvate -cp oil _ in _ center. pdb -cs spc216. gro -o withwater. pdb -p system. top

再进行 20ns *NPT* 系综模拟，即可得到乳化油滴模型。

能量极小化：

≫gmx grompp -f em. mdp -c withwater. pdb -p system. top -o em. tpr -maxwarn 1

≫gmx mdrun -v -deffnm em

分子动力学计算：

≫gmx grompp -f npt. mdp -c em. gro -p system. top -o md. tpr -maxwarn 1

≫gmx mdrun -v -deffnm md

(4) 外加电场模拟

为了模拟乳化油滴在电场下的形变，我们需要在电场方向（z 方向）上进一步扩大模拟格子：

对上一步最后一帧构型进行周期性处理，使得乳化油滴团簇保持完整并处于格子中心：

≫gmx trjconv -f npt. gro -s npt. tpr -pbc cluster -ur compact -center -o npt _ pbc. pdb

在弹出的交互式界面中对于归簇、居中、输出的组均选择 non-water 组

将该原油团簇放置于 8nm×8nm×20nm 格子的中心：

≫gmx editconf -f npt _ pbc. pdb -box 8 8 20 -center 4 4 10 -o oil _ in _ center. pdb

添加溶剂（水分子）：

≫gmx solvate -cp oil _ in _ center. pdb -cs spc216. gro -o withwater. pdb -p system. top

Gromacs 中可以给模拟体系添加脉冲振荡电场，其形式如下：

$$E(t)=E_0\exp\left[-\frac{(t-t_0)^2}{2\sigma^2}\right]\cos[\omega(t-t_0)]$$

其中，E_0 表示电场强度，V/nm；t_0 为脉冲电场最大点的时间，ps；σ 为脉冲宽度，ps；ω 为脉冲角频率，ps^{-1}。例如对于$E_0=2V/nm$、$\omega=100ps^{-1}$、$t_0=0.5ps$、$\sigma=0.1ps$ 的外加电场，其形式如图 21.15 所示。

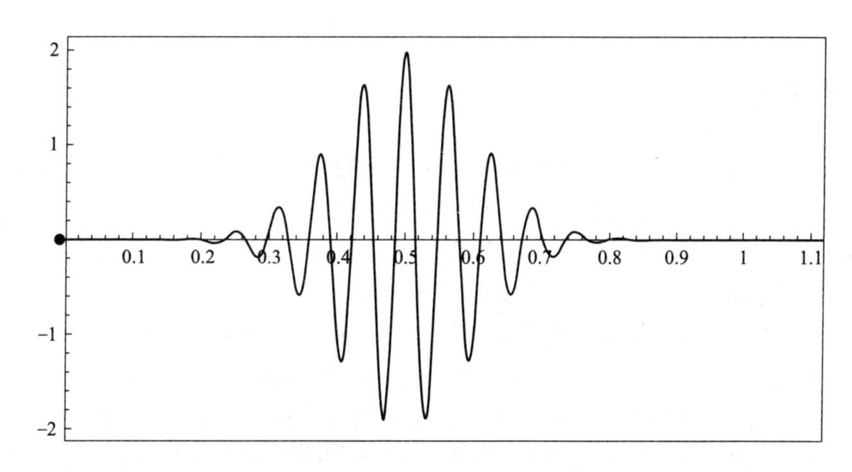

图 21.15　脉冲交变电场(y=2 * exp(-(x-0.5)^2/0.02) * cos(100(x-0.5)))

在 Gromacs 中添加电场只需在 mdp 文件中添加相应的行，如：electric-field-x = E0 omega t0 sigma。显然，对于本例在 z 方向施加 0.5V/nm 的静电场，需在 mdp 文件中添加 electric-field-z = 0.5 0 0 0 行。

继续进行能量极小化：

≫gmx grompp -f em. mdp -c withwater. pdb -p system. top -o em. tpr -maxwarn 1

≫gmx mdrun -v -deffnm em

非平衡分子动力学计算：

≫gmx grompp -f npt. mdp -c em. gro -p system. top -o md. tpr -maxwarn 1

≫gmx mdrun -v -deffnm md

整个模拟流程及过程中的构型如图 21.16 所示。

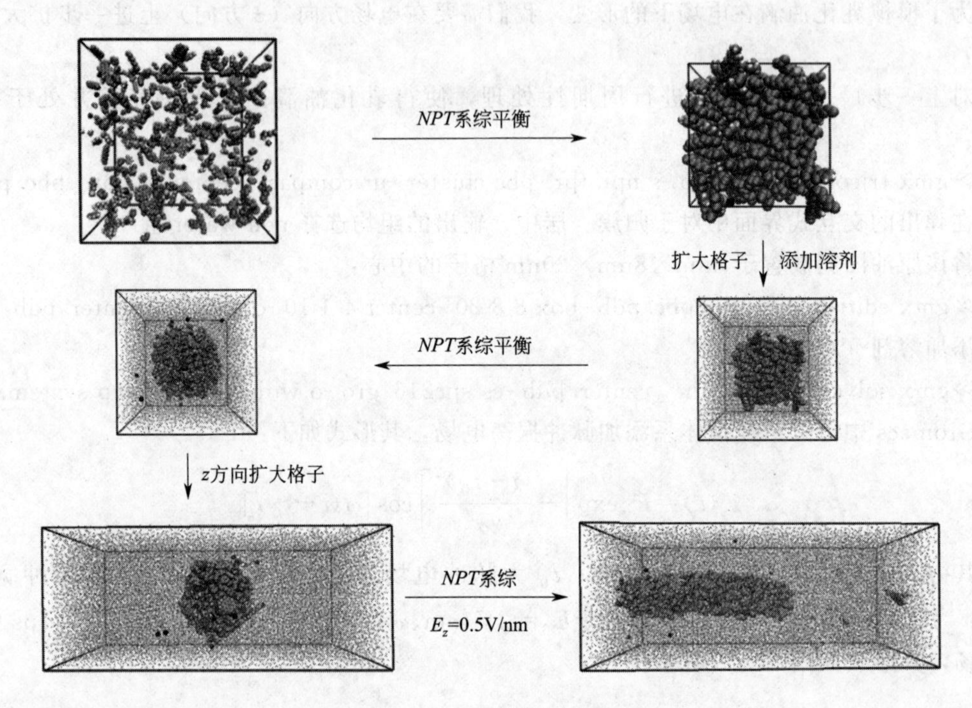

图 21.16　模拟流程图

(5) 结果分析

① 乳化油滴的结构

结合 VMD 软件可以对 *NPT* 系综平衡 20ns 后的乳化油滴结构（npt. gro 文件）进行观察，如图 21.17（a）所示（沥青质分子用 vdW 模型显示，其他原油成分分子用棍棒模型显示，水分子未予显示）。从中可以看出沥青质分子均倾向于分布在油滴表面，为了定量说明问题，可以计算从油滴质心到表面各组分的原子密度。

首先对轨迹进行处理，使得乳化油滴团簇保持完整并处于格子中心：

≫gmx trjconv -f npt. xtc -s npt. tpr -pbc cluster -ur compact -center -o npt _ pbc. xtc

在弹出的交互式界面中对于归簇、居中、输出的组均选择 non-water 组。

利用 gmx rdf 命令计算平衡后的后半段轨迹从各组分分子的质心到油滴团簇质心的密度分布：

≫gmx rdf -f prod _ pbc. xtc -s prod. tpr -ref′com of group Other′-sel′mol _ com of resname DNXN′-norm number _ density -b 10000 -o rdf. xvg

将输出文件 rdf. xvg 在 Origin 中绘图，如图 21.17（b）所示。从图中可以看出油滴的半径约为 3nm，烃类和胶质分子从油滴中心到表面呈均匀分布状态，而沥青质分子集中分布在距离油滴中心 15nm 以外的表层区域。显然这是由于沥青质分子的羧基亲水性强，倾向于分布在油水界面，沥青质分子相当于天然的表面活性剂分子。

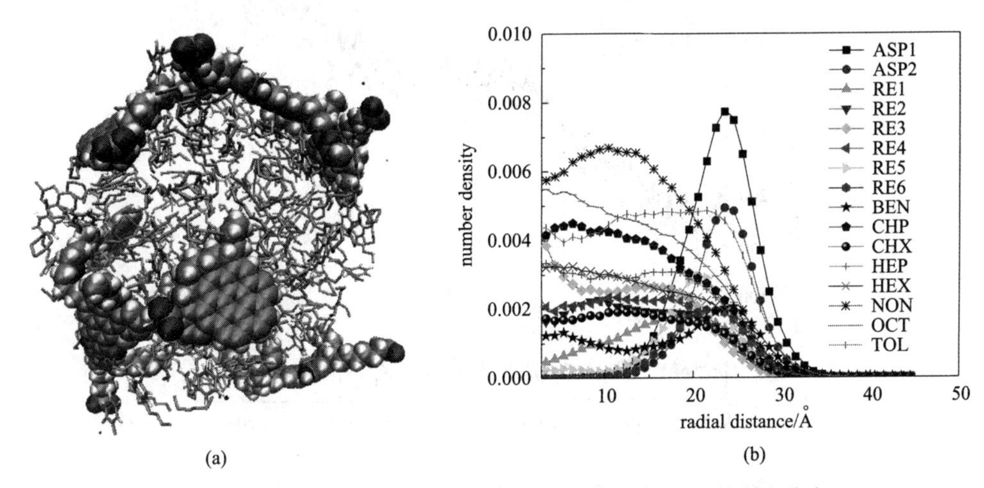

图 21.17　乳化油滴的结构（a）及各组分距离油滴质心的数密度分布（b）

② 油滴在电场中的变化

将施加电场后的轨迹文件 md. xtc 导入 VMD，可对油滴在电场下的行为进行可视化研究，图 21.18 展示了不同时刻油滴的结构，从中可以看出体系中的 Na^+ 顺着电场方向移动，油滴在外加电场作用下逐渐发生形变，在 z 方向拉长，并向着电场反方向运移，而分布在油滴表面带负电的沥青质分子逐渐向电场的反方向移动。

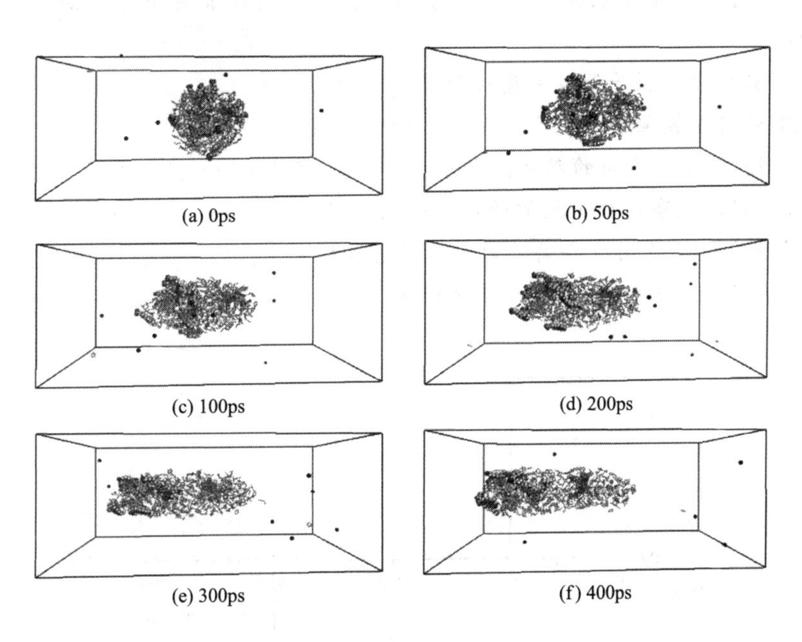

图 21.18　油滴在电场作用下的形变过程

通过 gmx dipoles 命令可以考察电场作用下油滴各组分及整体的偶极变化：

```
≫gmx dipoles -f md. xtc -s md. tpr -e 500 -o mtot. xvg
```

将不同组分的偶极在 z 方向的分量导入 Origin 作图，如图 21.19 所示。可以看出，电场引入油滴的偶极逐渐增大，并且该变化主要是油滴中沥青质的反向移动导致的。

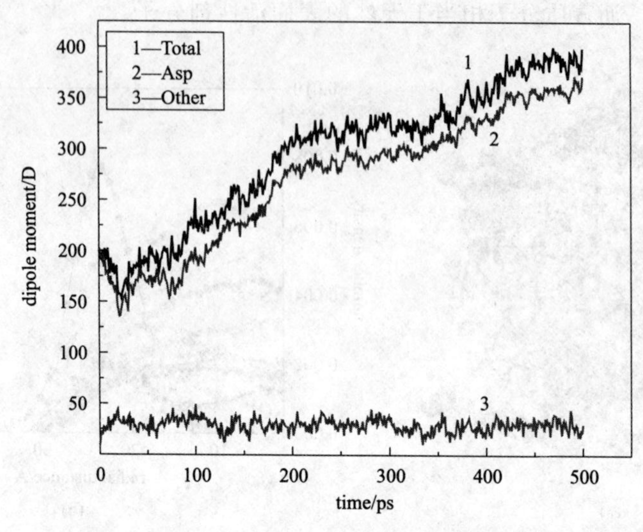

图 21.19　原油油滴各组分在电场作用下偶极的变化

思考题

1. 请作出 SDS 分子构型熵随时间变化的收敛图。

2. 请分别选取五个不同帧的构型（如第 1、10、20、50、100 帧）作为参考构型，计算 SDS 分子构型熵及其熵的分解，对比不同参考构型得到的熵值的差异。

3. 请思考对于含有多个表面活性剂分子的体系，如何计算每个分子的构型熵，并作出构型熵的分布。

4. 请作出 SDS 中氧原子到胶束质心距离随时间变化图。

5. 请作出 SDS 中氧原子相对于胶束质心的径向密度分布图。

6. 选取与 21.2 节中不同的参考点作出芘增溶过程的 PMF 图，思考并模拟出多个芘分子的胶束增溶过程，观察芘分子之间的协同作用（参考 *Langmuir*，2012，28，4931-4938）。

7. 计算油滴在电场作用下不同时刻表面静电势的变化。

8. 对模拟体系施加如下图所示的脉冲电场，考察油滴在脉冲电场下的结构变化。

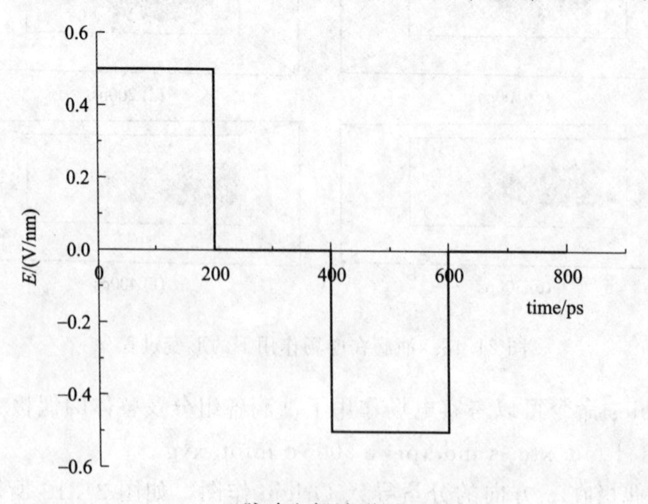

脉冲电场波形图

9. 在模拟格子中一定距离处再加入一个油滴分子，考察两个油滴分子在外加静电场下的行为。

10. 进一步考察两个油滴分子在外加脉冲电场下的行为，并研究脉冲电场的占空比对油滴行为的影响。

参考文献

[1] Boek E S, Yakovlev D S, Headen T F. Quantitative molecular representation of asphaltenes and molecular dynamics simulation of their aggregation. Energy Fuels, 2009, 23: 1209-1219.

[2] Castellano O, Gimon R, Canelon C, et al. Molecular interactions between orinoco belt resins. Energy Fuels, 2012, 26: 2711-2720.

[3] Kunieda M, Nakaoka K, Liang Y, et al. Self-accumulation of aromatics at the oil-water interface through weak hydrogen bonding. J Am Chem Soc, 2010, 132 (51): 18281-18286.

[4] Schlitter J. Estimation of absolute and relative entropies of macromolecules using the convariance-matrix. Chem Phys Letters, 1993, 215: 617-621.

[5] Yan H, Cui P, Liu C, et al. Molecular dynamics simulation of pyrene solubilized in a sodium dodecyl sulfate micelle. Langmuir, 2012, 28: 4931- 4938.

[6] 刘沙沙，张恒，苑世领，等. 脉冲电场 O/W 乳状液破乳的分子动力学模拟. 高等学校化学学报，2021，7: 2170-2177.

第 22 章 二氧化硅表面反应力场分子动力学模拟

实验目的

非晶态的二氧化硅由于其独特的表面性质和水解作用，广泛地应用在从地球科学到纳米电子学的各种领域之中。以二氧化硅为基底的生物传感器、电子元件等设备通常需要在一些水性细胞环境中运行，因此研究二氧化硅与水相互作用非常有必要。实验方法如红外光谱法、核磁共振法和电子显微镜法等，都可以研究二氧化硅与水之间的相互作用，以此判断发生在二氧化硅表面的反应，但是这些实验方法不足以在分子层面上表征水分子腐蚀二氧化硅表层的过程。而传统的分子动力学模拟尽管可以研究二氧化硅表面的吸附行为，但并不能描述发生在二氧化硅表面的化学键断裂和重组，所以缺乏对化学反应进行模拟的能力。

本实验将基于 ReaxFF 反应力场，模拟水分子在二氧化硅表面的吸附与反应。（参考文献：*J. Phys. Chem. C*，2020，124，1932-1940。）

实验要求

① 掌握 ReaxFF 分子动力学模拟的基本原理和操作。

② 学会对模拟计算结果的常规分析。

③ 探究水在二氧化硅表面的反应路径以及水的聚集形态。

(1) 模型构建

此步骤选择使用 Materials Studio 软件。

① 构建二氧化硅衬底。从菜单栏中点击 File | Import，在弹出的 Import Document 对话框中选择 Structures 文件夹，因为我们要模拟非晶的二氧化硅结构，因此选择文件夹内的 glasses，再选择此文件夹内的 SiO2 _ surf2. msi，即二氧化硅的非晶结构；然后从菜单栏中点击 Build | Symmetry | Supercell，弹出构建超晶胞的对话框，我们将二氧化硅基底在 x、y 方向上扩大一倍，即将 A、B、C 分别设置为 2、2、1，点击 Create Supercell，至此得到了非晶的二氧化硅基底。在 Properties 栏中的 Filter 下拉栏选择 Lattice 3D，记下基底的宽度与长度，即 Length A 与 Length B，分别为 57. 0Å。

② 构建水盒子。参考第 17 章中介绍的方法绘制 H_2O 分子，命名为 water. xsd。在菜单栏中点击 Modules | Amorphous Cell | Calculation 对话框。为了不使盒子边界隔断水分子模型，在 Amorphous Cell Calculation | Setup 对话框中点击 Task，选择下拉栏中的 Confined layer，在 Composition 栏中选择刚绘制并优化的水分子模型 [如图 22. 1 (a) 所示]，添加 1100 个水分子；接着点击 Task 右侧的 More… 按钮，在 Lattice type 一栏选择 Orthorhombic，为了与二氧化硅盒子匹配，Lengths（Å）一栏中的 a、b 都换成 57.0，此时 c 值自动调节为 10.1。在 Amorphous Cell Calculation | Energy 对话框中 Forcefield 栏下拉选择 COMPASS 力场，确保 Electrostatic 为 Group based 加和方法，而 van der Waals 为 Atom based 加和法，如图 22.1（b）所示。点击 Run 按钮开始构建水盒子。

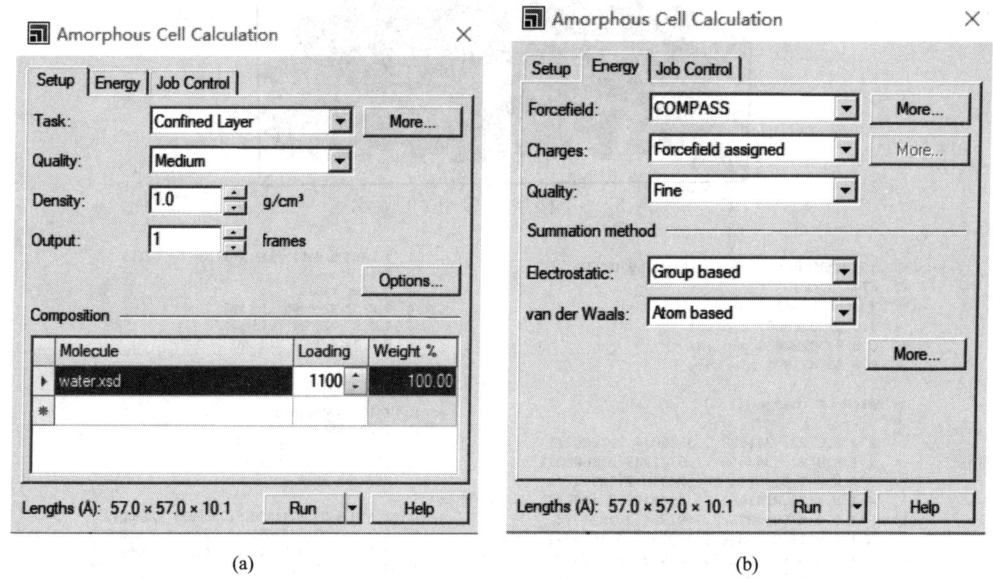

图 22.1　水盒子建模对话框

③ 将构建的水盒子和二氧化硅基底连接起来，构建模拟模型。在菜单栏中点击 Build | Build layers 对话框。在 Define Layers 标签页中 Layer 1 处选择刚才构建的二氧化硅 SiO2_surf2.xsd，Layer 2 处选择 water AC Layer 文件夹下的 water.xtd，如图 22.2 所示。点击 Build 构建非晶二氧化硅-水模拟模型。

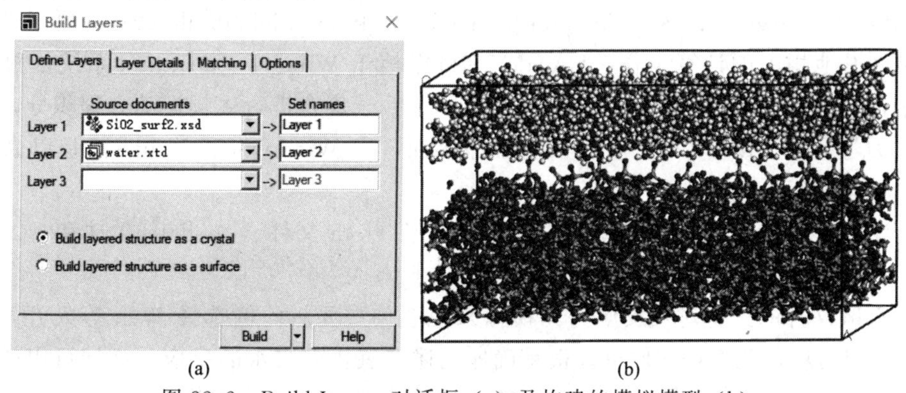

图 22.2　Build Layers 对话框（a）及构建的模拟模型（b）

至此，模拟模型已经在 Materials Studio 软件里构建完成，接下来我们需要将其转变为 LAMMPS 可以识别的 data 文件。为了获得所需的 data 文件以及后续轨迹文件的可视化，需要下载安装 Ovito 的软件（https://www.ovito.org/）。首先将我们上一步构建的初始模型导出为 pdb 文件（在 Materials Studio 中 File | Export 弹出的对话框中选择 pdb 格式）。将此 pdb 文件用 Ovito 打开（如图 22.3 所示），然后点击 File | Export File，在弹出的对话框中选择 LAMMPS Data File，文件名设为 data。需要注意的是 Ovito 导出的 data 文件中缺少原子质量参数，需要将原子质量部分补上，如图 22.4 所示。将质量补全后就可以放入

LAMMPS中作为初始模型运行 ReaxFF 分子动力学了。

图 22.3　模型在 Ovito 里显示

```
1  # LAMMPS data file written by OVITO
2  6744 atoms
3  3 atom types
4  0.0 57.0200005 xlo xhi
5  0.0 57.0200005 ylo yhi
6  0.0 33.471901 zlo zhi
7
8  Atoms # charge
9
10 1 1 0.0 22.5211888 5.9506074 2.1000271
11 2 1 0.0 22.5343056 12.6721249 2.1000271
12 3 1 0.0 9.6135721 10.574359 2.1000271
13 4 1 0.0 26.0741062 23.8543186 2.1000271
14 5 1 0.0 4.5998035 9.9482804 2.1000271
15 6 1 0.0 11.0139828 6.3406239 2.1000271
16 7 1 0.0 4.9487662 19.4820233 2.1224532
17 8 1 0.0 8.9663954 8.1287718 2.1224532
18 9 1 0.0 19.7579994 5.3901005 2.1843762
19 10 1 0.0 7.219872 14.5269861 2.1927443
```

(a)

```
1  # LAMMPS data file written by OVITO
2  6744 atoms
3  3 atom types
4  0.0 57.0200005 xlo xhi
5  0.0 57.0200005 ylo yhi
6  0.0 33.471901 zlo zhi
7
8  Masses
9
10 1 15.999400 # O
11 2 28.085501 # Si
12 3 1.007940  # H
13
14 Atoms # charge
15
16 1 1 0.0 22.5211888 5.9506074 2.1000271
17 2 1 0.0 22.5343056 12.6721249 2.1000271
18 3 1 0.0 9.6135721 10.574359 2.1000271
19 4 1 0.0 26.0741062 23.8543186 2.1000271
20 5 1 0.0 4.5998035 9.9482804 2.1000271
21 6 1 0.0 11.0139828 6.3406239 2.1000271
22 7 1 0.0 4.9487662 19.4820233 2.1224532
```

(b)

图 22.4　Ovito 软件导出的 LAMMPA data 文件（a）及增加原子质量的 Data 文件（b）

(2) 运行分子动力学模拟

此步骤选择使用 LAMMPS 软件。

LAMMPS（large-scale atomic/molecular massively parallel simulator）主要用于分子动力学模拟及其他相关的计算工作。LAMMPS 可根植于 Windows 和 Linux 系统，根据不同的边界条件和初始条件对相互作用的分子、原子或粒子集合进行牛顿运动方程积分，并输出相关的热力学数据。LAMMPS 软件没有程序界面，在 Windows 和 Linux 都是以命令行窗口输入命令来进行计算的。

进行 ReaxFF 反应力场分子动力学模拟，需要 *.in 文件、*.data 文件和 *.ffield 文件。*.data 文件即为前面构建的初始构型文件。

*.ffield 文件的选择对于反应力场模拟来说至关重要。此例选择 Wen 等人开发的 Cu/Si/O/H 反应力场，此力场文件可以很精确地描述二氧化硅与水的反应，详情可以阅读原文献（*J. Phys. Chem. C*，2019，123，26467）。将此文件下载后命名为 ffield。

关于二氧化硅与水反应的 *.in 文件，可以参考 LAMMPS 程序中自带的 FeOH 的例子，根据本章研究体系对其进行稍微改动。详细的信息见图 22.5，将此文件命名为 silica_water.in。在进行此例的二氧化硅与水的反应动力学模拟时，我们使用 *NVT* 系综，控温器选择 Berendsen 方法，温度阻尼为 100fs，步长选择为 0.25fs。为了加速反应进行，温度选择为 500K，总的模拟时间为 500ps，反应轨迹使用 Ovito 可视化。

本案例是基于 Linux 命令行下的计算过程，所有的命令都是在装有 LAMMPS 程序的 Linux 下命令行界面输入的。此例所使用 LAMMPS 版本为 29Oct20。将 data、ffield 和 silica _ water. in 三个文件放入 Linux 目录下，然后运行命令：

≫mpirun -np 4 lmp _ mpi -in silica _ water. in

分子动力学模拟即刻运行。

```
units           real
boundary        p p p
atom_style      charge
read_data       data
pair_style      reax/c NULL
pair_coeff      * * ffield O Si H
neighbor        2 bin
neigh_modify    every 10 delay 0 check no
fix             1 all qeq/reax 1 0.0 10.0 1e-6 reax/c
fix             2 all temp/berendsen 500.0 500.0 100.0
timestep        0.25
dump            1 all atom 800 dump.reax.silica
run             2000000
```

图 22.5　模拟 silica _ water. in 文件初始设置

(3) 结果分析

模拟完成后可以看到当前文件夹下多出了几个文件，我们需要的是 log. lammps（记录反应中能量信息）和 dump. reax. silica（记录轨迹）文件。

log. lammps 文件是记录运行状态的文件，从中我们可以读出体系的势能，打开此文件后可以看到如图 22.6 所示的内容，其中第 5 列就是我们需要的 PotEng（体系势能），我们将 PotEng 一列提取出来，然后对时间（图中第 1 列）作图，可以看到经过 500ps 的二氧化硅与水的反应体系的势能趋于稳定（图 22.7），这说明二氧化硅与水充分反应，体系达到平衡。

```
72  Per MPI rank memory allocation (min/avg/max) = 79.82 | 85.09 | 90.34 Mbytes
73  Step Temp Press TotEng PotEng KinEng
74      27           0   -24725.86   -199563.24   -199563.24           0
75     800    285.7473  -492.73689   -197860.16   -199359.25   1499.0948
76    1600   296.31151  -18587.234   -198186.74   -199741.26   1554.5171
77    2400   292.28243  -9011.6177   -198273.11   -199806.49   1533.3796
78    3200   298.69829  -13057.108   -198325.42   -199892.46   1567.0387
79    4000   301.53543  -6945.1301   -198505.94   -200087.86   1581.9229
80    4800   306.96995  -11141.669   -198552.84   -200163.28   1610.4336
81    5600   307.47008  -7071.9224   -198653.69   -200266.75   1613.0574
82    6400   302.55974  -7951.8954   -198778.43   -200365.72   1587.2967
83    7200   304.66364  -9672.2591   -198850.68   -200449.02   1598.3342
84    8000   310.85142  -8736.7819   -198965.79   -200596.59   1630.7967
85    8800   298.20849  -6417.4086   -199034.04   -200598.51    1564.469
86    9600   299.09377  -6228.4688   -199029.44   -200598.56   1569.1134
87   10400   298.09146  -12182.225   -199100.13   -200663.98   1563.8551
88   11200    298.8553  -10473.467   -199037.69   -200605.55   1567.8624
89   12000   299.34431   -10997.67   -199062.79   -200633.22   1570.4278
90   12800    299.8555  -8222.6141   -199097.55   -200670.66   1573.1096
91   13600   298.54968  -9741.2357    -199118.1   -200684.36    1566.259
```

图 22.6　log. lammps 文件记录的内容

将生成的轨迹文件 dump. reax. silica 导入 Ovito 中，可观察与水充分反应后的二氧化硅表面。将时间轴拉到 500ps，然后观察其表面。通过观察反应后的二氧化硅表面（图 22.8），可以看到二氧化硅表面有两种终止方式，即原来的 Si—O 键和反应后的 Si—OH 键，这与实验观察是一致的。

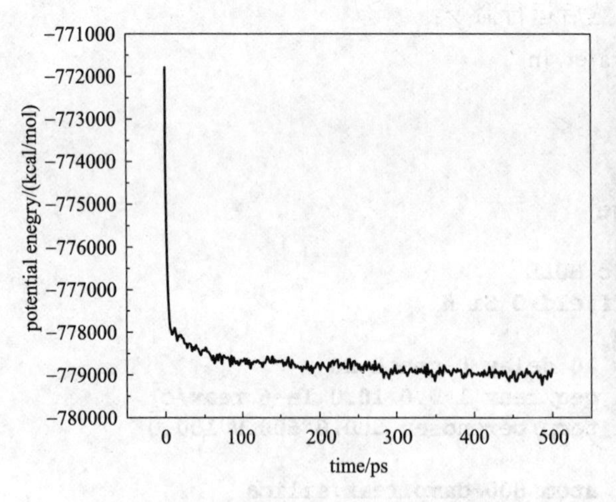

图 22.7 体系势能随时间变化曲线

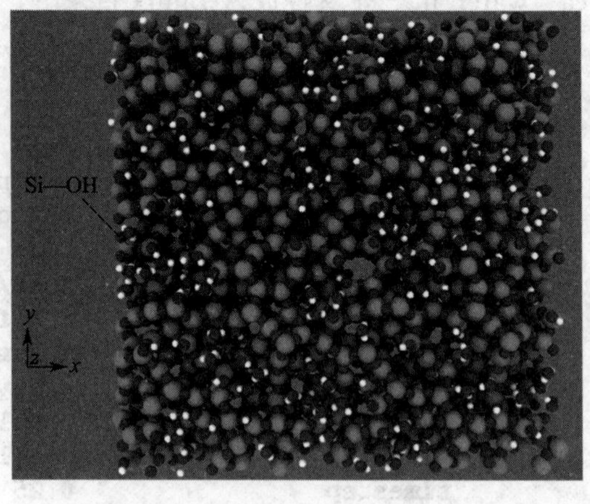

图 22.8 反应结束后的二氧化硅表面截图

通过观察动力学过程，还能发现 Si—OH 的生成是二氧化硅与水分子反应的结果。为了进一步理解二氧化硅与水是如何反应的，需要搜寻二氧化硅与水反应的细节，需要找出与二氧化硅反应的水分子，以及与这个水分子进行后续反应的其他水分子，如图 22.9 所示。图 22.9 中只显示了四个水分子，从图中可以看出在发生反应前，水分子首先吸附到二氧化硅的表面［图 22.9（a）］，然后水分子直接分解成 H 与 OH，其中 H 与表面的 Si—O 键结合生成了 Si—OH［图 22.9（b）］。此外，我们也可以观察到氢质子可以在水中转移［图 22.9（c）、（d）］，这种现象被称为“hydrogen hopping”，这与格罗特斯机理相似。这也说明了模拟中选择的力场对此模拟是适合的。

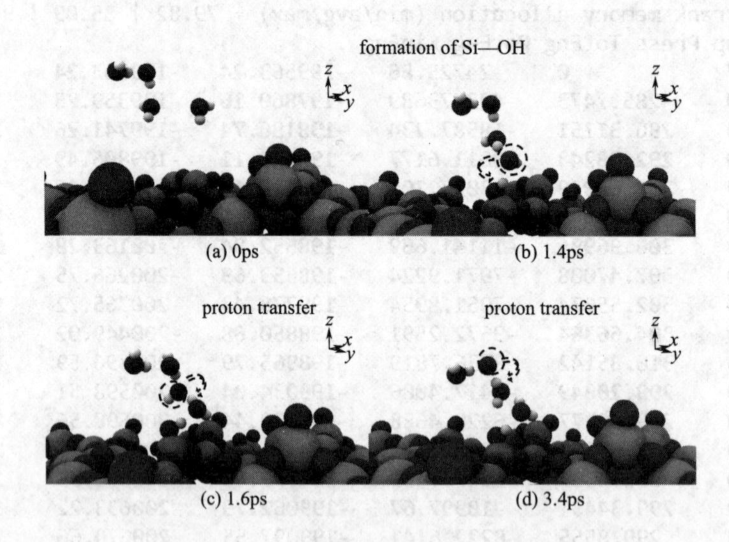

图 22.9 二氧化硅表面与水反应的细节图

思考题

1. 根据 log. lammps 文件记录的内容，作温度、压力、总能量等随时间的变化图。

2. 根据分子动力学轨迹，请挑选出另外与二氧化硅反应的水分子，并作出类似于图 22.9 的反应细节图。

3. 阅读文献，找到另一种适合二氧化硅与水的反应力场，并按上例运行分子动力学进行分析。

4. 修改 *.in 文件中的温度，探究温度对反应进程的影响。

5. 根据文献（*J. Mol. Liq.*，2021，117097），选取适合二氧化钛和过氧化氢的 ReaxFF 力场，并模拟二氧化钛大气颗粒与过氧化氢的反应。

6. 查阅文献，并进行相关模拟计算后，请思考并指出与经典力场相比，反应力场的优点与不足之处。

参 考 文 献

[1] Wen J，Ma T，Zhang W，et al. Atomistic insights into Cu chemical mechanical polishing mechanism in aqueous hydrogen peroxide and glycine：Reaxff reactive molecular dynamics simulations. J Phys Chem C，2019，123：26467-26474.

[2] Yuan S，Wang X，Zhang H，et al. Reactive molecular dynamics on the oxidation of H—Si（100）surface：effect of humidity and temperature. J Phys Chem C，2020，124：1932-1940.

[3] Yuan S，Liu S，Wang X，et al. Atomistic insights into uptake of hydrogen peroxide by TiO_2 particles as a function of humidity. J Mol Liq，2021：117097.

附录

附录Ⅰ　Materials Studio 软件简介

附录Ⅱ　Gromacs 软件简介

附录Ⅲ　Origin 自定义函数拟合及构建三维势能面、能量折线图的方法

第一版后记

分子模拟（包括分子动力学和 Monte Carlo）自上世纪五十年代诞生以来，特别是经过了八九十年代力场发展的活跃时期，在理论与方法方面日趋完善，目前在众多研究领域已经成为了不可缺少的工具；同时随着计算机软硬件的发展，分子模拟的准入门槛越来越低，即使普通实验工作者也能较快入手和操作，这些都为分子模拟更大范围的普及和推广打下了基础。

受此背景鼓舞，在化学工业出版社的大力支持下，《分子模拟——理论与实验》印刷出版了。在此编者衷心感谢在编写过程中获得的各方支持：首先感谢南京大学江元生教授，是先生把编者领进了分子模拟研究的大门，并受益终生；绪论中对分子模拟的总体介绍摘自先生 2003 年为编者修改的博士论文原文，以此牢记先生对学生的教诲和关爱；感谢香港科技大学严以京教授，本书的主要框架是编者 2004 年在香港做博士后期间翻译整理文献时确定的，得到了严老师的关心和照顾；感谢山东大学理论化学研究所刘成卜、蔡政亭、冯大诚教授的支持，前辈们在分子模拟授课方面的言传身教，使编者受益颇多。

本书由山东大学苑世领、张恒和张冬菊共同编写。刘成卜教授和宋其圣教授为分子模拟课程在研究生、本科生中的开设，以及对本书的编写都给予了大力支持与帮助，在此表示衷心感谢。

化学工业出版社的编辑对书稿提出了许多建设性的修改意见，对本书的出版给予了由始至终的关心与支持，在此致以诚挚的谢意。

特别感谢国家自然科学基金、山东大学资产与实验室管理部的支持。

苑世领

2016 年 8 月于济南